国家能源非粮生物质原料研发中心
林业生物质能源国家国际科技合作基地　　**研究丛书**

刺槐燃料能源林培育研究

Study on Cultivation of *Robinia pseudoacacia* Energy Forest for Fuel

彭祚登　马履一　李　云　等　著

中国林业出版社

图书在版编目(CIP)数据

刺槐燃料能源林培育研究 / 彭祚登等著. --北京：中国林业出版社，2020.8

ISBN 978-7-5219-0746-9

Ⅰ.①刺… Ⅱ.①彭… Ⅲ.①洋槐-能源林-森林抚育-研究
Ⅳ.①S792.270.5

中国版本图书馆 CIP 数据核字(2020)第 162960 号

审图号：GS(2020)5333 号

中国林业出版社·自然保护分社(国家公园分社)

策划编辑：刘家玲

责任编辑：刘家玲　宋博洋

出版　中国林业出版社(100009　北京市西城区德内大街刘海胡同 7 号)

http：//www.forestry.gov.cn/lycb.html　电话：(010)83143625

印刷　河北京平诚乾印刷有限公司

版次　2020 年 11 月第 1 版

印次　2020 年 11 月第 1 次

开本　787mm×1092mm　1/16

印张　30

彩插　8

字数　685 千字

定价　150.00 元

本书著者

主著者

彭祚登　马履一　李　云

参著者

张江涛　马建伟　何彦峰　孟丙南　谭晓红　杨芳绒　丁向阳　杨欣超　张凯权
何宝华　江丽媛　赵　静　徐兆翮　马　鑫　王　冲　张新凯　李思博　王雅慧

文字编录

陈　玲　金思雨

本书所汇集的研究成果是在下列课题的共同资助下完成的，在此一并表示感谢！

- **中央高校基本科研业务费专项资金资助项目**
  生物质能源原料林高效标准化培育关键机理与技术研究（2015ZCQ-LX-02）

- **“十三五”国家重点研发计划项目**
  刺槐速生建筑材林高效培育技术研究（2017YFD0600503）

- **国家“十一五”科技支撑计划项目专题**
  刺槐等能源林培育技术研究（2006BAD18B01）

- **高等学校博士学科点专项科研基金（优先发展领域课题）**
  非粮生物质燃料乙醇原料资源高效培育技术研究（20120014130001）

- **科技部国际科技合作专项**
  高能效先进生物质原料林可持续经营技术合作研究（2014DFA31140）

前　言

PREFACE

人类的生存与发展离不开能源，能源已成为当今人们生产生活须臾不可或缺的基本资源。今天小到民众生活，大到国防建设，无不与能源紧密相连。能源已经成为经济社会正常运转和健康发展的重要物质基础。随着社会经济发展速度越来越快，对资源的消耗日益增大，对能源的依赖性也越来越大。地球上的能源可分为可再生能源和不可再生能源。多年来人类赖以维系能源供给且价格低廉的化石能源——石油、煤炭等，是不可再生能源，也是对环境造成污染的主要来源。然而，地球上这类能源资源正在日益减少。为缓解化石能源资源面临短缺的压力，同时避免燃烧化石能源产生的CO_2、SO_2等有害气体对环境的不利影响，寻求新的替代能源，开发可再生的清洁能源，已成为世界各国高度重视的战略问题。

近十几年来，生物质能源产业，已成为一个全球性的新兴产业。生物质能源具有环保、节能、价廉的特点，最主要的原因是它可再生，被认为是目前最理想、最有前景的新型能源替代品。我国是世界第二大能源生产和消费国，大力发展林木生物质能源林，对增加农民收入，改善生态环境，促进经济发展，推进能源替代，减轻大气污染等都具有十分重要的意义。林业生物质能源是生物质能源中最重要的组成部分，其发展的基础就是能源林的培育。

大力发展能源林是开发可再生清洁能源的重要形式，科学地开发利用既可以缓解能源压力，又有利于改善环境。据报道，植物每年可固定约7.2×10^{17} kcal 的太阳能，相当于1000亿t左右的标准煤，是每年所用煤炭的10倍。在能源林培育研究上，国外起步较早，并在一些大尺度范围内进行研究，逐步形成了较完整的系统理论与技术体系，尤其在能源树种筛选、矮林作业系统和土壤生态、集约生产、林分生态等方面取得了突破性进展。一些国家还制定了能源林发展政策和规划纲要。

相较于国外能源林的研究，我国的研究起步较晚，最初是在20世纪80年代初，原林业部将薪炭林纳入到全国造林计划和农村能源建设计划中，薪炭林作为国家科技攻关项目立项，在良种选育和栽培技术以及利用等方向上开展了系统研究，也取得许多有价值的成果。刺槐即是当时薪炭林研究的首选树种之一。

刺槐(*Robinia pseudoacacia* L.)系蝶形花科刺槐属落叶乔木，浅根系树种，具有适应性强、耐干旱、耐贫瘠、易繁殖、生长快等特点。刺槐原产美国东部阿帕拉契亚和奥萨克山脉一带。17 世纪初引入欧洲和非洲，1897 年从欧洲引入我国山东青岛。到目前为止，刺槐已成为全球引种栽培最广泛的树种之一，在我国也已在北纬 23°～46°、东经 86°～124°的广大区域内广泛栽培。

在我国北方及西北干旱半干旱地区，有丰富的边缘性土地资源可用于种植刺槐，可以利用刺槐的特性有计划地建设为林业生物质能源基地，充分利用该地区的光热资源，达到土地资源的合理利用并可获得可观的薪材量。同时，可以不与林业争地，不与人争粮，实现产业与生态共赢。

长期以来我国将刺槐主要作为干瘠立地荒山绿化、用材、饲料、薪炭林树种培育使用。有关刺槐的研究，主要在刺槐遗传改良、栽培技术措施、病虫害防治、利用途径等方面比较深入，对刺槐光合生理的相关研究也取得了一些技术成果。对于作为燃料能源林培育的刺槐而言，集约经营和短轮伐期培育，在国外已经早有研究和应用。我国过去由于财力、物力的限制，专项的研究很少，近年才开始独立立项开展研究和推广能源林目标模式下的种植。

刺槐作为燃料能源林，虽然目前对品种选育、栽培技术等研究也较多，但对于刺槐能源林的培育技术与生物质所得量的研究还是比较缺乏。如对刺槐能源林的研究以及采伐季节、轮伐期对刺槐生物量影响的研究都还处在初级阶段；对刺槐生物质和热当量形成的生理生化机制等能源林的理论基础的探讨也还十分薄弱；压缩成型材制备与提高燃烧效率的新技术新方法都有待开发和技术提升等等。这对于利用刺槐的资源优势发展能源林，还存在很大的技术障碍。

国家自“十一五”开始，以燃料能源林培育为目标开展了技术攻关，北京林业大学国家能源非粮生物质原料研发中心马履一教授研究团队，针对刺槐燃料能源林培育的理论与技术问题开展了系统的研究，至今已历时十余年。本书汇集了本研究团队自 2006 年以来在刺槐燃料能源林培育研究方向上的重要成果。在以培育“速生、高产、高能”为目的的原则指导下，就能用刺槐品种选育、苗木培育、适生立地条件、林分合理结构、平茬与生长、刺槐生物产量预测、刺槐能源林能效生产力形成的生理生化机制等展开了系统的研究。研究旨在探索刺槐燃料能源林培育的最佳培育经营技术模式，为科学合理地开发、推广、利用刺槐燃料能源林提供理论指导与技术储备，并为促进我国林业生物质能源的有序发展贡献一份力量。

真诚感谢国家林业和草原局科技司、国家林业和草原局生态保护修复司林业生物质能源管理处、北京林业大学国家能源非粮生物质原料研发中心、中国林业科学研究院、河南省林业科学研究院、河南洛宁县国营吕村林场、甘肃天水秦州区林业局、河北承德县林业局等各协作单位为相关科学研究所提供的研究平台和重要帮助。感谢为完成刺槐燃料能源林各项研究任务的各位教师、研究生、工作人员等研究团队成员一

直以来坚持不懈的辛勤工作；感谢北京林业大学森林培育学科贾黎明教授、段劼副教授、敖妍副教授对研究工作的大力支持和协助；感谢北京林业大学森林培育 2019 级研究生陈玲、金思雨二位同学在编撰汇总项目研究成果中所做出的重要贡献。本书研究成果是由马履一教授主持完成的，其中各章具体的研究及成果总结主要完成人如下：第 1 章，彭祚登、何宝华、杨芳绒、谭晓红；第 2 章，彭祚登；第 3 章，李云、张江涛、杨欣超、彭祚登、丁向阳、王冲；第 4 章，彭祚登、李云、孟丙南、丁向阳；第 5 章，彭祚登、李云、何彦峰、马鑫、徐兆翮、李思博；第 6 章，彭祚登、马履一、谭晓红、江丽媛、赵静、马建伟；第 7 章，马履一、彭祚登、杨芳绒、马建伟、张凯权、张新凯、王雅慧；参考文献编录，陈玲、金思雨；附件，彭祚登。

由于刺槐燃料能源林涉及的研究范围很广，有待探讨的问题还很多，在有限的时间内还不可能解决所有的理论与技术问题，本书所编录的成果也还都是阶段性的，内容也还不尽完善，我们深知研究探索之路还很漫长，目前的研究结论疏漏之处也在所难免，恳请广大读者不吝斧正。

著者

2019 年 8 月 20 日

于北京林业大学

目　录

CONTENTS

前　言

第①章　／　文献研究综述

第②章　／　研究目标与途径

第③章　／　能用刺槐优良品种选育

第④章　／　能用刺槐无性系定向育苗技术

第1章 文献研究综述

1.1 刺槐简介

刺槐（*Robinia pseudoacacia* L.）是蝶形花科刺槐属落叶乔木，又名洋槐，原产于北美洲，现已广泛引种到亚洲、非洲、南美和欧洲，在全球阔叶树种中栽培面积仅次于桉树，居第二位。

刺槐人工栽培的历史比较长。在大洋彼岸的美国，由于刺槐本身所具有的耐旱、耐盐碱等优良特性而适宜在广袤的范围内广泛栽植，用以生产木材、防止水土流失及作为薪炭林。从19世纪末至其后50年内，田纳西河谷共造林1.7亿株树，而刺槐占近40%。在1941—1947年间，为了更好地将裸露土地尽可能进行绿化，栽植刺槐1.5万hm^2，目前美国仍旧以每年约200hm^2营造刺槐林。刺槐是第一个从北美引进欧洲的林木树种，17世纪初，刺槐首先引入法国，随后很快传入其他欧洲国家和亚非及南美国家，目前刺槐已经遍布世界大部分地区。在匈牙利，刺槐是一个速生树种，至1980年，占林地总面积的18%，是面积最大的树种，生长快的刺槐林年材积生长量达到10m^3/hm^2。在德国，刺槐的栽植面积达到了1.3万hm^2，主要分布在德国东部；在勃兰登堡州，1997年刺槐的面积达到了7200hm^2。在韩国，刺槐林主要分布在农业区，有世界上连片面积最大的刺槐林，自20世纪60年代后期刺槐推广面积迅速增加，目的是生产薪炭材、饲料和水土保持。

刺槐被引进到中国已有150多年历史，但栽培范围迅速扩大是在20世纪50年代以后，目前刺槐人工林分布已至北纬23°~46°，东经86°~124°，遍及华北、西北、西南、东北南部的广大地区（见彩插）。据报道，仅河北、河南、山东和山西等6个省市的刺槐就有40多亿株。刺槐耐干旱、贫瘠，能在中性、石灰性、酸性及轻度碱性土上生长。萌蘖能力强，木材易燃烧、热量大，成为我国华北和西北地区优良的薪柴树种。近年来，随着能源林业不断得到关注和重视，在一些干瘠地区，刺槐因其特殊的习性被作为燃料型能源林培育的优选树种进行研究。

刺槐是温带树种，在年平均气温5~7℃、年降水量400~500mm的地区，均能正常生长，在降水量500~900mm的地区长势良好。我国刺槐发展历经几落几起过程，但由于刺槐本身具有的优良特点，仍为华北和西北地区水土保持、防风固沙、改良土壤和四旁绿化

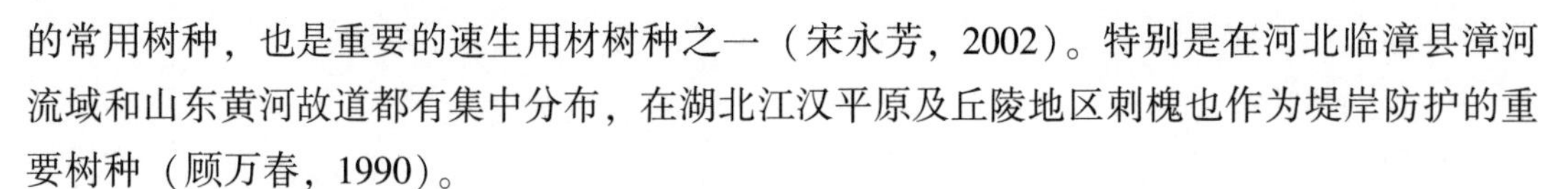

的常用树种，也是重要的速生用材树种之一（宋永芳，2002）。特别是在河北临漳县漳河流域和山东黄河故道都有集中分布，在湖北江汉平原及丘陵地区刺槐也作为堤岸防护的重要树种（顾万春，1990）。

目前我国刺槐林大多已经进入成熟林和过熟林阶段，且面积非常大。我国目前约有40万hm^2以上急需更新抚育的成过熟刺槐林，其中：河南省现有刺槐面积10.96万hm^2，其中幼龄林面积2.41万hm^2，中龄林2.89万hm^2，近熟林1.63万hm^2，成熟林2.91万hm^2，过熟林1.12万hm^2；陕西省现有刺槐总面积51.36万hm^2，而成过熟林面积为8.26万hm^2，成过熟林已有部分林木树梢、根部枯死的状况，急需进行更新采伐，陕西省林业厅曾于2011年开始对过熟刺槐林进行有序更新。由此可见，我国目前需要对刺槐林的功能进行重新定位。“生物量生产”概念的提出使得获取单位面积上最大生物产量成为能源林培育的首要目标，结合我国资源现状，大力培育短轮伐期刺槐能源林是个比较适宜的选择。

1.2 燃料型能源林研究进展

1.2.1 生物质能源与能源植物

据《中国新能源与可再生能源1999白皮书》把绿色植物通过叶绿素将太阳能转化为化学能而贮存在生物质内部的能量称为生物质能。生物质的形成是绿色植物通过光合作用将太阳能转化为化学能储存于生物质中的过程；生物质的利用与分解过程是直接或间接、简单或复杂地把储存于有机物个体或组分中的化学能以热能的形式释放出来的过程。这种存储与释放、释放与再存储是可以重复与循环的，因此，从理论上讲，生物质能是取之不尽、用之不竭的能源。

生物质是生物质能的载体，生物质能的利用是把绿色植物固定在生物质中的太阳能释放出来。生物质能原料主要包括畜禽粪便、餐厨垃圾、能源植物和农林废弃物等四种可获取的原料。开发利用生物质能源的途径包括农林废弃物利用、生活垃圾的无公害化处理以及畜禽粪便的能源化利用等等，但真正作为产业发展壮大的是能源植物的集约化培育、经营和利用。通过对能源植物定向培育的研究可有效地促进生物质的形成和提高太阳能转换为生物质能的效率。生物质能源具有可持续利用性、绿色安全性、低碳环保和巨大的开发利用潜力，因此，通过高能植物的选育和加工水平的提高，积极开发利用生物质资源会改善和调整生物质能原料的结构，极大地降低化石能源的利用、弥补能源结构的短板，使得生物质能源更好地服务于本地区的居民。

植物是太阳能的转化器和储存库，能源植物是利用光能效率高、具有合成较高还原性烃的能力、可产生接近石油成分和可替代石油使用的产品的植物，以及富含油脂、糖类、淀粉类、纤维素类等可直接燃烧或液化作为能源利用的植物。可作为能源材料的植物种类很多，能源植物的分类也有多种不同的方法，主要有以下几种。

（1）根据生物学特征，能源植物可分为草本能源植物、木本能源植物、秸秆类农作物、藻类与水生植物等。草本能源植物研究较多的有象草、芒属植物、黄鼠草等；木本能

源植物研究较多的有黄连木、油桐、文冠果、桉树、刺槐等。中国林业科学研究院的研究，列出了60余种木本能源植物；秸秆类农作物研究较多的有小麦、玉米、高粱、甘蔗等；藻类与水生植物研究较多的有巨藻、浮萍、水葫芦等。我国有生产价值的能源植物，生长在亚太地区的有草本植物10多种、乔木23种和灌木18种。

（2）根据利用途径，能源植物分为燃油型、乙醇型和燃料型三类。燃油型能源植物是利用植物体中油脂、类油脂等物质为原料，榨取和提炼油质燃料。在我国研究生产生物柴油的主要原料有油菜籽、大豆、小桐子、黄连木、油楠等。乙醇型能源植物是利用植物体中纤维素、淀粉等大分子物质为原料，利用物理化学途径和生物途径将其转化为乙醇，即生产生物乙醇的植物。木薯、马铃薯、菊芋、甜菜以及禾本科的甘蔗、高粱、玉米等农作物都是生产乙醇的良好原料。燃料型能源植物是生产固体燃烧薪材的原材料。有杨树、柳树、桉树、银合欢、麻栎以及一些秸秆类植物等。世界上较好的薪炭树种有加拿大杨、意大利杨、美国梧桐等。我国也发展了一些适合作固体燃烧原料的树种，如紫穗槐、沙枣、旱柳、泡桐等。木本植物是燃料型能源植物传统而有活力的部分，如秸秆的成型燃烧、林业废弃物的成型利用都属于燃料型生物质能源的利用。目前国外栽培的主要燃料型能源植物也有草本植物。澳大利亚北部生长的桉叶藤和牛角瓜，生长速度极快，每周生长30cm，每年可以收割几次；禾本科作物芒草，单产可达50~70t/hm^2；日本研究发现的象草，其生长迅速，一个季度可以长3m高（费世民，2005）；丹麦、芬兰、法国、英国、美国等国家已经研究培育出了多种柳树和杂交杨树，瑞典选出的能源柳生长4~5年成熟，成熟后高度可达6~7m，每年干物质生产量10t/hm^2，其热值含量也非常高，每吨所含热量达4.5MW·h（兆瓦时）。

（3）根据内含物成分，能源植物分为油脂类、糖或淀粉类、纤维素类等。油脂类有续随子、绿玉树、西谷椰子、西蒙得木、巴西橡胶树、树海桐等，富含油脂的能源植物是制备生物柴油的有效原料；糖或淀粉类有板栗、木薯、甜菜、高粱、玉米等，这些是生产生物乙醇的良好原料；纤维素类有芒草、杨树、柳树等，是生产生物乙醇或固体燃料的原料。

能源植物有不同的分布区域和适应引种范围。同种植物由于生长地域不同，在能量提供方面可能有差异，所以人们为推广应用进行了大量的能源植物的地域性研究。美国的卡尔文博士，在加利福尼亚大面积引种续随子和绿玉树等树种，营造“石油人工林”，开创了人工种植石油植物的先河（1986年）。此后，在全球迅速掀起了能源植物开发研究的热潮，如菲律宾的银合欢树，巴西的香波树，美国的三角叶杨、桤木、黑槐，英国的象草，日本的桉树等研究成果已经推广应用。我国也开始了地域性能源植物的应用研究，如黄建琴等（2012）对安徽能源植物的研究，主要包括油茶、油桐、乌桕、黄连木、漆树、栓皮栎等树木资源，也对青冈栎、栓皮栎、高山栎、茅栗等壳斗科常绿和落叶乔木的果实和大量废弃物进行研究，表明其种子含有淀粉量高达30%~55%。杨福囤和何海菊（1983）对高寒草甸地区植物热值研究发现，高寒草甸地区植物热值较高，其中矮嵩草等4种植物可以作为优势种推广。邱崇洋等（2013）对8种狼尾草属植物生物量进行对比研究，得出

MT-1象草每年生物量可达300t/hm²。胡建军、李洪（2009）研究了柳树的热值，还有海南的油楠树、桂北木姜子、云南的银荆树，以及四川的乌桕、四合木、五角枫等都是人们关注的应用于不同地区适宜能源林培育的树种。通过针对区域性特点开展植物种的选择和研究，采用适宜的栽培形式可以有效地提高所培育能源林对太阳光能的利用率。

1.2.2 燃料能源林的概念和特征

1.2.2.1 概念辨析

能源林是以生产生物质能源为主要培育目的的森林。能源林是最大的太阳能“接收器”，能有效补充人类对能量不断加快的需求（陆显祥，1988；李慧卿等，1999）。根据提供原材料性质的不同，能源林可分为燃油型能源林、醇化型能源林和燃料型能源林。燃油型能源林也叫柴油林，是利用植物体中油脂、类油脂等物质为原料，榨取和提炼油质燃料。主要树种有黄连木、麻疯树、文冠果、油楠等。醇化型能源林也叫乙醇林，利用植物体中纤维素、淀粉等大分子物质为原料，利用物理化学途径和生物途径将其转化为乙醇。主要树种有杨树、桉树、柳树等。燃料能源林也叫燃料林或薪炭林，是生产固体燃烧物木炭、生物质混合煤的原材料。主要树种有杨树、柳树、桉树、银合欢、刺槐、白栎、麻栎等。

对燃料能源林名称的运用目前还没有非常一致的定义。名称的运用应以能表述出主要特征为目的，结合能源林的树种特性、经营管理措施以及最终产品的不同，而定义一些相关名词和概念。出于生产实际及研究的需要，燃料能源林可以有以下的类别或形式。

（1）新型薪炭林　薪炭林最初是为解决偏远农村烧柴问题而营造的林分，以提供用于直接燃烧的枝干为目的，属于我国林分分类中的一种。现在以提供成型燃料的原材料为目的，采用集约式、机械化经营为措施，所以称为新型薪炭林。但是对于“薪炭林”林种的问题，也有研究认为，传统划分的“薪炭林”应该隶属于用材林，或者隶属于用材林中的一个亚林种（陈新安等，2012；胡建军等，2009）。

（2）短轮伐期林　能源林的短轮伐期经营特点，是从林木生长发育的阶段看，在还没有真正进入成熟林或中龄的阶段就被采伐收获，以便收获更大的生物量。瑞典柳树能源林计算年限为24年，轮伐期为4年，共伐6次，生物量累计达240t/hm²（Christersson L，1994）。

（3）矮林　能源林的矮林作业法，也称为矮林作业系统下的能源林。有些乔木树种，采伐利用后在较好立地条件的地方，能大量萌蘖更新形成灌丛型，达不到树木原本能生长到的高度，被称为矮林作业法。在传统农林业中，利用一些萌芽能力强的树种，对其萌发的灌丛不经处理，生长到一定年限，采用皆伐或割灌的方式收获，使得林分再次萌蘖更新。割灌收获物达不到一定的木材标准，而是直接用于生产燃料、饲料及家庭用具。如果作为能源林以获取大量生物质原材料为目的，一般不进行疏干间伐留苗，也不进行择优间伐。很多萌蘖力强的造林树种都可以采用矮林作业法生产能源材料和纸浆材料，如刺槐、柳树、杨树、麻栎等（方升佐等，2006；李洪，2009）。

(4) 灌丛型能源林　按照生产性林分的相貌，无论树种本身生物学特性是否为灌木，最终表现出植株为丛生状，没有明显主干。

(5) 燃料型能源林　按照利用途径的不同，把收获物用于生产固态成型燃料和木炭等为目的的林分。这一概念和薪炭林有相似的内涵。

(6) 煤质能源林　提供的林木材料能用传统燃煤设备燃烧发热。产品是成型纯木质的燃料或生物质混合煤。

(7) 木质能源林　以提供木质纤维为目的的林分类型，最终产品可能是成型燃料，也可能是借用化学方法生产燃料乙醇。

综上可见，燃料能源林从不同侧面可以有多种不同表述形式，这是发展初期开展理论探索的必然现象，但随着燃料能源林研究的深入和在生产中的广泛实践，相信会得到大家一致公认的表述方式。由于燃料能源林不论是乔木树种还是灌木树种，在培育方式上都是以林分外貌为基础，培育成灌丛式经营。因为矮林型是控制林木高度的做法，在能源林培育过程中，不用定干，让其自由生长，在达不到自然形成主干的时期就开始皆伐收获。因此，这种林分从外貌上看应称为灌丛型。对于乔木属性的树种需要通过短轮伐期经营来完成，如果不是短轮伐期，可能会成为乔林型；而对于灌木属性的树种这种外貌就可能持续下去。另外，从原料利用途径上，也可称为煤质能源林或木煤能源林，以便同原料的运输、燃烧设备与工艺方面结合相一致。由于名称的确定还处在探讨过程中，在研究中，涉及经营类型的表述时，还是沿用传统的矮林式作业下的灌丛型和不特殊作业的乔林型比较妥当。

1.2.2.2　燃料能源林的特征

燃料能源林概念（燃料林或薪炭林）的提出首先是从解决农村烧柴开始。在20世纪70年代我国广大农村地区出现了薪材危机（高尚武，1990）。为了解决广大人民群众的生活用能问题，科研工作者从现有资源中筛选出许多优良的柳树品种（万忠生，1991），同时，也引进多种国外树种，如银合欢、火炬松、黑荆等（林忠明，1991），重点筛选出适应于西北地区，能在当地立地条件下生长并能满足当地生产的树种（马文元，1991）。与国外相比，我国热值高的树种比国外丰富（高尚武，1990），主要树种有刺槐、白栎、麻栎、栓皮栎、紫穗槐、黄栌、山桃、山杏等，并且研究了华北石质山区一些树种的热值，分别为紫穗槐 17064.6kJ/kg，黄栌 19693.8kJ/kg，山桃 19828.2kJ/kg，山杏 19773.6kJ/kg，刺槐 19084.8kJ/kg；4年的生物量可达到紫穗槐 5.88t/hm^2，黄栌 5.12t/hm^2，山桃 3.80t/hm^2，山杏 3.76t/hm^2，刺槐 3.56t/hm^2，分别折合标煤为 3.42t/hm^2、3.44t/hm^2、2.57t/hm^2、2.54t/hm^2、2.32t/hm^2。经过比较可以选出适宜发展的树种，说明对于丘陵山区，即使采用粗放经营，也会生产出相当可观的生物量。赵廷宁等（1993）研究黄土高原区主要树种热值，胡建军、贾黎明、彭祚登、李洪、何宝华等的研究涉及柳树、柠条、沙枣、沙棘、栓皮栎、胡枝子、油松、旱柳、杨树、核桃、泡桐、榆树、臭椿等树种，为发展不同类型的能源林打下了良好的基础。充分说明我国具有可大规模利用的能源林开发空间（刘荣厚，2005）。

燃料能源林是以利用林木的枝干、树叶、树皮、果壳以及一些林木加工废弃物加工形成薪材、木炭或与化石煤形成新的混合料。燃料能源林的培育目标是通过各种有效措施最大限度地提高单位面积在单位时间内的生物质产量，所以燃料能源林有以下特点。

（1）林木生长快、寿命长、形体大、光合效率高、繁殖力强、适应范围广、单位面积生物量大。林业生物质资源和能源植物品种丰富，每年通过光合作用固定大量的碳和贮存大量的能量，因而发展和利用林业生物质能潜力很大。据资料统计，全球森林面积约占陆地的1/3，每年森林生长量占全球陆地植被年生长量的65%（贾治邦，2006）。光合作用的过程伴随着能量的转换和储存，能源林只要给予科学合理的培育与经营措施，均可得到很好的能源收获（吴德军等，2008；龚运淮等，1995），给未来的能源结构调整提供持续、稳定的资源保障。

（2）林木正常生长和利用过程中建立起了自然环境中 O_2 和 CO_2 的长效良性循环，每年森林可吸收16t CO_2，释放12t O_2，燃料能源林的燃烧过程中，SO_2 和氮氧化物的排放量减少，有助于减轻温室效应、改善地球环境，因此有人把生物质能源称为“清洁的能源”（万劲等，2006）。发展能源林，有助于减轻土壤侵蚀、防止水土流失、改良土壤、改良和增加野生动物的栖息地，对改善生态环境和保护生态平衡十分有益。一些燃烧值很高的树种还具有固氮作用，能提高地力、改良土壤。因地制宜种植燃料能源林，可充分地利用边际性土地资源，更好地使国土呈现青山绿水。瑞典曾采用优良树种和现代化的造林技术营建生产固体燃料的能源林，其能源林的薪柴产量每亩①年产高达23t（Jim，2002；蒋建新，2005；徐剑琦等，2006；汪有科，1989；费世民等，2005；万泉，2005）。

（3）发展能源林将有助于优化农业产业结构、增加农民收入。农作物产量和产值的提高与能源投入成正比。而发展中国家能源相对匮乏，缺少现代化设备，农产品收获时若遇到恶劣天气，如果不能及时采收、贮藏、烘干，就会造成巨大损失，导致农民收入下降。生物质资源的能源开发利用，为农林业提供新的发展空间，同时也是能源建设和生态建设的最佳结合（许小骏，2008）。燃料能源林除提供薪材能源产品外，枝、材、叶、花、果、种子、树皮都可能是饲料、蜜源、中药的材料，因而也兼有发展工业原料、食用、药用等副业的作用（施士争等，2006）。森林能有效提高人居环境质量，林地是休闲活动的理想场所，因此能源林发展是多功能产业的载体，是生态文明、美丽乡村和发展多元经济建设的重要元素。同时，一次造林可多年采收，持续利用。

（4）固体燃料是传统的用能取能方式。在现代加工技术下，木质燃料可以与其他助燃剂等物质结合，加工成适宜不同用途的成形燃料块，如粒状、柱状、棒状。特别是应用于居民日常生活，有着安全、便利和廉价的优势。在生物质产量较高的地区，能有效减少因为运输问题而影响能源供给的问题。

（5）燃料能源林属于我国传统的薪炭林概念范畴，有经典林学理论可参考运用，薪炭能源植物主要提供薪柴和木炭，其树木枝干热当量值高（火力好）。如有的地方种植薪炭

---

① 1亩 = $1/15hm^2$，下同。

林3~5年就见效，平均每公顷薪炭林可产干柴15t左右。1983年瑞典提出用杨柳树营造短轮伐期能源林（施士争等，2006）。燃料能源林适宜短轮伐期的矮林作业法、经济产量作业法等。

发展林业生物质能源，能源林培育是基础。从国家能源发展的战略需求出发，原国家林业局曾编制《全国能源林建设规划》，初步确定培育能源林2亿亩。为了更有效地利用各种宜林荒山荒地、发挥林地多功能作用、提高优质生物质能源材料，各国已开始注意木质燃料能源的地位和作用。

1.2.3 燃料能源林热值相关概念

1.2.3.1 热值的概念与计算

热值是指燃料物质燃烧释放出的能量表示方式，常用单位为：cal、J、kcal、kJ、MJ（兆焦）等。中国习惯采用的热量单位是卡。1卡是指1克纯水在标准大气压下，从19.5℃升高到20.5℃所需要的热量，1卡（20℃）= 4.1816J；有些国家使用卡（15℃）（在1956年伦敦第五届国际蒸汽大会上确定国际蒸汽表卡），符号calIT。它与焦耳的关系为：1卡（15℃）= 4.1855J。

热值是植物能量代谢水平的一种度量，是评价燃烧性能源林树种优劣的一项重要指标，自20世纪30年代就已经开始进行系统的研究。早期研究的主要目标是针对森林植物，如Bliss（1962）对热带到寒带天然植被进行了纵向的热值比较研究，发现灌木树种的热值常绿树种>落叶树种；Golley和Hadleyd研究指出多年生植物的春夏两季的热值要低于其冬季热值，植物热值随着海拔的增高而增大。随后，生物个体（James，1978）、种群和群落（Singh，1980）层次的研究也广泛开展起来。

与国外相比，我国在热值方面的研究开始较晚，并且研究的领域较窄，主要集中于较单一领域，重点在草本植物和森林植物方向的研究，缺乏系统性。杨福囤（1983）、祖元刚（1986）等对常见植物热值的测定方法和灰分含量测定的技术问题进行了详细的研究，李建东（1992）、龙瑞军（1993）、孙雪峰（1997）、任海（1999）、林益明（2000，2002）等先后对草原地带植物、高山草甸灌木和不同气候带不同森林生态群落热值进行了大量研究，所得结论与国外的结论相比有相同之处，亦有不同甚至相反的（胡自治等，1990；郭继勋等，2001）。

20世纪90年代初，有学者开始研究植物不同季节、不同器官热值的差异性规律以及引起此变化的植物组织内部各物质成分与热值间的相关关系（赵廷宁等，2006）。

无论国内还是国外，对植物热值的影响因子和分布规律还缺乏系统深入的研究。国外主要立足于大尺度区域的植被，缺乏相同植物在不同小区域的比较；国内对特定的植物研究比较深入，而缺乏大区域的系统研究。随着林业生物质能源林的发展，能源树种的热值研究将会极大地丰富林业生物质能源研究的内容（Marc de Wit，2010）。

根据热值计算和表达的内涵不同，热值又分为以下多种表达形式。

（1）当量热值和等价热值　当量热值又称理论热值（或实际发热值），是指某种能源原材料本身所能发出的热量，是按国家标准，根据试样在充氧的弹筒中完全燃烧所放出的热量测算的；等价热值是指为了得到一个单位的二次能源（或载热工质）实际要消耗的一次能源的热量，即加工转换产出的某种能源与相应投入的能源的当量。能源等价热值是二次能源具有的能源与转换效率（%）的乘积。一般在研究和生产中表达某种材料的热值时，多采用当量热值。当量热值的单位为：kJ/g、kJ/kg、cal/g 等。

（2）干重热值和去灰分热值　植物有机体的生长发育离不开水，生物质收获物含有大量水分，尤其是在非休眠季节收获的植物材料。在生物质燃烧过程中，水分会在燃烧前期被蒸发，不能产生有效的热量。生物质的水分含量与植物本身的遗传特征有关，也与收获的时间、收获方式和预处理的工艺等有关，为便于不同燃烧物间的热性能的比较，在测试前必须烘干到恒重状态，即生物质干重（生物质恒重）。把 1g 干重植物生物质燃料，完全燃烧时所放出的热量叫作植物干重热值（gross caloric value，GCV），单位为 kJ/g、kJ/kg、cal/g，其实是干重热当量。干重热值是衡量单位质量植物所含化学能多少的指标。干重热值以及生物质含水量的研究对燃料成型、燃料与标准煤当量、热能与有效产电量的研究是有意义的。

植物有机体的生长发育要吸收利用大量营养元素，生物质的收获物含有矿质元素，植物生物质在燃烧结束后，总是有不能燃烧的残留物，把这些不可燃的剩余部分称为灰分。从总干重质量中扣除灰分质量后，重新计算单位质量的热值即为去灰分热值（ash-free caloric value，AFCV）。生物质燃烧物中灰分的含量与植物的生长环境、植物自身的遗传特性、管理措施、收获方式、收获时间等有关。

从干重热值与去灰分热值的概念中可看出，二者实属当量值的范畴，有明确的单位质量产生热值的意义。单位是 kJ/g、kJ/kg、cal/g，而不是 cal、J、kJ。把沿用的“干重热值”与“去灰分热值”分别改称作“干重热当量”与“去灰分热当量”将会更清楚地表示燃烧物特性。干重热值（热当量）是通过热值测定仪直接获得，去灰分热值（热当量）需要测得灰分含量后，再计算而来。由于二者具有不同的生理学和热力学意义，所以，在测定和分析的过程中，总是把二者结合进行分析。

（3）弹筒热值、低位热值与高位热值　生物质热值测定是在实验室采用高压氧弹仪测定，需要在氧弹中充有 2.8~3.0MPa 的 O_2，用来保证生物质的充分燃烧。热值测定实验中，会使生物质中的 N 氧化为硝酸，当硝酸溶于水后放热，因此这种方法测定的热值为实验室的弹筒热值。而事实上，生物质在常压下燃烧时，由于生物质中含有 H，直接燃烧后能产生水，而且直接燃烧后，温度较高，水一般处于气态，此时测定的热值为低位热值（lower heating value，LHV）。待温度恢复到初始状态后，水会释放热量，此热量也属于生物质能的一部分，如计算这部分能量，则测定的热值为高位热值（higher heating value，HHV）。

在常压下，不容易形成硝酸，所以低位热值和高位热值通常比弹筒热值低。这也是生物质热值测定的一个特点。在实际生产应用中，燃烧是一个连续进行的过程，水总是处于气态的，所以低位热值就更加切合实际。由于高位热值是单位质量生物质在燃烧过程中完

全放出的能量，所以高位热值通常作为生物质理论质量的评判标准。为便于生产和实验的需要，有时需要进行各热值指标间的转化，各热值转化公式如下（刘荣厚，2005）：

$$LHV_{ar}= HHV_{ar}-25\ (9H_{ar}+M_{ar}) \tag{1-1}$$

$$LHV_{ad}= HHV_{ad}-25\ (9H_{ad}+M_{ad}) \tag{1-2}$$

$$LHV_{d}= HHV_{d}-226H_{d} \tag{1-3}$$

$$LHV_{daf}= HHV_{ar}-226H_{daf} \tag{1-4}$$

式中：*LHV*——低位热值；

HHV——高位热值；

ar——生物质自然含水状态；

ad——生物质自然风干状态；

d——生物质烘干状态；

daf——生物质去灰分状态；

H——燃料中氢元素所占的比重；

M——燃料中固有的水分所占比重。

1.2.3.2 热当量的概念与表示方式

热当量是单位质量干物质完全燃烧时所放出的热量，是描述燃烧物特性的一个指标值，单位是 kJ/g、kJ/kg、cal/g 等。有明确的单位质量概念。为便于不同燃料间进行热性能的比较，人们经常用传统燃料煤作为参照，因此出现了以下表示热当量的概念。

（1）煤当量（coal equivalent） 将不同品种、不同含量的能源按各自不同的热值换算成每千克热值为 7000 千卡的标准煤称为煤当量，亦被称标准煤。煤当量是按标准煤的热值计算各种能源量的换算指标。单位有 7000cal、29.27MJ、kgce、tce 吨标准煤（GB2589-1990《综合能耗计算通则》）。

（2）煤当量系数 也叫标准煤系数，是指把不同热值的燃料折算成标准煤的计量系数。单位是 kgce/kg。GB2589-1990《综合能耗计算通则》注解说明：各种生物质能的发热量应采用实测值，再折算成标准煤当量。通常生物质能的发热量取 kJ/kg，即 GB2589-1990《综合能耗计算通则》当量热值、发热量单位是 kJ/g、kJ/kg、cal/g。因为有明确单位重量的概念，也应属于热当量的范畴。

（3）标煤密度与标煤储量 标煤密度是指单位面积林地上生物质折合为标煤的数量，单位是 tce/hm^2；标煤储量是该林地总生物量折合标准煤的量，单位是 tce。这两个概念的意义在于衡量林地的热效能，与林木蓄积和生物量意义相同，其概念也类同碳密度与碳储量。

1.2.3.3 燃料能源林林分热值的表示方法

林分中包含有不同的树种、不同的植物器官，各自有其对应的热当量、热值和干物质质量，常具有以下几个关系式。

植株个体热值：$Q_i= \sum q_i \times m_i$ (1-5)

式中：q_i——植物 i 器官的热当量；

m_i——植物 i 器官的质量。

林分热值：$Q_{总} = \sum Q_i \times N_i$ （1-6）

式中：Q_i——群体中 i 种类植物的个体热值；

N_i——群体中 i 种类植物的个体数。

1.2.4 燃料能源林高生物质能的生理生化基础研究进展

热值是物质材料体现能量的尺度，也是衡量植物第一生产力水平的重要指标。植物热值研究最重要的意义在于热值能反映组织各种生理活动的变化和植物生长状况的差异。各种环境因子对植物生长的影响可以从热值的变化上反映出来（官丽莉等，2005）。

绿色植物在光合作用过程中，将光能转化为化学能，这种潜在的化学能以植物热值含量的高低来表示，它直接反映植物对太阳能的转化效率，植物热值是植物含能产品能量水平的一种度量，可反映植物对太阳辐射能的利用状况。所以，热值是评价和反映燃料能源林中物质循环和能量转化规律的重要指标。

目前，植物热值的研究成多样化发展，大到热值时间、空间变化、群落组分、植物科属的热值差异，小到植物体各器官、种间的热值差异及其影响因子（官丽莉等，2005）。对热值的深入研究将是生物质能得以全面开发的有力支持。

1.2.4.1 不同物种的热当量

大量研究表明绝大多数群落各组分热值的大小顺序为乔木层>灌木层>草本层。赵廷宁等（1993）对黄土高原主要木本植物热值测定，何宝华（2007）对北方常用薪材树种热值测定，刘泽文（2011）对山东省 30 多种常见植物热值测定，王得祥等（1999）对秦岭林区 11 种灌木热值测定，王爽等（2011）对沙棘的测定，康树珍等（2007）对荆条及胡枝子、栓皮栎、白栎、沙枣等的测定，其结果均认为不同物种热值特性指标——热当量不同，同一个属不同种的矮林，其热值基本相近。

1.2.4.2 林木不同器官的热当量

热当量值是植物能量水平的一种度量，可反映绿色植物对太阳辐射能的利用状况以及植物本身器官结构和生理生化变化。不同种类植物以及植物的不同器官或部位，其热当量都可能不同。

同种植物的不同器官会有不同热当量的差异。植物繁殖体、叶片在发育过程中能量也发生着变化（杨福囤等，1983；林益明等，2001；王得祥，1999；谭晓红，2010；刘泽文，2011），大量研究表明，杨树、柳树、刺槐各器官热值大小顺序为皮部>全株>干部；叶>枝>干>根，同种矮林地上部分高于地下部分；矮林型地上部分的热值变幅大于地下部分的热值变幅等，但也有部分树种略有不同（官丽莉等，2005；鲍雅静等，2006；何宝华，2007）。沙棘热值大小顺序为叶>干>枝（王爽，2011）。同时，还有江丽媛（2011）、赵静（2013）对刺槐化学成分与热值关系，侯志强（2009）对沙枣热值以及赵廷宁等

(1993）对栓皮栎、白栎不同器官热值的研究都为能源林培育和收获物的加工利用提供基础。

1.2.4.3 热当量随林分年龄的变化

热当量是单位质量燃烧物完全燃烧时释放的热量，是估测生物质能的一个重要指标。由于植物生长随年龄的变化，生物质的燃烧性能就有可能也随年龄变化。生物质能是热当量值与生物质质量的乘积，所以热当量是影响林分总热值的一个因素。对速生能源林树种来讲，干物质产量的高低直接影响该树种是否能被选定为优质的能源树种（孟宪宇等，1996；谭晓红等，2010）。对于刺槐萌生林的研究表明，2 年生的热当量大于 1 年生的热当量（谭晓红等，2010）。杨福囤等（1983）研究认为热值随物候期变化而变化，同时对影响植物热值的因素进行了分析。王得祥等（1999）对秦岭林区灌木不同季节的热值变化进行研究认为低矮灌木热值（其实应是热当量）比大灌木和乔木较高，同种灌木地上部分热值高于地下部分热值。李洪（2009）研究杨树无性系 2 年生植株的灰分含量低于 1 年生，而干重热值高于 1 年生；柳树无性系 1 年生和 2 年生植株的灰分含量分别为 3.30%～6.43%和 2.93%～3.73%，干重热值分别为 18.63～19.28MJ/kg 和 19.11～19.44MJ/kg；杨树无性系 1 年生和 2 年生植株的灰分含量分别为 3.93%～5.10%和 2.31%～3.38%，干重热值分别为 18.00～18.46MJ/kg 和 18.83～19.15MJ/kg。有一致的观点，也有相异的结论，说明植物热特性随年龄在变化，其变化趋势和程度因植物种的差异而不同。随着对能源植物热值的研究逐步深入，对于热值随年龄变化的研究成果会为能源林合理轮伐期的制定提供重要的依据。

1.2.4.4 生物量与热值的关系

1.2.4.4.1 燃料能源林的生长量

生长量的高低是检验该树种生长速度的最重要指标。表述生长量的指标有基径、胸径、树高和叶面积指数等。中国林业科学研究院科技情报所（1982）调查研究了速生树种以便实施短轮伐的能源林生长状况；王利（2003）研究了麻栎的树高、胸径以及生物量的变化；韩斐扬等（2010）研究了 6 年生 11 种桉树无性系生物量与炭化指标。对燃料能源林生长量的研究集中在树高、树粗（胸径或基径）以及叶面积 3 个指标（孟宪宇等，1996）。贾黎明等（2007）对柠条生物量的研究等，多表明平均生长量呈逐年下降趋势，而生物量是先下降后上升。

根据成子纯等（1977）对刺槐林分生物量的估测模型研究（1-7）、唐守正等（1995）研究的模型（1-8）、曹吉鑫等（2009）的模型研究（1-9），林分生物量可利用林分平均胸径、林分平均高和林木密度 3 个林分因子进行预估。

$$B = a \times D^{b} \times H^{c} \times N^{d} \tag{1-7}$$

式中：B——林分生物量；

D——林木平均胸径；

H——林木平均高；

N——林木密度；

a、b、c、d——待定参数。

$$W = a(D^2H)b + c \tag{1-8}$$

$$W = aD^b \tag{1-9}$$

式中：W——林木各器官的生物量；

H——林木平均高；

D——林木胸径；

a、b、c——参数。

林分生物量的计算有多种形式，唐守正等（1998，1999）研究了油松、杨树、泡桐等树种，针对不同树种不同环境一定要调查验证，慎重选择。最好根据标准木调查，结合实际建立合适模型，或对模型进行修正再使用，因为这直接影响培育技术措施的制定。

1.2.4.4.2　林分生物量与热值的关系

林分地上各部分生物量所占比例随年龄而变化，在估算热值时需要分部位逐级计算。最终林分生物量的估算采用分级计算法。

$$Q_{总} = \sum q_i \times m_i \times N_i \tag{1-10}$$

式中：$Q_{总}$——林分生物量；

q_i——植物 i 器官的热当量；

m_i——植物 i 器官的质量；

N_i——群体中 i 种类植物的个体数。

作为燃料能源林，主要燃烧物是林分的地上部分，各部分所占比例的不同，直接影响着林分的总热值。生物量作为能源树种的指标较适合于短轮伐能源林（中国林业科学研究院科技情报所，1982；钱能志等，2007）。

80 年代国内外着重发展速生树种以便实施短轮伐的能源林（中国林业科学研究院科技情报所，1982）。因此测定生长量的高低是检验该树种生长速度的最重要指标。生长量以植株高度、树干粗度（胸径或基径）以及叶面积 3 个指标表示（孟宪宇等，1996）。碳水化合物、营养元素等营养成分是植物生长、生物量积累的重要因子。而营养成分、生长量、生物量就如生物链一样，关系紧密。

生物量是植物在一定时间内积累的干物质产量，对速生能源林树种来讲，干物质产量的高低可直接显示能源树种是否优质（孟宪宇等，1996）。通常称取叶、枝、根等定量的鲜重，在 80℃下烘干至恒重，然后称其干重，即为各器官的生物量。生物量作为能源树种的指标较适合于短轮伐能源林（中国林业科学研究院科技情报所，1982；钱能志等，2007）。

由上述研究可见，植物热当量值研究最重要的意义在于热当量值能反映植物的生理活动变化和植物生长状况的差异。热值也是评价和反映物质循环和能量转化的重要指标。随着能源林培育理论研究的深入，热值测定更加引起了人们的重视。

1.2.4.5 林木生物质成分与热值的关系

生物质燃烧过程的物质变化可分为固定碳，可燃烧提供热量的部分；燃烧残留的灰分，不提供热值；燃烧过程中挥发释放的挥发分，一般条件下不能被有效利用。热值是生物量与热当量的乘积，植物生长状况决定了生物量，植物体内营养元素决定了生物质的全碳含量、灰分、挥发分。植物的热值既与有机物含量有关，也与矿物质含量有关（林益明等，2003；万劲等，2006；谭晓红等，2010）。

1.2.4.5.1 灰分的含量及其对热值的影响

灰分为生物质燃烧结束后剩余的不可燃物质部分，是植物体矿物质元素氧化物的总和，也包括夹杂在燃料中的不可燃的矿物质和环境中植物表面接受的环境粉尘。由于不能被燃烧，所以灰分对热值为负影响。因此，去灰分热值则能较好地表示生物质的燃烧性能。另外，灰分在高温状态下容易发生反应，腐蚀燃烧设备，所以灰分含量越少，其燃烧工艺会更有效（万劲等，2006）。林益明等（2001）对武夷山常绿林的研究发现，灰分含量随植物种类和不同发育期而变化；谭忠奇等（2003）在研究榕属植物时发现叶片干重热值与灰分含量在不同季节具有显著的线性相关。

灰分含量的高低有指示植物富集元素的功能，李意德等（1996）对海南尖峰岭热带山地雨林 46 种乔木叶平均灰分进行研究，其灰分平均含量为 6.8%；任海等（1999）对广东鼎湖山季风常绿阔叶林植物叶的研究表明，叶中灰分含量为 26.0~52.0g/kg，针阔混交林植物叶的灰分含量在 15.0~38.0g/kg 之间，针叶林植物叶灰分的含量在 19.0~38.0g/kg 之间。林益明等（2001）研究福建华安竹园竹类植物叶的灰分含量在 80.5~281.4g/kg 之间。研究结果多集中在植物叶片的灰分变化，可见，研究非常强调植物栽培、生理生化或元素循环，这些研究结果有利于栽培措施的制定。

在灰分热力学方面研究有赵廷宁（1993）、何宝华（2007）、谭晓红（2010）等，研究了刺槐、荆条、紫穗槐、沙棘、山桃、酸枣等植物的灰分与热值的关系，结果表明，植物样品的灰分含量直接影响了植物干重热值，灰分含量较高的植物或器官其燃烧的干重热值较低，反之则干重热值较高（杨福囤等，1983；林鹏等，1991；龙瑞军等，1993）。灰分是燃烧的残留，灰分的成分和数量影响着燃烧的设备和工艺流程，有研究表明，生物质燃料燃烧残留物 $CaCO_4$ 含量较高，对设备损伤严重。

1.2.4.5.2 挥发分的含量及其对热值的影响

挥发分为生物质在受热后，其内部组分裂解为小分子可燃物质逸出，与氧气接触剧烈燃烧。通常在温度超过 230℃，挥发分便大量逸出。但试验中发现，在温度超过 100℃，挥发分便逸出，干、枝、皮的挥发分在 200℃ 开始大量逸出，而叶的挥发分在 130℃ 便开始大量逸出。挥发物是由碳氢化合物、氢、一氧化碳等组成的可燃气态物质。一般说来，挥发物多的燃料，着火温度较低；反之，着火温度较高。完全燃烧，碳可释放出 33704kJ/kg热量，氢可释放出 125600kJ/kg 热量，氢发热量比碳高，且十分容易着火燃烧，是燃料中最有利的元素（奚士光等，2002）。林鹏等（1996）对和溪热带雨林的研究认为，当植物含有挥发油或油点、特殊乳汁及芳香性物质时，其热值较高。

1.2.4.5.3　可燃物的含量及其对热值的影响

生物质干重减去灰分和挥发分，剩余数量即为可燃烧物，这些物质包括木质素、纤维素、淀粉、蛋白质、脂肪等，这些物质具有不同热当量值，如植物脂肪的热值为3819kJ/g，木质素热值为2614kJ/g，粗蛋白热值为2310kJ/g，粗纤维和淀粉热值为1716kJ/g。各自在生物质成分中比例的不同，使得同质量的干物质具有不同的热当量值。赵廷宁等（1993）研究黄土高原区主要树种化学成分对热值影响时发现，树种热值的差异主要与树木体内所含的苯-乙醇抽出物和木质素的含量呈二元线性相关。

不同植物组织各种生理活动的变化和植物生长状况的差异以及不同环境因子都影响植物生物量和内含物，最终反映在热值的不同上。因此热值可以作为植物反映生长状况的一个指标（林益明等，2003）。植物热值与有机物含量呈正相关，与灰分含量呈负相关（万劲等，2006）。

1.2.4.5.4　碳含量及其对热值的影响

碳是构成有机物的骨架，大约占植物体干重的40%，在燃烧过程中释放热量，所以碳素含量高的器官或组织其燃烧时的热值可能越高（刘艳等，2013；Pablo Laclau，2003）。碳是植物通过光合作用转换为碳水化合物贮藏在植物体内的（Lambers et al.，2005）。碳元素是植物体内多种有机物（碳水化合物、蛋白质、脂肪等）的重要组成部分之一，以化学能形式累积起来，是植物生命活动中不可缺少的能量来源。徐永荣等（2003）研究了天津开发区滨海防护圈9种植物的热值发现，植物干重热值与碳含量呈极显著正相关。谭晓红对1~2年生刺槐的研究也得出同样结论（谭晓红等，2010）。

1.2.4.5.5　氮磷钾含量及其对热值的影响

氮元素含量直接影响植物体内叶绿素和可溶蛋白水平及光合酶类的合成与活性，从而影响光合与光呼吸作用。刺槐单位面积氮含量高的叶片具有高的光合能力（谭晓红等，2010）。研究认为豆科植物多为高热值植物，是因为根瘤菌固氮作用所致。所以用氮含量来判断植物热值是有科学依据的。植物体内的钾素是许多酶的活化剂，影响植物体内碳水化合物的运转，在氮代谢中有重要作用。

林木主要成分和元素是通过影响热当量值或生物质值而作用于林分热值的。有研究表明，生物质燃烧残留物中碳酸钙含量较高，对设备的腐蚀破坏性大。所以，对于生物质含有元素的种类和数量的研究，也应拓展到生物质利用工艺方面。

我国对热值的研究始于20世纪70年代末期，80年代初国内掀起了热值研究的热潮。国内大量研究显示，植物不同年龄、不同发育阶段、不同器官的热值均存在差异（孙雪峰等，1997；郭明辉等，1993；何宝华，2007）。随着开发利用的扩大和深入，开始了对植物热值与营养元素的关系以及影响植物热值的因素等方面的研究（林承超，1999；徐永荣等，2003；林益明等，2004；方运霆等，2005；官丽莉等，2005；王文卿等，2001）。植物热值研究的领域、手段和物种已呈现出多样化状态。

1.2.4.6 林分生长环境对热值的影响

植物生物质燃烧时所产生的热值差异除受不同植物自身组成、结构和功能影响外，还受光照强度、日照时间的长短、土壤类型和营养元素水平以及降雨与水分等生态环境因子的影响（鲍雅静等，2006）。

光合作用是能源林培育的生物学基础。它直接关系到植物各器官的生物量分配，而最终影响产量。早在 1962 年 Bliss 对多种常绿灌木和落叶灌木的热值测定时发现植物组织热值与其光合作用、呼吸作用等光合生理生态活动有关（Bliss，1962）。光照强度是引起不同部位光合特性变化的一个重要因子，有研究表明，植物热值明显受气象因子和生境小气候及土壤状况的影响（Howards，1974；杨福囤等，1983；李意德等，1996）。

林光辉等（1988）研究发现，冬季秋茄鲜叶热值随纬度的提高而升高，认为这是植物的低温刺激响应，有机物适应性积累以增强抗寒力。毕玉芬等（2002）对苜蓿属（*Medicago*）植物 45 个种的热值测定结果表明，不同种苜蓿差异显著性水平各异，总体上表现为野生种群较栽培种群热值高。

1.2.5 燃料能源林培育技术的研究

1.2.5.1 燃料能源林栽培树种

20 世纪 70 年代，美国的诺贝尔奖获得者——卡尔文提出了“能源林场”的概念，引起人们对生物质能源树种的重视。1980 年开始，“生物量生产”概念的提出，使单位面积上生物产量最大成为能源林培育的首要目标。不同国家和地区根据实际情况选用不同的种类和无性系。美国能源部的短轮伐期集约育林项目，经过 10 年的努力，筛选出美洲黑杨及其他杨树杂种、刺槐、悬铃木、枫香、赤杨、桉树等 10 多个树种作为能源林的发展树种。美国于 1978 年开始能源林“杨树品种（无性系）的选育和交换”，选育出不同气候条件和土壤条件下在集约经营管理的杨树专用生物质能源无性系 3 个，其年均生物产量约为我国能源树种年均生物产量的两倍（方升佐等，2006；龙应忠等，2007；张建国等，2006）。

加拿大和北欧等因地处寒温带，各国主要研究杨树及柳树的能源林栽培。瑞典国家能源委员会资助了一个“瑞典国家能源林计划（NSEFP）”，用以柳树为主的 3000 多个无性系进行筛选试验，提出“能源林业”的新概念（王世绩，1995），并把现有 1/6 林木用作能源林。21 世纪初柳树已成为瑞典的主要能源林树种。德国在杨树能源林研究和应用方面走在世界前列。经营以速生林多年培育为主，研究了速生杨与林地土壤、水分、养料的关系，速生林种植密度、每年生长量和气候变化的影响等（生物质能源考察组，2006）。

巴西主要以桉树能源林作为栽培树种（Debell et al.，1996；Christian et al.，2000）。澳大利亚利用桉树来发电，已有多个发电项目，如纳洛基发电项目等。美国与日本合作进行“燃油树”的研究，发现桉树是一种很好的“石油树”。

我国能源林生产目前关注的树种主要有杨树、柳树、桉树、沙棘、刺槐、栎树等，如我国新疆地区的胡杨，东北地区的香杨、大青杨，西南地区的滇杨以及华北地区的毛白杨、青杨、小叶杨、加杨等都是群众喜爱的薪柴。杨成源等（1996）对滇中高原和干热河谷的9种桉树薪材树种进行研究，选定巨桉、直干桉和赤桉为优质薪材树种。栎类树种是薪炭林经营中对壳斗科栎属麻栎、白栎、栓皮栎、小叶栎等一些被用作烧柴树种的泛称，也是我国传统薪炭林树种的一类。丁伯让（2003）将栎树按薪炭林经营，在栽后或播后3~5年开始平茬，以后每隔5年平茬1次，每亩可产1500kg的烧炭原料，通过采取提高林木生长量的措施，可培育发展成麻栎薪炭专用林。从2005年以来，我国燃料能源林的研究也关注胡枝子、紫穗槐、沙棘、沙枣、柠条等灌木树种，取得了许多有价值的成果（彭祚登等，2015）。

1.2.5.2 燃料能源林培育技术

根据国内外对林木培育的经验，能源林的培育可概括为以下3种方式（吕文等，2005；马文元等，1997）。①营造短轮伐期能源林：短轮伐期能源林是以速生、萌蘖性强的树种为主，如杨树、柳树，具有生长快、成材早、生物产量高等优点，是各国广泛种植的能源树种，也是短轮伐期的树种。②乔灌混交能源林：主要营造相思、桤木、大叶栎、枫香、胡枝子、柽柳、紫穗槐、荆条等高产高效的乔灌混交木质能源林。③开垦荒山荒地：可利用废弃的荒地营造柽柳、沙柳、沙棘、柠条等抗性强和生物量大的灌木能源林。

在造林技术方面，对白栎、刺槐、柳树、杨树的初植密度、栽植方式等有研究，也取得了一些有重要参考价值的结论；在育林技术方面关注的有肥水措施、病虫害防治、增加生物量、提高热当量等。桉类、刺槐等乔木树种矮林经营时，伐桩略高于地面即可。栎类树种以齐地面平茬为宜，而石栎、蒙古栎则首伐时应齐地面，以后逐次增高，否则，根颈处皮厚发芽困难。沙棘用锐利的镐头连同根桩一起平掉，可提高其萌蘖能力。贾黎明（2007）、王爽（2011）、江丽媛（2011）、侯志强（2010）等对沙棘、沙枣、栓皮栎以及李洪（2009）对杨树和柳树无性系进行了能源林无性系选择、种植密度和轮伐期试验等，都为能源林培育技术的推广应用起到了示范作用。

国外能源林都是规模化、规范化种植。欧洲的种植标准是两行的间距为0.75m，与另两行之间的距离为1.5m，株距为0.3m，便于机械化作业，收割后的林木可直接粉碎或切片，为后续的生物质利用提供了便利。

1.2.5.3 燃料能源林经营管理技术

对于经营管理方面的研究有抚育间伐时间、间隔期、方式、收获物的分级等。林木经营理论认为林分的数量成熟、工艺成熟、经济成熟是确定林分采伐年龄的重要依据。温佐吾等（2012）在对白栎次生薪炭林的工艺成熟与适宜采伐年龄的研究认为，对于按较短轮伐期经营的薪炭林来说，则不必要求其达到按用材林标准的数量成熟和经济成熟，而工艺成熟应当是确定适宜采伐年龄的重要依据之一。多种生物量估算模型 $W = aD^b$（W代表林木各器官的生物量，D代表林木胸径，a、b为参数）（曹吉鑫等，2009）。

我国在林木生物质材料收获方面的研究起步较晚。近年来，研究者分析林木生物质收

获机械发展现状（赵静等，2006；牛晓华等，2009），进行了能源林收获机械方案设计，能源灌木林采伐技术及装备研究，研制了多功能自走式灌木平茬收割机、灌木柠条削片设备等。对燃料能源林的机械化收获和材料分级等相关规范的制定提供了依据。灌木林收获机械的割茬高度一般都控制在离地 100~150mm 的范围内，可以有效减少对根部的伤害以及尽可能避免一些病虫害的传播。

1.2.6 燃料能源林收获物处理技术

在林木生物质材料现代处理技术与规范方面的研究开始较晚。传统利用方式多为加工成固体木炭材；而现代工业需要把木屑、木材废料等通过挤压加工成成型材，来替代化石煤作锅炉燃料。由于生物质燃料密度小、结构比较松散、挥发分含量高、燃点低、容易燃烧，可与煤结合加工生产成新型复合燃料——生物质煤，生物质煤的加工成本并不高，目前被煤炭行业广为推广利用。何方等（2002）的研究表明，生物质型煤中，生物质的含量越高，煤的燃尽率越高，加入生物质对提高煤燃烧速率是有利的 。刘大椿等（2013）对杉木枝、叶燃料成型技术进行研究，开创性地利用采伐废弃的自然风干杉树枝叶为原料，生产出低位热值 4228cal/g、灰分 1.56%~1.99%、热效达原煤的 163%的新型燃料，是现市场中最优质的生物质成型燃料。

进入 21 世纪以来，许多学者对栓皮栎、沙棘、沙枣、荆条、白栎等林分热值与生物量、轮伐时间与方式的关系和影响植物热值的因素（方运霆等，2005；胡建军，2009；贾黎明等，2013；彭祚登等，2006；赵廷宁等，1993）以及热值在植物不同器官中流动分配（官丽莉等，2005；王文卿等，2001）也做了大量研究。围绕燃料能源林高效可持续培育技术的研究，这些成果都将对刺槐燃料能源林的研究提供理论和方法的帮助。

1.3 能用刺槐林培育研究现状

刺槐具有适应性强、耐干旱、耐贫瘠、易繁殖、生长快等特点，因此，在全球范围内应用广泛。作为 18 世纪末由欧洲引入我国的新树种，在近 200 年的时间内，刺槐在中国广袤的土地上迅速生根发芽，成为我国林业整体发展规划中的一个重点发展树种。同时，由于刺槐还具有萌蘖能力强、生物量大、热值高、燃点低等特点，半个世纪以来已成为我国广大农村及偏远地区主要的薪材来源之一。目前全世界约有刺槐 20 多个品种，近 30 个变种，其中 8 个种为乔木，其他种为灌木。在针对刺槐的防护、用材、饲料、蜜源等方面的良种选育、营造以及采伐经营等方面的研究较多。这些研究成果对于刺槐的大面积栽植和多功能利用是必需的。

作为优良的薪材，刺槐植株的各个部分，包括干、枝、叶、皮和根等器官，都非常容易燃烧，且燃烧时间长，具备较高的发热量。按材积换算后，单位面积刺槐的产热量要高于相同面积松树和杨树的产热量，与高热量的栎类树种相差无几。刺槐作为一种燃料型生物质能源树种，是目前世界各国重点研究的树种。

1.3.1 能用刺槐林培育基础研究进展

1.3.1.1 刺槐能源林生物量及测算

生物量是指单位面积上积累物质的数量（干重为 kg/hm^2、g/m^2，能量为 KJ/m^2），生物量对生态系统结构和功能的形成具有十分重要的作用，是生态系统功能指标和获取能量能力的集中体现。到目前为止，国内外对于生物量的测定还没有统一的标准。

1876 年的埃伯梅耶（Ebermeryer）是最早对生物量展开研究的，他主要对德国的树枝落叶量和木材重量进行了具体的研究（Liang Wanjun et al.，2006）。20 世纪 50 年代后，世界各国开始重视森林生物量的研究，日本、美国等国相继开展了森林生产力的研究。80 年代后期，学者利用林分易测因子建立生物量回归方程，研究了不同地区森林的生物量。90 年代之后，开始利用 TM、ETM+遥感影像技术和卫星雷达图等现代技术测算不同地区的森林生物量。

我国于 20 世纪 70 年代后期开始对森林生物量进行研究，由最开始的杉木林，到马尾松林，再到研究我国东北长白山温带天然林，先后建立了我国主要森林树种生物量测定的相对生长方程，估算生物量。我国传统的森林生物量研究方法有皆伐收获法、标准木法、生长回归模型法和样方收获法等。90 年代末期至今，国内对较大范围内生物量的研究，将生物量转换因子连续函数法与遥感影像的“3S”技术结合后，进行森林生物量的估算，使森林生物量的估测在技术上有了很大提高。

树木生物量可以分地上及地下两部分，地下部分是指根重量（WR）；地上部分则包括树干（WS）、树枝（WB）、树叶（WL）和花、果的重量等。生物量是反映森林生态系统生产力最好的指标，是森林生态系统结构优劣和功能高低的最直接的表现，是森林生态系统环境质量的综合体现。因此，生物量的研究和测定在森林生长的过程和森林生态系统的动态变化过程中显得极为重要，其方法的技术进步也为能源林预测生物质产量提供重要的技术基础。近年来，国内外学者对森林生物量的研究范围逐步扩大和深入，包括同一树种的不同地理种源、不同发育阶段、不同自然地带的生物量差异以期建立生物量树种权重指标体系，实现对人工林、天然林生物量较为精确的估测，并建立普遍适应不同立地相同树种以及相同立地不同树种的生物量模型。

有关森林蓄积量的测定方法已经很成熟，怎样将蓄积量的测算结果转化到生物量上来，其中的转化方法是非常值得研究的（郑勇奇，2000）。现在的生物量估算方法，在大尺度上的精度还达不到人们预期的效果，因此提高估算精度成为了一大难点和热点。随着技术的发展与进步，更多的现代科学技术运用到生物量的测量和估算中，在目前的生物量模型中，运用“3S”技术构建新的生物量模型（万猛等，2009），对于获得精度高、可信度高的生物量估算模型是值得期待的。

刺槐能源林生物量的研究难点为萌生林生物量的测算。冬季对人工刺槐林进行皆伐，到第二年春季，皆伐迹地上萌条非常旺盛，每个伐桩的萌条都在 15 株以上且生长迅速，林分郁闭得快，在雨季来临前就可以达到完全郁闭，可以起到防止林地水土流失的作用。

我国早期营造的刺槐人工林中多以抚育间伐为主，而在皆伐基础上生长起来的刺槐萌生林的经营尚处于初级阶段（杨晖等，1996）。张柏林（1991）在小块皆伐迹地上对刺槐萌生林的观察和调查显示，相比于根蘖苗，萌生苗的苗高和基径的生长量均有较大的优势。孙启温也于1982年对比了根蘖苗和萌生苗5年内的生长状况发现，萌生苗的胸径生长量较根蘖苗高23%~54%（孙启温，1982）。有一种合理的解释可说明这种差异的原因，萌生苗在萌发后无出土过程，并可以获得伐桩内充足的养分，不需要形成供给营养的独立的根系，而且生长期较长（杨荣学，1981；张仰渠，1988）。

从目前有关刺槐萌生林的研究中可见，刺槐在皆伐后的第一年就可产生大量的萌条，第二年还可以继续萌生部分萌条。皆伐后形成的萌生林属相对同龄林。一株成年的刺槐树伐倒后，不管是否将其主根挖出，伐桩周围的萌蘖苗多达10~30株甚至以上，当将大部分萌蘖条清除后，按一定株行距选留下来的壮苗，生长快速，当年苗高可达2~4m（林广亭，1985）。刺槐萌蘖植株由于生理树龄高于同龄实生苗，故生长第二年即普遍开花结实，但据多年连续观测，提前开花结实基本不影响萌蘖植株早期的快速生长，尤其在阴坡更不明显。从各种立地类型调查结果看，各种立地类型优势木的平均高都要比实生林的高，这一方面是由于萌条可由原实生林的庞大根系确保水分的充足供应；另一方面由于实生林多年来对立地上土壤的改善，土壤结构更加合理，腐殖质增多，地表径流减少，更有利于刺槐萌条的生长（张长忠等，1993）。刺槐定植第二年刈割虽然不能获得最大的总生物量，但可以得到更多的叶量，即可以获得更多可利用的生物量（Ainalis A. B. et al.，1998）。

刺槐萌生林生物量的测定一般多以皆伐实测为主，简单易行，但因其破坏性和工作量大等，且数据无法进行外推，限制了应用的范围。本书作者马鑫、彭祚登通过采用标准地、标准木和树体分层分段抽取标准样品的方法，采伐取样刺槐样株，测定并计算刺槐萌条各部位的生物量和单位生物量，通过回归分析，建立了以刺槐萌生林树高（H）和冠幅（C）为测定因子的数学预测模型，得出回归方程 $W=0.168\times(C\times H)^{1.434}$，其相关系数（$R^2$）达到0.971，可用于刺槐萌生林的生物量预测，研究填补了刺槐能源生物量测算的空白（马鑫和彭祚登，2014）。

1.3.1.2 刺槐碳储量的研究现状

陈灵芝等（1986）研究了刺槐林分生物量的估测模型，提出林分生物量可利用林分平均胸径、林分平均高和林木密度3个林分因子进行预估，得到如下模型：

$$B=\mathrm{a}\times D^{\mathrm{b}}\times H^{\mathrm{c}}\times N^{\mathrm{d}} \tag{1-11}$$

式中：B——林分生物量；

C——林分碳储量；

D——林木平均胸径；

H——林木平均高度；

N——林分密度。

当刺槐林分平均含碳率（CF）取0.4998时，可得林分碳汇量估计模型如下式：

$$C=0.000113\times D^{1.61153}\times H^{0.56815}\times N^{1.00737} \tag{1-12}$$

式中：C——林分碳储量；

D——林木平均胸径；

H——林木平均高度；

N——林分密度。

1.3.1.3 刺槐热值研究现状

热值作为评价燃烧性能源林树种优劣的一项重要指标，是反映生物质燃烧所产生的热量多少的。为提高燃料能源林的燃烧性能，有效方法就是研究清楚影响热值的因子，以便定向选择和培育具备较大潜力热值的能源林。近几年，随着能源林研究的逐渐被关注，对植物热值影响因子的研究越来越多，都试图从各个角度揭示热值的内在规律以及影响热值的各种因素和影响机理。如官丽莉（2005）、Bobkova（2001）、A. S. Ekop（2007）对植物生物质构成进行研究，结果表明，植物组织内碳水化合物、灰分、脂肪、木质素、纤维素等成分对热值均有影响。鲍雅静（2006）、徐永荣（2003）等认为碳含量与热值存在显著的正相关关系；灰分含量与热值呈负相关关系（林鹏等，1991；林承超，1999；林益明等，2001）；热值与脂类含量呈正相关关系（杨成源，1996）；热值与粗蛋白、蛋白质的含量也有明显的相关关系（林益明，2004；陈美玲，2008；Bliss，1962；Neitzke，2002）；研究表明，影响热值的因子还有 Na、Mg、K 等。

除此之外，植物生长的不同阶段、不同器官、不同年龄热值也是有差异的（Ivask，1999），同一种植物的地上和地下部分的热值有差别（鲍雅静，2003）。研究认为热值跟器官、季节有关，同一树种的不同器官干、皮、枝、叶各不相同（何晓等，2007；王立海等，2008）；阮志平等（2007）、李少阳（2009）、胡宝忠（1998）指出热值与年龄呈显著正相关。影响热值的因素不仅包含内在因素，也有气候、营养条件、光照等外在因素。

在刺槐热值的研究中，本书作者谭晓红（2010）、江丽媛（2011）、赵静（2013）、杨芳绒（2013）、马鑫（2014）等都从不同角度做了深入的研究。其中，赵静（2012）在其试验的成果中提出，刺槐的四个不同品种（四倍体刺槐、速生槐、香花槐和普通刺槐）在三种密度（1m×0.5m、1m×1m、1m×1.5m）下干重热值的最低值是 17.73kJ/g，最高值是 19.52kJ/g，并且干、枝、皮、叶和根五种器官的热值高低顺序为：叶 > 皮 > 枝 > 干 > 根；干重热值在与综纤维素含量和去灰分热值比较中发现，干重热值与综纤维素的关系不显著，而与去灰分热值关系密切，呈先下降后上升的线性相关关系；刺槐器官的去灰分热值随器官中的粗蛋白含量比重的增加而增大；粗脂肪、单宁对刺槐的去灰分热值的影响是正相关的。谭晓红（2011）研究了农田环境下 1~2 年生刺槐能源林的生理生化特征以及对热值的影响，认为 2 年生枝干热值比 1 年生的高；研究刺槐不同器官灰分含量为树叶>树皮>树枝>树干；也认为灰分、挥发分以及营养元素的含量都影响热值的变化。

谭晓红等（2012）以五个不同刺槐无性系（‘83002’、‘8044’、‘8048’、‘84023’和‘3-I’）为研究对象进行器官热值的相关研究得出，干、皮器官的干重热值变化趋势随时间变化的差异大，前者为先下降后上升而后再下降的整体趋势，而后者则是先升后降的变化趋势；刺槐叶子的去灰分热值随时间的变化并不呈现明确的线性关系，规律不明

显；枝器官的干重热值和去灰分热值的变化规律较前三者更为复杂，不同无性系间干重热值与去灰分热值在不同时期内相关性有相同亦有相反。

1.3.2 刺槐能源林培育技术研究进展

有关刺槐培育技术的研究一直是刺槐研究重点，主要集中在人工培育和品种（无性系）选育上，培育目的以矿柱材、直接燃烧和饲用为主。刺槐在不同国家培育目标不同，如匈牙利为用材林；地中海国家则为畜牧业使用；日本则主要研究刺槐凝集素和基因工程方面；韩国也开展了一些刺槐的遗传改良和经营管理技术研究，如培育出了四倍体刺槐用于饲料林的发展（茹桃勤等，2005）。

国内在刺槐遗传改良、栽培技术措施、病虫害防治、利用途径等方面已展开了广泛的研究（宫锐等，1996；宋永芳，2002；荀守华等，2009），对刺槐光合生理的相关研究也已逐步展开（杨文文等，2006；刘娟娟等，2008），取得了一系列技术成果，对刺槐能源林的建设起到了较为明显的科技支撑作用。

1.3.2.1 能用刺槐繁育研究

（1）良种选育　刺槐原产北美阿帕拉契亚山脉和奥萨克高原。匈牙利、德国等欧洲国家于17世纪将刺槐引入并广泛种植。现已被世界上众多国家广泛引种栽培，与杨树、桉树一起被称为世界上引种最成功的三大树种之一。1897年，刺槐作为园林树种引入我国山东青岛，现在全国27个省（自治区、直辖市）都有栽培，以黄河中下游、淮河流域为主要栽培区（任宪威，1997；中国森林编辑委员会，2000）。20世纪70年代以来，我国开展了刺槐育种相关工作，80、90年代培育出了一大批优良的刺槐良种，具有干形通直、生长速度快、材积增益大等特点，如中国林业科学研究院1992年公布的A05等11个优良刺槐无性系，以及山东、辽宁、北京、河南等地培育的‘鲁1’、‘京13’、‘辽38’、‘豫8048’和窄冠速生刺槐等；90年代以来，我国从韩国、匈牙利、德国等国引进了红花刺槐、金叶刺槐和四倍体刺槐等多个优良无性系，使得我国的刺槐种质资源大大丰富（毕君等，1995；李云等，2006；荀守华，2009）。到目前为止，国内10多个省（自治区、直辖市）的教学单位及林业科研机构共选育刺槐优良无性系100多个、优良家系10多个、优良次生种源3个。

（2）种子繁殖　刺槐的种子繁殖在生产实践中大量被采用，种子发芽率可达60%~80%。但是如四倍体刺槐等人工加倍的多倍体刺槐品种，其种子的无胚、畸形胚率较高，即使正常胚其败育率也较高（姜金仲等，2008），而且用无性系植株所产种子进行繁殖，其后代无法保持其原无性系的优良性状，只能采用无性繁殖。

育种中种子繁殖较为普遍，一般须选择生长旺盛、生物量大和无病虫害的壮龄刺槐作为采种母树。刺槐种皮厚而坚硬，透水性差，需经浸种催芽处理才能播种：一般先用60℃热水浸泡24h，待种子膨胀后捞出催芽，未膨胀的种子继续浸泡24h，为了保证90%以上的种子吸水膨胀，可连续浸种2~3次。将膨胀的种子与沙按照1∶3的比例均匀混合后，堆放于背风向阳处或草袋内催芽。

（3）组织培养繁殖　刺槐的组织培养繁殖技术比较成熟，建立了茎尖、茎段、叶培养、胚培养、原生质体分离和培养体系，在基因工程方面也取得了一些进展，同时在愈伤组织成苗、玻璃化苗再生正常植株等方面也进行了探索（曹帮华等，1993；及华，1994；Arrillaga I et al.，1994；Chalupa V，1983；Hu Q J et al.，1985）。目前，四倍体刺槐组织培养技术已经相当成熟，国内在培养基种类、外植体的选择及灭菌、不定根诱导方法、试管苗移栽等方面的研究发展迅速，不同的实验室建立起多套成熟组培体系（王树芝，2002；郭军战等，2002；李云等，2004；任建武，2008；咸洋等，2009；黄立华等，2009）。四倍体刺槐叶片组织培养的生根率达85%，幼苗移栽成活率可达95%以上（叶景丰等，2004）。

（4）嫁接繁殖　刺槐的嫁接繁殖技术比较成熟，但由于操作复杂，技术要求严格，繁殖成本高，嫁接繁殖在其生产实践中应用少，多应用于优良无性系的引种阶段。张西秀和撒文清对四倍体刺槐的嫁接繁殖技术进行了研究，选择1年生、根径1cm以上的‘刺槐1号’、‘鲁刺73001’、‘辽刺光8’、‘皖刺1号’等品系根段作砧木，春季清明节前后将根段埋插。选择1年生、芽饱满的四倍体刺槐枝条作接穗，于3~4月用袋接或劈接法进行嫁接，当年苗高可达2m以上，成活率可达90%以上（张西秀，2002；撒文清，2003；尚忠海，2008）。

（5）扦插繁殖　刺槐属难生根树种，一般认为其扦插生根困难，成活率不高（森下义郎等，1988；潘红伟，2003）。扦插繁殖根据材料不同分为：硬枝扦插、嫩枝扦插和根段扦插。而刺槐的萌蘖性强，根段扦插繁殖容易；硬枝扦插和嫩枝扦插繁殖生根困难。

①根段扦插。刺槐的根段扦插是生产中广泛应用的一种繁殖方法。20世纪90年代，利用刺槐根段温床催芽和大田移栽育苗的两段式育苗法，繁殖系数大大提高，繁殖成活率达90%以上（毕君等，1995）。王安亭等利用春季沙藏后大田扦插的方法对12个刺槐无性系进行根段扦插试验，结果表明根段的长度和粗度是决定成活率的重要因素，长根段（8~12cm）平均扦插成活率83.3%，粗根段（0.5~0.8mm）平均扦插成活率78%（王安亭等，1999）。李周岐等（1995）也认为选用0.5~1.0cm粗、10cm长的细根进行埋根繁殖，可显著提高出苗率、萌芽率、移栽成活率及成苗率。韦小丽等（2007）对窄冠速生刺槐扦插试验研究表明，根段比枝插和杆插扦插生根效果好，生根快且成活率较高，操作简便，在根源充足的情况下，根插育苗是最好的选择。四倍体刺槐选择粗0.5~2.0cm、长15cm的根段，经3月下旬窖内湿沙层积催芽，或冬季挖根窖内储藏，待根上部发出新芽后即可按一定株行距进行扦插，插穗与地面成60°倾角，顶部与地面平，插后立即灌水，当年苗高可达1m以上，成活率也较高（张西秀，2002）。

②嫩枝扦插。对于硬枝扦插难生根的刺槐而言，采用嫩枝扦插比硬枝扦插的成活率要高得多。Swamy等对刺槐研究表明，春季用500mg/L NAA处理过的刺槐嫩枝和硬枝最高生根率分别为83.3%和66.6%。周碧彤对刺槐的嫩枝扦插进行了研究，认为在最适温度（20~24℃）下，愈伤组织生根时间缩短，生根率提高（周碧彤，1986）。四倍体刺槐嫩枝扦插试验结果表明：插穗下切口采用径切和IBA激素配合使用能提高生根率达60%。扦插

时间以5月末到6月末生根效果较好，8月中旬以后，生根率明显降低（胡兴宜等，2004）。但刺槐嫩枝扦插的研究相对较少。

③硬枝扦插。随着生长调节物质的应用和扦插技术的不断改进，刺槐无性系的硬枝扦插成活率得到提高。刺槐无性系硬枝扦插中应用IBA、NAA、ABT均能显著提高硬枝扦插成活率，适宜的激素组合处理比一种激素处理效果更为明显，NAA 500mg/kg、IBA 500mg/kg等量混合使用效果最好（周全良等，1996；刘长宝，2008）。郭建和等根据刺槐具有复生隐芽的生物学特性，采用2次抹芽的措施，利用当年生硬枝进行扦插育苗，获得较高的成活率（郭建和，2008）。四倍体刺槐用传统的硬枝扦插法成活率很低，大约只有3%，但使用1年生硬枝沙藏处理，48h流水浸泡结合扦插生根过程中抹芽的改进的方法可使成活率达到40%左右（李海民，2004）。杨兴芳等在四倍体刺槐硬枝扦插上，先利用0.2%的高锰酸钾溶液浸泡硬枝插穗12h，然后进行沙藏，4月份再用生长调节剂处理，扦插成活率达到60%以上（杨兴芳等，2007）。还有其他一些影响刺槐优良无性系硬枝扦插成活率的主要因素，如覆膜措施、插穗粗度、插穗长度和药物处理等，且插穗于土壤中腐烂是降低成活率的重要原因（周全良等，1996）。韦小丽等在窄冠速生刺槐无性系的3因素正交试验设计结果表明，石英砂+ IBA 500mg/L +粗枝（>0.5cm）组合扦插成活率最高，基质对成活率的影响最显著（韦小丽等，2007）。而不同刺槐无性系扦插成活率也表现出差异。10个刺槐无性系硬枝扦插研究表明，相同处理下无性系间生根率存在不同（刘长宝等，2008）。匈牙利刺槐较四倍体刺槐易生根（姚占春等，2007）。

1.3.2.2 刺槐能源林栽培技术研究

（1）刺槐适宜立地　有关刺槐栽培立地选择的研究目前还未见有专门试验研究报道，但生产实践表明，刺槐的适生能力强，对造林地土壤的适应性很强，但不适宜在pH>8的盐碱地、露风地种植。刺槐的耐涝性较差，地下水位较高的低洼地方和积水地亦不宜作为刺槐造林地。

（2）整地　整地的细致程度对刺槐的成活、成林与生长影响很大。尤其刺槐能源林培育，一般以边际性土地，如干旱瘠薄的石质山地、黄土丘陵和杂草繁茂、土壤黏重的地方为多，因此，细致整地更为重要。

造林整地方式较多，应根据因地制宜的原则选择恰当的方式。平原地区一般多采用带状开沟、穴状等整地方式；山区、丘陵和沟壑常采用窄幅梯田、水平沟、反坡梯田及鱼鳞坑等整地方式；盐碱地常采用修筑台田、条田和开沟筑垄等整地方式。

（3）造林季节和方式　刺槐裸根苗春、秋季可造林。在冬春干旱、多风，比较寒冷、易遭冻害的地区，通常在秋后或早春将苗木截干后栽植，截干高度以不超过3cm为宜，栽植一般比苗木根颈高出3~5cm。气候比较温暖、湿润和风少的地区，在春季苗木芽苞刚开始萌动时可带干栽植。容器苗造林时间还可选在6~7月份，宜在小雨或雨后湿润的阴天栽植。

（4）刺槐能源林结构

①种群结构特征。观测表明，刺槐的高生长最快一般在2~6年时，直径生长旺盛期

是在5~10年，材积生长量最快期则是在15~40年。目前的人工刺槐林有两种经营方式：纯林和混交林。在混交林中，刺槐可与其他乔木树种或灌木相互搭配种植在一块林地上，按一定比例来经营，可以更有效地利用水、肥和光照，充分利用营养空间，可提高林分的稳定性。刺槐作为燃料型能源树种，热值高，较其他树种的燃烧特性更优，采取纯林模式并进行适当的密植，可以获得可观的生物量，因而是能源林培育的首选模式。

张会等（2008）在山东蒙山海螺丝林场采用样地调查方法，根据生长的情况，调查样地内每株刺槐的树高（m）、胸径（cm）、枝下高（m）、基径（cm）、冠幅（m）等指标。结果表明，刺槐种群明显的分为3部分：2~10cm的低径级、11~16的中径级以及17~26的高径级，中径级内的单株全部缺失，其余两者所占比例依次为52.99%和47.01%，种群数量集中分布在幼龄种群和成熟种群。从垂直结构看，2~10cm低径级的高生长随胸径增加有显著上升的趋势，而17~26cm高径级内的刺槐高生长则要相对稳定。在林分成熟前，刺槐的高生长呈上升趋势。近成熟时，高生长稳定，生长趋势平稳达到最大高生长。从水平结构看，低、高龄级的刺槐胸径生长都呈现上升的整体趋势，在胸径生长过程中，低龄级时胸径生长迅速，至近熟林时，胸径生长仍能保持一个很高的生长水平。

②密度效应。任伯文等（1990）在刺槐薪炭林的密度试验研究中得出，在相似的立地条件下密度越大（即种植的越稠密），所获得的生物量越大；在同一林分一定的生长周期内，随着年龄的增长，刺槐人工林生物量增大。平茬后，刺槐的伐桩萌条生物量较低密度要低于高密度。在第1、2、3年，中高密度上萌条产柴量是低密度的5倍左右。平茬后的刺槐萌蘖林具有极强的萌生能力，同一生长期内，所得生物量较高。

任伯文等（1990）的试验结果也表明，单株刺槐各器官生物量随株距的加大而呈增大趋势，株距增大有利于根、茎、叶的生长。

传统的刺槐薪炭林造林密度都在330株/亩以上。

③年龄结构效应。刺槐的生长速度极快，在幼龄时就展现出良好的生长势。刺槐萌生林的萌蘖力极强，在平茬后的前两年中，都可以产生大量的新生枝条（张柏林，1991）。

刺槐在生长到5年左右时，根系已经非常庞大，生物量也已经达到较大的量，并且平茬后再次萌生的优势明显，萌生林对水分和养分的吸收更有利于萌生枝条的生长（张立刚，2005）。

杨芳绒（2013）研究指出，刺槐萌生林的基径和树高的连年生长量随着年龄的增加有降低的趋势，以及年均生长量也表现为下降的趋势，7~8年时年均生长量开始下降，而其研究也指出，5年生的萌生林比8年生的乔木林的生物量要高。

1.3.3 刺槐能源林经营与收获研究进展

刺槐能源林培育从栽植后到成活再至生产需要经历一个阶段性的生长过程。为了在最短时期内能够获得最大的刺槐生物量，有必要对刺槐幼苗进行人工抚育，而刺槐幼苗阶段的抚育主要是以除草、松土、修枝和密度控制为主。由于刺槐分枝力强、生长旺盛，在自然生长条件下易形成广卵形树冠，需正确修枝以保证林分达到利用所需的前提下，尽可能

地缩短生长周期和轮伐周期，获得最大生物量。其中最重要的是刺槐的平茬，也是刺槐能源林管理研究的主要内容。刺槐平茬是对现有的林木进行近地面的一种砍伐，用锯从刺槐树干基部锯掉，茬口呈水平状，使翌年从根基部萌生枝条（刘银菊，2008）。刺槐平茬更新技术是对衰退小老树林和刺槐低效林改造的有效措施，不仅可以使现有的林分得到充分利用，还可以提高林地的利用率（管锦州，2008）。刺槐平茬后的初期生长速度快，3~5年即可郁闭成林，但是树冠仍旧较小，枝叶较稀，但5年后，刺槐的生长滞缓，易成“小老树”状态，生产效益不再提高（高书英等，2005）。

张洪生（1987）的试验表明，当选择不同的平茬高度时，次年的刺槐萌生量存在着差别。平茬高度越低（越接近地面），次年萌生形成的地上生物量要高于平茬高度较高的刺槐萌生形成的地上生物量。据此推算，萌生两年的单簇地上生物量鲜重中，平茬高度低的萌蘖林比高的会高出相当可观的生物量。

刺槐秋季落叶后直到翌年树液开始流动前，都是平茬的合理时期，基本上是每年的12月份到翌年的2月份由树干基部进行平茬，在萌芽前结合春季松土、浇水，施入适当量的氮磷等复合肥料养育（王建功等，1999）。刺槐的第一代萌生林具有较高的生长力，二代及多代也同样具备快速的生长能力，对刺槐能源利用而言，采取定向培育的前途是可观的，能获得较大的生物质产量，为刺槐效益的永续发挥创造新的途径（齐长江等，1992）。

平茬可以极大刺激刺槐主干基部萌生新枝干，使刺槐茬口处的萌蘖能力和枝条生长发育能力得到充分的展示，刺槐枝条的高生长和粗生长显著提高；平茬后的刺槐叶的数量不仅得到了提高，其叶片的质量即叶片中的淀粉、可溶性糖和粗蛋白等营养成分均较母树有提高；刺槐的平茬同时还提高了生态效益，随着林相的变化和干、枝、叶生物量的提高，枝叶郁闭快，保水固土，培肥土壤提高地力，涵养水源等功能作用也会得到加强。

1.4 刺槐能源利用研究趋势与前景

开展能源植物研究是推动节能产业发展的基础。世界各国相继制定了相应的开发研究计划。如瑞士的“绿色能源计划”、日本的“阳光计划”和“绿色能源协会”建立的石油树（桉树）林场、印度的“绿色能源工程”、美国的“能源农场”、巴西的“酒精能源计划”，以及泰国的椰子油加油站等。随着更多的“柴油树”、“酒精树”和“蜡树”等植物的发现，世界各地纷纷建立了“石油植物园”、“能源林场”等，栽种一些产生近似石油燃料的植物。英国、法国、日本、巴西、俄罗斯等国都在加快石油植物研究与应用的步伐。人们对能源植物的研究，不仅是资源利用，而且包括品质的改良。2010年，美国托马斯·杰斐逊大学安德里阿诺夫的研究团队改变了烟草的基因，使烟叶含油量提高到普通烟叶的21倍。烟叶被认为能提取出更多的油和糖，是诱人的“能源植物”。英、美等发达国家正在对已发现的40多种石油植物进行品种选择和质量优化，并期望尽快实现商业化生产。

利用生物质压缩技术可将木本植物及其废弃物压缩成型，制成可代替煤炭的压块成型燃料。这种技术仅仅在物理状况对植物体加以改变，可以将热效率提高到20%以上（谷战英等，2007），而且还减排了二氧化碳和二氧化硫，是一种清洁能源。生产中是清洁的，使用中也是清洁的。世界上多数发达国家都在开发生物质颗粒成型燃料，泰国、菲律宾和马来西亚等第三世界国家正在发展棒状成型燃料。近年来，林业生物质固体成型燃料在技术方面已日趋成熟，并已开展了一定规模的产业化示范，这些为林业生物质的大规模能源化开发奠定了良好的基础。

我国能源植物的发展趋势目前仍为大力发展能源林产业。我国薪炭林面积高达300多万 hm^2。这些资源都是高燃烧值生物量，一般燃烧热值高达4000~4800kcal/kg，是开发生物质的固体成型燃料的重要原料（高岚等，2006）。我国宜林荒山荒地有5400多万 hm^2，可用15%左右发展能源林。此外，有近1亿 hm^2 盐碱地、沙地、矿山、油田复垦地等边际性土地，其中相当一部分可用于发展特定的能源林（李育材，2006）。随着今后造林面积的持续增长和经济社会的发展，生物质资源转换为能源的潜力可达10亿t标准煤。

到目前为止，许多学者对栓皮栎、沙棘、沙枣、柠条、白栎等林分热值与生物量、轮伐时间与方式的关系（胡建军，2009；贾黎明等，2013；彭祚登等，2006；赵廷宁等，1993）和影响植物热值的因素（方运霆等，2005），以及热值在植物不同器官中流动分配（官丽莉等，2005；王文卿等，2001）做了大量研究。这些围绕能源林高效可持续培育技术的研究成果都将对今后刺槐能源林的研究提供理论和方法帮助。

刺槐是我国主要造林树种之一，具有极强的适应性，栽培技术易掌握，且速生、水土保持效果好，同时对畜牧具有良好的饲喂性，还是优良的蜜源树种。从大批量引种栽培以来，全国刺槐成熟林和过熟林面积已有40多万 hm^2。其中，河南省现有刺槐面积10.96万 hm^2，其中幼龄林面积2.41万 hm^2，中龄林2.89万 hm^2，近熟林1.63万 hm^2，成熟林2.91万 hm^2，过熟林1.12万 hm^2。同样情况的还有陕西省，陕西省现有刺槐总面积51.36万 hm^2，而成过熟林面积为8.26万 hm^2。成过熟林已有部分林木树梢、根部枯死的状况，急需进行更新采伐，可见，目前是刺槐林功能重新定位的关键期。因此，刺槐生物质能源林的研究、开发和利用，不仅迫切，而且具有良好的开发利用前景。

过去刺槐研究较多的是在抗逆性选育，提高木材质量、蜜源以及饲喂等特种经营和传统型薪炭林培育方面，对矮林作业下刺槐能源林生长变化、生物量、热性能以及短轮伐期等问题的研究报道很少，在系统研究方面更是薄弱。刺槐林更新措施与培育方向的确定是一个紧迫的问题，萌蘖更新、定向培育高质量刺槐能源林在“十一五”期间已得到立项研究，其研究成果为刺槐燃料能源林栽培和经营提供了理论依据，有助于推动制定科学的刺槐燃料能源林栽培实施细则。

我国木质能源的开发利用和应用技术研究，从20世纪80年代以来已经受到重视，但由于起步较晚，还存在不少问题，对刺槐而言，以下问题还需要重点研究解决。

（1）澄清和收集我国刺槐种质资源，加大对高热值刺槐无性系的选育，为我国大面积刺槐林更新以及燃料能源林建设提供物质基础。

（2）研究经营管理的理论与技术措施，如造林前的整地、杂草控制以及施肥等措施。收获通常在休眠期进行，以保证翌年春季有足够的营养进行萌发。经营能源林的关键是要

考虑系统的持续性和不同林龄的分配，因为不同环境下的刺槐林忍受反复收割的能力存在较大差异，而林分栽植密度和轮伐期是影响产量和寿命的重要因子。

（3）制定中长期刺槐能源林建设规划，从品种、林分、林龄、地区等方面进行宏观调控，这是能源林永续循环利用的一个重要特点。

纵观世界林木生物质能源开发利用的历史，国家通过政策、法律和经济手段支持发展可再生的生物质能源，是世界各国的共同经验，因而，国力的强弱也是生物质能源行业得以顺利开展实施的重要基础。能源树种刺槐的发展是可行的，符合当下中国可持续发展的战略目标，符合“绿水青山就是金山银山”的发展理念，在高质量发展乡村经济、建设美丽中国、实施乡村振兴的各项事业中都有重要的作用和发展前景。

第 2 章
研究目标与途径

2.1 研究目标与意义

2.1.1 总目标

立足于解决我国经济发展对能源林资源供给刚性增长需求的技术问题，以刺槐作为燃料资源树种，通过立地选择、密度控制等综合措施，提出能源林树种高生物量、高热值、短轮伐期集约化栽培技术，并在不同区域建立能源林高效栽培示范基地。

通过对刺槐能源林定向培育关键技术的研究，确立符合中国国情的刺槐能源林定向培育的独特技术路线，突破刺槐能源林定向培育关键技术瓶颈，降低生产成本，提高生物产量，建立具有国际水平的刺槐生物质能源产业发展的可持续的生产路线。

2.1.2 具体目标

随着我国不断推进美丽中国和乡村振兴战略，农业农村发展对能源林资源培育新技术及高效利用技术升级换代的需求日益迫切，可再生生物质能源的开发利用已纳入高技术支撑下的产业新增长点，企业参与刺槐等树种的能源产业开发的积极性非常高。因此，基于刺槐燃料能源生产潜力和资源培育的技术研究成果具有广阔的推广前景。其具体的技术需求目标是：

（1）确立适合我国不同区域条件，将刺槐作为燃料能源树种培育能源林的良种选育与种苗生产技术、适宜立地条件、栽培关键技术、林分抚育管理技术、高产收获生理生化调控技术和经营与收获技术等，最终形成相应的栽培模式和综合配套技术；

（2）提出刺槐燃料能源林培育的技术指南或技术规程；

（3）在华中、华北、西北等区域建立刺槐燃料能源林优质高产定向培育技术示范基地。

2.1.3 研究意义

刺槐开发成生物质块状成型燃料，可用于各种发电、供暖、企业热源等工业燃煤锅炉

和民用取暖、生活炉灶。我国目前每年消耗煤炭约 10 亿 t，按替代 5%煤炭计，每年需要生物质量约 5000 万 t，市场潜力巨大。与一般的工业用标准煤的发热量相比，5t 刺槐干物质的生物能源为 1t 标准煤。刺槐 1 亩地年产刺槐干物质 1.5t，约折合 1/3t 标准煤，按目前标准煤价格 650 元/t 计算，则刺槐能源林的每年亩效益为 210 余元。按西部干旱半干旱区（宁夏黄土区）刺槐生长调查结果，4 年生密度为 5000 株/hm^2，树高为 2.23m 以上，生物量为 16.46t/hm^2。普通刺槐按每 5t 干物质折合 1t 标准煤计算，则 4 年生刺槐林的年均效益约为 2140 元/hm^2。在西南山地（四川地区）3 年生萌生刺槐林在密度为 10000 株/hm^2的情况下生物量为 31.01t/hm^2，则 3 年生刺槐林的年均效益约为 4030 元/hm^2。总之，刺槐燃料能源林产业的前景广阔，经济开发潜力很大。

开展刺槐燃料能源林培育技术的持续研究，将最终建立起具有可持续发展特征的刺槐能源林定向培育技术体系，全面提升我国在刺槐能源林定向培育技术研究领域的创新能力，使我国的刺槐能源林定向培育技术达到国际水平。同时，培养和锻炼一批刺槐能源林培育领域的科技人才和创新团队。研究成果将为践行“绿水青山就是金山银山”理念、发展农村经济、提高农民收入、实现乡村振兴提供新的途径与选择，为社会的进步与繁荣及和谐社会的构建发挥重要作用。

生物质能源生产与利用对环境质量的改善具有重要意义。有研究证实，生物质原料燃烧要比化石燃料燃烧排出的有害气体少 20 倍。能源作物（或矮林）生产及利用，要比只是简单地增加新造林面积来固定 CO_2更有经济和环保意义。能源作物（林）可进行连续短周期种植和收获，吸收 CO_2的功能经常保持旺盛的状态。一个小型生物质能源发电厂，只需要其供给地区耕地面积的 15%来发展能源林，因此也不会导致种植的单一景观。刺槐抗逆性强，种植刺槐能源林可使多种边际土地受益。

2.2 研究内容

以刺槐作为速生燃料树种资源，研究能用刺槐新品种选育、优质壮苗定向培育技术、刺槐燃料能源林的优化栽培模式和技术体系、刺槐能源潜力提增的栽培生理生化基础与收获物高产调控技术，最终形成能源林培育的综合配套技术，并在刺槐适生的华中、华北、西北 3 个气候区域建立高效栽培示范点。具体包括以下内容。

（1）研究刺槐等优质壮苗定向培育技术。刺槐苗期快速生长调控和降低育苗成本技术；制定能源林定向培育的苗木质量和生产技术标准；研究能源林树种苗木培育的产业化与技术推广模式。

（2）刺槐等能源林的优化栽培模式和技术体系。通过对现有刺槐研究基础的利用和分析，以速生、生物量大的优良刺槐品种为出发点，结合测定热值，从中选择符合“速生、高产、高能”特点的刺槐株系、无性系或品种进行能源林优化和栽培模式的研究。包括刺槐能源林适生立地的研究、整地与造林方式、树种组成与空间高效配置技术、密度控制技术、栽培模式、抚育管理技术等研究。

（3）能源林树种栽培的生理生化基础与收获物高产调控技术。研究刺槐等燃料植物生

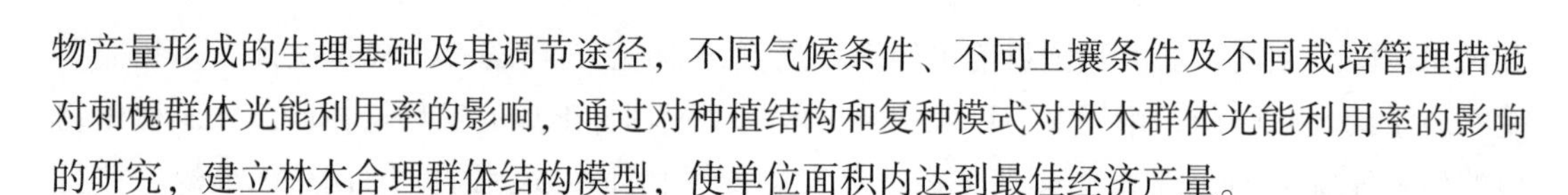

物产量形成的生理基础及其调节途径，不同气候条件、不同土壤条件及不同栽培管理措施对刺槐群体光能利用率的影响，通过对种植结构和复种模式对林木群体光能利用率的影响的研究，建立林木合理群体结构模型，使单位面积内达到最佳经济产量。

（4）能源林培育综合配套技术研究及区域示范。以适宜的气候区域和立地条件为基础，利用速生、高产、高能的优良刺槐品种，进行最优的育苗、造林、密度、管理、收获等一系列综合配套技术研究和示范，为不同气候区、不同立地条件提供相应的能源林培育的综合配套技术，并将研究成熟的刺槐能源林培育的综合配套技术分别在我国华中、华北、西北几个区域建立高效栽培示范点，为最终形成刺槐生物质能源资源的产业化奠定基础。

从生产的实际需求而言，在刺槐燃料能源林研究中，重点内容将是突出解决以下科学与技术问题：

（1）刺槐能源林采伐期的确定，以及采伐期与产量、热值的关系；

（2）刺槐能源林生产力形成的生理生化基础与高产栽培综合配套调控技术的研究。

能源林树种需要满足高产量、高热值且对病虫害具有抗性的特性，因此需要围绕上述指标，在收获周期、栽培措施等技术上开展研究，提出刺槐能源林最佳收获周期，在考虑经济效益、成本核算的基础上，达到最高热值、最大生物量的培育目的。

能源林种苗质量和生产技术标准以及在苗木培育技术推广与产业化生产模式方面，能源林树种与传统林种培育用苗的标准存在较大区别，体现在燃料能源林更强调短期高生物量、高热值品质，而不强调健壮、良好的干形、根系发达、根茎比值小等指标的要求。

与用材林培育技术相比，能源林培育在立地选择与造林整地、造林季节和方法等方面有类似的要求，但由于培育目标的差异，在密度控制、林地抚育管理、收获方式等均有较大的区别。对于薪炭林经营技术而言，作为燃料能源林，经营目标较为接近，技术上的共性较多。但是薪炭林仅以烧材为目的，经营粗放，对于专用燃料能源林，如发电用材料的生产，要求能源林树种在燃烧后灰分少、热值高、萌蘖力强、可刈割期长等。因此，在品种选择与收获方式上就需要特定的技术。

规模化开展以刺槐等为研究对象的短轮伐期能源林培育技术研究，建立刺槐能源林种苗评价的质量体系，突破长期以来我国刺槐人工林培育的范畴与技术模式的局限，紧密围绕国家能源政策，将成为促进我国能源开发可持续发展的一个重要的创新领域。通过建立刺槐燃料能源林培育的高效优化栽培技术体系，提出以刺槐生理生化特征为基础，在提高光能利用效率的基础上，以高生物量、高热值为目标的刺槐燃料能源林培育技术体系，并制定刺槐能源林集约化栽培与经营的技术规程或指南，可填补国内在刺槐应用研究中的空白。

2.3 技术总路线

刺槐燃料能源林研究是在筛选符合“速生、高产、高能”特点的刺槐株系、无性系或品种的基础上，通过对比栽培试验，研究优良刺槐种质资源的壮苗培育技术并制定其培育

的技术标准；通过在不同类型区域的比较试验，从立地选择、密度控制等方面进行系统研究，测定不同栽培模式下刺槐的生物产量、热值及燃烧效率等指标。在研究刺槐等燃料植物生物产量形成的生理基础及其调节途径的基础上，构建刺槐等能源林培育典型栽培模式和综合配套技术体系。提出定向培育综合配套技术及最优性状评价指标体系与技术规程。在重点分布区建立刺槐能源林定向培育的综合配套技术示范基地。其技术总路线如图 2-1 所示。

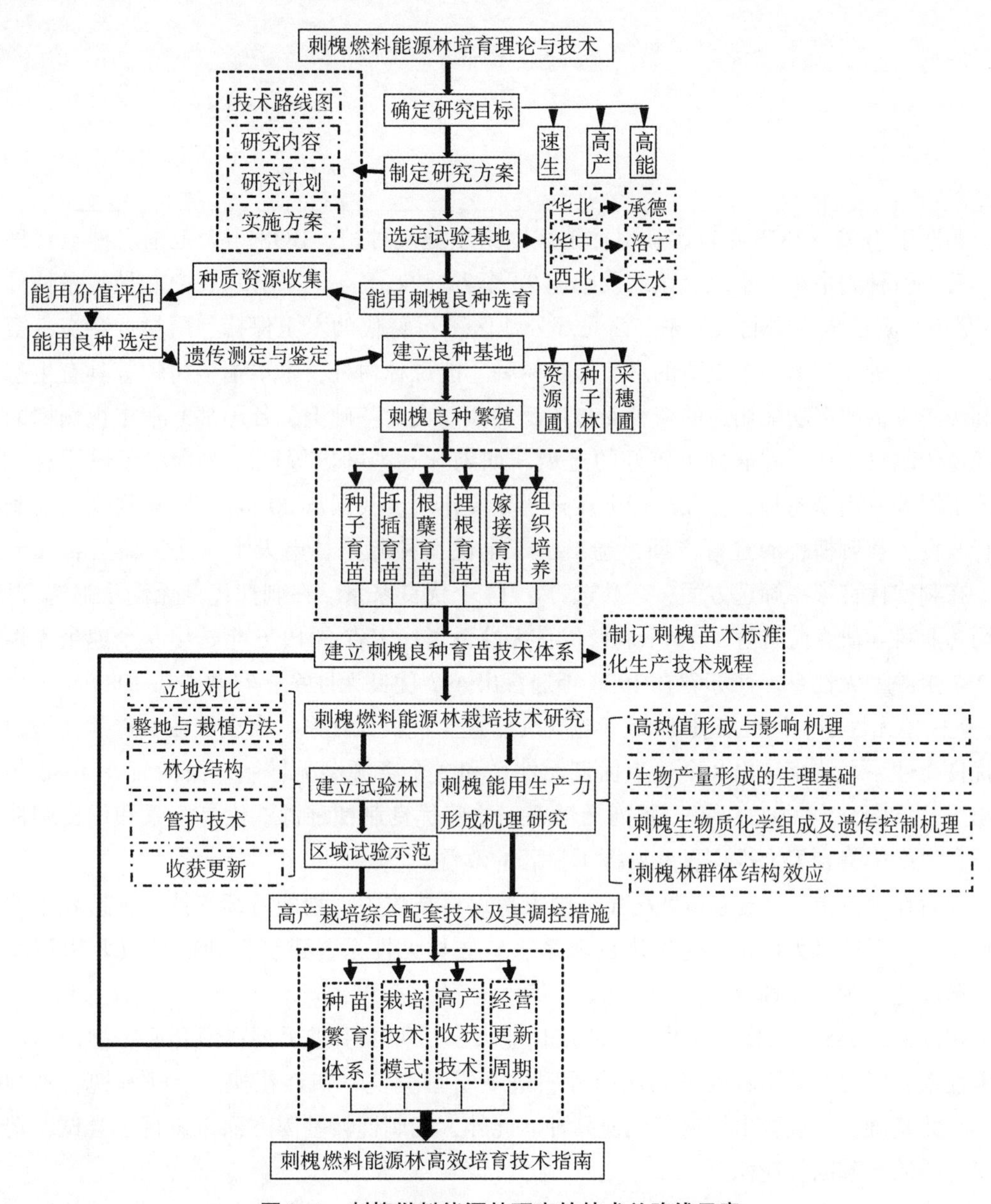

图 2-1　刺槐燃料能源林研究的技术总路线示意

第3章 能用刺槐优良品种选育

刺槐于1877—1878年首次被引种至我国南京庭院种植，1898年大范围引种至青岛种植。后又引种到华东、华北、西北及中南24个省（自治区、直辖市），总栽植数量估计有1.5亿亩，现已成为华北、华东、西北部分地区不可替代的水土保持、用材、薪炭、蜜源等多用途树种，作为一个重要的水土保持树种、能源林树种、木本饲料树种等具有生态涵养和经济价值的多功能用途的树种而被广泛种植。在此基础上，各国都非常重视刺槐的选育和遗传改良工作，并取得了较好的进展，如匈牙利、韩国等已经选育出了供用材、饲料、蜜源等专用途树种，并在生产上发挥了重要作用。我国从20世纪70年代开始对刺槐进行改良，在刺槐种源选育方面，选出了三个优良种源是甘肃天水、辽宁盖县和江苏阜宁。在刺槐优良家系筛选方面，一共选育了14个优良家系。在刺槐优良无性系筛选方面，中国林业科学研究院选育了11个刺槐优良无性系。辽宁省在1976年选出9个速生无性系和2个蜜源型无性系。江苏省在1978年选育出4个优良无性系。安徽省在1983年选出了6个矿柱型无性系。河北省在1985年选出9个速生优良无性系。山东省在1985年筛选了8个优良无性系。北京选出8个速生优良无性系和3个蜜源型无性系。河南省在1988年选育出了‘8804’、‘8033’等一系列无性系。这些优良刺槐种源、优良家系和优良刺槐无性系在生产中得到大力推广，并发挥了显著的效益。

随后在“六五”“七五”“八五”国家重点科技攻关计划的持续支持下，选育了速生无性系、耐旱抗旱无性系、速生优良家系、矿柱材无性系、建筑材和矿柱材兼用型无性系、窄冠速生刺槐品种等。

在国家“948”项目的资助下，北京林业大学从韩国引进了饲料型和速生型四倍体刺槐无性系，国内大批学者也开始从国外引进观赏型刺槐，如红花槐、金叶刺槐、伞刺槐等，在此基础上，选育出饲料型刺槐品种。此外，在刺槐转基因方面也进行了尝试，选育出了耐旱的转基因香花槐。

为了能够在众多刺槐品种资源中选出能源林优良品种，对刺槐基因资源进行收集和保存是开展刺槐能用良种选择及未来刺槐种质资源基因库建设最重要的基础性工作。

3.1 刺槐种质资源收集与能用良种

刺槐从美国引到中国已有100多年历史，选择优良基因资源进行系统研究具有重要意义，尤其对挖掘刺槐生产潜力具有重要意义。

现在华北平原区河流两岸的刺槐成林，多是在50~60年代从国外引种栽植起来的，多数已进入轮伐期。这些刺槐林中的优良基因资源如不加以保存，将会很快消失。据统计，河南省刺槐良种选育协作组1983年选出63株表型优树，截至1994年原母株仅存24株，2008年仅剩2株。另一方面，由于平原地区人口密度大，加上工业占地、道路占地面积不断增加，林农用地矛盾日益加剧，伐林改农现象频繁发生，或伐掉刺槐林改种经济林，或以拨大毛的间伐方式去优存劣，这些都在加快着刺槐优良基因资源的消减。

进入21世纪以来，国家的一些林业工程项目，规定必须用刺槐无性系良种造林。作为能源林，刺槐更是一个理想的高热值乔木树种。而无性系造林虽有速生等重要特性，但其遗传基础远窄于种子苗造林，如果不重视刺槐现有优良资源保存，20~30年后刺槐大多数为无性系林，遇到病虫害袭击而毁于一旦时，种质资源保存将难以为继。

3.1.1 种质资源收集原则

（1）全面性　刺槐属外来树种，现存林木的苗木种子来源于何地并不十分清楚，如按气候区等收集资源意义不大。为了弥补该方面的不足，收集的区域应越大越好。不仅要重视国内材料的收集，更要重视国外材料的收集。在一个小区域内收集的繁殖材料很可能来自同一批种子，遗传基础相对较窄，因此，在收集保存刺槐种质资源时应该重视考虑地理位置的全面性。

全面性的另一层内容是变异的丰富程度。据研究，刺槐形态变异有10种，如细皮刺槐、红花刺槐、无刺刺槐等，这些变异多是长期自然选择的结果，每个类型代表着一个种群的基因型。有的类型，如细皮刺槐等已在生产上大面积推广应用。

（2）突出重点　基因资源的收集还应在保证全面性的基础上突出收集的重点，即要收集优树、优良基因型和特殊的基因型。因为优良基因型不仅能直接应用于生产，而且是杂交育种的好亲本。

（3）建立基因库的地点要适宜刺槐资源生长和保存　收集的目的是为了更好地保存和应用，保存的地点必须适应刺愧的生长。具体要求应是排水良好、土壤疏松。建立地点土壤条件应比较一致，有利于对基因库材料的系统评价。

（4）材料幼化一致　建库造林必须用幼龄材料，一方面可保持基因库的长效性，另一方面幼化成条件一致的材料可增加对比效果，还有就是保持该基因型的原有生长特性，避免因为材料老化而影响其速生性、抗逆性等。

3.1.2 收集保存的技术路径

根据上述原则，制定了刺槐基因资源收集、保存、研究利用的技术路径，如图3-1所示。

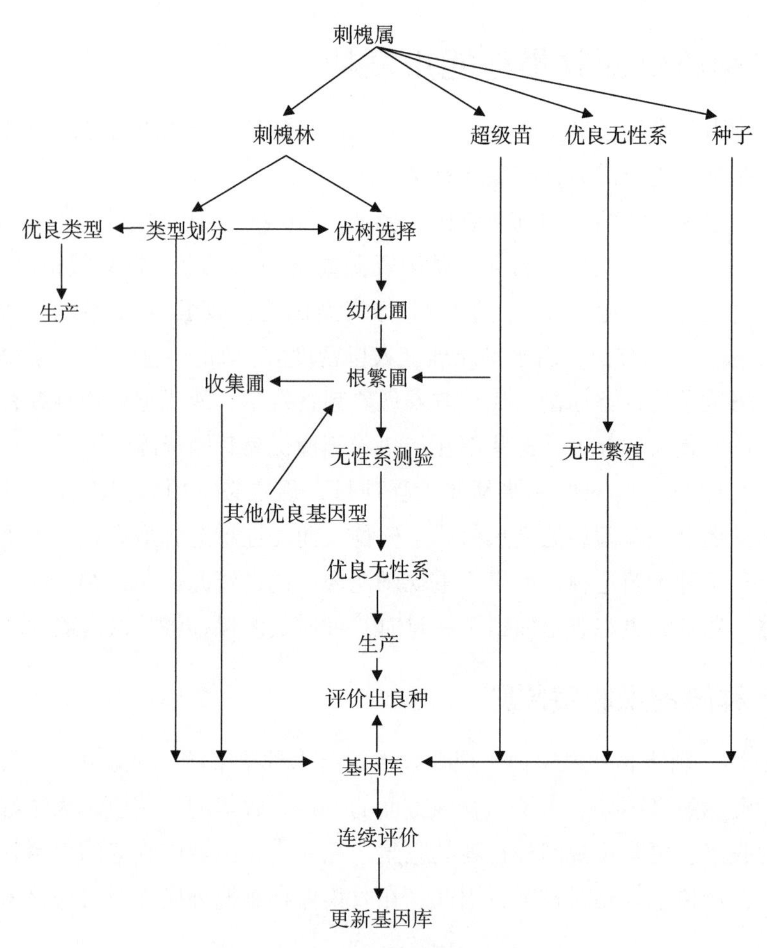

图 3-1　刺槐基因资源收集、保存程序

3.1.3　刺槐优良基因资源的选择

3.1.3.1　优树（基因型）选择方法

常用选择方法有 4 种。

①5 株优势木对比法。刺槐多以片林生长，优树选择的方法常用 5 株优势木对比法，兼顾从优良类型中选择优树。中选优树的树高、胸径、材积要超过优势木 5%、20%、50%。②统计检验法，即在林分、片林、大的林带中，树高、胸径等呈正态分布，可在优良的林分、片林或林带中，选择标准地（株数在 50~100 株）进行每木调查，将胸径、树高、形数，材积等详细登记，求出各项指标的平均数、标准差。③优树法。大于平均数加二倍标准差的单株，可选为优树。该方法是以数理统计的方法为基础，是科学可靠的方法，它排除了环境因素的影响。通过超级苗选择也可以在早期选择有潜力的优树，即从种子苗中选择干直、分枝少、高生长超过群体平均值 2 个标准差的单株。④引进。从国外直接引进优良基因型，如从匈牙利、意大利、韩国引进的优良无性系等。在此基础上进行繁

殖和营造对比林，经过无性系测定，从中选择表现优良的基因型入库保存。

3.1.3.2 群体选择

次生种源试验结果表明，刺槐次生种源间差异明显，对种源收集的方法是从原产地美国等国外的优良林分和我国的优良次生种源区的优树上分别按家系采集种子，统一集中繁育，进行家系测定，将优良家系保存。

3.1.4 刺槐基因资源收集和保存方法

3.1.4.1 基因型的收集和保存

（1）优树的根繁保存　在成年优树选出后，无性系测定前，必须对成年优树进行幼化处理。所谓幼化即是对成年大树通过种子进行有性繁殖，恢复其幼态特征，解除原来母树的阶段发育和树龄差别，这样从种子获得的无性系之间的对比才有一致比较的基础。但是，一般认为大树根桩上的萌条具有幼年性，因根部存在幼年区，从幼年区上萌发的材料是幼年性的，正如米丘林所论：“根部的幼年性相当于种子”，基于此，对刺槐优树的繁殖可优先采用根繁。

采集现有的优树或无性系种根，每系号至少挖根 15 条。把根剪成 20cm 长的根段，2 月下旬埋于阳畦催芽，4 月初芽开始萌动，当根段上萌芽长到 5 片左右叶片时，可直接移栽，也可以进行扦插育苗，即用锋利刀片割下嫩枝，扦插于备好土的营养钵中，盖上塑料拱棚，7 天左右即可生出新根。经炼苗后即可移于苗圃。营养钵土以砂、土各半进行混合，用 3%高锰酸钾消毒后使用效果更好。

经过幼化的刺槐苗用插根繁殖。方法是挖取粗 0.2cm 以上的根，截成 3~5cm 长的根段，于早春（惊蛰前）插入做好的阳畦中，300 根/m^2，覆土厚以不露根为宜，喷足水，盖上塑料薄膜，当芽苗高 5~10cm 时，开始晾畦炼苗，3~5 天后选择阴天或晴天下午 15 时以后进行移栽，密度每亩 2700 株（株行距为 0.6cm×0.4cm）为宜，适当深栽，栽后覆土浇水，封土保墒。采用此种方法，根段发芽率可达 90%以上，移栽成活率 92%以上，当年苗高达 2m 以上。

根繁是一种有效的保存种质资源的方法。选择高 2m 以上的 1 年生苗，挖出全根进行测量，0.2cm 粗以上的根累计总长度一般可达 900cm，按 5cm 截成一段计算，可截根段 180 根。如果根段发芽率、移栽成活率均按 85%计，扣除 15%的保险系数，其有效繁殖系数为 k=180×85%×85%×（1-15%）= 110.5。如果按根繁系数 80 计算，一株刺槐优良无性系的自根苗，第四年即可繁殖 40 万株优良苗木。比常规的插根育苗繁殖系数提高 10 倍，优良无性系的大量繁殖，不仅满足造林需要，更重要的是提高了林分的质量。

（2）特殊基因型的嫁接繁殖保存　对根繁困难的特殊基因型材料，如匈牙利多倍体、圆冠刺槐采用带木质部芽接的方法繁殖。

3.1.4.2 群体（家系）收集和繁殖

河南省研究刺槐群体及家系，从河南西华林场经过测定的优良群体和家系中收集种根，因该试验林系多年生老树，许多单株生长不良，不能采挖种根，只从生长较好的部分树上采根，共采集到家系 140 个，每株采根 2~3 条。繁育方法同无性系。

3.1.5 基因库建立

3.1.5.1 建库地点概况

（1）开封点　基因库位于河南省开封县西部的杏花营镇，北纬 34°46′，东经 114°20′，海拔高度 76m。属于华北暖温带半湿润气候区，年平均气温 14.1℃，年降水量 700mm 左右，多集中在 6~9 月份，年相对湿度 70%左右，无霜期 215~218 天，土壤质地为粗沙，保水、保肥能力较差。

（2）孟州点　基因库位于河南省孟州市林场，北纬 34°55′，东经 112°55′。海拔高度 124m。年平均气温 14.2℃，年降水量 650mm 左右，年相对湿度 66%左右，无霜期 215 天，土壤为黄河故道沉积的潮土。

（3）洛宁点　基因库位于洛宁县马店乡，北纬 34°23′，东经 111°40′。海拔高度 240m。年平均气温 13.7℃，年降水量 550mm 左右，年相对湿度 60%左右，无霜期 212 天，土壤为碳酸盐褐土。

（4）郑州点　位于河南省林业科学研究院试验林场，北纬 34°36′、东经 113°42′。气候为大陆性季风型，年平均气温 14.9℃，年温差 27.3℃，年平均地温 17.1℃。年降水量平均为 699.8mm，分布不平均，降水量多集中在夏季，占全年降水量的 62%。

3.1.5.2 基因库建库设计

（1）基因型（无性系）保存林（圃）设计　基因型（无性系）采用保存圃和保存林两套系统保存。保存圃是为保存林服务的，收集到的基因型材料在建立基因库的同时建立，保证收集到的资源不再丢失。

基因型收集圃采用按系号连续排列栽植，每系号保存 5 株，密度 2m×0.8m。开封、孟州基因库保存林设计为 4 株小区，随机排列，一般刺槐作对照，密度 4m×4m。洛宁、郑州基因库密度为 2m×2m，随机栽植。

（2）群体及家系保存林设计　群体保存林以群体内家系单株为小区，30 次重复，随机排列，株行距 3m×4m，造林材料用 1 年生埋根苗。

（3）造林及管理

根据上述设计，穴状整地，规格 1m×1m×1m，淤灌泥土填穴造林，造林后加强抚育管理，及时防治蚜虫。死亡株必须在次年补齐，林地间作物距树 0.5m 以上，基因库同一试验项目区内间作物必须一致。

3.1.6 刺槐优良基因资源的发掘

3.1.6.1 变异

（1）刺槐群体变异　中国林业科学研究院专家从国内 8 个地点采集种子，研究刺槐种

子经 8 年生长后对次生种源的影响，研究结果表明，次生种源间树高、胸径、材积都表现出统计学差异，说明次生种源间存在可信赖的遗传差异，其中甘肃天水、辽宁盖县为刺槐次生优良种源区。

（2）刺槐形态变异　研究结果还表明，刺槐群体内个体间的形态特征差异明显，根据干形、树皮、分枝、叶、花和刺六个方面的不同，划分为细皮刺槐、粗皮刺槐、红皮刺槐、瘤皮刺槐、箭干刺槐、大冠刺槐、大叶刺槐、小叶刺槐、红花刺槐、无刺刺槐十个类型。从大量的调查结果看，细皮刺槐、粗皮刺槐、箭干刺槐、大冠刺槐为优良类型，在相同条件下材积生长增益在 30%以上。

（3）刺槐个体变异　多年来，国内外的研究表明，刺槐无性系间主要性状变异较大。如原河南省林业科学研究所 1984—1988 年在济源林木良种场，对刺槐无性系测定，无性系间树高、主干高、胸径、主干中径、主干通直度、竞争枝数、竞争枝角、主干材积的变异系数依次为 9.97%、12.8%、10.94%、10.66%、53.34%、13.9%、4.89%、40.49%。变异是选择的基础，尤其是主干通直度、主干材积的变异系数如此巨大，对该两性状的改良效果会更显著。另外，刺槐个体间在抗寒性、花期等方面变异也较大。

3.1.6.2　遗传参数估计

经过多年来的研究基本确定了刺槐无性系主要性状树高重复率为 0.5053～0.9753，胸径重复率为 0.2037～0.9315，材积重复率为 0.2701～0.9881。次生种源间树高重复率为 0.895，遗传力为 0.695，材积重复率为 0.875。

3.1.7　河南省收集的主要刺槐基因资源

经过多年来的努力，现共收集刺槐家系 136 个，基因型 190 个，详见表 3-1 至表3-4。

表 3-1　开封基因库保存材料登记表

编号	材料类型	保存地点	保存类型	用途评价
8043	基因型	开封市农林科学研究所	林地	
8044	基因型	开封市农林科学研究所	林地	菌料型
8047	基因型	开封市农林科学研究所	林地	速生型
8048	基因型	开封市农林科学研究所	林地	速生型
8054	基因型	开封市农林科学研究所	林地	
8057	基因型	开封市农林科学研究所	林地	
8062	基因型	开封市农林科学研究所	林地	
新 1 号	基因型	开封市农林科学研究所	林地	菌料型
新 2 号	基因型	开封市农林科学研究所	林地	菌料型
新 3 号	基因型	开封市农林科学研究所	林地	菌料型
类 01	基因型	开封市农林科学研究所	林地	菌料型
类 02	基因型	开封市农林科学研究所	林地	
类 03	基因型	开封市农林科学研究所	林地	

（续）

编号	材料类型	保存地点	保存类型	用途评价
类 04	基因型	开封市农林科学研究所	林地	
类 05	基因型	开封市农林科学研究所	林地	菌料型
类 06	基因型	开封市农林科学研究所	林地	
长叶刺槐	基因型	开封市农林科学研究所	林地	饲料型
类 08	基因型	开封市农林科学研究所	林地	
类 09	基因型	开封市农林科学研究所	林地	
兴 1	基因型	开封市农林科学研究所	林地	
兴 2	基因型	开封市农林科学研究所	林地	
兴 8	基因型	开封市农林科学研究所	林地	
鲁细皮	基因型	开封市农林科学研究所	林地	速生型
8033	基因型	开封市农林科学研究所	林地	速生型
8034	基因型	开封市农林科学研究所	林地	菌料型
8035	基因型	开封市农林科学研究所	林地	速生型
8037	基因型	开封市农林科学研究所	林地	速生型
8038	基因型	开封市农林科学研究所	林地	速生型
8039	基因型	开封市农林科学研究所	林地	速生型
8040	基因型	开封市农林科学研究所	林地	速生型
8041	基因型	开封市农林科学研究所	林地	速生型
8042	基因型	开封市农林科学研究所	林地	菌料型
8001	基因型	开封市农林科学研究所	林地	
8002	基因型	开封市农林科学研究所	林地	
8004	基因型	开封市农林科学研究所	林地	
8005	基因型	开封市农林科学研究所	林地	菌料型
8006	基因型	开封市农林科学研究所	林地	
8007	基因型	开封市农林科学研究所	林地	
8008	基因型	开封市农林科学研究所	林地	
箭杆	基因型	开封市农林科学研究所	林地	速生型
焦作 1	基因型	开封市农林科学研究所	林地	
线槐	基因型	开封市农林科学研究所	林地	
小叶	基因型	开封市农林科学研究所	林地	
美 2	基因型	开封市农林科学研究所	林地	
美 1	基因型	开封市农林科学研究所	林地	
龙槐	基因型	开封市农林科学研究所	林地	观赏型
垂槐	基因型	开封市农林科学研究所	林地	观赏型
石林	基因型	开封市农林科学研究所	林地	菌料型
10 号	基因型	开封市农林科学研究所	林地	速生型

（续）

编号	材料类型	保存地点	保存类型	用途评价
实生	基因型	开封市农林科学研究所	林地	
兴 14	基因型	开封市农林科学研究所	林地	
兴 16	基因型	开封市农林科学研究所	林地	
兴 23	基因型	开封市农林科学研究所	林地	
兴 24	基因型	开封市农林科学研究所	林地	菌料型
兴 25	基因型	开封市农林科学研究所	林地	
兴 32	基因型	开封市农林科学研究所	林地	
鲁 042	基因型	开封市农林科学研究所	林地	
鲁 068	基因型	开封市农林科学研究所	林地	菌料型
鲁 102	基因型	开封市农林科学研究所	林地	
兴 11	基因型	开封市农林科学研究所	林地	
民权	基因型	开封市农林科学研究所	林地	菌料型
8016	基因型	开封市农林科学研究所	林地	
8017	基因型	开封市农林科学研究所	林地	
8019	基因型	开封市农林科学研究所	林地	菌料型
8020	基因型	开封市农林科学研究所	林地	
8023	基因型	开封市农林科学研究所	林地	
8024	基因型	开封市农林科学研究所	林地	菌料型
8025	基因型	开封市农林科学研究所	林地	
8026	基因型	开封市农林科学研究所	林地	
8027	基因型	开封市农林科学研究所	林地	
8029	基因型	开封市农林科学研究所	林地	
8030	基因型	开封市农林科学研究所	林地	菌料型
8031	基因型	开封市农林科学研究所	林地	
8032	基因型	开封市农林科学研究所	林地	
8011	基因型	开封市农林科学研究所	林地	
8014	基因型	开封市农林科学研究所	林地	
8015	基因型	开封市农林科学研究所	林地	
8009	基因型	开封市农林科学研究所	林地	

表 3–2　孟州基因库保存材料登记表

编号	材料类型	保存地点	保存类型	价值评价
1	家系	孟州市林场	林地	
2	家系	孟州市林场	林地	
3	家系	孟州市林场	林地	
4	家系	孟州市林场	林地	

（续）

编号	材料类型	保存地点	保存类型	价值评价
5	家系	孟州市林场	林地	
6	家系	孟州市林场	林地	
7	家系	孟州市林场	林地	
8	家系	孟州市林场	林地	
9	家系	孟州市林场	林地	
10	家系	孟州市林场	林地	
11	家系	孟州市林场	林地	
12	家系	孟州市林场	林地	
13	家系	孟州市林场	林地	
14	家系	孟州市林场	林地	
15	家系	孟州市林场	林地	
16	家系	孟州市林场	林地	
17	家系	孟州市林场	林地	
18	家系	孟州市林场	林地	
A05	家系	孟州市林场	林地	
A162	家系	孟州市林场	林地	
D171	家系	孟州市林场	林地	
D69	家系	孟州市林场	林地	
D163	家系	孟州市林场	林地	
137	家系	孟州市林场	林地	
138	家系	孟州市林场	林地	
139	家系	孟州市林场	林地	
143	家系	孟州市林场	林地	
144	家系	孟州市林场	林地	
145	家系	孟州市林场	林地	
148	家系	孟州市林场	林地	
149	家系	孟州市林场	林地	
151	家系	孟州市林场	林地	
155	家系	孟州市林场	林地	
158	家系	孟州市林场	林地	
159	家系	孟州市林场	林地	
161	家系	孟州市林场	林地	
165	家系	孟州市林场	林地	
166	家系	孟州市林场	林地	
167	家系	孟州市林场	林地	
171	家系	孟州市林场	林地	

（续）

编号	材料类型	保存地点	保存类型	价值评价
178	家系	孟州市林场	林地	
189	家系	孟州市林场	林地	
190	家系	孟州市林场	林地	
192	家系	孟州市林场	林地	
193	家系	孟州市林场	林地	
194	家系	孟州市林场	林地	
195	家系	孟州市林场	林地	
198	家系	孟州市林场	林地	
199	家系	孟州市林场	林地	
200	家系	孟州市林场	林地	
201	家系	孟州市林场	林地	
202	家系	孟州市林场	林地	
203	家系	孟州市林场	林地	
204	家系	孟州市林场	林地	
205	家系	孟州市林场	林地	
206	家系	孟州市林场	林地	
209	家系	孟州市林场	林地	
210	家系	孟州市林场	林地	
211	家系	孟州市林场	林地	
102	家系	孟州市林场	林地	
104	家系	孟州市林场	林地	
105	家系	孟州市林场	林地	
106	家系	孟州市林场	林地	
108	家系	孟州市林场	林地	
109	家系	孟州市林场	林地	
110	家系	孟州市林场	林地	
116	家系	孟州市林场	林地	
121	家系	孟州市林场	林地	
122	家系	孟州市林场	林地	
123	家系	孟州市林场	林地	
124	家系	孟州市林场	林地	
125	家系	孟州市林场	林地	
127	家系	孟州市林场	林地	
128	家系	孟州市林场	林地	
129	家系	孟州市林场	林地	
131	家系	孟州市林场	林地	

（续）

编号	材料类型	保存地点	保存类型	价值评价
133	家系	孟州市林场	林地	
135	家系	孟州市林场	林地	
J6	家系	孟州市林场	林地	
J8	家系	孟州市林场	林地	
J9	家系	孟州市林场	林地	
27	家系	孟州市林场	林地	
28	家系	孟州市林场	林地	
29	家系	孟州市林场	林地	
30	家系	孟州市林场	林地	
33	家系	孟州市林场	林地	
34	家系	孟州市林场	林地	
35	家系	孟州市林场	林地	
37	家系	孟州市林场	林地	
38	家系	孟州市林场	林地	
39	家系	孟州市林场	林地	
40	家系	孟州市林场	林地	
42	家系	孟州市林场	林地	
44	家系	孟州市林场	林地	
46	家系	孟州市林场	林地	
47	家系	孟州市林场	林地	
48	家系	孟州市林场	林地	
49	家系	孟州市林场	林地	
50	家系	孟州市林场	林地	
51	家系	孟州市林场	林地	
52	家系	孟州市林场	林地	
53	家系	孟州市林场	林地	
54	家系	孟州市林场	林地	
55	家系	孟州市林场	林地	
56	家系	孟州市林场	林地	
57	家系	孟州市林场	林地	
59	家系	孟州市林场	林地	
62	家系	孟州市林场	林地	
63	家系	孟州市林场	林地	
66	家系	孟州市林场	林地	
67	家系	孟州市林场	林地	
69	家系	孟州市林场	林地	

（续）

编号	材料类型	保存地点	保存类型	价值评价
70	家系	孟州市林场	林地	
71	家系	孟州市林场	林地	
72	家系	孟州市林场	林地	
75	家系	孟州市林场	林地	
76	家系	孟州市林场	林地	
78	家系	孟州市林场	林地	
79	家系	孟州市林场	林地	
80	家系	孟州市林场	林地	
82	家系	孟州市林场	林地	
83	家系	孟州市林场	林地	
85	家系	孟州市林场	林地	
86	家系	孟州市林场	林地	
87	家系	孟州市林场	林地	
90	家系	孟州市林场	林地	
93	家系	孟州市林场	林地	
94	家系	孟州市林场	林地	
95	家系	孟州市林场	林地	
96	家系	孟州市林场	林地	
97	家系	孟州市林场	林地	
98	家系	孟州市林场	林地	
99	家系	孟州市林场	林地	
100	家系	孟州市林场	林地	
101	家系	孟州市林场	林地	
鲁 59	基因型	孟州市林场	林地	速生型
京 21	基因型	孟州市林场	散生	速生型
X5	基因型	孟州市林场	散生	速生型
辽 2	基因型	孟州市林场	散生	速生型
京 24	基因型	孟州市林场	散生	速生型
辽 15	基因型	孟州市林场	散生	速生型
京 1	基因型	孟州市林场	散生	速生型
皖 02	基因型	孟州市林场	散生	速生型
X8	基因型	孟州市林场	散生	速生型
8532	基因型	孟州市林场	散生	速生型
鲁 7	基因型	孟州市林场	散生	速生型
X9	基因型	孟州市林场	散生	速生型
X4	基因型	孟州市林场	散生	速生型

（续）

编号	材料类型	保存地点	保存类型	价值评价
8048	基因型	孟州市林场	林地	速生型
8026	基因型	孟州市林场	林地	速生型
8033	基因型	孟州市林场	林地	速生型
8062	基因型	孟州市林场	林地	速生型
8059	基因型	孟州市林场	林地	速生型
8017	基因型	孟州市林场	林地	速生型
A05	基因型	孟州市林场	林地	速生型
鲁 10	基因型	孟州市林场	林地	速生型
鲁 1	基因型	孟州市林场	林地	速生型
鲁 42	基因型	孟州市林场	散生	速生型
鲁 78	基因型	孟州市林场	散生	速生型
箭干	基因型	孟州市林场	散生	
U1	基因型	孟州市林场	散生	
U2	基因型	孟州市林场	散生	
U3	基因型	孟州市林场	散生	
L2	基因型	孟州市林场	散生	速生型
L5	基因型	孟州市林场	散生	速生型
R7	基因型	孟州市林场	散生	速生型
84037	基因型	孟州市林场	散生	速生型
X2	基因型	孟州市林场	散生	速生型
X11	基因型	孟州市林场	散生	速生型
X7	基因型	孟州市林场	散生	速生型
X3	基因型	孟州市林场	散生	速生型
辽 1	基因型	孟州市林场	散生	速生型
鲁 68	基因型	孟州市林场	散生	速生型
8401	基因型	孟州市林场	散生	速生型
E58	基因型	孟州市林场	散生	
E46	基因型	孟州市林场	散生	
E194	基因型	孟州市林场	散生	
E10	基因型	孟州市林场	散生	
E061	基因型	孟州市林场	散生	
B05	基因型	孟州市林场	散生	
T6	基因型	孟州市林场	散生	
R5	基因型	孟州市林场	散生	
T19	基因型	孟州市林场	散生	
K20	基因型	孟州市林场	散生	

（续）

编号	材料类型	保存地点	保存类型	价值评价
K22	基因型	孟州市林场	散生	
K26	基因型	孟州市林场	散生	
K1	基因型	孟州市林场	散生	
K2	基因型	孟州市林场	散生	
D69	基因型	孟州市林场	散生	
D62	基因型	孟州市林场	散生	
D15	基因型	孟州市林场	散生	
G1	基因型	孟州市林场	散生	
R23-11U	基因型	孟州市林场	散生	
E2	基因型	孟州市林场	林地	
E20	基因型	孟州市林场	林地	
E63	基因型	孟州市林场	林地	
E84	基因型	孟州市林场	林地	
E87	基因型	孟州市林场	林地	
E108	基因型	孟州市林场	林地	
E109	基因型	孟州市林场	林地	
E172	基因型	孟州市林场	林地	

表 3-3　洛宁基因库保存材料登记表

编号	材料类型	保存地点	保存类型	价值评价
8041	基因型	洛宁县马店乡	林地	速生型
8042	基因型	洛宁县马店乡	林地	速生型
8044	基因型	洛宁县马店乡	林地	速生型
3-I	基因型	洛宁县马店乡	林地	速生型
84023	基因型	洛宁县马店乡	林地	速生型
8048	基因型	洛宁县马店乡	林地	速生型
8062	基因型	洛宁县马店乡	林地	速生型
83002	基因型	洛宁县马店乡	林地	速生型
A05	基因型	洛宁县马店乡	林地	速生型
G	基因型	洛宁县马店乡	林地	速生型
G_1	基因型	洛宁县马店乡	林地	速生型
L_5	基因型	洛宁县马店乡	林地	速生型
R_5	基因型	洛宁县马店乡	林地	速生型
R_7	基因型	洛宁县马店乡	林地	速生型
X_5	基因型	洛宁县马店乡	林地	速生型

（续）

编号	材料类型	保存地点	保存类型	价值评价
2-F	基因型	洛宁县马店乡	林地	速生型
3-I	基因型	洛宁县马店乡	林地	速生型
京 1	基因型	洛宁县马店乡	林地	速生型
京 13	基因型	洛宁县马店乡	林地	速生型
京 24	基因型	洛宁县马店乡	林地	速生型
鲁 10	基因型	洛宁县马店乡	林地	速生型
箭杆	基因型	洛宁县马店乡	林地	速生型
四倍体刺槐	基因型	洛宁县马店乡	林地	饲料型
匈牙利刺槐	基因型	洛宁县马店乡	林地	饲料型

表 3-4　郑州基因库保存材料登记表

编号	材料类型	保存地点	保存类型	价值评价
匈牙利多倍体	基因型	河南省林业科学研究院	林地	饲料型
Nyirseai 1	基因型	河南省林业科学研究院	林地	速生型
Nyirseai 2	基因型	河南省林业科学研究院	林地	速生型
Rozsaszia	基因型	河南省林业科学研究院	林地	速生型
Szajki	基因型	河南省林业科学研究院	林地	
E1	基因型	河南省林业科学研究院	林地	
E8	基因型	河南省林业科学研究院	林地	
Slarinii Hillieri	基因型	河南省林业科学研究院	林地	观赏型
Ambiga rosea	基因型	河南省林业科学研究院	林地	蜜源型
Kiscsalai	基因型	河南省林业科学研究院	林地	
Myithifocia	基因型	河南省林业科学研究院	林地	
Appalachia	基因型	河南省林业科学研究院	林地	观赏型
无刺刺槐	基因型	河南省林业科学研究院	林地	速生型
双季白花刺槐	基因型	河南省林业科学研究院	林地	速生型
二度红花槐	基因型	河南省林业科学研究院	林地	观赏型
韩国四倍体	基因型	河南省林业科学研究院	林地	饲料型
拐枝刺槐	基因型	河南省林业科学研究院	林地	观赏型
圆冠刺槐	基因型	河南省林业科学研究院	林地	观赏型

3.1.8　主要能用刺槐良种介绍

保存刺槐基因资源的目的是在于应用。通过长时间的观测分析为生产不断提供社会所需的刺槐良种材料和育种材料。根据多年来的研究，按照用途把刺槐资源分为四大类：速生用材类型、饲料类型、菌料类型、观赏类型。目前根据应用类型，又增加了能源林类型。主要品种分述如下。

（1）‘豫刺 1 号’刺槐（统一编号 8048）（图 3-2 至图 3-4）　优树选自河南省南阳

地区湍河林场河滩沙地刺槐林。优树根繁无性系化后经全国 9 个点的栽培试验选育而成。该品种树皮浅灰色，浅裂且裂片细小均匀，主干通直到顶，侧枝长而稀疏。树冠倒卵形，小叶片较宽，呈长椭圆形。叶片长 5.28cm，宽 2.21cm。2000 年通过河南省林木良种审定委员会审定。

图 3-2 ‘豫刺 1 号’刺槐形态

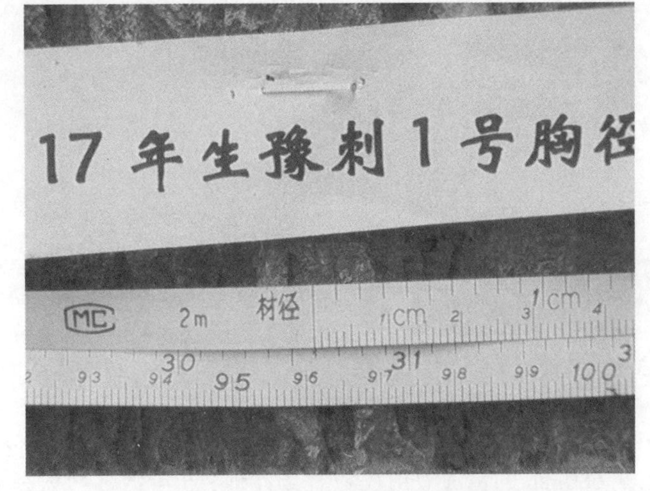

图 3-3 17 年生‘豫刺 1 号’刺槐胸径生长量

本品种生长迅速，高产稳产。在河南年降水量 680mm 的民权林场细沙地，5 年生平均树高 8.7m，平均胸径 11.8cm；15 年生平均树高 21.0m，平均胸径 26.4cm，平均单株材积 0.4601m^3，依次超过一般刺槐 9.05%、22.1%、48.22%。在河南西部黄土丘陵区造林，5 年生树高 9.14m，胸径 7.41cm，显著超过当地一般刺槐。在内蒙古包头市年降水量 350mm、沙地土壤含盐量 0.3%、极端最低温-37℃条件下，‘豫刺 1 号’无任何冻害，7 年生树高 11.8m，胸径达 17.2cm，依次超过内蒙古当地一般刺槐 13.4%、138.9%，材积超数倍。所以，‘豫刺 1 号’也适合于干旱、寒冷地区造林，是西北地区防风固沙的优良刺槐品种之一。

图 3-4 ‘豫刺 1 号’刺槐花期

耐旱性强，凋萎系数小，是根繁成活率最高的品种之一，根插育苗成活率 95%以上。

该品种目前已在河南、山东、内蒙古等地大面积推广，主要应用于世行贷款造林、天然林资源保护工程等重大工程项目造林。该品种于 1989 年获河南省科技进步三等奖，1999 年获国家科技进步三等奖。经济、生态、社会效益显著。

（2）‘豫刺 4 号’刺槐（统一编号 8033）（图 3-5、图 3-6） 优树选自河南省民权林场黄河故道刺槐林。优树根繁无性系化后经全国 9 个试点的栽培试验选育而成。该品种树皮浅褐灰色、深裂，裂片不规则，分枝不匀称，大竞争枝多，树冠呈球形，主干通直高大，适宜在沙区、黄土丘陵区发展。在-37℃地区造林冻害严重，难以越冬。

图 3-5 ‘豫刺 4 号’刺槐形态

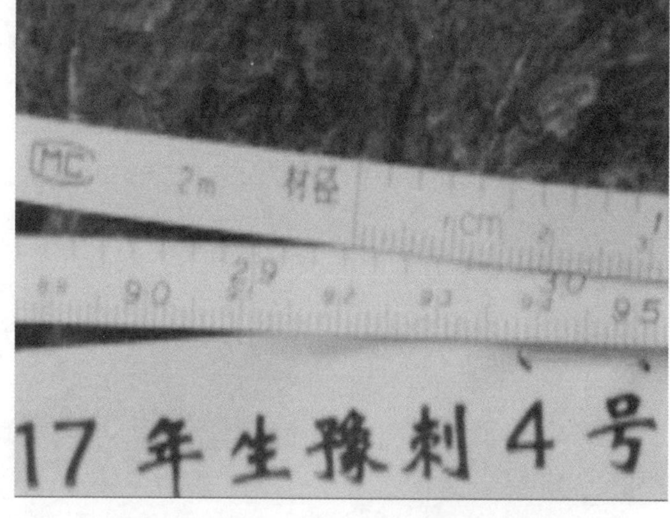

图 3-6 17 年生‘豫刺 4 号’刺槐胸径生长量

生长速度快，丰产稳产。按 3000～4000 株/亩育苗，当年苗高可达 2.8m 以上。在年降水量 680mm 的黄河故道民权林场沙地，5 年生平均树高 8.0m，平均胸径 11.6cm，主干材积超一般刺槐 40%以上；15 年生平均树高 21.5m，平均胸径 27.2cm，平均单株材积 0.4966m^3，依次超对照 13.7%、22.7%、63.9%；在河南西部年降水量 650mm 的黄土丘陵区 5 年生树高 8.39m，胸径 8.03cm，显著超过当地一般刺槐。

该品种已在世行贷款造林项目、天然林资源保护工程区大面积推广，效益显著。于 1989 年获河南省科技进步三等奖，1999 年获国家科技进步三等奖。

（3）‘豫刺 7 号’刺槐（原编号 83002）（图 3-7、图 3-8） 优树是 1984 年在河南省

图 3-7 ‘豫刺 7 号’刺槐形态

图 3-8 6 年生‘豫刺 7 号’刺槐胸径生长量

尉氏县群营人工林中选择的优良单株，树龄 15 年，树高 16m，胸径 21. 3cm。优树根繁无性系化后经 3 个试点的栽培试验选育而成。该品种树皮灰白色，皮薄，裂纹直或稍斜呈条状，浅纵裂，裂纹宽 1cm 左右。分枝细，冠内分枝稀疏，分枝角 45°，树冠卵圆形，冠内主干尤其明显。叶片长 4. 7cm，宽 2. 3cm。

生态稳定性强、丰产性极好，插根繁殖成活率高，在贫瘠的立地条件区能很好生长，适宜在沙地、黄土丘陵区发展。在粉沙质黏壤土区 7 年生树高 10. 9m，平均胸径 15. 2cm。在壤质沙土区 7 年生树高 8. 4m，平均胸径 13. 2cm。在黄土丘陵区 5 年生树高 8. 0m，平均胸径 7. 1cm，均显著超过一般刺槐 10%以上，主干材积增益 40%，更适合坑木造林。该成果于 1996 年获河南省林业科技进步一等奖，省科技进步三等奖。列入国家林业局重点推广计划。

（4）‘豫刺 8 号’刺槐（原编号 84023）（图 3-9、图 3-10）　优树是 1984 在开封中牟县群营人工林中选择的优良单株，树龄 19 年，树高 18m，胸径 20cm。优树根繁无性系化后经 3 个试点的栽培试验选育而成。该品种树皮灰白色，皮薄，裂纹直，浅纵裂。分枝较粗，冠内分枝稀疏，树冠倒卵形，冠内主干明显。叶片长 4. 0cm，宽 2. 0cm。

图 3-9　‘豫刺 8 号’刺槐形态

图 3-10　6 年生‘豫刺 8 号’刺槐胸径生长量

生态稳定性强、丰产性好，插根繁殖成活率高，在干旱、贫瘠的黄土丘陵区表现较好。在沙区 7 年生树高 7. 7m，平均胸径 10. 3cm。在黄土丘陵区 5 年生树高 8. 4m，平均胸径 7. 7cm，与一般刺槐相比树高增益 13%，胸径增益 23%以上，主干材积增益 35%。该成果于 1996 年获河南省林业科技进步一等奖，省科技进步三等奖。列入国家林业局重点推广计划。

（5）‘3-I’（图 3-11、图 3-12）　主干通直圆满，树皮灰白色，皮薄，裂纹直或稍斜，呈条状，浅纵裂，纵裂宽 1cm 左右。树冠倒卵形，分枝角平均 45°，冠内主干明显，小刺长 1. 2~2cm，叶片 7~10 对，叶宽 1. 5~2cm，叶长 4. 5~5. 5cm，荚果宽 1~1. 5cm，荚果长 8~11. 5cm，种子 15 粒左右，紫褐色。生态稳定性强，丰产性能好，在平原沙区速生

图 3-11 刺槐无性系‘3-I’形态

图 3-12 刺槐无性系‘3-I’胸径生长量

性极强，9 年生平均树高 11.3m、胸径 15.63cm、材积 0.1070m^3，分别超‘豫刺 1 号’刺槐 22.75%、27.38%、73.14%。坑木产量高。9 年生胸径 8cm，树干高为 6.87m，超‘豫刺 1 号’56.14%，可产 3 根坑木，比‘豫刺 1 号’多 1 根，若均以截取 2 根坑木计算，截取后‘3-I’剩余部分的材积比‘豫刺 1 号’大 617.5%。耐旱性强，在壤土中凋萎系数为 3.54%；苗期能耐水淹 18 天；枝条含水量为 43.69%。此成果于 2003 年获河南省科技进步三等奖。

（6）长叶刺槐（图 3-13、图 3-14） 落叶乔木，主干不明显，复叶特长，平均复叶长度 60cm，最长可达 72cm，平均长度是一般刺槐的 2~3 倍。小叶平均长 7.2cm，平均宽度 3.5cm，叶面积是一般刺槐的 2 倍以上。

图 3-13 长叶刺槐枝叶形态

图 3-14 长叶刺槐复叶长

花白色，穗状花序。是生产刺槐中饲料的极佳品种。适合在我国各地栽培。

（7）匈牙利多倍体刺槐（图 3-15） 从匈牙利引进的多倍体饲料型刺槐良种，落叶乔木，主干通直高大，复叶多为 3 片，少有 5 片，单叶长达 18cm，宽 5cm，厚度明显增加，粗蛋白含量高。花白色，穗状花序。是生产饲料的最好品种之一。

(8) 韩国四倍体2号（图3-16、图3-17）、5号（图3-18） 由韩国引进的四倍体2号、5号两个无性系，属饲料型。叶片比一般刺槐大1倍以上，厚度明显增加。①2号在河南能正常生长。2号复总状花序，长17~30cm，12~25个总状花序组成，由3~11朵小花组成，由基部向上逐步开放，单花序长6~12cm，小花长4.4~3.0cm。平均单叶面积15.0cm²，叶长6.07cm，叶宽2.45cm。②5号在河南能正常生长。目前还未见有开花，平均单叶面积16.58cm²，叶长6.06cm，叶宽2.70cm。

(9) 香花槐（图3-19、图3-20） 树干通直落叶大乔木，生长季幼枝绿色，奇数羽状复叶，小叶9~21个，卵圆形，长3~7.5cm，宽2~4cm，对生，全缘，有小叶柄，托叶刺状。总状花序腋

图3-15 匈牙利多倍体刺槐形态

图3-16 韩国四倍体2号刺槐叶片

图3-17 韩国四倍体2号刺槐花序

图3-18 韩国四倍体5号刺槐枝叶形态

生，幼叶颜色黄中带红，生长结束时苗径呈红棕色。该品种珍稀之处在于每年开两次花，第一次开花在5月1日前后，第二次开花在7月10日前后，这个特点在大乔木树种中是少有的。花大，呈粉红色，花长3.7cm，每次花期15天左右；花量大，花蜜糖含量高，也是生产蜂蜜的优良品种之一。生长速度较快，1年生苗高达2m左右。

图3-19　香花槐形态

图3-20　香花槐花序

（10）‘豫刺9号’刺槐（图3-21）　优树选自河南省南阳地区湍河林场河滩沙地刺槐林。优树根繁无性系化后经全国3个点的栽培试验选育而成。2013年通过河南省林木品种审定委员会审定。

图3-21　‘豫刺9号’刺槐树干形态及良种证

该品种树皮浅灰色，浅裂且裂片细小均匀，主干通直到顶，侧枝长而稀疏。树冠倒卵形，小叶片较宽，呈长椭圆形。叶片长5.28cm，宽2.21cm。

在河南开封地区，萌芽期为3月28日~4月5日，展叶期4月3~12日，叶黄期10月中下旬，落叶期10月下旬至11月上旬。其物候期与其他刺槐无性系区别不大。

‘豫刺9号’在开封试点，调查7年生树高11.3m，胸径14.9cm，树高、胸径、材积

比‘豫刺1号’刺槐分别增益13.56%、17.72%、30.48%；在盘锦试点比‘豫刺1号’分别增益5.1%、17.39%、51.39%。

（11）‘豫引1号’刺槐（图3-22） 速生品种。该品种从匈牙利引进，树皮灰白色，皮薄，裂纹直，浅纵裂。分枝较粗，冠内分枝稀疏，树冠倒卵形，冠内主干明显。叶片长4.76cm，宽1.84cm。2013年通过河南省林木品种审定委员会审定。

图3-22 ‘豫引1号’刺槐树干形态及良种证

在河南开封地区，萌芽期为3月26日~4月3日，展叶期4月2~10日，叶黄期10月中下旬，落叶期10月下旬至11月上旬。

在开封试点7年生调查树高10.5m，胸径14.2cm，树高、胸径、材积比‘豫刺1号’分别增益15.21%、18.52%、93.74%；在盘锦试点比‘豫刺1号’分别增益14.38%、19.96%、48.29%。

（12）‘豫引2号’刺槐（图3-23、图3-24） 该品种从匈牙利引进，主干通直圆满，树皮灰色，裂纹稍斜，呈条状，纵裂宽1cm左右。树冠倒卵形，分枝角平均50°，小刺长1.2~2cm，叶片7~10对，叶宽1.5~2cm，叶长4.5~5.5cm，荚果宽1~1.5cm，荚果长8~11.5cm。2013年通过河南省林木品种审定委员会审定。

图3-23 ‘豫引2号’刺槐形态

图3-24 7年生‘豫引2号’胸径生长量

在河南开封地区，萌芽期为3月26日~4月3日，展叶期4月2~10日，叶黄期10月中下旬，落叶期10月下旬至11月上旬。

在开封试点7年生调查树高10.5m，胸径14.2cm，树高、胸径、材积比‘豫刺1号’分别增益11.83%、18.48%、26.36%；在盘锦试点比‘豫刺1号’分别增益16.99%、27.79%、88.54%。

3.2 刺槐种质资源评价研究

3.2.1 刺槐无性系抗旱性比较研究

3.2.1.1 试验材料和方法

采用1年生截干苗作为试验材料进行盆（容器）栽试验，2008年参试无性系为8048、X_5、X_7、X_9、3-I和长叶刺槐，2009年参试无性系为匈牙利多倍体刺槐、3-I、8044、8048。为使试验分析过程直观简洁，此部分省略品种名单引号。

3.2.1.2 指标测定

（1）光合作用测定　采用美国LICOR公司生产的LI-6400便携式光合作用测定系统测定光合作用速率。

（2）抗旱指标测定　在4月份选择长势均匀、无病虫害的苗木，截干种植在塑料容器中（上底直径30cm，下底直径23cm，高29cm），容器内土高约24cm。每个无性系6株，至7月底苗木生长旺期浇透水后移至温室内，停止浇水，从7月28日起每隔5天取容器中部土壤连续测定各个无性系的土壤含水量，每容器取三份土样，取平均值，直至整株枯死；2009年4月栽植，每系号10个容器（容器规格同2008年），土壤为壤土，每容器栽1株，开始试验时先将每容器浇水至基本饱和，以保证起始状态一致，为了防止下雨等外界因素影响试验结果，每容器都用黑色塑料袋包紧，只露出苗木。于8月5日详细观察记录，并同时对其进行光合测定，试验截至8月25日。

（3）土壤含水量测定　在测定苗木光合作用的同一天，取其根系的中部土壤，每容器取3个土样，测定土壤含水量，取平均值。

土壤含水量测定公式如下：

$$土壤含水量（\%）=（土壤鲜重-烘干重）/土壤鲜重\times100 \quad (3-1)$$

3.2.1.3 结果分析

（1）无性系抗旱性分析　盆栽6个无性系平均土壤含水量结果及变化趋势见表3-5和图3-25。

表 3-5　6 个无性系土壤含水量测定结果

测定时间间隔（天）	8048	3-I	长叶刺槐	X_7	X_9	X_5
5	18.99	20.20	21.92	21.18	12.71	18.70
10	15.84	13.93	11.94	6.38	10.17	14.93
15	6.54	8.75	8.15	4.50	8.70	7.69
20	5.91	6.91	7.93	4.43	7.85	7.08
25	4.73	5.59	5.35	4.37	5.57	6.58
30	4.21	4.35	5.07	3.98	4.69	5.30
35	2.89	3.10	3.88	3.48	3.40	4.58
40	2.75	3.04	3.76	2.88	2.90	3.58
45	2.49	2.62	2.13	_	_	3.25
50	1.46	2.24	_	_	_	_
55	_	_	_	_	_	_

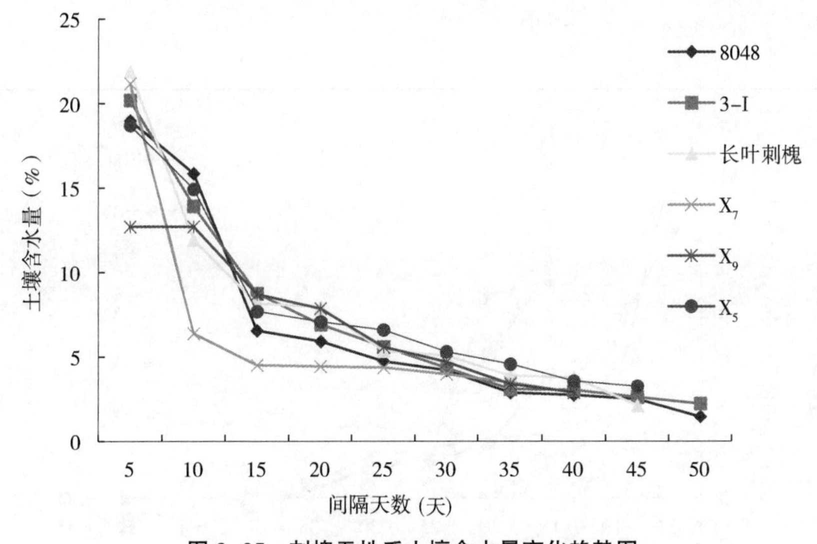

图 3-25　刺槐无性系土壤含水量变化趋势图

根据表 3-5 和图 3-25 可看出：前 3 次测定土壤含水量下降较快，以后下降趋势减缓，这反映了刺槐无性系土壤含水量随干旱时间变化的规律。从整株枯死时的土壤含水量来看，8048 最小，为 1.46，其次是长叶刺槐和 3-I，分别为 2.13 和 2.24，X_7和 X_9分别为 2.88 和 2.90，X_5最大，为 3.25。

综上所述可知，在所测试的 6 个无性系中，8048 抗旱性最强，其次是 3-I、长叶刺槐，X_7、X_9和 X_5抗旱性较差。说明无性系间抗旱性差异明显，可以从群体中选出既耐旱又速生的无性系，对刺槐进行抗旱基因资源的收集是可行的。同时也说明从北欧匈牙利引进的无性系抗旱性较差，这可能与北欧的降雨量大及海洋性气候有关。

（2）无性系光合特性分析　每次测定土壤含水量的同时，用 LI-6400 光合作用测定仪连续测定叶片的光合速率，每个无性系测三个叶片，本结果选取每天上午 10 点数据，取其平均值进行统计分析。6个无性系光合速率测定结果及变化趋势见表3-6和图3-26。

表3-6 无性系光合速率测定结果 [$\mu molCO_2/(m^2 \cdot s)$]

测定时间间隔（天）	8048	3-I	长叶刺槐	X_7	X_9	X_5
5	12.40	13.40	10.70	11.20	14.33	11.50
10	10.27	10.01	7.43	3.14	3.71	6.60
15	9.30	9.78	7.01	1.25	2.74	5.38
20	8.80	6.23	4.10	0.12	2.55	2.31
25	1.76	2.30	3.08	0.02	2.14	1.48
30	1.25	0.55	1.85	-0.30	1.74	1.30
35	0.13	0.55	1.73	-0.78	0.54	0.24
40	0.26	-0.05	-0.29	-1.65	-0.42	-0.48
45	-0.08	-0.08	-0.51	_	_	-1.42
50	-1.46	-0.93	_	_	_	_
55	_	_	_	_	_	_

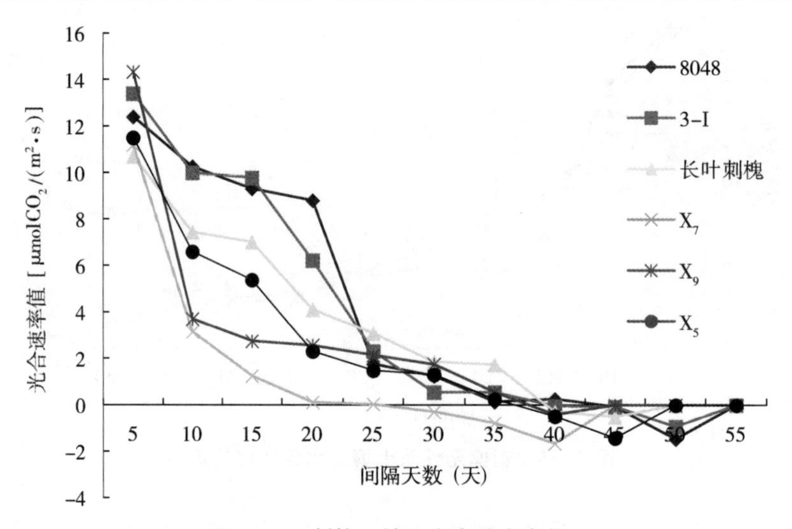

图3-26 刺槐无性系光合速率变化

由表3-6和图3-26可看出：①各无性系光合速率变化呈下降趋势，这说明无性系光合速率的变化趋势与土壤含水量变化一致，随着土壤含水量的减少，无性系的光合速率逐渐下降。② 抗旱性强的无性系8048在前20天时光合速率变化不大，到第25天时才急剧下降，唯独此无性系在第40天时还能有光合积累，而其他5个无性系光合均为负值。这是其抗旱性强的一个指标。③ 抗旱性较强的3-I、长叶刺槐在前15天光合速率有所下降，但不十分明显，在第20天时，由于含水量下降，光合速率明显下降，在第25天时，下降幅度更大。④抗旱性较差的无性系X_7、X_9和X_5，第10天和15天时光合速率下降幅度就十分大，第10天时的下降幅度分别为72%、74%和43%，说明该三个无性系对土壤含水量变化十分敏感。

可见这几个无性系对土壤水分变化敏感程度不同，抗旱性较差的无性系明显比抗旱较强的无性系对土壤水分的变化敏感，这也恰恰从光合角度揭示了各个无性系抗旱性不同的生理原因。

(3) 刺槐光合生理分析

①刺槐光合速率，气孔导度和蒸腾速率的日变化曲线

在苗木正常生长状况下，于 2009 年 8 月 5 日（晴天）选择匈牙利多倍体刺槐、3-I、8044 和 8048 四个无性系生长状况相近的样株，在每样株上选择 3 片功能叶作为样叶用LI-6400 测定叶片的光合速率、气孔导度和蒸腾速率，每次测定重复 3 次，取其平均值，从早上 8：00~17：00，每隔 2h 对上述因子观测一次。观测结果如图 3-27。

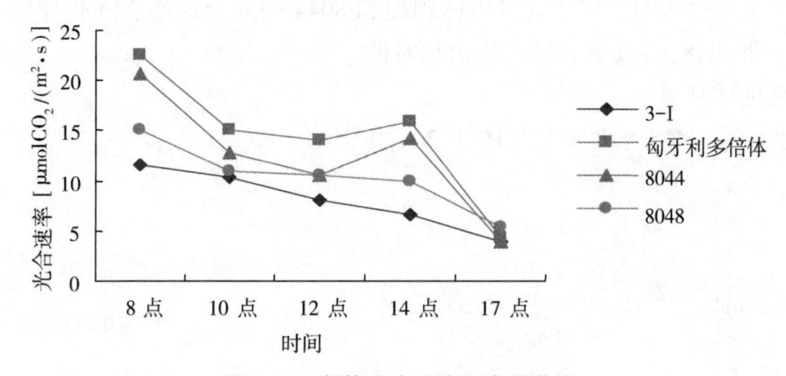

图 3-27　刺槐光合速率日变化曲线

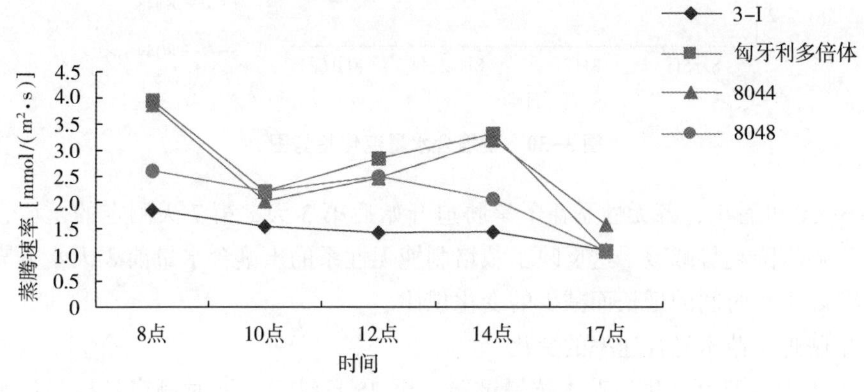

图 3-28　蒸腾速率日变化

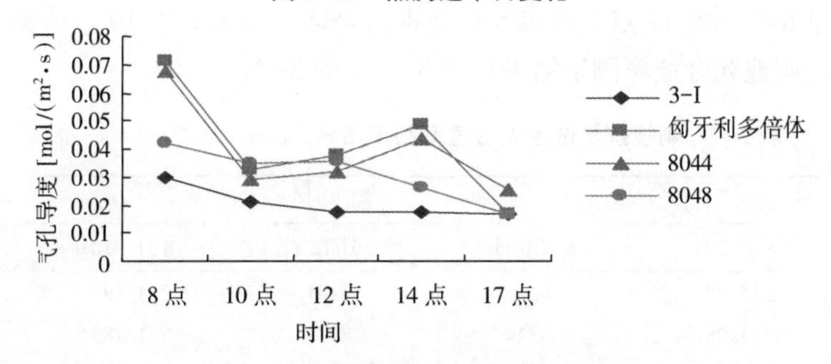

图 3-29　刺槐气孔导度日变化曲线

从图 3-27、3-28、3-29 可以看出四个无性系的光合速率、气孔导度和蒸腾速率的变化趋势基本一致，除早上 8 点外，都呈单峰型，随着时间的变化，也就是随太阳强度的增大或减弱各项指标发生变化。按前人研究的植物光合生理生态特性结果来看，光合速率、气孔导度和蒸腾速率在一天中会出现两个峰值，多在上午 10 点和下午 16 点，但在本实验中出现第一个峰值，是在上午 8 点各项指标的平均值最高，随着时间的增加，各项指标逐渐降低，但在 14 点时候出现第二个高峰值，之后又逐渐降低。推测出现此现象的原因可能是夏季天气炎热，气温高，刺槐在早上呼吸最旺盛，之后提前进入光合午休状态，到下午 14 点出现第二个活动旺盛期，各项指标又上升，之后由于光照强度和温度逐渐降低，四个无性系的各项指标也逐渐下降。

在整个的测定过程中，匈牙利多倍体刺槐和 8044 的光合速率、气孔导度和蒸腾速率明显大于 3-I 和 8048，3-I 的各项平均值相对低。

②无性系抗旱测定

4 个无性系的土壤含水量变化见图 3-30。

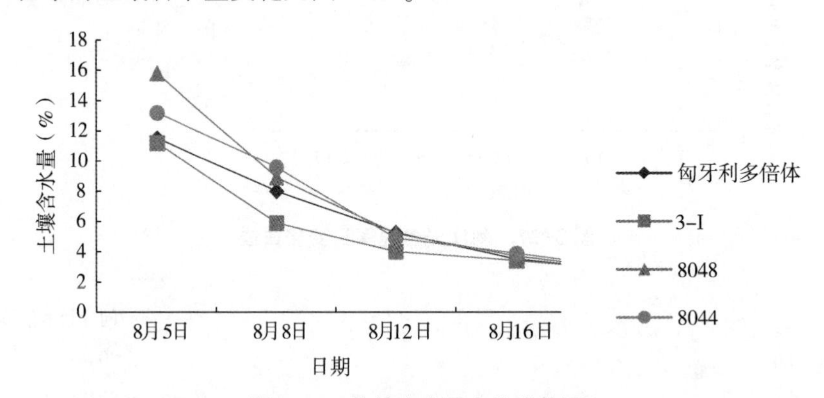

图 3-30　土壤含水量变化趋势图

从图 3-30 可看出，各无性系在干旱胁迫开始后第 3 天、第 7 天测定的土壤含水量下降较快，以后下降趋势减缓。这反映了栽培刺槐无性系的土壤含水量前 8 天水分充足时下降较快，且随干旱时间的延长而减少的变化规律。

③干旱胁迫下苗木光合速率的变化

2009 年 8 月 5 日开始进行苗木抗旱试验，至 25 日结束。同时测定各抗旱试验苗木的光合速率，从早 8 点到晚 17 点，测定 5 次。本结果选取每天上午 10 点数据，取其平均值进行统计分析。刺槐光合速率测定结果见表 3-7 和图 3-31。

表 3-7　刺槐抗旱试验光合速率测定结果［$\mu molCO_2/(m^2 \cdot s)$］

无性系	测定时间				
	8 月 5 日	8 月 8 日	8 月 12 日	8 月 16 日	8 月 25 日
匈牙利多倍体	15.48	10.70	8.23	4.19	1.46
3-I	11.78	5.24	8.73	1.78	0.90
8048	12.60	9.28	9.23	2.9125	1.11
8044	9.98	9.56	8.26	2.27	0.589

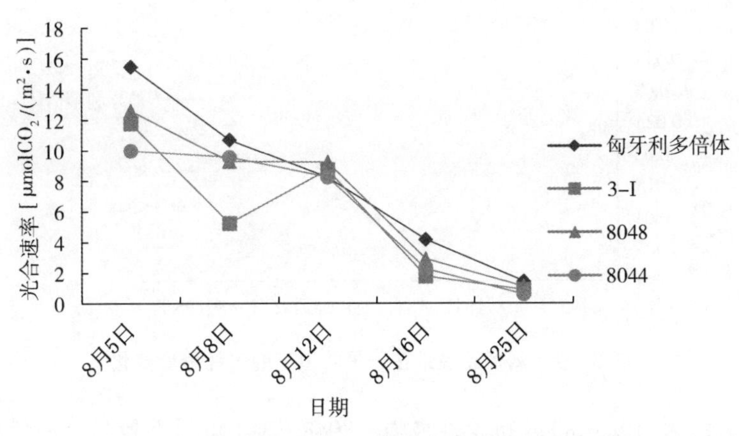

图 3-31 刺槐无性系在干旱胁迫下的光合速率变化

从表 3-7 和图 3-31 来看，各无性系光合速率随着干旱时间增加逐渐下降。匈牙利多倍体刺槐光合速率下降较快，8048 和 8044 趋于缓和，3-I 呈现出不规则变化，具体原因有待进一步研究。

由上述研究结果可知，无性系光合速率的变化趋势与土壤含水量一致，随着土壤含水量的减少，无性系的光合速率逐渐下降。同时说明各无性系对土壤水分变化敏感程度不同，抗旱性较差的无性系在土壤水分略微下降时光合速率已受到明显影响，比抗旱较强的无性系对土壤水分的变化敏感，这也从光合角度揭示了各个无性系抗旱性差异的生理原因，与 2004 年试验结果基本相同。

④干旱胁迫对刺槐叶片气孔导度的影响

气孔导度表示植物气孔的开张程度，它不但能反映植物蒸腾耗水的大小，而且也是反映抗旱保水性能的一个重要指标，它也是植物体内水分进入外界环境的主要通道，直接影响和控制植物的蒸腾作用，一般可用气孔导度或气孔阻抗（气孔导度的倒数）来表示气孔行为。气孔导度测定方法和计算方法与光合速率测定、计算相同。各无性系的气孔导度测定结果、变化曲线见表 3-8 和图 3-32。

表 3-8 刺槐抗旱试验气孔导度测定结果 [mol/（m^2·s）]

无性系	测定时间				
	8 月 5 日	8 月 8 日	8 月 12 日	8 月 16 日	8 月 25 日
匈牙利多倍体	0.0319	0.0182	0.0101	0.0041	0.0033
3-I	0.0256	0.0088	0.0022	0.0066	0.0024
8044	0.0304	0.0194	0.0043	0.0039	0.0012
8048	0.0339	0.0186	0.0044	0.0039	0.0026

根据表 3-8 和图 3-32 各无性系气孔导度测定结果变化趋势来看，各无性系气孔导度随着干旱时间增加逐渐下降。3-I 和 8048 气孔导度下降较快，匈牙利多倍体刺槐和 8044 趋于缓和，这是各个无性系适应干旱胁迫的一种方式，在干旱状态下，关闭气孔，减少蒸腾。

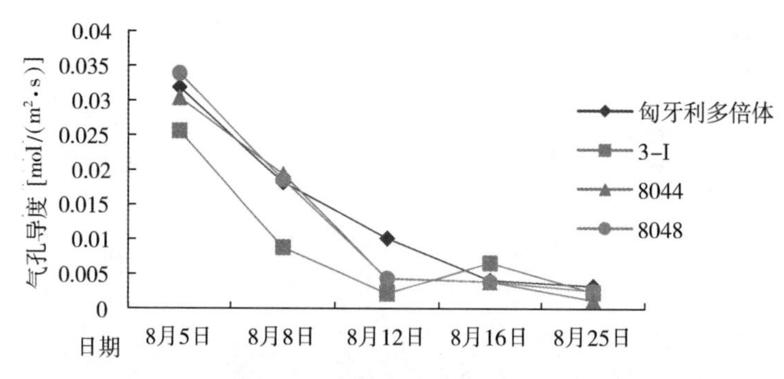

图 3-32　刺槐无性系在干旱胁迫下的气孔导度变化

由上述研究结果可知：8044 抗旱性最强，8048、3-I 抗旱性较强，匈牙利多倍体抗旱性最差；无性系气孔导度的变化趋势与土壤含水量、光合速率一致，随着干旱时间增加，土壤含水量的减少，无性系的气孔导度逐渐下降；各无性系对土壤水分变化敏感程度不同，抗旱性较好的无性系在土壤水分略微下降时气孔导度就明显下降，比抗旱差的无性系对土壤水分的变化敏感。

⑤干旱胁迫对刺槐蒸腾速率的影响

蒸腾作用是植物体散失水分的一种重要方式，主要是通过叶片的气孔进行的，气孔蒸腾可占蒸腾总量的 90%。蒸腾速率测定方法和计算方法与光合速率测定、计算相同。各无性系的蒸腾速率测定结果、变化曲线见表 3-9 和图 3-33。

表 3-9　刺槐抗旱试验蒸腾速率测定结果 [mmol/(m²·s)]

无性系	测定时间				
	8 月 5 日	8 月 8 日	8 月 12 日	8 月 16 日	8 月 25 日
匈牙利多倍体	1.3037	0.9692	0.6667	0.1417	0.2001
3-I	1.0986	0.5083	0.1709	0.2297	0.1655
8044	1.3597	1.2026	0.3344	0.1449	0.0952
8048	1.5991	1.1533	0.3606	0.1502	0.2176

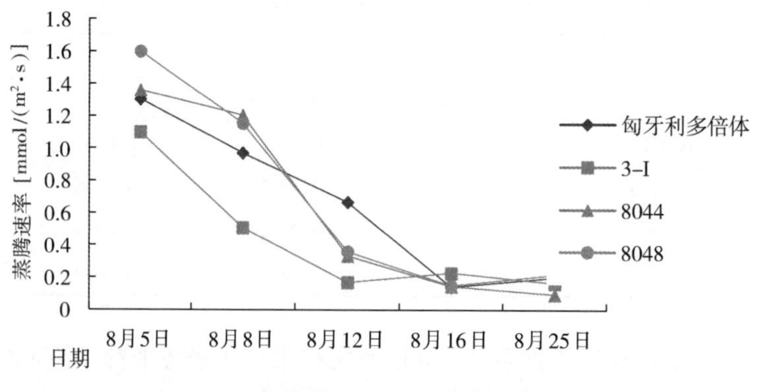

图 3-33　刺槐在干旱胁迫下蒸腾速率变化

根据表 3-9 和图 3-33 各无性系蒸腾速率测定结果变化趋势来看，各无性系蒸腾速率随着干旱时间增加逐渐下降。3-I 和 8048 蒸腾速率下降较快，匈牙利多倍体刺槐和 8044 趋于缓和，这是各个无性系适应干旱胁迫的一种方式，在干旱状态下，关闭气孔，减少蒸腾作用。无性系蒸腾速率和气孔导度的变化趋势一致，成正相关性，随着干旱时间增加、土壤含水量的减少，无性系的蒸腾速率逐渐下降。同时说明各无性系对土壤水分变化敏感程度不同，抗旱性较好的无性系在土壤水分略微下降时蒸腾速率就明显下降。

通过整个实验可以看出匈牙利多倍体刺槐抗旱性较差，3-I、8048、8044 抗旱性较强，这可能与整个光合速率、气孔导度和蒸腾速率有关。另外，光合速率、气孔导度和蒸腾速率既受外界因子的影响，也受植物体内部结构和生理状况的调节，光照是影响蒸腾作用的主要外界条件，光对蒸腾作用的影响首先是气孔开放 ，其次是提高大气和植物体的温度，增加叶内外蒸气压而加速蒸腾，水分通过气孔蒸腾是蒸腾作用的主要形式，匈牙利多倍体刺槐、3-I、8044 和 8048 的光合速率、气孔导度和蒸腾速率日变化趋势基本一致，4 个无性系的光合速率和蒸腾速率与气孔导度有一定的相关性。

3.2.2 刺槐无性系生长量分析

3.2.2.1 洛宁试验点刺槐无性系的生长

表 3-10 洛宁刺槐无性系生长性状

无性系	树高（m）	胸径（cm）	主干高（m）	枝下高（m）	冠幅（m^2）	材积（m^3）
8041	7.03	7.24	4.20	2.67	5.01	0.0216
8042	5.62	5.54	2.87	2.25	3.45	0.0084
84023	7.52	7.93	4.92	3.09	5.24	0.0236
豫刺槐 1 号	7.03	7.68	3.58	2.81	5.86	0.0200
8062	8.20	8.24	4.99	3.29	6.81	0.0248
83002	7.14	6.58	4.05	2.71	5.15	0.0149
A05	7.31	6.95	3.92	2.82	5.18	0.0184
G	7.38	7.46	3.42	3.08	5.69	0.0199
3-K	7.38	7.68	4.28	2.77	4.30	0.0262
L_5	7.03	6.89	3.88	2.88	5.47	0.0168
R_5	6.98	6.42	4.87	3.63	4.41	0.0152
R_7	6.81	5.79	3.97	3.05	3.87	0.0109
X_5	7.19	6.69	4.20	2.98	5.75	0.0158
2-F	6.76	6.68	3.39	2.81	5.11	0.0164
3-I	6.84	6.38	3.91	2.67	3.89	0.0153
京 1	5.42	5.02	3.11	2.28	2.95	0.0064
京 13	6.08	6.67	3.53	2.75	3.32	0.0142
京 24	6.20	6.73	4.45	3.03	3.97	0.0146
鲁 10	6.90	6.63	4.17	2.79	4.49	0.0162
箭杆	7.60	7.81	4.67	3.07	7.77	0.0249
均值	6.92	6.85	4.02	2.87	4.88	0.0172

结果见表3-10，由表可知，树高的均值为6.92m，变幅在5.42~8.20m之间，树高最高与最低的两个无性系差为2.78m。胸径均值为6.89cm，变幅为5.02~8.24cm，胸径最大与最小的两个无性系间差为3.22cm。主干高的均值为4.02m，变幅为2.87~4.99m，主干高的最高与最低两个无性系差值达2.12m。枝下高的均值为2.87m，变幅为2.25~3.63m，枝下高的最大值与最小值的差为1.38m。冠幅的均值为4.88m^2，变幅为2.95~7.77m^2，冠幅的最大值与最小值的差为4.82m^2。材积的均值为0.0172m^3，变幅为0.0064~0.0262m^3，最大材积与最小材积的差为0.0198m^3。

3.2.2.2 嵩县、洛宁试点无性系对比林生长性状的比较

（1）嵩县、洛宁试点无性系性状差异 t 检验　由于洛宁、嵩县试点数据方差不齐性，不能满足方差分析条件，采用无性系的小区平均值与总体平均值比较，进行主要性状 t 检验，结果见表3-11。

表3-11　洛宁、嵩县试点无性系与总体 t 检验值

无性系	洛宁				无性系	嵩县			
	树高	胸径	主干高	材积		树高	胸径	材积	8cm干高
8041	0.12	0.35	0.24	0.59	83002	0.67	0.10	0.11	0.58
8042	1.53	1.23	1.61	1.22	豫刺1号	0.35	0.04	0.14	0.79
84023	0.68	0.99	1.20	0.86	8062	0.09	0.48	0.40	0.53
豫刺1号	0.11	0.77	0.65	0.38	84023	0.39	0.01	0.11	0.29
8062	1.49	1.29	1.37	1.04	8033	1.03	0.84	1.17	1.14
83002	0.24	0.25	0.03	0.32	2-F	0.12	0.71	0.34	0.77
A05	0.44	0.09	0.16	0.44	3-I	0.30	0.27	0.29	0.23
G	0.52	0.56	0.87	0.36	K_3	1.30	0.83	1.12	1.34
3-K	0.52	0.72	0.35	1.16	K_4	1.32	0.19	0.69	0.55
L_5	0.12	0.04	0.21	0.06	G	2.01*	0.37	1.21	1.26
R_5	0.06	0.39	1.09	0.27	3-K	1.53	2.04*	2.31*	1.69*
R_7	0.14	0.98	0.11	0.87	L_5	1.01	0.18	0.09	0.38
X_5	0.31	0.15	0.24	0.19	R_7	0.88	0.67	0.69	1.49
2-F	0.19	0.16	0.91	0.12	X_5	0.11	0.57	0.42	0.41
3-I	0.10	0.43	0.18	0.26	A05	1.11	0.02	0.07	0.32
京1	1.57	1.51	1.33	1.50	CT	0.07	1.97*	0.88	0.15
京13	0.98	0.16	0.70	0.41	京24	1.16	1.16	1.90*	1.25
京24	0.83	0.11	0.69	0.36	箭杆	0.69	0.16	1.28	0.05
鲁10	0.03	0.19	0.19	0.14					
箭杆	0.92	0.89	1.29	1.06					

注：*表示差异显著性。

由表3-11看出：洛宁试点中，各无性系与总体间均未达到显著差异；嵩县试点中，无性系3-K的胸径、材积、8cm干高均与总体间达到显著差异，无性系G的树高、CT的

胸径、京 24 的材积与总体间达到显著差异。

洛宁、嵩县试验点无性系间性状差异不显著或差异达显著的性状少的主要原因是该两试点所选无性系均为省内外、国内外的优良无性系，没有设计一般对照，造成林木生长的整体水平提高，无性系间差异不易达到显著水平所致。

（2）性状差异比较

①生长量性状比较

对嵩县、洛宁试验点的树高、胸径和主干材积三个生长量性状进行调查分析，结果见表 3-12。

表 3-12　嵩县、洛宁试点生长性状比较表

地点	性状	排序（优→劣）
嵩县	树高	3-K、京 24、A05、L_5、箭杆、83002、84023、豫刺 1 号、8062、CT、X_5、2-F、3-I、R_7、8033、K_4、K_3、G
	胸径	3-K、京 24、2-F、X_5、8062、3-I、83002、豫刺 1 号、84023、A05、箭杆、L_5、K_4、G、R_7、K_3、8033、CT
	材积	3-K、京 24、CT、X_5、8062、2-F、83002、A05、L_5、84023、豫刺 1 号、3-I、K_4、R_7、K_3、8033、G、箭杆
洛宁	树高	8062、箭杆、84023、3-K、G、A05、X_5、83002、8041、L_5、豫刺 1 号、R_5、鲁 10、3-I、R_7、2-F、京 24、京 13、8042、京 1
	胸径	8062、84023、箭杆、豫刺 1 号、3-K、G、8041、A05、L_5、京 24、X_5、2-F、京 13、鲁 10、83002、R_5、3-I、R_7、8042、京 1
	材积	3-K、箭杆、8062、84023、8041、豫刺 1 号、G、A05、L_5、2-F、鲁 10、X_5、3-I、R_5、83002、京 24、京 13、R_7、8042、京 1

由表 3-12 可以看出：嵩县试验点树高占前五位的是 3-K、京 24、A05、L_5、箭杆；胸径占前五位的是 3-K、京 24、2-F、X_5、8062；材积占前五位的是 3-K、京 24、CT、X_5、8062。其中，3-K、京 24 的生长量指标均排在前两位。

洛宁试验点树高列前 5 位的是 8062、箭杆、84023、3-K、G；胸径列前五位的是 8062、84023、箭杆、豫刺 1 号、3-K；材积列前五位的是 3-K、箭杆、8062、84023、8041。其中，8062、箭杆、84023、3-K 的生长量指标均排在前五位。

由上可知，3-K 在两试验点均表现突出，说明该无性系表现稳定，表现出优良的速生性和较强的适应性。

②主干高、冠幅比较

树干是植株直接利用的部分，干形好坏直接影响木材利用率，其中主干高反映的是主干的顶端优势；冠幅与生长的关系较为复杂，从单位面积效益考虑，冠幅小利于密植，但冠幅太小营养面积就小，又不利于树木生长，所以优良无性系的冠幅以中等为好。这里对嵩县和洛宁两试验点各无性系主干高和冠幅进行比较，结果见表 3-13。

由表 3-13 可以看出：嵩县试验点主干高占前五位的是 CT、A05、京 24、L_5、84023，说明其主干顶端优势强；冠幅占前五位的是 83002、8033、CT、A05、豫刺 1 号。

表 3-13　嵩县、洛宁试验点主干高、冠幅比较表

地点	性状	排 序（由大→小）
嵩县	主干高	CT、A05、京 24、L_5、84023、豫刺 1 号、X_5、2-F、3-I、K_4、G、8062、3-K、83002、8033、箭杆、R_7、K_3
	冠　幅	83002、8033、CT、A05、豫刺 1 号、84023、L_5、K_4、3-I、X_5、3-K、K_3、2-F、R_7、8062、京 24、箭杆、G
洛宁	主干高	8062、84023、R_5、箭杆、京 24、3-K、X_5、8041、鲁 10、83002、R_7、A05、3-I、L_5、豫刺 1 号、京 13、G、2-F、京 1、8042
	冠　幅	箭杆、8062、豫刺 1 号、X_5、G、L_5、84023、A05、83002、2-F、8041、鲁 10、R_5、3-K、京 24、3-I、R_7、8042、京 13、京 1

洛宁试验点主干高占前五位的是 8062、84023、R_5、箭杆、京 24，说明其主干顶端优势强；冠幅占前五位的是箭杆、8062、豫刺 1 号、X_5、G。

3. 2. 2. 3　无性系生长量综合评价

在同一地点，由于无性系不同性状的优劣表现不一致，致使依据不同性状评价同一无性系的结果不完全一致，所以对无性系进行多性状的综合评价尤为重要。参加综合评定的生长指标有树高、胸径、主干高、材积，结果见表 3-14。

表 3-14　三试验点无性系综合评价表

无性系	开封试验点生长量	嵩县试验点生长量	洛宁试验点生长量
8041			3. 4042
8042			2. 2520
8033			2. 9088
豫刺 1 号	2. 8545	3. 3074	3. 2678
8062		3. 3178	3. 9453*
83002	3. 8957*	3. 2351	3. 0496
84023		3. 3164	3. 7659*
2-F	2. 3540	3. 3309	2. 9398
3-I	4. 000*	3. 2082	2. 9747
A05		3. 4915*	3. 2215
CK			2. 7984
CT			3. 4462*
G		2. 9454	3. 2501
3-K		3. 7398*	3. 6904*
L_5		3. 3618	3. 1125
R_5			3. 1871
R_7		2. 8449	2. 7428

（续）

无性系	开封试验点生长量	嵩县试验点生长量	洛宁试验点生长量
X_5		3. 3440	3. 1329
平均	2. 9238	3. 2403	3. 1377
N_{max}	3. 3846	3. 4273	3. 4434
N_{min}	2. 4631	3. 0534	2. 8320

注：* 为优良无性系。

由表 3-14 可以看出，洛宁试验点生长量符合优等无性系的有 3-K、8062、84023 和箭杆。

综合上述分析，豫西山区洛宁试验点表现突出的速生用材新无性系是 3-K，平原沙区表现突出的新无性系是 3-I。

3.3 刺槐遗传多样性与优质资源选育研究

刺槐作为具有固氮功能的豆科植物，能够在立地条件差的山地生长，且生长迅速（Rédei K.，Veperdi I.，2010）。近年来，随着林业生物质能源的不断发展，刺槐以其分布广泛，生物量高，耐贫瘠性强等特点受到中外专家学者的关注。不同学者针对刺槐纤维素生物质能源化利用开展了研究，研究表明刺槐在林业生物质能源利用中具有极高的潜能。木质纤维素是生物质能源利用的重要材料，通过水解发酵可以制作纤维素乙醇等新能源（Limayem A.，Ricke S. C.，2012；Yang J. et al.，2013）。刺槐含有大量木质纤维素，作为非粮木质纤维素乙醇生产的原料具有显著优势（Balat M.，2010）。由于刺槐引入中国较晚，且在人工栽培过程中以无性繁殖方式为主，导致其种质资源收集、管理及保护等方面工作进展缓慢，育种材料不够丰富，种质资源利用率低，没有建立核心种质资源，制约了刺槐作为纤维素生物质能源原料的利用及发展。

基于 DNA 的分子标记技术能够精确地进行遗传多样性的评价。现已开发出 RAPD（random amplified polymorpHic DNA）、SRAP（sequence-related amplified polymorpHism）、ISSR（inter-simple sequence repeat）、AFLP（amplified fragment length polymorpHism）等多种标记手段，并已应用到多种植物的遗传多样性评价中（Wang L.，et al.，2017；巨秀婷等，2017；吕志华等，2018）。目前构建核心种质的重要方法是通过表型性状调查和分子标记来剔除各种性状的差异，使亲缘关系相近的样品和核心样品得以保存（王建成等，2008）。分子标记相对表型性状调查而言，不易受环境条件的影响，且费用低，简便易操作，能够更加精准地从分子生物学的角度进行种质资源的鉴定和分类，能够更加真实地反映出种质间的遗传差异。SSR 分子标记也叫微卫星序列标记，相对于其他分子标记方法具有共显性、重复性强、多态性高等特点（Nybom H.，2004）。刺槐遗传多样性的研究已经采用过等位酶（杨敏生等，2004），RAPD（Bindiya K. and Kanwar K.，2003），AFLP（Huo X. M. et al.，2009）、ISSR（孙芳，2009）等标记方法，仅利用 SSR 标记方法对普通刺槐和航天刺槐进行了生长对比研究（Yuan C. Q.，2012），以及刺槐扦插枝条鉴定研究

（Malvolti M. E.，2015）。在刺槐遗传多样性及核心种质资源构建方面的应用尚未见报道。

针对刺槐生物质能源原料良种资源培育的问题，本研究在中国北方的5个地区共收集了165份刺槐资源，收集的种质资源来自7个群落，进一步运用筛选出的高多态性SSR微卫星序列标记对刺槐种质资源遗传多样性进行了分析，并进行了亲缘关系探索，包括：①估计不同群落化学成分的差异性；②分析不同群落刺槐的遗传多样性和遗传分化程度；③解释刺槐的化学成分同遗传差异和地理分布的相关关系。在此基础上构建了核心种质，并进行评价。为刺槐种质资源的保护、管理和生物质能源原料优良种质资源的选择提供了参考依据。

3.3.1 材料与方法

3.3.1.1 刺槐无性系收集

收集了来自中国北方5个地区的7个群落的165个刺槐样本（表3-15）。收集区域包括四个国家林业局认定的国家级刺槐良种基地，分别为山西吉县国家刺槐良种基地（2009）、甘肃清水县国家刺槐良种基地（2009）、山东费县大青山林场国家刺槐良种基地（2009）、河北平泉县黄土梁子林场国家刺槐良种基地（2017）。采集样本时，每个刺槐样本的地理距离至少大于50m，将收集到的刺槐枝条嫁接到河南洛宁县吕村国有林场苗圃。1年后，将嫁接材料移栽到林场的杨圪塔工区，采取随机区组的方法，每4个相同系号刺槐的嫁接材料为一组，每个系号栽植2~3组。

3.3.1.2 化学成分测定

剪取不同系号的刺槐枝条带回实验室在80℃烘箱中进行烘干处理，烘干后用球磨仪（MM 400，Retsch，Haan，Germany）进行粉碎，粉碎后过80目筛，用自封袋保存用于后续的化学成分测定。采用美国国家能源实验室（NREL）方法测定，使用高效液相色谱（HPLC，Agilent 1260，Agilent Technologies，Santa Clara，CA，USA），使用示差折光检测器（RID）进行化学成分的定量分析，色谱柱选择Aminex HPX-87H column（300×7.8mm，9μm；Bio-Rad Laboratories，Hercules，CA，USA），并连接一个保护色谱柱Micro-guard Cation-H guard column（30×4.6mm；Bio-Rad Laboratories）。高效液相色谱条件为：流量20μL；流动相为去离子水；流速0.6mL/min；柱温85°C；运行时间35min。

3.3.1.3 DNA提取和PCR扩增

刺槐DNA提取：采摘不同系号刺槐长势旺盛的叶片置于自封袋中，并用干冰保存带回实验室，放置于-80℃冰箱中保存。取采摘的叶片约0.2g，采用改良的CTAB方法进行DNA的提取，对提取到的DNA用1%琼脂糖凝胶电泳进行检测，确保每个提取DNA均有明显的条带，用Nanodrop ND-1000 spectropHotometer（Nanodrop Technologies，Wilmington，DE，USA）进行DNA浓度测定，并调整最终浓度为30~50ng/mL，将DNA放置在-20℃冰箱中保存备用。

表 3-15　7 个刺槐群落的自然条件

群落	来源	数量	经度 (E,°)	纬度 (N,°)	海拔 (m)	年日照时数 (h)	年降水量 (mm)	年均湿度 (%)	年均温 (°C)	1 月均温 (°C)	6 月均温 (°C)
BL	北京林业大学，北京	16	40.01	116.34	53	2407.8	527.5	52.1	13.2	8.5	18.4
YQ	延庆，北京	33	40.53	116.22	500	2699.2	453.4	54.8	9.5	4.3	15.7
HY	浑源，山西	8	39.54	113.72	1108	2648.3	384.9	52.3	1.5	14.5	7.5
JX*	吉县，山西	58	36.19	110.71	945	2137.3	526.4	55.2	10.8	5.4	18.0
QS*	清水，甘肃	21	34.73	106.19	1494	2089.1	476.3	57.7	10.8	6.1	16.4
PQ*	平泉，河北	10	41.06	118.73	766	2417.2	498.7	57.7	8.5	2.3	16.2
FX*	费县，山东	19	35.4	118.11	443	2143.0	892.3	64.7	14.2	9.9	19.5

注：* 为国家级刺槐良种基地。

SSR-PCR 扩增：选择了 21 个 SSR 引物（Lian and Hogetsu，2002；Lian et al.，2004；Mishima et al.，2009）进行预实验，最终选取了 14 对引物（表 3-16），采用总体积为 10μL 的优化反应体系，20ng DNA 模板，0.5μL 上引物，0.5μL 下引物，5μL RR901Amix 混合液（Takara，Bio），1μL 双蒸水。用 PCR（T100，BIO-RAD）扩增仪进行扩增，反应程序为：94℃预变性 5min，94℃下变性 30s，共 10 个循环，退火温度从 63℃到 53℃（每个循环下降 1℃），每个循环 30s，72℃延伸 90s，共 20 个循环，72℃后延伸 10min，4℃保存。8%聚丙烯酰胺凝胶电泳分离扩增产物，在 200V 电压下电泳 70min，硝酸银染色，显色液及蒸馏水洗净，在灯箱下进行条带观察统计，并拍照保存图像。

表 3-16　用于 SSR 分子标记的刺槐 14 对引物信息

刺槐	引物序列（5′~3′）	重复母题	粒度范围（bp）	温度（℃）
Rops15	GCCCATTTTCAAGAATCCATATATTGG TCATCCTTGTTTTGGACAATC	（CT）20	112-254	54
Rops16	AACCCTAAAAGCCTCGTTATC TGGCATTTTTTGGAAGACACC	（CT）13	195-223	56
Rops18	AGATAAGATCAAGTGCAAGAGTGTAAG TAATCCTCGAGGGAACAATAC	（AC）8	135-219	54
Rops04	GTCTAATTTCACTTTTCTCACGAG GGACACCACCRAAATTCTACC	（AC）10	105-110	56
Rops05	TGGTGATTAAGTCGCAAGGTG GTTGTGACTTGTACGTAAGTC	（AC）2GC（AC）7	120-138	56
Rops08	TTCTGAGGAAGGGTTCCGTGG GTTAAAGCAACAGGCACATGG	（CA）8TA（CA）3	191-205	56
Rp035	GGAGTGGAATGCATGCTCTCATG TCCAAATGGAAACTCCCTTGAAACAGC	（TC）15	89-112	53
Rp102	CCAAATCTCAAAATGTGCTAAGTAGC ACTTGGGCTATGGTATTGCA	（GA）12	205-211	53
Rp106	AAACTGAATTATATCCCTTTACGGC GCATATATCCACCAGATACCCG	（GT）9	143-154	53
Rp109	GAGGAATCACAAAACCGTTTGG TGGGATTTGAGAGAGTGGTGGTG	（AG）17	136-160	53
Rp150	TCGTTGGATCAACATGCATGG ACAGAACCCTAACCCTAGCA	（TC）3TT（TC）12	199-217	53
Rp206	GCCAAATCCCATTAGATCACAGTTGA AGAAGTTAGACTTACGTGCTGC	（GT）9	222-246	53
Rp200	GGTTTCTTTGTTCACCTGCTCTGG ACCTACGTGTCCACGGCTCT	（AG）23	160-198	53
Rp032	GCATATTGCATATGCGCTTGTG TCCCTGAAGCTCATAACTGTCATGTG	（TG）13	109-135	53

3.3.1.4 统计分析

（1）化学成分统计 利用 SPSS v18.0 软件进行不同刺槐群落的纤维素、半纤维素、木质素及其化学成分的均值、最大（小）值、标准误差、方差分析及 Duncan 多重比较（字母标记法）分析。用 MVSP v3.1 统计软件计算 Gower 一般相似系数，并通过 NTSYSpc v2.11 软件中的非加权组平均法（UPGMA）对所得的系数矩阵构建聚类树状图。

（2）遗传多样性及遗传分化统计 用“1，0”二进制法对电泳图谱进行数据采集，构建矩阵，用 DataFormate2.7 软件对原始统计数据进行格式转化（樊文强等，2016），用 Popgene 1.32 软件计算以下遗传多样性参数，包括等位基因数（N_a）、有效等位基因数（N_e）、Shannon's 信息指数（I）、观测杂合度（H_o）以及期望杂合度（He）、多态性百分率（PPL）、近交系数（F_{IS}）、固定指数（F_{st}）、多态信息指数（PIC），利用公式进行统计：$PIC = 1-\sum P_{ij}^2$。

用 Ntsys-pc v2.1 软件计算 7 个刺槐群落间的 NEI 遗传距离，并用非加权组平均法（UPGMA）进行聚类分析。用 GenAlEx v6.5 软件进行分子方差分析（AMOVA），判断群落之间及群落内的遗传变异。通过公式来计算群落间每代迁移的数量，即基因流（Nm），Nm=1/4（1/GST-1），同样进行主成分分析（PCoA），评估不同群落间的遗传多样性。用 GenAlEx v6.5 软件对化学成分的 Gower 一般相似系数、遗传距离及地理距离进行了 Mantel-test 测试。

基于 SSR 标记，利用贝叶斯模型聚类对群落结构进行分析，在软件 Structure v2.3 中 MCMN 设置为 100000，重复长度为 100000，K 值取 1~10，每个 K 值计算重复 10 次。最终，通过在线程序“structure harvester”计算出最优的 K 值。

（3）核心种质构建及评价 采用逐步聚类法（Hu J.，2000）进行核心种质构建。根据原始种质资源聚类图，找出遗传距离最小的一组，选择二者中稀有等位基因数多的样本进入下一轮聚类，如果两个样本稀有等位基因数相同，则选择稀有等位基因频率高的样本，如组内只有一个样本，则直接进入下一轮聚类，直到某个地区的样本不在聚类图中出现，保证每个取样地区都有样本被抽取。在最终核心种质确立后，对筛选构建的核心种质进行遗传多样性分析，并用 SPSS 21.0 软件进行 *t* 检验来评价核心种质。

3.3.2 结果分析

3.3.2.1 不同刺槐群落化学成分

7 个刺槐群落的化学成分已经在表 3-17 中列出。总半纤维素含量和两个五碳糖（木糖、甘露糖）具有显著差异（$P<0.05$）。纤维素含量从 31.13%（HY）到 34.48%（FX）；半纤维素含量从 15.25%（YQ）到 19.02%（FX），其中四种五碳糖含量分别为 8.70%~12.23%（木糖）、1.15%~1.90%（半乳糖）、2.96%~4.40%（阿拉伯糖）和 1.33%~2.73%

表 3-17　7 个刺槐群落的化学成分

群落	纤维素	半纤维素					木质素		
	葡萄糖（%）	木糖（%）	半乳糖（%）	阿拉伯糖（%）	甘露糖（%）	总和（%）	酸不溶木质素（%）	酸溶木质素（%）	总和（%）
BL	33. 23±3. 69	9. 25 ± 1. 58b	1. 26 ± 0. 31	3. 48 ± 0. 76	2. 54 ± 1. 4a	16. 53± 2. 03ab	19. 72 ± 4. 09a	4. 42 ± 1. 28a	24. 14 ± 3. 15
FX	34. 48±3. 53	12. 23 ± 0. 78a	1. 41 ± 0. 25	4. 04 ± 2. 58	1. 33 ± 0. 38b	19. 02 ± 2. 52a	23. 43 ± 1. 66a	2. 78 ± 0. 23b	26. 22 ± 1. 68
HY	31. 13±2. 91	8. 85 ± 0. 82b	1. 15 ± 0. 15	2. 96 ± 0. 72	2. 65 ± 0. 3a	15. 61 ± 1. 43b	18. 70 ± 1. 28a	3. 89 ± 0. 24ab	22. 59 ± 1. 37
JX	33. 10±3. 3	9. 13 ± 0. 85b	1. 21 ± 0. 16	3. 51 ± 0. 65	2. 73 ± 0. 51a	16. 58±1. 32ab	19. 48 ± 2. 18a	3. 72 ± 0. 49ab	23. 20 ± 1. 94
PQ	33. 01±3. 04	9. 90 ± 3. 07ab	1. 90 ± 1. 6	3. 45 ± 0. 55	2. 26 ± 0. 56ab	17. 51 ± 4ab	19. 16 ± 5. 16a	3. 76 ± 0. 74ab	22. 92 ± 4. 55
QS	32. 00±4. 17	10. 51±2. 55ab	1. 33 ± 0. 25	3. 51 ± 0. 52	2. 44 ± 0. 84ab	17. 80 ± 2. 57ab	20. 53 ± 3. 81a	3. 29 ± 0. 78b	23. 82 ± 3. 16
YQ	32. 48±2. 81	8. 70 ± 1. 64b	1. 27 ± 0. 26	3. 14 ± 0. 62	2. 14 ± 0. 37ab	15. 25 ± 1. 77b	18. 71 ± 2. 64a	3. 75 ± 0. 55ab	22. 46 ± 2. 69
平均值	32. 79±3. 33	9. 51 ± 1. 87	1. 31 ± 0. 5	3. 42 ± 0. 93	2. 39 ± 0. 78	16. 63 ± 2. 29	19. 70 ± 3. 18	3. 71 ± 0. 78	23. 41 ± 2. 77
最小值	31. 13	8. 70	1. 15	2. 96	1. 33	15. 25	18. 70	2. 78	22. 46
最大值	34. 48	12. 23	1. 90	4. 04	2. 73	19. 02	23. 43	4. 42	26. 22
P 值	0. 573	0. 000	0. 053	0. 309	0. 001	0. 001	0. 031	0. 000	0. 064

注：$P < 0.05$ 表明具有显著性差异。

（甘露糖）。酸不溶木质素和酸溶木质素均表现出了显著差异性（$P<0.05$），含量分别为2.78%（FX）到4.42%（BL），18.7%（HY）到23.43%（FX）。木质素总含量从22.46%（YQ）到26.22%（FX）。结果表明，来自中国北方地区的7个刺槐群落的半纤维素表现出了高度的多样性。

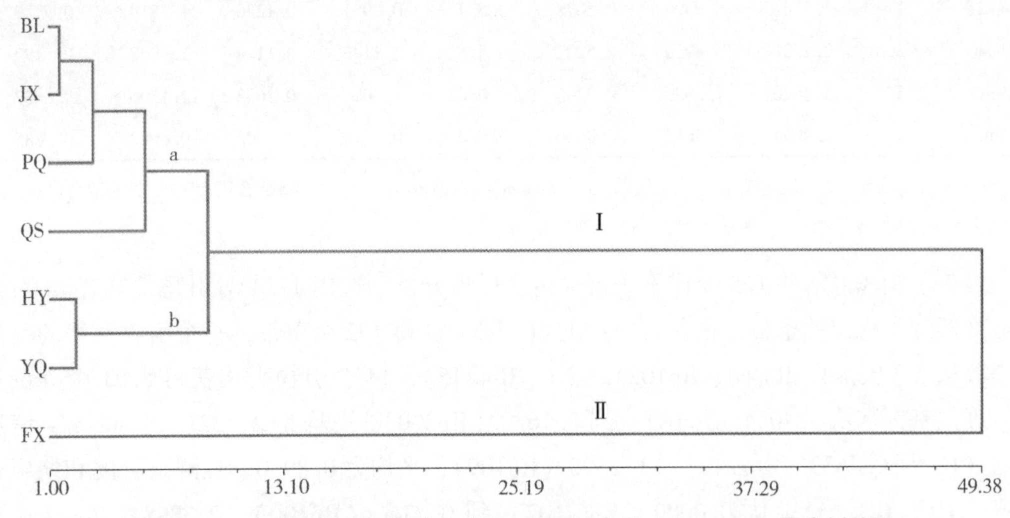

图 3-34　7 个刺槐群落的化学成分非加权组平均法（UPGMA）聚类树状图

对7个刺槐群落的化学成分组成进行了Gower一般相似系数计算，并通过非加权组平均法（UPGMA）聚类分析（图3-34）。将7个刺槐群落分为了2个类群，类群Ⅰ又分为2个亚类群。其中，Ⅰa包括PQ、BL、JX三个群落和地理距离最远的QS群落，共4个群落；Ⅰb包括HY和YQ，共2个群落，这2个群落具有相近的化学成分组成。Ⅱ类只有来自山东的FX群落。

3.3.2.2　不同刺槐群落遗传多样性

表 3-18　SSR 标记中 14 对引物的遗传多样性

刺槐	N_a	N_e	I	H_O	H_E	F_{IS}	F_{ST}	N_m	PIC
Rops15	5	2.3818	1.1528	0.1207	0.5827	0.7232	0.1620	1.2934	0.5801
Rops16	3	2.6611	1.0269	0.4779	0.6265	0.2019	0.0527	4.4954	0.6242
Rops5	3	2.2501	0.9322	0.1206	0.5576	0.6793	0.2637	0.6982	0.5556
Rops08	2	1.4513	0.4899	0.3446	0.3120	−0.3511	0.0861	2.6544	0.3110
Rp102	2	1.5779	0.5527	0.0000	0.3678	1.0000	0.2001	0.9993	0.3663
Rp150	3	2.3756	0.9411	0.5827	0.5813	−0.0501	0.0421	5.6938	0.5790
Rp109	4	3.1198	1.2590	0.5597	0.6820	0.0898	0.1058	2.1131	0.6795
Rp200	4	3.1620	1.2291	0.5603	0.6862	0.0645	0.1335	1.6220	0.6837
Rp206	3	1.4935	0.5863	0.3077	0.3317	0.0234	0.1128	1.9665	0.3304
Rp32	4	2.0319	0.9002	0.5702	0.5100	−0.1776	0.0202	12.1306	0.5079
Rops4	2	1.4054	0.4633	0.1748	0.2898	0.4282	0.2213	0.8799	0.2885

（续）

刺槐	N_a	N_e	I	H_O	H_E	F_{IS}	F_{ST}	N_m	PIC
Rp106	3	2.3706	0.9711	0.7746	0.5802	−0.3773	0.0518	4.5760	0.5782
Rp35	4	2.4928	1.0769	0.6172	0.6012	−0.0510	0.0595	3.9545	0.5988
Rops18	3	2.3361	0.9200	0.5078	0.5742	−0.0981	0.1230	1.7819	0.5719
Mean	3.21	2.2221	0.8930	0.5202	0.5182	0.1143	0.1114	1.9942	0.5182
Max	5	3.1620	1.2590	0.7746	0.6862	1.0000	0.2637	12.1306	0.6837
Min	2	1.4054	0.4633	0.0000	0.2898	−0.3773	0.0202	0.6982	0.2885

注：N_a为等位基因数；N_e为有效等位基因数；I 为 Shannon′s 信息指数；H_E为观测杂合度；H_E为期望杂合度；F_{IS}为近交系数；F_{ST}为固定指数；N_m 为基因流；PIC 为多态信息指数。

对 7 个刺槐群落的 165 个样本进行遗传多样性分析，选用了 21 对引物，共有 14 对引物最终得到了稳定的条带，占所有引物的 66.7%。获得 152 个条带，每个引物获得的等位基因数从 2（Rops4、Rops8、Rp102）到 5（Rops15），14 个引物平均获得 3.21 个等位基因。等位基因数从 1.4054（Rops4）到 3.1620（Rp200），平均为 2.2221。Shannon′s 信息指数（I）从 0.4633（Rops4）到 1.2590（Rp109），平均为 0.8930。观测杂合度和期望杂合度（H_O，H_E）分别从 0.0000（Rops102）到 0.7746（Rp106），0.2898（Rops4）到 0.6862（Rp200），平均为 0.5202 和 0.5182。多态信息指数（PIC）从 0.2885（Rops4）到 0.6837（Rp200），平均为 0.5182。固定指数（F_{ST}）从 0.0202（Rp32）到 0.2637（Rops5），平均为 0.1114。近交系数（F_{IS}）从-0.3773（Rp106）到 1.000（Rp102），平均为 0.1114。基因流（N_m）从 0.6982（Rops5）到 12.1306（Rp32），平均为 1.9942。用于标记的 14 对引物具有较高的遗传多样性（表 3-18）。

表 3-19　7 个刺槐群落的遗传多样性

Pop	N_a	N_e	I	H_O	H_E	PPL	PIC
BL	2.5714	1.8875	0.6905	0.3439	0.4413	92.86	0.5559
HY	2.2143	1.8512	0.6540	0.3619	0.4682	92.86	0.4270
JX	3.2143	2.1196	0.8345	0.3900	0.4854	100.00	0.6551
QS	2.8571	2.1675	0.8194	0.3861	0.5059	92.86	0.4892
YQ	3.1429	2.1048	0.8616	0.4213	0.5126	100.00	0.6589
FX	2.7857	2.0447	0.7491	0.4650	0.4682	92.86	0.6390
PQ	2.7857	2.1963	0.8440	0.5209	0.5474	100.00	0.6785
Mean	2.7959	2.0531	0.7790	0.4127	0.4899	95.92	0.5862
Max	3.2143	2.1963	0.8616	0.5209	0.5474	100.00	0.6785
Min	2.2143	1.8512	0.6540	0.3439	0.4413	92.86	0.4270

注：N_a为等位基因数；N_e为有效等位基因数；I 为 Shannon′s 信息指数；H_o为观测杂合度；H_E为期望杂合度；PPL 为多态位点百分率；PIC 为多态信息指数。

运用 14 对引物分析了 7 个刺槐群落遗传多样性（表 3-19），等位基因数（N_a）从

2.2143（HY）到 3.2143（JX），平均为 2.2143。有效等位基因数（N_e）从 1.8512（HY）到 2.1963（PQ），平均为 1.8512。Shannon's 信息指数（I）从 0.6540（HY）到 0.8616（YQ），平均为 0.7790。观测杂合度和期望杂合度（H_o，H_E）分别从 0.3439（BL）到 0.5209（PQ），从 0.4413（BL）到 0.5457（PQ），平均为 0.4127 和 0.4899。多态位点百分率（PPL）为 100%（JX、YQ、PQ），92.86%（BL、QS、FX、HY），平均为 95.92%。

3.3.2.3 不同刺槐群落遗传分化

表 3-20 7 个刺槐群落间遗传差异分析（AMOVA）

变异来源	自由度	平方和	均方	Est. Var.	%	*P*-value
Among populations	6	185.263	30.877	0.813	6%	<0.001
Within populations	158	2081.016	13.171	13.171	94%	<0.001
Total	164	2266.279		13.984	100%	

7 个刺槐群落中的固定指数（F_{ST}）为 0.1114（表 3-18），表明群落间具有较低的遗传差异，基于固定指数计算出的基因流（N_m）为 1.9942。通过分子方差分析（AMOVA），对遗传距离（GD）计算出的 G_{ST} 值为 0.058（$P<0.001$），表明群落间存在 5.8%的遗传差异，而 94.2%的遗传差异存在于各个刺槐群落内（表 3-20），通过 G_{ST} 值计算出的基因流（N_m）为 4.05，表明刺槐群落间每代有 4.05 个体在群落间进行迁移产生基因交流。

基于遗传距离的聚类分析把 7 个刺槐群落分为 3 个类群（图 3-35）。类群Ⅰ中有 2 个亚类群分别为 $Ⅰ_a$ 和 $Ⅰ_b$，$Ⅰ_a$ 包括来自北京地区的 BL 和 YQ 群落以及来自山西的 JX 群落；$Ⅰ_b$ 只有来自河北的 PQ 一个群落。类群Ⅱ包含了来自山东的 FX 群落和来自山西的 JX 群落。类群Ⅲ中只有来自甘肃的 QS 群落。

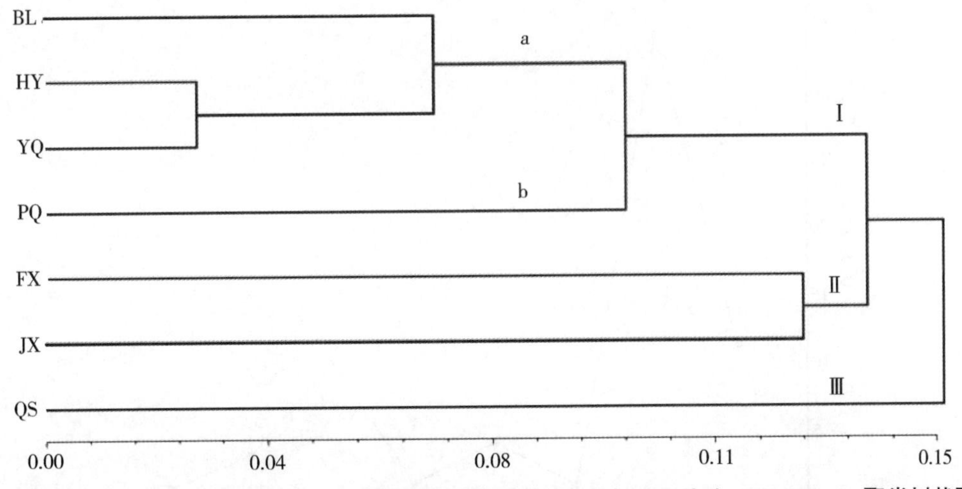

图 3-35 基于 SSR 分子标记的 7 个刺槐群落遗传距离的非加权组平均法（UPGMA）聚类树状图

7 个刺槐群落的遗传关系还通过主成分分析（PCoA）方法对遗传距离进行了统计。遗传差异的前两个主成分的贡献率分别占到了 47.32%和 25.92%（图 3-36）。7 个刺槐群落能够被很好地区分到各个象限中。YQ、QS、JX 和 BL 群落在坐标轴 1 和坐标轴 2 上比较接近，同时 FX、PQ 群落在坐标轴 2 上能够区分开，HY 群落远离其他群落。主成分分析散点图的结果与遗传距离聚类分析相类似，7 个刺槐群落均被分为了 3 个类群，其中有一个类群均只含有一个群落，在非平均加权法（UPGMA）聚类中是 FX 群落，在主成分分析（PCoA）中是 HY 群落。

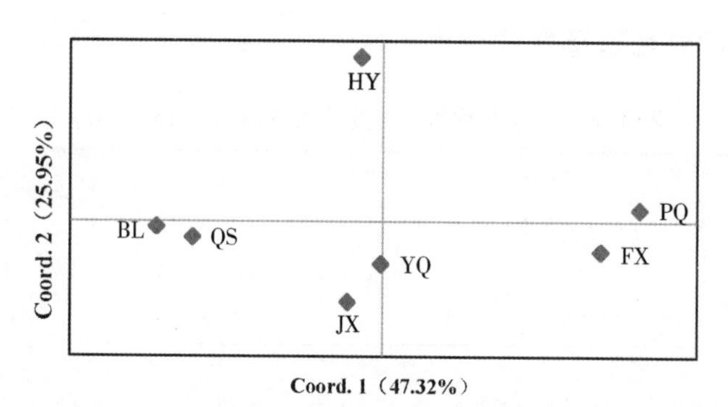

图 3-36　基于 SSR 分子标记的 7 个刺槐群落主成分分析（PCoA）散点图

利用 14 对引物进行 SSR 分子标记，对 165 个刺槐样本进行了群落遗传结构预估。贝叶斯模型在 K=3 时有最大 deltaK 值和最高的△K 值（图 3-37），表明将所有样本有效地分为 3 个类群，与非加权组平均法（UPGMA）聚类和主成分分析（PCoA）所得到的结果相一致。类群Ⅰ（80 个样本）包括了所有来自 165 个样本的一半，包括来自 BL 群落的 4 个样本，来自 FX 群落的 5 个样本，来自 HY 群落的 3 个样本，来自 JX 群落的 43 个样本，来自 PQ 群落的 2 个样本，来自 QS 群落的 13 个样本，以及来自 YQ 群落的 10 个样本。剩

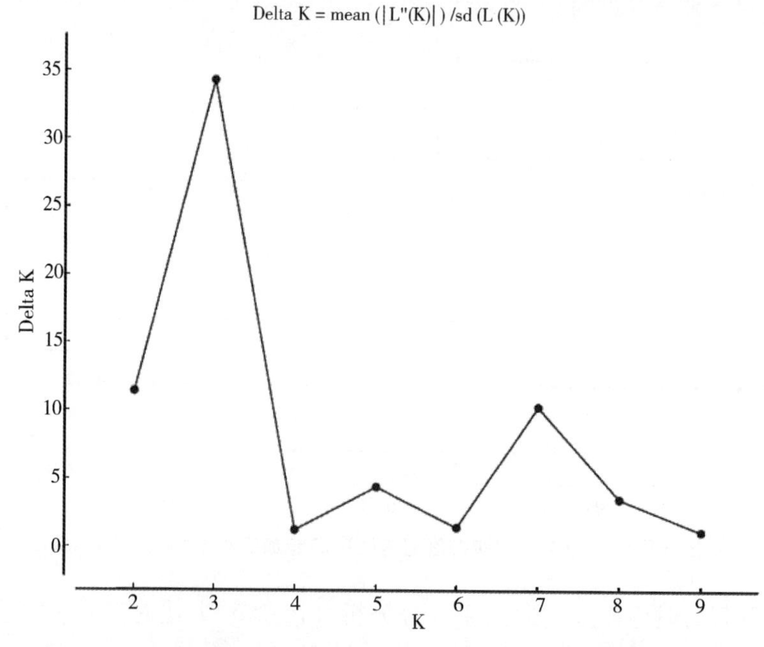

图 3-37　7 个不同刺槐群落使用 LnP（D）估算△K 的种群结构（K=1-10）

余的 85 个样本被分配到了类群Ⅱ（31 样本）和类群Ⅲ（54 样本）（图 3-38）。此外，来自不同群落的样本被分类为纯种或混合种：分数>0.8 的种质被认为是纯的，而分数<0.8 的种质被认为是混合种。BL 群落中含有 9 个纯种样本和 7 个混合种样本，FX 群落包含 15 个纯种样本和 4 个混合种样本，HY 群落包含 4 个纯种样本和 4 个混合种样本，JX 群落包含 24 个纯种样本和 34 个混合种样本，PQ 群落包含 6 个纯种样本和 4 个混合种样本，QS 群落包含 8 个纯种样本和 13 个混合种样本，YQ 群落包含 15 个纯种样本和 18 个混合种样本，7 个群落共有 81 个纯种样本和 84 个混合种样本。

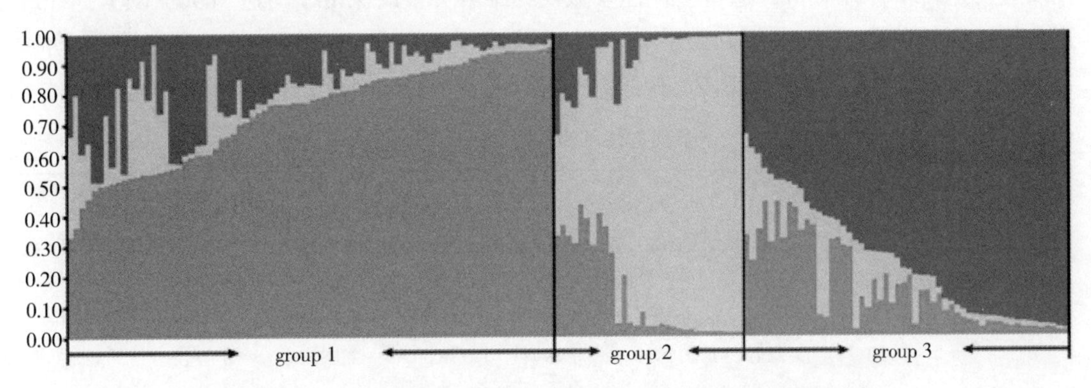

图 3-38　7 个刺槐群落的 165 个样本的 STRUCTURE 遗传结构评估

3.3.2.4　不同刺槐群落的地理差异

7 个刺槐群落来自中国北方不同的 5 个地区。通过对地理数据进行分析，7 个群落被分为 2 个类群（Ⅰ和Ⅱ，图 3-39），类群Ⅰ由 BL、YQ、HY、PQ 和 FX 共 5 个群落组成，均来自中国北方较为靠东的地区；而类群Ⅱ包括 JX 和 QS 两个群落，均来自地理位置较为靠西的地区。对化学成分和遗传距离、地理分布进行 Mantel-test 分析，结果表明在这三者中均未有显著的相关关系。

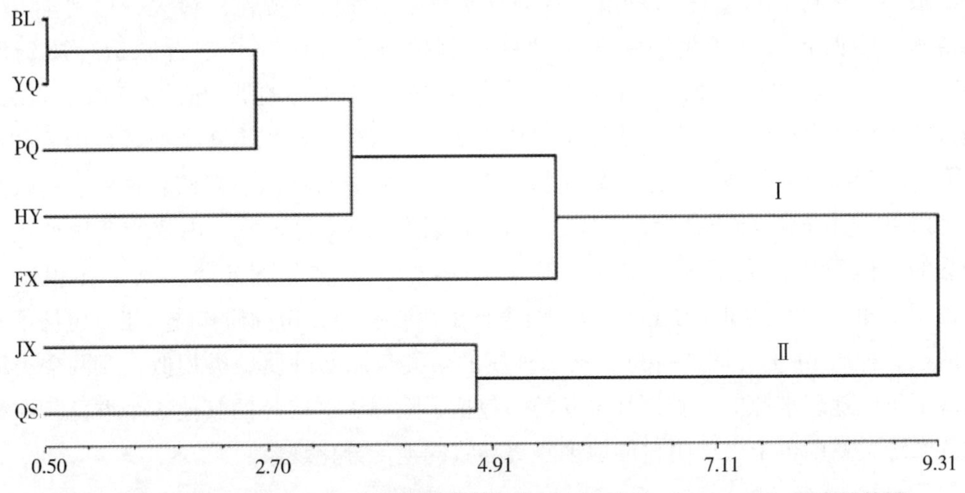

图 3-39　基于地理分布的 7 个刺槐群落的非加权组平均法（UPGMA）聚类树状图

3.3.2.5 刺槐核心种质的成功构建

逐步聚类法是一种科学的构建核心种质方法，在进行核心种质构建时能够将原始种质资源的遗传信息较完整地保留下来。本研究在SSR标记基础上，采用逐步聚类法构建核心种质，共进行了四轮筛选，第一次筛选出核心种质66份，占原始种质的69.75%；第二次筛选出核心种质46份，占原始种质的47.92%；第三次筛选出33份种质，占原始种质资源的34.38%；最终筛选出核心种质23份，占原始种质资源的23.96%。通过对最终核心种质进行遗传多样性分析，遗传多样性参数及纤维素含量的保留率均达到90%以上，纤维素含量从原始种质32.71%提高到了33.42%，提高了0.71%（表3-21）。研究结果表明通过SSR分子标记筛选出的刺槐核心种质纤维素含量高，适宜作为纤维素生物质能源原料。

表3-21　逐步聚类法不同核心种质的遗传多样性比较

群体	核心种质比例（%）	N_a	N_e	I	H_o	H_E	F_{ST}	纤维素含量（%）
原始种质	100	3.2143	2.1840	0.8831	0.4055	0.5149	0.7081	32.71
第一轮	69.75	3.2143	2.1917	0.8860	0.3957	0.5180	0.7199	32.80
第二轮	47.92	3.2143	2.2439	0.8994	0.4000	0.5283	0.7114	32.73
第三轮	34.38	3.2143	2.1944	0.8826	0.3847	0.5207	0.7321	33.06
核心种质	23.96	2.9286	2.2103	0.8735	0.3822	0.5325	0.7479	33.42
保留率（%）		91.11	101.20	98.91	94.25	103.42	105.62	102.17

注：N_a为等位基因数；N_e为有效等位基因数；I为Shannon's信息指数；H_o为观测杂合度；H_E为期望杂合度；F_{ST}为固定指数。

通过逐步聚类最终确定的23份核心种质分别为：BL4、HY1-3、JX2、JX36、JX39、JX40、JX41、JX50、JX58、JX64、JX66、JX78、QS138、QS34、QS49、QS68、QS56、YYQ4、FX50、FX80、PQ-JY、PQ-50、PQ-BD-1（图3-40）。核心种质中来自山西吉县的种质最多，达到10个，来自甘肃清水的种质占原始种质资源比例最大，达到41.67%。甘肃清水、山西吉县、河北平泉3个地区的刺槐核心种质数分别占原始种质资源的41.67%、27.78%、33.33%，均高于核心种质占原始种质资源的平均值23.96%。表明此3个地区的遗传多样性的丰富度高于原始种质（表3-22），同时以上3个地区是国家林业局认定的国家刺槐良种基地，也是本研究的核心种质主要分布地区。对核心种质进行聚类分析，可以将23份核心种质分为2大类，来自甘肃清水的4份种质，山西的2份种质及山东费县的1份种质构成了第一类Ⅰ，其余的16份种质被分到Ⅱ类，其中在相似系数0.5117处，Ⅱ类又分为Ⅱ1和Ⅱ2，Ⅱ1由来自山西吉县的2份种质构成，Ⅱ2包括了6个地区的核心种质14份（图3-40）。核心种质的聚类与原始种质聚类相似，在两个类群中均出现了不同地理来源的种质，其中Ⅱ类中包括了除浑源群落外的其他6个群落，在核心种质的亲缘关系中也未出现明显的地理隔离导致的遗传分化现象。

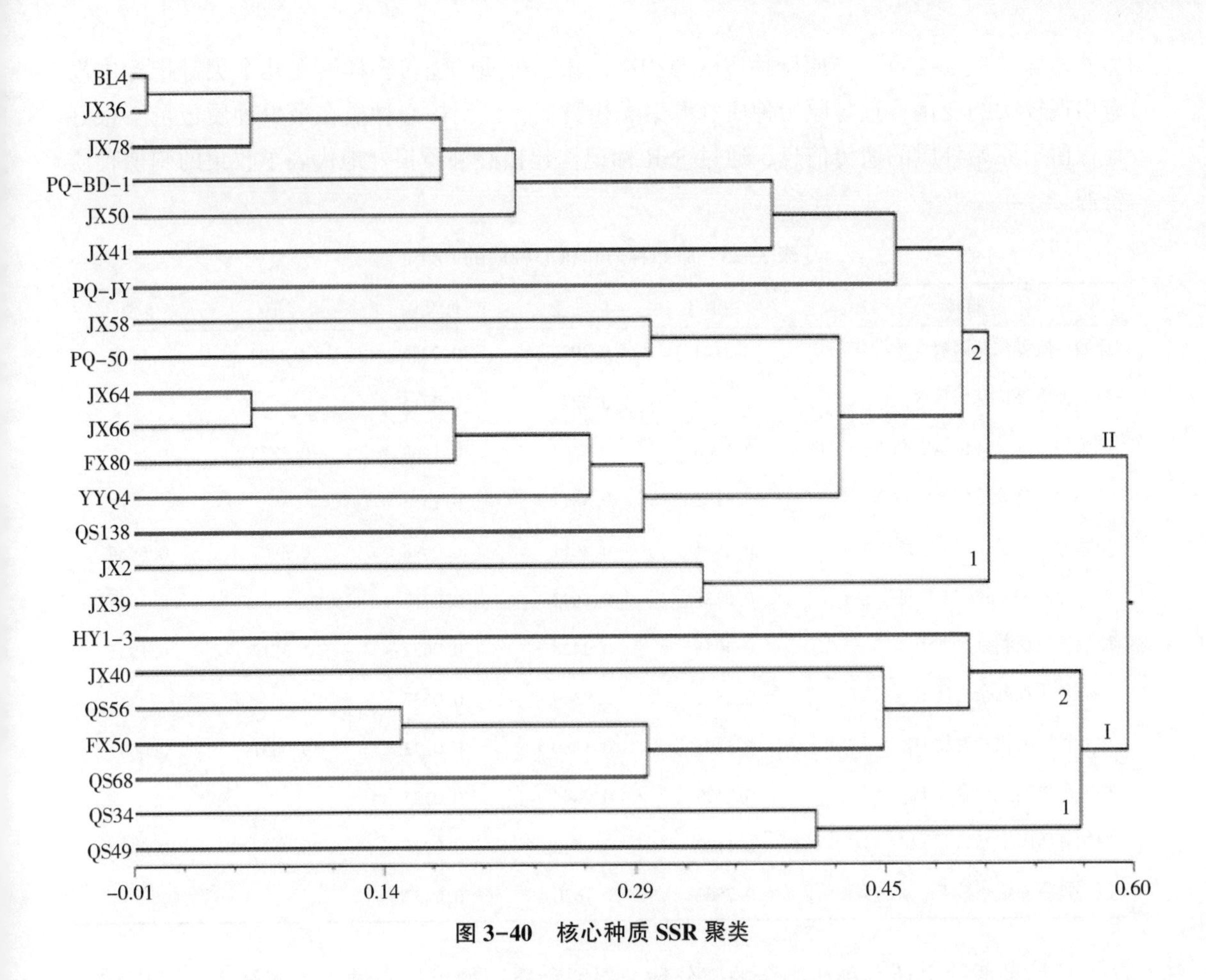

图 3-40 核心种质 SSR 聚类

表 3-22 各地区的核心种质及占原始种质比例

地区	原始种质数	核心种质数	百分比（%）
北京林业大学	6	1	16.67
北京延庆	16	1	6.25
山西浑源	5	1	20.00
山西吉县	36	10	27.78
甘肃清水	12	5	41.67
河北平泉	9	3	33.33
山东费县	12	2	16.67
总数	96	23	23.96

3.3.2.6 核心种质具有代表性

逐步聚类法构建的核心种质更具有代表性，对其遗传多样性指标分别进行 t 检验，对比核心种质和原始种质。等位基因数在 $p=0.05$ 水平上核心种质与原始种质相比具有显著差异，预期杂合度、固定指数在 $p=0.01$ 水平上核心种质极显著差异于原始种质。而有效等位基因数、Shannon's 信息指数，观测杂合度在 $p=0.05$ 水平上原始种质与核心种质无显著差异（表 3-23），与原始种质资源相比，核心种质的遗传多样性在几个关键指标中没有出现较大的变化，且与原始种质资源聚类相类似，说明核心种质在最少种质数量下很好地保留了原始种质的遗传信息，通过 SSR 标记构建核心种质很好地代表了收集的刺槐种质资源。

表 3-23　原始种质和核心种质的 *t* 测试

群体	均值	标准差	标准误	*t* 值	*p* 值
原始种质等位基因数 N_a	3.2143	0.8926	0.2386	2.2804	0.0401
核心种质等位基因数 N_a	2.9286	0.8287	0.2215		
原始种质有效等位基因数 N_e	2.1840	0.5494	0.1468	−0.5275	0.6067
核心种质有效等位基因数 N_e	2.2103	0.5812	0.1553		
原始种质 Shannon's 信息指数 I	0.8831	0.2611	0.0698	0.3961	0.6985
核心种质 Shannon's 信息指数 I	0.8735	0.2683	0.0717		
原始种质观测杂合度 H_o	0.4055	0.2438	0.0652	1.3714	0.1935
核心种质观测杂合度 H_o	0.3822	0.2369	0.0633		
原始种质期望杂合度 H_E	0.5325	0.1280	0.0342	9.0831	0.0000
核心种质期望杂合度 H_E	0.1129	0.0843	0.0225		
原始种质固定指数 F_{ST}	0.1129	0.0843	0.0225	−20.9128	0.0000
核心种质固定指数 F_{ST}	0.7562	0.1620	0.0433		

原始种质除去核心种质剩余的部分称为保留种质，如果核心种质出现缺失，可以作为核心种质的后备资源从中找寻替代缺失的核心种质。同样对核心种质和保留种质的遗传多样性指标进行 *t* 检验。从遗传多样性比较结果看，核心种质各指标均高于保留种质，纤维素含量也比保留种质提高了 2.86%（表 3-23）。从 *t* 检验结果看，保留种质和核心种质差异与原始种质和核心种质的差异相类似，表明核心种质较好地保留了全部种质的遗传多样性，丢失不显著，即在核心种质出现缺失时，可以从保留种质中寻找核心种质的替代样本。

表 3-24　核心种质和保留种质遗传多样性比较

群体	N_a	N_e	I	H_o	H_E	F_{ST}	纤维素含量（%）
保留种质	3.2143	2.1605	0.8736	0.4116	0.5102	0.6907	32.49
核心种质	2.9286	2.2103	0.8735	0.3822	0.5325	0.7479	33.42

注：N_a 为等位基因数；N_e 为有效等位基因数；I 为 Shannon's 信息指数；H_o 为观测杂合度；H_E 为期望杂合度；F_{ST} 为固定指数。

表 3-25　核心种质和保留种质的检验

群体	均值	标准差	标准误	t 值	p 值
核心种质等位基因数 N_a	2.9286	0.8287	0.2215	-2.2804	0.0401
保留种质等位基因数 N_a	3.2143	0.8926	0.2386		
核心种质有效等位基因数 N_e	2.2103	0.5812	0.1553	0.7994	0.4384
保留种质有效等位基因数 N_e	2.1605	0.5415	0.1447		
核心种质 Shannon's 信息指数 I	0.8735	0.2683	0.0717	-0.0015	0.9988
保留种质 Shannon's 信息指数 I	0.8736	0.2601	0.0695		
核心种质观测杂合度 H_o	0.3822	0.2369	0.0633	-1.3380	0.2038
保留种质观测杂合度 H_o	0.4116	0.2488	0.0665		
核心种质期望杂合度 H_E	0.5102	0.1370	0.0366	-3.7682	0.0023
保留种质期望杂合度 H_E	0.7562	0.1620	0.0433		
核心种质固定指数 F_{ST}	0.7562	0.1620	0.0433	1.9510	0.0729
保留种质固定指数 Fst	0.7091	0.1699	0.0454		

3.3.3　结论与讨论

（1）刺槐不同群落的木质纤维素与化学成分　通过对 7 个群落的化学成分进行测定分析，共有 5 种化学成分显示出显著差异，分别为半纤维素、木糖、甘露糖、酸不溶木质素和酸溶木质素。纤维素及木质素并未有显著差异。来自山东的 FX 群落纤维素含量显著高于其他的群落。此外，基于 Duncan 多重比较，FX 群落的半纤维素、木糖、阿拉伯糖和半乳糖含量均为最高。纤维素是由长链的 β-葡萄糖单体填充到微纤维束中，半纤维素的分子量低于纤维素，主要由戊糖（如木糖和阿拉伯糖）和己糖（如甘露糖、葡萄糖和半乳糖）组成（Rastogi M，2017；Gírio FM，2010）。因此，纤维素和半纤维素是木质纤维素生物质转化为生物乙醇的主要化学成分（Haghighi S et al.，2013；Aditiya HB，2016）。总体而言，来自 FX 群落的刺槐具有作为生物乙醇的木质纤维素生物质的最佳潜力。

植物的生长和发育受到遗传和环境条件的影响。本研究的目的是确定地理条件或遗传变异是否是造成刺槐纤维素、半纤维素和木质素含量变化的原因。聚类分析（图 3-34、图 3-35 和 3-39）和 Mantel-test 试验表明，刺槐的化学成分与 7 个种群的遗传变异或地理分布无关。未来的研究应调查影响刺槐种群化学成分的因素，如土壤条件或光合生理学等。

（2）不同刺槐群落的遗传多样性　遗传多样性可以在不同的水平上进行评估，例如形态学、细胞学、生理学、生物化学或 DNA 标记。几个生理参数显示 7 个不同刺槐群落之间存在明显差异。过去几年，微卫星标记作为共显性标记已经针对刺槐进行了开发，为遗传多样性及解决育种计划和种质资源利用中的问题提供了标记系统。

微卫星标记已成功用于评估刺槐及其他生物燃料树种的遗传多样性和种群鉴定，如芒草和文冠果。然而，以前的刺槐群落分子研究主要使用了等位酶、AFLP、RAPD 标记手段，微卫星标记仅用于评估短期航天诱导的刺槐种子的遗传多样性和遗传变异。在这里，我们利用SSR分子标记研究了7个刺槐群落的遗传多样性，14个SSR标记显示高度多态性。当PIC>0.5时，位点被认为具有高多态性，在我们的研究中，10个SSR标记引物具有高多态性（Rops15、Rops16、Rops5、Rops18、Rp32、Rp35、Rp106、Rp109、Rp150和Rp 200）。总的来说，微卫星标记是一种有效的工具，可用于评估和鉴定中国刺槐群落的遗传多样性。不同的标记手段应用于中国刺槐群落的遗传多样性研究，加深我们对这种树的认识（Guo Q，et al.，2017；Wang JX，et al.，2015）。

（3）不同刺槐群落的遗传分化　杨敏生等基于等位酶标记鉴定了欧洲18个刺槐种源群落（N_a：1.56~3.67，N_e：1.02~2.5，PPL：85.71%）（杨敏生等，2004）。10对AFLP引物对用于检测中国10个刺槐群落的遗传多样性（N_a：1.4987，N_e：1.2328，PPL：49.87%）（Gu J.T.，2010）。对短期航天诱变的刺槐进行遗传多样性评估分别使用了12对SSR引物（N_a：4.5，H_E：0.2534，I=0.3980，PIC：0.6217，PPL：89.47%）和12对SRAP引物（N_a：1.9127，N_e：1.4887，H_E：0.2930，I：0.4452，PPL：91.27%）（Yuan C.Q.，2012）。与这些研究相比，本研究中使用的14对SSR引物显示7个刺槐群落的遗传多样性相对较高（N_a：2.7959，N_e：2.0531，H_E：0.4899，I：0.7790，PIC：0.5862，PPL：95.92%）。出现较高的结果差异可能是由于使用的不同标记所致。

遗传多样性是物种长期适应环境的结果。影响遗传分化的因素包括突变、选择、遗传漂变、交配系统等。适应性好、栖息地范围广、生长旺盛的物种，繁殖低遗传漂变，应具有较高的遗传多样性。刺槐在其起源地区具有较长的系统发育历史，能适应不同的生态环境。自100年前刺槐被引入中国以来，这种珍贵的林木已经遍布整个国家，通过根系的无性繁殖使其在个体间保持相对较高的杂合度。另外，有性繁殖的比例是影响刺槐遗传差异结构的潜在因素（Wang JX，et al.，2015）393。一般来说，刺槐的寿命约为30年，自该物种引入中国以来已经更新约3~4代，其生长已成熟。通过无性繁殖，即使在树干死亡后，根系仍将产生新的个体，从而保持其种系连续性并保持遗传同一性。此外，刺槐树的异花授粉增强了种群的遗传杂合性。

基因分化和基因流是评估群体遗传结构的重要指标，新引进的物种遗传分化程度较低。南澳大利亚本土的桉树（*Eucalyptus cladocalyx*）种群引入智利南部的阿塔卡马沙漠，基于微卫星标记的遗传分化程度较低（F_{ST}=0.086）（Mora F，et al.，2017）。从非洲引入到泰国的扇叶棕榈（*Borassus flabellifer*）种群的遗传分化系数为0.066（Pipatchartlearnwong K et al.，2017）。基于14对引物的SSR标记检测到刺槐群落的G_{ST}值为0.058，表明基因分化在群落内（94.20%）比在群落间高（5.80%）。一般来说，基因流（N_m）<1.0会引起种群间的遗传分化。在本研究中，有效基因流（N_m）为4.05，表明在群落中每代有一个以上的个体成功迁徙，这种高基因流可以抑制群体间的遗传分化。本研究的结果表明，遗传变异不太可能改变中国刺槐群落的遗传结构。作为众多引进树种之一，刺槐具有如此大的适生环境范围（冷、温、热、干），由于适应过程中的地理变异模式，使得刺槐可能在遗传上有所区别。在本研究中，我们发现测试种群间的遗传距离相对较低，地理上接近的

种群具有相对较高的遗传相似性，形成一个聚类不明显的树状图（图 3-35）。这个结果也得到了主成分分析（PCoA）（图 3-36）和遗传结构分析（图 3-38）的结果的支持。

3.3.4 刺槐核心种质构建及评价

核心种质构建是利用科学的方法从整个种质资源中选出部分样本，以最小数量及重复性来代表整个种质资源的遗传多样性（Hu J.，et al.，2000）。本研究在进行遗传多样性基础上，以稀有等位基因为筛选指标，通过逐步聚类构建刺槐核心种质，以保证构建的核心种质能够尽量地保留遗传信息。

国内外不同植物核心种质库的构建中，通常选择整个原始种质资源的 10%～20%作为核心种质。由于本研究所选用的原始种质资源数量有限，为了能够尽量将有代表性的种质包括在核心种质中，本研究将核心种质占原始种质比例设置为 20%～30%。研究中，对 96 份原始种质进行了四次以稀有等位基因数为筛选依据的逐步聚类，分别构建了占原始种质资源 69.75%、47.92%、34.38%、23.96%的核心种质，通过遗传多样性比较，最终确定了 23 份种质作为核心种质，可以代表原始种质资源的遗传信息。本研究中选取的种质资源收集地区一半以上为国家林业局认定的刺槐良种基地，早期已经开展了大量的刺槐选育工作，因此本研究对核心种质资源的构建具有得天独厚的优势。本研究的种质资源均来自北方地区，由于刺槐 100 多年前首先由山东地区引入，因此北方地区是刺槐在中国的原始适生区，其遗传多样性也比较丰富，但南方地区刺槐生长面积也逐年扩大，出现了更为丰富的遗传多样性。

刺槐已在中国 24 个省区有分布（荀守华等，2009），在今后的工作中需要加大刺槐种质资源的收集范围，更注重南方地区刺槐种质资源收集，建立全国范围内的刺槐核心种质资源。为了解决刺槐纤维素生物质能源原料短缺问题，在筛选核心种质时，应该进一步引入纤维素、半纤维素等与生物质能源相关的化学成分为筛选依据，对所筛选核心种质范围进一步确认，以得到数量更小、遗传重复性更高、更具代表性的核心种质。为刺槐种质资源的保护、管理和纤维素生物质能源原料提供参考依据和优良种质资源。

第4章 能用刺槐无性系定向育苗技术

20世纪70年代以来，我国开展了刺槐育种相关工作，80~90年代培育出一大批优良的刺槐良种，具有干形通直、生长速度快、材积增益大等特点，如中国林业科学研究院1992年公布的A05等11个优良刺槐无性系，以及山东、辽宁、北京、河南等地培育的鲁1、京13、辽38、豫8048和窄冠速生刺槐等。90年代以来，我国从韩国、匈牙利、德国等国引进了红花刺槐、金叶刺槐和四倍体刺槐等多个优良无性系，使得我国的刺槐资源大大丰富（毕君等，1995；李云等，2006；荀守华，2009）。如何在繁殖过程中保持刺槐品种的优良性状，繁殖方法的选择十分重要。

4.1 刺槐繁殖方法概述

刺槐的繁殖可以有多种方式，可概括为无性繁殖和有性繁殖两大类。无性繁殖方法有嫁接繁殖、根繁、扦插（嫩枝或硬枝扦插）和组织培养。有性繁殖主要为种子播种育苗。刺槐无性繁殖可以利用根段撒播、枝干插条扦插以及组织培养，也可采用根蘖就地繁殖。

4.1.1 种子繁殖

4.1.1.1 种子选择

刺槐种子繁殖成苗率比较高，一般播种用种子采集要选长势良好、无严重病虫害、树龄在10~15年以上的壮龄刺槐林分。种子质量应达到二级以上标准，即净度≥90%，发芽率≥70%，含水量≤10%。用种量按50~60kg/hm^{2}播种。

4.1.1.2 种子处理

刺槐种子种皮含有蜡质成分，透水性能差，且硬粒多，不经浸种催芽处理就会出苗不整齐。一般处理方法是：将种子放入容器中，达到容积的1/3时倒入约80℃的热水，边倒边搅拌，直至种子全部浸没为止。4~5min后加入冷水，使温度降至30~40℃。浸泡24h后，除去漂浮在水面上的空瘪粒，捞出，用筛子把未膨胀的硬粒筛出。将已吸水膨胀的种子放在25℃左右的地方，上以湿布、草帘或麻袋覆盖，其后每天翻动2~3次，并洒水保

持湿润。经4~5天催芽，30%种子露白时即可播种。对筛出的硬粒种子，按上述方法重复处理，直到发芽为止。

4.1.1.3 播种

在北方，春播（3月下旬至4月上旬）和夏播（6月上旬）均可，按行距30~40cm条播。覆土厚度0.5~1.0cm，播后及时覆土保墒。

4.1.1.4 苗期管理

苗高达到10cm时，按株距为15cm选留壮苗定苗。生长期除做好除草、施肥和病虫害防治之外，还要根据苗木培育的具体要求，采取相应的定向管理措施，比如：对夏季嫁接的苗木及时去除侧枝，而对春季嫁接的苗木要抑制其高生长，促进主干加粗生长等。

4.1.2 嫁接繁殖

4.1.2.1 苗圃地选择及整地

刺槐苗期怕雨涝积水，抗风能力弱，喜光，忌重盐碱。因此苗圃地应选择地势较高、排灌水方便、不易积水而又避风向阳、土壤含盐量<0.2%、地下水位在1m以下的地块。

首先要根据育苗时间和土壤水分及肥力状况对育苗地进行整地。若春季育苗，可在前一年秋季雨水丰沛时深耕，若夏季育苗，要在前茬作物收获后及时深耕、灌溉。每公顷施入腐熟农家肥60000~75000kg、西维因30~45kg、硫酸亚铁150~225kg，以防地下害虫及立枯病，耙磨平整。

4.1.2.2 砧木苗培育

若用普通刺槐播种苗作砧木，培育成的嫁接苗会因砧木与接穗之间的生长差异而产生小脚病，造林后易造成风折，同时这种苗木砧木部分根系因吸收输导营养物质能力差，不能充分满足接穗部分的生长需要而影响接穗刺槐的生长。故在条件允许的情况下，应尽可能选择目前国内选育成功的速生刺槐根插繁殖苗作砧木。

4.1.2.3 根插砧木苗培育

（1）种根采集与处理　采集种根应结合当地自然条件和生长要求，选择刺槐优良无性系，结合起苗在圃地中挖出遗留在土壤中的断根及从出圃苗木上修剪下来的根条，也可在母树林内挖取根段。选择1年生直径为0.5~2.0cm的根系，剪成10~15cm的根段，按粗细不同分级后每100根捆成一捆，然后根据种根采集季节的不同进行混沙层积贮藏或直接根插。

（2）插根　春季清明前后（3月下旬至4月上旬），将根段按20cm×40cm株行距埋插在整好的圃地中，粗根竖直埋，细根平埋，插穗分不清上下者平埋，覆土1cm踏实，然后立即引小水灌溉。灌水后，随即填封好埋根附近塌陷的土壤。

（3）根插苗管理　幼苗出土前，如果土壤含水量可保证出苗，就不要灌水，以免造成土壤板结，降低地温等现象；若条件允许，进行地膜覆盖则效果更好，幼苗出土后，及时对根段上的丛生萌芽按留强去弱的原则进行疏芽。当苗高达到10~15cm时，选留1株壮苗，并定株培土。

4.1.2.4　嫁接

根据砧木生长状况和对嫁接苗的规格要求，应选择不同的嫁接时间和方法。

（1）春季嫁接　早春尚未萌动前，对地径≥1.0cm的砧木可用劈接法，0.8~1.0cm的可用切接法；砧木开始萌芽时（但要控制接穗不能萌动）可用带木质芽接及袋接法，嫁接成活率可达95%以上。不宜采用“T”形芽接和“插皮接”两种方法，因为此时砧木和接穗皮层与木质部结合紧密不易剥离，同时皮层的柔韧性差，操作时易损伤芽眼，成活率很低。

（2）夏季嫁接　6月中旬至7月上旬，在砧木与接穗木质化程度达到80%时，宜采用全封闭嫩枝嫁接，嫁接可用带木质芽接、劈接等方法，成活率可达85%左右。

（3）嫁接苗管理　春季嫁接后15~20天即可愈合，萌发新梢，管理时要及时除萌，促进苗木生长。夏季嫁接的苗木经7~10天也可愈合抽出，应注意保留砧木上嫁接口附近的4~5片羽状复叶，及时抹芽，使营养物质集中供应接穗生长。当苗木高度达到60cm时，应及时培土并疏除上部侧枝，防止风折。

4.1.2.5　苗木出圃

夏季嫁接的苗木当年生长高度可达1.0~1.5m，春季嫁接苗可达2.5~3.5m。起苗前5~7天圃地灌水，使苗木充分吸收水分。起苗后按标准进行分级、捆扎、包装并附上标签，即可造林。

4.1.3　根繁育苗法

4.1.3.1　阳畦埋根催芽育苗法

选粗度0.2cm以上的根段，剪成5cm长的根段，于2月下旬至3月上旬放入阳畦催芽。密度2300个/m，基质以细沙土为好，散根后覆土盖根，喷足水，上面覆盖距畦面15cm高的弓形塑料薄膜，四周封严。

（1）催芽直插法　一般散根后15天左右根可发芽，在芽0.5cm左右时，取出直插于整好的苗床上。在河南地区多在3月中下旬进行。

（2）催芽苗直栽法　散根后25天左右，根芽长到5~10cm时进行移栽，移栽苗时选择阴天，每根浇mL300mL水，连续浇灌3~4天，一周后浇透水1次。

4.1.3.2　营养钵阳畦催芽苗埋根育苗

营养土由1份肥沃熟土、1份优质土杂粪、1份细沙混合拌匀。选背向阳处做畦，打营养钵，钵体直径7cm、高10cm，打好钵晒2天后喷透水，把粗0.2cm以上的根剪成5cm长；插入钵中，顶端与钵面平，然后散一层细土后再喷上水，盖好拱棚。在河南，2月20号左右完成，3月中下旬苗高5~10cm，炼苗后移栽，移栽后每根浇300mL水。

4.1.3.3 根段直插育苗

用粗度0.4cm以上的根剪成5~7cm长，于3月中、下旬把根直插于整好的苗圃地小沟中。在上下端形态分不清时，可平埋于深5cm的小沟，插后浇水，根上端与地面平、水渗后盖好土，成苗率可达90%以上。

该方法简便、实用、省工省时，适于繁殖材料丰富时用。

4.1.3.4 根段直插薄膜覆盖育苗法

苗圃整成垄状，垄上宽70cm，下宽100cm，间距10cm。每垄插两行，3月中下旬进行，幼苗出土后要及时破膜。插根前整地时土壤要湿润，插后遇干旱天气可侧面浇水。

4.1.4 枝插育苗法

4.1.4.1 嫩枝扦插

刺槐无性系有经过嫩枝扦插成功的报道。如四倍体刺槐嫩枝扦插试验结果表明：采集2年生实生苗营造的采穗圃母株上的枝条作插穗，上部插穗生根效果最好，IBA 1.5‰~2.0‰为最佳处理方式，处理时间以30s最为合适，扦插基质宜选择蛭石；嫩枝扦插的最佳时期为6月份，最高生根率为76.7%~90%。

4.1.4.2 硬枝扦插

一般而言，刺槐硬枝扦插生根率低（森下义郎，1988；潘红伟等，2003）。而随着各类生根促进物质的应用和扦插技术的改进，刺槐的扦插成活率得以提高。植物生长调节物质、稀土、高锰酸钾溶液和流水等促进生根物质的处理，以及沙藏、抹芽和覆膜等技术措施都提高了刺槐的扦插成活率（周全良等，1996；刘长宝，2008；杨兴芳等，2007；李海民，2004；韦小丽等，2007；赵兰勇等，1996）。刺槐不同无性系扦插成活率存在差异，目前，四倍体刺槐的扦插成活率较低。不同的部位也存在很大差异，以下部枝条作插穗生根率最高，中部次之，上部最差。在生根粉1号（ABT）、萘乙酸（NAA）、吲哚丁酸（IBA）3种植物生长调节剂处理中，以IBA处理较好。处理时间和处理的浓度因品种、植物生长调节剂种类不同也存在区别。其中IBA 0.2‰处理30min对各无性系的生根率都表现较好，可以作为以后刺槐扦插中普遍采用的处理方法。

冬季沙藏结合植物生长调节剂处理的方法应用于四倍体刺槐硬枝扦插取得了明显效果。具体插穗处理方法是：10月末，将1年生四倍体刺槐剪取插穗长15cm左右，下端马蹄形斜面，上端平面。每30根插穗绑成一捆。然后成捆放入一定浓度激素溶液中，插穗下端2cm处浸沾0.5h，然后下端朝下垂直放置在湿粗沙上，上端覆盖粗湿沙。储藏一冬季，第二年春季4月初，把插穗从储藏池中取出，再次用同种浓度溶液浸泡插穗0.5h后，扦插于沙床上。采用0.5‰ABT生根粉处理插穗，扦插后插穗平均生根率为71.1%。不同的沙藏方式扦插成活率也不同，温室沙藏处理插穗比室外储藏池沙藏处理效果好，插穗上下倒放沙藏明显提高了扦插成活率。

4.1.5 组织培养

4.1.5.1 材料类别

带腋芽的茎段。

4.1.5.2 培养条件

（1）启动培养基 MS+6-BA 0.25mg/L（单位下同）+NAA 0.05。

（2）分化培养基和继代培养基 MS+6-BA 0.5+NAA 0.1+$AgNO_3$ 10，MS+6-BA 0.5+NAA 0.1。上述培养基均添加3%蔗糖、0.6%琼脂。

（3）生根培养基 1/2MS+IBA 0.2 +NAA 0.2，添加2%蔗糖、0.6%琼脂。培养基pH值为5.8，培养温度25±2℃，光照度2000lx，光照时间12h/天。

4.1.5.3 生长与分化情况

（1）外植体来源 有两种类型的外植体，一种是从田间嫩枝上取带腋芽的茎段，另一种是从室内水培催芽的嫩枝上取带腋芽的茎段。

（2）启动培养 取带腋芽的茎段，剪去叶片，留叶柄基部，用毛笔蘸0.1%的洗衣粉溶液轻轻刷干净枝条，用自来水冲洗10min。在超净工作台上，以70%的酒精溶液浸30s，无菌水冲洗2~3次，再用0.1%的升汞溶液消毒并用无菌水冲洗5~6次，将茎段接种在启动培养基上。结果表明，室外嫩枝升汞消毒时间在3~4min时存活率高，污染率和死亡率低；水培嫩枝升汞消毒时间在2.5~3.5min时存活率高，污染率和死亡率低。将消毒后的带芽茎段接种在启动培养基中培养7~9天，腋芽开始萌动，20天后长成2cm左右的嫩梢。

（3）诱导分化培养 切取启动培养萌动的嫩梢，转入分化培养基中，6~7天茎基部长出致密的愈伤组织，10天愈伤组织开始分化不定芽，20天时芽分化率为280%，嫩梢生物量增加率为670%。芽分化率和嫩梢生物量按下式计算：

芽分化率=（培养20天后每瓶有效芽数÷开始时每瓶接入芽数）×100%（有效芽为大于0.5cm的芽）。

嫩梢生物量增加率=（培养20天后增加的嫩梢生物量÷开始时每瓶接入的嫩梢生物量）×100%。

继代周期为20天。嫩梢长到3~4cm时复叶展开，颜色深绿。

（4）根的诱导和定植 嫩梢长为3~4cm时转入生根培养基，生根正常，且侧根多，生根率达80%以上。大量元素由1MS降至1/2MS，蔗糖由3%降至2%时生根率高。NAA 0.2和IBA 0.2低浓度配比的较NAA 0.8和IBA 0.8高浓度配比的生根好，侧根多，根系发达，嫩梢生长量大。在此范围内，NAA浓度增高，根部愈伤组织增多，上部叶变黄；IBA浓度增高，根细且容易变褐。1个月后将生根的试管苗移到室外，在自然光下封口炼苗2~3周，将根部的琼脂洗净，移栽到经过消毒的蛭石中，栽时浇一次透水，用塑料膜保湿，放在23~28℃的温室中生长，经过2~3周，将苗栽于营养钵中。4月底至6月初移栽成活率为96%，6月底至8月初移栽成活率为81%，8月底至10月初移栽成活率为92%。

4.1.6 刺槐繁殖技术研究现状与问题

一直以来，刺槐实生苗以种子实生繁殖为主要方式，但种子繁殖不能保持其母株的优良特性。大量优良无性系选育出来之后，采用无性繁殖方法最适宜保持其优良性状。但刺槐属扦插难生根树种（森下义郎，1988；潘红伟，2003），其无性繁殖以根段扦插、组织培养和嫁接繁殖方式为主。刺槐根段的两段式育苗法，使得刺槐成活率达到90%以上，繁殖系数比常规法高6~8倍（毕军等，1995）。刺槐的优良无性系组织培养已建立了成熟的组织培养体系，生根率达85%以上。虽然刺槐嫁接繁殖成活率较高，但由于技术难度大，操作复杂，并不适合于生产中大量推广，一般仅应用于优良无性系的引种阶段。目前，对刺槐的一些优良无性系的硬枝扦插研究较多，扦插成活率较高，而对刺槐的嫩枝扦插研究较少。

以四倍体刺槐无性系为代表的刺槐品种种子败育率高，无法种子繁殖。无性系繁殖主要方法为根插、组织培养和嫁接繁殖。组织培养方面，我国多个单位和实验室已建立了成功的四倍体刺槐组培体系（王树芝，1999；郭军战等，2002；李云等，2003，2004；王侠礼等，2003；叶景丰等，2004；任建武，2008；咸洋等，2009；黄立华等，2009）；嫁接繁殖方面，用袋接或劈接法进行嫁接，当年苗高可达2m以上，成活可达90%以上（尚忠海，2008）；根插繁殖方面，四倍体刺槐根段沙藏催芽后扦插成活率也较高（董尊等，2008）；硬枝扦插方面，四倍体刺槐用传统的硬枝扦插法成活率很低，但使用改进的方法可使成活率达到60%左右；嫩枝扦插采用径切和IBA激素配合使用能提高生根率达60%（胡兴宜等，2004）。

组培繁殖需要有培养基制备、灭菌、接种、培养的无菌条件和用于炼苗移栽的可调节温度和湿度的全自动温室及专业的操作技术，投入大、生产成本高；根插繁殖苗木质量参差不齐，不仅受母株数量限制，而且对母株有伤害；嫁接方法需要提前一年培育砧木苗，育苗周期长，而且培育出的苗木由于砧木和接穗部分生长速度的差异形成“小脚病”，移植后容易造成风折和干形不直，而且嫁接苗在周期性刈割的饲料林生产中可能刈割掉接穗从而改变优良无性系性状；而且四倍体刺槐无性系存在硬枝扦插成活率低，嫩枝扦插研究较少的问题。

因此，进一步优化四倍体刺槐无性系的扦插繁殖技术，对于其生产推广具有重要意义。本研究在相同试验条件下，以四倍体刺槐K4无性系等为试验材料，对其硬枝扦插和嫩枝扦插技术进行优化试验，尤其采用越冬沙藏催根法和埋枝黄化催芽法进行扦插研究。同时，重点对埋枝黄化催芽嫩枝扦插生根过程进行了形态结构、生理生化、蛋白质组学研究，以揭示其生根机理，为进一步改进刺槐无性系扦插技术提供理论基础。

4.2 研究思路与方法

4.2.1 研究思路

到目前为止，四倍体刺槐的硬枝扦插成活率低，嫩枝扦插的研究较少。组织培养繁殖由于设备要求高、成本高的缺点，不宜在生产中大面积推广。嫁接繁殖技术成熟、成活率高，但在作为能源和饲料利用时，多次刈割时有割到砧木部位的可能，影响到四倍体刺槐林的效益。四倍体刺槐的根插及嫁接繁殖成活率较高，是目前四倍体刺槐较为普遍采用的繁殖手段。但是由于根插受根段材料数量上的限制以及嫁接苗后期的“小脚”现象，难以满足大面积推广的要求。因此，本研究旨在对四倍体刺槐无性系的扦插繁殖技术进行优化，提高四倍体刺槐的扦插繁殖成活率，总结适合于生产应用的扦插繁殖技术。刺槐扦插技术优化研究的技术路线如图 4-1 所示。

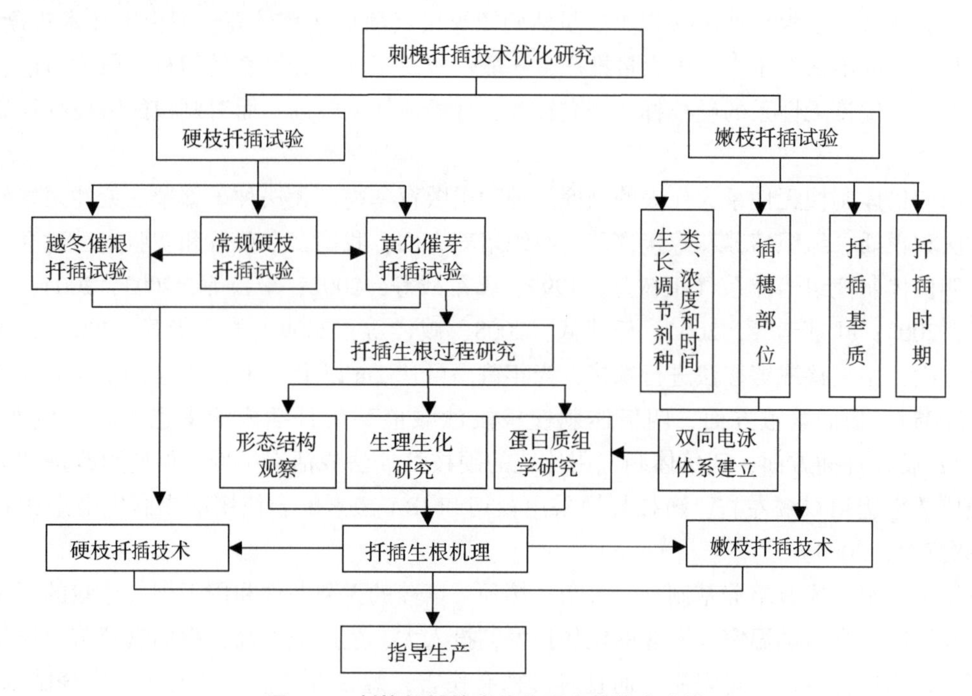

图 4-1　刺槐扦插技术优化研究的技术路线

4.2.2　刺槐无性系硬枝扦插试验

4.2.2.1　试验地概况和试验材料

试验地选在河南省洛宁县吕村林场苗圃，地处东经 111°40′、北纬 34°23′，属暖温带大陆性季风气候，年均气温 13.7℃，最高气温 42.1℃，极端最低气温-21.3℃；年均降水量 606mm，多集中在 6~8 月份；年蒸发量 1562.8mm，无霜期 216 天。气候特点是春旱多风，夏热多雨，秋爽日照长，冬长寒冷少雨雪，四季分明，雨热同季。该苗圃地势平坦，土壤为褐土，土层厚度 63cm，通透性好，肥力中等，有机质含量 0.85%，pH 值 7.2，灌溉便利。

试验温室为水泥骨架，单面坡向南，温室内建扦插池，铺设自动喷雾装置，温室外顶部架设喷水设施。

试验材料为四倍体刺槐 K2、K3、K4、YD 无性系的 1 年生硬枝条，取自河南省洛宁县

吕村林场苗圃。以当地普通刺槐种子实生苗为对照（CK），进行刺槐品系扦插对比试验。

植物生长调节物质采用国产吲哚丁酸（IBA）、萘乙酸（NAA）和中国林业科学研究院的生根粉1号（ABT）。

4.2.2.2 试验方法

（1）冬季沙藏池的准备 选背风向阳处挖约1m深、1m宽的土坑，长度依据枝条数量而定，土坑一端修成45°角的斜坡面。土坑最下层铺碎石块5cm，再铺一层10cm厚的湿粗沙，斜坡面上亦铺5cm厚湿粗沙。修剪好四倍体刺槐枝条基部朝下梢部朝上斜摆放于斜坡面上，枝条铺约15cm厚时覆盖5cm厚湿粗沙，然后如上继续摆放枝条，直至沙藏池摆满，枝条梢部稍露出地面，以与外界通气，防止枝条发热造成霉烂，最上层铺20cm厚的湿粗沙并压实，可以保温保湿。所用粗沙皆用2000倍多菌灵均匀搅拌处理。

（2）扦插沙床的准备 在温室内布置扦插沙床，最下层铺碎石块5cm厚，然后铺5cm厚生牛粪，上层铺25cm厚粗沙。扦插前基质用2000倍多菌灵均匀搅拌处理。

（3）插穗冬季处理 10月末，待刺槐各无性系落叶后，剪取其地上部分枝条。枝条稍微修剪侧枝，按无性系打捆埋入沙藏池中。

（4）插穗春季处理 枝条经沙藏池储藏一冬季后，第二年春季4月上旬，取出经沙藏处理的5个无性系枝条修剪成插穗。插穗修剪成长15cm左右，下端马蹄形斜切面，上端为平切面，上、下切口在距芽0.5cm处。每30根插穗绑成一捆。然后插穗成捆浸泡于一定浓度生长调节剂溶液，插穗下端2cm以下浸泡于溶液中。然后，插穗分别扦插于准备好的沙床上。

4.2.2.3 扦插试验设计

（1）不同部位硬枝插穗扦插对比试验 把整枝条按上部、中部、下部分成3种类型插穗。5个刺槐品系分别按上部、中部、下部3种类型插穗经IBA 200mg/L浸泡处理30min。每处理3个重复，每重复扦插30根插穗，完全随机区组试验设计。

（2）不同生长调节物质种类和浓度试验 以整枝条的下部和中部插穗为材料，对5个刺槐品系硬枝插穗下端2~3cm进行生长调节剂处理30min。植物生长调节剂为IBA、NAA、ABT3种的100mg/L、200mg/L和500mg/L 3种浓度共9个处理和清水处理作对照。每处理3个重复，每重复扦插30根插条，完全随机区组试验设计。

4.2.2.4 扦插后管理和试验调查

4月上旬扦插后，沙床及时喷透水，盖好塑料薄膜。此后，根据床内基质湿度每隔2~3天浇水1次，保持基质湿润。同时，注意棚内温度变化，当棚内温度超过28℃时，及时两端通风降温。为防止杂菌污染，每隔5~7天喷1次2000倍多菌灵。

待四倍体刺槐扦插60天左右进行扦插成活率调查。利用EXCEL和SPSS 13.0统计软件进行数据分析（百分率先进行反正弦转化）。

4.2.3 越冬沙藏催根扦插繁殖

4.2.3.1 试验地概况和试验材料

试验地选在河南省洛宁县吕村林场苗圃，试验地具体情况见 4.2.2.1。

试验温室为钢筋骨架，东西走向，单面坡向南，内铺设自动喷雾装置。

试验材料为四倍体刺槐 K4 无性系 1 年生健壮、无病虫害枝条，取自该苗圃的四倍体刺槐采穗圃。

4.2.3.2 试验方法

（1）冬季沙藏池的准备　选背风向阳处挖约 1m 的深土坑，面积根据插穗数量而定，土坑最下层铺碎石块 5cm，再铺一层 10cm 厚的湿粗沙，处理好的插穗摆放于粗沙上面，上层盖 20cm 厚湿粗沙，最上层覆盖塑料薄膜，可保温保湿。土坑中央和四角各放置一束玉米秆，使埋藏的插穗可以与外界通气，防止插穗发热造成霉烂。所用粗沙皆用 2000 倍多菌灵均匀搅拌处理。

（2）扦插沙床的准备　在温室内布置沙床，最下层铺 5cm 厚牛粪，上层铺 25cm 厚粗沙。扦插前基质用 2000 倍多菌灵均匀搅拌处理。

（3）插穗冬季处理　10 月末，待 1 年生四倍体刺槐落叶后，剪取其地上部分枝条作插穗。插穗修剪成长 15cm 左右，下端马蹄形斜切面，上端为平切面，上、下切口距芽 0.5cm。每 30 根插穗绑成一捆。然后插穗成捆浸泡于一定浓度生长调节剂溶液中，插穗下端 2cm 以下浸泡于溶液中，浸泡时间为 0.5h。插穗浸泡处理后，垂直放置在沙藏池的湿粗沙上，上端覆盖湿粗沙，务必充分接触不留空隙。

（4）插穗春季处理　插穗经沙藏池储藏一冬季后，第二年春季 3 月上旬，揭开沙藏池上部的塑料薄膜，去除上层约 10cm 厚粗沙。第二年春季 4 月上旬把已形成愈伤的插穗从储藏池中取出，再次用同种类同浓度生长调节剂溶液浸泡插穗下端 0.5h 后，扦插于准备好的沙床上。

4.2.3.3 试验设计

（1）插穗不同处理方式的扦插对比试验　插穗分别进行如下不同方式处理：

①春季扦插时直接采取田间生长的枝条修剪成插穗，用 500mg/L 的 IBA 溶液浸泡 0.5h 处理后作扦插；

②插穗冬季室外沙藏，扦插时用 500mg/L 的 IBA 溶液浸泡 0.5h 处理；

③插穗冬季室外沙藏时，用 500mg/L 的 IBA 溶液浸泡 0.5h 处理，春季直接用来扦插；

④插穗冬季室外沙藏时作 500mg/L 的 IBA 溶液处理，扦插时第二次用 500mg/L 的 IBA 溶液处理。

每组处理重复 3 次，每次扦插 30 根插条，完全随机区组试验设计。

（2）不同放置方式的扦插试验　插穗经过 IBA 500mg/L 浸泡处理后，沙藏时按常规的插穗基部垂直向下正放和插穗基部向上的倒放两种不同放置方式放置于室外沙藏池中。春

季在第二次 IBA 500mg/L 处理后进行扦插试验。每组处理重复 3 次，每重复扦插 30 根插穗，完全随机区组试验设计。

（3）生长调节剂不同种类、浓度处理的扦插试验　插穗冬季倒放沙藏，在沙藏时和扦插时做两次生长调节剂处理。生长调节物剂为 IBA、NAA 和 ABT 的 100mg/L、500mg/L 和 1000mg/L3 种处理浓度。每处理 3 个重复，每重复扦插 30 根插穗，完全随机区组试验设计。

4. 2. 3. 4　扦插后管理和试验调查

4 月上旬扦插后，沙床及时喷透水，盖好塑料薄膜。此后，根据床内基质湿度每隔2~3 天浇水 1 次，保持基质湿润。同时，注意棚内温度变化，当棚内温度超过 28 ℃时，及时两端通风降温。为防止杂菌污染，每隔 5~7 天喷 1 次 2000 倍多菌灵。

待插穗扦插 60 天左右进行扦插成活率调查。利用 EXCEL 和 SPSS 13. 0 统计软件进行数据分析（百分率先进行反正弦转化）。

4. 2. 4　埋枝黄化催芽嫩枝扦插和生根机理

4. 2. 4. 1　试验地概况和试验材料

试验地选在河南省洛宁县吕村林场苗圃，试验地概况如前 4. 2. 2. 1 所述。

试验在温棚中进行，分为催芽温棚和扦插温棚。催芽温棚水泥骨架，单面坡向南，棚内建催芽池，铺设自动喷雾装置；扦插温棚为毛竹骨架小棚，棚内铺设自动喷雾装置，棚外顶部架设喷水降温设施。

试验材料为四倍体刺槐 K4 无性系，选取 1 年生健壮、无病虫害枝条，采自吕村林场苗圃的四倍体刺槐采穗圃。

4. 2. 4. 2　试验方法

（1）枝段处理　于当年 10 月末，待四倍体刺槐停止生长、落叶后，剪取 1 年生健壮、无病虫害枝条，修剪除去枝条的侧枝，剪成 10~20cm 的枝段，并将枝段的下端修剪成马蹄形斜切面，上端为平切面，上、下切口距芽 0. 5cm，其中，枝段的直径为 10~20mm。将修剪后的枝段绑成捆，成捆放置于沙藏池中。

（2）准备沙藏池　在试验地温室外，选择背风向阳的地方，挖土坑作为沙藏池，其中沙藏池池深 1m，面积根据枝段数量而定，沙藏池的最下层铺厚度为 5~10cm 的经多菌灵灭菌的碎石块；然后在碎石层的上面再铺一层厚度为 10cm 的经多菌灵处理的灭菌湿粗沙，备用。

（3）冬季沙藏处理　将修剪好的枝段的上端朝上、下端朝下垂直放于沙藏池的湿粗沙的上面，在沙藏池的四个角上和沙藏池的中央分别垂直放置一束灭过菌的玉米秸秆，使埋藏的枝段可以与外界通气，防止枝段穗发热造成霉烂。

在枝段的上面覆盖一层经多菌灵处理的灭菌湿粗沙，湿粗沙表面用铁锨拍打压实，不留空隙，湿粗沙层的厚度为 20cm，然后在沙藏池的最上层覆盖塑料薄膜，以保温保湿，其中，沙藏池的温度保持为0~7℃，相对湿度为70%~80%。

（4）准备催芽池　在试验地催芽温棚内的地面上挖宽2m、深0.4m的催芽池，催芽池的长度根据枝段数量而定；催芽池上部铺设自动喷雾装置，催芽池的底部铺上5~10cm厚的多菌灵灭菌的碎石块，在碎石块上面铺10cm厚的多菌灵灭菌的湿粗沙。

（5）催芽处理　第二年3月初，取出沙藏枝段，在温室内催芽池中进行催芽处理。枝段摆放前用2000倍多菌灵均匀喷洒处理。然后均匀摆放于湿粗沙上，间隔2~3cm，上层覆湿粗沙。催芽过程中定时观测温室温度与床畦温度，使温棚内温度保持在15~30℃，适时喷水保持相对湿度75%~80%。

（6）催芽扦插处理　4月初，待催芽池中催芽嫩枝生长至12cm左右时，将嫩枝带芽基掰下用一定浓度生长调节物质溶液速蘸插穗基部2cm，30s处理后，在温棚内用混合土（牛粪：生黄土体积比为2：1）作基质的营养杯中进行扦插。

（7）扦插后管理　4~5月份，在温棚内扦插，插后第一周可加遮阳网，利用自动喷雾装置保持叶面湿度。以保持叶面湿润为原则，中午勤喷（10min左右喷一次，每次喷10s左右），早晨、下午少喷，晚上停止喷雾。待11天左右观察到催芽嫩枝开始生根后，逐渐减少喷水次数。扦插苗生根15天后，开始炼苗，主要措施是通风、减少喷水量、增强光照强度等。

4.2.4.3　黄化催芽扦插试验设计

（1）催芽不同覆沙深度试验　催芽时按覆沙0、2、4、6cm厚度的细沙，调查催芽情况。

基部黄化嫩枝和基部未黄化扦插生根比较埋干催芽时，根据枝条上部覆沙厚度不同，生出的嫩枝可分为基部黄化催芽嫩枝和基部未黄化催芽嫩枝（以下简称黄化嫩枝和未黄化嫩枝），分别采取两种嫩枝用IBA 2000mg/L处理插穗，每处理重复3次，每组重复30根插穗。

（2）黄化嫩枝生长调节物质处理试验　取黄化嫩枝插穗，分别做对照IBA 0mg/L、IBA 500mg/L、IBA 1000mg/L、IBA 2000mg/L、ABT 2000mg/L和NAA 2000mg/L处理。按照完全随机区组试验设计，每处理重复3次，每组重复30根插穗。

4.2.4.4　结果调查及数据处理

扦插20天后调查生根率、愈伤率、腐烂率、总根条数、根长度等指标来评价处理的好坏。利用EXCEL和SPSS 13.0统计软件进行数据分析和多重比较（百分率先进行反正弦转化）。

4.2.4.5　黄化嫩枝插穗生根过程观察

采取黄化嫩枝插穗和未黄化嫩枝插穗对照各300株，经IBA 2000mg/L浸泡处理30s，在温室内进行扦插对比试验。生根过程中，扦插后1h（记为0天），24h（记为1天），72h（记为3天），依次5天、7天、9天、11天直至插穗大部分生根。每次随机各抽取30株插穗，观察插穗外部形态及时记录，并收集试验材料。

4.2.4.6 黄化嫩枝插穗生根过程中氧化酶变化

（1）试验材料收集　扦插后0天、1天、3天、5天、7天、9天、11天……，从抽取的30株插穗中随机选取10株，用锋利刀片剥取基部2cm韧皮部，万分之一天平称取鲜重后，迅速投入液氮罐中，带回实验室放入-80℃冰箱中保存。用比色法测定样品的IAAO、POD、PPO含量，每个样品重复测定3次。

（2）IAAO活性测定　称取样品0.2g，加磷酸缓冲液（20mmol/L，pH6.0）1mL，加少量石英砂，置冰浴中研磨成匀浆，按100mg鲜重材料加1mL提取液的比例，用磷酸缓冲液稀释，0~4℃条件下4000r/min离心20min，所得上清液即为粗酶液（李明等，2000）。

取试管两只，于一支中加入氯化锰1mL、二氯酚1mL、IAA 2mL、酶液1mL、磷酸缓冲液5mL，混合均匀。另一支试管中加入氯化锰1mL、二氯酚1mL、IAA 2mL、酶液0mL、磷酸缓冲液6mL。一起置于30℃恒温水浴中，保温30min。吸取反应混合液2mL，加入吲哚乙酸试剂B 4mL，摇匀，置于30℃的暗处保温30min，使显色。将显色后呈红色的反应液于分光光度计中测定吸光度，测定波长530nm。根据读数从标准曲线上查得相应吲哚乙酸的残留量。开始时加入吲哚乙酸的量减去酶液作用后残留的吲哚乙酸量即为被酶分解破坏的吲哚乙酸的量。以每毫升酶液在1h内分解破坏吲哚乙酸的量（μg）表示酶活力的大小。配置浓度从0~25μg/mL的IAA溶液，分别测得吸光度A，然后以吸光度为纵坐标，IAA含量为横坐标计算回归方程。

计算公式如下：

$$U=[\triangle(C_2-C_1)\times V_S\times 60]/(V_T\times FW\times t) \tag{4-1}$$

以每毫克蛋白质在1h内分解破坏IAA的微克数表示IAAO活力大小。

式中：C_1——无酶反应IAA残留（μg）；

C_2——反应液中IAA残留（μg）；

V_T——提取液总体积（mL）；

V_S——反应酶液体积（mL）；

FW——鲜样品重量（g）；

t——反应时间（min）。

（3）PPO活性测定　称取样品0.5g，加聚乙烯吡咯烷酮（PVP）0.05g、磷酸缓冲液（100mmol/L，pH6.5）2.5mL，冰浴下研磨成匀浆，用纱布过滤，取滤液。滤液加硫酸铵至30%饱和度，离心去除沉淀。上清液再加硫酸铵至60%饱和度，离心收集沉淀。将所得沉淀溶解于少量的磷酸缓冲液（10mmol/L，pH6.5）中，即为粗制酶液，用以测定PPO活性。

配制酶的反应体系包括：3mL pH=6.0磷酸缓冲液、0.1mL酶液。以反应体系液为对照，做两组重复试验。磷酸缓冲液中加入酶液后，在室温下准确反应1min，立即加入0.08mol/L邻苯二酚1mL摇匀，用分光光度计在525nm波长下测吸光度值（李明等，2000b）。

多酚氧化物酶活性依下式计算：

$$PPO活性=(A_{525}\times V)/(0.01\times Vs\times FW\times t) \tag{4-2}$$

以每毫克蛋白质每分钟改变一个OD_{525}单位为一个酶活力单位。

式中：A_{525}——吸光度值；

V——酶液总体积（mL）；

Vs——反应用酶液体积（mL）；

FW——鲜样品重量（g）；

t——反应时间（min）。

（4）POD 活性测定　POD 活性测定按照张志良的方法（1990）。

酶液提取：取 1 g 新鲜样品，加入少量 0.05mol/L pH=7.8 磷酸钠缓冲液，加入少量石英砂，于冰浴中的研钵内研磨成匀浆，定容到 7mL 刻度离心管中，于 8500r/min 冷冻离心 20min，将上清液转移至 10mL 刻度试管中定容。

POD 活性采用愈创木酚比色法测定。反应体系包括 2.9mL 0.05mol/L 磷酸缓冲溶液、1.0mL 2% H_2O_2、1.0mL 0.05mol/L 愈创木酚和 0.1mL 酶液，做 3 次重复。反应体系加入酶液后，立即于 30℃水浴中保温 3min，然后加入 1.0mL 2% H_2O_2继续保温 2min 后转入比色杯，用分光光度计在 470nm 波长下测吸光度值变化，放好后立即读数并记录，1min 读一次，共读 6 次。

过氧化物酶活性依下式计算：

$$过氧化物酶活性=(\Delta A_{470}\times V_T)/(FW\times V_S\times 0.01\times t) \tag{4-3}$$

以每毫克蛋白质每分钟改变一个OD_{470}单位为一个酶活力单位。

式中：ΔA_{470}——反应时间内吸光值的变化；

V_T——提取液酶液总体积（mL）；

V_S——测定时取用酶液体积（mL）；

FW——鲜样品重量（g）；

t——反应时间（min）。

4.2.4.7　黄化催芽嫩枝生根过程中内源激素变化

（1）试验材料收集　扦插后 0 天、1 天、3 天、5 天、7 天、9 天、11 天，从抽取的 30 株插穗中随机选取 10 株，用锋利刀片剥取插穗基部 2cm 韧皮部，万分之一天平称取鲜重后，迅速投入液氮罐中，带回实验室，用间接酶联免疫法（ELIAs）测定吲哚乙酸（IAA）、脱落酸（ABA）、赤霉素（GA_3）和玉米素核苷（ZR）(Jing Zhao，2006)。用比色法测定样品的 IAAO、POD、PPO 含量，每样品重复测定 3 次。

（2）样品中激素的提取　① 取 0.5~1.0g 新鲜植物材料（若取样后材料不能马上测定，用液氮速冻 0.5h 后，保存在-20℃的冰箱中），加 2mL 样品提取液，在冰浴下研磨成匀浆，转入 10mL 试管，再用 2mL 提取液分次将研钵冲洗干净，一并转入试管中，摇匀后放置在 4℃冰箱中。

② 4℃下提取 4h，3500r/min 离心 8min，取上清液。沉淀中加 1mL 提取液，搅匀，

4℃下再提取 1h，离心，合并上清液并记录体积，残渣弃去。

③ 上清液过 C18 固相萃取柱。具体步骤是：80%甲醇（1mL）平衡柱→上样→收集样品→移开样品后用 100%甲醇（5mL）洗柱→100%乙醚（5mL）洗柱→100%甲醇（5mL）洗柱→循环。

④ 将过柱后的样品转入 5mL 塑料离心管中，真空浓缩干燥或用氮气吹干，除去提取液中的甲醇，用样品稀释液定容（一般 1g 鲜重用 2mL 左右样品稀释液定容，测定不同激素时还要稀释适当的倍数再加样）。

（3）样品测定　①竞争：即加标准样、待测样和抗体。加标准样及待测样：取适量所给标准样稀释配成，IAA、ABA、ZR 标准曲线的最大浓度为 100ng/mL，GA 的最大浓度为 10ng/mL，JA-ME 的最大浓度为 200ng/mL。然后再依次 2 倍稀释 8 个浓度（包括 0ng/mL）。将系列标准样加入 96 孔酶标板的前两行，每个浓度加 2 孔，每孔 50μL，其余孔加待测样，每个样品重复 2 孔。

② 加抗体：在 5mL 样品稀释液中加入一定量的抗体（最适稀释倍数见试剂盒标签，如稀释倍数是 1∶2000，就要加 2.5μL 的抗体），混匀后每孔加 50μL，然后将酶标板加入湿盒内开始竞争。竞争条件 37℃左右 0.5h。

③ 洗板：将反应液甩干并在报纸上拍净，第一次加入洗涤液后要立即甩掉，然后再接着加第二次。共洗涤四次。

④ 加二抗：将适当的酶标二抗，加入 10mL 样品稀释液中（比如稀释倍数 1∶1000 就加 10μL），混匀后，在酶标板每孔加 100μL，然后将其放入湿盒内，置 37℃下，温育 0.5h。洗板：方法同竞争之后的洗板。

⑤ 加底物显色：称取 10~20mg 邻苯二胺（OPD）溶于 10mL 底物缓冲液中（小心勿用手接触 OPD），完全溶解后加 4μL 30% H_2O_2。混匀，在每孔中加 100μL，然后放入湿盒内，当显色适当后（肉眼能看出标准曲线有颜色梯度，且 100ng/mL 孔颜色还较浅），每孔加入 50μL 2mol/L 硫酸终止反应。

⑥ 比色：在酶联免疫分光光度计上依次测定标准物各浓度和各样品 490nm 处的 OD 值。

（4）结果计算　用于 ELISA 结果计算最方便的是 Logit 曲线。曲线的横坐标用激素标样各浓度（ng/mL）的自然对数表示，纵坐标用各浓度显色值的 Logit 值表示。Logit 值的计算方法如下：

$$\mathrm{Logit}\ (B/B_0) = \ln B/(B-B_0) \tag{4-4}$$

式中：B_0为 0ng/mL 孔的显色值，B 为其他浓度的显色值。

待测样品可根据其显色值的 Logit 值从图上查出其所含激素浓度（ng/mL）的自然对数，再经过反对数即可知其激素的浓度（ng/mL）。求得样品中激素的浓度后，再计算样品中激素的含量（ng/g · fw）。

4.2.5 嫩枝扦插技术的优化

4.2.5.1 试验地概况和试验材料

试验地选在河南省洛宁县吕村林场苗圃，试验地具体情况见4.2.2.1。

试验温室为水泥骨架，单面坡向南，棚内建扦插池，铺设自动喷雾装置，棚外顶部架设喷水降温设施。

试验材料为取自该场四倍体刺槐K2、K4无性系采穗圃的嫩枝。采穗圃由1年生四倍体刺槐K2、K4无性系的组培苗建成。

植物生长调节物质采用国产IBA、NAA和中国林业科学研究院研制的生根粉1号（ABT）。

4.2.5.2 材料采集与前期处理

分别采集四倍体刺槐K2、K4无性系的枝条按上、中、下三部位剪成3种类型插穗：上部插穗带顶芽且基部半木质化，中部插穗不带顶芽且基部半木质化，下部插穗的木质化程度较深。除不同部位插穗扦插处理外，其他试验处理均用上部插穗。插穗长度13cm左右，各插穗上部的2~3对叶片保留，基部的2~3对叶片去掉，下切口修剪成斜面。

4.2.5.3 扦插试验设计

（1）不同部位插穗试验　6月初采取插穗，把上部、中部和下部三种类型插穗的基部（2cm左右）在IBA 1500mg/L（K2无性系）和IBA 2000mg/L（K4无性系）的溶液中浸蘸30s，在以蛭石为基质的营养杯中扦插。试验为完全随机区组设计，重复3次，重复内每处理插穗30根。

（2）植物生长调节剂种类和浓度试验　6月初采取插穗，选用IBA、NAA和ABT生根粉进行试验，设置IBA 500mg/L、IBA 1000mg/L、IBA 1500mg/L、IBA 2000mg/L、IBA 3000mg/L、NAA 1000mg/L、NAA 1500mg/L、NAA 2000mg/L、ABT 1000mg/L、ABT 1500mg/L、ABT 2000mg/L和对照（清水处理）共12个处理组，在以蛭石为基质的营养杯中扦插。试验为完全随机区组设计，每组重复3次，重复内每处理插穗30根。

（3）扦插基质试验　6月初采取插穗，用IBA 1500mg/L（K2无性系）和IBA 2000mg/L（K4无性系）的溶液浸蘸30s，分别选用蛭石、细沙和黄土三种基质扦插。试验为完全随机区组设计，每组重复3次，重复内每处理插穗30根。

（4）处理时间试验　6月初采取插穗，用IBA 1500mg/L（K2无性系）和IBA 2000mg/L（K4无性系）浸蘸插穗5s、30s和180s，在以蛭石为基质的营养杯中扦插。采用完全随机区组试验设计，每组重复3次，重复内每处理插穗30根。

（5）扦插时期试验　6月至9月每月月初分别采取嫩枝插穗，用IBA 1500mg/L（K2无性系）和IBA 2000mg/L（K4无性系）的溶液浸蘸30s，在以蛭石为基质的营养杯中扦插。试验为完全随机区组设计，每组重复3次，重复内每处理插穗30根。

4.2.5.4 扦插前后的管理

扦插前1天，用1/1000高锰酸钾对扦插基质进行消毒。扦插选择在早晨进行，插入基质约2.5cm深处。扦插后及时喷水使基质踏实利于生根，每5天以800~1000倍的百菌清喷洒1次，以控制杂菌、防止枝条腐烂。扦插后，前3天每天喷雾4~6次，4~10天每天喷雾4次，11~20天每天喷雾3次，阴雨天时适当减少喷雾次数。扦插后的前15天用塑料薄膜密封保湿，棚内相对湿度90%以上，16~20天逐渐通风锻炼。

4.2.5.5 结果调查及数据处理

扦插20天后调查生根率、愈伤率、腐烂率、总根条数、根长度等指标来评价处理的好坏。利用EXCEL和SPSS 13.0统计软件进行数据分析和多重比较（百分率先进行反正弦转化）。

4.2.6 埋枝催芽黄化嫩枝扦插蛋白质测定

4.2.6.1 试验材料

试验材料为四倍体刺槐K4无性系黄化催芽嫩枝和未黄化催芽嫩枝扦插生根过程中插穗韧皮部的样品。分别按生根过程中的愈伤组织诱导期，不定根原基形成期和不定根伸长期3个时期，即插穗扦插开始的第0天、3天和9天的样品进行双向电泳试验。

4.2.6.2 蛋白质样品制备

双向电泳，染色采用考马斯亮蓝染色方法。

4.2.6.3 凝胶图形扫描和分析

凝胶经考马斯亮蓝染色后，用GS-800光密度扫描仪扫描成像，扫描分辨率10μm。用PDQuest双向电泳分析软件（BIO-RAD，USA）对凝胶图谱进行点检测、背景扣除、标准化和蛋白质点匹配。获取不同时期蛋白质点的有无、差异和蛋白质点表达量的差异。

4.2.6.4 差异表达蛋白点质谱鉴定

获取相关对应的差异点，切出蛋白点后进行脱色、胶内胰酶酶切和肽段提取，然后用MALDI-TOF-MS进行肽质量指纹谱（peptide mass fingerprinting，PMF）分析。检索结果的可靠性用肽段匹配率、得分值（score）和匹配肽段在对应蛋白内的序列覆盖率进行评价(周玮，2007)。

(1) 质谱样品制备

① 切胶　将铺在玻璃板上的凝胶置于明亮的灯光下、白色背景上，用修剪过的Eppendorf吸头（直径1.5mm）挖取出蛋白质点，放入预先编号且加好20mL MilliQ H_2O的Eppendorf管，用MilliQ H_2O反复洗3~4次，尽量除尽残留的SDS。

② 脱色　将清洗后的小胶块放入0.5mL离心管，加入脱色液［25mmol/L碳酸氢铵（NH_4HCO_3）in 50%（v/v）acetonitrile（ACN）］100~200μL，涡旋混合器振荡约30min，吸去脱色液。重复此操作直至胶块无色透明。

③干胶 将脱色后的胶块在真空干燥机（Thermo Savant SpeedVac Concentrator，USA）内干燥约 30min，使胶块完全脱水体积缩小成近似球状（白色颗粒状）。

④ 酶切 所用的 Trypsin 为测序级（Roche，Switzerland），在干燥好的胶块上加入 3~7mL Trypsin 酶液（0. 01μg/μL，在 25mmol/L NH_4HCO_3溶液内），4°C 放置 1h 使酶液完全被吸收，另补加 5μL 25mmol/L 的 NH_4HCO_3溶液保湿，37°C 温浴 15h。

⑤ 肽段提取 收集酶切后的上清液，在胶块内加 50~100μL 5%三氟乙酸（5% trifluroaceticacid，5%TFA）于 40℃放置 1h，收集上清液；再加入 2. 5%TFA、50%乙腈［2. 5% TFA in50%（v/v）CAN］50~100μL 于 30°C 放置 1h，收集上清液；合并上清液并用真空干燥仪进行浓缩、干燥。置于 4℃备用。

⑥ 肽混合物的 PMF 分析 在干燥后的肽混合物内加入 2~7μL 0. 5% TFA，混匀后，取 1μL 溶液和等体积饱和基质溶液混合，然后加至不锈钢靶上，在 N_2流下吹干浓缩，以备用于质谱鉴定。

（2）质谱分析与数据库检索 点样方式：先点 0. 5μL 的样品于 MALDI 靶板上，自然干燥后，再点上 0. 5mL 0. 5g/L CHCA 溶液（溶剂，0. 1%TFA + 50% ACN）中，在室温下自然干燥。另点 0. 5μL 0. 5g/L CHCA 溶液（未点样品）作为空白对照。

样品用 ABI 4700 MALDI TOF-TOF 串联飞行时间质谱仪进行质谱分析，激光源为 355nm 波长的 Nd：YAG 激光器，加速电压为 20 kV，采用正离子模式和自动获取数据的模式采集数据。仪器先用 myoglobin 酶解肽段进行外标校正。基质和样品的 PMF 质量扫描范围为 700~3500Da。进行完 MS 后，直接选择与对照基质的 PMF 图有差异的肽段离子进行 MS/MS 分析。

MS 采用 Reflector Positive 参数：CID（OFF），mass rang（700~3200Da）Focus Mass（1200Da）。

Fixed laser intensity（6000）Digitizer：Bin Size（1. 0ns）。

MS/MS 采用 1kV Positive 参数：CID（ON），Precursor Mass Windows（Relative）80 resolution（FWHM）。

Fixed laser intensity（7000）Digitizer：Bin Size（0. 5ns）。

得到的 MS/MS，先查看 150 Da 以下的质量区，初步推断有哪些可能存在的残基。采用仪器软件 4700 Explorer 自带的分析工具 De Novo Explorer 进行从头测序。

得到序列后，再采用软件 Data Explorer 将 MS/MS 图标上 a、b、c、x、y、z 等由母离子碎裂得到子离子。质谱使用 Trypsin 自身降解离子峰（m/z 为 842. 5099、2211. 1046）作为内标校正，将所得的肽质量指纹图谱（PMF）在 Mascot 进行搜索，肽片段的相对分子质量误差控制在万分之一，允许 1 个酶切位点未切，酶为 Trypsin，固定修饰只选择脲甲基半胱氨酸（carbamidomethyl Cys），可变修饰不选择。

搜索参数设置：数据库为 NCBInr；检索种属为 Viridiplantae，数据检索的方式为 combined；最大允许漏切位点为 1；酶为 Trypsin。质量误差范围设置为 PMF 0. 3Da，MS/MS 0. 4Da；在数据库检索时，胰酶自降解峰和污染物质的峰都手工剔除（王贤纯，2004）。

检索 NCBI EST 数据库，下载 Citrus 所有 EST 序列，这些核酸序列经过适当的格式转换，本地版 MASCOT 软件可以直接进行电子翻译和质谱匹配运算完成蛋白质鉴定。将 NCBInr 数据库检索后，无法得到结果的肽段再通过 EST 数据检索，方式为 combined；最大允许漏切位点为 1；酶为 Trypsin。

4.3 刺槐无性系硬枝扦插

硬枝扦插指使用已经木质化的 1 年生或以上的成熟化枝条进行的扦插，是林木无性系繁殖的一种重要方法。硬枝扦插较嫩枝扦插环境条件要求相对宽松。硬枝扦插可分为冬季扦插和春季扦插。若春季扦插对硬枝条采取冬季低温沙藏处理，可以提高扦插成活率。硬枝扦插的成活率同林木品系，枝条的年龄、部位、长短、粗细都有密切关系。经低浓度长时间的植物生长调节物质处理可明显提高硬枝扦插的成活率。硬枝扦插因为具有环境设备要求低、操作简易、成本低廉的特点，在林木无性繁殖中被广泛应用。

一般而言，刺槐硬枝扦插生根率低（森下义郎，1988；潘红伟等，2003）。而随着各类促生根物质的应用和扦插技术的改进，刺槐的扦插成活率得以提高。植物生长调节物质、稀土、高锰酸钾溶液和流水等促生根物质的处理，以及沙藏、抹芽和覆膜等技术措施都提高了刺槐的扦插成活率（周全良等，1996；刘长宝，2008；杨兴芳等，2007；李海民，2004；韦小丽等，2007；赵兰勇等，1996）。而且刺槐不同无性系扦插成活率存在差异，目前，四倍体刺槐的扦插成活率较低（姚占春，2007；刘长宝，2008）。

这里拟以四倍体刺槐的优良无性系和当地普通刺槐的硬枝为材料，研究常规的硬枝扦插方法能否解决生根率低和品系间是否存在生根能力的差异，为扦插技术的优化提供参考。

4.3.1 不同部位的硬枝插穗对扦插成活率的影响

5 个刺槐品系不同部位硬枝插穗经 IBA 200mg/L 浸泡处理 30min 后，60 天后扦插成活率多重比较分析如表 4-1。

表 4-1 刺槐无性系不同部位插穗硬枝扦插成活率多重比较

部位	K2（%）	K3（%）	K4（%）	YD（%）	普通刺槐（%）
上部	20.00c	35.55c	7.78b	54.45b	42.22b
中部	43.33b	66.67b	17.78a	62.56b	70.00a
下部	61.11a	78.89a	23.33a	80.00a	78.89a

注：同列字母相同为差异不显著，不同为差异显著（P<0.05），本章以下各表同此。

由表 4-1 的结果可知，四倍体 K2 无性系不同部位硬枝插穗扦插成活率存在显著差异，下部插穗扦插成活率最高为 61.11%；四倍体 K3 无性系 3 个部位硬枝插穗的扦插成活率存在显著差异，下部插穗扦插成活率最高为 78.89%；四倍体 K4 无性系下部、中部硬枝插穗的扦插成活率不存在显著差异，都显著大于上部插穗的成活率，下部插穗扦插成活率最高为 23.33%；YD 无性系下部硬枝插穗的扦插成活率显著高于中部和上部插穗的成活率，中部和上部插穗的成活率不存在差异，下部插穗扦插成活率最高为 80.00%；普通刺槐的下部、中部硬枝插穗的扦插成活率不存在显著差异，都显著大于上部插穗的成活率，下部插穗扦插成活率最高为77.78%。

5个刺槐品系的硬枝插穗都以枝条下部插穗的扦插成活率最高，中部次之，下部最低。5个刺槐品系的硬枝下部插穗扦插平均成活率存在差异，YD无性系的成活率最高为80.00%，依次为K3、普通刺槐、K2、K4的78.89%、78.89%、61.11%、23.33%。

4.3.2 生长调节剂对硬枝扦插成活率的影响

5个刺槐品系硬枝插穗分别进行IBA、NAA、ABT 3种植物生长调节物质的100、200和500mg/L 3种浓度处理和清水处理作对照（CK），扦插成活率的多重比较分析如表4-2。

由表4-2的结果可知，经不同种类和浓度植物生长调节物质处理K2、K3、K4、YD无性系和普通刺槐的硬枝扦插成活率存在显著差异；各品系的最佳硬枝扦插生长调节剂种类和浓度存在差异；各品系都以清水处理的CK成活率最低。

四倍体刺槐K2无性系不同种类、浓度生长调节物质处理硬枝插穗扦插成活率存在显著差异，ABT 200mg/L处理扦插成活率最高为63.33%，其次ABT 500mg/L处理的扦插成活率为60.00%，CK处理的扦插成活率最低为20%；四倍体刺槐K3无性系的硬枝插穗各处理间扦插成活率存在显著差异，ABT 200mg/L的处理扦插成活率最高为80%，其次IBA 200mg/L处理的扦插成活率为78.89%，CK处理的扦插成活率最低为21.11%；四倍体刺槐K4无性系的硬枝插穗各处理间扦插成活率存在显著差异，IBA 200mg/L处理扦插成活率最高为23.33%，其次ABT 200mg/L处理的扦插成活率为22.22%，CK处理的扦插成活率最低为5.57%；YD无性系的硬枝插穗各处理间扦插成活率存在显著差异，ABT 200mg/L处理扦插成活率最高为87.78%，其次ABT 500mg/L处理的扦插成活率为84.44%，CK处理的扦插成活率最低为56.67%；普通刺槐的硬枝插穗各处理间扦插成活率存在显著差异，IBA 200mg/L处理扦插成活率最高为77.78%，其次ABT 200mg/L处理的扦插成活率为77.78%，CK处理的扦插成活率最低为36.67%。

表4-2 刺槐无性系生长调节物质不同处理成活率多重比较

种类	浓度（mg/L）	K2（%）	K3（%）	K4（%）	YD（%）	普通刺槐（%）
CK	0	20.00d	21.11e	5.57c	56.67f	36.67c
IBA	100	33.33bc	44.44d	7.78c	67.11e	64.45b
	200	57.78a	78.89ab	23.33a	78.89bc	77.78a
	500	51.11a	74.44abc	13.33bc	75.56cd	74.44a
NAA	100	26.67cd	41.11d	8.91c	57.78	60.00b
	200	56.67a	68.89bc	17.78ab	77.78bcd	75.55a
	500	53.33a	67.78c	8.89c	71.11de	72.22a
ABT	100	38.89b	47.78d	12.22bc	73.33cde	64.44b
	200	63.33a	80.00a	22.22a	87.78a	77.78a
	500	60.00a	71.11abc	17.78ab	84.44ab	73.33a

在5个刺槐品系的硬枝扦插中，扦插成活率存在差异，YD品系的成活率最高为87.78%，依次K3为80.00%、普通刺槐为77.78%、K2为63.33%、K4为23.33%；清水处理的CK扦插成活率都表现最低，YD、普通刺槐、K3、K2、K4的扦插成活率依次为56.67%、36.67%、21.11%、20%、5.57%；5个品系的扦插成活率都表现为3种生长调节物质浓度100mg/L处理较200mg/L和500mg/L的扦插成活率低，ABT 200mg/L和IBA 200mg/L处理的插穗成活率都较高。

4.3.3 越冬沙藏催根后的硬枝扦插繁殖

低温越冬沙藏和倒置催根方法一般应用于难生根树种的硬枝扦插，云杉、冷杉、落叶松、毛白杨、悬铃木和红瑞木等树种的越冬低温沙藏硬枝扦插试验都取得了良好的生根效果（Hinesley et al.，1981；John A，1979；Miller，1982；李忠等，2003；王华荣，2008；何文林等，2007），裴保华证实毛白杨沙藏时结合生长调节物质处理明显改善了其生理过程，显著提高了硬枝扦插成活率（裴保华等，1984）。

针对四倍体刺槐K4无性系硬枝扦插困难的问题，拟采用越冬沙藏催根法对其进行硬枝扦插优化研究。

4.3.3.1 不同处理方式对硬枝插穗扦插成活率的影响

四倍体刺槐硬枝插穗经4种不同处理方式处理后扦插成活率的多种比较分析如表4-3所示。

表4-3 不同处理方式插穗成活率多重比较

序号	处理方式	成活率（%）
1	不沙藏扦插时IBA 500mg/L处理	23.33c
2	沙藏结合扦插时1次IBA 500mg/L处理	43.33b
3	沙藏时1次IBA 500mg/L处理	40.00b
4	沙藏结合2次IBA 500mg/L处理	62.22a

由表4-3可知，四倍体刺槐K4硬枝插穗经不同处理方式处理后扦插成活率表现出显著差异。沙藏结合2次IBA 500mg/L处理的插穗扦插平均生根率62.22%，显著高于其他三种处理方式；不做冬季沙藏处理仅扦插时做IBA 500mg/L处理成活率为23.33%，显著低于其他三种处理方式；沙藏结合扦插时IBA 500mg/L处理的插穗扦插平均成活率高于沙藏时1次IBA 500mg/L处理的插穗，但达不到显著差异。可见，生长调节剂处理结合冬季低温沙藏方法显著提高了四倍体刺槐的扦插成活率。

4.3.3.2 插穗不同方式放置沙藏对扦插成活率的影响

利用生长调节剂IBA 500mg/L处理2次结合不同的沙藏放置方式处理插穗的扦插成活率方差分析如表4-4。

由表4-4的方差分析表可知，沙藏时按常规的插穗基部向下的正放和插穗基部向上的倒放在扦插成活率上存在显著差异（P<0.05）。插穗沙藏时倒放处理的扦插平均成活率为71.11%，而沙藏时插穗正放处理的平均成活率为61.11%。

表 4-4　沙藏不同放置方式插穗的成活率方差分析

变异来源	自由度	平方和	均方	*F*	Sig.
组间	1	55. 328	55. 328	40. 615*	0. 003
组内	2	5. 449	1. 362		
误差	5	60. 777			

插穗倒放后成活率提高与愈伤组织的形成有关，春季随着温度升高，地温也渐渐回升，此时地表的上层温度高于下层温度。插穗基部朝上倒放，插穗基部处温度高，有利于愈伤组织的形成和不定根的发育；插穗顶部则由于温度较低，抑制了芽的萌发，这对插穗成活是十分有利的；同时，温度的差异也可能导致内源激素向插穗基部运输集中，促进不定根的形成。

4. 3. 3. 3　不同种类和浓度的生长调节物质对插穗扦插成活率的影响

用 IBA、NAA 和 ABT 3 种生长调节物质按 100mg/L、500mg/L 和 1000mg/L 浓度分别处理插穗。插穗扦插成活率如表 4-5。

表 4-5　生长调节剂不同种类、浓度处理的扦插成活率多重比较

种类	浓度（mg/L）	成活率（%）
ABT	500	71. 11a
IBA	500	67. 78ab
NAA	500	66. 67ab
ABT	1000	52. 22c
IBA	1000	47. 78c
NAA	1000	44. 44c
ABT	100	41. 11c
IBA	100	36. 67c
NAA	100	33. 33c

从表 4-5 中可知，生长调节剂不同种类、浓度处理插穗的扦插成活率存在显著差异。ABT 500mg/L 处理的成活率最高为 71. 11%，NAA 100mg/L 处理的插穗成活率最低，仅为 33. 33%；NAA 500mg/L 处理的插穗成活率高于 1000mg/L 和 100mg/L 处理过的插穗；相同浓度的情况下，ABT 处理过的插穗扦插成活率高于 IBA 和 NAA 处理过的插穗。

3 种激素 1000mg/L 处理过的插穗成活率低于 500mg/L 处理过的插穗，可能与经过 1000mg/L 处理过的部分插穗基部出现皮部腐烂有关，表明四倍体刺槐硬枝插穗不适合高浓度的激素长时间浸泡。

4. 4　刺槐无性系嫩枝扦插

4. 4. 1　埋枝黄化催芽的嫩枝扦插和生根机理

插穗黄化处理，是促进生根的措施之一，可使多数原来扦插繁殖困难的品种经处理后

能生根成活。嫩枝黄化扦插生根技术被应用于难生根树种的扦插繁殖，取得了良好的效果（李继华，1987；森下义郎等，1988；史玉群，2001）。常见的插穗黄化处理方法如图 4-2 所示，但这种嫩枝黄化方法操作复杂，效率较低，并不适合于生产中推广。

裴东等在核桃无性系繁殖中采用埋干黄化催芽嫩枝扦插生根的方法，催芽嫩枝基部黄化效果好，扦插成活率大大提高，且操作方法比常规的方法简易（裴东，2004）。本试验对此方法改进并应用于四倍体刺槐难生根无性系的硬枝扦插，以期进一步优化其扦插技术。

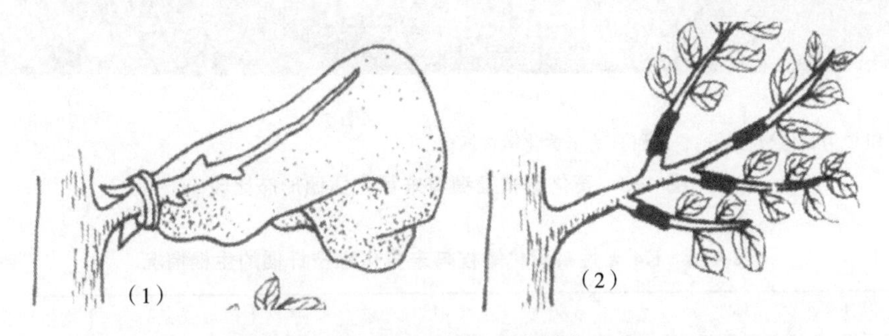

图 4-2　黄化处理示意图（李继华，1987）

注：(1) 发芽前先用黑塑料袋套住枝条　(2) 新芽长出去塑料袋，随即用黑布缠住新枝基部

试验中发现埋枝黄化催芽的嫩枝扦插方法应用于四倍体刺槐扦插取得了良好的效果。在四倍体刺槐无性系黄化催芽嫩枝扦插生根的过程中，以黄化嫩枝和未黄化嫩枝做比较研究，分析其生根过程的形态结构、生理生化指标氧化酶活性和内源激素水平的变化，以期探索黄化嫩枝插穗的扦插生根机理，为黄化催芽扦插技术的改进提供理论依据。

4.4.1.1　覆沙厚度对埋干催芽嫩枝生长的影响

埋干催芽时的覆沙厚度不同，出芽早晚不同。覆沙 0cm，出芽时间在埋干后的 8~10 天，催芽嫩枝基部不黄化；覆沙 2cm、4cm 厚度的处理，出芽时间在 12~14 天，催芽嫩枝基部黄化；埋干厚度 6cm，出芽在 16~20 天，催芽嫩枝基部黄化；覆沙 8cm 时很少出芽或不出芽。

4.4.1.2　黄化嫩枝形态

通过对黄化嫩枝（图 4-3A 和 C）与未黄化嫩枝（图 4-3B 和 D）外部形态观察比较发现：

（1）基部黄化嫩枝节间距离长于基部未黄化嫩枝；

（2）基部黄化嫩枝复叶分枝角度小于基部未黄化嫩枝；

（3）基部黄化嫩枝每复叶含单叶数量少于基部未黄化嫩枝；

（4）基部黄化嫩枝叶片颜色嫩黄，叶面积小于基部未黄化嫩枝的叶片。

4.4.1.3　黄化嫩枝扦插生根率的变化

黄化嫩枝与对照的未黄化嫩枝插穗都用 IBA 2000mg/L 处理后，扦插的生根效果见表4-6。

注：A 和 C 为黄化嫩枝插穗，B 和 D 为未黄化嫩枝插穗。

图 4-3　黄化嫩枝插穗与未黄化插穗形态比较

表 4-6　K4 无性系黄化嫩枝与未黄化嫩枝扦插的生根情况

插穗类型	种类	浓度（mg/L）	生根率（%）	平均生根数（条）	平均生根长度（cm）
基部黄化嫩枝	IBA	2000	89.4	9.3	13.56
基部未黄化嫩枝	IBA	2000	76.2	6.2	11.86

t 检验可知，K4 无性系黄化嫩枝与未黄化嫩枝扦插在生根率、平均生根数和生根长度存在显著差异，黄化嫩枝的生根率、平均生根数和生根长度大于未黄化嫩枝，其分别为 89.4%、9.3 条和 13.56cm。

从表 4-6 可以看出，四倍体刺槐的黄化嫩枝与未黄化嫩枝的插穗经 IBA 2000mg/L 处理后，扦插生根率、生根数量和生根长度都存在显著差异，黄化嫩枝插穗的扦插生根效果明显优于未黄化嫩枝的插穗。可见，黄化嫩枝结合植物生长调节物质处理明显提高四倍体刺槐的生根率。这同前人的结论一致，生长调节物质对经过黄化处理的插穗刺激作用最为明显，插穗黄化处理与生长调节物质配合能使许多难生根树种生根。

4.4.1.4　生长调节剂对黄化嫩枝扦插生根率的影响

表 4-7　K4 无性系黄化嫩枝不同生长调节剂处理的生根的多重比较

生长调节剂	浓度（mg/L）	生根率（%）	平均生根数（条）	生根长度（cm）
IBA	0	31.5c	4.5c	8.35c
IBA	500	79.8b	7.3b	10.85b
IBA	1000	82.1b	7.5b	11.27ab
IBA	2000	89.4a	9.2a	13.56a
ABT	2000	90.6a	9.9a	13.27a
NAA	2000	79.8b	8.3b	10.85b

从表 4-7 中可知，K4 无性系黄化嫩枝经 IBA 不同浓度处理的扦插在生根率、平均生

根数和生根长度存在显著差异，以 IBA 2000mg/L 处理 30s 的生根效果最佳，其生根率 89.4%、平均生根数 9.2 条和生根长度 13.56cm；在各处理中以 ABT 2000mg/L 处理 30s 的生根效果最佳，其生根率 90.6%、平均生根数 9.9 条和生根长度 13.27cm；对照即不做生长调节物质处理的生根效果最差。

从表 4-7 中可知，四倍体刺槐的黄化嫩枝插穗用 IBA 2000mg/L 处理后的生根率效果较好，但在调查中也发现，IBA 2000mg/L 处理的插穗下部变黑，推测与黄化嫩枝插穗的耐受性较差有关，因此未采用更高浓度 IBA 处理插穗扦插。在试验中，未经过生长调节物质处理的黄化嫩枝插穗扦插生根效果最差，而经过生长调节物质 IBA 各浓度处理后的黄化插穗扦插生根率比 IBA 处理的黄化插穗显著提高。

4.4.1.5 黄化嫩枝扦插过程中形态和氧化酶活性的变化

（1）扦插过程中外部形态的变化　对四倍体刺槐黄化嫩枝插穗扦插过程中外部形态观察发现：扦插后第 1 天插穗部分出现轻微萎蔫现象，第 2 或 3 天全部恢复；第 3 天时插穗基部切口处出现愈伤组织；第 5 天时愈伤大量出现并且有部分继续膨大；第 9 天时，插穗的愈伤处出现不定根，有插穗下部的韧皮部颜色变黑甚至脱落，在插穗基部 2cm 处再次出现愈伤组织；第 11 天时插穗大量出现不定根，插穗基部 2cm 以下的皮层也出现不定根。李云等在四倍体刺槐组培苗不定根发育过程中，进行解剖观察发现，四倍体刺槐不定根发育可分为 3 个阶段：初生髓射线细胞的分裂与分化期，即愈伤组织诱导期、不定根原基形成期、不定根伸长期（李云等，2004）。因此，根据上述观察结果，可以认为扦插后 0~3 天为愈伤组织诱导期；3~9 天为不定根原基形成期；9~11 天为不定根伸长期。

未黄化嫩枝插穗的扦插生根过程大致相似，未黄化嫩枝插穗的愈伤组织明显大于基部黄化嫩枝的插穗，且部分插穗只出现愈伤不形成不定根，未黄化嫩枝插穗的基部未出现颜色变黑或脱落的现象，可能与其对生长调节物质的耐受性较强有关。

（2）扦插过程中氧化酶活性的变化　黄化嫩枝插穗和未黄化嫩枝插穗扦插过程中 POD 的活性变化如图 4-4。

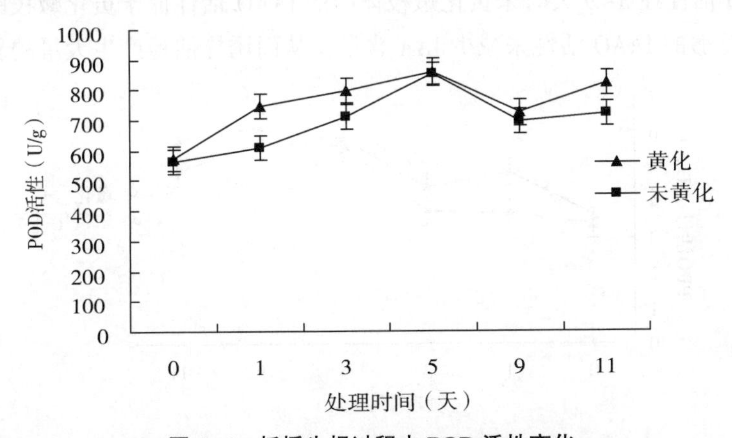

图 4-4　扦插生根过程中 POD 活性变化

由图 4-4 可见，四倍体刺槐黄化嫩枝和未黄化嫩枝扦插 POD 活性变化趋势基本一致，整个过程中黄化嫩枝的POD活性高于未黄化嫩枝。在扦插后的1~3天，即愈伤组织诱导阶段，POD活性均上升；在3~9天即不定根原基形成阶段，POD活性先升高至最高点，然后降低；在扦插后9~11天，POD活性上升。大致存在愈伤组织诱导期，POD活性相继上升，到不定根诱导期，POD活性下降。而到新根伸长期，POD活性又上升。可见，POD活性的变化随扦插生根时期的不同发生着有规律的变化。已有研究发现：POD活性在扦插生根过程中会出现2个高峰（宋金耀，2001；Gebhardt，1982），分别参与根的诱导及表达，POD作用的某些产物可能是不定根发生和发展所必需的辅助因子，促进不定根的形成。本试验中POD活性变化与前人的研究结果相似。

黄化嫩枝插穗和未黄化嫩枝插穗扦插过程中IAAO的活性变化如图4-5。

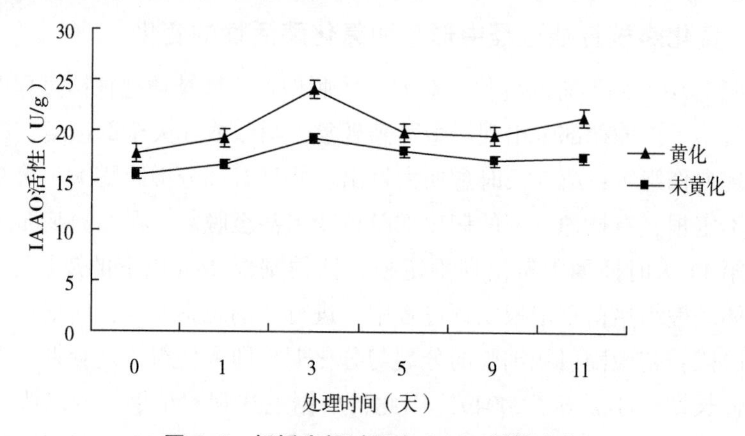

图4-5 扦插生根过程中IAAO活性变化

图4-5表明，四倍体刺槐黄化嫩枝和未黄化嫩枝扦插IAAO活性变化趋势基本一致。在扦插后的1~3天即愈伤组织诱导阶段，IAAO活性均上升；在3~9天即不定根原基形成阶段，IAAO活性逐渐降低；在扦插后9~11天，黄化嫩枝插穗IAAO活性略微上升，而未黄化嫩枝活性呈上升趋势。IAAO是分解IAA的专一性酶，该酶利用O_2对IAA进行氧化，插穗内的IAAO活性在3~9天时未黄化嫩枝体内的IAAO活性低于黄化嫩枝的IAAO活性。因此，后者有足够的IAAO活性来减少IAA含量，从而诱导插穗产生大量的新根。

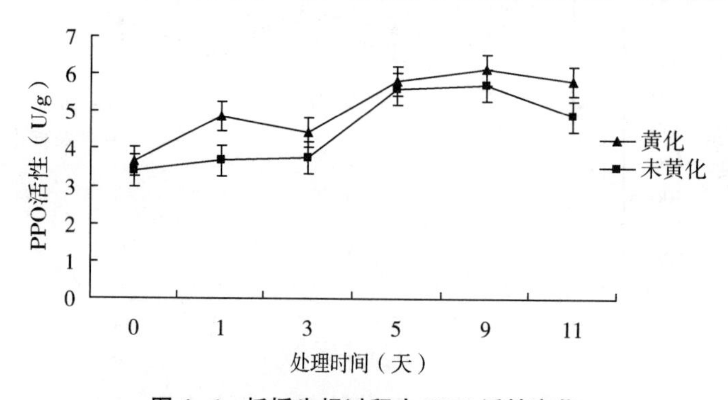

图4-6 扦插生根过程中PPO活性变化

由图4-6可知，黄化嫩枝插穗PPO活性明显高于未黄化嫩枝，在愈伤组织诱导期，

两处理插穗中 PPO 活性逐渐上升；在不定根原基形成期，黄化插穗和未黄化插穗 PPO 活性均有明显升高；在不定根伸长阶段，各处理 PPO 活性均有所下降。可见，PPO 活性随着扦插生根时期的不同发生有规律的变化。愈伤组织膨大和皮孔生根的交错期，PPO 活性的增加参与合成生根辅助因子，有利于根源基的发育和不定根的诱导，促进不定根的形成。PPO 活性下降，促进不定根伸长。而未黄化嫩枝插穗中 PPO 活性在扦插初期升高较少，合成的生根辅助因子也少，不利于根的诱导，在不定根表达期（9 天）达到了高峰，愈伤组织越来越多，大量的愈伤组织抑制了插穗生根，在不定根伸长期（9~11 天），PPO 活性下降，愈伤组织逐渐老化、腐烂，从而抑制不定根的表达。

（3）扦插过程中内源激素的变化　针对黄化嫩枝插穗扦插生根过程中，插穗基部韧皮部的四种内源激素含量变化进行测定，可以看出内源激素的影响，测定的内源激素包括生长素 IAA、脱落酸 ABA、赤霉素 GA_3和细胞分裂素 ZR。

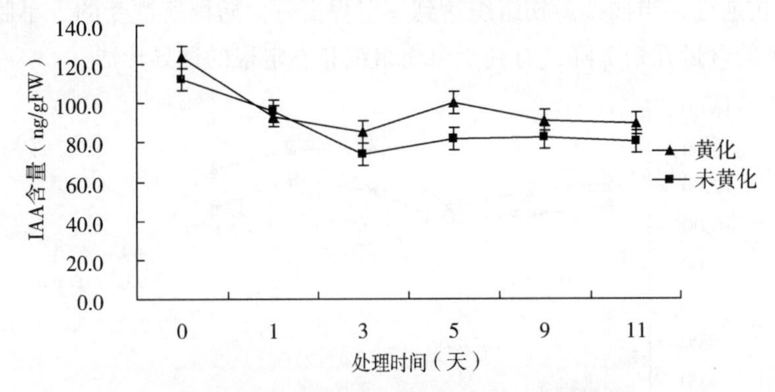

图 4-7　扦插生根过程中插穗内部 IAA 含量的变化

IAA 的含量动态变化结果如图 4-7，可以看出，黄化嫩枝插穗 IAA 含量高于未黄化嫩枝，在扦插后的 1~3 天即愈伤组织诱导阶段，IAA 含量均急剧下降；在 3~9 天即不定根原基形成阶段，IAA 含量先升高，然后下降；在扦插后 9 ~11 天即不定根伸长期，IAA 含量变化不明显。扦插插穗中 IAA 含量的变化趋势大体表现出先下降再升高的趋势。许多研究证实内源生长素对不定根的形成有促进作用，愈伤组织诱导形成期，大量消耗体内的生长素，导致生长素 IAA 含量下降；在根源基形成期，IAA 含量有所回升，接着随着不定根的形成和伸长，生长素消耗而含量下降。这与前人的扦插过程中 IAA 变化规律都为脱离母株后先下降，形成根原基期间上升，然后生根后又下降的趋势基本一致（Berthon J Y et al.，1989；徐继忠等，1989；詹亚光等，2001；Ford Y Y et al.，2002；王金祥等，2004；黄焱等，2007）。

生根过程中 ABA 含量的变化如图 4-8 所示，黄化嫩枝插穗 ABA 含量低于未黄化嫩枝，在扦插后的 1~3 天即愈伤组织诱导阶段，ABA 含量先上升然后缓慢下降；在 3~9 天即不定根原基形成阶段，ABA 含量急剧降低；在扦插后 9~11 天，缓慢下降。扦插中 ABA 含量，都呈先上升后下降的趋势。这与在长白落叶松、白桦和珍珠黄杨的扦插过程 ABA 含量变化趋势相似（刘关君等，2000；詹亚光，2001；黄焱，2007）。即扦插初期插穗由

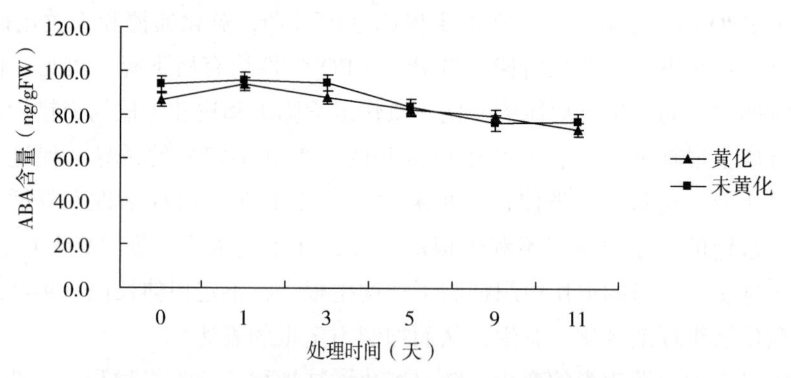

图 4-8　扦插生根过程中插穗 ABA 含量的变化

于不定根未形成，随着蒸腾作用的进行，插穗遭受干旱胁迫，致使插穗中 ABA 含量增多以增强插穗的抗逆性，当插穗愈伤组织达到一定程度时，插穗所遭受的干旱胁迫减轻，此时插穗中 ABA 的含量开始下降，有利于愈伤组织和不定根的诱导形成。

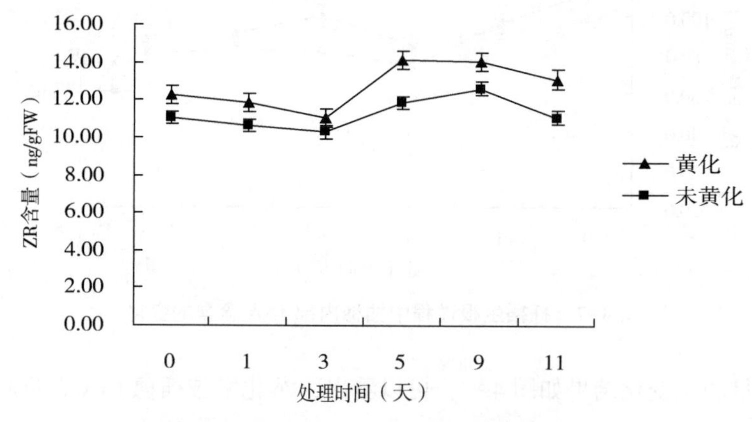

图 4-9　扦插生根过程中插穗 ZR 含量的变化

如图 4-9 所示，黄化嫩枝插穗 ZR 含量明显高于未黄化嫩枝，在扦插后的 1~3 天即愈伤组织诱导阶段，ZR 含量均下降；在 3~9 天即不定根原基形成期，ZR 含量先上升至最高点，然后下降；在扦插后 9~11 天，ZR 含量下降。ZR 含量的变化规律都呈先下降后上升再下降的趋势。ZR 对细胞的延伸生长起重要作用。这与长白落叶松生根过程 ZR 变化趋势相似（刘桂丰，2001）。扦插初期，插穗脱离母株使得 ZR 正常的供应路线被切断，而且插穗内愈伤组织的形成又消耗 ZR，因此，在 1~3 天时其含量逐渐下降。当扦插一段时间后，插穗自身合成 ZR 使其含量增加，在不定根的形成和伸长期其含量又因消耗而减少。

扦插生根过程中 GA_3 含量的变化如图 4-10 所示，GA_3 含量总体呈下降趋势，黄化嫩枝中的 GA_3 含量总是与未黄化无明显差距。在扦插后的 1~3 天即愈伤组织诱导阶段，GA_3 含量急剧下降然后升高；在 3~9 天即不定根原基形成阶段，GA_3 含量缓慢降低；在扦插后9~11 天，不定根伸长期，GA_3 含量缓慢上升。在愈伤组织和根原基形成期都表现出 GA_3 含量上升，表明 GA_3 对根原基形成有重要作用（刘桂丰，2001）。

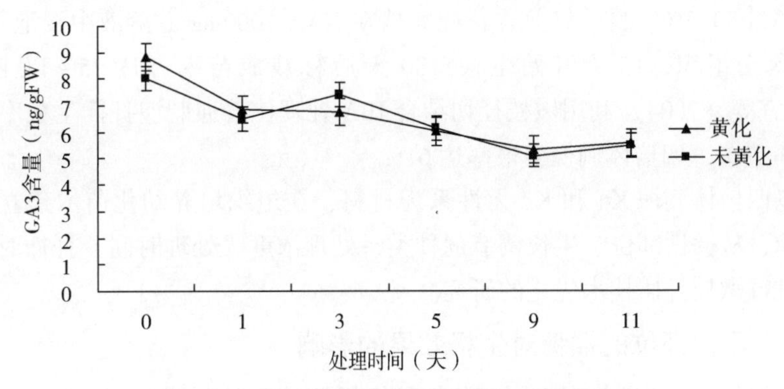

图 4-10　扦插生根过程中插穗 GA_3 含量的变化

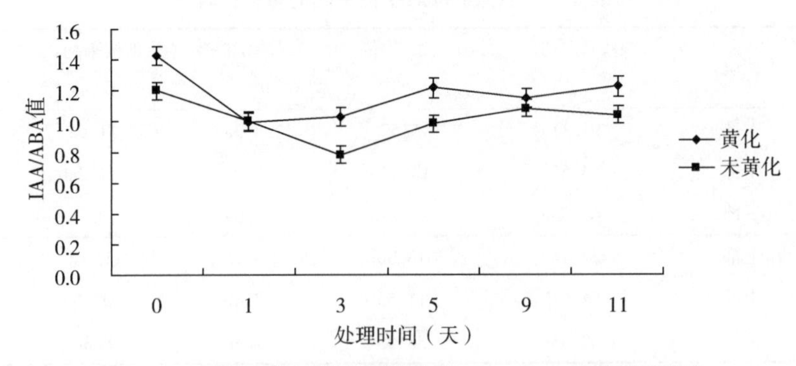

图 4-11　扦插生根过程中插穗内部 IAA/ABA 值含量的变化

如图 4-11 所示，在整个过程中，黄化嫩枝插穗的 IAA/ABA 值都比未黄化嫩枝插穗高，其 IAA/ABA 值总体都呈先下降后上升的趋势。一般来说，IAA 具有促进生根的作用，而 ABA 对不定根的形成具有抑制作用，然而，ABA 也被认为可以拮抗赤霉素抑制生根而具有促进生根的效应。可见不定根的形成更可能是两种激素相互影响和共同作用达到的平衡，IAA/ABA 的比值被认为是衡量生根能力的一个重要指标，而且在 IAA/ABA 的比值高的情况下更有利于不定根的诱导、发生（郑均宝等，1991，1999；许晓岗等，2005）。

4. 4. 2　嫩枝扦插技术的优化

嫩枝扦插又称绿枝扦插，指利用当年生半木质化带叶片的幼嫩枝条进行的扦插（哈特曼 . H. T. ，郑邢文译，1985；李继华，1987）。嫩枝扦插繁殖期长，根据各地气候条件不同而略有变化，大致从春季 3 月份林木发芽至 9 月份林木停止生长，期间都可以从母株采取幼嫩枝条作插穗进行扦插繁殖。随着温室育苗、全光喷雾等技术的应用，扦插繁殖期延长。嫩枝扦插对温度、湿度和光照等环境条件要求严格。母树年龄和插穗的部位、木质化程度、长短、粗细等都直接影响扦插成活率。外施植物生长调节剂和营养物质对嫩枝扦插生根有显著的效果。嫩枝扦插的繁殖系数高，繁殖时期长，操作简单易行，成本低廉，适合在林木大规模生产中应用推广。

Swamy S. L. 等（2002）对刺槐嫩枝扦插研究表明，春季用 NAA 500mg/L 处理过的插穗最高生根率为83.3%。夏季修剪香花槐嫩枝在NAA 1000mg/L溶液中浸泡下端10s，10天左右形成愈伤组织，15天开始生根，30天后移栽成苗率可达75%以上（陈彩霞，2002）。胡兴宜等（2004）利用嫩枝径切结合IBA处理使普通刺槐扦插生根率达93%，速生刺槐生根率95%，四倍体刺槐生根率达61%。

本试验以四倍体刺槐K4和K2无性系为材料，在组织培养幼化苗木建立的采穗圃中采取嫩枝插穗，从插穗部位、生长调节剂种类、处理浓度、处理时间、扦插时期和扦插基质6个方面进行嫩枝扦插技术优化的研究。

4.4.2.1 不同部位的插穗对生根效果的影响

四倍体刺槐K2、K4无性系不同部位插穗生根效果及多重比较分析如表4-8所示。

表4-8 插穗部位对生根影响的多重比较

无性系	部位	基部愈伤率（%）	腐烂率（%）	平均生根数（条）	新根平均长（cm）	生根率（%）
K2	上部	91.11a	6.67c	8.3a	11.6a	86.67a
	中部	84.55a	13.33b	8.0a	11.2ab	76.67b
	下部	63.33c	17.77b	8.0a	10.7b	73.33b
K4	上部	74.44b	13.33b	8.1a	11.0ab	74.44b
	中部	66.67b	15.55b	7.6b	10.5b	60.00c
	下部	42.33c	35.55a	7.5b	8.3c	31.11d

表4-8分析可知，四倍体刺槐K2和K4无性系嫩枝不同部位插穗扦插生根率存在显著差异，以上部插穗扦插生根率最高，中部次之，下部最低；不同部位插穗在插穗基部愈伤率、腐烂率、平均生根数和平均根长方面也存在显著差异。

四倍体刺槐K2嫩枝插穗上部带顶芽插穗的生根率为86.67%，显著高于中部插穗的76.67%和下部插穗的73.33%（$P<0.05$），而中部和下部的插穗生根率不存在显著差异。四倍体刺槐K4嫩枝插穗上部带顶芽插穗的生根率为74.44%，显著高于中部插穗的60.00%和下部插穗的31.11%（$P<0.05$），中部插穗生根率也显著高于下部插穗。

K2和K4无性系之间不同部位插穗的扦插生根率也存在差异，在愈伤率、腐烂率、生根数量和生根长度也存在差异。K2无性系的上、中部插穗愈伤率和生根率显著高于K4无性系，腐烂率低于K4无性系；K2无性系的下部插穗生根率显著高于K4无性系。

4.4.2.2 植物生长调节物质种类和浓度对扦插生根效果的影响

四倍体刺槐K2、K4无性系经植物生长调节物质不同种类和浓度处理后，扦插后的愈伤率、腐烂率、生根平均根数、新根平均长和生根率结果如表4-9和4-10。

表 4-9 K2 无性系不同植物生长调节物质处理生根效果的多重比较

种类	浓度 (mg/L)	基部愈伤率 (%)	腐烂率 (%)	平均生根数 (条)	新根平均长 (cm)	生根率 (%)
对照	/	57. 89f	21. 11bc	5. 2e	7. 9d	36. 67g
IBA	500	66. 78ef	22. 22b	7. 6d	10. 6c	43. 33g
IBA	1000	82. 22bc	4. 44g	8. 1cd	11. 1bc	72. 22e
IBA	1500	91. 11a	6. 67g	8. 3c	11. 6b	84. 44ab
IBA	2000	81. 11bc	15. 67cde	8. 3c	12. 1a	78. 89cd
IBA	3000	76. 67cde	28. 89a	8. 5bc	10. 8c	61. 11f
NAA	1000	84. 55abc	13. 33def	8. 6bc	10. 5c	76. 67cde
NAA	1500	85. 67ab	10. 00efg	10. 1a	11. 1bc	81. 11bc
NAA	2000	72. 22de	18. 89bcd	8. 6bc	11. 6b	73. 33de
ABT	1000	85. 67ab	13. 33def	8. 4bc	11. 2b	77. 89cde
ABT	1500	88. 89a	8. 89fg	8. 5bc	11. 7ab	86. 67a
ABT	2000	81. 11bc	14. 44def	9. 1b	11. 5b	81. 11bc

表 4-10 四倍体刺槐 K4 无性系不同植物生长调节生根效果的多重比较

种类	浓度 (mg/L)	基部愈伤率 (%)	腐烂率 (%)	平均生根数 (条)	新根平均长 (cm)	生根率 (%)
对照	/	24. 45e	13. 33b	5. 0e	7. 1d	27. 78e
IBA	500	35. 56d	15. 56b	6. 9d	9. 6c	35. 56d
IBA	1000	66. 67c	10. 00b	8. 1cd	11. 1bc	64. 44c
IBA	1500	66. 67c	11. 11b	8. 1c	11. 4b	67. 78c
IBA	2000	75. 89b	12. 22b	8. 0c	12. 0a	76. 67ab
IBA	3000	74. 44b	25. 55a	8. 2bc	10. 5c	65. 56c
NAA	1000	67. 78c	8. 88b	8. 4bc	10. 3c	63. 33c
NAA	1500	83. 33ab	10. 00b	10. 0a	10. 8bc	63. 33c
NAA	2000	85. 57a	8. 89b	8. 4bc	11. 4b	67. 78c
ABT	1000	66. 67c	12. 22b	8. 2bc	11. 0b	70. 00bc
ABT	1500	70bc	11. 11b	8. 3bc	11. 5ab	68. 89c
ABT	2000	81. 13ab	15. 55b	8. 9b	10. 9b	77. 78a

由表 4-9 和 4-10 分析可知，经不同种类和浓度植物生长调节物质处理 K2、K4 无性系的扦插生根率存在显著差异，K2 无性系最佳处理浓度为 IBA 1500mg/L，最高生根率 86. 67%，清水处理的对照生根率最低仅 36. 67%，K4 无性系的最佳处理浓度为 ABT 2000mg/L，最高生根率 77. 78%，清水处理的对照生根率最低仅 27. 78%；同时，不同种类和浓度植物生长调节物质处理使得插穗基部愈伤率、腐烂率、平均生根数和新根平均长方面也存在显著差异。

刺槐 K2 无性系的扦插生根率从 IBA 500mg/L 处理的 36. 67% 提高到最高的 IBA 1500mg/L 处理的 86. 67%，然后下降到 IBA 3000mg/L 的 61. 11%。刺槐 K4 无性系的扦插生根率从 IBA 500mg/L 处理的 27. 78%提高到最高的 IBA 2000mg/L 处理的 76. 67%，然后

下降到 IBA 3000mg/L 的 65.56%。可见，生长调节物质浓度增加可提高扦插生根率，但达到一定浓度后，浓度增加会对插穗产生毒害。NAA 和 ABT 的 1500mg/L 浓度处理的插穗生根率显著高于 1000mg/L 和 2000mg/L 浓度处理的插穗。除 IBA 500mg/L 处理的插穗外，其他经过植物生长调节物质处理的插穗在愈伤率、生根率和生根条数、生根长度上都显著高于未经处理的对照插穗（$P<0.05$），说明植物生长调节物质处理对插穗生根有明显效果。NAA 1500mg/L 处理的生根条数最多为 10.1 条/插穗，IBA 2000mg/L 处理的平均根长度最长为 12.1cm，而对照处理在生根条数和生根长度上都显著低于其他处理（$P<0.05$）。在各处理中，ABT 1500mg/L 的生根效果最佳，其次为 IBA 1500mg/L，最高生根率为 86.67%，平均生根数 8.5 条，新根平均长度 11.7cm，考虑到 ABT 的价格较高，生产中可以用 IBA 1500mg/L 处理。

K4 无性系嫩枝扦插生根规律与 K2 无性系类似，但 K4 无性系的生根更困难，生长调节的耐受性也更强，它的 ABT、IBA 和 NAA 的 2000mg/L 浓度处理的插穗生根率显著高于 3000mg/L 和 1500mg/L 浓度处理的插穗。K4 无性系嫩枝扦插的最佳处理是 ABT 2000mg/L。

4.4.2.3 基质对嫩枝插穗扦插生根的影响

本试验以四倍体刺槐 K2 和 K4 分别以蛭石、细沙和黄土基质对插穗扦插生根率的影响如表 4-11 所示。

表 4-11 基质对插穗生根影响的多重比较

无性系	基质	基部愈伤率（%）	腐烂率（%）	平均生根数（条）	平均生根长度（cm）	生根率（%）
K2	蛭石	81.11a	11.11b	9.1a	11.3a	82.22a
	细沙	73.33a	32.22ab	7.3b	8.6b	75.67b
	黄土	73.33a	34.45a	7.1bc	8.0b	61.11c
K4	蛭石	75.56a	12.23d	9.2a	11.2a	75.55b
	细沙	63.33b	23.33bc	7.5b	8.3b	62.22c
	黄土	61.11b	25.56b	6.9c	7.0c	55.56d

由表 4-11 可知，不同扦插基质的嫩枝扦插生根率存在显著差异，以蛭石作基质成活率最高，细沙次之，黄土最低；扦插基质对插穗的基部愈伤率、腐烂率、平均生根数和平均根长方面的影响也存在显著差异。

四倍体刺槐 K2 无性系以蛭石为扦插基质，其平均生根率达 82.22%，显著高于以细沙、黄土作为基质的插穗的生根率 75.67%和 61.11%（$P<0.05$），黄土基质的插穗生根率最低。蛭石作基质的插穗基部愈伤率为 81.1%、生根平均根数 9.1 条、新根平均长度 11.3cm 显著高于以细沙、混合土作为基质的插穗。插穗腐烂率方面，蛭石作基质的插穗腐烂率显著低于以细沙、黄土作为基质的插穗，黄土的腐烂率最高为 34.45%。

3 种基质对四倍体刺槐 K4 无性系扦插生根效果的影响与四倍体刺槐 K2 无性系类似。

蛭石作基质的插穗在生根率、愈伤率、平均根数和平均根长 4 项指标上显著优于以细沙、黄土作为基质的插穗，其生根率为 75. 55%，愈伤率 75. 56%，平均生根数 9. 2 条，平均生根长度 11. 2cm；腐烂率为 12. 23%，显著低于细沙的 23. 33%和黄土的 25. 56%。

4. 4. 2. 4　处理时间对嫩枝插穗扦插生根的影响

不同处理时间插穗扦插生根率存在显著差异，以插穗处理 30s 扦插生根率最高；不同处理时间在插穗基部愈伤率、腐烂率、平均生根数和平均根长方面也存在显著差异。

通过四倍体刺槐 K2 无性系的插穗 IBA 1500mg/L 3 种不同浸蘸时间的多重比较分析（表 4-12），速蘸时间为 30s 的处理扦插成活率最高为 80. 0%，其次处理 5s 的生根率为 77. 8%，处理时间 180s 的生根率最低为 63. 3%；同时处理时间长的插穗腐烂率也显著提高（$P<0.05$），处理时间 180s 的腐烂率达 26. 7%。

四倍体刺槐 K4 无性系的插穗经 IBA 2000mg/L 不同处理时间生根效果差异显著，处理时间为 30s 时，生根率最高为 74. 44%，处理时间 180s 时，生根率最低为 60. 00%，且腐烂率 22. 22%也显著高于 5s 和 30s 的处理。

表 4-12　不同处理时间生根效果的多重比较

无性系	处理时间（s）	基部愈伤率（%）	腐烂率（%）	生根率（%）
K2	5	82. 2a	10. 0b	77. 8a
	30	81. 1ab	10. 0b	80. 0a
	180	76. 7b	26. 7a	63. 3b
K4	5	65. 56c	7. 8b	62. 22b
	30	78. 89ab	10. 01b	74. 44a
	180	74. 44b	22. 22a	60. 00b

4. 4. 2. 5　扦插时期对嫩枝插穗扦插生根的影响

由表 4-13 可知，不同扦插时期生根率存在显著差异，6 月份的插穗扦插生根率最高；不同扦插时期的插穗基部愈伤率、腐烂率、平均生根数和平均根长方面也存在显著差异。

6 月份四倍体刺槐 K2 嫩枝扦插生根率最高为 90%，7、8 月份逐渐降低，分别为 82. 23%、80. 0%，9 月份有所升高为 85. 6%。7、8 月份扦插的腐烂率分别为 16. 7%和 12. 3%，显著高于 6、9 月份插穗的腐烂率（$P<0.05$），这可能因为 7、8 月份温度过高，导致了插穗腐烂率升高从而影响了生根率。而 8 月份的插穗生根长度为 13. 1cm，显著高于其他月份的插穗生根长度，这与 8 月份气温较高，形成不定根的时间相对较短有关。

而四倍体刺槐 K4 嫩枝扦插生根率 6 月份最高为 75. 56%，高于 7、8 月份扦插的生根率，都显著高于 9 月份 16. 67%的扦插成活率。四倍体刺槐 K4 嫩枝扦插生根率显著降低，可能与其特有生长物候特点有关。与 K2 无性系嫩枝扦插同期比较，K4 无性系在愈伤率、腐烂率和生根率方面存在显著差异，表明刺槐不同无性系间扦插生根特性上存在差异。

表 4-13　不同扦插时期生根效果的多重比较

无性系	时期	基部愈伤率（%）	腐烂率（%）	平均生根数（条）	新根平均长（cm）	生根率（%）
K2	6 月	90. 0a	3. 33e	9. 3ab	11. 6b	90. 00a
	7 月	84. 3ab	12. 33c	9. 4a	12. 3b	82. 23ab
	8 月	83. 3a	16. 67bc	9. 8a	13. 1a	80. 00abc
	9 月	87. 8a	6. 67d	8. 7b	10. 8cd	85. 67ab
K4	6 月	75. 89bc	12. 22c	8. 3b	11. 0bc	75. 56bc
	7 月	70. 00c	15. 55bc	9. 3ab	12. 4b	68. 89c
	8 月	76. 67bc	23. 33a	9. 5a	12. 8ab	63. 33c
	9 月	28. 89d	20. 00ab	7. 8d	9. 7d	16. 67d

4. 5　埋枝催芽黄化嫩枝扦插蛋白质组学研究

植物生长发育的过程中，基因在不同时期和不同的环境条件下表达，产生了相应的蛋白质。蛋白质是功能基因综合表达的产物，是生物功能的直接体现者，对植物的生长和发育有着直接的影响，它比基因更能体现植物生长发育的特点，因为仅有基因提供的信息并不能完全反映在一定时间和环境下基因的转录、翻译情况，蛋白质合成后的修饰加工、转运定位，以及之间的相互作用都直接体现生物学功能。通过比较出现在不同时期或同一时期不同状态下细胞和组织的蛋白质变化，尤其是蛋白质组的动态变化，能够直接发现植物生长发育过程中的变化特点，更容易掌握植物发育相关基因表达及其功能。

扦插生根是离体繁殖的一种，植物细胞或组织经历了一个去分化和再分化的过程，也就是说分化的植物细胞必须经过脱分化恢复分裂增生的能力，再开始新的分化发育进程，最终形成不定根和各种组织、器官的一个过程（哈特曼 H. T. ，郑邢文译，1985；许萍，1996）。这个过程也是一个经历时间长、发生事件多、形态和生理等变化剧烈的过程。鉴于扦插过程中的生理生化研究并不能全面深入地揭示扦插生根机理，因此，研究刺槐插穗生根过程中不同时期的蛋白质表达的特异性，开展其蛋白质组学研究，从而了解这些变化的分子机制，最终为刺槐无性系的扦插繁殖方法或技术的改良提供理论依据。

4. 5. 1　黄化催芽嫩枝插穗扦插生根过程双向电泳凝胶图分析

4. 5. 1. 1　黄化嫩枝扦插生根过程双向电泳分析

四倍体刺槐 K4 无性系黄化嫩枝插穗扦插生过程中，第 0~3 天的总蛋白点数目有所下降，第 3~9 天总蛋白点数目增加（表 4-14）。

表 4-14　黄化嫩枝扦插生根过程总蛋白质点数量变化

不同阶段	总蛋白点数
愈伤组织诱导期（0 天）	651
根原基形成期（3 天）	576
不定根形成期（9 天）	829

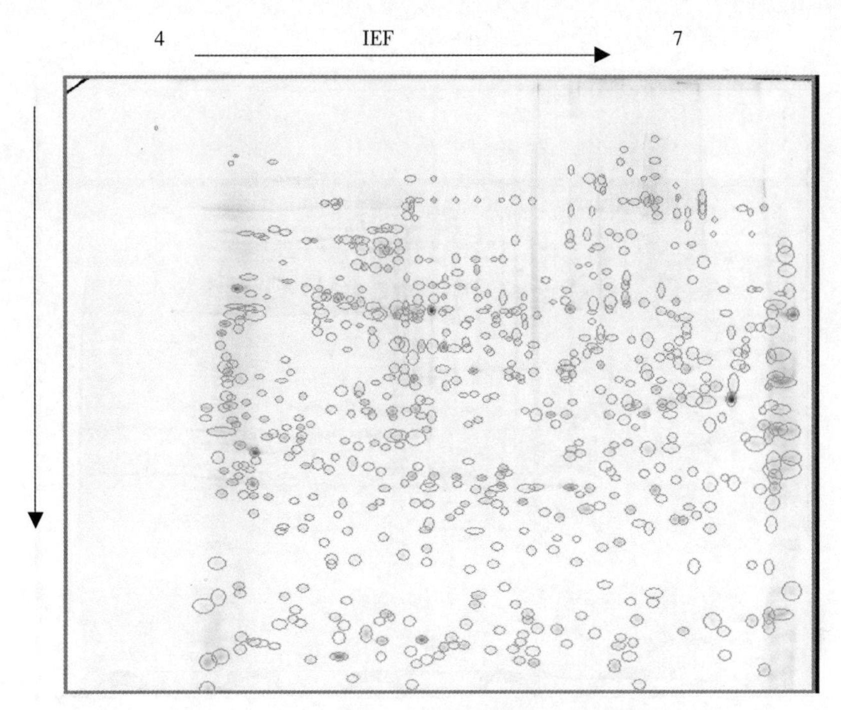

图 4-12　黄化嫩枝扦插 0 天时蛋白质表达结果

通过匹配分析，黄化嫩枝扦插生根过程中，蛋白质表达量表现为先升高后下降蛋白质点 8 个，蛋白质表达量表现为先下降后上升蛋白质点 22 个，蛋白质表达量表现为逐渐下降的蛋白质点 4 个，蛋白质表达量表现为逐渐上升的蛋白质点 1 个，仅在第 0 天表达的蛋白质点 5 个，仅在第 3 天表达的蛋白质点 3 个，仅在第 9 天表达的蛋白质点 5 个。

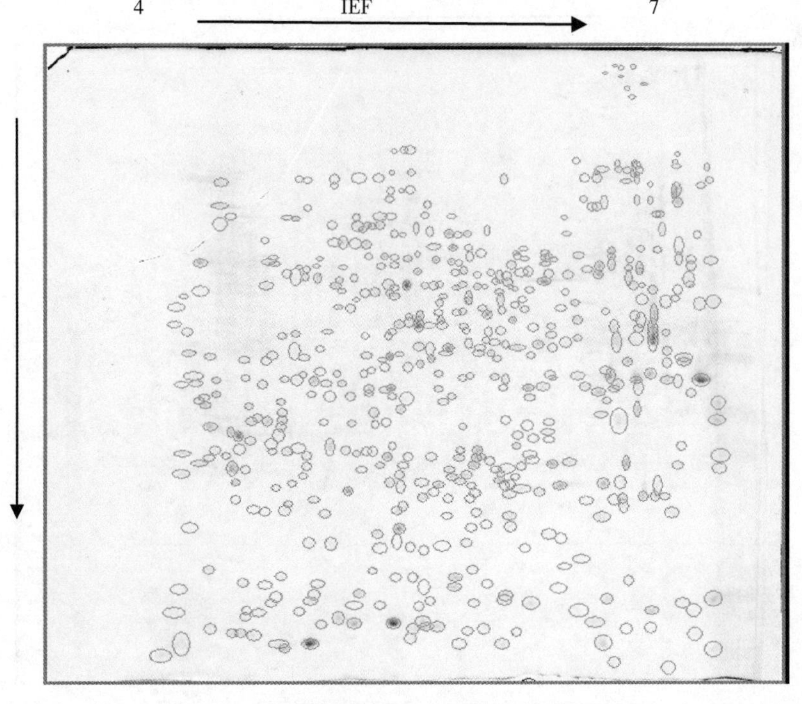

图 4-13　黄化嫩枝扦插 3 天时蛋白质表达结果

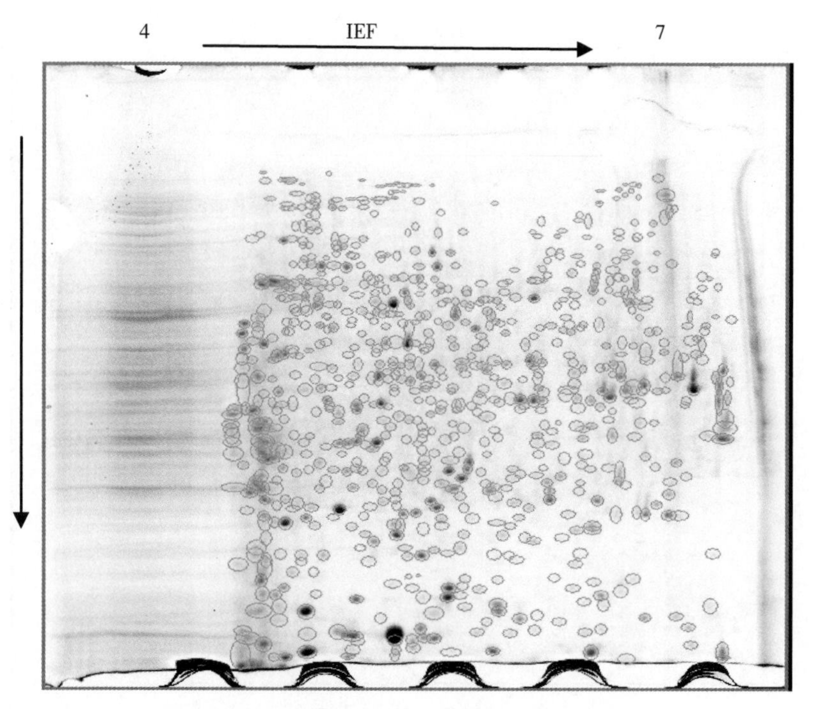

图 4-14　黄化嫩枝扦插 9 天时蛋白质表达结果

4.5.1.2　未黄化嫩枝扦插生根过程双向电泳分析

四倍体刺槐 K4 无性系未黄化嫩枝插穗扦插生根过程中，第 0~3 天的总蛋白点数目有所下降，第 3~9 天的总蛋白点数目增加（表 4-15）。

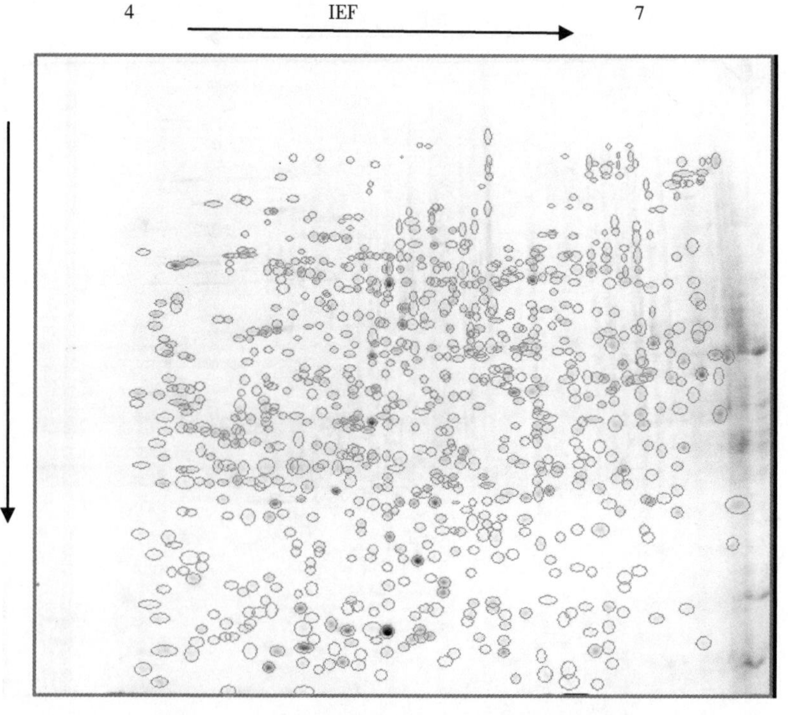

图 4-15　未黄化嫩枝扦插 0 天蛋白质表达结果

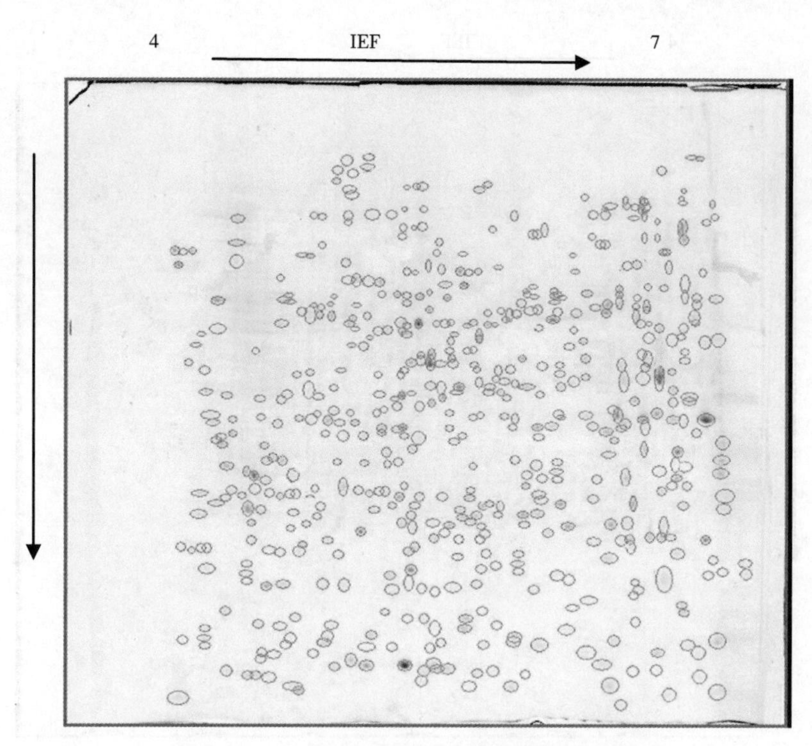

图 4-16　未黄化嫩枝扦插 3 天蛋白质表达结果

表 4-15　黄化嫩枝扦插生根过程总蛋白质点数量变化

不同阶段	总蛋白点数
愈伤组织诱导期（0 天）	846
根原基形成期（3 天）	653
不定根形成期（9 天）	748

通过匹配分析，未黄化嫩枝扦插生根过程中，蛋白质表达量表现为先升高后下降的蛋白质点 19 个，蛋白质表达量表现为先下降后上升的蛋白质点 12 个，蛋白质表达量表现为逐渐下降的蛋白质点 3 个，蛋白质表达量表现为逐渐上升的蛋白质点 0 个，仅在第 0 天表达的蛋白质点 7 个，仅在第 3 天表达的蛋白质点 2 个，仅在第 9 天表达的蛋白质点 4 个。

4. 5. 1. 3　黄化嫩枝扦插生根过程的双向电泳分析

通过匹配分析（图 4-18），黄化嫩枝插穗与未黄化嫩枝扦插生根过程中，0 天时蛋白质表达量表现为下降的蛋白质点 7 个，蛋白质表达量表现为上升的蛋白质点 4 个，仅在黄化嫩枝插穗表达的蛋白质点 1 个，仅在未黄化嫩枝表达的蛋白质点 4 个；3 天时蛋白质表达量表现为下降的蛋白质点 6 个，蛋白质表达量表现为上升的蛋白质点 9 个，仅在黄化嫩枝插穗表达的蛋白质点 2 个，仅在未黄化嫩枝表达的蛋白质点 3 个；9 天时蛋白质表达量表现为下降的蛋白质点 7 个，蛋白质表达量表现为上升的蛋白质点 5 个，仅在黄化嫩枝插穗表达的蛋白质点 1 个，仅在未黄化嫩枝表达的蛋白质点 5 个。

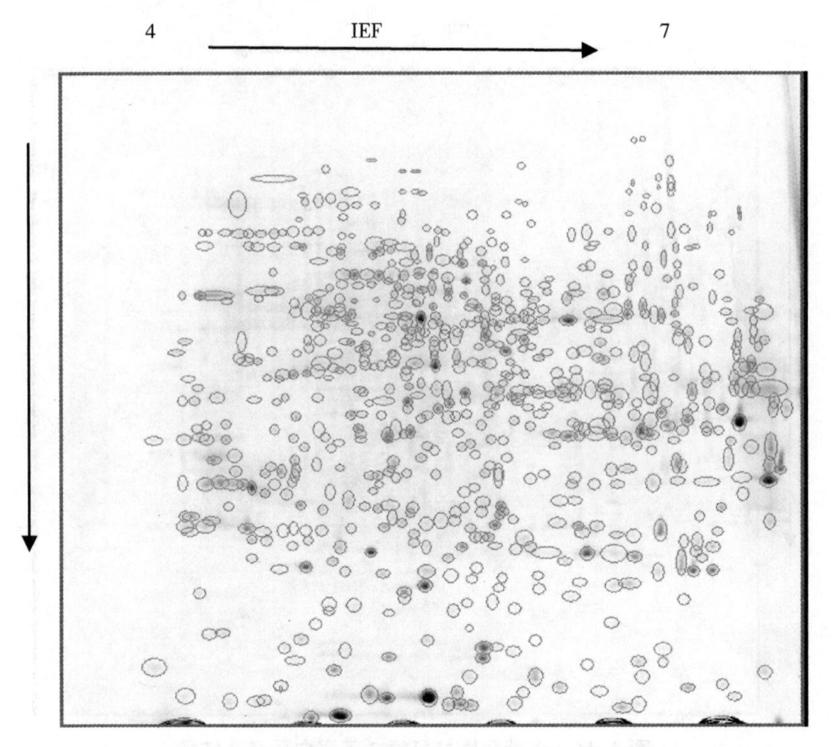

图 4-17　未黄化嫩枝扦插 9 天蛋白质表达结果

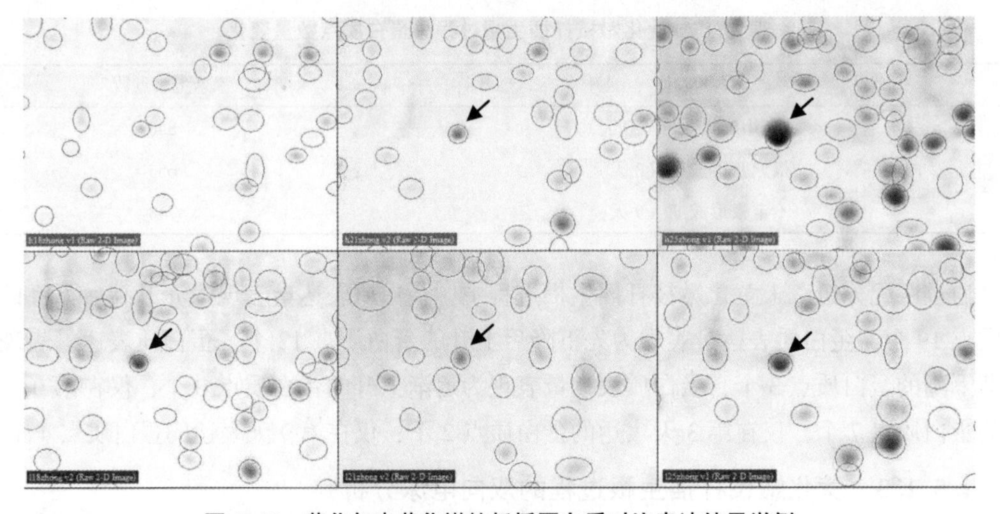

图 4-18　黄化与未黄化嫩枝扦插蛋白质对比表达结果举例

4.5.2　MALDI-TOF-TOF MS 分析及数据库检索

用 PDQuest Advaned 软件对所得到的刺槐黄化嫩枝插穗和未黄化嫩枝插穗不同发育时期蛋白的双向电泳图谱进行分析，根据双向电泳图谱的匹配情况，对凝胶图谱中的表达丰度较高的 40 个差异蛋白质点经过胶内酶解、MALDI-TOF-TOF MS 以及 MASCOT 搜索，这些蛋白质均获得高品质肽质量指纹（PMF）。图 4-19 使用 MASCOT 的离子搜索模式搜索蛋白质 NCBInr 绿色植物蛋白质数据库，有 35 个蛋白质点得到可信的鉴定（表 4-16）。

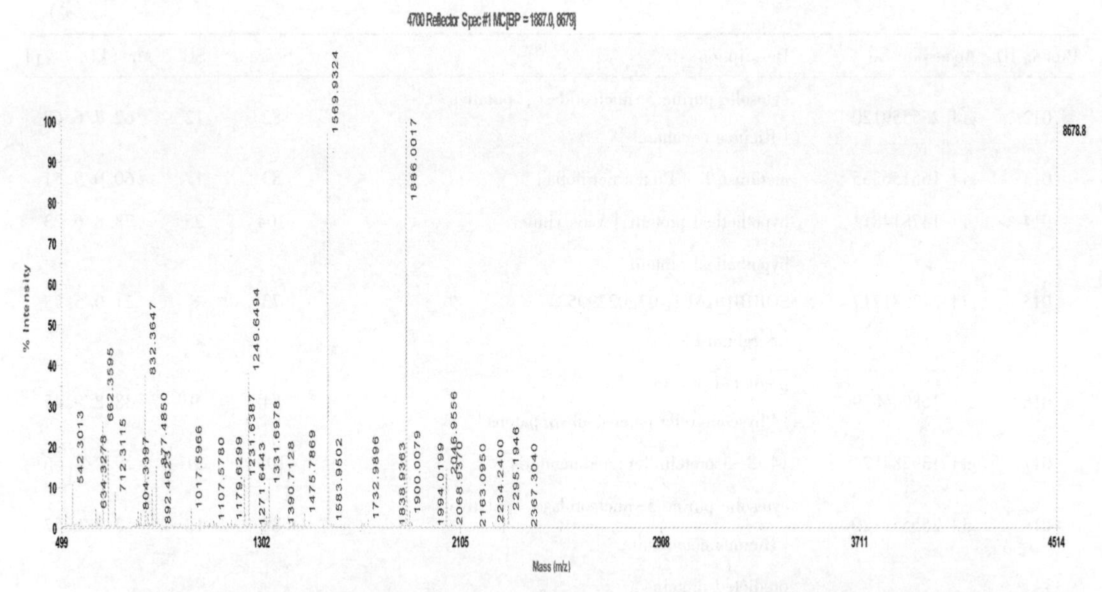

图 4-19　用 4700 蛋白质组学分析仪（MALDI-TOF/TOF）获得的高品质 PMF 举例

表 4-16　蛋白质的质谱鉴定结果

Protein ID	Accession No	Description	Score	SC	Mr（kDa）/pI
001	gi丨116061758	putative RNA-binding protein	92	28	72. 4/8. 51
002	gi丨168009419	MM-ALDH	74	17	61. 5/8. 51
003	gi丨108864006	Signal recognition particle 54 kDa protein，chloroplast precursor，putative，expressed [Oryza sativa（japonica cultivar-group）]	80	19	53. 3/9. 37
004	gi丨60650116	actin [Pyrus communis]	106	28	38. 4/5. 47
005	gi丨242080859	Hypothetical protein SORBIDRAFT_07g005770 [Sorghum bicolor]	82	21	71. 8/6. 17
006	gi丨121761863	ribosomal protein S4 [Plagiomnium cf. tezukae Wyatt 1808]	83	12	23. 5/10. 39
007	gi丨42521309	Enolase [Glycine max]	87	15	47. 7/5. 31
008	gi丨152143640	chloroplast photosynthetic water oxidation complex 33kDa subunit precursor [Morus nigra]	78	16	28. 2/5. 48
009	gi丨242080859	hypothetical protein SORBIDRAFT_07g005770 [Sorghum bicolor]	82	21	71. 8/6. 17
010	gi丨270306046	unnamed protein product [Vitis vinifera]	98	16	43. 2/9. 36
011	gi丨67079128	ribulose-1，5-bisphosphate carboxylase/oxygenase large subunit [Chasmanthium latifolium]	90	14	25. 2/5. 82

（续）

Protein ID	Accession No	Description	Score	SC	Mr（kDa）/pI
012	gi丨255559120	cytosolic purine 5-nucleotidase，putative [Ricinus communis]	82	12	62.7/6.67
013	gi丨166156335	maturase K [Protea neriifolia]	83	17	60.0/9.51
014	gi丨147814811	hypothetical protein [Vitis vinifera]	104	25	78.8/6.23
015	gi丨242081717	hypothetical protein SORBIDRAFT_07g022905 [Sorghum bicolor]	73	8	21.0/5.73
016	gi丨168044879	predicted protein [Physcomitrella patens subsp. patens]	74	9	38.8/9.45
017	gi丨13928452	14-3-3 protein [Vigna angularis]	108	21	29.2/4.66
018	gi丨255559120	cytosolic purine 5-nucleotidase，putative [Ricinus communis]	82	12	62.7/6.67
019	gi丨224141801	predicted protein [Populus trichocarpa]	84	18	60.9/7.04
020	gi丨224055984	actin 1 [Populus trichocarpa]	130	26	41.7/5.31
021	gi丨225448323	PREDICTED：hypothetical protein [Vitis vinifera]	126	28	41.6/5.31
022	gi丨125563066	hypothetical protein OsI_30711 [Oryza sativa Indica Group]	78	25	88.7/9.13
023	gi丨162463414	golgi associated protein se-wap41 [Zea mays]	88	18	41.2/5.75
024	gi丨255554359	conserved hypothetical protein [Ricinus communis]	74	14	60.7/6.12
025	gi丨225437076	PREDICTED：hypothetical protein isoform [Vitis vinifera]	82	16	63.9/7.18
026	gi丨194466127	fructokinase [Arachis hypogaea]	76	11	20.1/5.07
027	gi丨425194	heat shock protein [Spinacia oleracea]	112	25	70.8/5.15
028	gi丨212276328	hypothetical protein LOC100191878 [Zea mays]	82	20	59.5/9.72
029	gi丨224174082	4-coumarate-coa ligase [Populus trichocarpa]	86	14	16.6/9.03
030	gi丨255618262	conserved hypothetical protein [Ricinus communis]	82	12	20.3/11.86
031	gi丨116055419	unnamed protein product [Ostreococcus tauri]	89	22	52.5/9.06
032	gi丨67079128	ribulose-1，5-bisphosphate carboxylase/oxygenase large subunit [Chasmanthium latifolium]	90	14	25.2/5.82

（续）

Protein ID	Accession No	Description	Score	SC	Mr（kDa）/pI
033	gi丨79325139	glycine-rich protein [Arabidopsis thaliana]	77	16	60.5/5.28
034	gi丨115486767	Os11g0701800	87	11	33.9/9.33
035	gi丨224055984	actin [Populus trichocarpa]	188	31	41.7/5.31

由表4-16可知，在鉴定的35个蛋白中，已知功能蛋白13个，未知蛋白或推测蛋白22个，这与树木蛋白数据库数据较少有很大关系。

4.6 结论、讨论与建议

4.6.1 结论与讨论

对5个刺槐品系硬枝扦插的多个影响因子进行了研究，结果表明，下部插穗扦插成活率高，不同品系间扦插成活率存在差异，不同品系的最佳生长调节物质处理的种类和浓度也不同。其中，YD无性系成活率最高为87.78%，而K4无性系的成活率仅23.33%。

越冬沙藏催根扦插方法可以明显提高刺槐无性系的硬枝扦插成活率，显著高于常规硬枝扦插成活率，配合沙藏时插穗基部垂直向上放置的“倒催根”方法扦插成活率更高，如K4无性系扦插提高达71.11%。

以组织培养幼化苗木建立的采穗圃采取的嫩枝插穗为材料，研究了插穗部位、生长调节物质种类和浓度、处理时间、扦插时期以及扦插基质6个因素对枝扦插生根的影响，确定了最佳生根效果的处理组合。其中，K4无性系以6月初上部半木质化带顶芽的插穗为材料，选择蛭石作扦插基质，植物生长调节剂ABT 2000mg/L速蘸处理30 s为最佳处理，生根率达77.78%。

本研究对难生根刺槐无性系硬枝扦插中埋干黄化催芽扦插方法进行了改进，使难生根的四倍体刺槐无性系生根率大大提高。其中，K4基部黄化催芽嫩枝优于基部未黄化催芽嫩枝的扦插生根效果，前者的K4生根率（89.4%）显著大于后者处理的（76.2%），黄化嫩枝经ABT 2000mg/L处理后扦插成活率在90%以上。综合而言，四倍体刺槐K4无性系存在硬枝扦插困难的特性，利用越冬沙藏催根和“倒催根”的方法可以提高其硬枝扦插成活率达71.11%，硬枝的埋枝黄化催芽法可以使扦插成活率达到90.6%，其扦插效果优于优化后的嫩枝扦插生根率的77.78%。

对埋枝黄化催芽的黄化嫩枝和未黄化嫩枝扦插生根过程进行了研究，从形态结构上确定了其3个生根时期，即愈伤组织诱导期、不定根原基形成期和不定根伸长期；研究了其生根过程的生理生化因素变化，氧化酶POD、IAAO和PPO的活性、内源激素IAA、ABA、GA_3和ZR在生根过程中随着时间的变化，证明其与不定根的形成有密切关系。

首次对埋枝黄化催芽的黄化嫩枝和未黄化嫩枝的扦插生根过程进行了蛋白质组学研究，确立了差异功能蛋白质点148个，并对其中表达丰度较高的40个点进行了蛋白质肽质量指纹谱（PMF）分析。通过 MASCOT 数据库搜索，明确鉴定了 13 个功能蛋白，其中包括核糖蛋白、代谢蛋白、信号蛋白、木质素合成蛋白和叶绿素蛋白等，它们参与了不定根形成的过程，为了解不定根的形成提供了新的线索。通过对这些蛋白质在生根过程中功能的分析，从蛋白质表达水平上探讨了扦插生根的分子调控机理。

4.6.2 建议

本研究中因时间限制未鉴定出的特异蛋白点应进一步进行鉴定，尤其是丰度较低的蛋白点，一些表达量低的蛋白质在生根调控中发挥着关键作用。可以在肽质量指纹谱分析的基础上，进一步采用串联质谱方法，以提高结果的可信性。同时对一些重要蛋白进行 Western bloting 验证鉴定、基因克隆、原核表达的鉴定等。

本研究中由于条件限制，仅对生根过程中关键的 3 个时间点的插穗韧皮部蛋白表达进行了研究，由于插穗扦插过程中受到个体差异、温度、湿度等较多因素的影响，蛋白点并未能代表整个插穗的蛋白表达水平，在以后的扦插生根蛋白质组学研究中，应提高环境的控制强度，加大采样密度，选择代表性更强的材料。

本研究只是对不定根形成过程中极小部分的蛋白进行了分析，更多的蛋白表达和功能有待于进一步发现，更加深入的蛋白质组研究将为我们提供更多的信息。

第5章 刺槐能源林培育综合配套技术研究

刺槐作为燃料能源树种，其速生性和抗逆性优势明显，国内外对人工刺槐林培育研究较多，但对刺槐能源林的关键营造技术研究并不充分。主要对刺槐能源林的密度、结构研究较多，而对于刺槐的营造技术及其与生物和收获量的关系研究比较少。如对刺槐人工林萌蘖林的研究以及采伐季节、轮伐期对刺槐生物量的影响的研究还处在初级阶段。

为充分利用边缘土地提供可再生生物质能源，提高土地利用率，培育刺槐能源林，研究刺槐能源林营造和生长发育规律，针对品种、立地条件、密度和整地方式，研究不同刺槐品种在不同立地、密度和整地方式下的生长特性并进行对比分析，可以为寻求不同立地条件下刺槐能源林培育的高产、高能效的合理栽植密度，为我国各地营建刺槐能源林，推广开发刺槐能源林资源提供理论及技术指导的依据。通过比较不同采伐季节，分析收获物的生物量，可为刺槐能源林培育提供获得最佳经营模式的技术参数；通过研究刺槐多代能源林的生长过程，可为刺槐能源林的经营更新提供更符合规律的理论指导。

目前刺槐能源林培育的技术需求，是在不同地区，多个刺槐品种在单位面积上获得最大产量和生物质能的栽培方式。为了获得刺槐能源林的最佳培育和利用模式，通过在多个地区，试验选用作能源林的最佳刺槐品种或无性系，研究其最佳栽植密度、平茬利用时的留茬高度、经营周期，并且使用量化各种培育利用模式的具体指标来比较不同栽培利用方案的差异。这将对我国刺槐燃料能源林的健康发展提供重要的依据。

5.1 研究方法

5.1.1 试验地概况

5.1.1.1 河南洛宁县国营吕村林场

河南洛宁县地处河南省西部山区，洛河中游，居东经 111°8′~111°50′，北纬 34°6′~34°38′；属暖温带大陆性季风气候，受季风影响，春旱多风，夏热多雨，秋爽日照长，冬寒少雨雪，四季分明，雨热同季。年平均气温 13.7℃，绝对最高气温 42℃，绝对最低气温-21℃，年日照时数 2258.5h，零度以上积温 5065℃，年降水量 606mm，无霜期 216 天。

吕村林场土壤类型有棕壤和褐土，棕壤分布在海拔 800m 以上，厚度 20～100cm 之间，pH 值 6.0 左右，腐殖质含量丰富；褐土分布在海拔 800m 以下，厚度 60～100cm 之间，pH 值 7～8，肥力中等。个别地方有裸露岩石，主要为页岩、花岗岩和片麻岩。地形因子的效应试验研究点选在洛宁县吕村林场的湾凹工区，地理坐标为东经 111°29′46.8″，北纬 34°25′18.6″，海拔 601.34m。

5.1.1.2 北京延庆县风沙源育苗中心

北京市延庆县地处东经 115°44′～116°34′，北纬 40°16′～40°47′，东与怀柔相邻，南与昌平相连，西面和北面与河北省怀来、赤城接壤，是一个北东南三面环山，西临官厅水库的小盆地，即延怀盆地，延庆位于盆地东部。属大陆性季风气候，属温带与中温带、半干旱与半湿润带的过渡连带。气候冬冷夏凉，年平均气温 8.5℃，年均降水量 450～520mm，无霜期 180 天左右，土壤为沙壤土。年平均气温低于河南洛宁，无霜期时间比洛宁短。

5.1.1.3 河北承德县丘陵山地

河北承德县地处河北省东北部，跨北纬 40°34′06″～41°27′54″，东经 117°29′30″～118°33′24″。承德县地属南部燕山地槽和北部内蒙古台背过渡带。地势北高南低，海拔 222～1755.1m。山地、丘陵占全县总面积的 94.6%，河谷、陆地占 5.4%。属于温带半湿润间半干旱大陆性季风型燕山山地气候，具有光照充足、四季分明、雨热同期和局部气候差异明显的特点。春季风多干旱，夏季高温多雨，秋季天高气爽，冬季雪少寒冷，昼夜温差较大，年日照时数为 2600～2700h。年平均气温 6～9.1℃，≥10℃的积温 2600～3500℃。无霜期 127～155 天。年降水量为 450～850mm，73%集中在夏季。年平均气温低于北京延庆，无霜期比北京延庆短，甚至只有河南洛宁的一半多一些。

5.1.1.4 甘肃天水秦州区中梁林业站

天水中梁林业站位于甘肃省天水市秦州区（东经 105°42′，北纬 34°36′），海拔1180～1290m，土壤为黄绵土，pH 值 7.8，属暖温带湿润、半湿润气候区，平均降水量 531.00mm，年蒸发量 1290.5mm，湿润度 0.41；无霜期 185 天，四季分明。年平均气温 10.7℃，≥10℃积温 3359.5℃，极端最高气温 38.3℃，极端最低气温-18.2℃。

5.1.1.5 北京林业大学三顷园苗圃

该苗圃位于北京市北四环西北部，属海淀区。地理坐标为北纬 39°46′，东经 116°19′，海拔 50m。土壤大部分为湿潮土，质地为中壤。气候属半湿润大陆性季风气候，一年四季分明。春季干旱多风，夏季炎热多雨，秋季天高气爽，冬季干燥寒冷。春季气温回升快，昼夜温差大，干旱多风沙，降水量仅占年降水量的 8%～9%，而蒸发量占年蒸发量的 30%～32%。夏季降水量占全年降水量的 70%左右。最热的 7 月平均气温为 25.8℃，最冷的 1 月平均气温为-4.6℃，冬季降水量占年降水量的 2%～3%。年总辐射量为 5283MJ/m^2，年平均温度 12.1℃，年平均相对湿度 56%，年平均降水量 503mm，无霜期 210 天左右，平均风速 1.7m/s，年平均日照时数 2778.9h。

5.1.1.6 河南荥阳市陈垌村

荥阳位于河南省郑州市西 15km，是河南省距省会最近的县级市。荥阳市地理坐标在北纬 34°36′05″~34°58′01″，东经 113°09′36″~113°28″48″。荥阳市地处豫西丘陵向豫东过渡地带，地势自西向东逐渐倾斜。平原、丘陵、山区各占三分之一，西南部、南部为丘陵区，北部为邙山丘陵，中部、东部平缓。最高海拔 854m，最低海拔 107m，属于半平原半丘陵地形。荥阳春夏秋冬四季分明，属温带季风性干旱气候，平均年日照为 2322h，最多年份为 2602h，最少年份 2150h；年平均气温 14.3℃、地温 16.7℃；平均年无霜期 222 天，年均降水量 645.5mm；冬春多为西北风，夏秋多为东北风，5 月中下旬多有干热风。荥阳市北靠黄河，地下水源丰富。荥阳市土壤类型包括褐土和潮土两个土类，四个亚类：（褐土、潮褐土、褐土性土、黄潮土）。

5.1.1.7 河南民权县申甘林场

民权县是河南省商丘市下辖县，位于河南省东部，地理坐标为北纬 34°31′~34°52′、东经 114°49′~115°28′之间，地处豫东平原西北部。民权县地处黄淮冲积平原北部，地势北高南低，由西北向东南微倾。以古黄河南大堤为界，北部多河滩地海拔较高，南部为黄泛区海拔较低。地貌属沉积类型，为堆积平原中的冲积扇形平原和迭置在冲积扇之上的风成沙丘沙地。为暖温带大陆性季风气候特征，年均降水量 657mm，年平均气温 14℃，1 月平均气温-0.4℃，7 月平均气温 27.4℃，无霜期 213 天。民权县申甘林场土壤主要为沙壤土，此地带林分以防护林为主，包括有纯刺槐林分、纯杨树林分、杨树刺槐混交林分和楝、柳、法桐等块状混交林分。林相空间层次分明，长势良好（李燕，2013）。

5.1.2 试验材料及来源

刺槐萌生能源林培育立地效应均采用的普通刺槐，结构效应试验所用树种为：河南洛宁国有吕村林场普通刺槐、延庆风沙源育苗中心引种自河北香河苗圃四倍体刺槐、承德县本地普通刺槐。

刺槐能源林造林试验所用品种为 4 个目前生产中常用刺槐品种，普通刺槐、香花槐、四倍体刺槐和速生槐，均为 1 年生苗。其中四倍体刺槐和速生槐引自河南洛宁，香花槐与普通刺槐取自当地秦州区四十里铺苗圃。

超短轮伐期刺槐能源林密度栽培试验所用树种均引自山东临邑林业局林场，其中豫刺 8048 为 1 年生根萌截干苗，鲁刺 10 号为 1 年生实生截干苗。

5.1.3 试验设计

5.1.3.1 立地对刺槐生长的影响

（1）地形因子对刺槐生长进程的影响

①试验林分选择与样地设置

研究试验区洛宁地处丘陵山区，海拔总体不高，植树造林的立地选择因子主要决定于地形，因此在当地造林区划时，主要选择不同地形因子作为主导因子，划分立地类型。

试验林分选取现有30年生第二代刺槐萌生林，通过标准地调查，测试并分析不同刺槐林分生长的差异及变化规律。地形按坡位和坡向分为4种类型：阳坡上位、阳坡下位、阴坡上位和阴坡下位。4种立地类型的林分经营历史及采用的技术措施完全相同。

2017年7月在试验林分分别设置标准地，标准地大小为20m×20m，每种立地类型设置3个重复，共12块标准地。在每个样地内，利用GPS测定方位和海拔，用罗盘仪划定样地各条边界，对于坡度大于5°的样地要进行坡度矫正。在样地内分别实施每木调查，记录刺槐的树高、胸径、枝下高和冠幅等基本信息（表5-1）。

表5-1　样地基本情况

样地标号	样地面积（m^2）	坡向	坡位	坡度	平均胸径（cm）	平均树高（m）	株数
1-1	20×20	阳坡	上	21°	9.68±2.12	9.1±2.11	35
1-2	20×20	阳坡	上	25°	10.65±2.74	9.7±2.46	48
1-3	20×20	阳坡	上	22°	11.39±2.58	10.6±2.48	52
2-1	20×20	阳坡	下	23°	13.29±2.47	11.4±2.13	28
2-2	20×20	阳坡	下	20°	14.42±3.21	12.1±2.59	29
2-3	20×20	阳坡	下	19°	13.78±3.77	12.2±2.22	37
3-1	20×20	阴坡	上	26°	13.75±2.94	11.5±2.32	33
3-2	20×20	阴坡	上	19°	14.71±3.43	12.3±2.16	28
3-3	20×20	阴坡	上	23°	14.55±3.38	12.0±1.93	28
4-1	20×20	阴坡	下	18°	13.48±2.83	10.7±2.10	24
4-2	20×20	阴坡	下	21°	15.96±5.58	12.1±2.69	20
4-3	20×20	阴坡	下	24°	16.94±6.45	11.9±2.97	22

②标准木采集与树干解析

根据标准地每木检尺的结果，基于湾凹试验林分每种立地类型计算平均单株胸径和平均树高，以平均胸径为主要指标，参考平均树高选择符合平均值相近的刺槐单株作为标准木，伐倒标准木。共需选取标准木4株作为解析木（标准木基本信息见表5-2）。

所选的标准木标记后进行伐倒，按照树干解析法的要求将树干分段并截取圆盘。在进行伐倒之前，先确定根颈位置，然后对胸高的位置和树干南北方向进行标注，测量东西、南北两个方向的冠幅。树木伐倒之后，对树的胸径、树干全长、枝下高进行测量，同时测量全长的1/4、1/2和3/4处的直径，将枝丫进行清除，标记树干的南、北方向。在树干的0.0m、1.3m、3.6m处分别取1个圆盘，随后每间隔2m取1个圆盘，圆盘的厚度在3~5cm为宜。在非工作面标明南北方向、编号、记录树种、圆盘号码、圆盘所在的高度。圆盘截取完成后，与记录表一同装袋，并在袋子外侧上记录好解析木的编号。

外业采集工作完成后，及时开始对内业资料的整理和数据汇总。圆盘经角向磨光机打磨，使得圆盘工作面上的年轮清晰可辨，然后使用年轮分析仪LINTAB 6从皮到髓心测定

其东、南、西、北 4 个方向的年轮宽度，计算直径生长量。结合解析木的树高与胸径，对解析木的材积生长量进行计算。

表 5-2　解析木基本信息

编号	带皮胸径（cm）	树高（m）	冠长（m）	全高 1/4 处直径（cm）	全高 1/2 处直径（cm）	全高 3/4 处直径（cm）
1 阳坡上	10.63	11.4	3.8	9.96	8.48	4.52
2 阳坡下	13.31	12.6	6.9	12.09	9.23	5.32
3 阴坡上	14.33	14.8	6.4	13.01	12.06	8.11
4 阴坡下	15.41	15.6	8.0	13.91	10.87	8.18

（2）土壤因子对刺槐生长的影响

①试验地选择

不同土壤类型分别选择河南民权县申甘林场和河南荥阳县陈垌村，河南省林业科学研究院于 2008 年和 2009 年分别栽植的豫刺槐 1 号、豫刺槐 2 号、豫刺槐 7 号、豫刺槐 8 号和 3-I 等 19 个刺槐无性系。试验林分造林地形都为平地，决定刺槐生长的立地类型主导因子为土壤类型。研究对象的土壤类型分别为壤质沙土和沙质壤土。刺槐无性系造林株行距为 3m×3m，各种无性系造林方法和管理技术措施一致。试验林分的基本情况见表 5-3、表 5-4。

表 5-3　试验林分基本情况

地区	地形	面积（m^2）	海拔（m）	无性系数量	林龄（年）	抚育管理质量	人为破坏程度
民权申甘林场	平地	1755	170	14	11	良好 郁闭前每年修枝	基本无人为破坏
荥阳陈垌村	平地	2457	160	19	10	无抚育 自然生长	人为破坏较严重

表 5-4　试验林分生长情况

区域	无性系编号	平均胸径（cm）	平均树高（m）	冠长（m）	冠幅（m）		株数
					东西	南北	
民权申甘林场	5	11.11	10.2	6.3	4.15	4.04	7
	8	9.42	9.4	6.6	3.46	3.46	14
	9	9.10	9.0	6.0	2.85	3.00	6
	11	10.40	9.7	7.4	3.34	3.07	11
	13	12.24	11.7	7.9	3.96	4.14	12
	14	8.21	7.5	5.4	2.29	2.77	12
	15	9.58	9.0	6.4	3.33	3.32	13

（续）

区域	无性系编号	平均胸径（cm）	平均树高（m）	冠长（m）	冠幅（m）		株数
					东西	南北	
	19	10.66	10.2	6.9	3.36	3.63	10
	意大利	7.63	7.1	4.9	2.95	3.02	13
	8048	12.44	11.6	8.2	3.58	3.86	16
	8044	12.26	11.8	8.2	3.63	3.86	13
	83002	12.60	11.1	8.4	3.36	3.84	12
	84023	13.48	12.4	8.9	3.80	4.21	13
	3-I	13.59	12.5	8.9	4.25	4.42	10
荥阳陈垌村	3	11.32	9.0	6.9	-	-	11
	5	11.79	9.3	7.1	-	-	15
	8	11.70	8.7	6.5	-	-	14
	9	11.27	8.0	5.9	-	-	8
	10	13.05	9.4	7.4	-	-	15
	11	12.07	10.0	7.9	-	-	16
	13	11.13	9.4	7.7	-	-	15
	14	12.88	9.8	7.9	-	-	13
	15	12.22	8.4	6.3	-	-	15
	18	14.21	10.2	7.8	-	-	12
	19	12.49	9.3	7.3	-	-	11
	23	14.00	10.0	7.9	-	-	16
	24	12.32	9.5	7.5	-	-	14
	意大利	7.97	6.7	5.1	-	-	13
	8048	12.50	10.2	8.2	-	-	16
	8044	11.75	8.0	6.3	-	-	16
	83002	12.75	9.7	7.6	-	-	15
	84023	13.25	10.5	8.4	-	-	11
	3-I	10.51	9.0	7.1	-	-	14

注：荥阳县陈垌村的刺槐林分人为破坏严重，冠幅未收录。

②林分调查方法

于2019年2月进行林分调查，每木调查记录刺槐的树高、胸径、枝下高和冠幅等基本信息。荥阳县陈垌村的刺槐林分因人为破坏，个别株生长状况不佳，不能体现无性系实际生长状况，冠幅树高都不准确，仅测量了部分人为破坏程度不大的无性系树高。

③试验林分土壤因子调查测试

随机选取试验林对角线三个点的土壤取样，分别在土壤剖面的0~20cm、20~40cm、40~60cm处取样品，装袋后做好标记。土壤取样后检测机械组成，同时测定土壤的全氮、碱解氮、速效磷、速效钾、有机质、阳离子交换量、pH值和电导率。各项指标测定方法如下。

土壤机械组成：采用粒径分析仪测定。

全氮含量：使用半微量凯氏定氮法。

碱解氮：使用碱解扩散法。

速效磷：使用 0.5mol/L $NaHCO_3$-钼锑抗比色法。

速效钾：使用 1mol/L NH_4OAc 浸提-火焰光度法。

有机质：使用重铬酸钾容量-外加热法。

阳离子交换量：使用草酸铵-氯化铵浸提，半微量凯氏定氮法。

pH 值：使用电位法。

电导率：使用电导法。

5.1.3.2 刺槐萌生能源林培育结构效应试验

在洛宁吕村林场人工刺槐林中选择 10m×10m 大小的样方；所选取的刺槐林是已经经过平茬的刺槐萌蘖林，样地中应包括萌蘖林中 1 年生、2 年生、3 年生和 5 年生的再生萌蘖林。在样地内进行每木检尺，测量刺槐萌蘖林的基径、树高、冠幅。将所测得的数据记录入表格 5-5。

在当年的 5 月中旬、8 月中旬、11 月中旬和次年的 2 月中旬，选择平茬后的 1 年生、2 年生、4 年生和 6 年生萌蘖刺槐林进行采伐。在样地内选择标准木进行采伐。

表 5-5 刺槐各林龄的生长记录表

每木检尺	胸径（cm）	基茎（cm）	树高（m）	冠幅（m）	枝下高（m）	备注
1 年生						
2 年生						
3 年生						
5 年生						

每个林龄内每株标准木的根、干、枝、叶分别整理收集并称取鲜重（kg），记入表 5-6；每个林龄中选取一株典型树 M_1、M_2……M_5截干带回实验室，进行烘干处理，各部分干重至误差小于 0.5%时停止，记录各部分的干重（kg）；对照 M 系列的根、干、枝、叶的鲜干重比，计算同一林龄中其他标准木的生物量。样地内标准木的生物量经对比计算将根、干、枝、叶等各部分生物量相加则得标准木生物量；根据标准木的数据，分析整个样地以及刺槐林的生物量。由标准木所得对照组需选择的刺槐林应是与平茬年龄+萌蘖年龄相等的实生林。

表 5-6 实验室样品鲜重记录表

	根	干	枝	叶	备注
	8/11/3/5	8/11/3/5	8/11/3/5	8/3/5	
1 年生					
2 年生					
3 年生					
5 年生					

5.1.3.3 普通刺槐栽培密度与经营期对比试验

河南洛宁县普通刺槐自造林选取 4 个密度（0.4m×0.6m、0.4m×0.8m、0.5m×0.8m、0.5m×1.0m），分别在每年春天每个密度调查块状分布的 16 株苗木，包括株高、地径、萌蘖萌条数、茎重。只在秋天落叶后至次年春天生叶之前调查不带叶的枝干，并且用精确度为 5g 的电子弹簧秤称量重量，保证精确。树高采用伐倒苗木之后，直接用米尺测量，精确到 0.1cm。于 2008 年 3 月中旬，调查了这 4 个密度块状分布的 16 株 2 年生的苗木的几项生长数据以及生物量。之后，为防止因遮阴影响幼苗生长，按照不同留茬高度伐掉一部分向阳的苗木。于 2009 年 3 月中旬刺槐生叶之前，调查 4 个密度由留茬萌发的 1 年生新枝以及生长了 3 年的苗木。如此分别调查了经过两个完整生长季（以下简称 2 年生）、三个完整生长季（以下简称 3 年生）以及 2 年生苗木平茬之后萌发生长一个完整生长季（以下简称平茬 1 年生）后的生长数据。并且每个密度每个年份都取样（统一截取 130～160cm 部分的 30cm 枝干）带回。截取样品时立刻称量样品的鲜重，带回试验室，80℃烘干至恒重，称量干重，得出样品含水量和干物质含量。使用 6300 氧弹量热仪检测样品热值。

5.1.3.4 四倍体刺槐栽培密度与经营期对比试验

延庆县四倍体刺槐自造林选取 4 个密度（0.8m×1.2m，1.0m×1.2m，1.0m×1.4m，1.0m×1.6m），其余同 5.1.3.2。

5.1.3.5 刺槐萌生林作能源林用经营期对比试验

河北承德县普通刺槐林地，是承德县丘陵山坡上的原有刺槐林地经过采伐后，萌蘖产生的次生林。经过调查，测定其密度约为 1m×2m。调查中，分别测量了 1～3 年生刺槐的树高、最粗单枝地径、生物量等生长数据。并且每个年份的都取样（统一截取 130～160cm 部位萌条干）带回。调查方法同 5.1.3.2。截取样品时立刻称量样品的鲜重，带回试验室，80℃烘干至恒重，称量干重，得出样品含水量。使用 6300 氧弹量热仪检测样品热值。

5.1.3.6 能源林不同刺槐品种的造林试验

（1）密度和整地方式与不同刺槐品种造林效果　试验密度设计为 0.5m×1.0m、1.0m×1.0m、1.5m×1.0m（株距×行距）三种密度。人工全面整地、穴状整地+扩穴、穴状整地三种方式。

田间试验采用三因素混合水平 L_{12}（$4^1\times3^2$）正交试验设计（表 5-7）(杨荣慧等，2004)，4 次重复。小区面积 40m^2（长 8m，宽 5m），每小区种植 4 行，每行长 8m（含隔离行），小区长边与等高线垂直，小区两端加 2m 的保护行。

表 5-7　刺槐能源林栽培正交试验设计 I

因素	品种（A）	栽植密度（B）	整地方式（C）
1	普通刺槐（A1）	0.5m×1.0m（B1）	全面整地（C1）
2	香花槐（A2）	1.0m×1.0m（B2）	穴状整地+扩穴（C2）
3	四倍体刺槐（A3）	1.5m×1.0m（B3）	穴状整地（C3）
4	速生槐（A4）		

（2）密度和覆盖措施与不同刺槐品种的造林效果　试验采用三因素，混合水平 L_{12} $(4^1\times3^1\times2^1)$ 正交试验设计（杨荣慧等，2004），4 次重复。每小区种植 4 行，每行长 8m（含隔离行），小区面积 $40m^2$，小区长边与等高线垂直，小区两端加 2m 的保护行（表 5-8）。

表 5-8　刺槐能源林栽培正交试验设计 II

因素	品种（A）	栽植密度（B）	覆盖措施（C）
1	普通刺槐（A1）	0.5m×1.0m（B1）	覆膜（C1）
2	香花槐（A2）	1.0m×1.0m（B2）	不覆膜（C2）
3	四倍体刺槐（A3）	1.5m×1.0m（B3）	
4	速生槐（A4）		

（3）截干造林效果试验　供试的 4 个试验品种，每个品种分别设 3 种处理：

A. 栽植后于地表面平截干（0cm）；

B. 栽植后距地面 10cm 处截干；

C. 栽植后距地面 20cm 截干。

采用随机区组试验设计，每区组安排 12 个小区（面积：$5m\times8m=40m^2$），种植密度为 1m×1m，每小区种植 4 行，每行长 8m（含隔离行），小区两端加 2m 的保护行，区组长边与等高线平行，小区长边与等高线垂直，每个试验组合随机安排到区组内的小区内。

试验均采用生长健壮，根系发达，地径大于 0.5cm 的 1 年生截干苗造林（干长 10~15cm）。春季造林，普通刺槐与香花槐随起随造，四倍体刺槐与速生槐在清水中浸泡一昼夜后造林。采用穴状定植方法，规格为 0.5m×0.5m×0.5m。苗木栽植时蘸泥浆，定植后及时浇灌定根水。当年抚育两次，第一次在 5 月份进行，主要进行浇水、松土、锄草；第二次在 7 月份进行，主要进行松土、除草。刺槐在盛夏易受蚜虫危害，在蚜虫发生初期，喷 40%乐果乳油 1000~2000 倍液防治。

2008 年 4 月下旬至 10 月下旬进行调查，8 月初调查成活率；从 5 月开始在每个小区随机抽取苗木 5 株，每隔 30 天测量苗高和地径（苗高使用钢卷尺测量，地径使用游标卡尺测量），10 月中旬结束。当年秋季落叶前，测定萌生枝数量和灌丛南北幅度。单株生物量测定采用平均标准木法，秋季落叶后在每个小区选出 5 株最接近平均株的苗木进行地上生物量的测定（鲜重），然后取部分鲜重用烘箱在 80℃下烘干折算出含水量，推算出整株干重。单位面积生物量测定采用小区平茬法，含水量测定与生物量干重测定同单株生物量。

5.1.3.7　超短轮伐期刺槐能源林栽培品种与造林密度对比试验

（1）豫刺 8048 的密度效应试验　试验采用正方形的空间配置方式，每公顷栽植密度分别为：15625 株（0.8m×0.8m）、20408 株（0.7m×0.7m）、40000 株（0.5m×0.5m）、111111 株（0.3m×0.3m）。试验采取完全随机区组方法，4 个密度处理，3 个重复。不同区组的环境条件一致。

试验地土壤在 2005 年秋末进行了深翻，2006 年春季栽植前一周再次深翻。选用 1 年生根径 3cm 左右的均匀苗木，栽植前截干和修剪根系，留干桩高约 15cm，根幅直径约 30cm，主根长 15~20cm。2006 年 4 月 20~23 日在八家苗圃栽植，挖穴，穴长、宽、深达 50cm，确保栽植苗木不窝根。当年进行了 2 次中耕松土除草，在苗木生长初期，未进行抹芽，以保证林分的自然生长状态，提前郁闭并自然稀疏。经观察，初期苗木的萌枝数较多，平均一株为 3~4 枝，但后期，苗木的萌枝数降低为 1~2 枝。刺槐在生长期间的主要害虫为蚜虫，它吸吮刺槐枝、叶汁液，影响生长和成活。因此，当年及时地喷施药剂2~3 次。

从栽植起每月测量苗木苗高、地径、单丛株数各生长指标，测定的具体时间为 5 月 20 日、6 月 20 日、7 月 19 日、8 月 6 日、8 月 28 日、9 月 24 日、10 月 24 日。落叶后对地上部分（枝、干）进行了生物量的测定，依据生长调查结果，在每个小区选出约 10 株最接近于平均株的苗木，取地上部分测定鲜重，再取部分鲜重用烘箱在 80℃下烘干折算出含水量，然后推算出干重。

（2）鲁刺 10 号的密度效应试验　试验参照 Nelder 密度试验（Nelder JA，1982；Namkoong G，1966；Bredenkamp BV，1984）：以圆心为中心，放射形设计，共 12 条射线，射线间夹角为 30°，每条射线栽植 8 株树，每条射线上的植株间距 20cm。密度试验设计示意图如图 5-1。

采取完全随机区组试验的设计方法，8 个密度处理，3 个重复。密度依次为：59713、68243、79617、95541、119426、159235、238853、477707 株/hm^2。各不同密度的苗木生长环境一致。

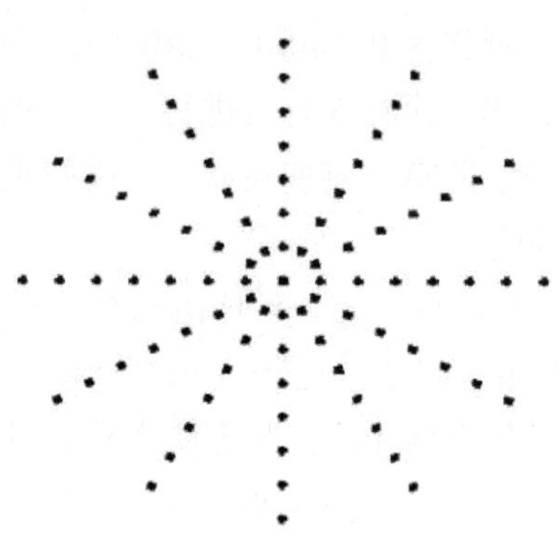

图 5-1　鲁刺 10 号密度试验设计示意图

试验地土壤在 2005 年秋末进行了深翻，2006 年春季栽植的前一周再次进行深翻。用 1 年生根径 3cm 左右的均匀苗木截干造林。栽植前截干和修剪根系，留干桩高约 15cm，根幅直径约 30cm，主根长 15~20cm。2006 年 4 月 24 日栽植，挖穴，穴长、宽、深达 50cm，栽植时确保苗木不窝根。当年进行了 2 次中耕松土除草，具体时间为 5 月 20 日、6 月 20 日。刺槐在生长期间的主要害虫为蚜虫，它吸吮刺槐枝、叶汁液，影响生长和成活。当年及时地喷施药剂 2~3 次。

落叶后对地上部分（枝、干）进行了生物量的测定。在每处理中选出约 5 株最接近于平均株的苗木，取地上部分测定鲜重，再取部分鲜重在 80℃下烘干折算出含水量，然后推

算出干重。

5.1.3.8 刺槐能源林皆伐收割后天然更新空间格局研究

选取3个不同林龄2代林样地（II-4、II-9、II-18），3个不同林龄3代林样地（III-1、III-12、III-17），1个一代林样地，共建立6个50m×50m的样地，对每个样地内设置成100个5m×5m小格子，在每个小格子内对刺槐更新苗及所有其他树种进行坐标定位及生长状况测量，使用Ripley *K*函数对刺槐更新空间格局进行分析。

5.1.4 指标测定

基径：用电子游标卡尺测量。

冠幅：钢尺两端放在树木南北、东西方向上的树枝读数。

热值：用6300氧弹量热仪测定。其工作步骤是：开机等待仪器内、外筒温度一致后，进行预测试，然后将事先压片机压好的弹丸放入内筒系统，开始水循环和氧循环后，控制系统指示点火电路导通，样品在氧气的氛围下迅速燃烧，弹丸燃烧产生的热量通过氧弹传给内筒，水温上升，计算机自动记录下温度变化产生的热量后，温度下降，试验结束，系统停止运作并放出里面的过滤水。

生物量：将砍伐下的林木按干、枝、叶分开整理后，捆绑，用天平测量鲜重，带回实验室在烘箱内烘干称重，记录干重与湿重对比。

样品含水量：截取样品时立刻称量样品的鲜重，带回试验室，80℃烘干至恒重，称量干重，得出样品含水量。

单位面积年均热量：即单位面积上的年均能量产量。其定义公式为：

单位面积年均热量=热值×单位面积干生物量/生长时间。 （5-1）

5.1.5 数据分析

使用软件Microsoft Excel 2010、Spss 18和Dps 2000分析数据，用LSD法做多重比较。

5.2 刺槐能源林的立地效应

立地类型是刺槐生长的主要限制因子之一，立地质量的高低很大程度上影响着林木产量和林产品质量。在河南刺槐适生区域主要是平原和西部浅山沟壑区，因此在该地区决定刺槐生长的主导因子在平原以土壤类型为主，在山区以地形因子为主。本研究即基于地形因子和土壤因子对刺槐能源林培育的效应问题进行了调查研究。

5.2.1 不同地形对刺槐生长进程的影响

在河南洛宁地区，立地类型中坡位、坡向等地形因子对刺槐的生长有主导的影响。研究通过分析阳坡上位、阳坡下位、阴坡上位和阴坡下位4种不同地形的刺槐胸径、树高、材积生长量，依据生长量的差异可以测定比较不同地形对刺槐林分影响的差异。

5.2.1.1 不同地形刺槐林分标准木的胸径-树高拟合

对 4 种不同地形的 12 块标准地进行每木调查，对不同地形的刺槐林分的每木调查结果进行胸径-树高关系模型拟合，结果见表 5-9 至表 5-12。

表 5-9 阳坡上位胸径-树高拟合方程

方程	方程拟合	R^2
指数	$H = 3.8185e^{0.0853D}$	0.9787
对数	$H = 8.6517\ln(D) - 10.181$	0.9898
二次多项式	$H = -0.0089D^2 + 1.0296D - 0.0015$	0.9997
幂函数	$H = 1.174D^{0.9011}$	0.9977

表 5-10 阳坡下位胸径-树高拟合方程

方程	方程拟合	R^2
指数	$H=7.2972e^{0.0353D}$	0.8782
对数	$H=7.3464\ln(D) - 7.0279$	0.9384
二次多项式	$H=-0.0229D^2+1.2161D-0.0591$	0.9901
幂函数	$H= 2.6355D^{0.5796}$	0.9319

表 5-11 阴坡上位胸径-树高拟合方程

方程	方程拟合	R^2
指数	$H=6.4166e^{0.0409D}$	0.9668
对数	$H=7.3618\ln(D) - 7.3848$	0.9907
二次多项式	$H=-0.0183D^2+1.0983D+0.1933$	0.9964
幂函数	$H=2.3174D^{0.6157}$	0.9963

表 5-12 阴坡下位胸径-树高拟合方程

方程	方程拟合	R^2
指数	$H=5.9491e^{0.038D}$	0.8334
对数	$H=7.5052\ln(D) - 8.7834$	0.9873
二次多项式	$H=-0.0147D^2+0.9901D-0.0367$	0.9918
幂函数	$H=1.7343D^{0.6829}$	0.9373

根据各模型的判别系数 R^2，选择各立地类型下的最优模型，其中 R^2 是表征样本实际数据点在回归线周围分布的聚集程度，R^2 位于 0 和 1 之间，R^2 越接近 1，说明相关系数越大、剩余方差越小，代表该方程拟合的效果就越好。研究发现，4 种不同的立地类型下二次多项式的拟合较好，因此，确定二次多项式为胸径-树高的关系方程，结果见表 5-13。

表 5-13　四种地形的胸径-树高模型

地形	胸径-树高关系模型	R^2
阳坡上位	$H=-0.0089D^2+1.0296D-0.0015$	0.9997
阳坡下位	$H=-0.0229D^2+1.2161D-0.0591$	0.9901
阴坡上位	$H=-0.0183D^2+1.0983D+0.1933$	0.9964
阴坡下位	$H=-0.0147D^2+0.9901D-0.0367$	0.9918

5.2.1.2　不同地形下刺槐林各测树因子的总生长量分析

研究以 2 年为一个龄级进行 4 种地形下的林分生长过程的分析。根据 4 种地形下的解析木数据，计算各龄级的胸径生长量，用拟合的胸径-树高方程计算出树高生长量，由刺槐一元材积表得到材积生长量，并计算胸径、树高、材积的平均生长量和连年生长量，统计结果见表 5-14 至表 5-17。

表 5-14　阳坡上位胸径、树高、材积生长量表

树龄（年）	胸径（cm）	胸径平均生长量	胸径连年生长量	树高（m）	树高平均生长量	树高连年生长量	材积（m^3）	材积平均生长量	材积连年生长量
2	0.81	0.41	0.41	0.83	0.41	0.41	-	-	-
4	2.75	0.69	0.97	2.76	0.69	0.97	0.00116	0.00029	0.00029
6	3.60	0.60	0.43	3.59	0.60	0.41	0.00243	0.00040	0.00063
8	3.91	0.49	0.16	3.89	0.49	0.15	0.00304	0.00038	0.00031
10	4.22	0.42	0.16	4.18	0.42	0.15	0.00374	0.00037	0.00035
12	4.75	0.40	0.27	4.69	0.39	0.25	0.00516	0.00043	0.00071
14	5.29	0.38	0.27	5.20	0.37	0.25	0.00692	0.00049	0.00088
16	5.61	0.35	0.16	5.49	0.34	0.15	0.00812	0.00051	0.00060
18	5.89	0.33	0.14	5.75	0.32	0.13	0.00926	0.00051	0.00057
20	6.21	0.31	0.16	6.05	0.30	0.15	0.01069	0.00053	0.00071
22	6.51	0.30	0.15	6.32	0.29	0.14	0.01215	0.00055	0.00073
24	7.04	0.29	0.27	6.81	0.28	0.24	0.01502	0.00063	0.00143

表 5-15　阳坡下位胸径、树高、材积生长量表

树龄（年）	胸径（cm）	胸径平均生长量	胸径连年生长量	树高（m）	树高平均生长量	树高连年生长量	材积（m^3）	材积平均生长量	材积连年生长量
2	1.11	0.56	0.56	0.84	0.42	0.42	-	-	-
4	2.53	0.63	0.71	2.13	0.53	0.65	0.00080	0.00020	0.00020
6	3.33	0.56	0.40	2.70	0.45	0.29	0.00165	0.00028	0.00043
8	4.02	0.50	0.35	3.54	0.44	0.42	0.00297	0.00037	0.00066
10	4.71	0.47	0.35	4.34	0.43	0.40	0.00477	0.00048	0.00090
12	5.56	0.46	0.43	5.30	0.44	0.48	0.00774	0.00065	0.00149
14	6.23	0.45	0.34	6.02	0.43	0.36	0.01072	0.00077	0.00149

（续）

树龄（年）	胸径（cm）	胸径平均生长量	胸径连年生长量	树高（m）	树高平均生长量	树高连年生长量	材积（m^3）	材积平均生长量	材积连年生长量
16	6.72	0.42	0.25	6.54	0.41	0.26	0.01327	0.00083	0.00128
18	7.16	0.40	0.22	6.98	0.39	0.22	0.01585	0.00088	0.00129
20	7.75	0.39	0.30	7.57	0.38	0.29	0.01973	0.00099	0.00194
22	8.38	0.38	0.32	8.17	0.37	0.30	0.02444	0.00111	0.00236
24	8.93	0.37	0.27	8.68	0.36	0.25	0.02904	0.00121	0.00230

表 5-16　阴坡上位胸径、树高、材积生长量表

树龄（年）	胸径（cm）	胸径平均生长量	胸径连年生长量	树高（m）	树高平均生长量	树高连年生长量	材积（m^3）	材积平均生长量	材积连年生长量
2	0.86	0.43	0.43	1.12	0.56	0.56	–	–	–
4	2.97	0.74	1.06	3.29	0.82	1.08	0.00156	0.00039	0.00039
6	4.44	0.74	0.74	4.71	0.78	0.71	0.00455	0.00076	0.00149
8	5.58	0.70	0.57	5.75	0.72	0.52	0.00834	0.00104	0.00190
10	6.49	0.65	0.46	6.55	0.66	0.40	0.01243	0.00124	0.00205
12	7.35	0.61	0.43	7.28	0.61	0.36	0.01724	0.00144	0.00241
14	8.13	0.58	0.39	7.91	0.57	0.32	0.02246	0.00160	0.00261
16	8.69	0.54	0.28	8.36	0.52	0.22	0.02671	0.00167	0.00213
18	9.41	0.52	0.36	8.91	0.49	0.28	0.03285	0.00182	0.00307
20	9.91	0.50	0.25	9.28	0.46	0.19	0.03755	0.00188	0.00235
22	10.42	0.47	0.26	9.65	0.44	0.19	0.04274	0.00194	0.00259
24	10.76	0.45	0.17	9.89	0.41	0.12	0.04641	0.00193	0.00184

表 5-17　阴坡下位胸径、树高、材积生长量表

树龄（年）	胸径（cm）	胸径平均生长量	胸径连年生长量	树高（m）	树高平均生长量	树高连年生长量	材积（m^3）	材积平均生长量	材积连年生长量
2	0.79	0.40	0.40	0.74	0.37	0.37	–	–	–
4	2.48	0.62	0.85	2.33	0.58	0.80	0.00083	0.00021	0.00021
6	3.67	0.61	0.60	3.40	0.57	0.54	0.00241	0.00040	0.00079
8	4.53	0.57	0.43	4.15	0.52	0.37	0.00426	0.00053	0.00093
10	5.37	0.54	0.42	4.86	0.49	0.35	0.00674	0.00067	0.00124
12	6.22	0.52	0.43	5.55	0.46	0.35	0.01000	0.00083	0.00163
14	7.08	0.51	0.43	6.24	0.45	0.34	0.01414	0.00101	0.00207
16	8.01	0.50	0.47	6.95	0.43	0.36	0.01963	0.00123	0.00274
18	8.93	0.50	0.46	7.63	0.42	0.34	0.02616	0.00145	0.00327
20	9.64	0.48	0.36	8.14	0.41	0.25	0.03199	0.00160	0.00291
22	10.21	0.46	0.29	8.54	0.39	0.20	0.03719	0.00169	0.00260
24	10.79	0.45	0.29	8.94	0.37	0.20	0.04295	0.00179	0.00288

由4种地形的刺槐胸径、树高和材积的总生长量曲线图（图5-2至图5-4）可知，在4种地形的刺槐林分中，胸径、树高和材积的总生长量变化趋势相一致。相同林龄时，胸径、树高、材积的总生长量因不同的地形而有所差异。胸径总生长量：阴坡下位>阴坡上位>阳坡下位>阳坡上位。树高总生长量：阴坡上位>阴坡下位>阳坡下位>阳坡上位。材积总生长量：阴坡上位>阴坡下位>阳坡下位>阳坡上位。阴坡上位的刺槐林生长量综合比较其他地形增长较大，原因主要是受林分所在地形的影响，光照条件、土壤含水量、林分结构、养分、微生物环境等产生了一定差异，阴坡上位更有利于林分的生长。

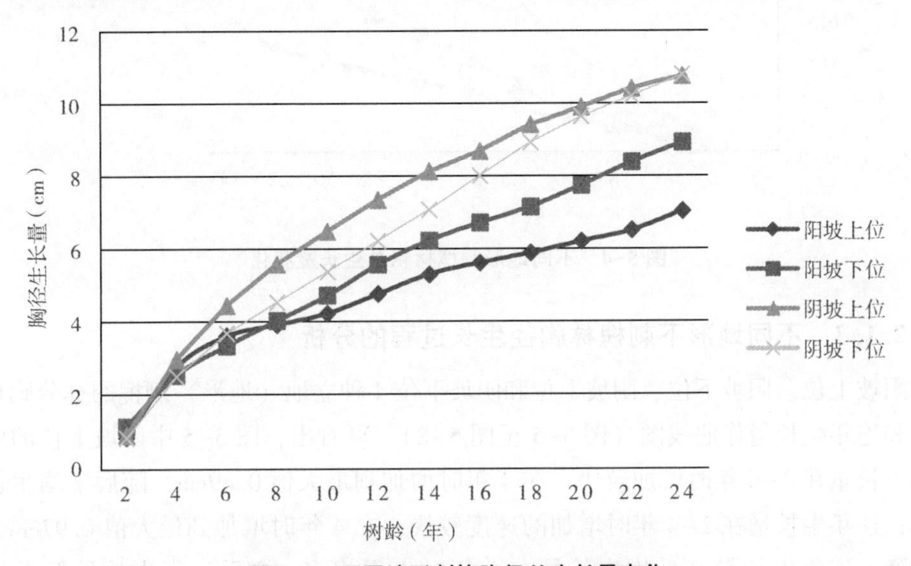

图5-2　不同地形刺槐胸径总生长量变化

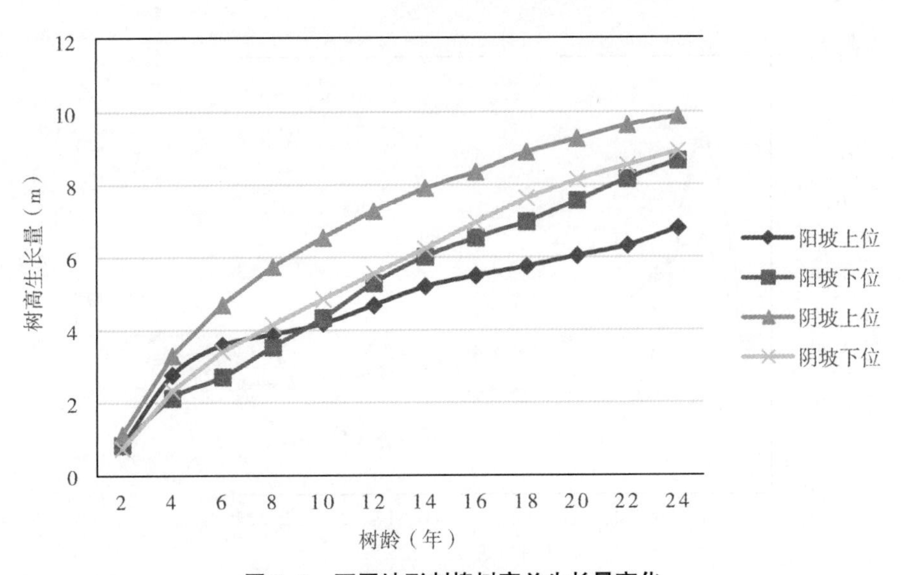

图5-3　不同地形刺槐树高总生长量变化

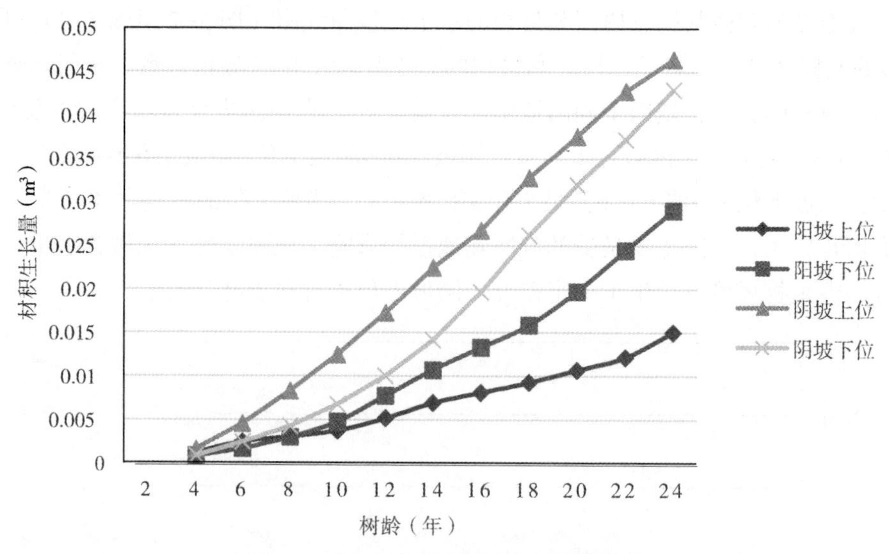

图 5-4　不同地形刺槐材积总生长量变化

5.2.1.3　不同地形下刺槐林胸径生长过程的分析

对阳坡上位、阳坡下位、阴坡上位和阴坡下位 4 种立地（地形）刺槐的林分胸径平均生长量和连年生长量作曲线图（图 5-5 至图 5-8）。可看出，图 5-5 中阳坡上位的刺槐胸径平均生长量在 2~4 年时增加较快，在 4 年时增加到最大值 0.69cm，随后平均生长量开始下降；连年生长量在 2~4 年时增加的速度较快，在 4 年时增加到最大值 0.97cm，之后开始下降。连年生长量与平均生长量在 5 年时出现相交，之后连年生长量低于平均生长量。

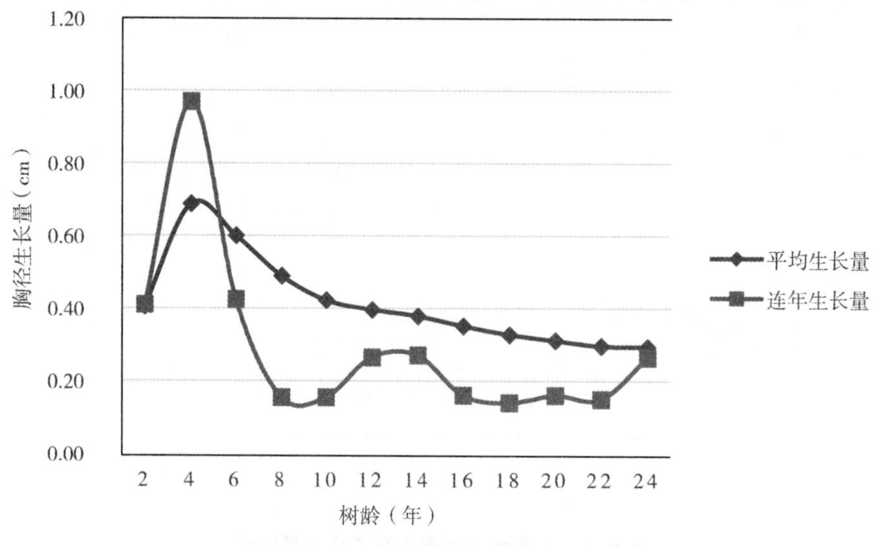

图 5-5　阳坡上位刺槐胸径生长过程

由图 5-6 可知，阳坡下位的刺槐胸径平均生长量在 2~4 年时增加较快，在 4 年时增

加到最大值 0.63cm，随后平均生长量开始下降；连年生长量在 2~4 年时增加的速度较快，在 4 年时增加到最大值 0.71cm，之后开始下降。林分在 2~5 年期间，连年生长量高于平均生长量，在 5 年时出现相交，之后连年生长量低于平均生长量。

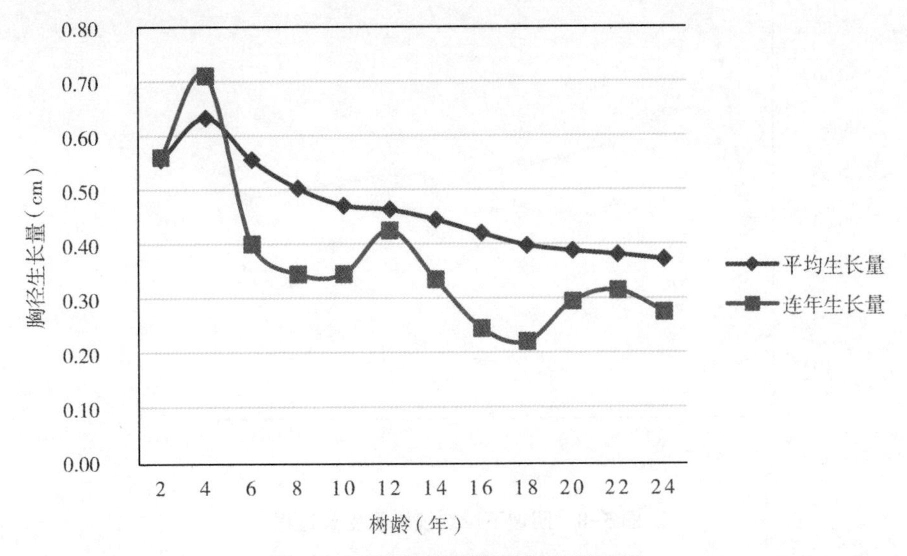

图 5-6　阳坡下位刺槐胸径生长过程

由图 5-7 可知，阴坡上位的林分胸径平均生长量在 2~4 年时增加较快，在 4 年时增加到最大为 0.74cm，随后开始下降；连年生长量在 2~4 年时增加的速度较快，在 4 年时增加到最大为 1.06cm，之后下降。林分在 2~6 年期间连年生长量高于平均生长量，在 6 年时出现相交，之后连年生长量低于平均生长量。

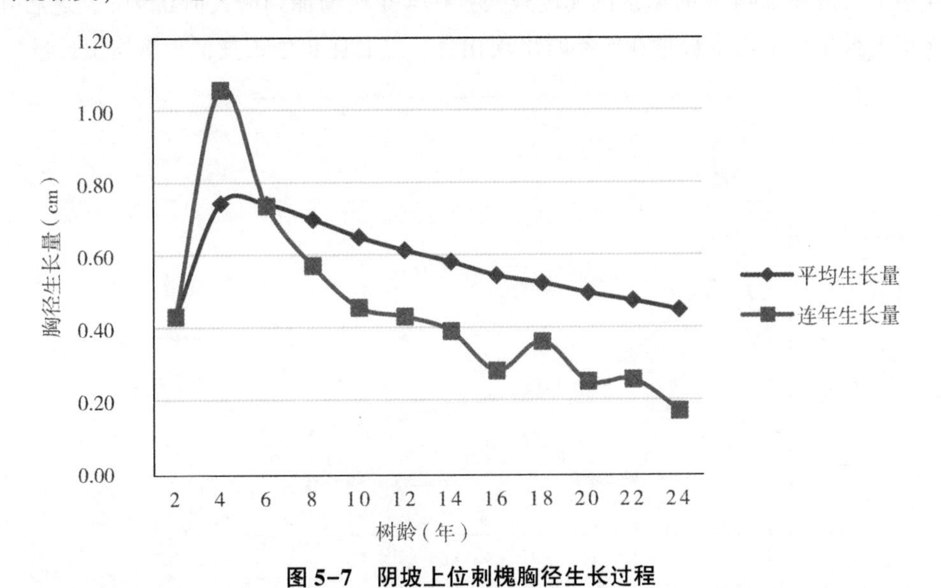

图 5-7　阴坡上位刺槐胸径生长过程

由图 5-8 可知，阴坡下位的林分胸径平均生长量在 2~4 年时增加较快，在 4 年时增加到最大为 0.62cm，随后开始下降；连年生长量在 2~4 年时增加的速度较快，在 4 年时增加到最大为0.85cm，之后下降。阴坡下位的林分在2~6年期间连年生长量高于平均生长量，在6年时出现相交，之后连年生长量低于平均生长量。

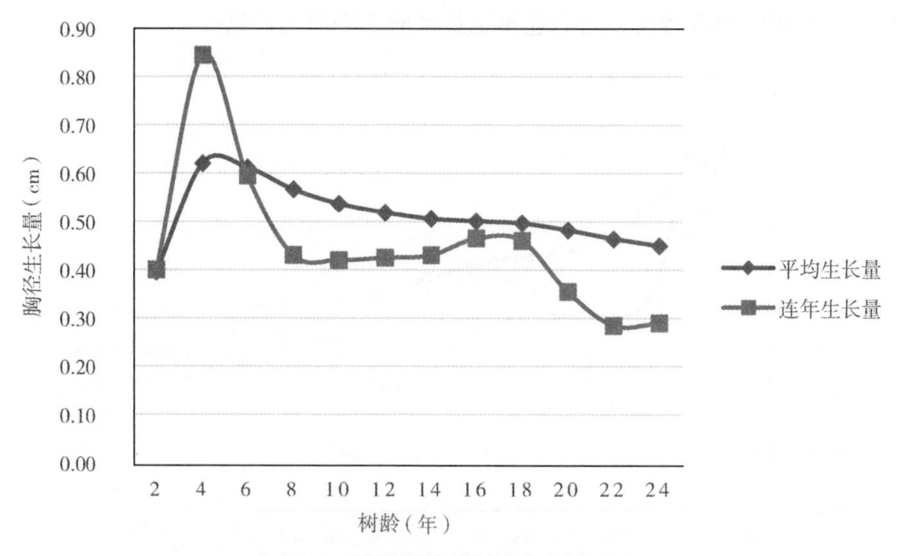

图5-8　阴坡下位刺槐胸径生长过程

5.2.1.4　不同地形下刺槐树高生长过程的分析

对4种地形阳坡上位、阳坡下位、阴坡上位和阴坡下位刺槐的林分树高平均生长量和连年生长量作曲线图，如图5-9至图5-12所示。由图5-9可看出，阳坡上位的刺槐树高平均生长量在2~4年时增加较快，在4年时增加到最大值0.69m，随后平均生长量开始下降；连年生长量在2~4年时增加的速度较快，在4年时增加到最大值0.97m，之后开始下降。连年生长量与平均生长量在5年时出现相交，之后连年生长量低于平均生长量。

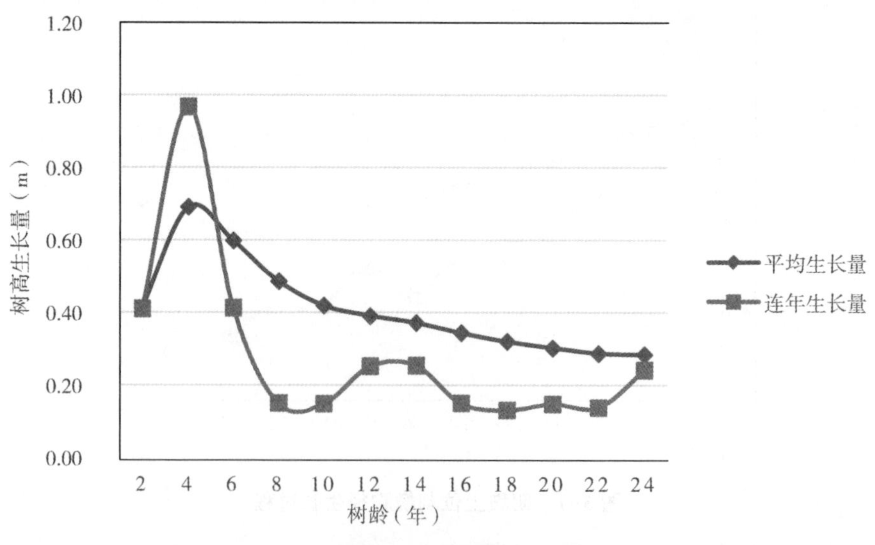

图5-9　阳坡上位刺槐树高生长过程

由图5-10可知，阳坡下位的刺槐树高平均生长量在2~4年时增加较快，在4年时增加到最大值0.53m，随后平均生长量开始下降；连年生长量在2~4年时增加的速度较快，在4年时增加到最大值0.65m，之后开始下降。林分在2~6年、11~13年期间，连年生长量高于平均生长量在13年时出现相交，之后连年生长量低于平均生长量。

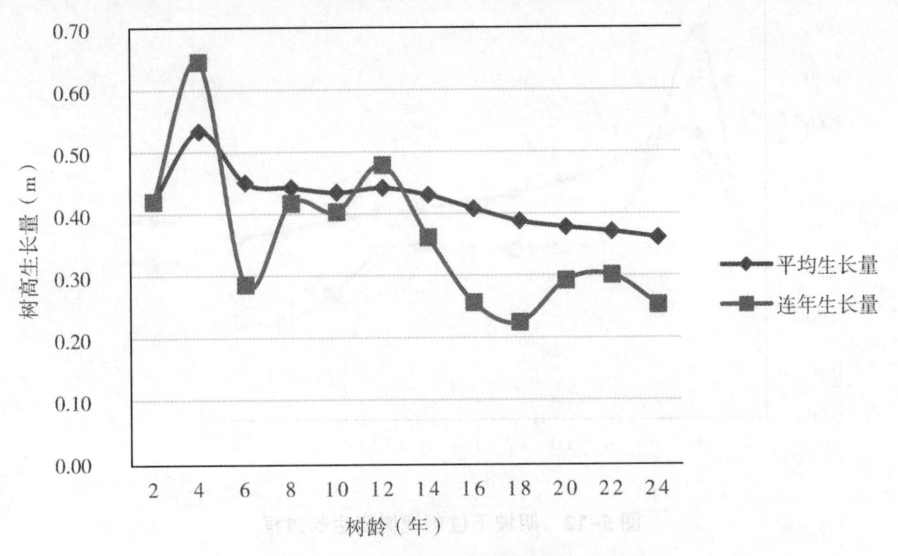

图5-10　阳坡下位刺槐树高生长过程

由图5-11可知，阴坡上位的林分树高平均生长量在2~4年时增加较快，在4年时增加到最大为0.82m，随后开始下降；连年生长量在2~4年时增加的速度较快，在4年时增加到最大为1.08m，之后下降。林分在2~6年期间连年生长量高于平均生长量，大约在6年时出现相交，之后连年生长量低于平均生长量。

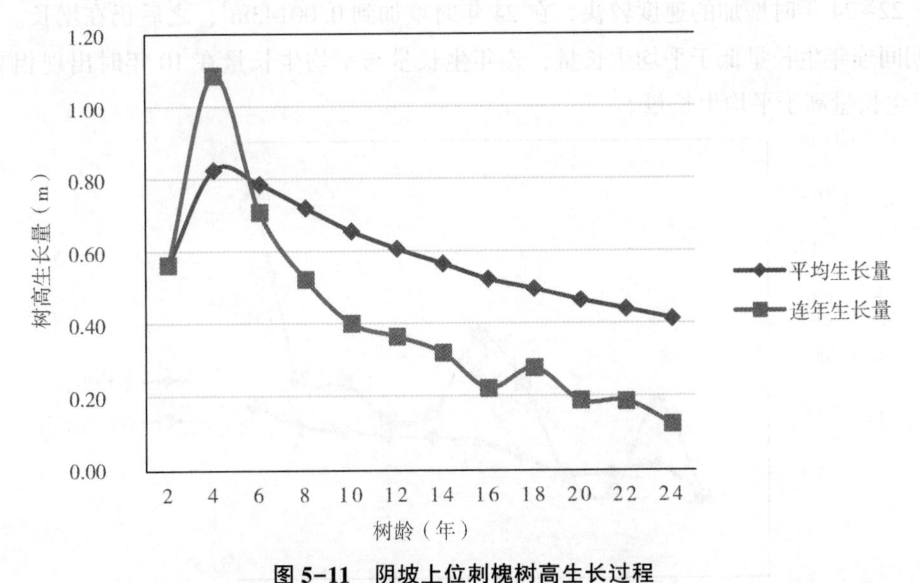

图5-11　阴坡上位刺槐树高生长过程

由图5-12可知，阴坡下位的林分树高平均生长量在2~4年时增加较快，在4年时增加到最大为 0.58m，随后开始下降；连年生长量在 2~4 年时增加的速度较快，在 4 年时增加到最大为 0.80m，之后下降。阴坡下位的林分在 2~6 年期间连年生长量高于平均生长量，在约 6 年时出现相交，之后连年生长量低于平均生长量。

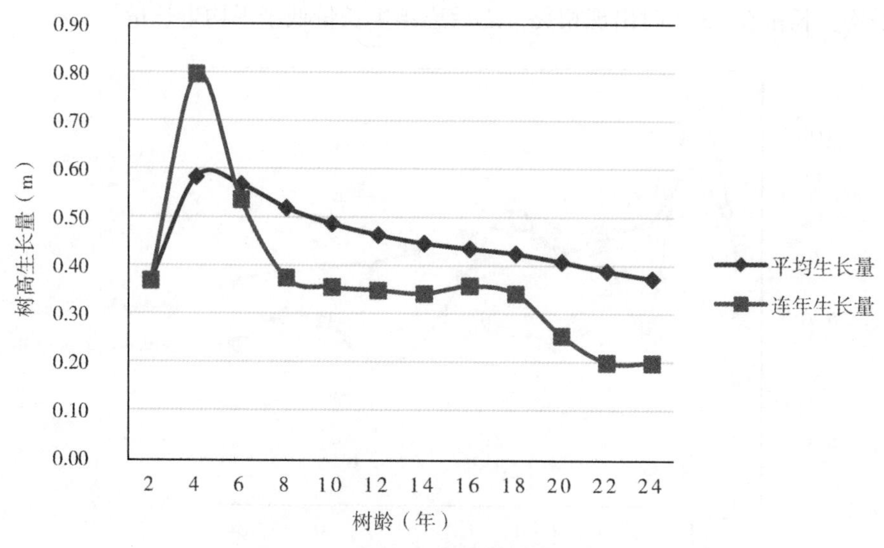

图 5-12　阴坡下位刺槐树高生长过程

5.2.1.5　不同地形下刺槐材积生长过程分析

对 4 种地形阳坡上位、阳坡下位、阴坡上位和阴坡下位刺槐的林分材积平均生长量和连年生长量作曲线图，图 5-13 至图 5-16 所示。由图 5-13 可看出，阳坡上位的刺槐材积平均生长量在 4~6 年时增加较快，在 24 年时达 0.00063m^3；连年生长量在 4~6 年、10~14 年、22~24 年时增加的速度较快，在 24 年时增加到 0.00143m^3，之后仍在增长。在 7~10 年期间连年生长量低于平均生长量，连年生长量与平均生长量在 10 年时出现相交，之后连年生长量高于平均生长量。

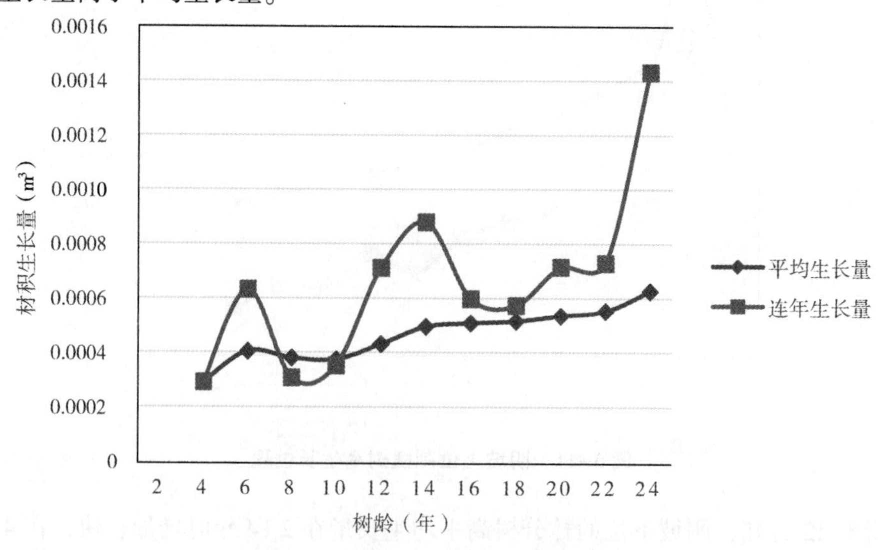

图 5-13　阳坡上位刺槐材积生长过程

由图 5-14 可知，阳坡下位的刺槐材积平均生长量在 10~16 年时增加较快，在 24 年时增加到 0.00121m³；连年生长量在 10~12 年、18~22 年时增加的速度较快，在 23 年时增加到最大值 0.00236m³，之后开始下降。在 4~24 年期间，连年生长量一直高于平均生长量。

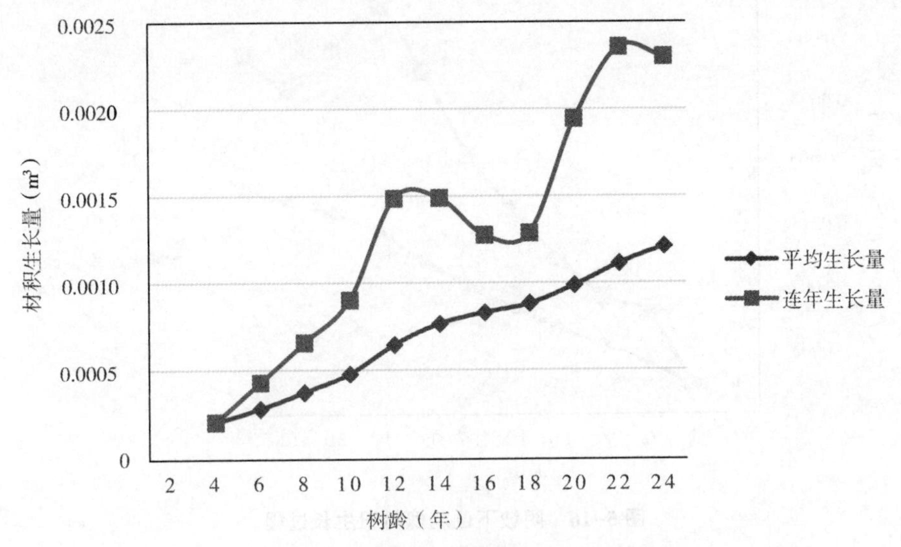

图 5-14　阳坡下位刺槐材积生长过程

由图 5-15 可知，阴坡上位的林分材积平均生长量在 4~12 年时增加较快，在 22 年时增加到最大为 0.00194m³，随后开始下降；连年生长量在 4~12 年时增加的速度较快，在 14 年时增加到最大为 0.00261m³，之后开始下降，在 18 年时又开始增加，在 22 年出现第二个峰值 0.00259m³。林分在 4~24 年期间连年生长量高于平均生长量，大约在 24 年时出现相交，之后连年生长量低于平均生长量。

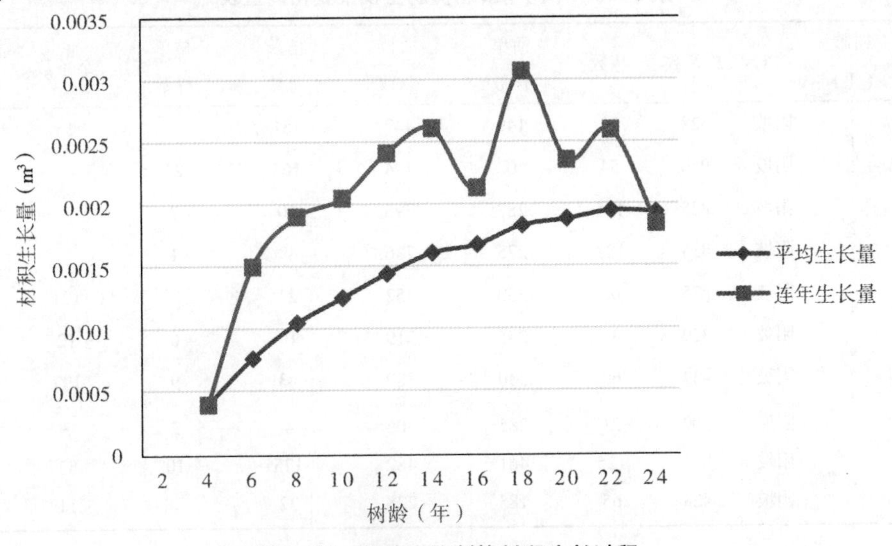

图 5-15　阴坡上位刺槐材积生长过程

由图 5-16 可知，阴坡下位的林分材积平均生长量在 4~18 年时增加较快，在 24 年时增加到最大值 0.00179m³；连年生长量在 4~18 年时增加的速度较快，在 24 年时增加到最大为 0.00228m³。阴坡下位的林分在 4~24 年期间，连年生长量高于平均生长量。

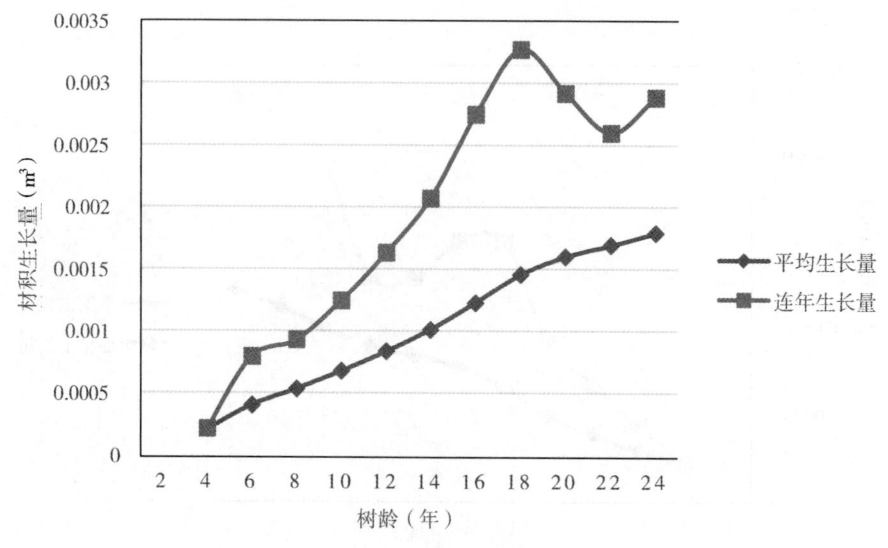

图 5-16　阴坡下位刺槐材积生长过程

5.2.1.6　坡向对刺槐萌生枝条活枝率的影响

在自然状态下，刺槐萌生枝会随着萌生年龄的增长出现快速的分化，大量的枝条在对营养的竞争中失败而枯死，在刺槐萌生林经营中，往往根据刺槐萌生枝条的枯死变化规律进行有目标地选择培育成用材林、燃料能源林和特种用途林等。调查河南洛宁的刺槐萌生林，随着萌生年龄的增长，刺槐枯死枝变化如表 5-18 所示。

表 5-18　不同年龄刺槐萌生枝条变化调查表

地点	树龄（年）	坡向	总条数	丛数	活单株数	活枝总数	枯条总数	枯单株数	杂条数	样地枯枝率（%）
阳疙瘩	1	阳坡	628	72	149	447	181		15	25
		阴坡	956	54	502	794	162	27		17
	2	阳坡	825	125	287	795	30	7		3
		阴坡	835	127	275	786	49	1		6
	3	阳坡	475	62	350	452	23		121	4
		阴坡	329	35	235	319	10	6	12	3
	4	阳坡	432	60	330	389	43	9	197	9
		阴坡	309	21	285	306	4	2	3	1
	5	阳坡	873	125	461	482	175	10	53	20
		阴坡	428	65	183	228	32		11	8

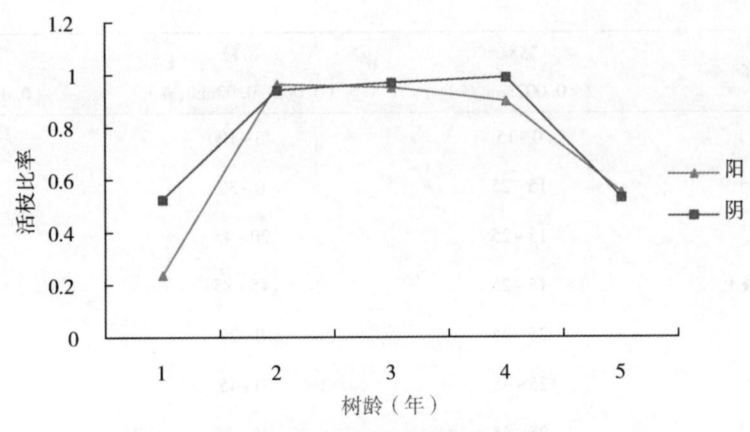

图 5-17　不同坡向和年龄与刺槐萌生枝活枝率的关系

由表 5-18、图 5-17 可得出：

（1）相同年龄的情况下，1、2 年生阴坡刺槐萌生林的枝条数要高于阳坡的枝条数，而 3~5 年生阳坡的总枝条数则要逐渐高于阴坡，可能原因是生长到一定年限后，阴坡植株逐渐定干生长，不再生长丛枝；

（2）2 年生林分活枝的数量最大，1 年生次之，5 年生阴坡的活枝条数最少；

（3）阴坡枝条的活枝率要高于阳坡的活枝率。

综上可知，按照用材林、能源林的不同培育要求，在依据刺槐萌生林枝条变化的基础上，萌生初始阶段选择所需保留的健壮枝条数，不仅可以达到培育目的，还可以避免枝条间的营养竞争使保留枝条生长更加健壮。

5.2.2　不同土壤类型对刺槐林生长的影响

5.2.2.1　不同地类刺槐林地土壤性质的比较

（1）土壤物理性状　国际制土壤质地分类标准是根据砂粒（0.02~2mm）、粉粒（0.002~0.02mm）和黏粒（<0.002mm）三粒级含量的比例，划定质地名称。国际制土壤质地分级标准如表 5-19，对试验地民权和荥阳刺槐林土壤进行取样，使用粒径分析仪得到两地土壤砂粒、粉粒和黏粒三粒级含量的比例，参考国际制土壤质地分级标准可知两地土壤类型，民权县申甘林场土壤类型为壤质砂土，荥阳市陈垌村土壤类型为砂质壤土（表 5-20）。

表 5-19　国际制土壤质地分级标准

质地名称	黏粒（<0.002mm，%）	粉粒（0.002~0.02mm，%）	砂粒（0.02~2mm，%）
壤质砂土	0~15	0~15	85~100
砂质壤土	0~15	0~45	55~85
壤　土	0~15	30~45	40~55

（续）

质地名称	黏粒（<0.002mm,%）	粉粒（0.002~0.02mm,%）	砂粒（0.02~2mm,%）
粉砂质壤土	0~15	45~100	0~55
砂质黏壤土	15~25	0~30	55~85
黏壤土	15~25	20~45	30~55
粉砂质黏壤土	15~25	45~85	0~40
砂质黏土	25~45	0~20	55~75
壤质黏土	25~45	0~45	10~55
粉砂质黏土	25~45	45~75	0~30
黏　土	45~65	0~55	0~55

表 5-20　土壤机械组成

地区	土层深度（cm）	土壤质地		
		砂粒（%）	粉粒（%）	黏粒（%）
民权申甘林场	0~20	89.73±0.80	9.37±0.86	0.91±0.36
	20~40	88.94±0.51	10.22±0.23	0.83±0.56
	40~60	89.41±1.31	10.90±1.39	0.69±0.31
荥阳陈垌村	0~20	73.02±5.05	24.23±5.60	2.75±0.88
	20~40	67.51±2.38	28.96±2.39	3.53±1.50
	40~60	68.86±6.89	27.38±6.38	3.76±0.84

（2）土壤化学性质　对两个试验地0~20、20~40、40~60cm深度的土壤进行养分含量测定，检测结果如表5-21，可知砂质壤土的全氮、碱解氮、速效磷、速效钾、有机质、阳离子交换量和电导率平均值高于壤质砂土，pH值基本相同。土壤养分含量：砂质壤土>壤质砂土。

（3）试验刺槐林地土壤理化性质的综合比较　对两个试验地的土壤质地和养分进行差异性 T 检验（表5-22），土壤质地的砂粒（%）、粉粒（%）、黏粒（%）均有极显著差异；土壤养分中全氮、速效钾、有机质、阳离子交换量差异极显著，碱解氮和电导率有显著差异，速效磷和pH值的差异不显著。

表 5-21　土壤养分组成

土壤类型	土层深度（cm）	全氮（g/kg）	碱解氮（mg/kg）	速效磷（mg/kg）	速效钾（mg/kg）	有机质（g/kg）	阳离子交换量（cmol/kg）	pH	电导率（μs/cm）
壤质砂土	0~20	0. 27±0. 01	22. 82±0. 76	1. 69±0. 23	83±14. 00	5. 93±0. 58	6. 37±0. 49	6. 62±0. 04	122. 54±7. 75
	20~40	0. 11±0. 05	14. 94±1. 91	1. 36±0. 12	56±10. 60	3. 45±0. 63	5. 25±1. 79	6. 68±0. 02	130. 11±1. 21
	40~60	0. 07±0. 05	11. 39±4. 98	1. 30±0. 12	42±6. 51	2. 69±0. 68	4. 91±1. 57	6. 66±0. 03	132. 00±3. 06
砂质壤土	0~20	0. 62±0. 03	45. 32±6. 33	3. 99±1. 76	106±33. 78	11. 23±1. 00	12. 25±3. 52	6. 63±0. 01	149. 15±13. 02
	20~40	0. 44±0. 26	24. 31±11. 69	1. 92±1. 41	81±37. 98	8. 18±3. 57	10. 07±0. 78	6. 64±0. 04	151. 88±13. 76
	40~60	0. 30±0. 10	17. 72±4. 19	1. 82±1. 40	61±17. 56	5. 39±1. 67	12. 39±2. 01	6. 68±0. 01	151. 93±23. 56

表 5-22　不同地点土壤理化性质 *T* 检验分析结果

土壤性质	分析指标	差异显著性
物理性质	砂粒（%）	**
	粉粒（%）	**
	黏粒（%）	**
化学性质	全氮（g/kg）	**
	碱解氮（mg/kg）	*
	速效磷（mg/kg）	ns
	速效钾（mg/kg）	**
	有机质（g/kg）	**
	阳离子交换量（cmol/kg）	**
	pH	ns
	电导率（μs/cm）	*

注：ns 为差异不显著；* 为差异显著（$P<0.05$）；** 为差异极显著（$P<0.01$）。

5.2.2.2　土壤类型对刺槐生长的影响

（1）对刺槐胸径生长的影响　对两个土壤类型壤质砂土和砂质壤土上生长的 14 个刺槐无性系进行胸径的测定并计算年均生长量，无性系 5、8、9、11、13、14、15、19、意大利、8048、83002 在砂质壤土的平均胸径大于在壤质砂土上的平均胸径，无性系 8044、84023、3-I 在砂质壤土的平均胸径小于在壤质砂土上的平均胸径。无性系 5、8、9、11、13、14、15、19、意大利、8048、8044、83002、84023 在砂质壤土的胸径年均生长量大于在壤质砂土上的胸径年均生长量，无性系 3-I 在砂质壤土的胸径年均生长量小于在壤质砂土上的胸径年均生长量（表 5-23）。

表 5-23　不同土壤类型刺槐胸径生长情况

土壤类型	无性系编号	平均胸径（cm）	年均生长量（cm）	土壤类型	无性系编号	平均胸径（cm）	年均生长量（cm）
壤质砂土	5	11.11	1.01	砂质壤土	5	11.79	1.18
	8	9.42	0.86		8	11.70	1.17
	9	9.10	0.83		9	11.27	1.13
	11	10.40	0.95		11	12.07	1.21
	13	12.24	1.11		13	11.13	1.11
	14	8.21	0.75		14	12.88	1.29
	15	9.58	0.87		15	12.22	1.22
	19	10.66	0.97		19	12.49	1.25
	意大利	7.63	0.69		意大利	7.97	0.80
	8048	12.44	1.13		8048	12.50	1.25
	8044	12.26	1.11		8044	11.75	1.18
	83002	12.60	1.15		83002	12.75	1.28
	84023	13.48	1.23		84023	13.25	1.33
	3-I	13.59	1.24		3-I	10.51	1.05

（2）对刺槐树高生长的影响　对两个土壤类型壤质砂土和砂质壤土上生长的14个刺槐无性系进行树高的测定并计算年均生长量，无性系5、8、9、13、15、19、意大利、8048、8044、83002、84023、3-I在砂质壤土的平均树高大于在壤质砂土上的平均树高，无性系11、14在砂质壤土的平均树高小于在壤质砂土上的平均树高。无性系5、8、11、14、15、19、意大利在砂质壤土的树高年均生长量大于在壤质砂土上的树高年均生长量，无性系9、13、8048、8044、83002、84023、3-I在砂质壤土的树高年均生长量小于在壤质砂土上的树高年均生长量（表5-24）。

表5-24　不同土壤类型刺槐树高生长情况

土壤类型	无性系编号	平均胸径（cm）	年均生长量（cm）	土壤类型	无性系编号	平均胸径（cm）	年均生长量（cm）
壤质砂土	5	10.2	0.93	砂质壤土	5	9.3	0.93
	8	9.4	0.85		8	8.7	0.87
	9	9.0	0.82		9	8.0	0.80
	11	9.7	0.88		11	10.0	1.00
	13	11.7	1.06		13	9.4	0.94
	14	7.5	0.68		14	9.8	0.98
	15	9.0	0.82		15	8.4	0.84
	19	10.2	0.93		19	9.3	0.93
	意大利	7.1	0.65		意大利	6.7	0.67
	8048	11.6	1.05		8048	10.2	1.02
	8044	11.8	1.07		804	8.0	0.0
	83002	11.1	1.01		83002	9.7	0.97
	84023	12.4	1.13		84023	10.5	1.05
	3-I	12.5	1.14		3-I	9.0	0.90

（3）不同土壤类型与刺槐胸径、树高生长的相关性分析　比较两个试验地的刺槐胸径、树高和土壤养分的相关性，得到胸径和全氮、速效氮极显著相关，与速效钾、有机质、阳离子交换量、电导率显著相关，和速效磷、pH之间相关关系不显著；树高和全氮极显著相关，与速效氮、有机质、阳离子交换量、电导率显著相关，和其他养分指标相关关系不显著（表5-25）。胸径与全氮极显著正相关（$p=0.002$），与速效氮极显著正相关（$p=0.005$）；与速效钾显著正相关（$p=0.013$），与有机质显著正相关（$p=0.042$），与阳离子交换量显著正相关（$p=0.039$），与电导率显著正相关（$p=0.026$）。树高与全氮极显著正相关（$p=0.003$），与阳离子交换量极显著正相关（$p=0.001$），与电导率极显著正相关（$p=0.007$）；树高与速效氮显著正相关（$p=0.027$），与有机质显著正相关（$p=0.013$）。

表 5-25 刺槐生长与土壤养分之间的相关性分析

	全氮	碱解氮	速效磷	速效钾	有机质	阳离子交换量	pH	电导率
胸径	0.682**	0.634**	0.571*	0.393	0.483*	0.490*	-0.178	0.522*
树高	0.614**	0.460*	0.278	0.383	0.520*	0.734**	-0.038	0.572**

注：* 代表显著相关 $p<0.05$，** 代表极显著相关 $p<0.01$。

5.3 刺槐萌生能源林时空结构的效应

5.3.1 低密度刺槐能源林的时空效应

刺槐因其速生性以及超强的萌生能力，从而使刺槐萌生林分植株生长状况的研究成为刺槐研究领域的热点问题之一。而林木的生长状况随着林木的年龄、林木的生长季节以及林木密度的不同呈现不同的生长状况，即不同的林龄和不同的密度对林木最直接的影响表现就体现在植株的生长状况上。

5.3.1.1 低密度下时空变化对刺槐能源林生长的影响

5.3.1.1.1 刺槐各生长因子之间的关系

每一个生长因子间在自身生长的过程中，必然也与其他因子间产生一定的关联，在研究刺槐能源林在整个生长过程中的生物量和热值变化情况前，必须首先清楚林木各器官或各生长因子指标的特征，这是研究刺槐能源林、判定刺槐能源林生产水平的基础。刺槐萌生能源林的生长衡定因子主要包括基径（mm）、树高（m）、萌生枝条数、冠幅（m）、生物量等指标。在讨论刺槐能源林结构效应之前，有必要对刺槐各生长因子间的关系做一下分析。

（1）树高、基径与萌生枝条数量之间的关系　图 5-18、图 5-19 反映的分别是刺槐萌生林林木树高与刺槐萌生林林木株丛平均基径、萌生林枝条数之间的关系。由图 5-19 可知，刺槐树高与其萌生枝条的数量之间尽管出现了一些反常的变化，但仍体现了正态分布的规律，表现在树高 4.0~4.4m 时，萌生条数量高于其他树高时的枝条数；同时，由图 5-18 知，除去 4.7m 时的异常现象，刺槐枝条平均基径与树高的关系变化起伏较大，但整体上刺槐萌生枝条数的平均基径也有随树高的增加而加大的趋势。

刺槐树高与萌生条数和平均基径的关系，基本反映了刺槐高生长的真实情况。

图 5-20 是刺槐萌生株丛上平均基径与萌生条数的关系。可以看出，随着平均基径的增加，萌生条数有先增加后降低的整体趋势。

综上可知，刺槐萌生林在其一代林平茬后的一定生长期内，随着树高的生长增加，丛生刺槐的平均基径逐渐加大；而其萌生的枝条数量先增多后减少，这主要可能是由于随着植株生长，植株自身间的营养竞争以及对光、水分等外界环境的竞争，萌生枝条因竞争而导致部分枝条死亡，只保留少部分健壮的原有枝条。

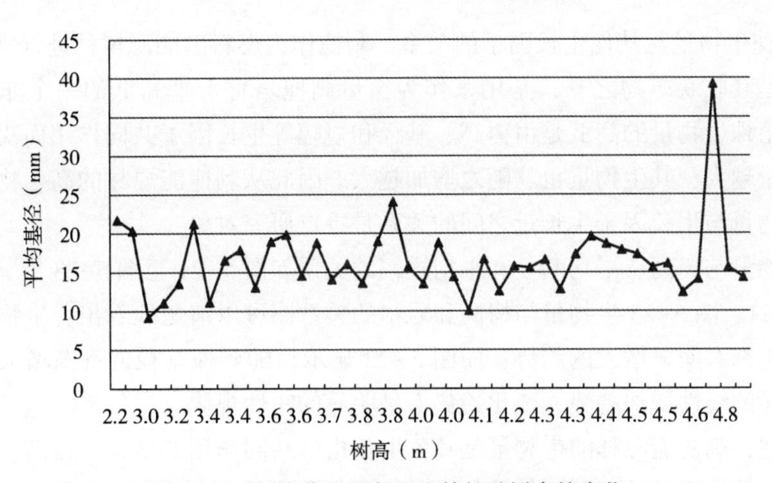

图 5-18　刺槐萌生枝条平均基径随树高的变化

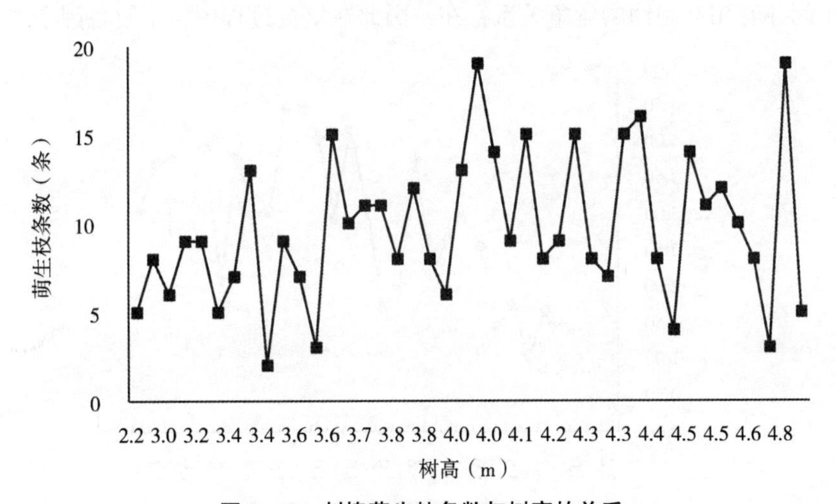

图 5-19　刺槐萌生枝条数与树高的关系

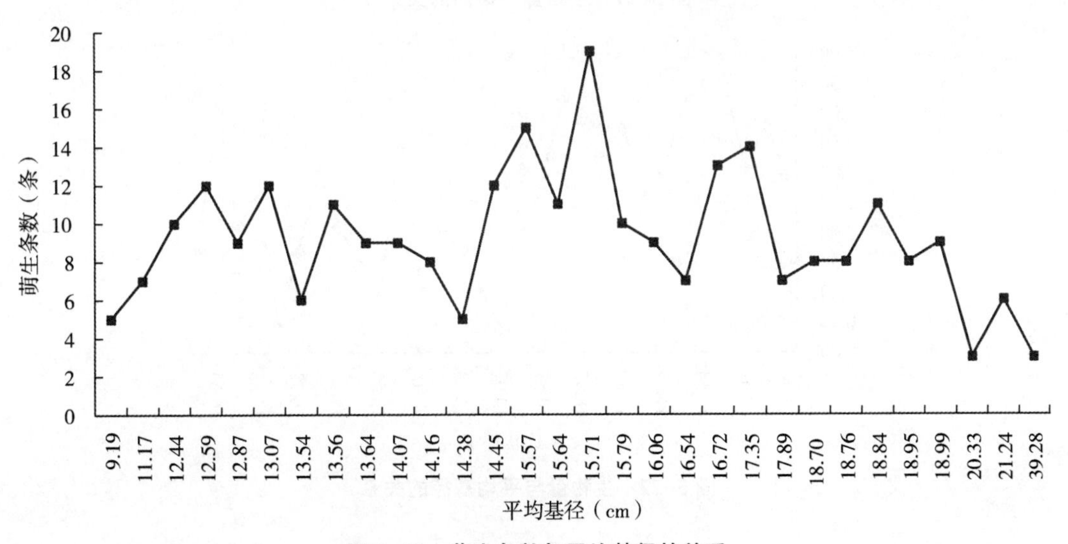

图 5-20　萌生条数与平均基径的关系

（2）刺槐生物量与其他生长因子的关系　刺槐作为燃料型能源树种进行培育，刺槐植株的生物量是其收获产物之一，是用来作为衡量刺槐培育水平高低的一个非常有效的因子。而刺槐植株生物量的高低是由树高、基径和冠幅等生长因子共同作用而决定的。生长因子的生长量越大，其生物量也就随之增加越大。因此从刺槐能源林的高生物量的培育目标来讲，生物量与生长因子生长量之间的关系是重点研究对象。

单从生物量与树高、平均基径和平均冠幅的关系如图 5-21 至图 5-23。

由图 5-21、图 5-23 生物量与树高和冠幅的关系图可以清楚地看出：生物量随树高和平均冠幅增大都有明显增大的趋势；而图 5-22 显示，随刺槐基径的逐渐增大，生物量并没有呈现明显的线性增加趋势，变化趋势不呈明显的线性规律。

综上所述，刺槐能源林的生物量是其各生长指标共同作用的结果，树高、基径和冠幅甚至萌生枝条数等因子随着时间的推移，各因子各自遵循自己的生长变化规律，但是各生长指标因子间亦有相互制约的竞争关系存在，因此在培育过程中，了解各因子之间的相互

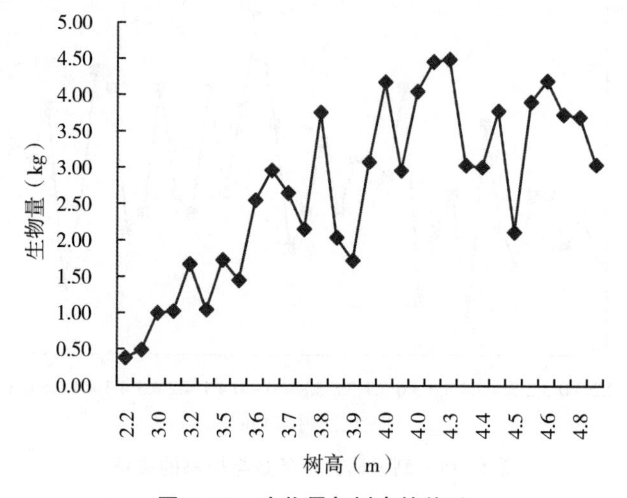

图 5-21　生物量与树高的关系

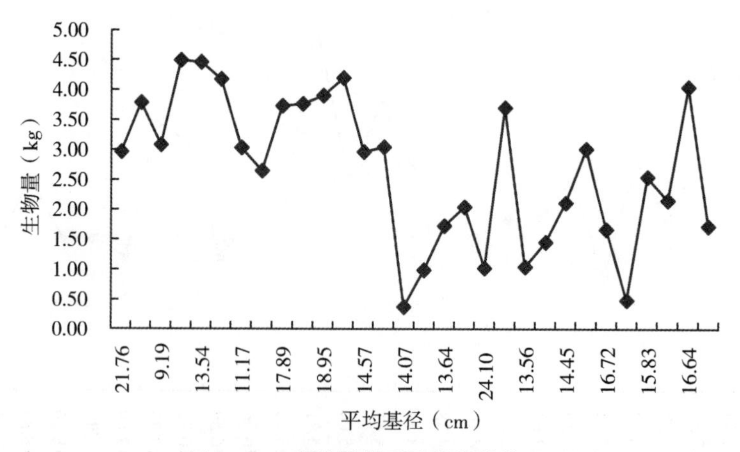

图 5-22　生物量与平均基径的关系

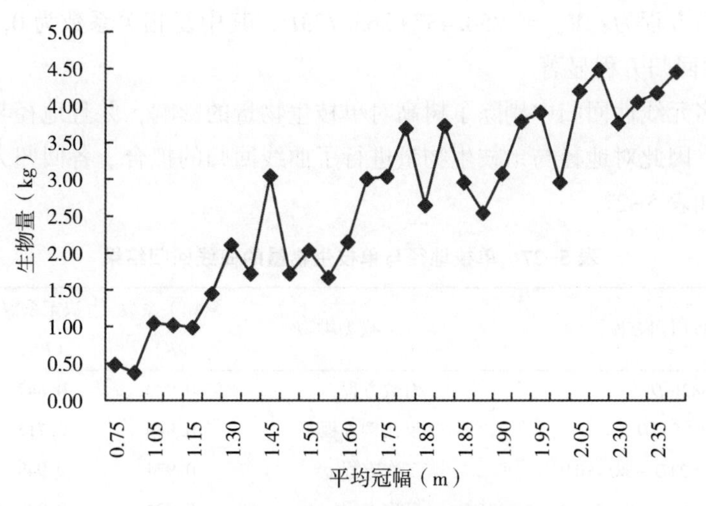

图 5-23　生物量与平均冠幅的关系

关系，制定培育的可行性方案，并且在培育高生物量刺槐能源林的过程中，注重刺槐树高和冠幅方面的高效培育，如此可以获得高质量、高生物量的刺槐。

（3）刺槐生物量的生长关系模型　生物量模型是林分生长收获体系的一个主要环节，它用来预估林分生物量的多少，其模型精度的好坏直接影响了林分经营的水平，因此对生长收获的研究非常有必要。

单木生物量是以模拟林分内每株树木各分量（干、枝、叶、皮、根等）干物质重量为基础的一类模型。它是通过样本观测值，建立树木各分量干重与树木其他测树因子之间的一个或一组数学表达式，而该表达式一定要尽量反映和表征各分量干重与其他测树因子之间内在关系，从而达到利用树木易测因子的调查，来估计不易测因子的目的。单木生物量模型很多，概括起来有两种基本模型，分别为线性模型和非线性模型；根据自变量的多少，又可分为一元或多元模型。非线性模型应用最为广泛。

1）单丛各萌发枝因子（高、地径）与单枝生物量建立模型

以单丛各萌枝的地径 D、株高 H 为自变量，单枝生物量 $W_{枝}$ 为因变量建立模型。

①对各元素间进行相关性分析。由表 5-26 可知，各因子与单枝生物量的相关性为极显著，显著性水平 Sig. =0.000。地径与单枝生物量的相关性最大，达到了 0.962，高与单枝生物量的相关系数为 0.812，地径与高的相关系数为 0.829。因此建立树高、地径与单枝生物量间的关系模型是可行的。

表 5-26　单枝各因子间的相关系数

	$W_{枝}$	H
H	0.812**	
D	0.962**	0.829**

②应用逐步剔除法进行多元线性回归。剔除树高对单枝生物量的影响，并且地径与单

枝生物量的回归方程为：$W_{枝}=-250.437+263.773D$，其中复相关系数为0.962，决定系数为0.925，线性回归方程显著。

③由于在多元线性回归中剔除了树高对单枝生物量的影响，并且地径与单枝生物量的相关系数很大，因此对地径与单枝生物量进行了曲线回归的拟合。各回归方程的复相关系数及决定系数如表5-27。

表5-27　单枝地径与单枝生物量的曲线回归结果

各回归方程	模型类型	复相关系数（R）	决定系数（R^2）	n	a
1. $W=6.578+405.682\ln D$	对数方程	0.920	0.847	104	0.05
2. $W=552.371-530.954/D$	反比例方程	0.846	0.715	104	0.05
3. $W=-31.983-11.924D+78.410D^2$	二次方程	0.974	0.949	104	0.05
4. $W=-16.113-43.380D+97.559D^2-3.633D^3$	三次方程	0.974	0.949	104	0.05
5. $W=6.759\times5.733^D$	复合曲线	0.937	0.877	104	0.05
6. $W=33.125D^{2.907}$	乘幂曲线	0.970	0.941	104	0.05
7. $W=e^{(7.632-4.149/D)}$	“S”型曲线	0.972	0.945	104	0.05
8. $W=e^{(1.911+1.746D)}$	等比级数曲线	0.937	0.877	104	0.05
9. $W=6.759e^{1.746D}$	指数方程	0.937	0.877	104	0.05
10. $W=1/(1/u+0.148\times0.174^D)$	Logistic曲线	0.937	0.877	104	0.05

上述各回归方程的F检验均达到了相当高的显著水平（Sig. =0.000）。由上述结果分析可知，对所选模型的拟合，复相关系数$R>0.920$（除了模型2），决定系数$R^2>0.847$（除了模型2）。用模型4（$W=-16.113-43.380D+97.559D^2-3.633D^3$，三次方程）、模型3（$W=-31.983-11.924D+78.410D^2$，二次方程）、模型6（$W=33.125D^{2.907}$，乘幂曲线）和模型7（$W=e^{(7.632-4.149/D)}$，S型曲线）都可很好地拟合生物量，复相关系数$R>0.970$，$R^2>0.941$。

④应用非线性回归拟合方程

本文用以下方程作为备选模型进行非线性回归分析（王雪梅，2001）：

$$W_{枝}=C_1D_2^CH_3^C \tag{5-2}$$

$$\ln W_{枝}=C_1+C_2\ln G+C_3\ln H \tag{5-3}$$

式中：$W_{枝}$为单枝生物量，H为单枝高，D为单枝地径，G为单枝地径的面积，C_1、C_2、C_3为模型参数。

表5-28　非线性回归的参数估计值

模型	参数估计值			R^2	n	a
	C_1	C_2	C_3			
1	0.314	2.035	0.901	0.964	104	0.05
2	-4.586	1.007	1.552	0.973	104	0.05

由上述结果分析可知，对所选两种模型的拟合，决定系数 R^2 分别达到了 0.964 和 0.973。因此，用这两个模型 $W_{枝}=0.314D^{2.035}H^{0.901}$ 和 $\ln W_{枝}=-4.586+1.007\ln G+1.552\ln H$ 都可很好地拟合生物量。

综上所述，逐步剔除多元线性回归、曲线回归及非线性回归拟合模型中，决定系数均表现出较高的水平。非线性回归最高，R^2 分别达到了 0.964 和 0.973，模型 2（$\ln W_{枝}=-4.586+1.007\ln G+1.552\ln H$）拟合最好；其次多元线性回归较好，拟合模型的决定系数 R^2 为 0.925；曲线回归中几种模型较好，模型 4（$W=-16.113-43.380D+97.559D^2-3.633D^3$，三次方程）、模型 3（$W=-31.983-11.924D+78.410D^2$，二次方程）、模型 6（$W=33.125D^{2.907}$，乘幂曲线）和模型 7（$W=e^{(7.632-4.149/D)}$，$S$ 型曲线）都可很好地拟合生物量，决定系数 $R^2>0.941$。因此，以单丛各萌发枝的地径、高与单枝生物量拟合的模型中，采用非线性回归的模型 2 最佳；也可采用曲线回归中的模型 4、3、6 和 7，所测因子仅为地径，易测且方便简捷。

2）单丛萌发枝的优势枝与单丛生物量模型

以单丛萌发枝的优势枝的高 H_u、地径 D_u、单丛萌枝数 n、总地径 nD_u（地径×萌枝数）、总高 nH_u（高×萌枝数）、地径的面积 G_u、总地径的面积 nG_u 为自变量，单丛生物量 $W_{总}$ 为因变量建立模型。

①各元素间进行相关性分析，结果见表 5-29。由表可知，地径 D_u 和地径的面积 G_u 与生物量的相关性很大，分别为 0.921 和 0.917。高 H_u 与生物量的相关系数也较大，为 0.698。其他因子与生物量的相关系数也较大，在 0.416~0.575 间。各因子与单丛生物量 $W_{总}$ 的相关性都极为显著，显著性水平 Sig. =0.000。

表 5-29　各不同因子间的相关系数

	$W_{总}$	G_u	H_u	D_u	nD_u	nG_u
nH_u	0.416**	0.201	0.143	0.224	0.938**	0.905**
nG_u	0.511**	0.388**	0.090	0.405**	0.978**	
nD_u	0.575**	0.437**	0.138	0.456**		
D_u	0.921**	0.994**	0.640**			
H_u	0.698**	0.625**				
G_u	0.917**					

②应用逐步剔除法进行多元线性回归，结果见表 5-30。由表 5-30 可知，三回归方程的复相关系数分别为 0.921、0.946、0.957，决定系数为 0.848、0.895、0.915，各回归方程无论是 F 检验还是自变量的 T 检验均达到了相当高的显著水平（Sig. =0.000）。

表 5-30　不同因子间的逐步剔除线性回归结果

模型	复相关系数 R	决定系数 R^2	n	a
$W_{总}=-319.354+316.223D_u$	0.921	0.848	62	0.05
$W_{总}=-359.470+299.220D_u+0.146nH_u$	0.946	0.895	62	0.05
$W_{总}=-506.820+258.713D_u+0.146nH_u+0.721H_u$	0.957	0.915	62	0.05

③由于在相关性分析中地径 D_u 对单丛生物量的影响作用大，因此对地径与单丛生物量 $W_{总}$ 进行了曲线回归的拟合。各回归方程的复相关系数及决定系数如表 5-31。

表 5-31 各回归方程的 F 检验均达到了相当高的显著水平（Sig. =0.000）。由结果分析可知，所拟合的模型中，复相关系数 $R>0.888$，决定系数 $R^2>0.789$。模型 7、3 和 4 的决定系数 R^2 分别为 0.856、0.849 和 0.849。因此，用模型 7（$W=e^{(7.957-4.474/Du)}$，“S” 型曲线）、模型 4（$W=-292.485+295.415D_u-1.635D_u^3$，三次方程）和模型 3（$W=-290.674+286.752D_u+7.259D_u^2$，二次方程）都可较好地拟合单丛生物量。

表 5-31　优势枝地径与生物量的曲线回归结果

各回归方程	模型类型	复相关系数（R）	决定系数（R^2）	n	a
1. $W=-98.981+614.107\ln D_u$	对数方程	0.915	0.837	62	0.05
2. $W=900.763-1122.892/D_u$	反比例方程	0.897	0.804	62	0.05
3. $W=-290.674+286.752D_u+7.259D_u^2$	二次方程	0.921	0.849	62	0.05
4. $W=-292.485+295.415D_u-1.635D_u^3$	三次方程	0.921	0.849	62	0.05
5. $W=26.122\times3.245^{Du}$	复合曲线	0.888	0.789	62	0.05
6. $W=56.261D_u^{2.364}$	乘幂曲线	0.912	0.832	62	0.05
7. $W=e^{(7.957-4.474/Du)}$	“S” 型曲线	0.925	0.856	62	0.05
8. $W=e^{(3.263+1.177Du)}$	等比级数曲线	0.888	0.789	62	0.05
9. $W=26.122e^{1.177Du}$	指数方程	0.888	0.789	62	0.05
10. $W=1/(1/u+0.038\times0.308^{Du})$	Logistic 曲线	0.888	0.789	62	0.05

④应用非线性回归拟合方程

本书用以下方程作为备选模型进行非线性回归分析（王雪梅，2001）：

1. $W_{总}=C_1D_u^{C_2}H_u^{C_3}$ （5-4）

2. $W_{总}=C_1(nD_u)^{C_2}H_u^{C_3}$ （5-5）

3. $\ln W_{总}=C_1+C_2\ln H_u+C_3\ln G_u$ （5-6）

4. $\ln W_{总}=C_1+C_2\ln H_u+C_3\ln(nG_u)$ （5-7）

5. $W_{总}=C_1(D_u)^{C_2}(nH_u)^{C_3}$ （5-8）

6. $\ln W_{总}=C_1+C_2\ln(nH_u)+C_3\ln G_u$ （5-9）

式中：C_1、C_2、C_3 为模型参数。

表 5-32　非线性回归的参数估计值

模型	参数估计值			R^2	n	a
	C_1	C_2	C_3			
1	1.697	1.761	0.687	0.861	62	0.05
2	0.000	0.450	2.292	0.712	62	0.05
3	-2.637	1.252	0.954	0.874	62	0.05

（续）

模型	参数估计值			R^2	n	a
	C_1	C_2	C_3			
4	-12.119	2.993	0.281	0.795	62	0.05
5	16.900	1.947	0.247	0.895	62	0.05
6	2.532	0.305	1.096	0.882	62	0.05

由表5-32分析结果可知，对所选六种模型的拟合中，决定系数 $R^2>0.712$。用模型5（$W_{总}=16.900\ (D_u)^{1.947}\ (nH_u)^{0.247}$）、模型6（$\ln W_{总}=2.532+0.305\ln\ (nH_u)\ +1.096\ln G_u$）和模型3（$\ln W_{总}=-2.637+1.252\ln H_u+0.954\ln G_u$）都可拟合生物量，其模型5、6和3的决定系数 R^2 分别达到了0.895、0.882和0.874。

综上所述，逐步剔除多元线性回归、曲线回归及非线性回归拟合模型中，决定系数均表现出较高的水平。多元线性回归模型3（$W_{总}=-506.820+258.713D_u+0.146nH_u+0.721H_u$）最高，$R^2=0.915$；其次为非线性回归，模型5（$W_{总}=16.900\ (D_u)^{1.947}\ (nH_u)^{0.247}$）表现较好，$R^2=0.895$；曲线回归中，模型7（$W=e^{(7.957-4.474/Du)}$，"S"型曲线）、模型4（$W=-292.485+295.415D_u-1.635D_u^{\ 3}$，三次方程）和模型3（$W=-290.674+286.752D_u+7.259D_u^{\ 2}$，二次方程）的决定系数 R^2 较高分别为0.856、0.849和0.849。因此，应用优势枝的地径、枝高与单丛生物量拟合的模型中，多元线性回归模型3（$W_{总}=-506.820+258.713D_u+0.146nH_u+0.721H_u$）最佳。

综合上述两种拟合生物量模型的方法中，单枝的决定系数最高。其非线性回归模型2（$\ln W_{枝}=-4.586+1.007\ln G+1.552\ln H$）拟合最好，$R^2$ 达到了0.973，曲线回归中的模型4（$W=-16.113-43.380D+97.559D^2-3.633D^3$，三次方程）、模型3（$W=-31.983-11.924D+78.410D_u^2$，二次方程）、模型6（$W=33.125D^{2.907}$，乘幂曲线）和模型7（$W=e^{(7.632-4.149/D_u)}$，"S"型曲线）也较好，决定系数 $R^2>0.941$；优势枝的地径、株高拟合的模型中，多元线性回归模型3（$W_{总}=-506.820+258.713D_u+0.146nH_u+0.721H_u$）最佳，$R^2=0.915$。因此，对于刺槐测树因子难测的情况下，建议采用单枝的曲线回归模型4、3、6、7（因子仅为地径），优势枝的多元线性回归模型3（仅测单丛中最优的一枝），方便简捷且易行。

3）基于萌生灌丛冠幅和萌条高的生物量预测模型

在林分生物量估测中，经常分别建立林木组成的分量与易测树木因子，如胸径（D）、树高（H）等因子的关系，建立各分量的回归估计模型。刺槐萌生林是燃料能源利用的主要类型，类似灌丛，其胸径、树高的测定工作量很大，而且多数单株测定不便。而事实上，由于刺槐萌生林分枝较多，簇生而非独立木，胸径的影响不再是主要影响因子。刘卫国（2010）提出非线性回归模型的拟合精度较一元线性回归模型有一定提高，即非线性模型预测结果与实测生物量更为符合。因其簇生性，将其冠幅考虑进来，以基径 D_0 和冠幅（C）或树高（H）和冠幅（C）作为自变量预测生物量，以 $W=a\ (D^2H)^b$ 的幂函数方程进行回归拟合。

研究选取河南洛宁的普通刺槐，于 2011 年秋季对母树进行平茬，平茬高度为 10cm，株行距都是 1m×1.5m。2013 年 3 月对试验地内的刺槐萌生林进行生长情况的调查，调查并记录样地内 42 株健康标准树的生长指标，包括树高（m）、冠幅（cm）、萌发处基径（mm）；对 42 株标准萌生树进行采伐。将标准木伐倒后，按枝条长度和枝条基部直径大小，分上、中、下 3 层，测算出每层枝条的平均长度和平均基径，在每层枝条中选出两枝标准枝，测其枝条和叶子的鲜重，作为推算各层枝、叶鲜重的依据。从标准枝中称出 100g 左右作为样品鲜重，从标准枝的叶子中称出 100g 左右作为叶子样品鲜重，将样品烘干后，计算出干重比。用天平称取刚采伐下的植株的湿重，并将树叶、树枝、干分开整理并单独称量湿重，取每株的枝、叶的部分装袋带回实验室，在 80℃烘箱中烘至恒重，得到样品各器官的干重，可得各部分器官的含水率，推导出整株树的干、枝、叶的生物量。通过回归计算获得如下预测方程。

$$W = 0.168\,(CH)^{1.434} \qquad R^2 = 0.971 \tag{5-10}$$

$$W = 0.109\,(nD_0C)^{0.582} \qquad R^2 = 0.608 \tag{5-11}$$

从相关性上看，用变量冠幅（C）和树高（H）进行回归拟合效果明显优于基径（D_0）和冠幅为自变量所拟合的方程。再用将选取的样本中剩余的 12 组数据作为检验数据，进行 t 检验。得出 $t=1.030<2.201=t_{0.05}$，Sig. =0.325>0.05，说明检验数据通过检验，所模拟的方程可用，且拟合效果较好。利用该回归方程，用实测的树高、冠幅数据预值留作检查刺槐的生物量，所得结果与实际测得数据进行比较，按下式计算其预测的平均相对误差 A_c：

$$A_c = \frac{1}{n}\sum_{i=1}^{n}\left(\frac{|\text{预测值} - \text{实际值}|}{\text{实际值}}\right) \tag{5-12}$$

计算得 $A_c=0.081$，估计精度 $P_c=1-A_c=0.019$，说明所模拟的方程效果很好，利用冠幅与株高模型 $W = 0.168\,(CH)^{1.434}$ 预测刺槐萌生林生物量具有较高的可靠性和精度。

5.3.1.1.2　低密度下刺槐能源林的生长

（1）刺槐萌条生长年变化规律　图 5-24、图 5-25 显示了实生刺槐林在首次采伐后由树桩基部萌生形成的萌条灌丛的基径总量和每丛萌条平均高的年度变化生长状况。可以看出，在刺槐采伐后萌条第 1 年生长期后，密度 1m×1m 的基径和树高都要高于密度 1m×1.5m 的数值。随着年份越长，低密度林分（1m×1.5m）刺槐的基径和树高都要高于高密度。这符合随着树龄的增大，萌条间对水肥等营养以及环境空间竞争加剧的自然稀疏与分化的规律。

（2）刺槐萌条年生长量的变化　连年生长量和年均生长量是测树学中一定生长时期内林木生长优劣情况的两项指标。连年生长量指林木从上一年生长期到后一年同期的生长量，可以作为衡量林木历年生长速度的一个指标。年平均生长量指在林木的生长过程周期内，平均到每年的生长数量。刺槐萌生林分内萌条植株的基径和树高的连年生长量和年均生长量是决定刺槐能源林培育效率的重要参数。

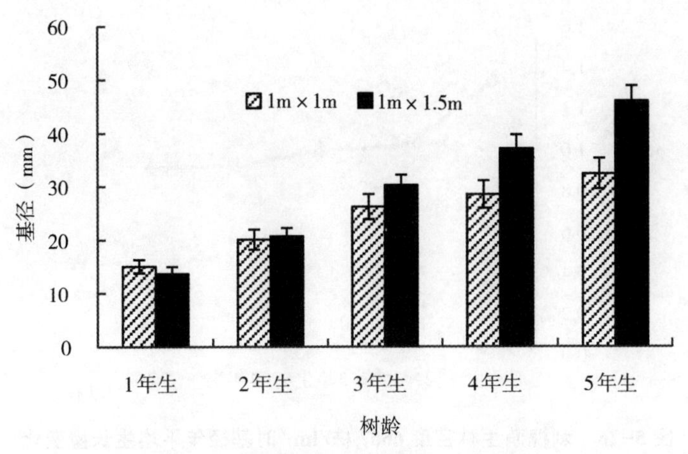

图 5-24　刺槐单株萌条基径总量变化

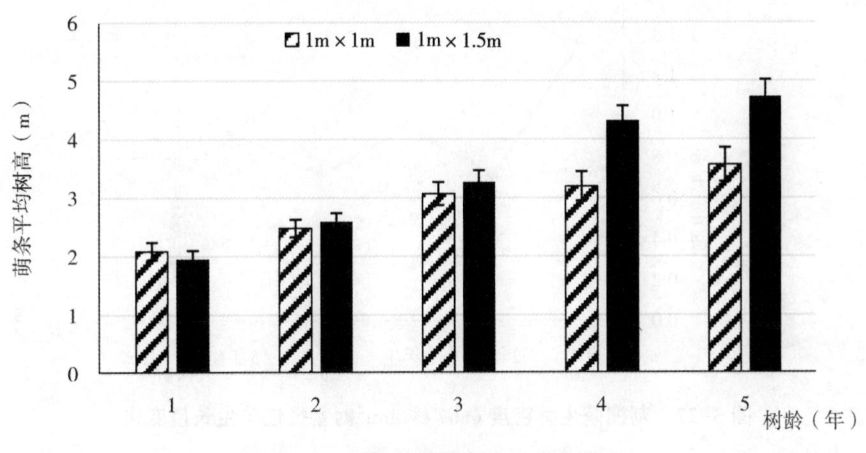

图 5-25　刺槐单株萌条平均高年变化

①密度 6667 株/hm^2刺槐萌生林的年生长量变化

表 5-33　刺槐萌生林在密度 6667 株/hm^2时基径随年龄的变化

树龄（年）	基径生长状况		
	年平均生长量（cm）	连年生长量（cm）	总生长量（cm）
1	1.36	1.36	1.36
2	1.03	0.70	2.06
3	1.00	0.94	3.00
4	0.93	0.70	3.71
5	0.92	0.91	4.61

由图 5-26、图 5-27 可以看出，在一定的密度条件下，刺槐萌生林在平茬后的前 5 年基径均呈现不断增加的趋势，到第 5 年时基径的单丛总生长量可达到 4.61cm（表 5-33）。但是基径的年平均生长量各年间存在差异，随着刺槐萌生灌丛林龄的增长，其变化关系表

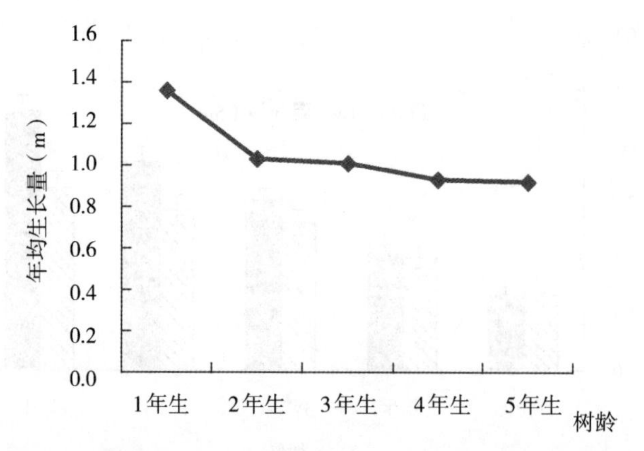

图 5-26　刺槐萌生林密度 6667 株/hm²时基径年平均生长量变化

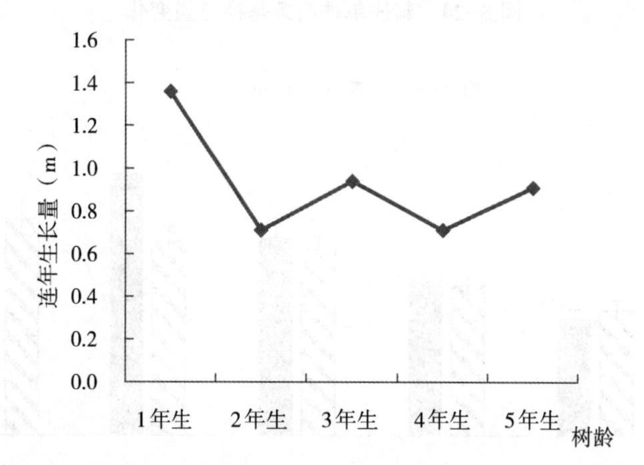

图 5-27　刺槐萌生林密度 6667 株/hm²时基径连年生长量变化

现为逐年减低，以在萌生初期基径的生长速率最大，而连年生长量也呈现逐渐降低的变化总趋势，但各年间也有差别，1 年生时要明显高于其他年龄，2 年、4 年时值较低，在第 5 年又出现增加，原因可能是由于水肥、营养和空间的竞争，出现的“大小年”现象。

由图 5-28 和图 5-29 可知，刺槐萌生林初期的树高生长在最初的 5 年中不断积累增加，5 年生的刺槐萌生林高度可达到 4. 73m（表 5-34）。随着年龄的变化萌生林高度的年平均生长量逐渐降低，变化范围为 0. 95~1. 95m；其连年生长量随着林龄则有先降低再增

表 5-34　刺槐萌生林在密度 6667 株/hm²时高随年龄的生长量

树龄（年）	高生长状况		
	年平均生长量（m）	连年生长量（m）	总生长量（m）
1	1. 95	1. 95	1. 95
2	1. 30	0. 64	2. 59
3	1. 09	0. 68	3. 27
4	1. 08	1. 05	4. 32
5	0. 95	0. 41	4. 73

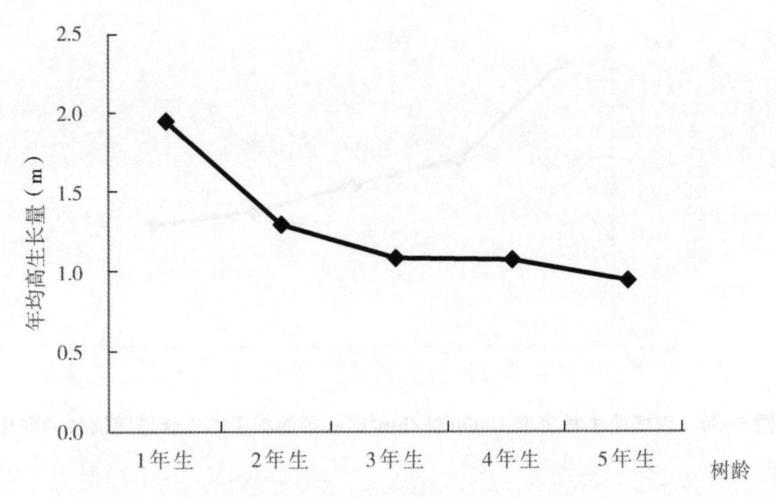

图 5-28　刺槐萌生林密度 6667 株/hm²时高的年均生长量变化

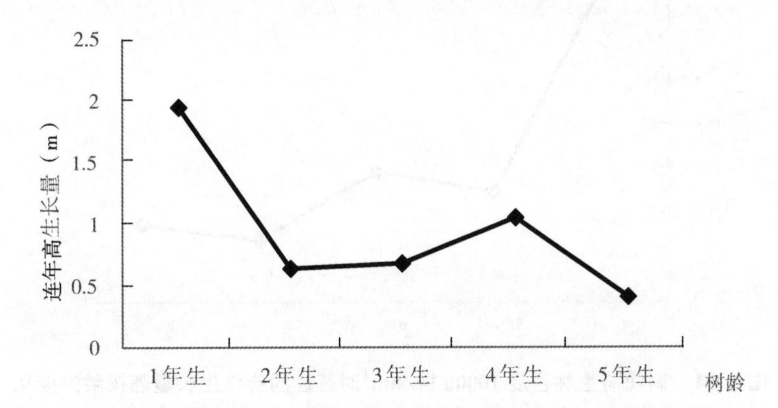

图 5-29　刺槐萌生林密度 6667 株/hm²时高的连年生长量变化

加后减少的趋势，在 1 年时达到最大值，为 1.95m，随后出现下降，而在 4 年生又出现了一个高峰值随后连年生长量降低，最低值 0.41m 则出现在 5 年生时。

②密度 10000 株/hm²刺槐萌生林的年生长量变化

由图 5-30 和图 5-31 可以看出，刺槐萌生林在密度达到 10000 株/hm²时林木基径在 5 年生长过程中同样表现为均不断增加，到 5 年生时刺槐萌生林单丛基径最大达到 3.23cm

表 5-35　刺槐萌生林在密度 10000 株/hm²时基径的生长变化

树龄（年）	基径生长状况		
	年平均生长量（m）	连年生长量（m）	总生长量（m）
1	1.51	1.51	1.51
2	1.00	0.50	2.00
3	0.87	0.59	2.60
4	0.72	0.28	2.88
5	0.65	0.35	3.23

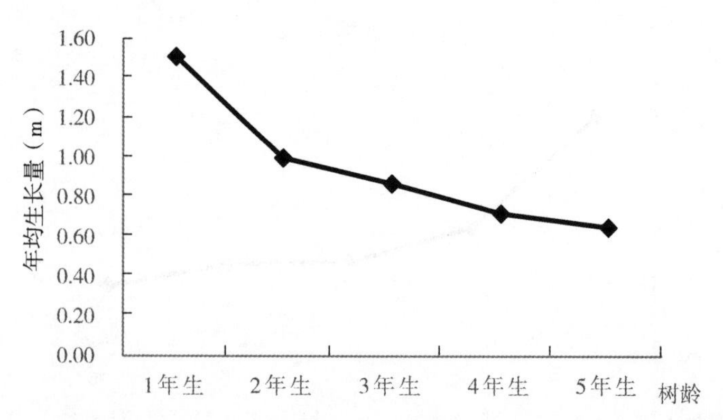

图 5-30　刺槐萌生林密度 10000 株/hm²时基径的年平均生长量随树龄的变化

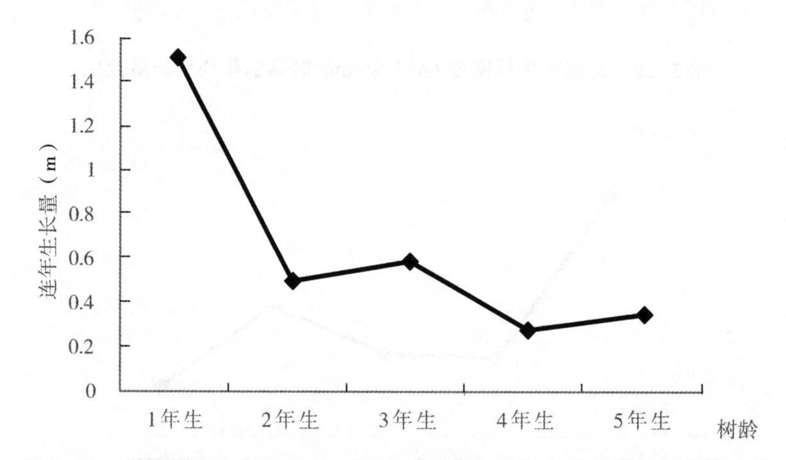

图 5-31　刺槐萌生林密度 10000 株/hm²时基径的连年生长量随树龄的变化

（表 5-35）。基径的年平均生长量随着萌生林龄的变化逐渐减小；其连年生长量也呈现减少的趋势，但在 3 年生时出现“回增”现象，要高于 2 年生的值。

由图 5-32、图 5-33 可知，在该密度下，刺槐萌生林萌条株高的年平均生长量、连年生长量也随着年龄的变化呈逐渐减小的整体趋势，连年生长量在林龄 4 年时达到最低值，为 0. 28cm（表 5-36）。

表 5-36　刺槐萌生林密度 10000 株/hm²时高的生长量变化

树龄（年）	高生长状况		
	年平均生长量（m）	连年生长量（m）	总生长量（m）
1	2. 09	2. 09	2. 09
2	1. 24	0. 39	2. 48
3	1. 02	0. 59	3. 07
4	0. 80	0. 13	3. 20
5	0. 71	0. 37	3. 57

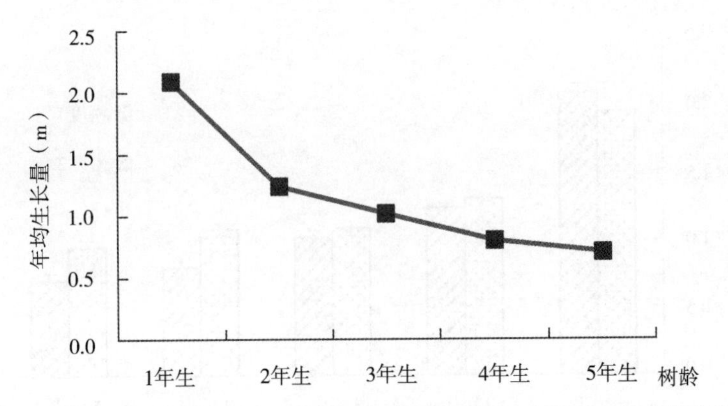

图 5-32　刺槐萌生林密度 10000 株/hm^2时高的年均生长量随树龄的变化

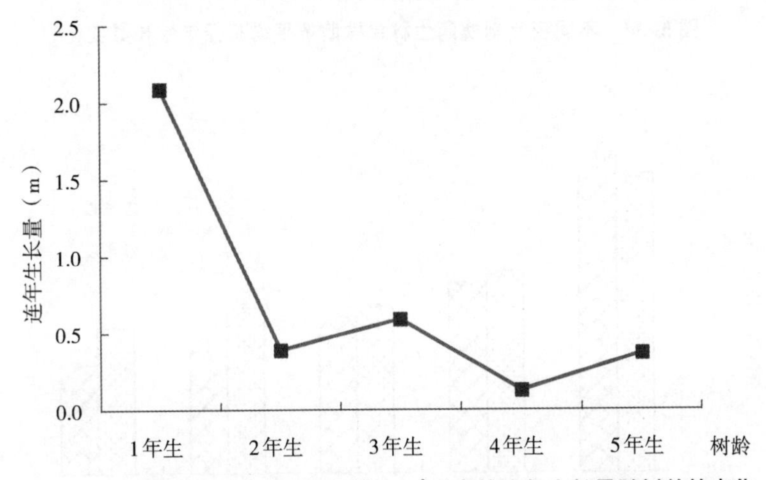

图 5-33　刺槐萌生林密度 10000 株/hm^2时高的连年生长量随树龄的变化

可以看出，刺槐萌生林样地内萌条株高的值在 5 年中均保持增加的趋势，5 年生的萌生林高度最大达到 3. 57m；萌生株高的年平均生长量随着刺槐萌生灌丛林龄的变化依次递减；其连年生长量呈现曲折变化减少的总趋势；萌生林树高的连年生长量也随着年龄的变化逐渐减小，在林龄为 4 年时达到最低值，为 0. 13m。

（3）低密度下不同密度刺槐萌条年生长量的比较　通过在河南洛宁吕村林场试验区内选择了 6667 株/hm^2和 10000 株/hm^2两种密度为对象调查密度对刺槐生长量的影响。调查刺槐林分培育初始密度是 0. 5m×0. 5m，造林苗木为实生苗，在一代林的成长过程中，经过定干、抚育等措施使部分林地密度变为 1m×1m，1m×1. 5m 的乔木型刺槐。研究对象基于此种方式培育的刺槐人工林平茬后萌发的萌生林分。

图 5-34、图 5-35 显示，在萌生林龄 1 年生时，密度 1m×1m 条件下基径和萌条的高生长量基本要高于密度 1m×1. 5m 时相同条件下的值，其他林龄时反之；无论是萌条高还是基径在两个密度条件下都是随着树龄的增加，生长量都有呈逐渐下降的趋势。这也反映了刺槐萌生林在生长过程中，随着水分、营养物质和空间竞争关系的加大，导致生长速率逐年减少，但速率减缓的幅度随密度的增大下降越明显。

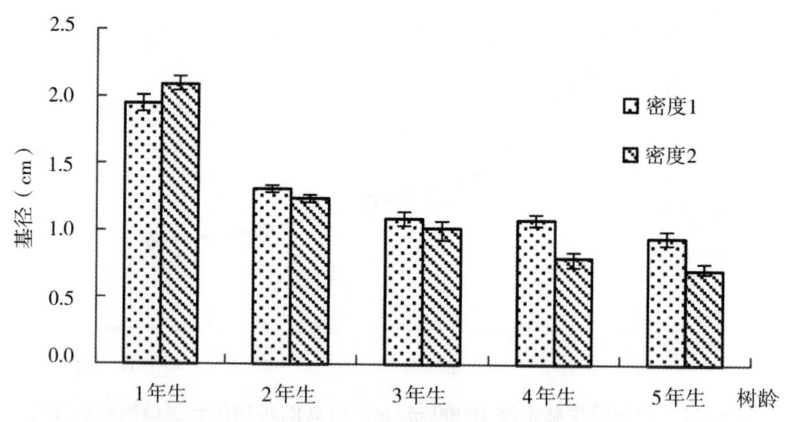

注：密度 1 为 6667 株/hm^2，密度 2 为 10000 株/hm^2，以下同。

图 5-34　不同密度刺槐萌生林单株萌条平均基径年生长量变化

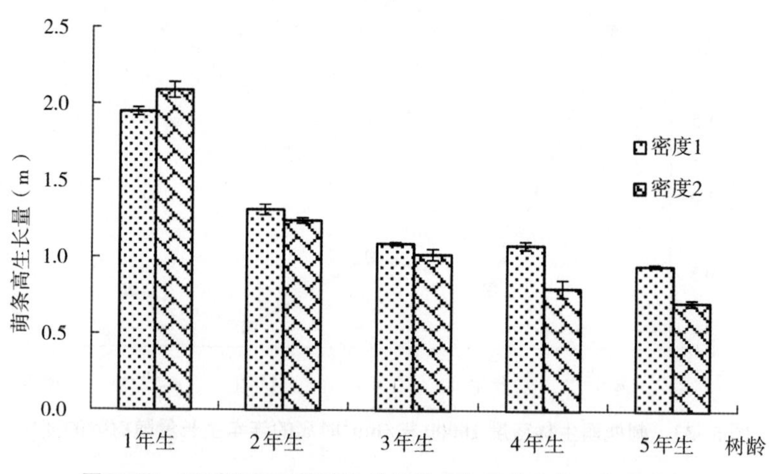

图 5-35　不同密度刺槐萌生林单株萌条平均高年生长量变化

（4）刺槐萌条生长的季节变化规律

①基径生长的季节变化规律

刺槐在不同季节时的地径分布范围是不同的，图 5-36 是刺槐在生长盛期时的基径大小分布规律，可以看出，在此生长季节内，刺槐基径的范围是 8. 35~32. 67mm，平均基径的变化范围较大，且由图上的标准偏差线可知，每一丛刺槐枝条的基径大小差别大。

图 5-37 可以看出，在不同的生长季节时，萌生林分基径的生长速率是不一样的，由生长盛期到落叶期时生长速率大，生长量为 2. 22mm；而落叶期到生长初期时的生长速率比前者小很多，生长量为 0. 35mm，这主要是由于进入冬季休眠期后，植株生长缓慢甚至停止生长。

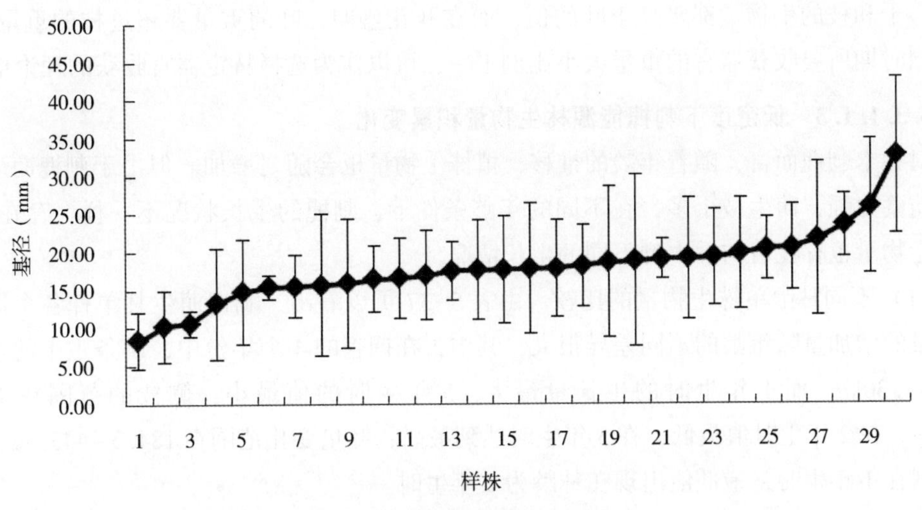

图 5-36 刺槐基径的生长状况

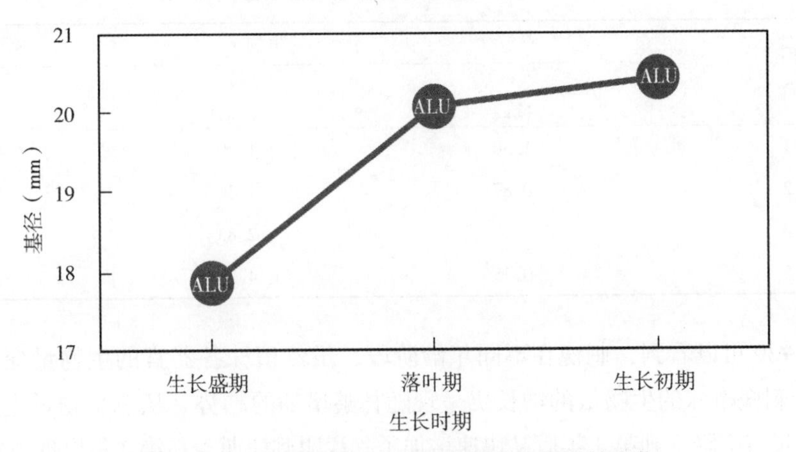

图 5-37 5 年生刺槐萌条平均基径随生长季的变化

②干、枝、叶生长量的季节变化规律

从图 5-38 可知，不同器官在生长时期内的变化趋势是不相同的，干与叶器官表现为先降低后上升的趋势，而枝则相反，出现先增大后降低的现象；在生长盛期、落叶期和生长

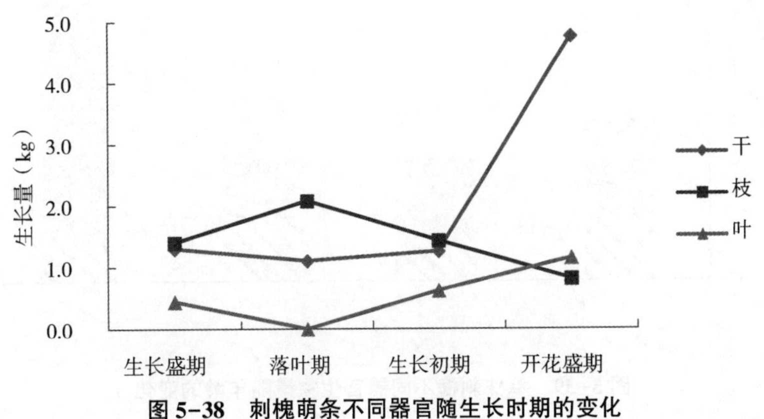

图 5-38 刺槐萌条不同器官随生长时期的变化

初期，干和枝的生物量都要高于叶的值，而在开花盛期，叶的重量要超过枝的重量水平。在不同时期所要收获器官的重量大小比例不一，可以作为选择特定器官收获的理论依据。

5.3.1.1.3 低密度下刺槐能源林生物量积累变化

对乔木刺槐而言，随着年龄的推移，植株生物量也会随之增加。但由于刺槐萌生林早期的萌蘖力强，萌生枝干多，在不同的年龄条件下，刺槐的生长状况不一样，存在差别，因此生物量也存在着与乔木型不同的生长情况。

（1）不同林龄单株生物量的比较　由表 5-37 可以看出，刺槐萌生林单株各个器官的生物量的增加量随年龄的不同差异很大，其中，在调查的 4 个年份中，萌条主干的范围是 0.75~1.30kg，而 1 年生时的生长量最大，5 年生时的值最小；侧枝的范围在 1.30~4.30kg，在 2 年生时值最低，在 5 年生时达到最高；叶量变化范围在 184.3~443.4g，最高值出现在 1 年生时，最低值出现在林龄为 2 年生时。

表 5-37　不同树龄刺槐各器官生物量的比较

树龄（年）	生物量		
	干（kg）	枝（kg）	叶（g）
1	1.30	1.40	443.4
2	0.87	1.30	184.3
3	1.27	2.83	211.2
5	0.75	4.30	298.5

由图 5-39 可以看到，刺槐在不同年龄阶段，虽然植株各器官的生物量变化趋势较复杂，但整个刺槐植株的生物量的增长仍呈现随林龄增加的趋势。从总生物量上看，在萌生第 2 年生物量有下降，到第 3 年后又快速增加了。说明刺槐萌条在第 2 年出现激烈营养竞争，枯死枝条或被压枝较多，影响了整体生物量的增加。但到 3 年后，经过竞争优势留存下来的萌条具有了充分的营养空间，从而获得快速生长的条件和机会，这主要表现在侧枝上。

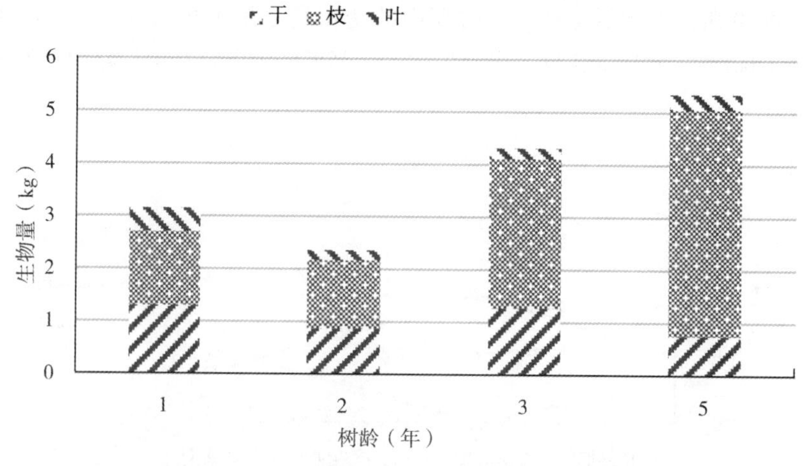

图 5-39　单株刺槐不同器官生物量随年龄的变化

（2）不同生长时期的生物量随年龄的变化　刺槐萌生林在不同的生长期，单株生物量也表现出差异，从图 5-40 至图 5-42 可见 3 个时期的刺槐生物量的变化趋势。生长初期的生物量增长随着年龄呈现曲折增长；在生长盛期，生物量的增长到 3 年以后明显加快；在刺槐落叶期，生物量的增长趋势在 3 年期平稳增长，到 3 年以后也同样是变化较快。从总的趋势看，不论是在生长初期、生长盛期，还是落叶期，刺槐萌生林植株的生物量的变化随着年龄的增加都有增大的趋势。

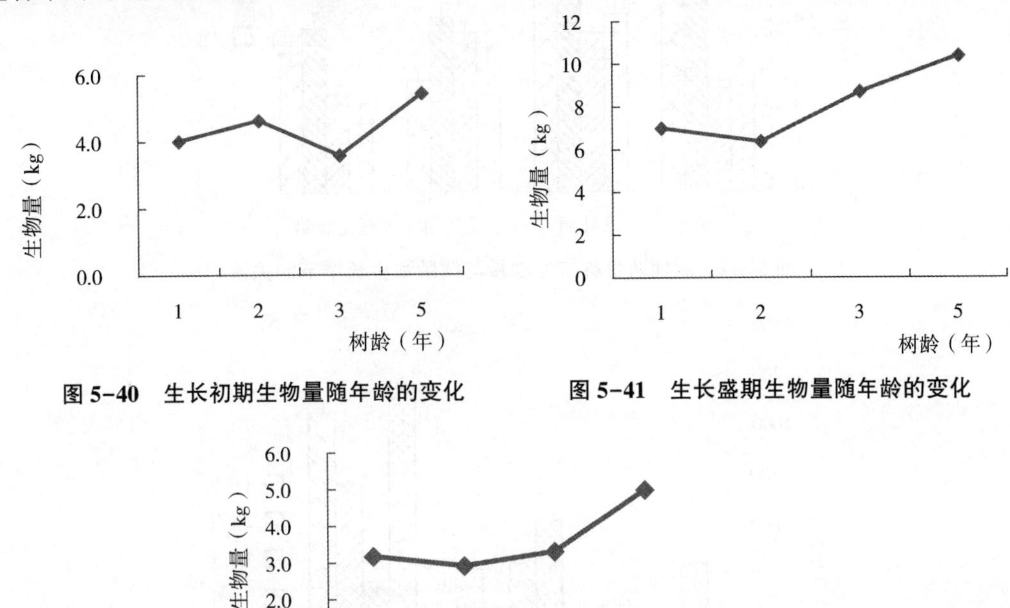

图 5-40　生长初期生物量随年龄的变化　　**图 5-41　生长盛期生物量随年龄的变化**

6.0
5.0
4.0
3.0
2.0
1.0
0.0
生物量（kg）
1　2　3　5
树龄（年）

图 5-42　落叶期生物量随年龄的变化

（3）不同生长季节各器官生物量的比较　由图 5-43 至图 5-45 可知，干器官在开花盛期时的生物量是最高的，要明显高于其他三个生长季节，生长初期时次之，生长盛期和落叶期水平相当；枝在其不同的生长季中，以生长盛期和生长初期生物量较大，开花盛期

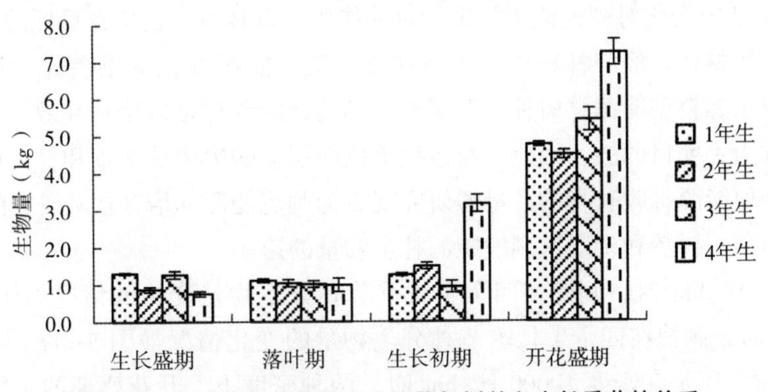

图 5-43　刺槐萌生林萌条干生物量与树龄和生长季节的关系

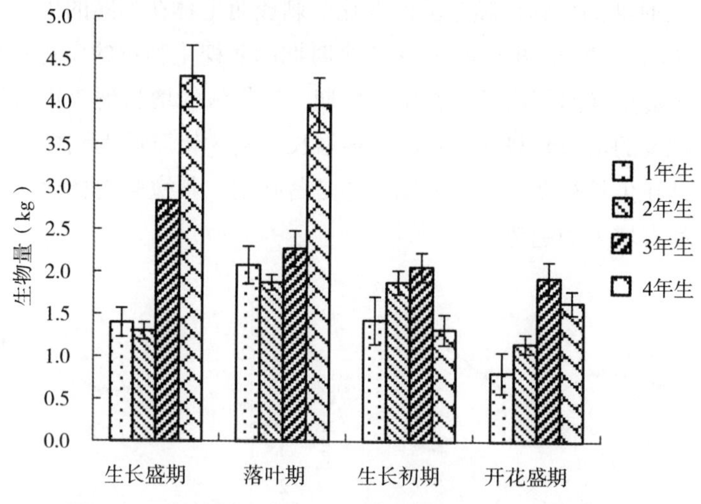

图 5-44　刺槐萌生林枝生物量与树龄和生长季节的关系

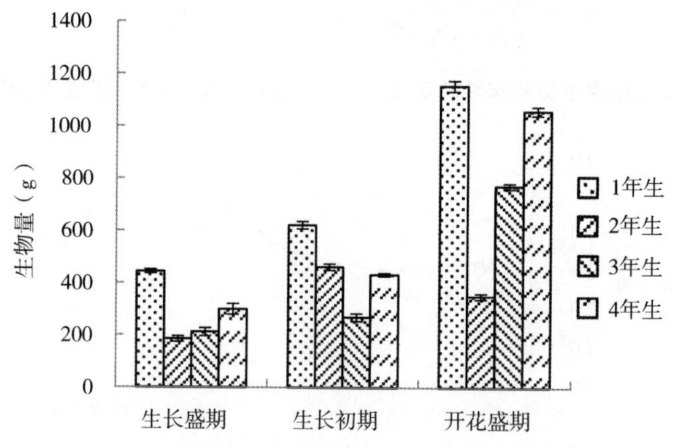

图 5-45　刺槐萌生林叶量与树龄和生长季节的关系

时的生物量最小，可能是由于在此时期营养成分多用于供应叶和花的生长；1、3、5 年生时的叶在开花盛期时的生物量要远高于其他生长季节，只有 2 年生时的叶的生物量在开花盛期<生长初期。

（4）时空结构变化对刺槐能源林生物量的作用　森林可依据培育目标的不同分为能源林、防护林、用材林、经济林和特种用途林五大类，能源林包括以燃烧为目的的森林类型。刺槐隶属于燃料型能源林树种，但能够明确的是能源林是以培育高效、高产、高热能的林分收获物为主要目的的，因此，对包括单位面积上的生物质干重和林分内的生物质的总量在内的刺槐能源林收获物的产量的研究就成为刺槐能源林培育技术研究的重要问题。

①生长季节、树龄和密度对刺槐能源林生物量的影响

密度 6667 株/hm^2时，刺槐在四个生长季节林分生物量变化的情况如图 5-46。密度 10000 株/hm^2时，刺槐在四个生长季节林分生物量的变化情况如图 5-47。不论是在密度 6667 株/hm^2时，还是在密度 10000 株/hm^2时，两种密度下，开花盛期的生物量都高于生长盛期时的生物量，而落叶期与生长初期时的生物量差别不大，原因可能是由于落叶期

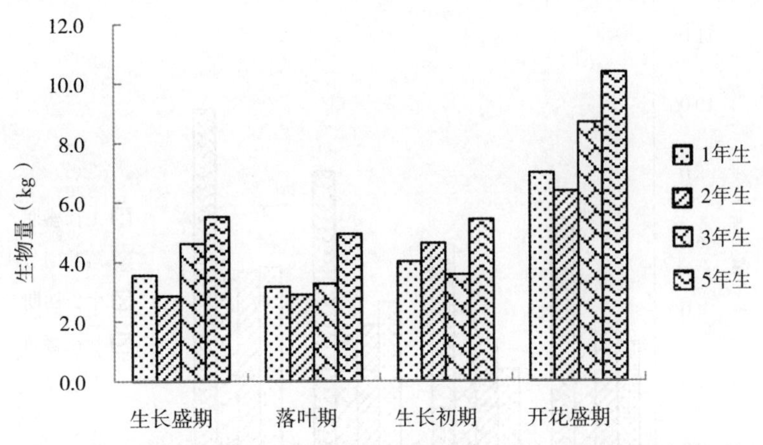

图 5-46　刺槐在密度 6667 株/hm^2时生物量与年龄和生长季节的关系

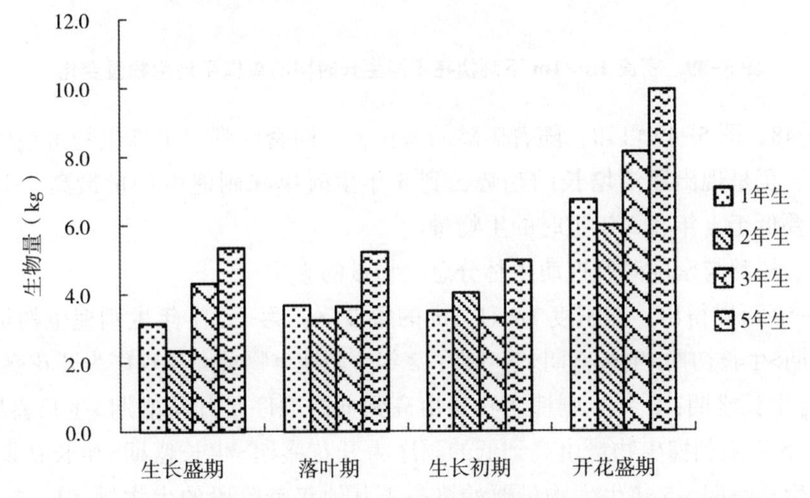

图 5-47　刺槐在密度 10000 株/hm^2时生物量与年龄和生长季节的关系

后，植株进入休眠状态，生长极缓慢甚至停止生长。因此，在选择采伐季节时，可以优先考虑开花盛期，因为此时的生物量最高，且远高于其他三个生长时期。

②季节、树龄和密度对刺槐单株生物量的影响

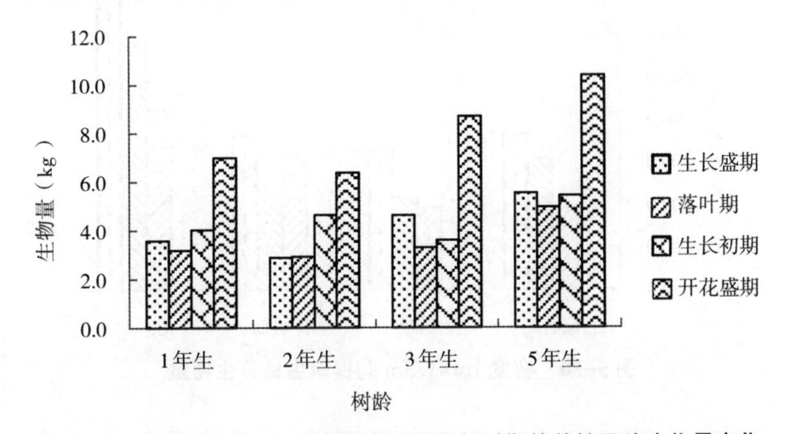

图 5-48　密度 1m×1.5m 下刺槐在不同生长时期的单株平均生物量变化

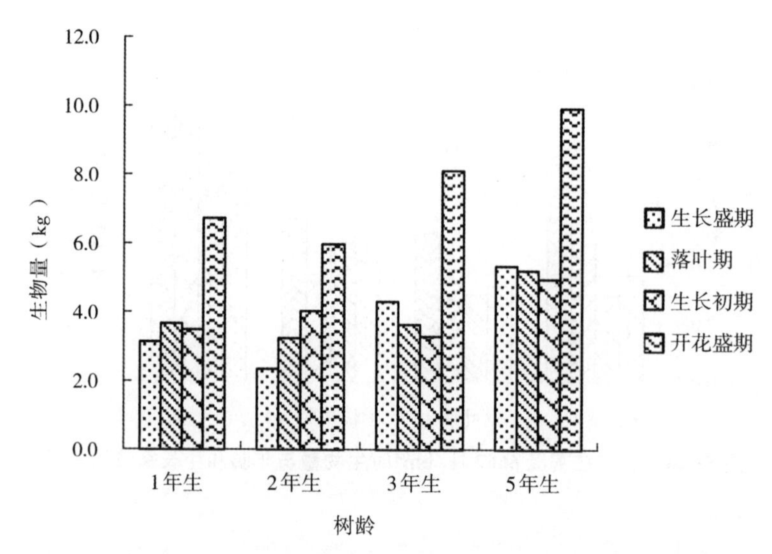

图 5-49　密度 1m×1m 下刺槐在不同生长时期的单株平均生物量变化

由图 5-48、图 5-49 可知，随着树龄的增长，不同密度刺槐单株生物量整体上表现出相同的规律，仍呈现出逐渐增长的趋势，到 5 年生时单株刺槐生物量最高，但在 2 年生时，生物量要低于 1 年和 3 年生时的生物量。

③季节、树龄与密度对刺槐萌生林分总生物量的影响

由图 5-50 可以得出，在密度 1m×1.5m 的条件下：第一，1 年生刺槐生物量的大小顺序为开花盛期>生长初期>生长盛期>落叶期；2 年生刺槐生物量大小顺序为开花盛期>生长初期>落叶期≈生长盛期；3 年生刺槐生物量由高到低的顺序是开花盛期>生长盛期>生长初期>落叶期；5 年生刺槐生物量由高到低的顺序为开花盛期>生长盛期>生长初期>落叶期。第二，同一生长时期，5 年生生物量要始终高于其他年龄阶段的生物量，1、2、3 年生的生物量不同时期互有高低。第三，开花盛期时，各林龄的生物量最高，选择开花盛期作为刺槐生物量收获的季节。

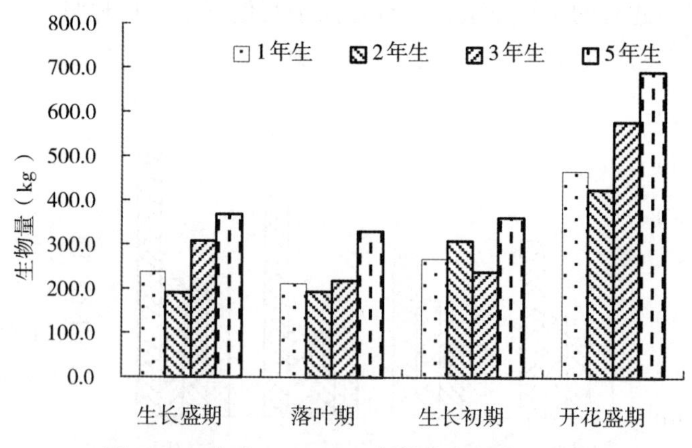

图 5-50　密度 1m×1.5m 刺槐萌生林分生物量

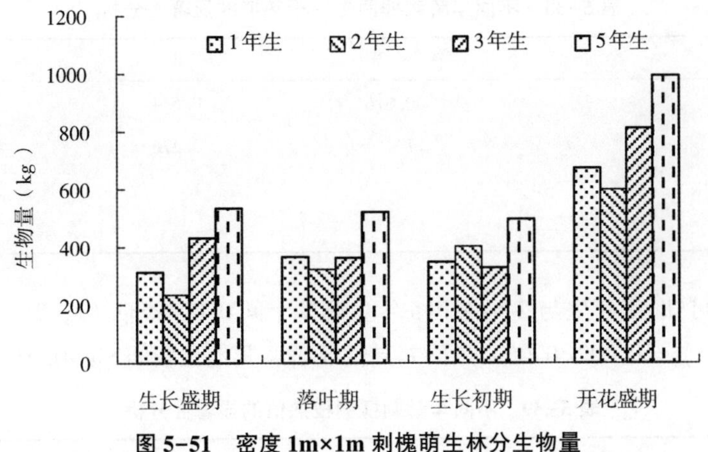

图 5-51　密度 1m×1m 刺槐萌生林分生物量

由图 5-51 可知，在密度 1m×1m 的条件下，1 年生刺槐生物量的大小顺序为开花盛期>生长初期>生长盛期>落叶期；2 年生刺槐生物量大小顺序为开花盛期>生长盛期>生长初期>落叶期；3 年生刺槐生物量由高到低的顺序是开花盛期>生长盛期>生长初期≈落叶期；5 年生刺槐生物量由高到低的顺序为开花盛期>生长盛期>生长初期>落叶期。同一生长时期，5 年生生物量要始终高于其他年龄阶段的生物量，1 年生、2 年生、3 年生的生物量不同时期互有高低。开花盛期时，各林龄的生物量最高，选择开花盛期作为刺槐生物量收获的季节。

由图 5-50、图 5-51 可知，在密度 1m×1.5m 条件下，5 年生刺槐萌生林生物量分别是 1 年生、2 年生、3 年生刺槐萌生林生物量的 1.48、1.63、1.20 倍，3 年生生物量是 1 年生、2 年生生物量的 1.24、1.36 倍；在密度 1m×1m 的条件下，5 年生生物量分别是 1 年生、2 年生、3 年生生物量的 1.48、1.66、1.22 倍，3 年生生物量分别是 1、2 年生生物量的 1.21、1.37 倍。虽然 5 年生的生物量在所有林龄和时期中都是最高的，但从刺槐树种的强萌生力和速生性以及培育时间结构方面来考虑，5 年的轮伐期并不是最优选择，经比较，考虑到 1 年生频繁平茬轮伐不仅耗时耗力，并且对土壤地力的影响更大，恢复较难，并且 1 年生时叶和花所占比重较大，不易运输，而 2 年生生物量只是约为 3 年生生物量的 73%。综上，选择 3 年生刺槐林开花盛期时采伐较为适宜。

5.3.1.2　低密度下年龄对刺槐萌生能源林热值的影响

（1）不同树龄刺槐各器官热值的差异分析　在试验区内的参试刺槐萌生林的萌生年龄分为 1 年、2 年、3 年和 5 年，均为 30 年生一代实生刺槐林平茬后的萌生林，器官选取干、枝、花、叶四部分，测试刺槐各器官的热值，分析比较如表 5-38 至表 5-42。

表 5-38　不同年龄刺槐萌生主干热值的显著性分析

年龄	1	2	3	5
1	1	0.016 *	0.534	0.002 *
2		1	0.276	0.825
3			1	0.052
5				1

由表 5-38 可知，1 年生与 2 年生和 5 年生刺槐干间 0.001<Sig（1，2）= 0.016<0.05，0.001<Sig（1，5）= 0.002<0.05，热值差异性显著，其他比较间 Sig>0.05 差异性不显著。

表 5-39　不同年龄刺槐侧枝热值的显著性分析

年龄	1	2	3	5
1	1	**	0.025 *	0.010 *
2		1	**	**
3			1	**
5				1

由表 5-39 可知，1 年生与 3 年生之间 0.001<Sig（1，3）= 0.025<0.05、与 5 年生之间 0.001<Sig（1，5）= 0.010<0.05，热值差异性显著，与 2 年生差异极显著；2 年生、3 年生、5 年生间两两差异极显著；3 年生与 5 年生之间差异极显著。

表 5-40　不同年龄刺槐叶热值的显著性分析

年龄	1	2	3	5
1	1	**	0.703	0.007 *
2		1	**	**
3			1	0.064
5				1

由表 5-40 可知，叶在 1 年生与 2 年生间差异极显著，2 年生与 3 年生、5 年生间极显著；1 年生与 3 年生 Sig（1，3）= 0.703>0.05，无差异，与 5 年生间 Sig（1，5）= 0.007>0.001，差异显著；3 年生与 5 年生间 Sig（3，5）= 0.064>0.05，差异不显著。

表 5-41　不同年龄刺槐花热值的显著性分析

年龄	1	2	3	5
1	1	**	**	**
2		1	0.919	0.076
3			1	0.088
5				1

表 5-42　不同树龄刺槐花热值的方差分析

热值	平方和	自由度	均方	*F*	显著性
组间	0.198	3	0.066	89.014	0.000
组内	0.006	8	0.001		
总数	0.204	11			

由表 5-41 和 5-42 可知，花的 1 年生与 2 年生、3 年生、5 年生热值差异性极显著，2 年生与 3 年、5 年生间 Sig（2，3）= 0.919>0.05，3 年生与 5 年生间 Sig（3，5）= 0.088 >0.05，热值差异不显著。

综上，经比较花、干、枝、叶四器官各自不同年龄的热值可发现，林木的年龄对器官热值的影响是比较显著的，尤以枝与叶器官表现得更加明显，四个年龄间各器官热值基本呈现显著性差异，尤其是花的热值差异表现极显著。

（2）树龄对刺槐不同器官热值的影响　不同年龄的刺槐各个器官之间存在着差异，或显著或极显著，但是否是直线或曲线的变化趋势尚不清楚，因此将干、枝、叶、花四种器官随年龄的变化情况呈现如图 5-52 至图 5-55。

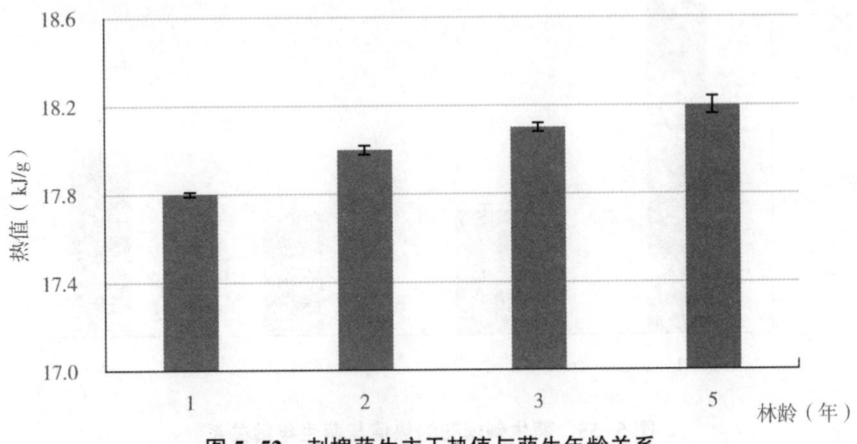

图 5-52　刺槐萌生主干热值与萌生年龄关系

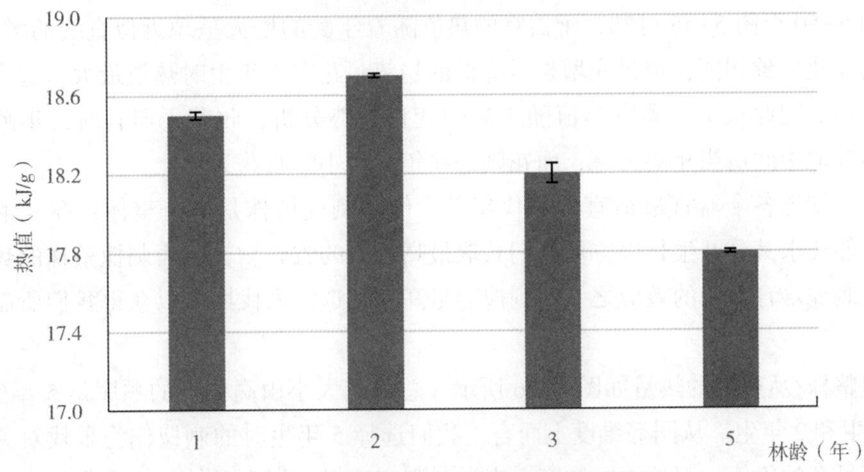

图 5-53　刺槐萌条侧枝热值与萌生年龄关系

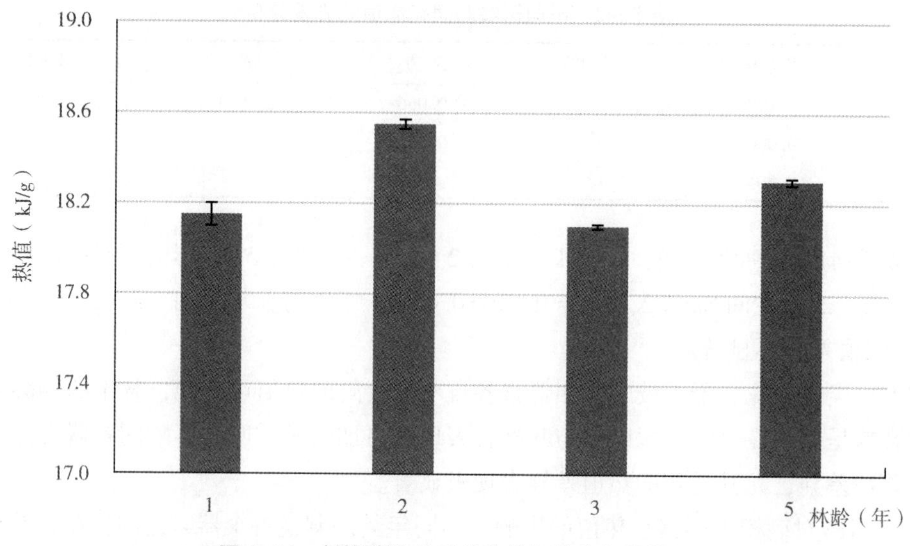

图 5-54　刺槐萌生林叶的热值与萌生年龄关系

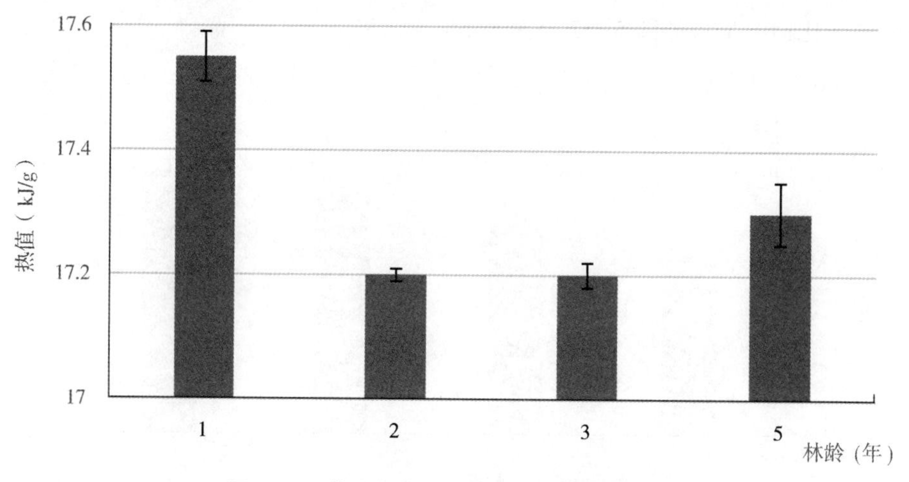

图 5-55　萌生刺槐花的热值与萌生年龄关系

由图 5-50 至图 5-55 可知，干器官的热值随着年龄的增大呈现近似直线的增长趋势；枝与叶的变化大致相同，都是先增长后降低的趋势；花在 1 年生时热值最大，远高于其他年龄时的值。因此从单一器官热值随年龄的变化趋势分析，收获干器官时，年龄越大越好，枝与叶取中间适当年龄为宜，而花则是在年龄幼小时收获为最佳。

综上，知道各个器官最适宜的采伐年龄，但是刺槐植株是一个整体，在其生长过程中，不可能要求其分开生长以方便我们获取最高价值的收获物，因而刺槐整株的热量就被视为研究刺槐培育结构的效应之一，刺槐热量高，则选为采伐期可以获得我们所需要的高能量。

刺槐整株/丛产生的热量如图 5-56 所示，总热量大小由高到低的顺序是 5 年生、3 年生、1 年生和 2 年生。从同等维度上而言，我们选择 5 年生时的刺槐作为采伐对象，这样可以收获最高的价值；而从不同维度上来说，则应选择 1 年生时的刺槐作为采伐对象，这

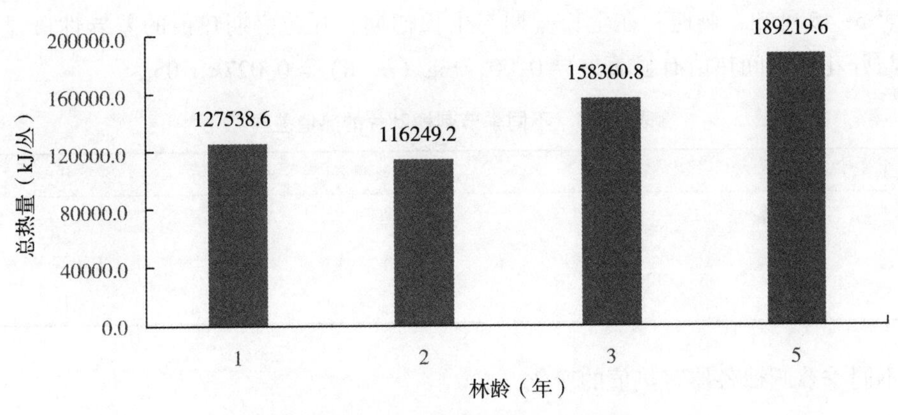

图 5-56　刺槐总热值与年龄的关系

样在 5 年的期限内就能收获最大的价值。

（3）不同季节的萌生刺槐热值比较　植物在一个完整的生长期内，植株体内累积的可燃烧成分是不同的，刺槐萌生林热值受刺槐年龄的影响，同一年度不同季节时的热值也存在着差异。

①不同季节各器官热值的差异。由表 5-43 可知，刺槐萌生条主干在不同生长季节的热值存在差异，在生长初期、开花盛期、生长盛期和落叶期 4 个生长时期，两两热值间均存在极显著的差异性关系。

表 5-43　刺槐萌生干器官不同季节的热值比较

生长季节	a	b	c	d
a	1	**	**	**
b		1	**	**
c			1	**
d				1

注：a 为生长盛期，b 为落叶期，c 为生长初期，d 为开花盛期，下同。

表 5-44　刺槐萌生条侧枝器官不同季节的热值比较

生长季节	a	b	c	d
a	1	**	**	**
b		1	**	**
c			1	0.0008 **
d				1

由表 5-44 可知，刺槐萌生条侧枝在生长初期与开花盛期间、生长盛期和落叶期差异性极显著，开花盛期与生长盛期、落叶期间差异性极显著，生长盛期与落叶期热值差异极显著。

由表 5-45 可知，刺槐叶在生长盛期与生长初期、开花盛期热值的差异性极显著，生长初期与开花盛期间热值有显著差异 0. 001<Sig（c，d）= 0. 027<0. 05。

表 5-45　不同季节刺槐叶片的热值差异

生长季节	a	c	d
a	1	**	**
c		1	0. 027 *
d			1

②不同季节刺槐各器官热值的变化

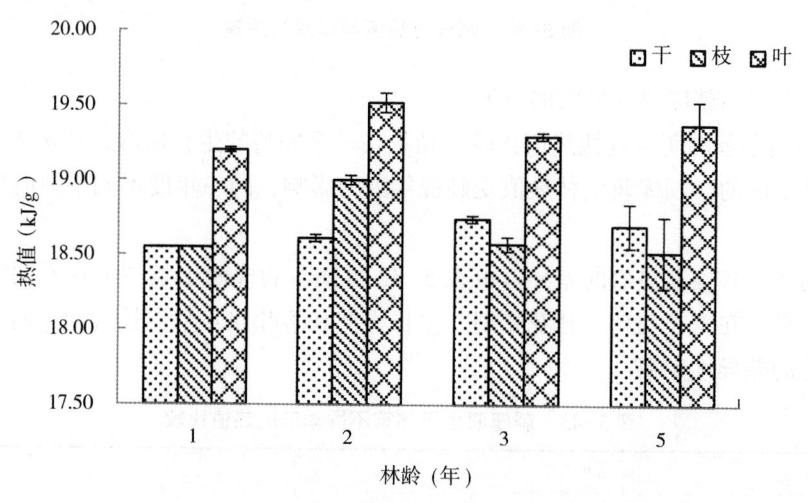

图 5-57　生长盛期刺槐萌条不同器官热值的比较

由图 5-57 可以看出，在生长盛期时：在干、枝、叶三个不同器官中，叶的热值始终是高于其他两个器官的，枝与干的热值相对较低；干的热值随着树龄的增加有升高的趋势，枝的热值在 2 年生时达到最高，2 年生叶的热值高于其他树龄时的值。

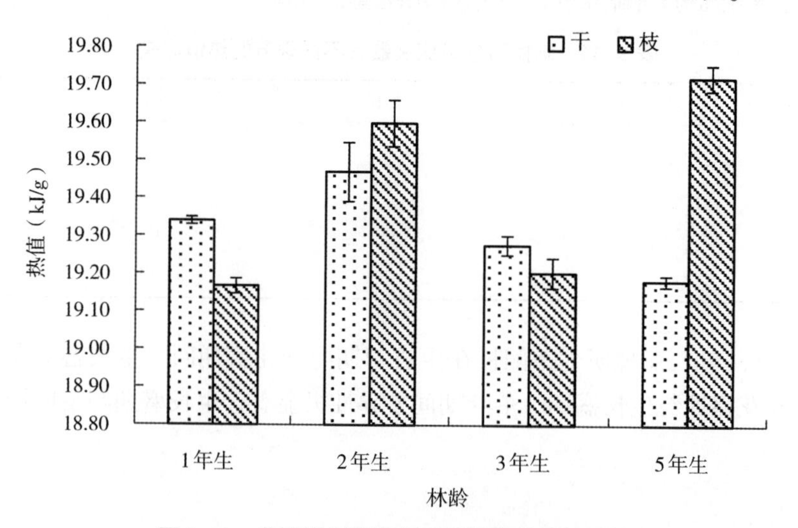

图 5-58　落叶期刺槐萌条不同器官热值的比较

由图 5-58 可以看出，在落叶期时：1、2、3 年生的干、枝间差异不大，而在 5 年生时，枝的热值则要明显高于干的值；干在 2 年生时最高，而枝在 5 年生时最高，2 年生时次之。

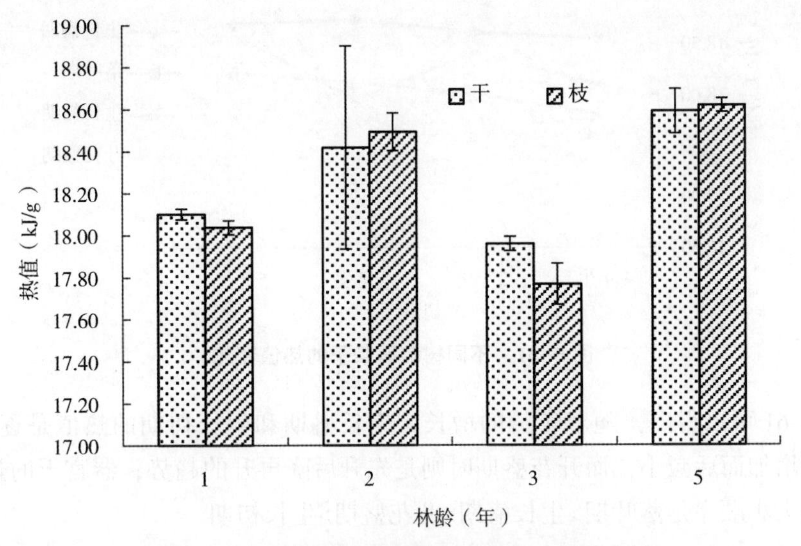

图 5-59　生长初期刺槐萌条不同器官热值的比较

由图 5-59 可以得出，在生长初期：干、枝的热值在 5 年生时都达到了最高值，2 年生时次之，3 年生时最低；干与枝在四个林龄中热值互有高低，没有明显的趋势。

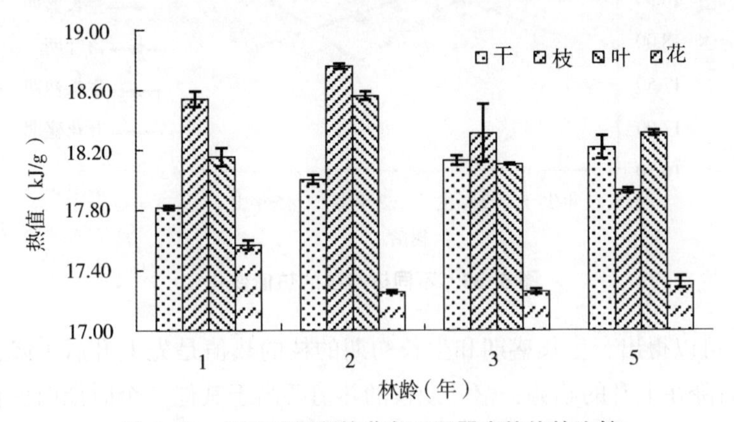

图 5-60　开花盛期刺槐萌条不同器官热值的比较

由图 5-60 可知，在开花盛期时：在四种器官中，花的热值是最小的，明显低于其他三种器官的值；林龄较小时，枝的热值是四种器官中最大的，而到 5 年生后低于干和叶的值。

③不同器官热值的季节变化规律

干、枝、叶、花四种器官在不同时期的热值变化如图 5-61 至图 5-64。

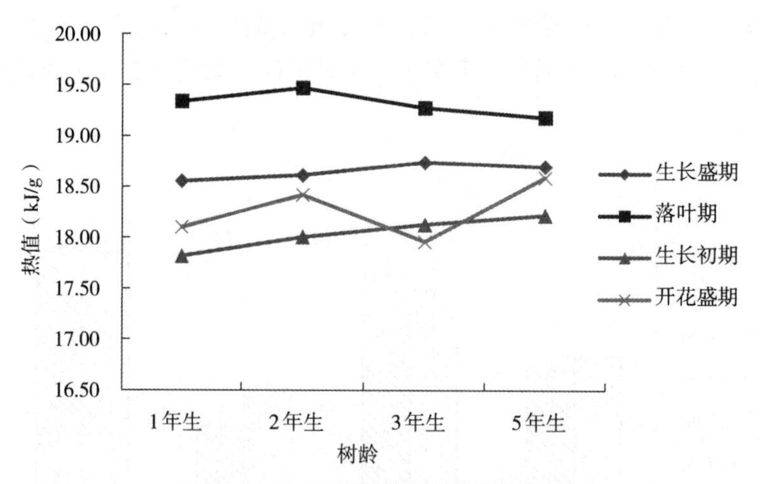

图 5-61　不同树龄萌条干的热值变化

由图 5-61 可以得出，随着年龄的增长，生长盛期和生长初期的热值是逐渐升高的，落叶期是先增加而后减小，而开花盛期时则是先升后降再升的趋势；器官干的热值在四个不同时期的大小顺序是落叶期>生长盛期>开花盛期>生长初期。

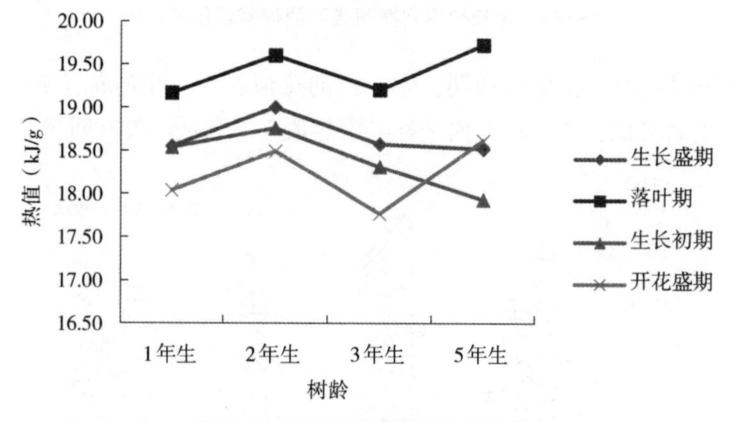

图 5-62　不同树龄枝的热值变化

由图 5-62 可以得出，生长盛期和生长初期的枝的热值是先上升后下降，落叶期和开花盛期是先升后降在上升的趋势；落叶期枝的热值要高于其他三个时期时的值，生长盛期的热值要高于生长初期和开花盛期。

采集叶的样品是在生长盛期、生长初期和开花盛期三个时期，而在落叶期，叶已经凋落，采集困难并且部分叶开始腐烂不便于实验分析研究，故没有采集。由图 5-63 可知，叶的热值在生长盛期>生长初期≈开花盛期，叶的热值在不同时期互有高低；叶的热值在 2 年生生长盛期达到最高值。

试验地所在河南洛阳洛宁县刺槐的花期在 4 月底至 5 月中旬，本次实验采集时间为 5 月 7、8 号，是刺槐的开花盛期。在我们的日常生活中，刺槐花不仅可以食用，是非常美味的食品，而且还是良好的蜜源，花期时生产的蜂蜜颇受人们喜爱。不仅如此，刺槐在花

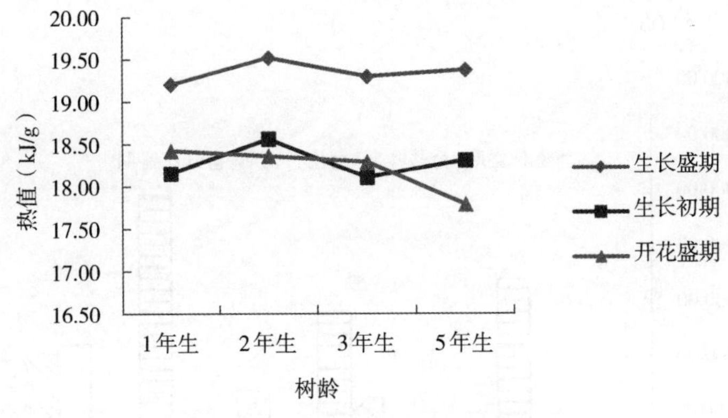

图 5-63　不同树龄叶的热值变化

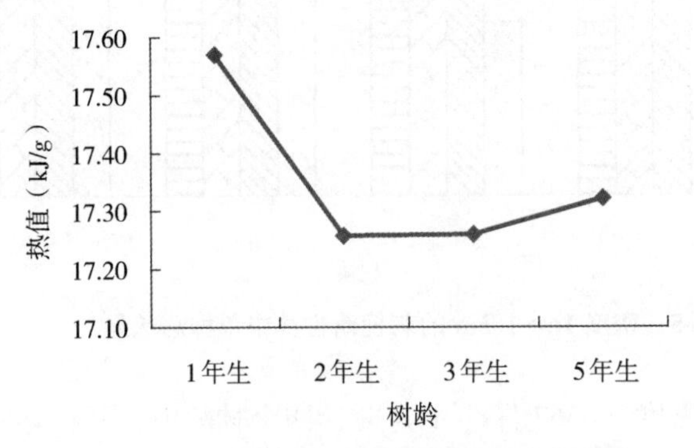

图 5-64　不同树龄花的热值变化

期时，花量巨大，并且花也有非常高的热值，亦可以用来作为燃料使用，增加了一条用途。如图 5-64 所示，在花的热值比较中，1 年生的值要高于其他树龄，可能是由于 1 年生时萌生力强，生长旺盛，花中积累了较多的有利于提高燃烧效率的化学因子。

综上所述，在不同时期时，刺槐干、枝的热值在落叶期时达到最大值，高于其他三个时期，叶的最大值是在生长盛期；在落叶期时，刺槐干的热值在 2 年生时为高峰值，而枝条的热值最大值出现在 5 年生时，生长盛期时，叶的最高热值出现在林龄 2 年时，花的热值则在 1 年生时最大。

5.3.1.3　低密度下刺槐能源收获的综合效益分析

单从热值或生物量的某一方面来考虑，可以选择出一种最优的培育结构。而生物量与热值作为能源林研究的收获物，二者是刺槐能源林的培育结构效应的反映者，因此两者的最优组合才是能源林培育理论与技术研究的目标。

（1）刺槐单株各器官的生物量与热值所产生的热量　刺槐的各器官具备不同的生物量和热值，刺槐干、枝、叶和花各自生物量下产生的热量之和即为刺槐植株所能产生的总热量。刺槐的不同器官在同一时期单位质量产生的热量是不一样的，同一器官在不同的林龄时产生的热量也是有差别的，因此将刺槐各器官与其相对应时期的热值相乘才是我们所需要的单株刺槐总热量。

在密度 6667 株/hm^2的样地中，1 年生、2 年生、3 年生和 5 年生不同林龄下单株刺槐产生的总热量如图 5-65。

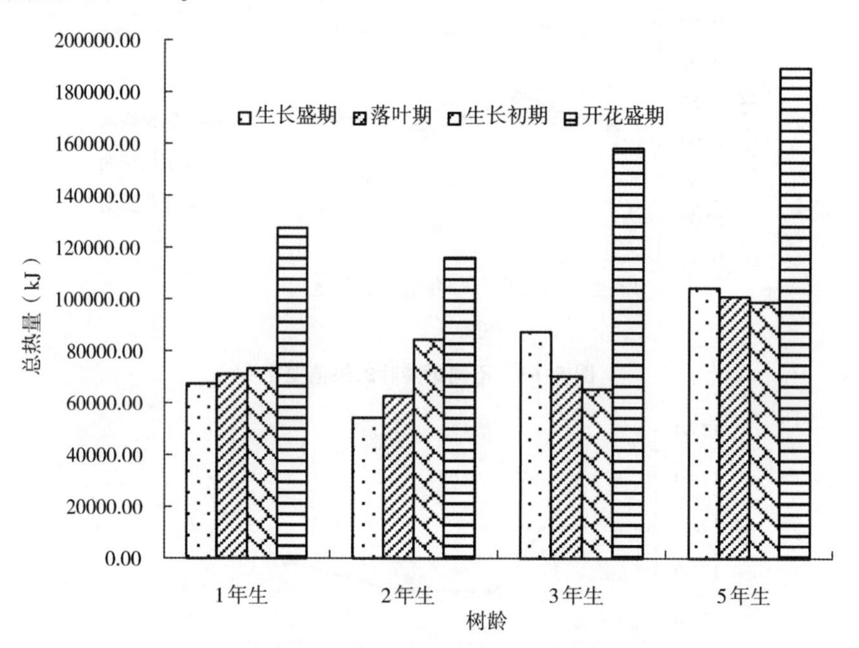

图 5-65　密度 1m×1.5m 的刺槐萌生林中单株总热量

由图 5-65 可知，在低密度（6667 株/hm²）时，四个林龄中，开花盛期时的热量都要高于其他三个时期；开花盛期时的热量 5 年生>3 年生>1 年生>2 年生，5 年生分别是 1 年生、2 年生、3 年生的 1.48、1.63、1.19 倍，3 年生分别是 1 年生、2 年生的 1.24、1.36 倍；1 年生、2 年生生长初期热量次之，再次是落叶期，最低的时期是生长盛期，3 年生、5 年生则依次为开花盛期、生长盛期、落叶期和生长初期。

在密度 10000 株/hm²的样地中，1 年生、2 年生、3 年生和 5 年生单株产生的热量的如图 5-66。

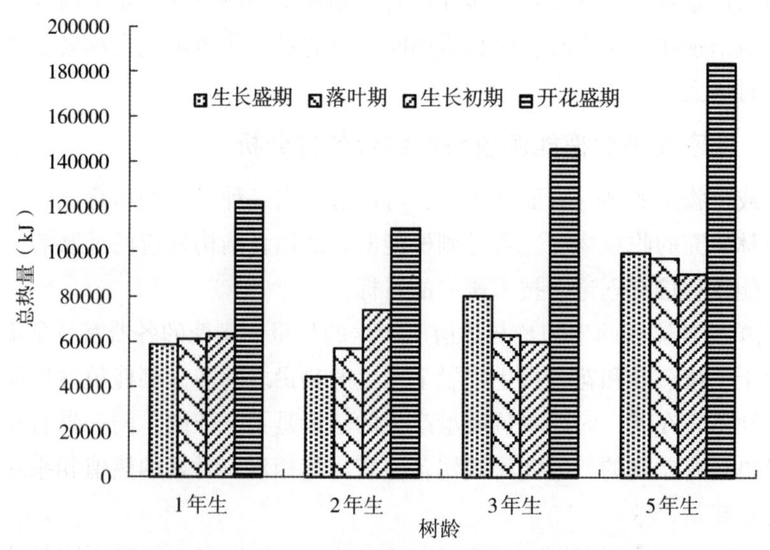

图 5-66　密度 1m×1m 的刺槐萌生林中单株总热量

由图5-66可知，在高密度（10000株/hm²）时，四个林龄中，开花盛期时的热量都要高于其他三个时期；开花盛期时的热量，5年生>3年生>1年生>2年生，5年生热量分别是1年生、2年生、3年生的1.51、1.67、1.26倍，3年生分别是1年生、2年生的1.19、1.32倍；1年生、2年生热量中生长初期热量次之，再次是落叶期，最低的时期是生长盛期，3年生、5年生则依次为开花盛期、生长盛期、落叶期和生长初期。

（2）刺槐林分生物量与热值所产生的总热量

刺槐林分的生物量和热值的乘积，即林分总热量，是衡量刺槐作为高效燃料型能源林培育目标的核心指标。单位时间内，林分总热量越高，表明该能源林的结构越占优势；林分总热量低，说明该能源林分的培育结构不合理或者该培育结构不适宜采用。

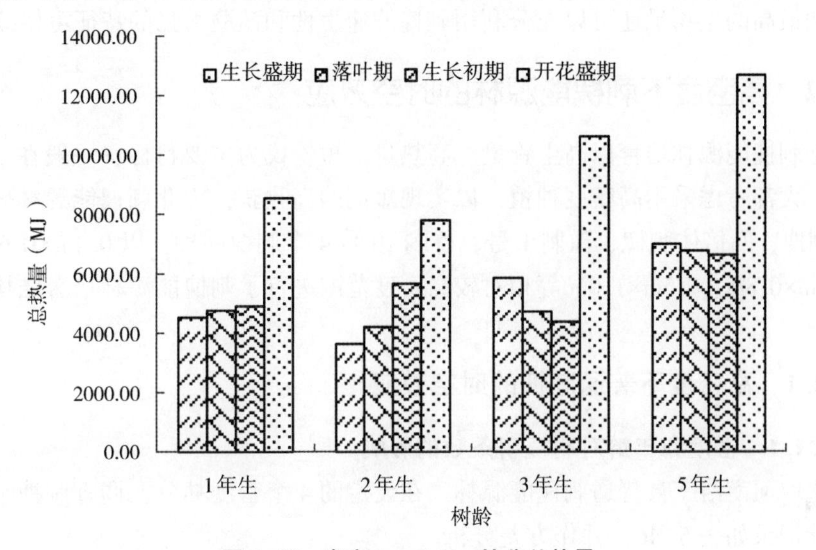

图5-67　密度1m×1.5m林分总热量

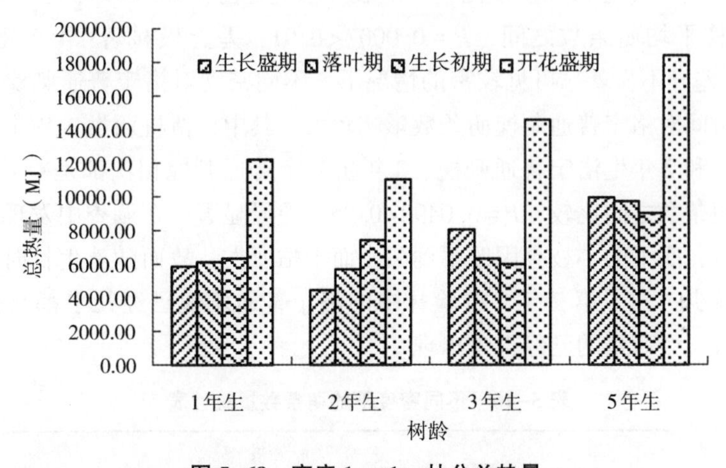

图5-68　密度1m×1m林分总热量

由图5-67、图5-68可知，无论是在两种密度（密度1：6667株/hm²，密度2：10000株/hm²）下，还是不同林龄（1年、2年、3年和5年）时，开花盛期时刺槐的总热量都要高于其他时期，因此选择开花盛期作为刺槐能源林的采伐季节是符合林分培育目标和高产、高效的目的的；在密度 1 的条件下，3 年生总热量是 1 年生的 1.24 倍，5 年生总热量是 1 年生的 1.48 倍，选择 1 年生刺槐萌生林作为采伐期较好；在密度 2 的情况下，3 年生和 5 年生分别是 1 年生总热量的 1.19 和 1.51 倍，选择 1 年林龄作为轮伐期最优。

综上所知，密度为 1m×1m 的刺槐萌生能源林培育 3 年或 5 年，均较低密度 1m×1.5m 有较好的能源林经济收获，可以获得较高的总热量。其中，3 年生开花盛期时的刺槐萌生能源林的总热量 $Q_{2花}$（14578.25MJ）大于在密度 1m×1.5m 下 3 年生开花盛期 $Q_{1花}$（10610.18MJ）；5 年生开花盛期时的刺槐萌生能源林的总热量 $Q_{2花}$（18388.62MJ）大于在密度 1m×1.5m 下 5 年生开花盛期 $Q_{1花}$（12677.71MJ）。考虑经营时间成本因素，综合比较热量产出，一般可以考虑选择在高密度的 3 年生开花盛期作为能源生物质收获采伐期，不仅可以得到最高的生物量还可以充分利用刺槐的速生性和萌蘖力强的特征可持续经营。

5.3.2 高密度下刺槐能源林的时空效应

燃料型刺槐能源林培育以高生物量、高热量、短轮伐为主要目标，一般在生产中为了提高效率，大都考虑采用高密度种植，以实现短期的高收获，为此刺槐能源林研究课题组针对普通刺槐、四倍体刺槐、豫刺 1 号、鲁刺 10 号 4 个刺槐品种，以 0.4m×0.6m、0.4m×0.8m、0.5m×0.8m、0.5m×1.0m 等相对较高密度范围进行了刺槐能源林培育结构效果的试验研究。

5.3.2.1 高密度下普通刺槐的时空效应

5.3.2.1.1 密度和年龄对刺槐萌条数的影响

研究选取河南洛宁县普通刺槐能源林，在设定的 4 个密度林分，调查刺槐平茬后萌条数量，统计记录如表 5-46，并作方差分析。

用 LSD 法进行方差分析和多重比较，从表 5-46 至表 5-48 可知，三个不同生长时间的洛宁普通刺槐平均萌条数之间，$P=0.0007<0.01$，差异极显著；4 个密度之间，$P=0.2617>0.05$，差异不显著。可见较密的情况下，不同密度对洛宁普通刺槐萌条数影响很小，不同生长时间对洛宁普通刺槐萌条数影响较大。其中，留桩萌发 1 年生洛宁普通刺槐的萌条数最多，和 2 年生洛宁普通刺槐、3 年生洛宁普通刺槐相比都是差异极显著，2 年生和 3 年生的萌条数之间比较，$P=0.0498<0.05$，差异显著。在调查中发现，洛宁普通刺槐成林郁闭之后，底下的小枝会因照不到阳光而干枯死亡，故而随着生长时间的延长，其萌条数会明显减少；到了第三年，试验林中的洛宁普通刺槐已经几乎都是仅剩下一个主干，两个萌条或三个萌条的已经很少出现。

表 5-46 不同密度下的萌条数量统计表

生长年限	密度			
	0.4m×0.6m	0.4m×0.8m	0.5m×0.8m	0.5m×1.0m
2 年生	1.2	1.3	1.6	1.2
3 年生	1.0	1.0	1.0	1.0
平茬后 1 年生	2.1	1.6	2.2	2.1

表 5-47 密度和生长时间二因素的萌条数方差分析表

变异来源	平方和	自由度	均 方	*F* 值	显著水平
生长时间	1.9557	2	0.9779	30.04	0.0007**
密　度	0.1680	3	0.0560	1.72	0.2617
误　差	0.1953	6	0.0326		
总变异	2.3190	11			

表 5-48 LSD 法不同生长时间的萌条数多重比较

生长时间	均值	平茬后 1 年生	2 年生	3 年生
平茬后 1 年生	1.96875		0.0021	0.0003**
2 年生	1.3125	0.6563		0.0498*
3 年生	1	0.9688	0.3125	

5.3.2.1.2 密度和年龄对最粗单枝萌条地径的影响

表 5-49 不同密度下萌条地径的平均值（mm）

生长年限	密 度			
	0.4m×0.6m	0.4m×0.8m	0.5m×0.8m	0.5m×1.0m
2 年生	24.09	25.01	28.95	30.18
3 年生	27.42	28.60	29.37	31.95
平茬后 1 年生	23.43	23.31	26.05	27.46

表 5-50 密度和生长时间二因素的地径方差分析表

变异来源	平方和	自由度	均 方	*F* 值	显著水平
生长时间	36.5767	2	18.2883	28.031	0.0009**
密　度	45.9107	3	15.3036	23.456	0.0010**
误　差	3.9146	6	0.6524		
总变异	86.4019	11			

表 5-51 LSD 法不同生长时间的地径多重比较

生长年限	均值	3 年生	2 年生	平茬后 1 年生
3 年生	29.33563		0.0072	0.0003**
2 年生	27.05563	2.2800		0.0130**
平茬后 1 年生	25.06234	4.2733	1.9933	

表 5-52　LSD 法不同密度的地径多重比较

密度	均值	0.5m×1.0m	0.5m×0.8m	0.4m×0.8m	0.4m×0.6m
0.5m×1.0m	29.86354		0.0385	0.0007	0.0003
0.5m×0.8m	28.12229	1.7412		0.0094	0.0031
0.4m×0.8m	25.64104	4.2225	2.4813		0.3535
0.4m×0.6m	24.97792	4.8856	3.1444	0.6631	

由表 5-49 至表 5-52 可以看出，密度的差异和生长时间的差异对洛宁普通刺槐最粗单枝地径的影响都是极显著。三个生长时间的洛宁普通刺槐的最粗单枝地径之间，$P=0.0009<0.01$，差异极显著，2 年生洛宁普通刺槐和留桩萌发 1 年生的洛宁普通刺槐之间 $P=0.013$，差异显著，而 2 年生洛宁普通刺槐和 3 年生洛宁普通刺槐之间，$P=0.0072<0.01$，差异极显著，可见第三个生长季的时候，洛宁普通刺槐的地径生长速度极显著提升。对于洛宁普通刺槐最粗单枝地径的影响上，四个不同设计密度之间，$P=0.0010<0.01$，差异极显著，可见在试验设计的 4 种密度下，相对稀疏会使普通刺槐的地径更粗。

5.3.2.1.3　密度和年龄对刺槐的树高的影响

树高是树木的一个基本生长指标。由表 5-53 至表 5-56 可以看出，生长时间的差异，对洛宁普通刺槐树高的影响显著，而在本次试验的密度和生长时间中，密度差异对洛宁普通刺槐树高生长影响不明显。三个生长时间的洛宁普通刺槐树高之间，$P=0.0322<0.05$，差异显著，2 年生洛宁普通刺槐和留桩萌发 1 年生的洛宁普通刺槐之间，$P=0.5128>0.05$，差异不显著，而 2 年生洛宁普通刺槐和 3 年生洛宁普通刺槐之间，$P=0.0356<0.05$，差异显著，可见第三个生长季的时候，洛宁普通刺槐的树高生长速度显著提升。

表 5-53　不同密度下萌条高度的平均值（m）

生长年限	密度			
	0.4m×0.6m	0.4m×0.8m	0.5m×0.8m	0.5m×1.0m
2 年生	358.5625	338.1563	363.6375	382.8938
3 年生	368.025	369.775	423.1	501.1063
平茬后 1 年生	352.6875	323	347.0375	364.175

表 5-54　密度和生长时间二因素的树高方差分析表

变异来源	平方和	自由度	均方	F 值	显著水平
生长时间	10559.42	2	5279.712	6.434	0.0322*
密　度	8724.468	3	2908.156	3.544	0.0876
误　差	4923.333	6	820.5555		
总变异	24207.22	11			

表 5-55 LSD 法多重比较

生长年限	均值	3 年生	2 年生	平茬后 1 年生
3 年生	415.5016		0.0356	0.0146
2 年生	360.8125	54.6891		0.5128
平茬后 1 年生	346.725	68.7766	14.0875	

表 5-56 LSD 法多重比较

生长年限	均值	0.5m×1.0m	0.5m×0.8m	0.4m×0.6m	0.4m×0.8m
0.5m×1.0m	416.0583		0.1541	0.0528	0.0212
0.5m×0.8	377.9250	38.1333		0.4668	0.1931
0.4m×0.6m	359.7583	56.3000	18.1667		0.5166
0.4m×0.8m	343.6437	72.4146	34.2813	16.1146	

5.3.2.1.4 密度和年龄对刺槐的单位面积生物量的影响

在洛宁普通刺槐的试验中，每次调查都是在各个密度调查块状分布的 16 株苗木，所以，这 16 株苗木的总鲜重除以 16 株苗木所占面积，得到各个密度的单位面积生物量。

表 5-57 不同密度下刺槐萌生林单位面积生物量的平均值（g/m^2）

生长年限	密度			
	0.4m×0.6m	0.4m×0.8m	0.5m×0.8m	0.5m×1.0m
2 年生	2345.052	2778.32	2553.125	3258.126
3 年生	4194.013	3386.719	2437.5	6390.876
平茬后 1 年生	7223.958	4294.921	4712.5	3872.5

表 5-58 密度和生长时间二因素的单位面积生物量方差分析表

变异来源	平方和	自由度	均 方	*F* 值	显著水平
生长时间	10641381	2	5320690	2.787	0.1393
密　度	4331431	3	1443810	0.756	0.5579
误　差	11453185	6	1908864		
总变异	26425996	11			

由表 5-57 和表 5-58 可以看出，生长时间和栽植密度的差异，对洛宁普通刺槐的单位面积生物量影响并不显著。不过，对比各个年份之间，可以看出，3 年生洛宁普通刺槐和留桩萌发的 1 年生洛宁普通刺槐的单位面积生物量均值，高于 2 年生洛宁普通刺槐的单位面积生物量。结合前面分析，不同栽植密度、不同生长时间对洛宁普通刺槐最粗单枝地径和树高的影响时得到的规律——“第三个生长季的时候，洛宁普通刺槐的地径生长速度极显著提升”和“第三个生长季的时候，洛宁普通刺槐的树高生长速度显著提升”，可以解释 3 年生洛宁普通刺槐的单位面积生物量均值比 2 年生洛宁普通刺槐的均值更高；而第二

年洛宁普通刺槐的单位面积生物量比起留桩萌发1年生的洛宁普通刺槐的要小很多，前者只有后者的54.4%。

5.3.2.1.5 密度和年龄对刺槐热值的影响

表5-59 不同密度和年龄萌条热值的平均值（J/g）

生长年限	密度			
	0.4m×0.6m	0.4m×0.8m	0.5m×0.8m	0.5m×1.0m
2年生	18450.2	18347.3	18468.2	18454.8
3年生	18055.2	18808.8	18241.8	18572.8
平茬后1年生	18636.1	18638.9	18627.2	18605.4

表5-60 密度和生长时间二因素的热值方差分析表

变异来源	平方和	自由度	均方	*F*值	显著水平
生长时间	109043.3	2	54521.63	1.241	0.3538
密　度	85855.75	3	28618.58	0.652	0.6104
误　差	263504.8	6	43917.47		
总变异	458403.8	11			

由表5-59和方差分析表5-60可以看出，在对热值的影响上，设置的4个密度之间和3个生长时间之间，显著水平都大于0.05，差异不显著。检测中发现，洛宁普通刺槐的热值是个相对比较稳定的数值，各个年份之间和各个密度之间相差很小。不论何种刺槐，如果作为能源林使用，都需要考虑到人工采割和落叶归土，从而在秋天落叶后至次年春天长出新叶之前，进行采收，所以利用的全部都是枝干，检测热值的样品都是在主干上130~160cm之间截取的，保证了比较的公平性和代表性。根据所测热值可以看出，不同密度不同年份的刺槐，热值没有什么变化，可以推测其组成成分差异很小。

5.3.2.1.6 密度和年龄对刺槐的干物质含量的影响

表5-61 不同密度和年龄刺槐萌条干物质重平均值（%）

生长年限	密度			
	0.4m×0.6m	0.4m×0.8m	0.5m×0.8m	0.5m×1.0m
2年生	59.63	64.87	58.27	58.41
3年生	64.35	62.63	66.35	67.61
平茬后1年生	62.02	61.40	62.07	61.32

表5-62 密度和生长时间二因素的干物质含量方差分析表

变异来源	平方和	自由度	均方	*F*值	显著水平
生长时间	18.2380	2	9.1190	3.658	0.0915
密　度	0.5294	3	0.1765	0.071	0.9735
误　差	14.9587	6	2.4931		
总变异	33.7261	11			

表 5-63 LSD 法不同生长时间的干物质含量多重比较

生长时间	均值	3 年生	平茬后 1 年生	2 年生
3 年生	53.87732		0.1078	0.0395*
平茬后 1 年生	51.76799	2.1093		0.4920
2 年生	50.95121	2.9261	0.8168	

由表 5-61 至表 5-63 可以看出，在设计密度比较稠密的情况下，4 个密度对洛宁普通刺槐的干物质含量几乎没有什么影响（$P=0.9735>0.05$，差异不显著）。三个生长时间共同比较，不同生长时间对于洛宁普通刺槐的干物质含量影响很小（$P=0.0915>0.05$，差异不显著），但是两两比较发现，1 年生和 3 年生之间差异不显著（$P=0.1078>0.05$），1 年生和 2 年生之间差异不显著（$P=0.4920>0.05$），可是 2 年生和 3 年生的干物质含量差异显著（$P=0.0395<0.05$），这应当归于第三年开始，洛宁普通刺槐加快生长，木质化程度更高。但是平茬的 1 年生的干物质含量均值高于 2 年生的干物质含量均值，低于 3 年生的干物质含量均值，应当是因为本身就是在 2 年生的基础上留的茬，相当于 3 年生的洛宁普通刺槐主干上长出的只经历一个生长季的新枝，所以，平茬 1 年生的干物质含量处于 2 年生和 3 年生之间，并且 3 年生的最高，这是可以用树木前几年木质化程度逐年增高的事实来解释的。

5.3.2.2 高密度下四倍体刺槐的时空效应

5.3.2.2.1 密度和年龄对四倍体刺槐萌条数的影响

在北京延庆进行的四倍体刺槐密度试验，得到了如表 5-64 至表 5-66 的结果。

表 5-64 不同密度和年龄四倍体刺槐萌条数的平均值

生长年限	密度			
	0.8m×1.2m	1.0m×1.2m	1.0m×1.4m	1.0m×1.6m
2 年生	1.6875	2	2.25	2.9375
3 年生	1.3125	1.3125	1.25	1.375
平茬后 1 年生	2.25	2.0625	3.25	3.625

表 5-65 密度和生长时间二因素的萌条数方差分析表

变异来源	平方和	自由度	均方	F 值	显著水平
生长时间	4.4785	2	2.2393	13.823	0.0057**
密　度	1.613	3	0.5377	3.319	0.0984
误　差	0.972	6	0.162		
总变异	7.0635	11			

表 5-66　LSD 法不同生长时间的萌条数多重比较

生长时间	均值	平茬后 1 年生	2 年生	3 年生
平茬后 1 年生	2.79688		0.0885	0.002**
2 年生	2.21875	0.5781		0.019*
3 年生	1.3125	1.4844	0.9063	

由表 5-64 至表 5-66 可知，三个不同生长时间的刺槐平均萌条数之间，$P=0.0057<0.01$，差异极显著；4 个密度之间，$P=0.0984>0.05$，差异不显著。可见较密的情况下，不同密度对延庆四倍体刺槐萌条数影响很小，不同生长时间对延庆四倍体刺槐萌条数影响很大。其中，伐桩后萌发 1 年生延庆四倍体刺槐的萌条数最多，和 3 年生延庆四倍体刺槐相比，差异极显著；2 年生延庆四倍体刺槐和 3 年生延庆四倍体刺槐的萌条数之间比较，$P=0.019<0.05$，差异显著。在调查中发现，延庆四倍体刺槐试验林，成林郁闭之后，底下的小枝会干枯死亡，故而随着生长时间的延长，萌条数会明显减少，到了第三年，几乎仅剩下一个主干，两枝或三枝的已经很少。

5.3.2.2.2　密度和年龄对四倍体刺槐萌条最粗单枝地径的影响

由表 5-67 至表 5-69 可以看出，生长时间的差异对延庆四倍体刺槐最粗单枝地径的影响极显著。在较稀疏的栽植密度下，4 个不同密度对延庆四倍体刺槐最粗单枝地径的影响不显著。

表 5-67　不同密度和年龄四倍体刺槐地径的平均值（mm）

生长年限	密度			
	0.8m×1.2m	1.0m×1.2m	1.0m×1.4m	1.0m×1.6m
2 年生	25.19125	28.65438	33.84938	28.99813
3 年生	28.05938	34.06063	36.06063	39.27625
平茬后 1 年生	22.28188	21.37063	21.35625	24.56

表 5-68　密度和生长时间二因素的地径方差分析表

变异来源	平方和	自由度	均方	F 值	显著水平
生长时间	288.3447	2	144.1724	17.601	0.0031**
密　度	62.5519	3	20.8506	2.545	0.1522
误　差	49.1479	6	8.1913		
总变异	400.0445	11			

表 5-69　LSD 法不同生长时间的地径多重比较

生长时间	均值	3 年生	2 年生	平茬后 1 年生
3 年生	34.36422		0.0426	0.001*
2 年生	29.17328	5.1909		0.0154
平茬后 1 年生	22.39219	11.972	6.7811	

三个生长时间的延庆四倍体刺槐的最粗单枝地径之间，$P=0.0031<0.01$，差异极显著，2年生延庆四倍体刺槐和留桩萌发1年生的延庆四倍体刺槐之间 $P=0.0154<0.05$，差异显著；而2年生延庆四倍体刺槐和3年生延庆四倍体刺槐之间，$P=0.0426<0.05$，差异显著；3年生延庆四倍体刺槐和1年生延庆四倍体刺槐的最粗单枝地径之间，$P=0.001<0.01$，差异极显著，可见延庆四倍体刺槐的地径生长速度在前三年较平稳提升，并没有进入地径快速生长期；对于延庆四倍体刺槐最粗单枝地径的影响上，四个不同设计密度之间，$P=0.1522>0.05$，差异不显著，可见在目前设计密度下，延庆四倍体刺槐的地径差别不大。

5.3.2.2.3 密度和年龄对四倍体刺槐树高的影响

由表5-70至表5-73和图5-69可以看出，生长时间的差异对四倍体刺槐树高的影响极显著，密度不同对四倍体刺槐树高生长影响不明显。三个生长时间的四倍体刺槐树高之间，$P=0.0.0039<0.01$，差异极显著，2年生四倍体刺槐和平茬后1年生的四倍体刺槐之间，$P=0.0032<0.01$，差异极显著，而2年生四倍体刺槐和3年生四倍体刺槐之间，$P=0.7553>0.05$，差异不显著，结合三个年份的四倍体刺槐的均值曲线的斜率，可见第二个生长季的时候，四倍体刺槐的树高生长速度显著提升，第三个生长季的速度有所下降。

表5-70 不同密度和年龄四倍体刺槐高度的平均值（cm）

生长年限	密 度			
	0.8m×1.2m	1.0m×1.2m	1.0m×1.4m	1.0m×1.6m
2年生	327.0313	355.1188	388.4188	361.0375
3年生	334.925	351.075	350.6125	414.5875
平茬后1年生	273.9938	266.625	308.1188	298.1625

表5-71 密度和生长时间二因素的树高方差分析表

变异来源	平方和	自由度	均 方	F值	显著水平
生长时间	14503.34	2	7251.669	16.083	0.0039
密 度	4096.109	3	1365.37	3.028	0.1151
误 差	2705.32	6	450.8867		
总变异	21304.77	11			

表5-72 LSD法不同生长时间的树高多重比较

生长时间	均值	3年生	2年生	平茬后1年生
3年生	362.8		0.7553	0.0023
2年生	357.9016	4.8984		0.0032
平茬后1年生	286.725	76.075	71.1765	

表 5-73 LSD 法不同密度的树高多重比较

密度	均值	1.0m×1.6m	1.0m×1.4m	1.0m×1.2m	0.8m×1.2m
1.0m×1.6m	357.9292		0.6269	0.1003	0.038
1.0m×1.4m	349.05	8.8792		0.2029	0.0764
1.0m×1.2m	324.2729	33.6563	24.7771		0.505
0.8m×1.2m	311.9833	45.9458	37.0667	12.2896	

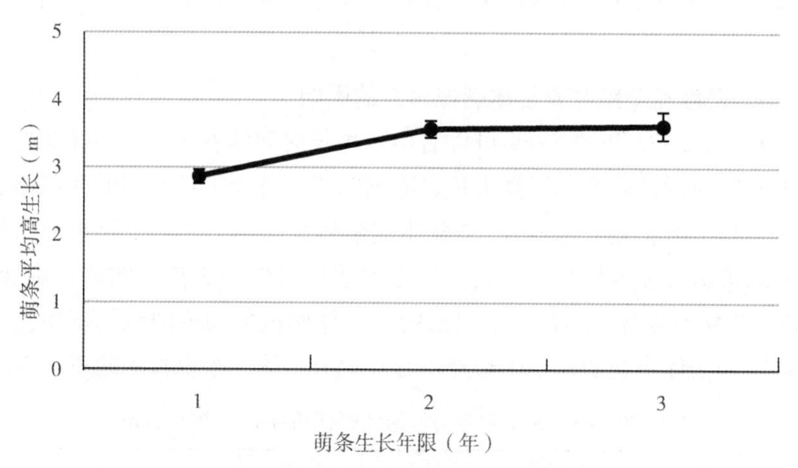

图 5-69 四倍体刺槐平茬后萌条平均高度生长

5.3.2.2.4 密度和年龄对四倍体刺槐的单位面积生物量的影响

在延庆进行的四倍体刺槐密度试验中，调查了各个密度样方中均匀分布的 16 株苗木，分别伐倒测得生物量，使用平均生物量与平均单株所占面积相除，得出各个密度上单位面积生物量。

表 5-74 不同密度和年龄四倍体刺槐单位面积生物量的平均值（g/m^2）

生长年限	密度			
	0.8m×1.2m	1.0m×1.2m	1.0m×1.4m	1.0m×1.6m
2 年生	1100.586	1513.803	1475.446	1086.719
3 年生	1327.149	1486.979	1761.161	1656.641
平茬后 1 年生	831.706	580.99	691.964	607.617

表 5-75 密度和生长时间二因素的单位面积生物量方差分析表

变异来源	平方和	自由度	均 方	*F* 值	显著水平
生长时间	1631203	2	815601.6	22.223	0.0017
密 度	88930.14	3	29643.38	0.808	0.5341
误 差	220206	6	36700.99		
总变异	1940339	11			

表 5-76 LSD 法不同生长时间的单位面积生物量多重比较

生长时间	均值	3 年生	2 年生	平茬后 1 年生
3 年生	1557.983		0.0994	0.0006
2 年生	1294.139	263.844		0.0039
平茬后 1 年生	678.0692	879.9133	616.0693	

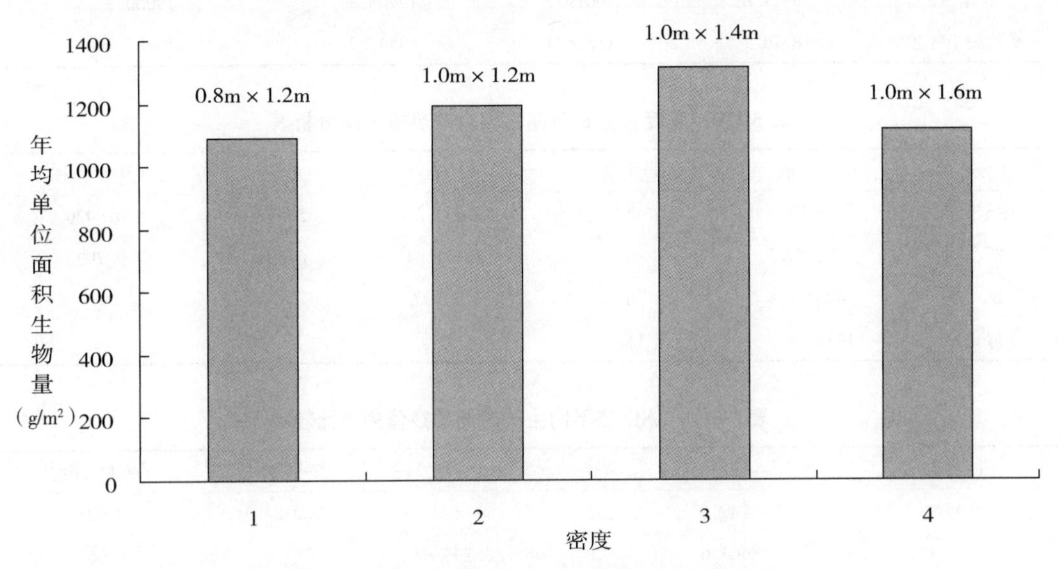

图 5-70 不同密度下四倍体刺槐单位面积生物量

由表 5-74 至表 5-76 和图 5-70 可以看出，生长时间的差异对四倍体刺槐的单位面积生物量影响极显著（$P=0.0017<0.01$），密度的差异对四倍体刺槐的单位面积生物量影响不显著（$P=0.5341>0.05$）。其中，平茬 1 年生的四倍体刺槐单位面积生物量均值和 2 年生的延庆四倍体刺槐单位面积生物量均值之间，差异显著水平 $P=0.0039<0.01$，差异极显著，2 年生延庆四倍体刺槐的单位面积生物量均值和 3 年生延庆四倍体刺槐单位面积生物量均值之间，差异显著水平 $P=0.0994>0.05$，差异不显著。可见四倍体刺槐在延庆的密度试验中，第二个生长季迅速提升了单位面积生物量，第三个生长季放缓了提升速度。在试验设计的 4 个密度中，虽然对四倍体刺槐的三个采伐年份的平均单位面积生物量影响差异不显著，但是从表中可以看出，密度 1.0m×1.4m 得到的数值最大。

5.3.2.2.5 密度和年龄对四倍体刺槐热值的影响

由表 5-77 至表 5-79 可以看出，前三年里，生长时间对四倍体刺槐的热值影响较大，密度对四倍体刺槐的热值影响很小。3 年生四倍体刺槐的热值和 2 年生延庆四倍体刺槐热值之间，$P=0.0384<0.05$，差异显著；3 年生延庆四倍体刺槐的热值和 1 年生延庆四倍体刺槐热值之间，$P=0.0213<0.05$，差异显著；2 年生延庆四倍体刺槐的热值和 1 年生延庆四倍体刺槐热值之间，$P=0.6675>0.05$，差异不显著。前三年里，延庆四倍体刺槐的热值呈上升趋势，而且第三个生长季里，延庆四倍体刺槐热值提升速度加快。但是总体来看，延庆四倍体刺槐的热值，相对来说比较稳定。

表 5-77　不同密度和年龄四倍体刺槐热值的平均值（J/g）

生长年限	密度			
	0. 8m×1. 2m	1. 0m×1. 2m	1. 0m×1. 4m	1. 0m×1. 6m
2 年生	18379. 9	18906. 7	18563. 2	18804. 6
3 年生	19177. 8	19012. 9	19406. 2	19000. 8
平茬后 1 年生	18776. 1	18816. 7	18442. 2	18287. 4

表 5-78　密度和生长时间二因素的热值方差分析表

变异来源	平方和	自由度	均方	*F* 值	显著水平
生长时间	755304. 3	2	377652. 2	5. 588	0. 0426
密　度	70607. 51	3	23535. 84	0. 348	0. 7922
误　差	405486. 4	6	67581. 07		
总变异	1231398	11			

表 5-79　LSD 法不同生长时间的热值多重比较

生长时间	均值	3 年生	2 年生	平茬后 1 年生
3 年生	19149. 43		0. 0384	0. 0213
2 年生	18663. 6	485. 8257		0. 6675
平茬后 1 年生	18580. 6	568. 8257	83	

5. 3. 2. 2. 6　密度和年龄对四倍体刺槐的干物质含量的影响

表 5-80　不同密度和年龄四倍体刺槐干物质量的平均值（%）

生长年限	密度			
	0. 8m×1. 2m	1. 0m×1. 2m	1. 0m×1. 4m	1. 0m×1. 6m
2 年生	63. 06	62. 23	60. 48	60. 11
3 年生	67. 69	64. 63	70	71. 08
平茬后 1 年生	60. 31	58. 82	59. 38	60. 61

表 5-81　密度和生长时间二因素的干物质含量方差分析表

变异来源	平方和	自由度	均方	*F* 值	显著水平
生长时间	59. 4858	2	29. 7429	19. 395	0. 0024
密　度	2. 7684	3	0. 9228	0. 602	0. 6373
误　差	9. 2013	6	1. 5335		
总变异	71. 4555	11			

表 5-82　LSD 法不同生长时间的干物质含量多重比较

生长时间	均值	3 年生	2 年生	平茬后 1 年生
3 年生	55.78093		0.0032	0.0011
2 年生	51.633	4.1479		0.3003
平茬后 1 年生	50.6405	5.1404	0.9925	

由表 5-80 至表 5-82 可看出，三个不同生长时间对四倍体刺槐的干物质含量影响很大（$P=0.0024<0.01$，差异极显著），四个不同密度对四倍体刺槐的干物质含量的影响很小（$P=0.6373>0.05$，差异不显著）。留茬后萌发的 1 年生四倍体刺槐的干物质含量均值与 2 年生四倍体刺槐的干物质含量均值进行比较，$P=0.3003>0.05$，差异不显著；2 年生四倍体刺槐的干物质含量均值和 3 年生的四倍体刺槐干物质含量均值进行比较，$P=0.0032<0.01$，差异极显著。由此可以看出，前三年里随着生长时间的增加，四倍体刺槐的含水量降低，木质化程度提高，干物质含量提升，尤其在第三个生长季提升更快。

5.3.2.3　高密度下豫刺 1 号（8048）能源林栽培的密度效应

本试验选用河南省林业科学研究院选育出的优良无性系豫刺 1 号（别名：8048），按照完全随机区组的试验设计方法，在北京平原地区进行高密度栽培条件下的密度对比试验，从生长规律及生物量等方面比较其密度效应，以期探讨该品种作为能源林培育品种的合理栽植密度。

5.3.2.3.1　不同密度对林分植株优势枝高、地径及萌枝数的影响

（1）对优势枝株高生长的影响　图 5-71 和图 5-72 分别为豫刺 1 号的株高年生长曲线和年终（10 月 24 日）株高柱状图。由图 5-71 可以看出，各个密度的年生长曲线呈现出一致的变化规律。从 4 月 20 日种植到 5 月下旬，各个密度林分树木的株高生长基本一致，只有 23.3~24.5cm。

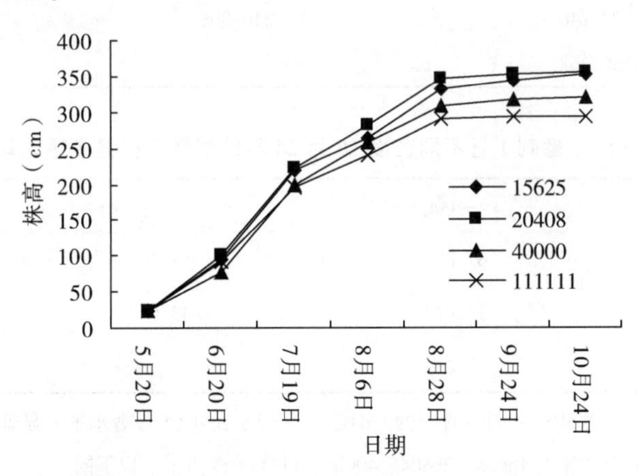

图 5-71　豫刺 1 号不同密度株高年生长曲线

方差分析表明，这一期间植株树高生长没有差异；从 5 月下旬到 6 月下旬，各个密度林分树木的株高增长速度较快，依密度由小到大分别增长了 281%、309%、221%、301%，

且株高生长到75.6~100.2cm。总体来看，20408株/hm²密度的植株生长最快，40000株/hm²生长最慢，两者相差约24.6cm；从6月下旬到8月下旬，各个密度林分树木的株高增长速度也较快，依密度由小到大增长速度分别为：253%、247%、309%、212%，且株高生长到290.9~347.8cm。总体来看，20408株/hm²密度最高，111111株/hm²密度最低，两者相差约56.9cm；此后（8月下旬至落叶），各密度林分树木生长均较缓，树高生长量在3~22cm左右。

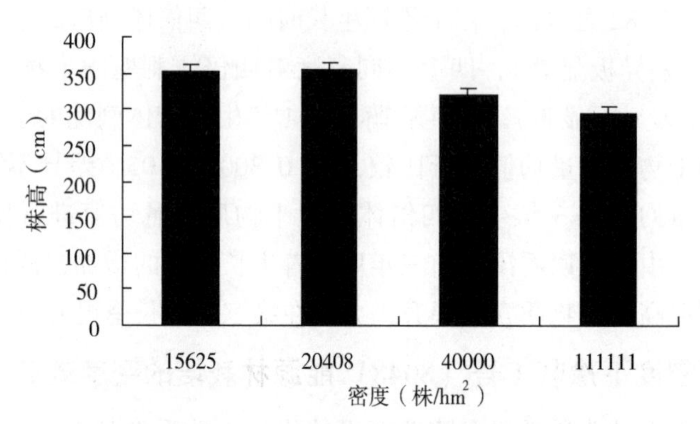

图 5-72　豫刺不同密度10月24日株高

由图5-72可以看出，年底较低密度（15625、20408株/hm²）林分植株的较高，分别为352.6、354.9cm，比最高密度111111株/hm²提高了20%、21%。经方差分析（表5-83），不同密度林分植株的优势枝高存在着差异。多重比较（表5-84）表明，密度20408、15625株/hm²与密度111111株/hm²差异极显著，与密度40000株/hm²差异显著。

表 5-83　豫刺1号不同密度10月24日的优势株株高方差分析表

差异源	平方和	自由度	均方	F	Sig.
组间	7622.522	3	2540.841	10.544	0.004
组内	1927.746	8	240.968		
总计	9550.268	11			

表 5-84　豫刺1号不同密度10月24日的优势株株高多重比较表

	$\overline{Y}7=354.89$	$\overline{Y}8=352.61$	$\overline{Y}5=319.92$
$\overline{Y}3=293.82$	61.07**	58.79**	26.09
$\overline{Y}5=319.92$	34.97*	32.69*	
$\overline{Y}8=352.61$	2.28		

注：以上多重比较分析采用SPSS统计软件中的LSD法，*表示在0.05显著水平上显著，**表示在0.01显著水平上显著。3、5、7、8分别代表密度15625、20804、40000、111111株/hm²。以下同。

（2）对地径生长的影响　豫刺1号不同密度林分植株的优势枝地径年生长曲线和年终（10月24日）地径柱状图见图5-73和图5-74。由图5-73可以看出，各密度的年生长曲线呈现出一致的变化规律。从4月20日种植到5月下旬，各密度的地径生长基本一致，

只有 0.22~0.25cm。

方差分析表明，这一期间植株地径生长没有差异；从5月下旬至6月下旬，各密度的地径稍有些差异。各密度林分树木地径生长到0.62~0.75cm，其最大的为密度20408株/hm^2，最小的为密度40000株/hm^2，两者相差约0.13cm；从6月下旬到9月下旬，各密度林分的植株的增长速度均较快，依密度由小到大增长速度分别为245%、206%、228%、164%，地径分别达到了2.45cm、2.29cm、2.02cm、1.65cm，最高密度111111株/hm^{2}的增长速度最慢，这主要是由于营养空间的限制作用；从9月下旬起至落叶，各密度林分树木生长均较缓，地径生长量在0.02~0.09cm左右。

由图5-74可以看出，最低密度15625株/hm^{2}林分的植株地径最大，达到了2.52cm，比最高密度111111株/hm^2（地径最小）提高了55%。经方差分析（见表5-85）表明，各密度林分优势株的地径差异显著。多重比较（表5-86）表明：除密度20408株/hm^2、15625株/hm^{2}差异不显著外，其他密度间差异显著。

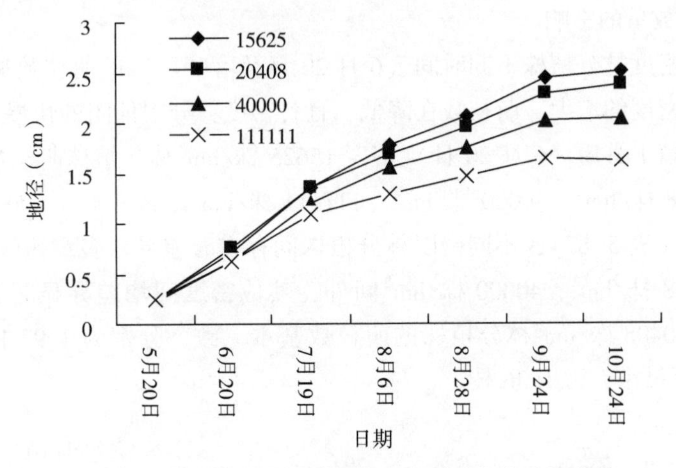

图5-73　豫刺1号不同密度林分植株地径年生长曲线

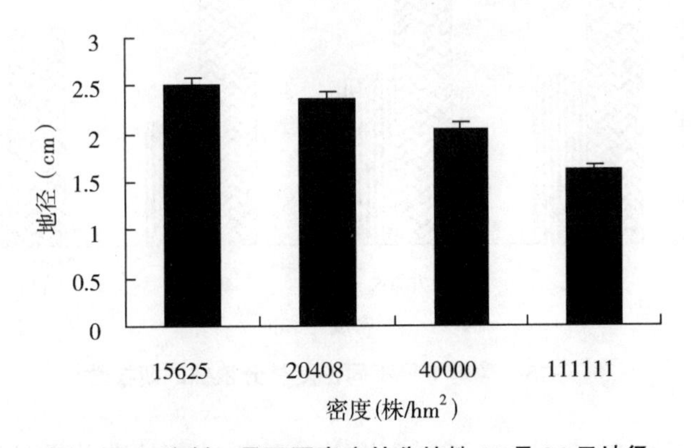

图5-74　豫刺1号不同密度林分植株10月24日地径

表 5-85　豫刺 1 号不同密度林分植株 10 月 24 日优势枝地径方差分析表

差异源	平方和	自由度	均方	F	Sig.
组间	1.40	3	0.47	51.54	0.000
组内	0.07	8	0.01		
总计	1.47	11			

表 5-86　豫刺 1 号不同密度林分植株 10 月 24 日优势枝地径多重比较表

	$\overline{Y}8=2.52$	$\overline{Y}7=2.37$	$\overline{Y}5=2.05$
$\overline{Y}3=1.63$	0.89**	0.75**	0.42**
$\overline{Y}5=2.05$	0.47**	0.33**	
$\overline{Y}7=2.37$	0.14		

（3）对萌枝数量的影响

豫刺 1 号各密度林分植株不同时间（6 月 20 日及落叶后）的萌枝数见图 5-75。由图可以看出，随着密度的增大，萌枝数在降低，且各密度林分因郁闭的快慢，萌枝数死亡的数量也不同。种植 1 月后（6 月 20 日）密度 15625 株/hm^{2}林分植株萌枝数最多，为 3.61 枝，比密度 20408 株/hm^2、40000 株/hm^2、111111 株/hm^{2}提高了 49%、58%、108%。

经方差分析（表 5-87），不同密度林分植株间存在着差异。多重比较（表 5-88）表明，除密度 20408 株/hm^2、40000 株/hm^{2}间外，其他密度间均差异显著。落叶后，密度 15625 株/hm^2、20408 株/hm^{2}林分植株的萌枝数基本一致，分别为 1.92 枝、1.91 枝，密度 111111 株/hm^{2}最小，为 1.36 枝。

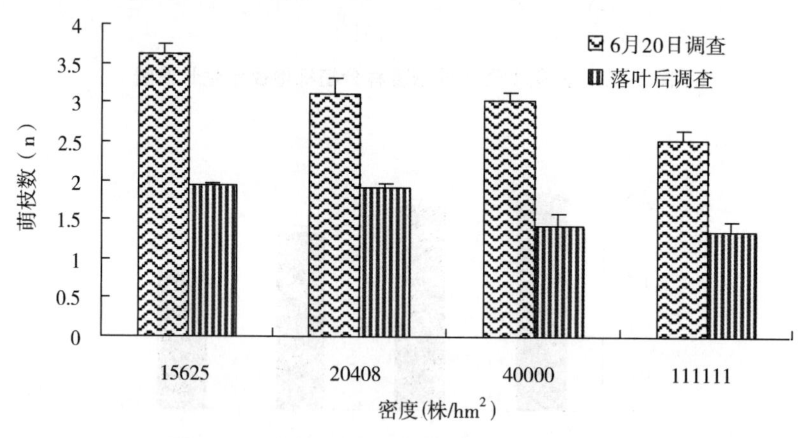

图 5-75　豫刺 1 号不同密度林分植株的萌枝数

经方差分析（表 5-89）可知，不同密度林分植株的萌枝数差异显著。多重比较（表 5-99）表明，密度 15625 株/hm^2、20408 株/hm^{2}间差异不显著，密度 40000 株/hm^2、111111 株/hm^{2}间差异不显著。四密度（15625 株/hm^2、20408 株/hm^2、40000 株/hm^2、111111 株/hm^2）林分植株 1 年内萌枝数分别降低了 46%、38%、53%、47%。

表 5-87　豫刺 1 号不同密度林分植株的萌枝数 6 月 20 日方差分析表

差异源	平方和	自由度	均方	F	Sig.
组间	1.75	3	0.58	10.53	0.004
组内	0.44	8	0.06		
总计	2.20	11			

表 5-88　豫刺 1 号不同密度林分植株的萌枝数 6 月 20 日多重比较表

	$\overline{Y}8=3.61$	$\overline{Y}7=3.11$	$\overline{Y}5=3.02$
$\overline{Y}3=2.53$	1.08**	0.58*	0.49*
$\overline{Y}5=3.02$	0.58*	0.09	
$\overline{Y}7=3.11$	0.49*		

表 5-89　落叶后豫刺 1 号不同密度林分植株的萌枝数的方差分析表

差异源	平方和	自由度	均方	F	Sig.
组间	0.84	3	0.28	9.22	0.006
组内	0.24	8	0.03		
总计	1.09	11			

表 5-90　落叶后豫刺 1 号不同密度林分植株的萌枝数的多重比较表

	$\overline{Y}8=1.93$	$\overline{Y}7=1.91$	$\overline{Y}5=1.42$
$\overline{Y}3=1.36$	0.56**	0.55**	0.06
$\overline{Y}5=1.42$	0.50**	0.49**	
$\overline{Y}7=1.91$	0.01		

5.3.2.3.2　密度对豫刺 1 号生物量的影响

（1）不同密度单株生物量的比较

落叶后（12 月 20 日）对地上部分（枝、干）进行了生物量的调查，结果见图 5-76。由图可看出，单株生物量随着密度的增大而减小。密度 15625 株/hm^2林分植株的单株生物量最高，达到了 0.54kg，比密度 111111 株/hm^2、40000 株/hm^2、20408 株/hm^2分别提高了 187%、91%、18%。密度 20408 株/hm^2、40000 株/hm^2林分植株的单株生物量分别为 0.46kg、0.28kg，比最大密度 111111 株/hm^2分别提高了 144%、50%。最大密度 111111 株/hm^2林分植株的单株生物量最小，仅有 0.19kg。

经方差分析（表 5-91），各密度林分植株的单株生物量差异显著。多重比较（表 5-92）表明，各密度间差异极显著。

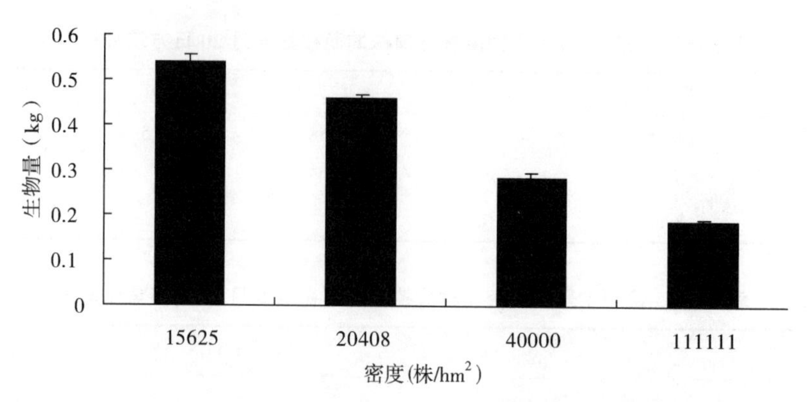

图 5-76　豫刺 1 号各密度 12 月 20 日单株地上生物量

表 5-91　豫刺 1 号不同密度林分植株 12 月 20 单株的地上生物量方差分析表

差异源	平方和	自由度	均方	*F*	Sig.
组间	0.23	3	0.08	179.65	0.000
组内	0.00	8	0.00		
总计	0.24	11			

表 5-92　豫刺不同密度林分植株 12 月 20 日单株地上生物量多重比较表

	$\overline{Y}8=0.54$	$\overline{Y}7=0.46$	$\overline{Y}5=0.28$
$\overline{Y}3=0.19$	0.35**	0.27**	0.09**
$\overline{Y}5=0.28$	0.26**	0.18**	
$\overline{Y}7=0.46$	0.08**		

（2）不同密度单位面积生物量的比较　落叶后（12 月 20 日）对地上部分进行了生物量的调查，结果见图 5-77。由图可看出，每公顷生物量随着密度的增大而增大。密度 111111 株/hm²林分每公顷生物量最高，达到了 20865.18kg，比密度 15625 株/hm²、20408 株/hm²、40000 株/hm²分别提高了 147%、123%、85%。密度 40000 株/hm²、20408 株/hm²

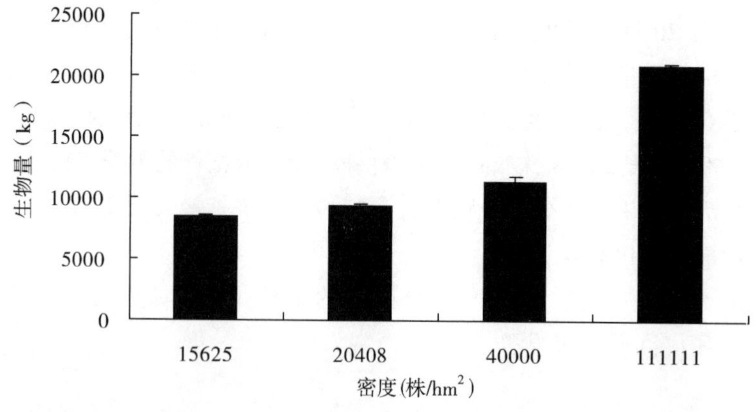

图 5-77　豫刺 1 号各密度林分 12 月 20 日每公顷的地上生物量

林分的每公顷生物量也较高，分别为11299.29kg、9362.07kg，比密度15625株/hm^{2}分别提高了34%、11%。密度15625株/hm^{2}的每公顷生物量最低，仅8430.44kg。

经方差分析（表5-93），各密度林分的单位面积生物量差异显著。多重比较（表5-94）表明：除密度15625株/hm^{2}与20408株/hm^{2}差异不显著外，其他密度间差异极显著。

表5-93　豫刺1号不同密度林分12月20每公顷地上生物量方差分析表

差异源	平方和	自由度	均方	*F*	Sig.
组间	293476194.11	3	97825398.04	272.32	0.000
组内	2873796.47	8	359224.56		
总计	296349990.58	11			

表5-94　豫刺不同密度林分12月20日每公顷地上生物量多重比较表

	$\overline{Y}3=20865.18$	$\overline{Y}5=11299.29$	$\overline{Y}7=9362.07$
$\overline{Y}8=8430.44$	12434.74**	2868.85**	931.63
$\overline{Y}7=9362.07$	11503.11**	1937.22**	
$\overline{Y}5=11299.29$	9565.89**		

5.3.2.4　高密度下鲁刺10号能源林栽培的密度效应

试验以我国引种选育出的优良无性系鲁刺10号为对象，按照完全随机区组的试验设计方法进行能源林密度对比试验，以生物量为指标评价不同密度的栽培效果，旨在探讨刺槐能源林高产栽培的合理密度，为我国以良种鲁刺10号发展刺槐燃料能源林提供技术参数。

5.3.2.4.1　不同密度林分单株生物量的比较

落叶后（12月22日）对地上部分（枝、干）进行了生物量的调查，结果见图5-78。从图中可看出，两个最低密度林分植株的单株生物量基本一致，其他随着密度的增大单株生物量依次减小。密度68243株/hm^{2}林分植株的单株生物量最大，达到了0.41kg，比密度79617株/hm^2、95541株/hm^2、159235株/hm^2、238853株/hm^2、477707株/hm^{2}分别提高了0.58倍、1.83倍、2.86倍、3.67倍、5.95倍。其次，最低密度59713株/hm^{2}林分的单株生物量也较高，为0.40kg，比密度79617株/hm^2、95541株/hm^2、159235株/hm^2、238853株/hm^2、477707株/hm^{2}分别提高了0.54倍、1.76倍、2.77倍、3.56倍、5.79倍。最高密度477707株/hm^{2}林分植株的单株生物量最小，仅0.04kg。经方差分析（表5-95），各密度林分植株的单株生物量存在差异。多重比较（表5-96）表明，最小的两个密度59713株/hm^2、68243株/hm^{2}的单株生物量最大，与其他密度差异极显著，两者间差异不显著。

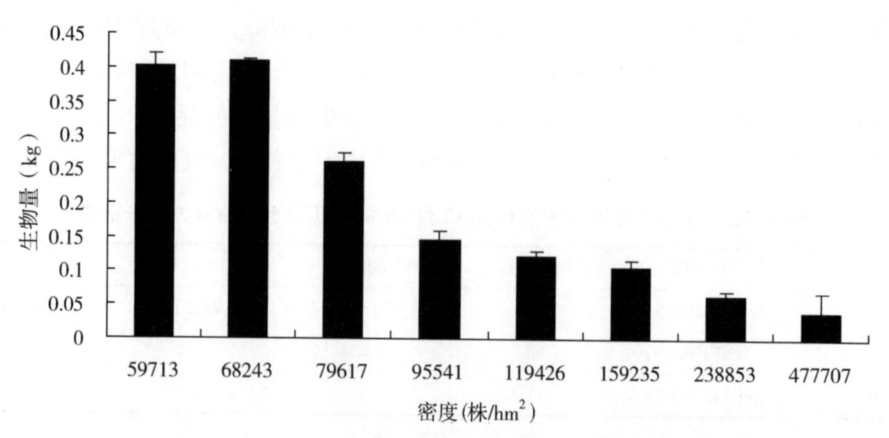

图 5-78　不同密度鲁刺 10 号单株地上生物量的比较

表 5-95　不同密度单株干生物量方差分析表

差异源	平方和	自由度	均方	*F*	Sig.
组间	0. 45	7	0. 06	192. 47	0. 000
组内	0. 01	16	0. 00		
总计	0. 46	23			

表 5-96　不同密度单株干生物量多重比较表

	$\bar{Y}3$=0. 41	$\bar{Y}2$=0. 40	$\bar{Y}4$=0. 26	$\bar{Y}5$=0. 15	$\bar{Y}6$=0. 12	$\bar{Y}7$=0. 11	$\bar{Y}8$=0. 07
$\bar{Y}9$=0. 04	0. 37**	0. 36**	0. 22**	0. 11**	0. 08**	0. 07**	0. 03
$\bar{Y}8$=0. 07	0. 34**	0. 33**	0. 19**	0. 08**	0. 05**	0. 04*	
$\bar{Y}7$=0. 11	0. 30**	0. 29**	0. 15**	0. 04*	0. 02		
$\bar{Y}6$=0. 12	0. 29**	0. 28**	0. 14**	0. 02			
$\bar{Y}5$=0. 15	0. 27**	0. 26**	0. 11**				
$\bar{Y}4$=0. 26	0. 15**	0. 14**					
$\bar{Y}2$=0. 40	0. 01						

注：以上多重比较分析采用 SPSS 统计软件中的 LSD 法，* 表示在 0. 05 显著水平上显著，** 表示在 0. 01 显著水平上显著。2、3、4、5、6、7、8 和 9 分别代表密度 59713 株/hm^2、68243 株/hm^2、79617 株/hm^2、95541 株/hm^2、119426 株/hm^2、159235 株/hm^2、238853 株/hm^{2}和 477707 株/hm^2，以下同。

5. 3. 2. 4. 2　不同密度单位面积生物量的比较

同时，对不同密度林分每公顷生物量进行了对比，结果见图 5-94。从图中可看出，密度 68243 株/hm^{2}林分的每公顷生物量最高，达到了 28065kg，分别比密度 59713 株/hm^2、79617 株/hm^2、95541 株/hm^2、119426 株/hm^2、159235 株/hm^2、238853 株/hm^2、477707 株/hm^{2}提高了 17%、35%、101%、92%、65%、85%、51%。密度 95541 株/hm^{2}林分的每公顷生物量最小，仅 13905kg。经方差分析（见表 5-97）可知，各密度林分的每公顷生物

量差异显著。多重比较（表5-98）表明，每公顷生物量最高的密度68243株/hm²林分与其他密度差异显著；密度95541株/hm²、119426株/hm²、159235株/hm²、238853株/hm²间差异不显著。

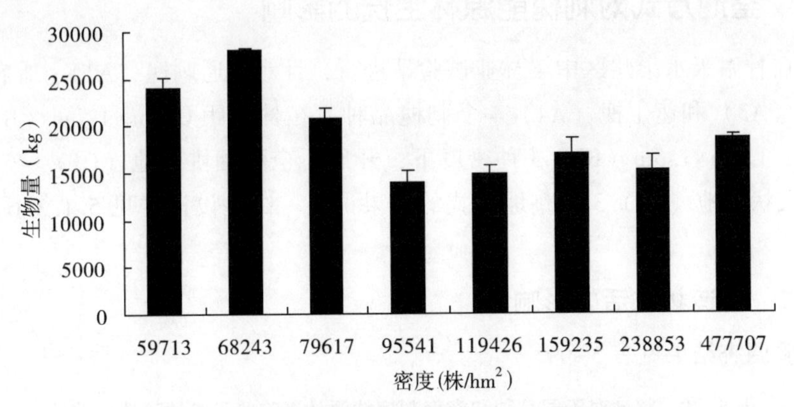

图5-79　鲁刺10号各密度单位面积地上生物量比较

表5-97　不同密度单位面积干生物量方差分析表

差异源	平方和	自由度	均方	*F*	Sig.
组间	524281711.50	7	74897387.36	20.45	0.000
组内	58590676.45	16	3661917.28		
总计	582872387.95	23			

表5-98　不同密度单位面积干生物量多重比较表

	$\overline{Y}3=28091$	$\overline{Y}2=23976$	$\overline{Y}4=20717$	$\overline{Y}9=18434$	$\overline{Y}7=16980$	$\overline{Y}8=15005$	$\overline{Y}6=14747$
$\overline{Y}5=13905$	14186**	10071**	6812**	4529*	3075	1100	842
$\overline{Y}6=14747$	13344**	9229**	5971**	3687*	2233	258	
$\overline{Y}8=15005$	13086**	8971**	5713**	3430*	1976		
$\overline{Y}7=16980$	11111**	6995**	3737*	1454			
$\overline{Y}9=18434$	9657**	5542**	2283				
$\overline{Y}4=20717$	7374**	3258					
$\overline{Y}2=23976$	4115*						

5.4 刺槐能源林营造技术

造林是能源林培育的核心工作之一，是在前期造林规划的基础上，将选定优良能源林繁殖材料或苗木定点栽植在适宜的造林地上，其主要技术环节包括造林地清理、造林整地、植苗或播种或插条、林地管理等。能源林以快速获得高热值的生物质材料为收获目标，其培育技术上一般采用短轮伐期或超短轮伐期经营模式，培育时间短，高密度、集约经营，因此在造林技术措施上有别于传统森林培育模式，要求更加精细化栽培和管理。针对燃料收获为培育目标的刺槐能源林营造，目前我们研究了以下技术问题。

5.4.1 整地方式对刺槐能源林生长的影响

本试验在甘肃天水秦州区中梁林业试验站进行，针对普通刺槐（A1）、香花槐（A2）、四倍体刺槐（A3）和速生槐（A4）4个刺槐品种，在株行距0.5m×1.0m（B1），1.0m×1.0m（B2），1.0m×1.5m（B3）3种密度下，开展了全面翻耕整地（C1）、穴状+扩穴整地（C2）、穴状整地（C3）3种整地方式的效果试验，试验设计详见5.1.3.6，研究取得了如下结果。

5.4.1.1 对造林成活的影响

田间试验调查结果见表5-99。

表5-99 整地对不同品种和密度刺槐能源林影响的正交试验结果统计

处理号	品种（A）	密度（B）	整地方式（C）	成活率（%）	平均高（cm）	平均地径（cm）	高径比	平均冠幅（cm）	萌生枝数（个/株）	单株生物量鲜重（kg/株）	单位面积生物量干重（kg/hm²）
1	1	3	1	95.00	286	2.88	99.3	147	2.10	1.617	5918.700
2	1	1	2	92.30	234	2.14	109.3	109	1.90	1.224	7844.500
3	1	2	3	90.00	242	2.26	107.1	108	2.30	1.438	5888.200
4	2	2	1	92.80	224	2.09	107.1	98	3.50	1.161	4809.900
5	2	1	2	86.10	193	1.72	112.2	91	3.80	0.913	5823.800
6	2	3	3	85.00	207	2.13	97.1	108	3.30	1.216	3189.800
7	3	2	1	78.57	266	2.48	107.2	131	2.30	1.444	4070.300
8	3	3	2	75.00	271	2.66	101.8	127	2.10	1.623	3756.100
9	3	1	3	70.00	218	1.92	113.5	104	2.50	1.051	4534.700
10	4	3	1	80.00	282	2.87	98.3	141	2.30	1.622	3413.600
11	4	2	2	67.80	274	2.65	103.4	132	2.50	1.401	4682.200
12	4	1	3	69.20	203	1.85	109.7	108	2.90	1.014	5215.900

由表5-99可以看出，试验的整地方式在不同密度下对不同刺槐品种苗木栽植后成活率影响较大，对普通刺槐、香花槐成活率的影响明显高于四倍体刺槐和速生槐。方差分析结果表明，不同品种和不同整地方式对苗木成活率（$F_{品}=79.649^{*}$、$F_{整}=15.862^{*}$）影响均达到显著差异，而密度对成活率影响不显著。经多重比较，品种间普通刺槐与其他三个品种间均有显著差异，香花槐与四倍体刺槐和速生槐有差异，而四倍体刺槐与速生槐无差异。

研究表明，全面整地与穴状整地栽植后扩穴、穴状整地有差异，而穴状整地栽植后扩穴与穴状整地无差异。刺槐随起随栽，造林成活率较高，而从外地引进苗木，在运输过程中苗木失水严重，成活率偏低。穴状整地栽植后扩穴与穴状整地由于整地范围较小，相对

全面整地而言，苗木成活率较低。

综上所述，提高刺槐能源林成活率的首选组合 A1 B3 C1，即普通刺槐、造林密度 1.5m×1.0m、采用全面整地方法。其次为 A2 B2 C1，即香花槐、造林密度 1.0m×1.0m、采用全面整地方法。比较两个试验组合可以看出，在整地方式不变的条件下，品种不同，其适宜的造林密度亦不同。因此提高刺槐能源林成活率的最优培育方案为前者。

5.4.1.2 对苗高、地径、平均冠幅的影响

由表 5-99 可以看出，不同处理组合对苗木平均高、平均地径及平均冠幅的影响表现出明显的差异性，对表 5-99 中苗高数据方差分析表明，不同品种、不同密度对苗木平均高（$F_{品}=24.080^{**}$、$F_{密}=22.779^{**}$）的影响达到极显著差异，而不同整地方式对苗木平均高（$F_{整}=14.414^{*}$）的影响差异显著。经多重比较，品种间普通刺槐、四倍体刺槐之间有差异，而普通刺槐、速生槐与四倍体刺槐间无差异；密度 1.5m×1.0m、1.0m×1.0m 与 0.5m×1.0m 有显著差异，而 1.5m×1.0m 与 1.0m×1.0m 间无差异；全面整地、穴状整地栽植后扩穴与穴状整地有显著差异，而全面整地与穴状整地栽植后扩穴间无差异。

对表 5-99 中地径数据进行方差分析与多重比较，结果表明，不同品种、不同密度对苗木地径（$F_{品}=18.381^{**}$、$F_{密}=42.626^{**}$）的影响达到极显著差异，而不同整地方式对苗木地径（$F_{整}=11.069^{*}$）的影响差异显著。经多重比较，除不同密度间均有显著差异外，其余与苗高结论一致。对表 5-99 中平均冠幅进行方差分析与多重比较，结论与苗高一致。

从品种来看，在供试的四个品种中，除香花槐外，其余几个品种的平均高、平均地径及平均冠幅差异不大。除地径平均值以速生槐为最大外，苗高和冠幅均以普通刺槐为最大，由于速生槐成活率较低，因此从提高单位面积产量来看，在能源林刺槐品种选择上应以普通刺槐为宜；密度对苗木生长的影响差异明显，苗高、地径和平均冠幅随栽植密度的增大而减小，在三种密度中，以 1.5m×1.0m 苗木的各项指标为最大，因此，最佳密度为 1.5m×1.0m。

综上所述，最佳能源林刺槐培养方案为 A1 B3 C2，即普通刺槐、造林密度 1.5m×1.0m、采用全面整地方法最佳。

5.4.1.3 对单株萌生枝数的影响

由表 5-99 可以看出，不同处理组合对单株萌生枝数影响差异明显。经方差分析，不同品种对单株萌生枝数（$F_{品}=24.553^{**}$）的影响达到极显著差异，而密度与整地方式对单株萌生枝数影响差异不大。

对品种间单株萌生枝数多重比较（表 5-100），结果表明，香花槐与普通刺槐、四倍体刺槐、速生槐均有显著差异，而普通刺槐、四倍体刺槐、速生槐间差异不显著。说明香花槐单株萌生能力最强，其他三个品种萌生能力差别不大。由于萌生枝数与树种生物学特性密切相关，而种植密度和整地方式对其影响不大，因此密度与整地方式间差异不显著与实际相符。

表 5-100 整地对不同品种和密度刺槐能源林生长的影响

因素	水平	成活率 (%)	平均高 (cm)	平均地径 (cm)	平均冠幅 (cm)	萌生枝数 (个/株)	单株生物量鲜重 (g/株)	单位面积生物量干重 (kg/hm^2)
品种	普通刺槐	74.2a	259.3A	2.427A	130.333a	2.100B	1.426A	6550.5A
	香花槐	69.9b	208.0B	1.980B	99.000b	3.533A	1.097B	4607.8B
	四倍体刺槐	59.7bc	251.7A	2.353A	119.000a	2.300B	1.373A	4120.4B
	速生槐	58.4bc	253.0A	2.457A	120.667a	2.567B	1.346A	4437.2B
密度	0.5m×1.0m	65.7a	216.0B	1.959C	109.417B	2.775a	1.064C	5912.7a
	1.0m×1.0m	64.9a	253.5A	2.344B	109.792B	2.650a	1.354B	4833.6b
	1.5m×1.0m	65.9a	259.5A	2.609A	132.542A	2.450a	1.513A	4040.5c
整地方式	全面整地	69.4a	251.0a	2.408a	122.083a	2.625a	1.338a	5045.0a
	穴状整地栽植后扩穴	64.3b	249.8a	2.379a	121.708a	2.538a	1.352a	5280.7a
	穴状整地	62.9b	228.3b	2.126b	107.958b	2.713a	1.241b	4461.2b

注：表中大写字母为均值在 LSD 为 0.01 水平下的差异显著性，小写字母为均值在 LSD 为 0.05 水平下的差异显著性，相同字母表示差异不显著。

5.4.1.4 对单株生物量鲜重和单位面积生物量干重的影响

对表 5-99 单株生物量鲜重数据进行方差分析，结果表明，不同品种、不同密度对单株生物量鲜重（$F_{品}=36.705^{**}$、$F_{密}=92.149^{**}$）的影响达到极显著差异。不同整地方式对单株生物量鲜重（$F_{覆}=6.808^{*}$）的影响差异显著，经多重比较（表 5-100），普通刺槐、四倍体刺槐及速生槐与香花槐有显著差异，密度间均有显著差异。比较各因素平均水平的最大值，可知提高单株生物量鲜重最佳组合为 A1 B3 C1，与以上结论一致。

对表 5-99 中单位面积生物量干重进行方差分析与多重比较，结果表明，不同品种对单位面积生物量干重（$F_{品}=55.890^{**}$）的影响达到极显著差异，而不同密度与不同整地方式对单位面积生物量干重（$F_{密}=43.235^{*}$、$F_{整}=10.812^{*}$）的影响差异显著。普通刺槐与四倍体刺槐、速生槐、香花槐间均有极显著差异；不同密度间差异显著，但随着密度的减少，生物量减小；全面整地、穴状整地栽植后扩穴与穴状整地有显著差异。虽然四倍体刺槐、速生槐单株生物量较香花槐大，但由于四倍体刺槐与速生槐成活率低，单位面积株数较少，而香花槐虽然单株生物量较低，但萌生枝数较多，故单位面积生物量与速生槐、四倍体刺槐相差不大，与观测结果一致。另外，虽然不同密度林分单株生物量有一定差异，但由于密度的差异导致林分株数差异较大，因此生物量随着密度的增大而减小的现象并不与实际相矛盾。从调查数据还可以看出，同一树种，随着密度的减小，苗木高径比减小，林木质量提高。因此，提高刺槐能源林单位面积生物量干重的首选组合为：普通刺槐、栽植密度为 1.5m×1.0m、全面整地，其次为普通刺槐、栽植密度为 1.5m×1.0m、穴状整地栽植后扩穴。

5.4.1.5 不同整地方式造林成本的比较

为了比较不同整地方式的造林成本，试验中对各整地方式的造林投入进行了详细记

录，对不同整地方式的造林成本进行了初步估算。以普通刺槐密度 1.5m×1.0m 为例，机耕全面整地 900 元/hm^2，栽植 0.3 元/株；穴状整地加栽植 0.5 元/株，扩穴 0.1 元/株；抚育管理 50 元/hm^{2}元计算，则不同整地方式的造林成本见表 5-101。由表 5-101 可以看出，整地方式不同，造林成本不同，其中机耕全面整地造林成本最低，为 2952.5 元/hm^2，穴状整地+扩穴造林成本最高，为 4055.0 元/hm^2，比机耕整造林高 37.34%，而穴状整地造林比机耕整地造林高 14.7%，与机耕造林成本接近。

表 5-101　不同整地方式造林成本分析

项目	整地（元/hm^2）		栽植	扩穴	抚育管理	合计
	机耕	穴状	（元/hm^2）	（元/hm^2）	（元/hm^2）	（元/hm^2）
全面整地	900.0		2002.5		50.0	2952.5
穴状整地+扩穴		3337.5		667.5	50.0	4055.0
穴状整地		3337.5			50.0	3387.5

注：抚育管理费包括管护费、森林病虫害防治费与护林防火费用。

5.4.1.6　整地方式的选择

由表 5-101 可以算出，虽然不同整地方式造林成本有一定差异，但它们对土层的翻动则大不一样，机耕整地在 0~40cm 的土层上，80%的土壤得到了松动，而穴状整地约 8%，扩穴方式在穴状 8%的基础上，另有 25%（0~20cm）的土层得到松动（杨曾奖，2004）。疏松的土壤环境为根系的发展和水分的保存提供了良好条件，从而利于树木生长，因此，在进行整地方式的选择时，条件许可并尽量减少水土流失的情况下，应选择机耕整地或穴状整地栽植后扩穴，以提高整地规格，根据黄土丘陵沟壑区实际情况，在地势较平坦地带，应尽可能采用机耕整地，而在坡地，应采用穴状整地栽植后扩穴，虽然穴状整地栽植后扩穴比单一的穴状整地造林成本高 20%。但前者能更好地疏松土壤，更有效地改善土壤物理性质，促进苗木生长，从长远利益来看，有利于提高林分单位面积产量。

5.4.2　植苗时地表覆盖对造林效果的影响

5.4.2.1　对成活率的影响

刺槐能源林田间试验结果见表 5-102，不同处理组合对苗木成活率的影响见图 5-80，可以看出，不同处理组合苗木成活率影响差异较大，普通刺槐成活率明显高于引种刺槐。对表 5-103 中成活率数据反正弦转换后进行方差分析，结果表明，不同品种、不同密度和不同覆盖措施在 $p=0.05$ 水平上差异显著。经多重比较（表 5-103），品种间普通刺槐、香花槐与四倍体刺槐和速生槐有显著差异，而普通刺槐与香花槐、四倍体刺槐与速生槐间无差异；密度 0.5m×1.0m 与 1.0m×1.0m、1.5m×1.0m 有显著差异，而 1.0m×1.0m 与 0.5m×1.0m 间无差异；塑料薄膜覆盖与不覆盖有显著差异。

由于当地刺槐是随起随造，苗木失水较少，故成活率较高，而四倍体刺槐与速生槐是从外地引进，苗木失水严重，虽然在造林前采取了补救措施，但成活率仍然偏低。刺槐为阳性速生树种，枝叶开阔，密度小通风透光条件差，苗木争水争肥强烈，导致苗木生长势减弱，易侵染病虫害，在一定程度上降低了苗木的成活率。天水地区春季干旱少雨，塑料薄膜覆盖有利于保墒，对苗木成活有利。综上所述，提高刺槐能源林成活率的首选组合为A1 B3 C1，即普通刺槐、造林密度 1.5m×1.0m，同时用塑料薄膜覆盖。其次为 A2 B3 C1，即香花槐、造林密度 1.5m×1.0m、采用塑料薄膜覆盖。虽然这两个品种在成活率上差异不大，但在实验中发现，香花槐用塑料薄膜覆盖后，叶片必黄，苗木长势反比不覆盖差，说明塑料薄膜覆盖不利于苗期生长。因此提高刺槐能源林成活率的最优培养方案为前者。

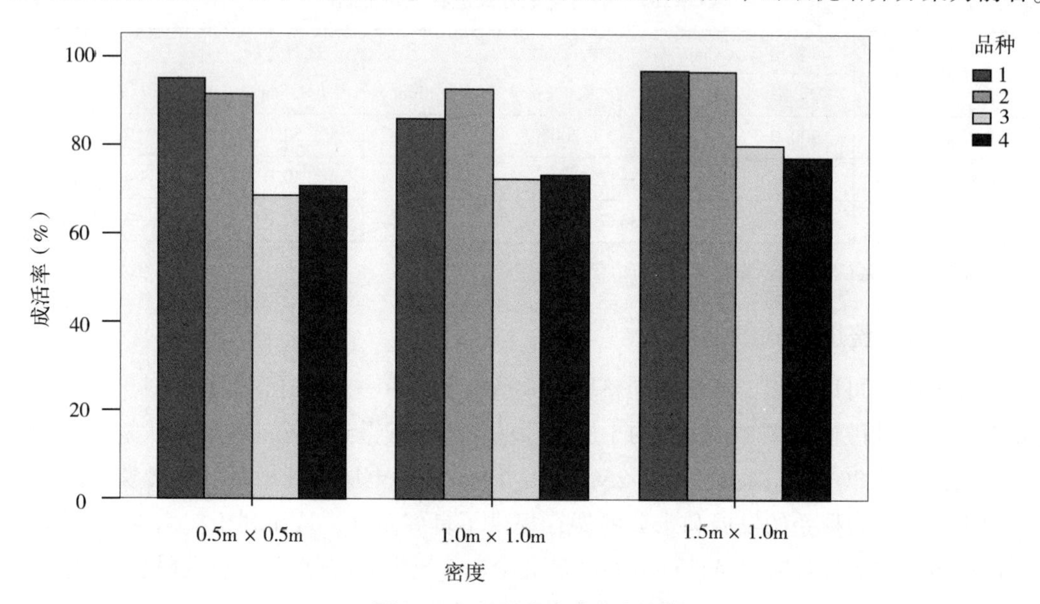

图 5-80　不同密度成活率比较

表 5-102　刺槐能源林栽培试验结果

处理号	品种（A）	密度（B）	覆盖措施（C）	成活率（%）	平均高（cm）	平均地径（cm）	高径比	平均冠幅（cm）	萌生枝数（个/株）	单株生物量鲜重（kg/株）	单位面积生物量干重（kg/hm^2）
1	1	1	1	95.1	231	2.25	102.70	121	2.20	1.238	8066.2
2	2	1	2	91.6	168	1.70	98.80	88	3.90	0.841	6409.3
3	3	1	2	68.6	198	1.91	103.70	108	2.70	1.080	5880.6
4	4	1	2	70.8	208	2.06	100.90	117	3.40	1.151	6462.2
5	1	2	2	86.1	232	2.35	98.70	106	3.50	1.469	5387.2
6	2	2	1	92.8	221	2.26	97.78	116	3.70	1.272	5288.2
7	3	2	2	72.4	230	2.32	99.10	122	2.40	1.358	4198.2
8	4	2	1	73.4	291	3.02	96.35	140	2.90	1.848	5791.9
9	1	3	1	97.0	302	3.12	96.80	145	2.30	2.051	6465.9
10	2	3	1	96.8	252	2.64	95.45	121	3.60	1.410	4367.6
11	3	3	1	80.0	296	3.05	97.05	141	2.10	1.750	4270.1
12	4	3	2	77.30	253	2.65	95.50	148	2.20	1.510	3559.4

表 5-103 刺槐能源林成活率、苗木形态指标多重比较

因素	水平	成活率（%）	平均高（cm）	平均地径（cm）	平均冠幅（cm）	萌生枝数（个/株）	单株生物量鲜重（g/株）	单位面积生物量干重（kg/hm^2）
品种	普通刺槐	92.71a	248a	2.50a	121a	2.723b	1.544 a	6467.08a
	香花槐	93.48a	206b	2.13b	105b	3.790a	1.132b	5182.34b
	四倍体刺槐	73.24b	248a	2.59a	126a	2.344b	1.438 a	4955.65b
	速生槐	74.87b	257a	2.65a	137a	2.777b	1.545 a	5443.86b
密度	0.5m×1.0m	83.61b	211c	2.08c	112b	2.965a	1.141b	6963.61a
	1.0m×1.0m	82.08b	243b	2.49b	121b	3.125a	1.487a	5166.38b
	1.5m×1.0m	88.49a	265a	2.76a	135a	2.635a	1.617a	4406.71c
覆盖措施	覆膜	87.22a	260a	2.65a	129a	2.739a	1.541a	6030.32a
	不覆膜	82.28b	219b	2.24b	115b	3.078a	1.289b	4994.16b

注：表中小写字母为均值在 LSD 为 0.05 水平下的差异显著性，相同字母表示差异不显著。

5.4.2.2 对苗高、地径、平均冠幅的影响

由图 5-81 和图 5-82 可以看出，不同处理组合对苗木平均高、平均地径及平均冠幅的影响表现出明显的差异，对苗高数据方差分析表明，不同品种、不同密度和不同覆盖措施对苗木平均高（$F_{品}=13.654^{*}$、$F_{密}=22.463^{*}$、$F_{覆}=34.405^{*}$）的影响均达到显著水平，经多重比较，品种间普通刺槐、四倍体刺槐及速生槐与香花槐有显著差异，而普通刺槐、速生槐与四倍体刺槐无差异；密度 1.5m×1.0m、1.0m×1.0m 与 0.5m×1.0m 有显著差异，覆盖与不覆盖有显著差异。

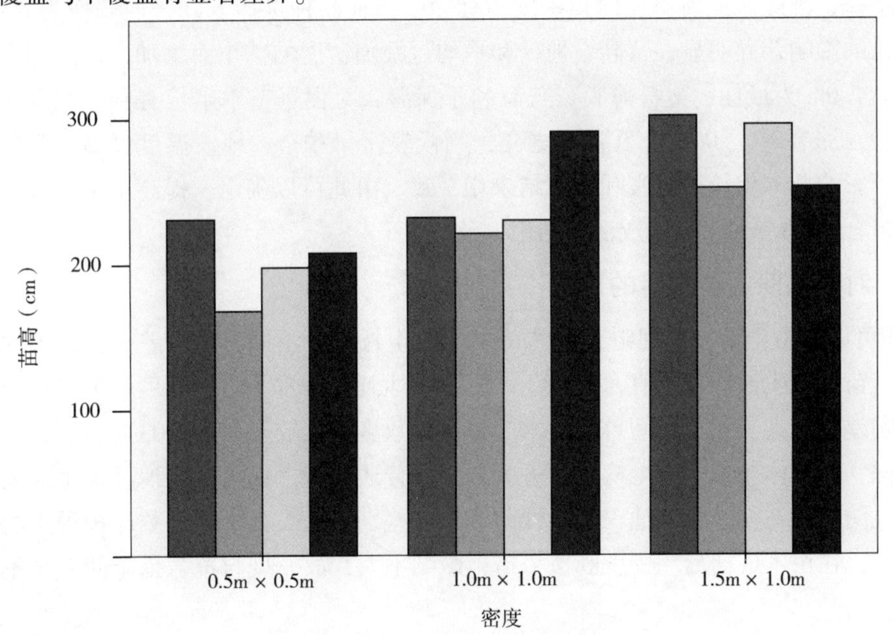

图 5-81 不同密度苗高比较

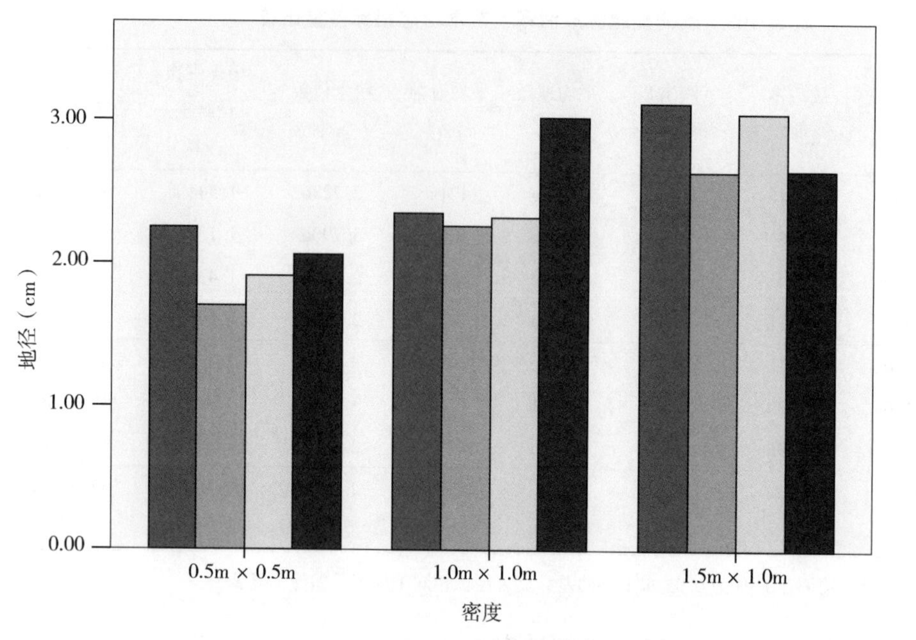

图 5-82　不同密度地径比较

对表 5-102 中地径、平均冠幅进行方差分析与多重比较，结果表明，刺槐品种、密度和覆盖措施对苗木地径（$F_{品}=8.509^{*}$、$F_{密}=23.430^{*}$、$F_{覆}=23.487^{*}$）、平均冠幅（$F_{品}=5.98^{*}$、$F_{密}=13.89^{*}$、$F_{覆}=14.21^{*}$）的影响均达到显著水平。苗高的结论也基本一致。

在供试的四个品种中，除香花槐外，其余几个树种在苗高、地径方面差异不大，但从各树种苗高、地径的平均值来看，以速生槐为最大，其次为普通刺槐，而从冠幅来看，普通刺槐小于速生槐，因此从提高单位面积密度指标而言，在品种选择上以普通刺槐为宜；密度对苗木生长的影响差异明显，苗高、地径和平均冠幅随密度的减小而增加，在三种密度中，以 1.5m×1.0m 为最佳；塑料薄膜覆盖有利于保湿，对促进苗木生长有利，但香花槐属浅根系树种（张睿等，2006），在春夏之交，气候较干旱季节，地表温度过高，影响根系发育，从而影响苗木生长，与实际观测结果相一致。由此可以确定，提高苗木生长指标的最佳培养组合为 A1 B3 C1，与成活率结论一致。

5.4.2.3　对单株萌生枝数量的影响

由图 5-83 可以看出，不同处理组合单株苗木的萌生枝数量不同。经方差分析，不同品种对单株栽植苗的萌生枝数（F 值为 5.58^{*}）的影响达到显著水平，而密度与覆盖措施对萌生枝数影响差异不大。对品种间单株苗木的萌生枝数多重比较（表 5-103）表明，香花槐与普通刺槐、四倍体刺槐及速生槐有显著差异，而普通刺槐、四倍体刺槐及速生槐间差异不显著。说明除香花槐外，其他三个品种萌株能力差别不大。由于萌枝数与树种生物学特性密切相关，在苗木成活后，密度和覆盖措施影响不大，故密度与覆盖措施间差异不显著。

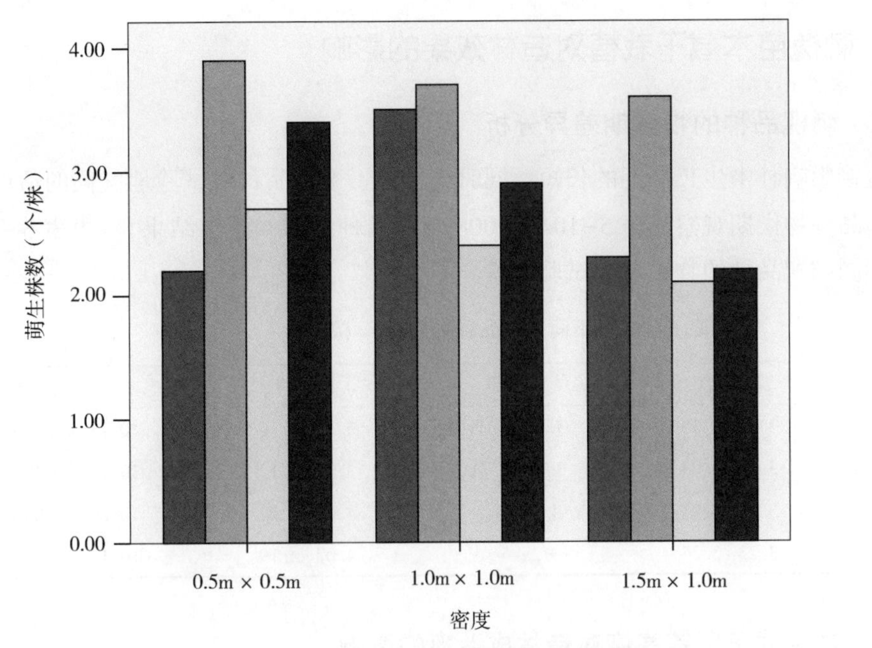

图 5-83　不同密度单株萌生株数比较

5.4.2.4　对单株生物量和小区生物量的影响

对表 5-102 中单株生物量鲜重进行方差分析，结果表明，不同品种、不同密度和不同覆盖措施对单株生物量鲜重（$F_{品}=5.474^{*}$、$F_{密}=9.879^{*}$、$F_{覆}=6.808^{*}$）的影响均达到显著水平。经多重比较（表 5-103），普通刺槐、四倍体刺槐及速生槐与香花槐有显著差异，密度 1.5m×1.0m、1.0m×1.0m 与 0.5m×1.0m 有显著差异，覆盖与不覆盖有显著差异。比较各因素平均水平的最大值，以普通刺槐和 1.5m×1.0m 的密度最佳。因此提高单株生物量鲜重最佳组合为 A1 B3 C1，与以上结论相一致。

对表 5-102 中单位面积生物量干重方差分析与多重比较，结果表明，不同品种、不同密度与不同覆盖措施对单位面积生物量（$F_{品}=8.048^{*}$、$F_{密}=35.575^{*}$、$F_{覆}=14.593^{*}$）的影响达到显著水平。普通刺槐与四倍体刺槐、速生槐及香花槐间均有显著差异，不同密度间均有显著差异，但随着密度的减少，生物量减小，覆盖与不覆盖有显著差异。由于四倍体刺槐与速生槐成活率低，单位面积生物量与普通刺槐差异较大，而香花槐虽然单株生物量较低，但萌生枝数较多，故单位面积生物量与速生槐、四倍体刺槐相差不大，与观测结果一致。另外，虽然不同密度林分单株生物量有一定差异，但由于密度的差异导致林分株数差异较大，因此生物量随着密度的增大而减小的现象并不与实际相矛盾。从调查数据还可以看出，随着密度的减小，苗木高径比减小，林木质量提高，因此，从提高造林苗木生长效果来看，密度以 1.5m×1.0m 为宜。

5.4.3 刺槐苗木截干栽植对造林效果的影响

5.4.3.1 刺槐品种的物候期差异分析

物候期直接影响林木生长周期的长短，同时也反映了不同品种对试验地气候的适应能力。不同刺槐品种物候期观察见表 5-104（2008 年各品种的物候观察结果），由表 5-104 可以看出，不同刺槐品种的物候期在试验区差异不大。

表 5-104 不同刺槐品种物候期 / （月日）

品种	芽膨大期	萌芽期	展叶期	落叶期
普通刺槐	3.16~3.19	3.20~3.27	3.28~4.15	10.18~11.02
香花槐	3.19~3.23	3.24~3.31	4.01~4.12	10.14~10.27
四倍体刺槐	3.27~4.01	4.02~4.8	4.09~4.22	10.20~11.05
速生槐	3.23~3.27	3.28~4.6	4.07~4.19	10.17~11.03

5.4.3.2 苗木截干留茬高度对造林成活率的影响

不同品种大田试验成活率调查见表 5-105。由表中可看出，不同留茬高度对各刺槐品种成活率影响不同，随着留茬高度的增大，成活率都有不同提高，但提高幅度不同。

对表 5-105 中数据进行方差分析，结果表明，不同品种与不同留茬高度对成活率（F 值分别为：$F_{品}=75.251^*$，$F_{截}=28.254^*$）的影响达到显著水平。经多重比较，品种间普通刺槐、香花槐与四倍体刺槐和速生槐有显著差异，而普通刺槐与香花槐、四倍体刺槐与速生槐间无差异；留茬高度 0cm 与距地面 10cm、20cm 有显著差异，而距地面 10cm 与 20cm 无差异。由于普通刺槐和香花槐为当地刺槐，成活率均达到和超过造林合格标准（85%），而速生槐与四倍体刺槐相对成活率较低，均在 60%~80%之间，仅从成活率来看，这两个品种不适应当地的生长条件。分析这两个树种成活率低的原因，一方面是由于这两个树种为外来树种，可能不适应当地气候条件所致；另一方面是这两个树种在运输过程中失水严重，导致成活率较低，但从这两树种的生长表现来看，笔者认为，主要原因为后者。

表 5-105 不同截干留茬高度对刺槐品种成活率（%）

品种	留茬高度		
	0cm	10cm	20cm
普通刺槐	82.6	85.7	87.3
香花槐	80.8	85.3	85.8
四倍体刺槐	65.9	75.0	78.3
速生槐	64.9	72.7	73.8

5.4.3.3 苗木截干留茬高度对萌条生长的影响

（1）对萌条长的影响　各树种不同留茬高度苗木的生长调查统计见表5-106。由表5-106可以看出，同一品种，留茬高度不同，萌条的长度不同。普通刺槐平均萌枝长190~287cm，香花槐平均萌枝长197~220cm，四倍体刺槐平均萌枝长167~209cm，速生槐平均萌枝长230~257cm，方差分析结果表明，不同品种及不同留茬高度对萌枝长（F值分别为：$F_{品}=6.198^{*}$，$F_{截}=6.812^{*}$）的影响达到显著水平。经多重比较（表5-107），普通刺槐、速生槐与香花槐、四倍体刺槐有显著差异，而普通刺槐与速生槐无差异，香花槐与四倍体刺槐、速生槐无差异。截干高度0cm与截干高度距地面10cm、20cm有显著差异，而截干高度距地面10cm与20cm无差异。从各树种萌枝长的平均值来看，普通刺槐萌枝长最大，其次为速生槐，最小的为四倍体刺槐，而截干高度以10cm为最佳。

表5-106　各树种不同截干高度苗木生长统计

品种	截干高度											
	0cm				10cm				20cm			
	萌枝数（条）	枝长（cm）	基径（cm）	生物量（g）	萌枝数（条）	枝长（cm）	基径（cm）	生物量（g）	萌枝数（条）	枝长（cm）	基径（cm）	生物量（g）
普通刺槐	3.2	190	1.67	0.39	4.8	274	2.48	0.70	4.8	287	2.57	0.89
香花槐	3.4	197	1.53	0.24	4.0	215	1.77	0.38	4.2	220	1.82	0.42
四倍体刺槐	2.4	167	1.55	0.32	2.8	201	1.82	0.32	3.4	209	2.01	0.41
速生槐	3.8	230	2.01	0.60	4.4	245	2.12	0.68	4.6	257	2.34	0.72

表5-107　各树种不同截干高度苗木生长多重比较

因素		成活率（%）	平均枝长（cm）	平均基径（cm）	平均萌枝数（条）	平均单株生物量（g）
树种	普通刺槐	67.4a	250.3a	2.24a	4.3a	0.66a
	香花槐	66.3a	210.7b	1.71b	3.9a	0.35b
	四倍体刺槐	58.8b	192.3b	1.79b	2.8b	0.35b
	速生槐	57.1b	244.0ab	2.16a	4.3a	0.61a
截干高度	距地面0cm	59.3b	196.0b	1.69b	3.2b	0.35b
	距地面10cm	63.4a	233.8a	2.05a	4.0a	0.52a
	距地面20cm	64.6a	243.3a	2.19a	4.3a	0.61a

注：表中小写字母为均值在LSD为0.05水平下的差异显著性，相同字母表示差异不显著。

（2）对萌条基径的影响　由表5-106可知，同一品种，截干高度不同，萌条的基径不同。普通刺槐单株平均基径为1.67~2.57cm；速生槐次之，为2.01~2.34cm；香花槐最小，为1.53~1.82cm。对各树种不同截干高度平均基径进行方差分析表明，不同品种及不同截干高度对平均基径（F值分别为：$F_{品}=6.922^{*}$，$F_{截}=8.682^{*}$）的影响达到显著水平，经多重比较，与枝长结论一致。

（3）对萌枝数的影响　对刺槐进行截干，目的是希望利用刺槐的萌蘖特性，促进刺槐萌发出大量枝条，为能源利用提供最大限度的生物产量（黄玉国等，2007；赵秋梅，2009）。由表5-106可以看出，不同品种，截干高度不同，平均萌枝数量不同，普通刺槐单株平均萌枝数最大，为4.8条，速生槐次之，为4.6条，四倍体刺槐萌枝数最少，为3.4条。经方差分析，不同品种及不同截干高度对平均基径（F 值分别为：$F_{品}=15.720^{*}$，$F_{截}=14.440^{*}$）的影响达到显著水平。经多重比较（表5-107），品种间普通刺槐、速生槐、香花槐与四倍体刺槐有显著差异，而普通刺槐与速生槐、香花槐间无差异；截干高度0cm与截干高度距地面10cm、20cm有显著差异，而距地面10cm与20cm无差异。说明除四倍体刺槐外，其余几个品种均有较强的萌生能力。留茬高度对刺槐萌生数影响较大，这是由于北方春季干旱多风，如果截干高度低，干上部芽因失水严重而枯死，从而影响枝条萌发，但截干高度并不是越高越好，当截干高度大于10cm时，萌枝数增加较少，与截干10cm差异不大。因此，在生产中，刺槐截干高度以10cm为宜，与成活率、萌枝数、基径结论相符。

（4）对生物量的影响　对表5-106中单株生物量进行方差分析表明，不同品种及不同截干高度对单株生物量（F 值分别为：$F_{品}=9.153^{*}$，$F_{截}=7.953^{*}$）的影响达到显著水平，经多重比较，与萌枝长、基径结论一致。从表5-107中可以看出，1年生单株生物量随着密度的减小而增大，这是由于随着密度的减小，苗木营养空间增大，苗木根系及树冠有了较大的发展空间，使苗木质量得以提高，与实际情况相符。

5.5　刺槐能源林的培育管理

5.5.1　皆伐后天然萌蘖更新特征

由于燃料能源林经营目标是短时间、高收获，往往采用类似农业标准化生产特征的高度集约化生产方式，收获产物的方式基本上都采用皆伐作业的方式，在多代萌蘖、收获、再萌蘖、再收获之后，生物质产量及林地也会逐渐退化，在不足达到期望生产力后，其更新也大多采取清理老树桩，重新造林培育能源林。因此其更新问题，在能源林培育研究中关注不多，侧重点在皆伐平茬的天然萌生更新。

5.5.1.1　刺槐林皆伐后天然更新的林分数量特征分析

通过调查6个不同类型的刺槐天然更新林样地，由图5-84的结果可以看出，刺槐二代林18年生林分样地（II-18）林木株数最少，为625，三代林1年生刺槐林样地（III-1）林木株数最多，为5171，径阶分布均成偏正态分布，在II-4、II-9、III-1样地中，桩萌株数量分别占总更新的39.7%、30.1%、56.5%。

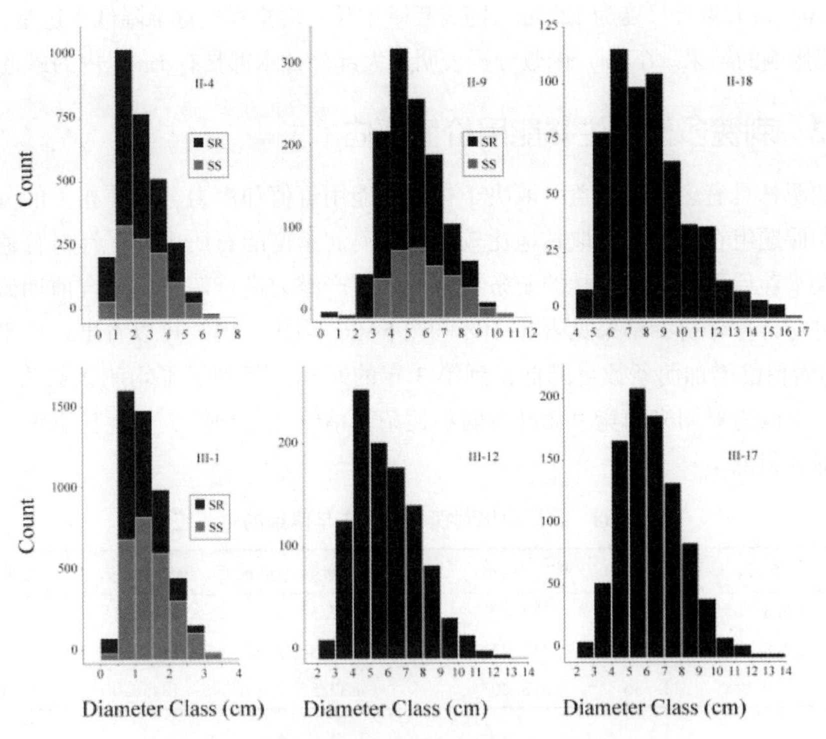

图 5-84　刺槐能源林皆伐后天然更新数量变化特征

5.5.1.2　刺槐林皆伐后天然更新的空间格局分析

图 5-85 为 $L(r)$ 函数分析图，结果表明，六个样地均具有聚集分布特征，最小聚集

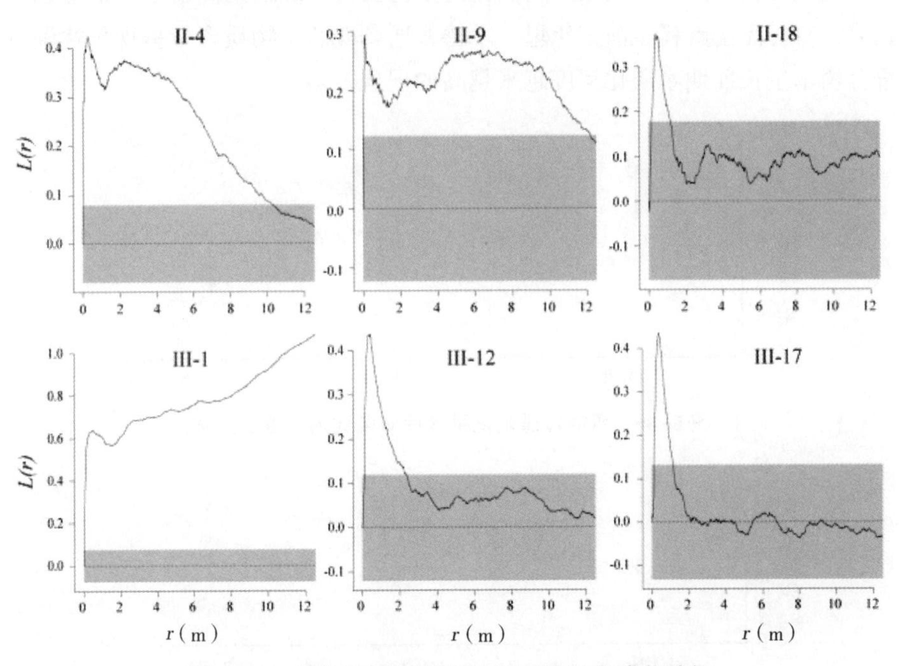

图 5-85　刺槐能源林皆伐后天然更新空间变化特征

尺度为 1.2m，最大聚集尺度为 12.5m。随着年龄增长，聚集程度逐渐降低，这是自疏效应以及人为干扰影响的结果。G（r）函数分析表明，大部分林木都具有 1m 以内的最近邻林木。

5.5.2 刺槐多代萌生林能用价值评估

刺槐能源林具有多大的效益，取决于林分的能用价值和潜力，目前相关的分析研究还不是很多。课题组在研究中选取林地比较贫瘠的河北承德的石质山地，针对普通刺槐品种在经过多次平茬后形成的萌生林的萌条数量及其生产潜力进行调查，结合前期研究的刺槐燃烧热值进行计算分析，结果见表 5-108 和图 5-86 至图 5-91。可以看出，在平茬后的前 3 年里，随着树龄增加萌条数量降低，到第 3 年的时候，降到了平均萌条数为 2。大量萌发的新枝，会因为对阳光的竞争而导致弱小枝条干枯致死，到第 3 个生长季里，萌条数就已经开始降到很低了。

表 5-108　石质山地刺槐平茬后 3 年萌条的生长统计

平茬年限	萌条数	地径（mm）	树高（cm）	单位面积生物量（g/m^2）	热值（J/g）	干物质含量（%）
1	3.8	17.134	283.52	307.5	19061.1	58.17
2	2.8	25.470	312.92	648.5	18859.2	60.84
3	2.0	32.336	393.20	839.5	18458.9	65.12

由图 5-86 至图 5-91 可知，承德县普通刺槐次生林的最粗单枝地径，在前三年里，随着树龄增加而平稳增长。在第三个生长季，承德县普通刺槐的树高生长加快。就单位面积生物量而言，承德县普通刺槐表现出第二年大幅度增长，第三个生长季相对第二个生长季来说，单位面积生物量的增长放缓。所测得的承德县普通刺槐的热值平均值显示出小幅度下降的趋势，暂时无法解释。前三年里，承德普通刺槐的干物质含量呈现出逐渐升高的趋势，这符合树木生长前期木质化程度越来越高的现象。

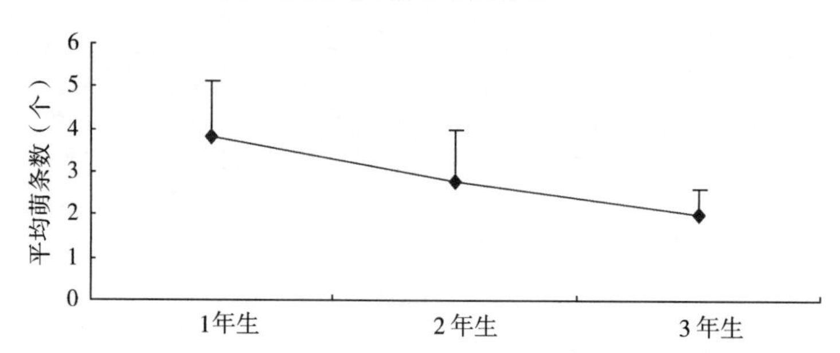

图 5-86　承德普通刺槐平茬后萌条数随年度的变化

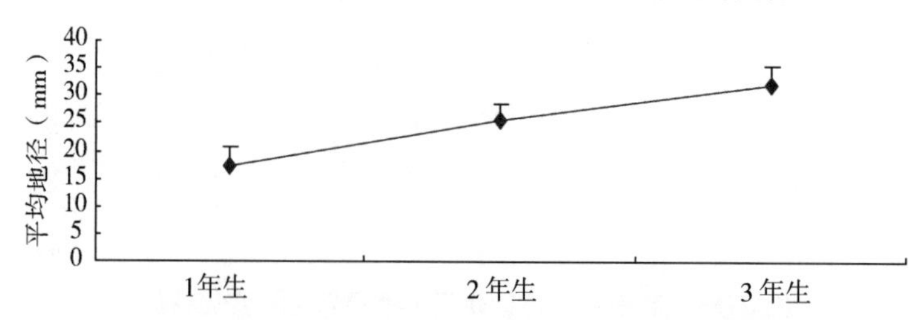

图 5-87　承德普通刺槐平茬后萌条平均地径的变化

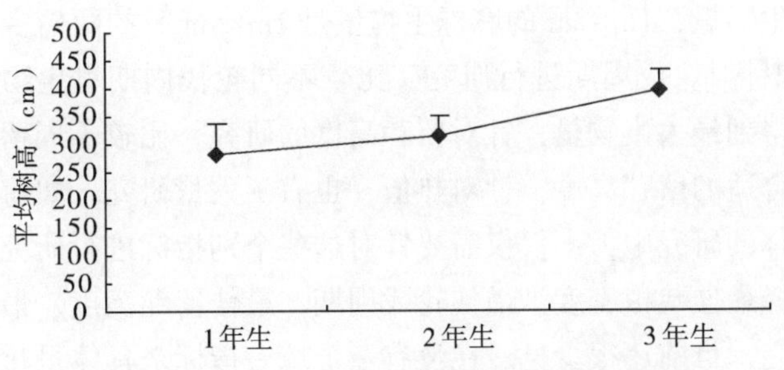

图 5-88 承德普通刺槐平茬后萌条高度的变化

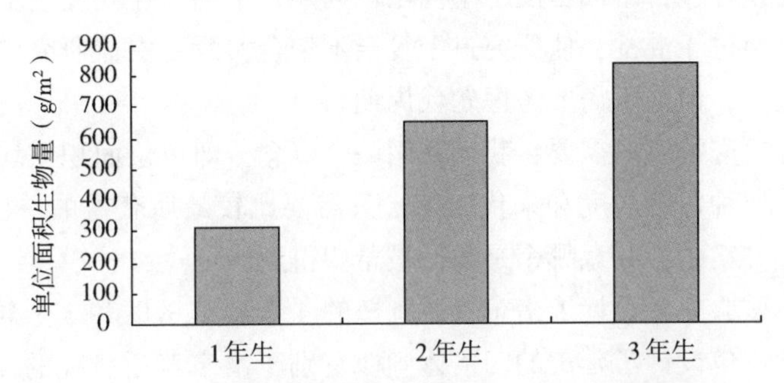

图 5-89 承德普通刺槐萌生林单位面积生物量的变化

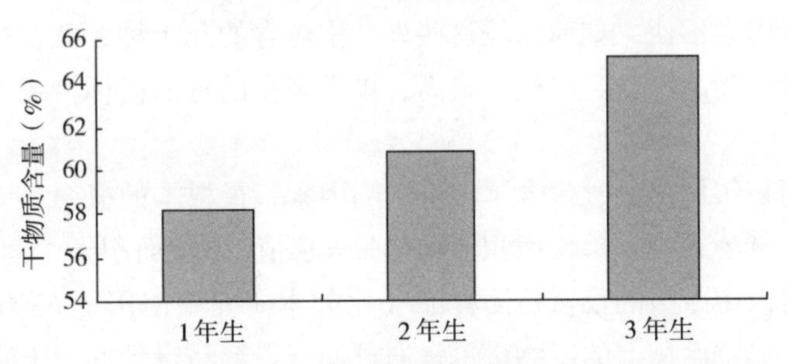

图 5-90 承德普通刺槐平茬后萌条干物质含量随时间的变化

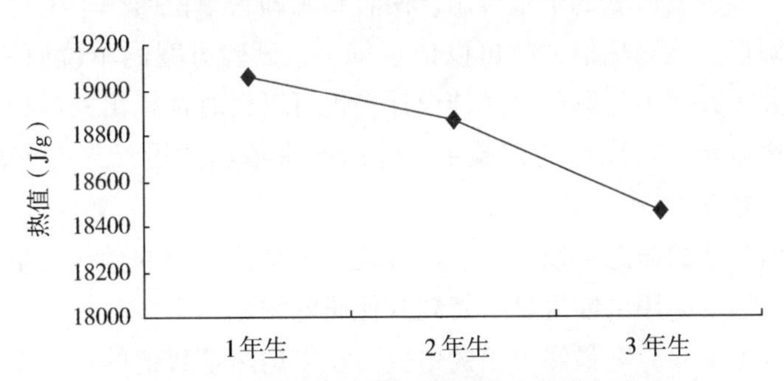

图 5-91 承德普通刺槐平茬后萌条的热值变化

5.5.2.1 单位面积年均热量分析

已有的林分密度效应研究方法，主要是针对某些特定指标进行对比，比如通过设计不同栽植密度，研究密度对某几个树种的生物量影响，综合选择得到最高生物量的树种的栽植密度，如刺槐用作薪炭林，马文元研究得出，轮伐周期为 2 或 3 年，并且提出在一定范围内，密植会提高生物量，1m×2m 的麻栎生物量是 1m×4m 时的两倍多（228.5%）（马文元，1994）。又比如针对轮伐周期进行研究，比较不同轮伐周期对生物量的影响，选择最合适的轮伐周期来得到最大生物量；针对留茬高度的研究，比较不同留茬高度对生物量的影响程度，选择最合适的留茬高度。针对热值，也有了大量研究，如前面所述。

然而，在能源林的研究中，不仅仅需要针对这些个别指标进行研究比较，还需要一个统一的指标，来选择最佳栽植密度、最佳轮伐周期、最佳留茬高度、最佳树种。同时涉及这些影响因素的研究，目前还很少见。在没有一个统一指标来具体量化这些因素综合起来的效果之前，同时设计包含不同密度、不同轮伐周期、不同留茬高度、不同树种等诸多因素的研究方案，也会过于混乱，使研究过于复杂不切合实际。农业研究中，会有单位面积产生的能量这个概念，但是不需要考虑轮伐周期。

考虑到能源林研究特有的需要，我们使用一个概念，即单位面积年均热量。不论何种树种、何种密度、何种留茬高度和采伐周期，只需要比较最后获得的单位面积年均热量，就能知道众多研究方案中，究竟哪个是我们最希望得到的。

举例来说，本试验中，设计了洛宁普通刺槐的 4 个栽植密度和 3 个轮伐周期，以及 3 个不同的留茬高度；也设计了延庆的四倍体刺槐有别于洛宁普通刺槐的 4 个栽植密度和 3 个轮伐周期，以及 3 个留茬高度；还包括了承德县周边丘陵山坡的 3 个不同生长时间的普通刺槐。刨除地点因素不谈，如何比较这些设计中包含的几十种方案，分别哪个密度、哪个轮伐周期、哪个留茬高度得到的热能最高，单靠现在已有的指标，无法直接精准地进行量化比较。

所谓的单位面积年均热量，包含了多个影响因素，最根本的概念，就是单位面积上的年均能量产量。定义公式为：单位面积年均热量=热值×单位面积干生物量/生长时间。上述因子中，热值可以用专门的仪器检测样品（比如本研究中使用了 6300 氧弹量热仪）迅速而准确地得出；单位面积上的生物量也是通过调查很容易得到的，干物质含量可以通过对比样品的鲜重和烘干至恒重的干重得出，两者相乘即为单位面积干生物量。

只需要通过调查、检测热值，就可以记录每一个试验方案的单位面积年均热量数值，即使目前设计的方案数量不足以包含最佳设计，也可以暂时选择出并且记录目前方案中最高的单位面积年均热量。在以后的试验中，专门改进单项的设计来提升单位面积年均热量，逐步获得最佳方案。

单位面积年均热量的概念可以扩大。通过改变定义公式中的量化能量含量的因子，从本研究中的燃烧产热发电用的能源林扩展到其他研究领域。

在统一记录各个试验方案最终得出的单位面积年均热量数值的情况下，就可以进行不同品种且不同培育轮伐模式的柠条、刺槐、杨树、柳树、栎类、银荆、川滇桤木等树种之间的比较。当然，我们在实际研究和生产中，还应该考虑其他技术性的因素，比如购买各个树种的苗木的成本差别、采伐难易产生的收割时人工的成本差别，以及作为燃烧发电用途时燃烧后灰分成分和含量等。但是，目前我们先使用这个容易理解和操作的概念单位面积年均热量来分析试验结果。

本试验中共 31 个试验方案，这些试验方案中，各自得到的单位面积年均热量分别是

多少，是从这 31 个试验方案中选择最优模式的关键。

5.5.2.2 刺槐能源林单位面积年均热量的比较

根据单位面积年均热量，分析各个试验方案的差异。表 5-109 中，“洛一 0.4×0.6”代表试验方案“洛宁普通刺槐，平茬后 1 年生，密度为 0.4m×0.6m”，其余类同。

(1) 洛宁普通刺槐单位面积年均热量　表 5-109 和图 5-92 是洛宁普通刺槐 12 个设计方案的单位面积年均热量。可以看出，洛一 0.4×0.6，即洛宁普通刺槐、栽植密度 0.4m×0.6m、生长时间 1 年获得了最大单位面积年均热量，明显高于其他试验方案，甚至是某些试验方案的数倍，洛宁普通刺槐 1 年生相对 2 年生、3 年生可以获得更高的单位面积年均热量。

表 5-109　洛宁普通刺槐热量研究试验方案及结果

方案	单位面积生物量 (g/m²)	热值 (kJ/g)	干物质含量	生长时间 (年)	单位面积年均热量 (kJ/m²·a)
洛一 0.4×0.6	7223.958	18.6361	0.6202	1	83495.30
洛一 0.4×0.8	4294.921	18.6389	0.6140	1	49152.30
洛一 0.5×0.8	4712.500	18.6272	0.6207	1	54485.47
洛一 0.5×1.0	3872.500	18.6054	0.6132	1	44180.70
洛二 0.4×0.6	2345.052	18.4502	0.5963	2	12899.96
洛二 0.4×0.8	2778.320	18.3473	0.6487	2	16533.63
洛二 0.5×0.8	2553.125	18.4682	0.5827	2	13737.63
洛二 0.5×1.0	3258.126	18.4548	0.5841	2	17560.40
洛三 0.4×0.6	4194.013	18.0552	0.6435	3	16242.74
洛三 0.4×0.8	3386.719	18.8088	0.6263	3	13298.46
洛三 0.5×0.8	2437.500	18.2418	0.6635	3	9834.04
洛三 0.5×1.0	6390.876	18.5728	0.6761	3	26750.23

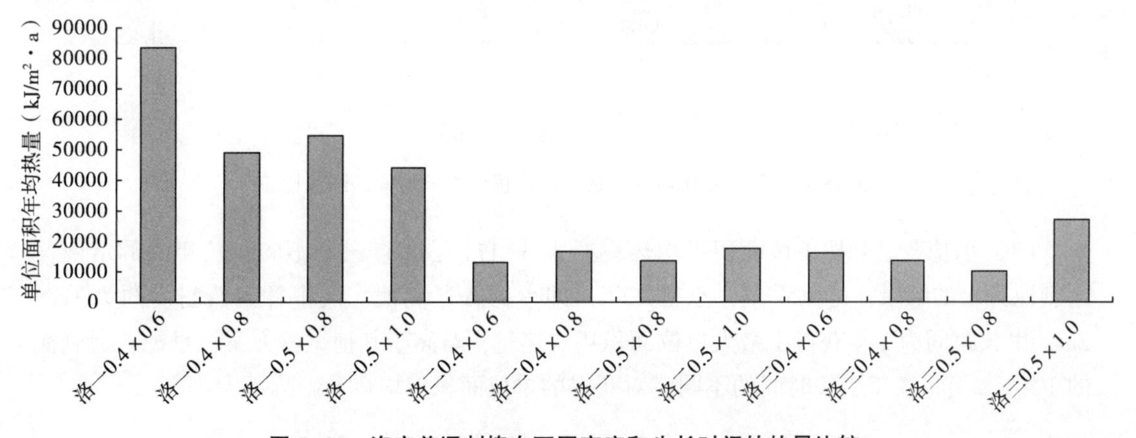

图 5-92　洛宁普通刺槐在不同密度和生长时间的热量比较

（2）延庆四倍体刺槐单位面积年均热量　由表 5-110 和图 5-93 可以看出，延一 0.8×1.2，获得了最大单位面积年均热量，略高于其他试验方案。延庆四倍体刺槐的 1 年、2 年、3 年的生长时间的不同，对获得的单位面积年均热量影响不大。

表 5-110　延庆四倍体刺槐热量研究试验方案及结果

方案	单位面积生物量 (g/m^2)	热值 (kJ/g)	干物质含量	生长时间 (年)	单位面积年均热量 ($kJ/m^2 \cdot a$)
延一 0.8×1.2	831.706	18.7761	0.6031	1	9418.127
延一 1.0×1.2	580.990	18.8167	0.5882	1	6430.387
延一 1.0×1.4	691.964	18.4422	0.5938	1	7577.683
延一 1.0×1.6	607.617	18.2874	0.6061	1	6734.823
延二 0.8×1.2	1100.586	18.3799	0.6306	2	6378.097
延二 1.0×1.2	1513.803	18.9067	0.6223	2	8905.430
延二 1.0×1.4	1475.446	18.5632	0.6048	2	8282.433
延二 1.0×1.6	1086.719	18.8046	0.6011	2	6141.834
延三 0.8×1.2	1327.149	19.1778	0.6769	3	5742.774
延三 1.0×1.2	1486.979	19.0129	0.6463	3	6090.684
延三 1.0×1.4	1761.161	19.4062	0.7000	3	7974.737
延三 1.0×1.6	1656.641	19.0008	0.7108	3	7458.070

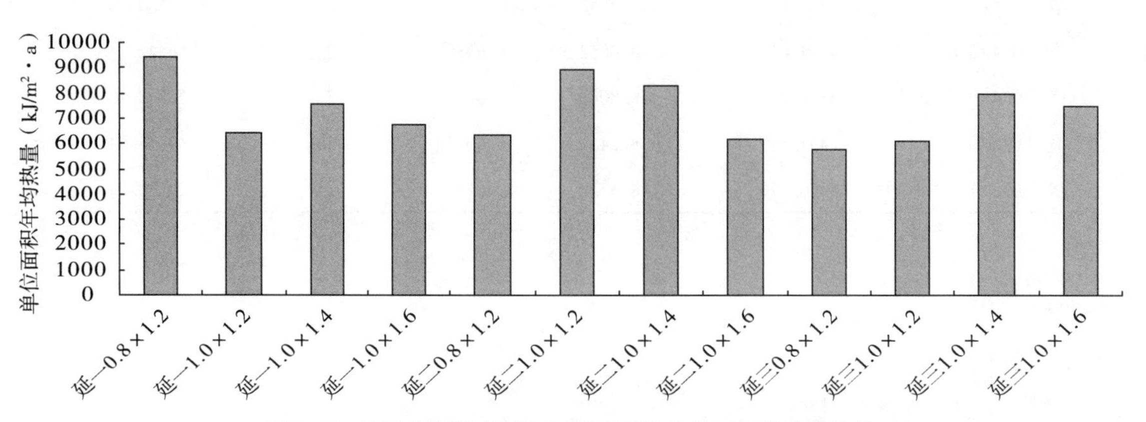

图 5-93　延庆四倍体刺槐在不同密度和生长时间的热量比较

（3）承德普通刺槐单位面积年均热量　表 5-111 是调查三个不同生长年龄的承德普通刺槐得出的结果，可以看出，承德二年，即承德普通刺槐，次生林天然密度约为 1m×2m，生长时间为 2 年获得了最大单位面积年均热量，略高于其他试验方案。承德普通刺槐的 1 年、2 年、3 年生长时间的不同，对获得的单位面积年均热量影响不大。

表 5-111　承德普通刺槐热量研究试验方案及结果

方案	单位面积生物量（g/m^2）	热值（kJ/g）	干物质含量	生长时间（年）	单位面积年均热量（$kJ/m^2 \cdot a$）
承德一年	307.5	19.0611	0.5817	1	3409.511
承德二年	648.5	18.8592	0.6084	2	3720.424
承德三年	839.5	18.4589	0.6512	3	3363.719

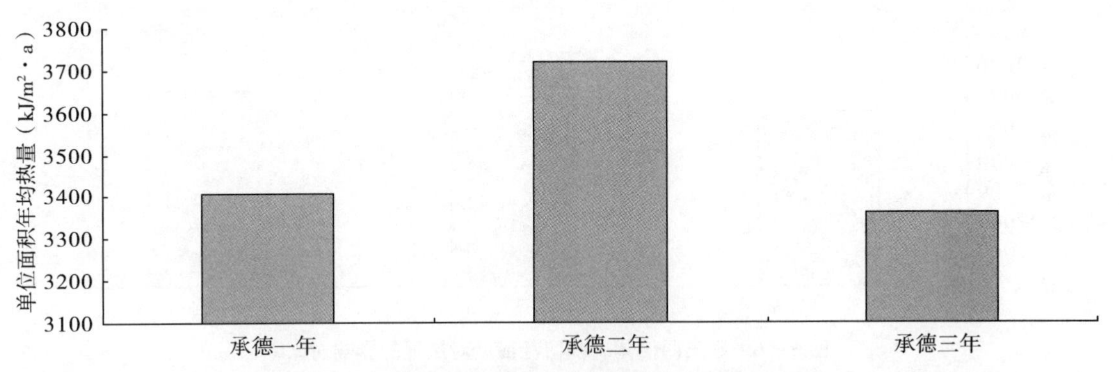

图 5-94　承德普通刺槐萌条在不同生长时间的热量比较

（4）留茬高度对萌条单位面积年均热量的影响

春季萌发之前，对洛宁县的普通刺槐自造林和延庆县的四倍体刺槐自造林进行平茬，设置 15cm、30cm、45cm 三个留茬高度，到秋季落叶之后对平茬苗木实地调查生长指标和生物量，并且带回样品，烘干，测含水量和热值等。

洛宁普通刺槐 0.5m×1.0m 萌发 1 年不同留桩方案和延庆四倍体刺槐 1.0m×1.4m 萌发 1 年不同留桩方案的对比如表 5-112、表 5-113。

表 5-112　洛宁普通刺槐留茬高度对萌条的影响

方案	单位面积生物量（g/m^2）	热值（kJ/g）	干物质含量	生长时间（年）	单位面积年均热量（$kJ/m^2 \cdot a$）
洛一 0.5×1.0 桩 15cm	2741.25	18.3389	0.6106	1	30695.78
洛一 0.5×1.0 桩 30cm	3872.50	18.6054	0.6132	1	44180.70
洛一 0.5×1.0 桩 45cm	3185.00	18.5719	0.6190	1	36614.78

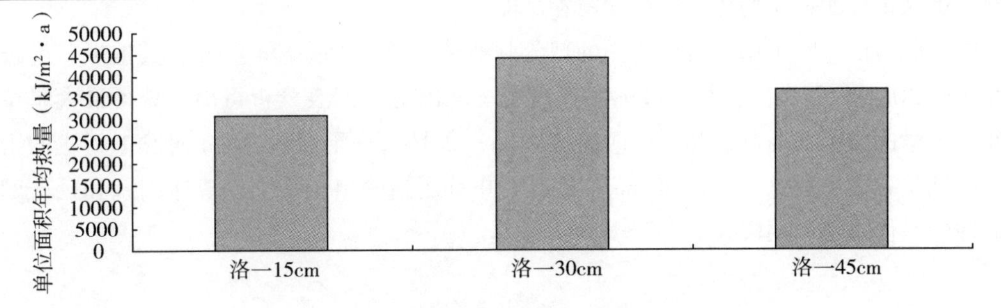

图 5-95　洛宁普通刺槐留茬高度对萌条热量的影响对比

表 5-113　延庆四倍体刺槐留茬高度对萌条的影响

方案	单位面积生物量 (g/m²)	热值 (kJ/g)	干物质含量	生长时间 (年)	单位面积年均热量 (kJ/m²·a)
延一 1.0×1.4 桩 15cm	510.9375	18.6523	0.5926	1	5647.573
延一 1.0×1.4 桩 30cm	691.964	18.4422	0.5938	1	7577.683
延一 1.0×1.4 桩 45cm	546.429	18.7271	0.619	1	6334.246

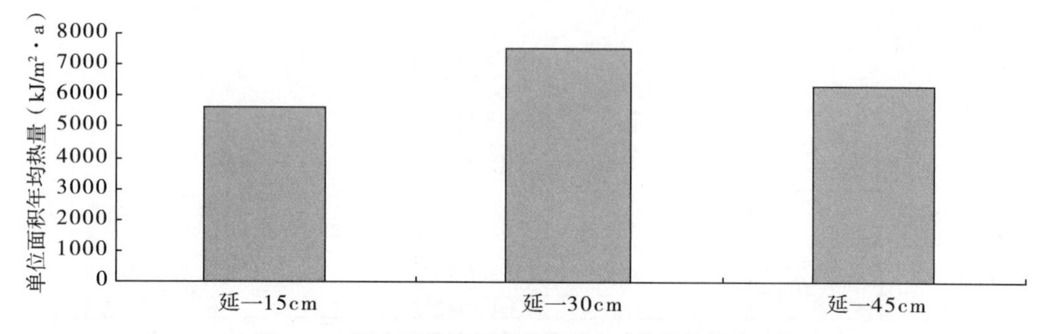

图 5-96　延庆四倍体刺槐留茬高度对热量的影响对比

由表 5-112、表 5-113 和图 5-95、图 5-95 可知，洛宁普通刺槐和延庆四倍体刺槐不同留茬之后获得的萌发 1 年单位面积年均热量进行比较，都表现出了留茬 30cm 要明显优于其他两个留茬方案，可以认为，留茬 30cm 就是目前找出的最合适的留茬高度。

综上研究可以看到，在洛宁普通刺槐试验方案中，栽植密度 0.4m×0.6m、留茬高度 30cm、生长时间 1 年，获得了最大单位面积年均热量，明显高于其他试验方案，甚至是某些试验方案的数倍。延庆四倍体刺槐试验方案中，栽植密度 0.8m×1.2m、留茬高度 30cm、生长时间 1 年，获得了最大单位面积年均热量，略高于其他试验方案。承德普通刺槐天然密度约为 1m×2m 的次生林，生长时间 2 年的试验方案，获得了最大单位面积年均热量，略高于其他试验方案。延庆四倍体刺槐和承德普通刺槐的 1 年、2 年、3 年的生长时间，对获得的单位面积年均热量影响不大。

刺槐用作饲料林时，生物量对比试验表明，留茬高度 30cm 明显优于 5cm（张国君，2007）；在设计试验时，参照了 30cm 留茬高度得到更优生物量的刺槐饲料林，分别设置了留茬高度 15cm、30cm 和 45cm 三个梯度。分析试验数据，得出 30cm 也是刺槐用作能源林时获得更大单位面积年均热量的最优留茬高度。

因为试验中，除了用于对比选择的部分刺槐苗木留茬 15cm 和 45cm，其他平茬生枝的都是用的 30cm 留茬高度，符合最优留茬高度。又由上述图表分析得出，获得最大单位面积年均热量的洛宁普通刺槐和延庆四倍体刺槐，都是出现于留茬 30cm 萌发 1 年生的密度最大的试验方案。可见，留茬 30cm 萌发 1 年并且适当密植，是洛宁普通刺槐和延庆四倍体刺槐的最优栽培利用模式。

5.6 结论与建议

5.6.1 结论

5.6.1.1 立地条件对刺槐能源林生长的影响

（1）不同地形条件下刺槐胸径、树高、材积的生长有一定差异，阳坡上位、阳坡下位、阴坡上位和阴坡下位的刺槐胸径、树高和材积的总生长量变化趋势相一致。相同林龄时，胸径、树高、材积的总生长量因不同的地形而有所差异。其中胸径总生长量，阴坡下位>阴坡上位>阳坡下位>阳坡上位；树高总生长量，阴坡上位>阴坡下位>阳坡下位>阳坡上位；材积总生长量，阴坡上位>阴坡下位>阳坡下位>阳坡上位。阴坡上位可能是四种地形中更适合刺槐生长的立地类型。

阳坡上位、阳坡下位、阴坡上位和阴坡下位的刺槐林分胸径平均生长量在 2~4 年时增加较快，在 4 年时增加到最大值，分别为 0.69cm、0.63cm、0.74cm、0.62cm；连年生长量在 2~4 年时增加的速度较快，在 4 年时增加到最大值，分别为 0.97cm、0.71cm、1.06cm、0.85cm。

阳坡上位、阳坡下位、阴坡上位和阴坡下位的刺槐林分树高平均生长量在 2~4 年时增加较快，在 4 年时增加到最大值，分别为 0.69m、0.53m、0.82m、0.58m；连年生长量在 2~4 年时增加的速度较快，在 4 年时增加到最大值分别为 0.97m、0.65m、1.08m、0.80m。

阳坡上位、阳坡下位、阴坡上位和阴坡下位的刺槐林分材积生长量有差异，阴坡上位的材积连年生长量和平均生长量大约在 24 年时出现相交，其他三种地形均未出现相交，林分 0~24 年时的最大材积平均生长量为 24 年，刺槐的数量成熟龄可能在 24 年之后。

（2）以民权和荥阳两地不同土壤类型的刺槐林分相比较，根据林地土壤砂粒、粉粒和黏粒三粒级含量的比例，参考国际制土壤质地分级标准，可知民权县申甘林场土壤类型为壤质砂土，荥阳市陈垌村土壤类型为砂质壤土。砂质壤土的全氮、碱解氮、速效磷、速效钾、有机质、阳离子交换量和电导率平均值高于壤质砂土，pH 值基本相同，土壤养分含量为砂质壤土>壤质砂土。砂质壤土和壤质砂土的砂粒、粉粒、黏粒均有极显著差异；土壤养分中全氮、速效钾、有机质、阳离子交换量差异极显著，碱解氮和电导率有显著差异，速效磷和 pH 的差异不显著。

刺槐无性系 5、8、9、11、13、14、15、19、意大利、8048、83002 在砂质壤土的平均胸径大于在壤质砂土上的平均胸径，无性系 8044、84023、3-I 在砂质壤土的平均胸径小于在壤质砂土上的平均胸径；无性系 5、8、9、11、13、14、15、19、意大利、8048、8044、83002、84023 在砂质壤土的胸径年均生长量大于在壤质砂土上的胸径年均生长量，无性系 3-I 在砂质壤土的胸径年均生长量小于在壤质砂土上的胸径年均生长量，14 个刺槐无性系多数在砂质壤土上的胸径生长表现优于壤质砂土。

刺槐无性系 5、8、9、13、15、19、意大利、8048、8044、83002、84023、3-I 在砂质壤土的平均树高大于在壤质砂土上的平均树高，无性系 11、14 在砂质壤土的平均树高小于在壤质砂土上的平均树高；无性系 5、8、11、14、15、19、意大利在砂质壤土的树高年均生长量大于在壤质砂土上的树高年均生长量，无性系 9、13、8048、8044、83002、84023、3-I 在砂质壤土的树高年均生长量小于在壤质砂土上的树高年均生长量，14 个刺槐无性系多数在砂质壤土上的树高生长表现优于壤质砂土。

（3）刺槐胸径和全氮、速效氮极显著相关，与速效钾、有机质、阳离子交换量、电导率显著相关，和速效磷、pH 值之间相关关系不显著；树高和全氮极显著相关，与速效氮、有机质、阳离子交换量、电导率显著相关，和其他养分指标相关关系不显著。

5.6.1.2 刺槐萌生能源林的培育结构效应

通过对刺槐能源林萌生林不同培育结构方式的研究，在刺槐作为燃料型能源林的培育方向上，进行了各种因子的比较，得出如下结论。

（1）采伐时期　研究中，选择了刺槐萌生林 1、2、3、5 年生的各自生长盛期、落叶期、生长初期和开花盛期等不同生长阶段林分作为研究对象。经数据分析和横向、纵向相互比对可知，刺槐在开花盛期这个生长阶段时的生物量不仅大于其他三个生长阶段（生长盛期、落叶期和生长初期），而且植株产生的热量也是四个生长阶段中最高的，因此，选择该时期作为刺槐采伐的季节是有理论支持的。

（2）采伐周期　在 1、2、3、5 年生刺槐能源林的四个林龄中，经研究可以得到的是 5 年的生物量是最高的，其林分总热量也是四者中最高的，但我们可以清楚地知道 5 年生林分产生的总热量只是 1 年生、2 年生、3 年生的 1~2 倍，3 年生时仅略高于 1 年生和 2 年生，2 年生低于 1 年生的林分总热量，因此选择轮伐期 1 年生为最佳采伐周期。

（3）刺槐能源林的最佳培育密度　刺槐林分有 1m×1.5m、1m×1m 两种密度，即密度 1（6667 株/hm^2）和密度 2（10000 株/hm^2）。密度 1 条件下的林分在不同时期的产生的热量分别是：1 年生 Q_1（4520.25~8545.08MJ）、2 年生 Q_2（3636.95~7788.70MJ）、3 年生 Q_3（4378.12~10610.18MJ）、5 年生 Q_5（6631.33~12677.71MJ），密度 2 条件下的刺槐林分产生的总热量则为 1 年生 Q_1（5860.46~12213.51MJ）、2 年生 Q_2（4441.97~11030.35MJ）、3 年生 Q_3（6007.35~14578.25MJ）、5 年生 Q_5（9017.03~18388.62MJ）。

由以上数据可以看出，四个林龄中，刺槐的林分总热量在密度 2（10000 株/hm^2）时都要高于密度 1（6667 株/hm^2）时的总热量，因此选择高密度的刺槐林分结构作为能源林的培育方式。

通过对河南洛宁吕村林场的 1~5 年生的刺槐萌生林生长因子、热值和生物量进行系统研究，我们的研究认为，在开花盛期时选择 1 年生萌生林林分作为采伐的季节和轮伐期可以获得最大的产热值，可以作为刺槐燃料型能源林培育的最佳方式对今后的能源林培育进行技术指导。

5.6.1.3 刺槐能源林栽培密度与收获期的选择

试验中作为能源林使用的各地的各种刺槐，都需要考虑到人工采割和落叶归土，从而在秋天落叶后至次年春天长出新叶之前，进行采收，所以利用的全部都是枝干，不考虑枯

落物。枯落物回归土壤，可以减少人工施肥量，利于土地本身的元素循环。春秋季节在老叶落尽、新叶未生之际，人工采割刺槐，可以降低工作量，同样用于压缩制作燃烧块时，减少了地面杂物的掺入。试验中，调查萌发后1年生的刺槐，而不是选择调查当年栽植的刺槐，考虑到两个因素：首先刺槐第一年用来扎根保活，并且观察栽植第一年的生长情况，发现很差，不适合利用；其次，实际应用时，也是在不停轮伐，调查平茬后1年生的刺槐，符合生产需要。因此，本试验研究中选择对比2年生刺槐、3年生刺槐和平茬后1年生刺槐。

（1）密度和采收期对刺槐能源林生长的影响

①有研究表明，刺槐的萌蘖更新能力很强，采用萌蘖更新技术可使子代林单位面积立株数提高242.9%，材积增长量提高107.7%，且老龄刺槐萌蘖能力随粗度增加呈下降趋势（管锦州，2008）。研究发现，较密的情况下，不同密度对洛宁普通刺槐和延庆四倍体刺槐萌条数影响很小，不同生长时间对洛宁普通刺槐、承德普通刺槐和延庆四倍体刺槐萌条数影响很大。刺槐林在郁闭之后，被遮住阳光的细小萌条会干枯死亡，故而随着生长时间的延长，萌条数会明显减少，第三年就已经普遍呈现出单一主干的回归乔木化现象，即使有萌条，也是处于较高位置，主干周围有大量干枯而死的当年新枝。回归乔木化现象，与试验计划的乔木灌木化状态相逆；但是最终发现，采伐留茬30cm生长一年，是洛宁普通刺槐和延庆四倍体刺槐的最佳采伐模式，符合能源林课题提出的刺槐灌木化观点。

②不同密度对在延庆试验地的四倍体刺槐的地径影响较小。在较稀疏的栽植密度下，4个不同密度对延庆四倍体刺槐最粗单枝地径的影响不显著。在较密的情况下，如本试验设计中的4个密度，相对的稀疏会使洛宁普通刺槐的地径更粗。生长时间的差异，对延庆四倍体刺槐最粗单枝地径的影响极显著，延庆四倍体刺槐的地径生长速度在前三年较平稳提升，并没有进入地径快速生长期；但是洛宁普通刺槐在第三个生长季里，地径生长速度极显著提升；承德普通刺槐次生林的最粗单枝地径，在前三年里，随着树龄增加而平稳增长。

③在目前栽植较密的情况下，三年内，密度差异对洛宁普通刺槐树高生长影响不明显；在本试验设计中，密度差异对延庆四倍体刺槐树高生长影响不明显。所以，树高和密度的关系不大。洛宁普通刺槐和承德普通刺槐在第三个生长季的时候，树高生长速度显著提升。生长时间的差异，对延庆四倍体刺槐树高的影响极显著，延庆四倍体刺槐在第二个生长季的时候，树高生长速度显著提升，在第三个生长季里则提升速度有所下降。对比洛宁普通刺槐和承德普通刺槐，可知普通刺槐在华北和华中地区，都呈现出在第三个生长季，树高开始加速生长，所以，如果是有建筑用材等用途，对单株树高和干形有要求，就需要在第三个生长季之后，到树高生长减缓时才适于采伐。

④密度的差异对洛宁普通刺槐和延庆四倍体刺槐的单位面积生物量影响不显著。在前三年里，本试验设计密度下，生长时间的差异对延庆四倍体刺槐的单位面积生物量影响极显著，对洛宁普通刺槐的单位面积生物量影响不显著。延庆四倍体刺槐在本次试验设计密度下，第二个生长季迅速提升了单位面积生物量，第三个生长季放缓了提升速度；承德普

通刺槐则恰好相反。

⑤洛宁普通刺槐、承德普通刺槐和延庆四倍体刺槐的热值，都是相对比较稳定的，各个年份之间和各个密度之间相差很小。在前三年里，生长时间对延庆四倍体刺槐的热值影响较大，密度对延庆四倍体刺槐的热值影响很小。前三年里，延庆四倍体刺槐的热值呈上升趋势，而且第三个生长季里，延庆四倍体刺槐热值提升速度加快。但是总体来看，延庆四倍体刺槐的热值，相对来说比较稳定。

⑥分析表明，4 个密度对洛宁普通刺槐和延庆四倍体刺槐的干物质含量几乎没有什么影响；栽植后的前几年，刺槐的干物质含量随着枝干木质化程度逐年增高而增加。三个不同生长时间对洛宁普通刺槐、承德普通刺槐和延庆四倍体刺槐的干物质含量影响很大。前三年里随着生长时间的增加，洛宁普通刺槐、承德普通刺槐和延庆四倍体刺槐的含水量降低，木质化程度提高，干物质含量提升。

（2）各试验林地得到最大单位面积年均热量的方案　洛宁普通刺槐试验方案中，栽植密度 0.4m×0.6m、留茬高度 30cm、平茬后 1 年生，获得了最大单位面积年均热量，明显高于其他试验所取得的结果，甚至超过数倍。

延庆四倍体刺槐试验方案中，栽植密度 0.8m×1.2m、留茬高度 30cm、平茬后 1 年生，获得了最大单位面积年均热量，略高于其他试验方案。

承德普通刺槐天然密度约为 1m×2m 的次生林，生长时间 2 年的试验方案，获得了最大单位面积年均热量，略高于其他试验方案。

获得最大单位面积年均热量的洛宁普通刺槐和延庆四倍体刺槐，都是出现于留茬 30cm 萌发 1 年生的密度最大的试验方案。可见，留茬 30cm 萌发 1 年并且适当密植，是洛宁普通刺槐和延庆四倍体刺槐的最优栽培利用模式。

5.6.1.4　不同刺槐品种的能源林造林效果

（1）不同品种、不同密度和不同整地方式对造林成活率、苗高、地径、单株萌生枝数和生物量影响显著。提高刺槐能源林成活率和苗木质量指标的最佳培养方案为：平坦地带以普通刺槐，采用 1.5m×1.0m 栽植密度，全面整地最佳；而坡地则以普通刺槐，采用 1.5m×1.0m 栽植密度，穴状整地栽植后扩穴为宜。不同整地方式对各树种成活率、苗高、地径等生长的影响在造林当年即表现出明显的差异。从经济投入、土壤条件的改善程度和各树种的生长表现综合结果可知，在较平坦地带，通过机械的手段提高整地规格是最为合算的；而在坡地，在尽量减少水土流失的条件下，应尽可能采用穴状整地栽植后扩穴，虽然穴状整地栽植后扩穴比单一的穴状整地造林成本高 20%，但前者能更好地疏松土壤，更有效地改善土壤物理性质，促进苗木生长，从长远利益来看，有利于提高林分单位面积产量。

（2）不同品种、不同密度和不同覆盖措施对苗木成活率、苗高、地径、生物量及单株萌生枝数影响显著。提高刺槐能源林成活率和苗木质量指标的最佳培养方案是：普通刺槐，采用 1.5m×1.0m 的栽植密度，并用塑料薄膜覆盖，苗木成活率最高，单位面积生物量最大。在供试的四个品种中，虽然香花槐单株生物量较小，但其萌生株数较多，因此单

位面积干生物量与四倍体刺槐、速生槐差异不大。另外，香花槐属浅根系树种，春夏之交干旱时节，由于塑料薄膜的覆盖，地表气温过高，影响苗木根系发育，使苗木生长不良，应在6月初苗木成活后的阴天，及时撤去塑料薄膜，以促进苗木生长。

（3）在供试的四个刺槐品种中，截干高度对苗木各生长指标的影响以普通刺槐为最大，速生槐次之，四倍体刺槐最小。同一品种，不同截干高度对成活率、萌枝数、枝长、基径和单株平均生物量的影响差异显著，但具有一定的规律性，即随着截干高度的增加，苗木各项生长指标均呈现增加的趋势，而当高度超过10cm时，增加趋势明显减小，与10cm没有差异，说明刺槐进行截干造林时，截干高度以10cm为宜。根据调查统计结果，截干后萌条的生长状况为：距地面20cm截干>距地面10cm截干>与地面平。但截干高度大于10cm时，苗木各项生长指标虽有所增加，但不明显。至于各树种最佳截干高度以多少为宜，还有待于进一步研究。

5.6.1.5 超短轮伐期刺槐能源林培育的品种与林分结构

豫刺1号各密度林分植株的优势枝高年生长曲线呈现出一致的变化规律。4月至5月下旬为生长初期，5月下旬到8月下旬为速生期，随后生长速度变慢。年底，较低密度（15625株/hm^2、20408株/hm^2）林分树木最高，分别为352.6cm、354.9cm，比最高密度111111株/hm^2提高了20%、21%。优势枝地径年生长曲线也呈现出一致的变化规律。4月至5月下旬为生长初期，5月下旬到9月下旬为速生期，随后生长速度变慢。最低密度15625株/hm^2林分植株的地径最大，达到了2.52cm，比最高密度111111株/hm^2（地径最小）提高了55%。

豫刺1号各密度林分植株的单株生物量随着密度的增大而减小，每公顷生物量却随着密度的增大而增大。最低密度15625株/hm^2林分植株的单株生物量最高，达到了0.54kg，比密度111111株/hm^2、40000株/hm^2、20408株/hm^2分别提高了187%、91%、18%。但每公顷生物量，最高密度111111株/hm^2林分植株最高，达到了20865.18kg，比密度15625株/hm^2、20408株/hm^2、40000株/hm^2分别提高了147%、123%、85%。因此，在此立地条件下豫刺1号1年生林分最佳栽植密度为111111株/hm^2。不同的合理密度范围有相应的收获周期，并随着收获周期的增加而逐渐降低，即随着目标培育年龄的增加密度应逐渐降低。

豫刺1号能源林树木初期可进行抹芽，留芽数为1~2。单枝与单枝生物量、优势枝与单丛生物量拟合的模型中，所采用的多元线性回归、曲线回归以及非线性回归等三种拟合方法相关系数都很高。综合比较，在刺槐测树因子难测的情况下，采用单枝的曲线回归中的模型4（$W=-16.113-43.380D+97.559D^2-3.633D^3$，三次方程）、模型3（$W=-31.983-11.924D+78.410D^2$，二次方程）、模型6（$W=33.125D^{2.907}$，乘幂曲线）和模型7（$W=e^{(7.632-4.149/D)}$，S型曲线）最佳，决定系数$R^2>0.941$，测定因子仅为地径；采用优势枝的多元线性回归模型3（$W_{总}=-506.820+258.713D_u+0.146nH_u+0.721H_u$）最好，$R^2=0.915$，仅测单丛中最优的一枝，方便简捷、易行。

鲁刺10号能源树种的密度试验设计参照了Nelder（放射形）的方法，8个密度处理中，最小两个密度林分植株的单株生物量基本相同，其他随着密度的增大单株生物量依次减小。密度 68243 株/hm^2林分植株的单株生物量最大，达到了 0.41kg，比密度 79617 株/hm^2、95541 株/hm^2、159235 株/hm^2、238853 株/hm^2、477707 株/hm^2分别提高了 0.58 倍、1.83 倍、2.86 倍、3.67 倍、5.95 倍。最大密度 477707 株/hm^2林分植株的单株生物量最小，仅有 0.04kg。

年底，鲁刺 10 号 68243 株/hm^2密度林分每公顷生物量最高，达到了 28065kg，分别比密度 59713 株/hm^2、79617 株/hm^2、95541 株/hm^2、119426 株/hm^2、159235 株/hm^2、238853 株/hm^2、477707 株/hm^2提高了 17%、35%、101%、92%、65%、85%、51%。因此，在此立地条件下鲁刺 10 号 1 年生最佳栽植密度为 68243 株/hm^2，随着目标培育年龄的增加应逐渐降低。

在分析了两个类型刺槐能源林皆伐后更新林分空间格局对抚育后生长过程的响应，结果表明在刺槐林皆伐后的生长过程中，人为干扰是其空间格局变化的最大影响因素，而且前一次采伐过程对下次空间格局形成也具有一定的传递效应。刺槐的克隆整合特性、种内竞争、人为干扰是刺槐空间格局形成的主要机制。在刺槐能源林更新中，更多地移除桩萌更新，提高根萌以及实生苗比例，可以幼化林分，促进林分生长，提高森林稳定性。

5.6.2 建议

刺槐能源林高效培育是需要好的立地条件的，但是精细到什么样的立地条件会产生多大的生物质产量，目前的研究还没有做到。在研究刺槐林分生长过程中，计算 4 种地形下刺槐树高生长量时是采用拟合的胸径-树高模型进行推导的，材积则是根据刺槐一元材积表计算得到的结果，所得结果在之后的研究中还应通过更多的解析木数据进行验证和完善。在研究不同土壤类型对刺槐林分生长的影响中，选择了胸径、树高作为研究指标，缺少材积指标，在后续的研究中还应考虑进行补充不同土壤类型对刺槐林分材积生长量的影响。

在进行刺槐能源林栽培密度与生长时间选择的试验研究时，选择了洛宁、延庆、承德三个不同地点，这三个地点具有相差较大的年均温和无霜期。就生物量和单位面积年均热量来看，洛宁的普通刺槐明显高于后两者。植物生物量和单位面积年均热量受年均温和无霜期的影响，但是这其中究竟是怎样的关系，在今后的研究中，将应给予关注。在现有的试验中，得出各个方案热值普遍为 18kJ/g 左右，而之前有研究说刺槐的热值为 14kJ/g（郑畹，1997），相差很大。究竟是实验仪器先进程度造成的差异，还是涉及了这 12 年来大气中 CO_2浓度提高的因素？如果是因为 CO_2浓度提高而造成热值提升了，那么这接近 30%的提升，是否都是由于 CO_2浓度提高造成的？在后续的研究中，希望能解决这些问题。

在目前所看到的文献里，有众多关于生物量、热值、生长时间、树种选择和立地条件等方面的研究，但是还没有发现任何综合起来提出“单位面积的年均热产量”或者“单位面积上年均产热的能力”这一类的概念被能源林研究具体使用，类似的仅是农作物单位面积上年均效益的概念。在本试验中也发现，热值是个差异较小的数值，对能源林生产效果影响较小，而生物量被栽培利用模式和树种等因素影响显著，差异很大，例如刺槐用作

薪炭林，马文元研究得出，在一定范围内，密植会提高生物量，1m×2m 的麻栎生物量是 1m×4m 时的两倍多（228.5%）（马文元，1994）。这样可以说，能源林最主要的因素就是生物量。直接比较生物量差异，就可以定性分析能源林试验方案的效果，但是，无法做到定量分析。综合起来看，能源林研究中使用单位面积年均热量这一指标，将会更具体更直接地进行完全不同试验条件下的试验方案效果的比较。就目前看来，单位面积年均热量使薪炭林和能源林研究更清晰更具体。找到不同地区的最佳树种、最佳栽培采伐模式，得到最高单位面积年均热量，对能源林研究和国家的生产建设具有实际意义。

刺槐萌生能源林培育的结构效应研究由于试验时间有限，不能将 5 年内的 1、2、3、5 年生的数据进行一个综合比较，如不能获取 1 年生连续平茬到 5 年时的 5 年林分所产生的生物量和热量所得的总热量和，因此无法与 5 年生收获的生物量和林分热量进行直接对比，选出优劣，只能考虑刺槐的每次平茬后的萌生力变化不大，在可接受的误差范围内。选择洛宁吕村林场现有一代林平茬后生长形成的萌生林，其密度是已经不能再改变的，在实验的过程中只能选择两个密度，密度对比性降低；实验样地只选择洛宁吕村林场作为实验基地；虽然实验结果有一定的局限性，但对于刺槐能源林的培育仍旧提供了有力的依据和技术指导。

四倍体刺槐和速生槐在我国西部已引种成功（徐宏梧，2005；梁山，2008）。由于苗木在运输过程中失水严重，虽然在造林前采取了浸泡处理，但成活率仍然较低，试验地属暖带气候，从四倍体刺槐、速生槐的生态适应性来看，这两个树种在当地具备引种条件，如果采取较好的保水措施，四倍体刺槐与速生槐的成活率会有较大提高（郭江，2004），至于是否与预期结果一致，还有待于进一步试验。

高径比是衡量苗木质量的重要指标之一，试验中发现，刺槐苗木高径比较大，且随着密度的减少苗木高径比略有下降，而刺槐密度与苗木高径比的关系还有待于进一步研究。

我们的研究仅针对 3 种不同截干高度下，对供试的四个刺槐品种在成活率、萌枝数、枝长、基径和单株平均生物量进行初步研究，由于受试验材料和试验条件的限制，试验结果可能具有一定的局限性，但为刺槐能源林的培育提供了一定的理论依据。

关于豫刺 1 号、鲁刺 10 号能源林的密度试验仅针对造林初期的效果进行了比较，为使能源林高产还须确定最佳收获周期下的合理密度，此试验下一步将研究不同收获周期下的合理栽植密度，以便更进一步指导在这两个优良刺槐品种中实现在超短轮伐期进行能源林的生产。

更新是森林生态系统主要研究领域之一，是一个重要的生态学过程，对更新格局的研究，不仅有助于理解更新生态学过程的形成机制，而且可为科学地经营和发展刺槐人工林提供理论依据。河南洛宁浅山区有大面积刺槐人工林可作为能源林开发，其经营方式主要为皆伐利用，依靠自然更新再次成林。在自然更新过程中，由于间伐等人工干扰措施的影响，造成林分结构单一，林下更新困难。在这种比较粗放的经营背景下，刺槐二代林、三代林生长并不理想。在这种背景下，需要对刺槐能源林天然更新对人为干扰的响应进行必要的研究，以便为刺槐能源林的可持续经营策略的制定提供科学依据。

第6章 能用刺槐林生产力形成的生理生态基础

绿色植物在光合作用过程中，将日光能转化为化学能，这种潜在的化学能以植物热值含量的高低来表示，它直接反映植物对太阳能的转化效率，植物热值是植物含能产品能量水平的一种度量，是能量的尺度，也是衡量第一生产力水平的重要指标。同时，热值反映了植物组织中各种生理活动的变化和各种环境因子对植物生长的影响，反映植物对太阳辐射能的利用状况，也是评价植物营养成分的标志之一。热值能反映植物组织各种生理活动的变化和植物生长状况的差异。各种环境因子对植物生长的影响可以从热值的变化上反映出来（官丽莉等，2005）。所以，热值是评价和反映生态系统中物质循环和能量转化规律的重要指标。

我国刺槐资源丰富，河南、山东选育出优质无性系薪材，有部分已经投入大量薪炭林培育。但是对刺槐作为能源树种的生物质能形成机制的研究很少，深入了解形成刺槐生物质能的生理生态机制，研究不同无性系刺槐生长量和生物量的不同发育阶段变化，可得到不同的刺槐无性系从生长到衰退的能量积累；通过对不同无性系刺槐光合生理、不同部位碳水化合物的分配研究，可以科学地解释刺槐能源林生产力形成的原因；通过对不同无性系刺槐不同生长期热值的分析，可以为选择高热值刺槐无性系提供依据；综合分析刺槐无性系能源林高生物量和高热值形成的生理生态机理，对于选定具有高生物量和高热值的刺槐无性系培育刺槐能源林，并采取科学合理的经营管理措施具有重要的意义。

6.1 研究思路与方法

6.1.1 研究技术路线

刺槐作为燃料资源利用，主要基于刺槐林分的生长速度快、高生物量、繁殖更新容易、高热值等特性，研究刺槐生物质能形成的影响因子及其与生理生化特征的相互关系，其技术途径也必然应从刺槐的在生长发育过程中的生理变化、生化产物形成与生物质能积累的关系入手，其基本的技术路线如图6-1。

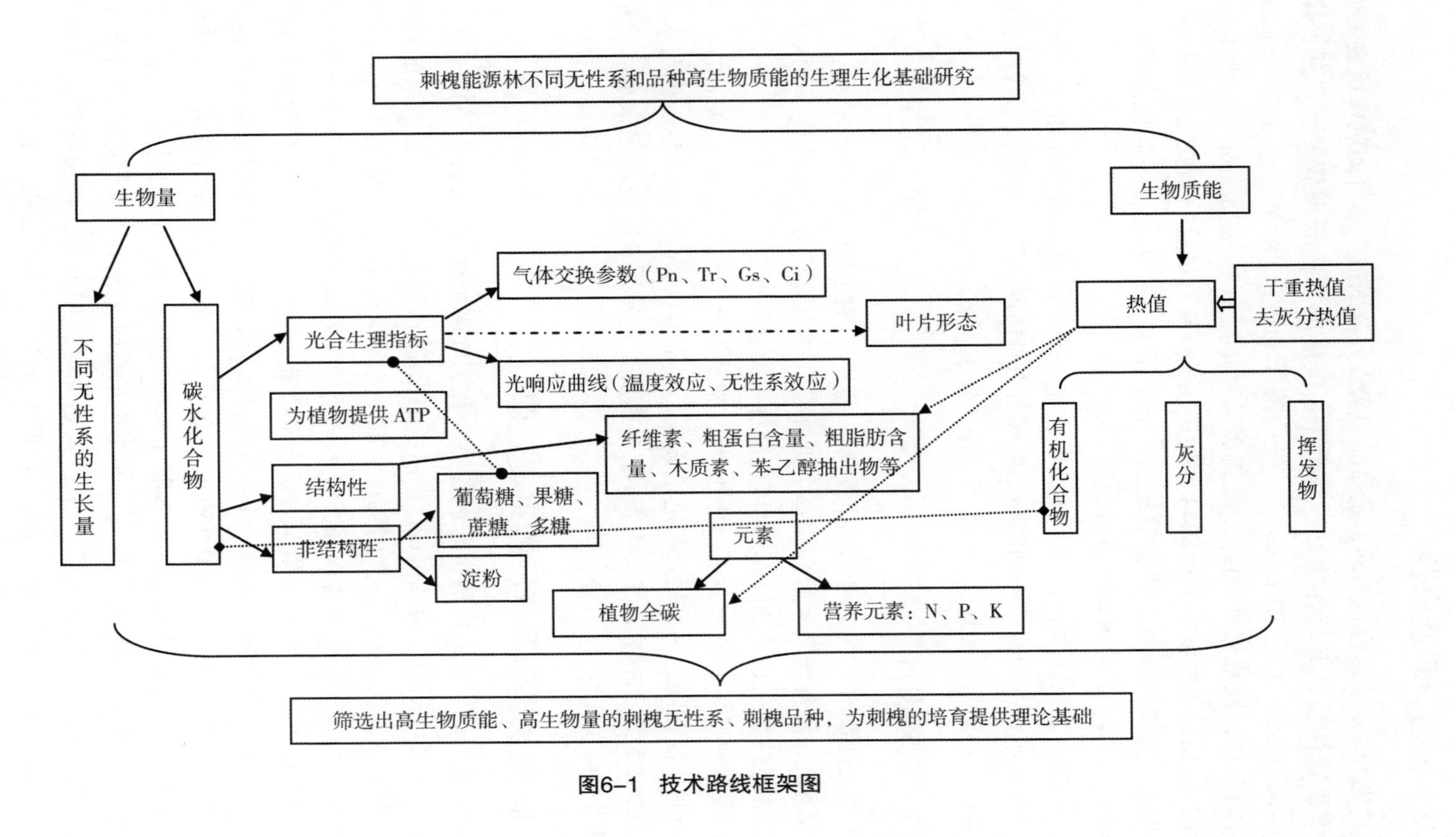
刺槐能源林不同无性系和品种高生物质能的生理生化基础研究
生物量
生物质能
不同无性系的生长量
碳水化合物
光合生理指标
为植物提供ATP
结构性
非结构性
气体交换参数（Pn、Tr、Gs、Ci）
叶片形态
光响应曲线（温度效应、无性系效应）
纤维素、粗蛋白含量、粗脂肪含量、木质素、苯乙醇抽出物等
葡萄糖、果糖、蔗糖、多糖
淀粉
元素
植物全碳
营养元素：N、P、K
热值
干重热值
去灰分热值
有机化合物
灰分
挥发物
筛选出高生物质能、高生物量的刺槐无性系、刺槐品种，为刺槐的培育提供理论基础

图6-1 技术路线框架图

6.1.2 试验材料及来源

供试刺槐无性系均选育自河南，是目前河南省大范围推广培育的刺槐优良无性系。供试材料生态稳定性强、丰产性能好，在干旱、贫瘠的地区表现较好，包括：豫刺1号（*Robinia pseudoacacia* CL. “Henansis 1”，统一编号8048）、豫刺7号（*Robinia pseudoacacia* CL. “Henansis 7”，原编号83002）、豫刺8号（*Robinia pseudoacacia* CL. “Henansis 8”，原编号84023）以及无性系3-I和8044两种正在进行选育试验的刺槐无性系品种。5个刺槐无性系均由河南省林业科学研究院提供，为了下文表述方便，各刺槐分别以对应编号83002、8048、8044、3-I、84023进行表述。

试验选用的4个刺槐品种，四倍体刺槐、速生槐、普通刺槐和香花槐，当年栽植时，均采用1年生苗木，其中四倍体刺槐和速生槐苗引自河南洛宁，香花槐与普通刺槐苗取自甘肃天水秦州区四十里铺苗圃。

6.1.3 试验设计

5个刺槐无性系均于2008年春埋根繁殖，栽植株行距为0.5m×0.5m，立地条件相似，生长环境相近，采用常规肥水管理。每个无性系选择具有代表性的地块（10×10m）为标准地。在标准地内随机选取30株健康植株进行生长量调查。

4个刺槐品种则在2008年采用生长健壮，根系发达，地径0.5~1.0cm的1年生截干苗。春季造林，随起随造，采用穴状定植方法，规格为0.5m×0.5m×0.5m。苗木栽植时蘸泥浆，分1m×0.5m、1m×1m、1m×1.5m三个密度，定植后及时浇灌定根水。分别在当年5月、7月进行两次抚育。

6.1.4 生长调查和样品的采集处理

在每个无性系的标准地内随机选取长势一致的健康植株30株做生长量调查，即测定苗高（cm）、地径（mm）、冠幅（cm），然后根据统计结果，在每个无性系的标准地内选择代表平均值的3株标准木，分别对每株标准木的各器官（树干、树皮、树枝、树叶）进行生物量测定。即每株标准木各部分器官称鲜重后装入信封纸袋，带回实验室，在105℃烘箱内杀青15min后，再在85℃烘箱内烘干至恒重，得到每个无性系各标准木不同器官的干物质质量。植株总生物质量测定：计算各器官生物量总和。然后对标准木的各器官分别进行粉碎，分别过筛0.425mm和0.150mm，过筛样品装入自封袋内备用。调查取样时间在2008—2009年，分别为1年生生长盛期（当年7月中旬），1年生生长末期（当年10月初），2年生生长初期（翌年4月底），2年生生长盛期（翌年7月上旬），2年生生长末期（翌年10月初）。其中对8048在2年生生长盛期时分层取样，将植株垂直方向分为上、中、下3层，冠层分东、西、南、北向，南向垂直方向分为上、中、下3层。

6.1.5 测定指标及方法

6.1.5.1 热值和灰分

（1）热值

①干重热值（gross caloric value，GCV）的测定

采用美国产 Parr 6100 氧弹量热仪测定，单位：kJ/g。从自封袋内称取 0.8g（精确至 0.0001g）左右的过筛 0.150mm 植物样品，用天津市科器高新技术公司产 769YP-15A 型台式粉末压片机压成药片状，每个样品重复 3 次。保证充分燃烧的样品热值重复误差在±0.1kJ 范围内，计算结果取 3 次平均值。每次测定时用仪器配备的甲苯酸对仪器进行标定。

单位质量的干重热值=（各器官的干重热值×相应的生物量）/单株生物量 （6-1）

单株的干重热值=各器官的干重热值×相应生物量 （6-2）

②去灰分热值（ash-free caloric value，AFCV）测定

去灰分热值=干重热值/(1-灰分含量) （6-3）

单位质量的去灰分热值=各器官的去灰分热值×相应的生物量/单株生物量 （6-4）

单株去灰分热值=各器官的去灰分热值×相应生物量 （6-5）

（2）灰分　灰分含量用直接灰化法（鲍士旦，2000）。称取 2.5g 左右（精确至 0.0001g）烘干粉碎过筛 0.425mm 后的待测样品，置于经预先灼烧至质量恒定并称重的瓷坩锅中，先在电炉上加温使其炭化，然后将坩埚移入德国产 Nabertherm LE4/11/R6 高温炉中，在 400±5℃ 温度范围内灼烧 10min，在空气中冷却 5～10min，置入干燥器内，冷却 0.5h，称重。再次放入高温炉中在 600±5℃ 温度范围内灼烧至灰分表层和底层颜色一致，无黑色碳素。取出坩锅，在空气中冷却 5～10min，置入干燥器内，冷却 0.5h，称重（精度 0.0001g）记录。再将坩埚放入高温炉中灼烧，重复上述操作，至冷却干燥后的坩埚保持恒重。以上得到粗灰分。

将上述测定的粗灰分中加入蒸馏水 25mL，盖上表面皿，加热至沸腾，用定量滤纸过滤，并以热水洗坩埚等容器、残渣和滤纸，至滤液总量约为 60mL。将残渣和滤纸再置于原坩埚中，在电炉上加温使其干燥、炭化，再次放入高温炉中在 600±5℃ 温度灼烧、冷却、称重。残留物质量即为水不溶性灰分。粗灰分与水不溶性灰分之差就是水溶性灰分。

挥发份含量（%）=（m_2-m_1）/m×100% （6-6）

粗灰分含量（%）=（m_3-m_1）/m×100% （6-7）

水不溶性灰分含量（%）=（m_4-m_1）/m×100% （6-8）

水溶性灰分含量（%）=粗灰分含量（%）-水不溶性灰分含量（%） （6-9）

式中：m 为烘干过筛 0.425mm 后的待测样品质量（g）；m_1为灼烧后坩埚质量（g）；m_2为经高温炉中在 400±5℃ 温度范围内灼烧 10min 后的称重质量（g）；m_3为经高温炉中在600±5℃温度范围内灼烧后盛有灰渣的称重质量（g）；m_4为再次灰化后坩埚和残留物质量（g）。

6.1.5.2 生长量和生物量

（1）生长量　苗高（cm）、地径（mm）、冠幅（cm）的测定：采用米尺（0.1cm）

和游标卡尺（0.05mm）。

（2）生物量　树叶、树枝、树干，以及树皮的干、鲜质量的测定：采用天平（0.01g）。

6.1.5.3　植物体内 C、N、P、K 含量

（1）植物全碳的测定　植物全碳的含量测定按照 GB/T7857-87，采用重铬酸钾氧化-外加热法（中国土壤学会农业化学专业委员会，1983）。称样：用减量法称取 0.1～0.5g（精确到 0.0001g）过 0.15mm 的植物样品于硬质大试管中。用吸管加入 5mL 0.8000mol/L 1/6 $K_2Cr_2O_7$标准溶液，然后用移液管注入 5mL 浓硫酸，并小心旋转摇匀。消煮：预先将控温式远红外消煮炉加热至 185～190℃，将盛样品的大试管放入炉内加热，此时应控制炉内温度在 170～180℃，并使溶液保持沸腾 5min，然后取盛样品的大试管，待试管稍冷后滴定。

滴定：如溶液呈橙黄色或黄绿色，则冷却后，将试管内混合物洗入 250mL 锥形瓶中，使瓶内体积在 60～80mL，加邻啡啰啉指示剂 3～4 滴，用 0.2mol/L 硫酸亚铁滴定，溶液由橙黄经蓝绿到棕色为终点；如用 N-苯基邻胺基苯甲酸指示剂，变色过程由棕红色经紫至蓝绿色为终点。记录硫酸亚铁用量。

$$\text{有机碳（\%）} = \frac{0.8000\times(V_0-V)\times 0.003\times 1.1}{V_0\times m}\times 100 \tag{6-10}$$

式中：0.8000——1/6 $K_2Cr_2O_7$标准溶液的浓度（mol/L）；

V_0——空白标定用去硫酸亚铁的体积（mL）；

V——滴定土样用去硫酸亚铁溶液的体积（mL）；

0.003——1/4 碳原子的摩尔质量（g/mmol）；

1.1——氧化校正系数；

m——称取样品质量（g）。

碳储量的计算方法：各器官的生物量与其碳含量的乘积为各器官的碳储量；各器官碳储量之和与每公顷土地刺槐株数的乘积为单位面积（hm^2）上刺槐能源林的碳储量。

（2）氮含量的测定　硫酸-过氧化氢消煮法（中国土壤学会农业化学专业委员会，1983；鲍士旦，2000）：称取过筛 0.15mm 的植物样品 0.2g（精确到 0.0001g）于硬质大试管中，用吸管加入 5mL 浓硫酸，静置过夜，然后滴加 30%过氧化氢置于 300℃控温式远红外消煮炉加热，直至液体澄清，取盛样品的大试管，待试管稍冷后。所得澄清液定容 50mL，然后过滤装入塑料瓶中备用。每个样品重复 3 次。

采用凯氏定氮法（鲍士旦，2000）。吸取消煮待测液体 5mL，使用意大利产 VELP © 全自动凯氏定氮仪 UDK152 测定，每个样品重复 3 次。单位重量氮含量 Nmass（g/kg）由 3 次测定结果取平均，单位叶面积氮含量 Narea（g/m^2）由 Narea = Nmass/SLA（比叶面积）得出。

（3）磷含量的测定　采用钼蓝比色法（鲍士旦，2000）。吸取消煮待测液体（硫酸-过氧化氢消煮法）5mL 置于 50mL 容量瓶中，加蒸馏水 25mL，加二硝基酚指示剂 2 滴，滴

加 4mol/L 氢氧化钠溶液，直至溶液变为黄色，再加 2mol/L（1/2 H_2SO_4），直至溶液黄色刚刚褪去，加 5mL 钼锑抗试剂，加蒸馏水定容，摇匀。显色 30min，用 700nm 波长比色。单位重量磷含量 Pmass 由下式得出，3 次测定结果取平均。

$$\text{植物全磷量}(g/kg^{-1}) = \rho \times \frac{V}{m} \times \frac{V_2}{V_1} \times 10^{-3} \quad (6\text{-}11)$$

式中：ρ——待测消煮液中磷的质量浓度（μg/mL）；

V——样品制备消煮溶液的定容体积（50mL）；

m——称取消煮的样品质量（g）；

V_1——吸取消煮液体积（5mL）；

V_2——显色的溶液体积（mL）；

10^{-3}——换算成每千克植物中含磷克数乘数。

（4）钾含量的测定　采用火焰光度计法（鲍士旦，2000）。吸取消煮待测液体（硫酸-过氧化氢消煮法）稀释 10 倍，直接在火焰光度计上测定，记录检流计的读数。单位重量钾含量 Kmass 由下式得出，由 3 次测定结果取平均。

$$\text{植物全钾量}(g/kg) = \frac{\rho \times V \times ts}{m \times 10^6} \times 1000 \quad (6\text{-}12)$$

式中：ρ——待测消煮液中磷的质量浓度（μg/mL）；

V——样品制备消煮溶液的定容体积（50mL）；

m——称取消煮的样品质量（g）；

ts——吸取消煮液体积稀释倍数；

10^6——换算系数。

6.1.5.4　光合生理指标

（1）叶面积　为对比分析刺槐的光合器官特征，于 7 月中旬随机选择健康标准植株，每个品种 20 株，每株 10 片叶子，用 LI-3000 激光叶面积仪扫描叶面积，并将叶片放置烘箱中烘至恒重（80℃，48h），称重（精确值 0.0001g），计算比叶面积（specific leaf area，SLA）和叶质量比（leaf mass ratio，LWR）。SLA 和 LWR 计算公式如下：

$$\text{SLA}\ (cm^2/g) = \text{叶面积}/\text{干叶质量} \quad (6\text{-}13)$$

$$\text{LWR} = \text{干叶质量}/\text{植株总干质量} \quad (6\text{-}14)$$

（2）不同刺槐叶片光合日变化和季变化　在标准地内选取长势一致的健康植株 3 株作为标准株，挂牌。5 个无性系在 2008 年 7 中旬、8 月中旬及 9 月底典型晴朗天气里，选择中等大小、健康植株 3 株，选取树冠南向中上部中等大小、颜色正常的复叶第 4~6 片小叶（自上而下），每株标记 3 片叶。采用 LI-6400 便携式光合系统仪进行连体测定，日变化测定时间为 8：00 ~18：00，每 2h 测定 1 次，同时测定参数有：光合速率（P_n）、蒸腾速率（Tr）、光合有效辐射（PAR）、气孔导度（G_s）、气温（T_a）、大气相对湿度（RH）、大气 CO_2浓度（C_a）、胞间 CO_2浓度（C_i）等。气孔限制值（L_s）按下列公式计算（Farquhar，1982）：

$$L_s=1-C_i/C_a \tag{6-15}$$

（3）五个无性系生长盛期光响应曲线的测定方法　为避免因环境变化引起不同无性系光合光响应曲线的不可比性，在7月中旬5个多云天气进行光合光响应曲线测定。每一无性系均选择3株生长良好的植株作重复，每株选择功能叶3片即南向中上部的中等大小、颜色正常的复叶第4、5或6片小叶（自上而下），结果取3次测定数据的平均值。采用LI-6400-02B红蓝光源提供不同的光合有效辐射强度：2000、1800、1500、900、600、300、150、100、60、30、10、0μmol/(m^2·s)，样本室CO_2浓度控制为400μmol/mol±1μmol/mol，空气温度控制为28℃±1℃，空气相对湿度40%±8%。利用LI-6400自动"light-cure"曲线测定功能，为尽量避免误差，每无性系在测定2条曲线后即转到另一无性系。测定前对不同刺槐无性系进行30min光合有效辐射强度为1200μmol/m^2·s的光诱导（陈根云等，2006）。

（4）普通刺槐、四倍体刺槐、红花刺槐的光响应曲线对温度效应的测定方法　于2008年5月下旬在北京延庆风沙源育苗中心，选择外界光照强度、温度和湿度相对稳定的阴天，采用LI-6400光合测定仪测定3个刺槐无性系在不同温度处理时的光合光响应曲线。目的是探索刺槐不同品种适宜温度和光照条件，为刺槐能源品种的选择及高产机制提供理论实践依据。

测定时，采用LI-6400-02B红蓝光源设置光合有效辐射强度梯度：1800、1400、1200、1000、800、400、200、100、60、20、0μmol/(m^2·s)，测定前不同刺槐无性系均在1000μmol/(m^2·s)光合有效辐射强度下光诱导30min（陈根云等，2006）。测定时设定样本室CO_2浓度为400μmol/mol，相对湿度变化范围为36%~42%。控制3种不同温度梯度处理：25℃、30℃和35℃。利用LI-6400自动"light-cure"曲线测定功能展开测定。

（5）豫刺1号（8048）叶片气体交换参数日变化测定　试验于2008年8月生长季节进行，选择具有代表性的地块（10×10m）为标准地，在标准地内选取长势一致的8048的健康植株3株作为标准株（根据生长量调查结果选定）并且挂牌。选择晴朗天气2d，将植株垂直方向分为上、中、下3层，水平方向分为内、中、外3层，具体为：垂直方向以植株树冠最高部位起上层平均高为227.7~304.6cm，中层为150.9~227.7cm，下层为74.1~150.9cm（74.1cm以下无分枝）。水平方向中的垂直下层为以树干为0cm，向外延展，南向内层为0~21.9cm，北向内层0~21.6cm，南向中层为21.9~43.8cm，北向中层为21.6~43.2cm，南向外层为43.8~65.8cm，北向外层为43.2~64.8cm；水平方向中垂直中层为以树干为0cm，向外延展，南向内层为0~21.8cm，北向内层0~21.9cm，南向中层为21.8~43.7cm，北向中层为21.9~43.8cm，南向外层为43.7~65.6cm，北向外层为43.8~65.8cm；水平方向中垂直上层为以树干为0cm，向外延展，南向内层为0~19.7cm，北向内层0~20.8cm，南向中层为19.7~39.3cm，北向中层为20.8~41.6cm，南向外层为39.3~59.0cm，北向外层为41.6~62.4cm。

试验从8：00~18：00，采用LI-6400便携式光合系统仪进行连体测定，每2h测定1次。于植株垂直方向3层和水平方向3层分别随机选择中等大小、颜色正常的南向和北

向3个功能叶，3次重复，共162个叶片进行光合生理指标测定。同时测定参数有：光合速率（P_n）、蒸腾速率（Tr）、光合有效辐射（PAR）、气孔导度（G_s）、气温（T_a）、大气相对湿度（RH）、大气CO_2浓度（C_a）、胞间CO_2浓度（C_i）等。

气孔限制值（L_s）按公式计算 $L_s = 1 - C_i / C_a$（Farquhar，1982）。 (6-16)

光能利用率（LUE）按公式计算 $LUE = P_n / PAR$（Long，1993）。 (6-17)

水分利用率（WUE）按公式计算 $WUE = P_n / Tr$（Nijs，1997）。 (6-18)

6.1.5.5 非结构碳水化合物（NSC）的测定

准确称量过筛0.15mm植物样品1.0000g于100mL具塞三角瓶中，每个样品3次重复，加50mL蒸馏水放置高压锅中蒸煮1h，放凉后过滤并离心，取上清液待上机。采用美国产高效液相色谱仪测定，测定单位为国家林业和草原局森林生态环境重点实验室。测定的非结构碳水化合物（non-structural carbohydrates，NSC）主要是水溶性糖，包括葡萄糖、果糖、二糖（主要是蔗糖）、多糖。

糖色谱条件如下。

色谱柱：sugar-pak 1。

流动相：水。

流速：0.6mL/min。

检测器：示差检测器。

柱温：70℃。

（1）淀粉含量的测定　采用改进后的分光光度法测定（萧浪涛，2005），将提取可溶性糖（称取0.2g样品，加入25mL水提取糖，将上清液倒掉）以后的干燥残渣（0.2g）放入50mL离心管中，加入18mL水，放入沸水浴中煮沸15min，再加入2mL 9.2mol/L高氯酸，提取15min，离心，吸取上清液。

吸取0.5mL上清液放入试管中，加入蒸馏水1.5mL，再加入0.5mL蒽酮试剂。然后沿管壁加5.0mL浓硫酸，塞上塞子，微微摇动，促使乙酸乙酯水解，当管内出现蒽酮絮状物时，再剧烈摇动促进蒽酮溶解，然后立即放入沸水浴中加热10min，取出冷却。在625nm下测吸光值。

根据测定样品吸光值，在标准曲线上查得相应的淀粉含量，然后按下述公式计算：

$$淀粉（\%）= \frac{m_1 \times 10^{-6} \times a \times v_1}{m \times v} \times 100\% \quad (6\text{-}19)$$

式中：m_1——根据标准曲线求得相当样品中的淀粉含量（μg）；

m——样品重（g）；

a——样品的稀释倍数；

v_1——提取液总量（20mL）；

v——测量时候用的体积（2mL）。

（2）可溶性糖含量的测定　采用改进的分光光度法测定（萧浪涛，2005），称取提取过脂肪的粉末50mg，倒入10mL离心管内，加入5mL蒸馏水，放入80℃水浴锅内煮

30min，冷却后放入离心机内（转速 3500r/min，时间 10min，温度 20℃）离心后将上清液转入 10mL 离心管内。重复提取一次，将上清液收集于 10mL 离心管。吸取 250μL 提取液放入 10mL 离心管内，加入 4.75mL 水（相当于稀释 20 倍）。吸取稀释过的可溶性糖溶液 1mL，加入 5mL 蒽酮试剂，沸水浴中煮 10min，取出冷却。在 623nm 处测吸光值。从标准曲线上查取可溶性糖的含量。

取标准葡萄糖溶液将其稀释成 0~100μg/mL 的不同浓度的溶液（0、10、20、40、60、80、100μg/mL）。分别取 1mL，按上述方法进行显色、比色，测定 625nm 处的吸光值，绘制标准曲线。

$$可溶性糖（\%）= \frac{m_1 \times 10^{-6} \times a \times v_1}{m \times v} \times 100\% \tag{6-20}$$

式中：m_1——根据标准曲线求得相当样品中的可溶性糖含量（μg）；

m——样品重（g）；

a——样品的稀释倍数；

v_1——提取液总量；

v——测量时候用的体积。

6.1.5.6 结构性碳水化合物（SC）的测定

（1）木质素含量的测定

①酸不溶木质素（克拉森木质素）含量的测定

测定酸不溶木质素（克拉森木质素）含量采用经典方法 Klason 法。此法用苯-醇溶液抽提样品，然后依次用 72%和 3%的硫酸溶液酸解，再定量测定酸不溶木素的含量（石淑兰等，2003）。

具体步骤参见 GB/T2677.8—1994 造纸原料酸不溶木素含量的测定方法。同时进行两次测定，取其算术平均值至小数点后第二位，两次测定计算值之间相差不应超过 0.20% 。

②酸溶木质素含量的测定

酸溶木素含量的测定采用紫外分光光度法。用 72%硫酸法分离出酸不溶木质素以后得到的滤液，于波长 205nm 处测量紫外光的吸收值。吸收值与酸溶木素含量有关（石淑兰等，2003）。

具体步骤参见 GB/T10337—1989 造纸原料和纸浆中酸溶木素的测定方法。用两次测定的算术平均值，准确至第一位小数报告结果。

③总木质素含量的计算

在测定酸不溶木素的同时，测定滤液中酸溶木素的含量，以酸不溶木素和酸溶木素含量之和计算出总木素含量。

（2）硝酸-乙醇纤维素含量的测定　纤维素含量测定采用硝酸-乙醇法（石淑兰等，2003），此法使用浓硝酸和乙醇混合溶液处理样品。将所得剩余残渣过滤后，用水冲洗烘干，测定其含量即为硝酸-乙醇纤维素含量。

（3）聚戊糖含量的测定　测定聚戊糖采用 12%盐酸水解法，它是测定半纤维素五碳

聚糖的总量（石淑兰等，2003）。聚戊糖含量测定的国家标准规定了两种方法：容量法（溴化法）和分光光度法。

本文中聚戊糖含量的测定采用容量法（溴化法）。其中糠醛的测定方法采用的是四溴化法。具体步骤参见 GB/T 2677. 9-1994 造纸原料聚戊糖的测定方法。同时进行两次测定，取其算术平均值作为测定结果。测定结果计算至小数点后第二位，两次测定计算值间相差不应超过 0. 40% 。

（4）综纤维素含量的测定　综纤维素的测定采用亚氯酸钠法（石淑兰，2003），此法基于利用分解产物中的二氧化氯与木素作用而将其脱除，然后测定其残留物量即得综纤维素含量。测定时需用酸性亚氯酸钠溶液重复处理试样，采用亚氯酸钠法分离的综纤维素中仍保留有少量木素（一般为 2%~4%）。精确称取 2g（称准至 0. 0001g）试样，按 GB/T2677. 6 进行苯醇抽提（同时另称取试样测定水分），风干，将全部试样移入综纤维素测定仪，加入蒸馏水、冰醋酸、亚氯酸钠处理样品，直至试样变白，抽滤，烘干，重复测定 3 次，结果平均值为样品的综纤维素含量。

$$综纤维素（\%）= \frac{m_1}{m} \times 100 \qquad (6-21)$$

式中：m_1——烘干后综纤维素含量（g）；

m——绝干试样质量（g）。

6. 1. 5. 7　其他相关化合物的测定

（1）苯-乙醇抽出物含量的测定　苯醇抽出物含量的测定是用苯-醇混合液抽提试样，然后将抽出液蒸发烘干、称重，定量测定所抽出的物质含量（石淑兰等，2003）。

具体步骤参见国家标准 GB/T2677. 6—1994 造纸原料苯醇抽出物和乙醚抽出物的测定方法。同时进行平行测定，取其算术平均值作为测定结果。要求准确至小数点后第二位，两次测定计算值间相差不应超过 0. 20% 。

（2）粗蛋白含量的测定　采用 LY/T 1228-1999 测定森林土壤全氮含量，再利用系数换算（严永忠，2004）得粗蛋白含量。凯氏定氮法原理是样品在催化剂作用下，用浓硫酸消煮分解破坏有机物，使含氮物转化成硫酸铵，加入强碱进行蒸馏使氨气逸出，用硼酸吸收后再用盐酸标准溶液滴定，重复测定 3 次，结果平均值为样品的氮含量。将结果乘以换算系数 6. 25（饲料中蛋白质平均含氮为 16%）计算，即可得出样品中粗蛋白含量。

$$粗蛋白（\%）= \frac{c \times v \times 1000}{m} \times 6.25 \times 100 \qquad (6-22)$$

式中：c——盐酸标准溶液的浓度（mol/L）；

v——滴定样品用去盐酸标准溶液体积（mL）；

m——烘干植物样质量（g）；

6. 25——换算系数。

（3）粗脂肪含量的测定　采用国家标准（GB9433-94）饲料粗脂肪含量的测定方法，即常用的索氏提取法。为减小测定过程中的误差，本文采用改进后的方法（聂国兴，

2001)。

称取干燥试样 2g 左右(精确至 0.0001g),用乙醚抽提过的滤纸包好,烘干,称重。取出滤纸包,放入抽提管中,抽提瓶中加入无水乙醚,水浴加热约 5~8h(以抽提管流出的乙醚挥发后不留下油迹为抽提终点)。取出滤纸包,烘干再次称重,两次质量差小于 0.001g 为恒重,重复测定 3 次,结果平均值为样品的粗脂肪含量。

$$粗脂肪(\%)=\frac{m_1-m_2}{m}\times 100 \tag{6-23}$$

式中:m——风干试样的质量(g);

m_1——抽提前已恒重的样品包加称样皿质量(g);

m_2——抽提后已恒重的样品包加称样皿质量(g)。

(4)单宁含量的测定　采用分光光度法(石淑兰,2003),精确称取 1g(精确至 0.0001g)已磨细的试样(同时另称试样测定水分),用滤纸包好,先用苯抽提除去有机溶剂抽出物后,用乙醇处理将单宁溶解,采用分光光度计测定溶出液在波长 500nm 处的光密度,并绘制标准曲线,重复测定 3 次,结果平均值为样品的单宁含量。

$$单宁(\%)=\frac{m_1\times 100}{m(1-w)\times 25\times 1000}\times 100 \tag{6-24}$$

式中:m_1——根据标准曲线求得相当样品中的单宁含量(mg);

m——风干试样质量(g);

w——试样水分含量(%)。

6.1.6 数据分析

统计分析采用 SAS 软件和 Microsoft Excel 2003 完成。对试验数据进行方差分析和相关分析。同一无性系处理间差异显著性在 0.05 水平上进行多重比较分析。

对光响应曲线进行模拟计算统计分析采用 SAS 软件。

第一种(Ⅰ)利用 Prioul 和 Chartier 建立的非直角双曲线模型对几个无性系刺槐叶片净光合速率(Pn)与光合有效辐射(PAR)之间的关系进行拟合。非直角双曲线模型理论公式(段爱国等,2009)为:

$$P_n=\frac{\varphi PAR+P_{n\max}-\sqrt{(\varphi PAR+P_{n\max})^2-4k\varphi PARP_{n\max}}}{2k}-R_d \tag{6-25}$$

第二种(Ⅱ)拟合模型选择直角双曲线修正式(Long,1993),表达式如下:

$$P_n=\frac{\varphi PAR(1-\beta PAR)}{\gamma PAR+1}-R_d \tag{6-26}$$

式中:Pn——叶片净光合速率[$\mu molCO_2/(m^2\cdot s)$];

φ——初始量子效率(mol/mol);

PAR——光合有效辐射[$\mu mol/(m^2\cdot s)$];

$\gamma=\varphi/P_{\max}$;

P_{max}——最大净光合速率［$\mu molCO_2/(m^2 \cdot s)$］；

R_d——暗呼吸速率［$\mu molCO_2/(m^2 \cdot s)$］；

k——光响应曲线曲角；

β——修正参数，当$\beta=0$时，Ⅱ式为直角双曲线。

6.2 刺槐无性系能源林的热值和灰分动态

物质是能量的载体，不同物质含有的热量是不同的，即相同干重的生物量贮藏的能量是不同的。热值是生物质能量高低的最直观表现方式，其变化受多种因素的综合作用，如植物生长状况、光合作用、营养动态等。而本研究重点是了解刺槐生物质能的变化及其影响因子，因此，首先从讨论刺槐热值的变化开始。

6.2.1 刺槐无性系及器官随发育阶段灰分的变化

灰分，也称之为粗灰分，是指植物体矿物质元素氧化物的总和。灰分含量跟植株种类、植株年龄、生长发育和植株所处的生境有关。

水溶性灰分大部分为钾、钠、钙等氧化物及可溶性盐类。水不溶性灰分有铁、铝等金属氧化物和碱土金属等的碱性磷酸盐。

6.2.1.1 叶片灰分变化特征

5个无性系刺槐叶片的粗灰分含量在7.79%~14.11%之间，水不溶性灰分含量在6.34%~12.99%。叶片的粗灰分和水不溶性灰分含量的变化趋势相似（图6-2），总体上随季节变化叶片灰分含量先上升再下降，然后再上升。84023叶片的灰分含量变化与其他无性系的有差异，其变化是先降再升。含量最高的是1年生生长末期8048的叶片，最低的是2年生生长初期8044的叶片。叶片的粗灰分含量随季节变化差异显著（$P\approx0.023$），水不溶性灰分量随季节变化差异极显著（$P<0.01$）。83002、8048、84023的叶片灰分大多时间都较3-I、8044的高。

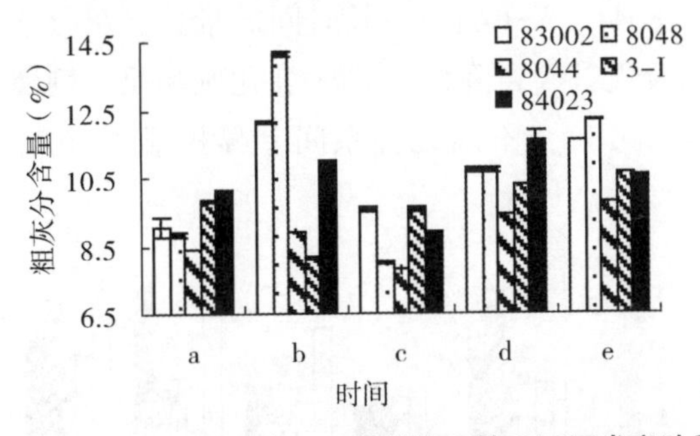

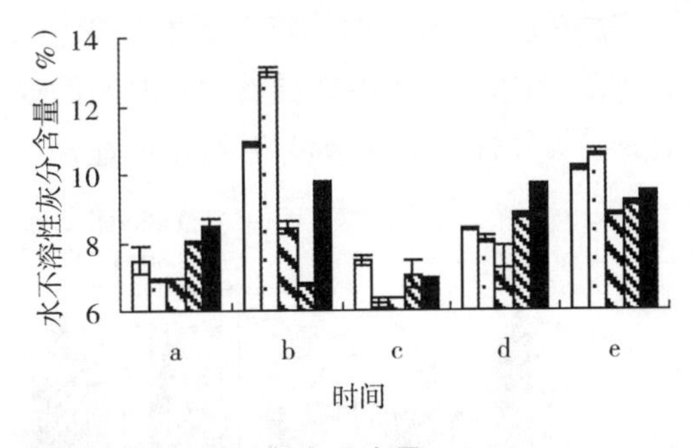

图6-2 不同刺槐无性系不同发育阶段叶片粗灰分和水不溶性灰分含量（%）

注：图中a为1年生生长盛期（当年7月中旬）；b为1年生生长末期（当年10月初）；c为2年生生长初期（翌年4月底）；d为2年生生长盛期（翌年7月上旬）；e为2年生生长末期（翌年10月初）。下同。

6.2.1.2 树枝灰分变化特征

豫西丘陵区5个无性系刺槐枝的粗灰分含量在4.99%~11.78%之间，水不溶性灰分含量在4.00%~10.54%。枝的粗灰分和水不溶性灰分含量的变化趋势相似，总体上随季节变化先降再升，含量最高的是2年生生长末期8048的枝，最低的是1年生生长末期84023的枝（图6-3）。1年生时，不同无性系刺槐枝的灰分含量均随着生长进程降低，2年生时，变化就有差异，8048、8044、3-I随着生长时间灰分逐渐升高，83002和84023呈"V"字形变化。总的来说，不同发育阶段枝的灰分含量变化不同。经方差分析，刺槐枝的粗灰分的含量随季节变化差异极显著（$P<0.01$），不同无性系间差异极显著（$P<0.01$）。总体上枝的灰分变化是生长末期含量高于生长初期，这与枝的干重热值和去灰分热值的变化相反。测定的大多发育阶段中83002、8048枝的灰分含量较8044、3-I、84023的高。

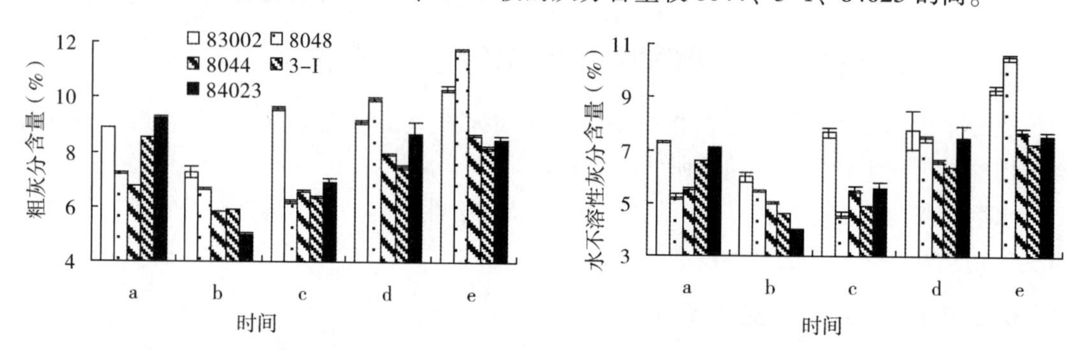

图6-3 不同刺槐无性系不同发育阶段树枝粗灰分和水不溶性灰分含量（%）

6.2.1.3 树干粗灰分变化特征

豫西丘陵区5个无性系刺槐干的粗灰分含量在0.93%~3.12%之间，水不溶性灰分含量在0.65%~2.72%。干的粗灰分和水不溶性灰分含量的变化趋势相似，含量最高和最低的是分别是2年生生长盛期83002和8048的干（图6-4）。不同无性系干的灰分含量在时间梯度上变化趋势不同，1年生时，除8044外其他4个无性系刺槐干的灰分含量均随着生长进程降低；2年生时，较1年生时变化复杂，8044、3-I随着生长时间的推移，灰分逐渐升高；83002和84023随着生长时间的推移灰分先升高再降低，8048变化则相反。刺槐干的粗灰分含量随季节变化差异不显著（$P\approx0.053$），不同无性系间差异极显著（$P<$

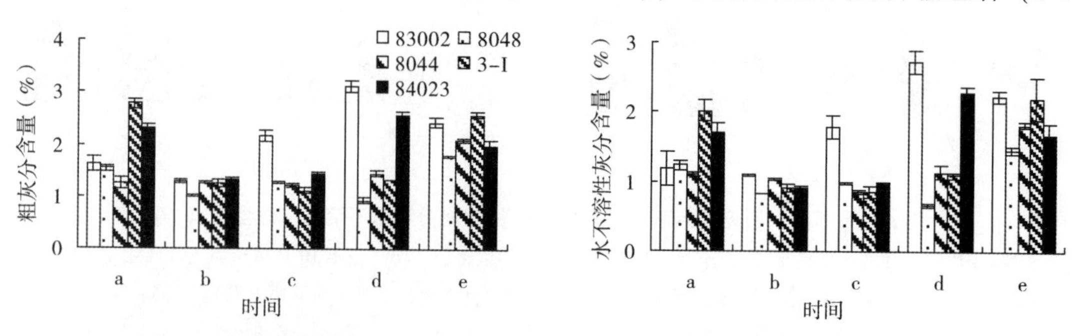

图6-4 不同刺槐无性系不同发育阶段树干的粗灰分和水不溶性灰分含量（%）

0.01)；刺槐干的水溶性灰分含量随季节变化差异显著（$P<0.05$），不同无性系间差异极显著（$P<0.01$）。

6.2.1.4 树皮灰分变化特征

豫西5个无性系刺槐皮的粗灰分含量在5.31~10.91%之间，水不溶性灰分含量在3.91%~10.11%。皮的粗灰分和水不溶性灰分含量的变化趋势相似，但不同无性系间灰分含量随季节变化有差异，含量最高的是2年生生长初期8048的皮，最低的是1年生生长末期84023的皮（图6-5）。1年生时，5个无性系刺槐皮的灰分含量均随着生长进程降低；2年生时，变化复杂，3-I随着生长时间灰分逐渐升高，8048呈“V”字形变化，83002、8044、84023呈反“V”字形变化。经方差分析，刺槐皮的粗灰分含量随季节变化差异极显著（$P<0.01$），各无性系间皮的粗灰分含量差异也极显著（$P<0.01$）；刺槐皮的水溶性灰分含量随季节变化差异显著（$P\approx0.024$），各无性系间皮的水溶性灰分含量差异极显著（$P<0.01$）。

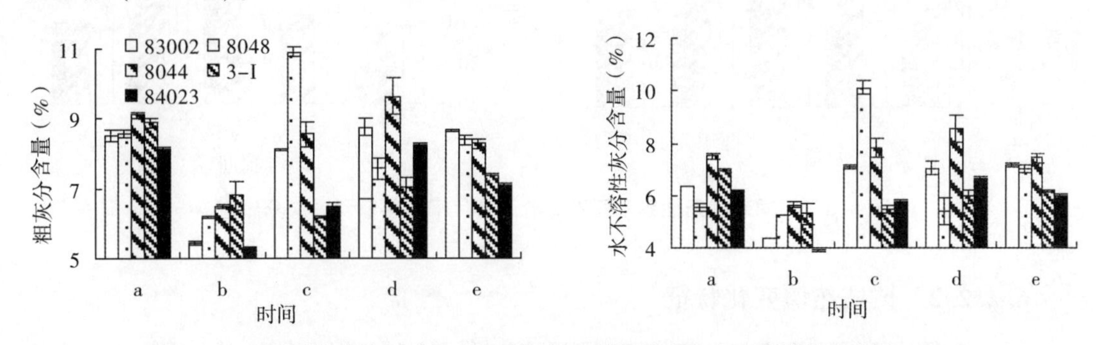

图6-5 不同刺槐无性系不同发育阶段树皮的粗灰分和水不溶性灰分含量（%）

图6-2至图6-5为豫西丘陵区5个无性系刺槐各器官不同发育阶段的粗灰分含量和不溶性灰分含量。综上分析可知，几个无性系的刺槐枝和叶的粗灰分含量随时间变化具有极为相似的变化趋势。除8048和8044外，其他几个刺槐无性系的皮和干的粗灰分含量随时间变化也具有相似的变化趋势。本研究中各器官平均粗灰分含量排序为：叶（10.07%）>皮（7.90%）>枝（7.79%）>干（1.72%）。各无性系间叶的平均粗灰分含量排序为：8048（10.78%）>83002（10.61%）>84023（10.43%）>3-I（9.68%）>8044（8.86%）。各无性系间枝的平均粗灰分含量排序为：83002（9.03%）>8048（8.35%）>84023（7.66%）>3-I（7.30%）>8044（7.15%）。各无性系间干的平均粗灰分含量排序为：3-I（3.59%）>83002（2.43%）>8044（2.09%）>84023（1.96%）>8048（1.77%）。各无性系间皮的平均粗灰分含量排序为：8044（8.42%）>8048（8.32%）>83002（7.91%）>8044（7.25%）>84023（7.06%）。

6.2.2 不同刺槐无性系及器官随发育阶段热值的变化

6.2.2.1 叶片热值变化特征

同一植物在生长季节内的不同时期，其热值含量是不同的。比较分析刺槐叶片的干重

热值和去灰分热值图 6-6 可以看出，不同季节比较，叶片干重热值最高的大多是 8044 的叶片，平均为 19. 31kJ/g；最低的大多是 8048 的叶片，平均为 18. 75kJ/g。而去灰分热值的变化无此规律；同一时期不同无性系的叶片干重热值和去灰分热值的排序并不相同，这主要取决于被测定的植物无性系的灰分含量的大小（图 6-6），而去灰分热值则不受植物样品灰分含量的影响，去灰分热值平均值排序为：8044（21. 18kJ/g）>3-I（21. 13kJ/g）>83002（21. 10kJ/g）>84023（21. 05kJ/g）>8048（21. 02kJ/g）。方差分析表明，刺槐叶片干重热值和去灰分热值均随季节变化差异极显著（$P<0.01$），不同无性系间叶片干重热值差异极显著（$P<0.01$），不同无性系间叶片去灰分热值除 2 年生生长末期差异显著（$P\approx0.014$）外，其他季节不同无性系间叶片去灰分热值差异极显著（$P<0.01$）。

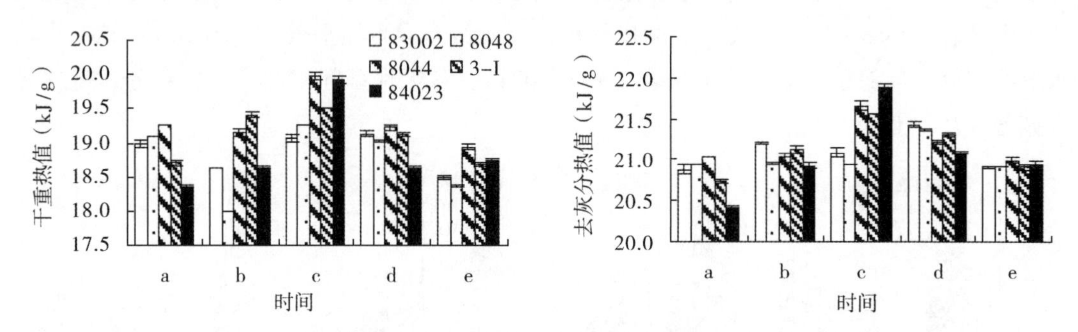

图 6-6　不同刺槐无性系不同发育阶段叶片干重热值和去灰分热值

6. 2. 2. 2　树枝热值变化特征

图 6-7 是枝的干重热值和去灰分热值的季节变化。1 年生时，枝的干重热值均是生长末期的高于生长盛期的，8044、3-I、84023 的去灰分热值变化同干重热值，83002 和 8048 的变化相反；2 年生时，枝的干重热值和去灰分热值均是生长初期的热值最高。枝的平均干重热值排序为：8044（18. 00kJ/g）>3-I（17. 84kJ/g）>84023（17. 68kJ/g）>8048（17. 60kJ/g）>83002（17. 40kJ/g）。枝的平均去灰分热值排序为：8044（19. 39kJ/g）>3-I（19. 24kJ/g）>8048（19. 20kJ/g）>83002（19. 13kJ/g）>84023（19. 10kJ/g）。

枝的干重热值和去灰分热值变化规律也存在差异，说明不同时期灰分的含量是不同的。而从对枝的灰分含量分析中，也证实了这一点。从枝的干重热值和去灰分热值的平均

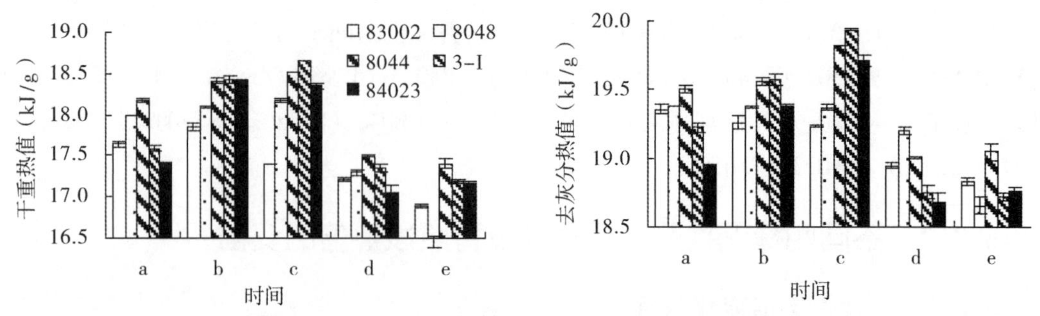

图 6-7　不同刺槐无性系不同发育阶段树枝干重热值和去灰分热值

值排序可以看出，84023 的热值受灰分含量的影响较大。经方差分析，刺槐枝的干重热值和去灰分热值均随季节变化差异极显著（$P<0.01$），不同无性系间枝的干重热值和去灰分热值差异极显著（$P<0.01$）。可以看出枝和叶的热值随季节的变化趋势大致相同。

6.2.2.3 树干热值变化特征

图 6-8 是 5 个无性系刺槐不同发育阶段干的热值变化。干的干重热值和去灰分热值的总体趋势均是先降后升，然后再下降。除 2 年生时 8048 去灰分热值和 84023 干重热值生长末期高于生长盛期外，其他季节各无性系的干重热值和去灰分热值均是生长盛期高于生长末期。干的干重热值平均值排序为：8048（18.72kJ/g）>8044（18.60kJ/g）>83002（18.58kJ/g）>3－I（18.57kJ/g）= 84023，干的去灰分热值平均值排序为：83002（19.12kJ/g）>3－I（19.11kJ/g）>84023（19.05kJ/g）>8048（19.03kJ/g）>8044（18.96kJ/g）。从二者排序可以看出灰分含量对 5 个无性系干的热值影响很大。

经方差分析，刺槐干的干重热值和去灰分热值均随季节的变化而差异极显著（$P<0.01$），不同无性系间干的干重热值除 2 年生生长盛期差异显著（$P<0.05$）外，其他季节各无性系间干的干重热值差异极显著（$P<0.01$），不同无性系间干的去灰分热值除 1 年生生长末期差异不显著（$P\approx0.081$）外，其他季节各无性系间干去灰分热值差异极显著（$P<0.01$）。

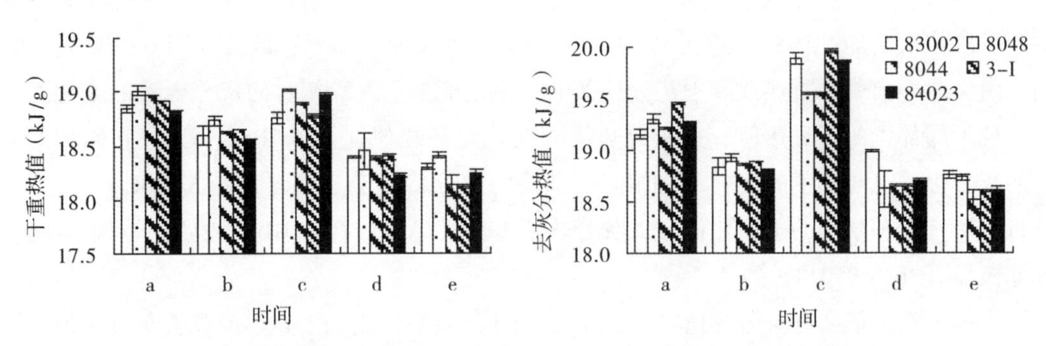

图 6-8 不同刺槐无性系不同发育阶段树干干重热值和去灰分热值

6.2.2.4 树皮热值变化特征

图 6-9 是 5 个无性系刺槐不同发育阶段皮的热值变化。皮的热值变化趋势同干的差别很大。皮热值变化的总体趋势是先升后降，但不同无性系皮的热值最高点不同，除 8044 干重热值和去灰分热值最高值在 1 年生生长末期外，其他 4 个无性系的均在 2 年生生长初期。1 年生时除 83002 生长盛期的去灰分热值高于生长末期的外，其他无性系均是生长盛期的低于生长末期的；皮的干重热值均是生长盛期的低于生长末期的。皮的干重热值和去灰分热值均是 2 年生时生长初期的最高。

经方差分析可知，刺槐皮的干重热值和去灰分热值均随季节变化差异极显著（$P<0.01$），不同无性系间皮的干重热值和去灰分热值差异极显著（$P<0.01$）。

综上对 5 个无性系刺槐不同发育阶段不同器官的干重热值和去灰分热值分析可知，几个器官均是在生长初期和生长末期的热值最高，去灰分后，不同器官的热值大小排序均与干重热值的排序不同。说明灰分含量对热值有一定的干扰，所以去灰分热值去除了因灰分含量不同而造成的干扰，更能够反映植物体各组分热值情况。

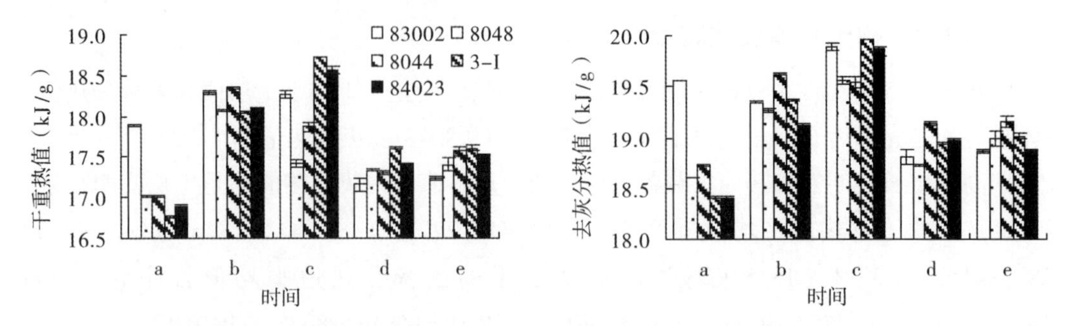

图 6-9　不同刺槐无性系不同发育阶段树皮干重热值和去灰分热值

6.2.2.5　刺槐冠层分层热值、灰分变化特征

图 6-10 是 2 年生刺槐 8048 生长盛期时冠层分层不同部位的各个器官的热值、灰分变化。比较干重热值和去灰分热值可以清楚地看到，除叶片的干重热值和去灰分热值有细微差别外，其余器官二者的排序大致相同。

叶的分层干重热值从上层到下层依次降低（图 6-10A），相对灰分含量的变化是从上层到下层依次增加（图 6-10E），去灰分热值上、中层相近，下层最低（图 6-10C）。东、西、南、北四向的干重热值和去灰分热值的变化幅度都不大，相对的灰分含量的变化也不大。枝不同部位的干重热值、去灰分热值的变化趋势相似（图 6-10A、C），它们相对部位的灰分含量也与热值的变化趋势相似，中层的灰分略高于上层的（图 6-10E）。经方差分析，器官叶和枝间的干重热值和去灰分热值差异极显著（$P<0.01$），冠层不同部位间差异亦极显著（$P<0.01$）。

干的干重热值和去灰分热值排序是中层>下层>上层，皮的干重热值和去灰分热值排序是下层>中层>上层，干的干重热值和去灰分热值排序相同，皮的状况亦同（图 6-10B、D）。但是干和皮在相同部位的去灰分热值相较干重热值变化较大。经方差分析，器官干和皮的干重热值间差异显著（$P\approx0.015$），干的干重热值 3 层之间差异不显著（$P\approx0.053$），皮的干重热值 3 层之间差异极显著（$P<0.01$）；器官干和皮的去灰分热值间差异不显著（$P\approx0.83$），干的去灰分热值 3 层之间差异亦不显著（$P\approx0.10$），皮的去灰分热值 3 层之间差异极显著（$P<0.01$）。而从灰分含量的变化中也可清楚看到（图 6-10F），皮中灰分含量远远高于干中的，平均是它的 7.5 倍多。经方差分析，灰分含量差异极显著（$P<0.01$），干和皮的灰分含量差异显著（$P<0.05$）。由以上分析可知，干和皮的干重热值受灰分含量的影响很大，由于干和皮的不同层次粗灰分含量的排序与之相同层次的干重热值排序相同，所以未产生去灰分热值排序的差异。

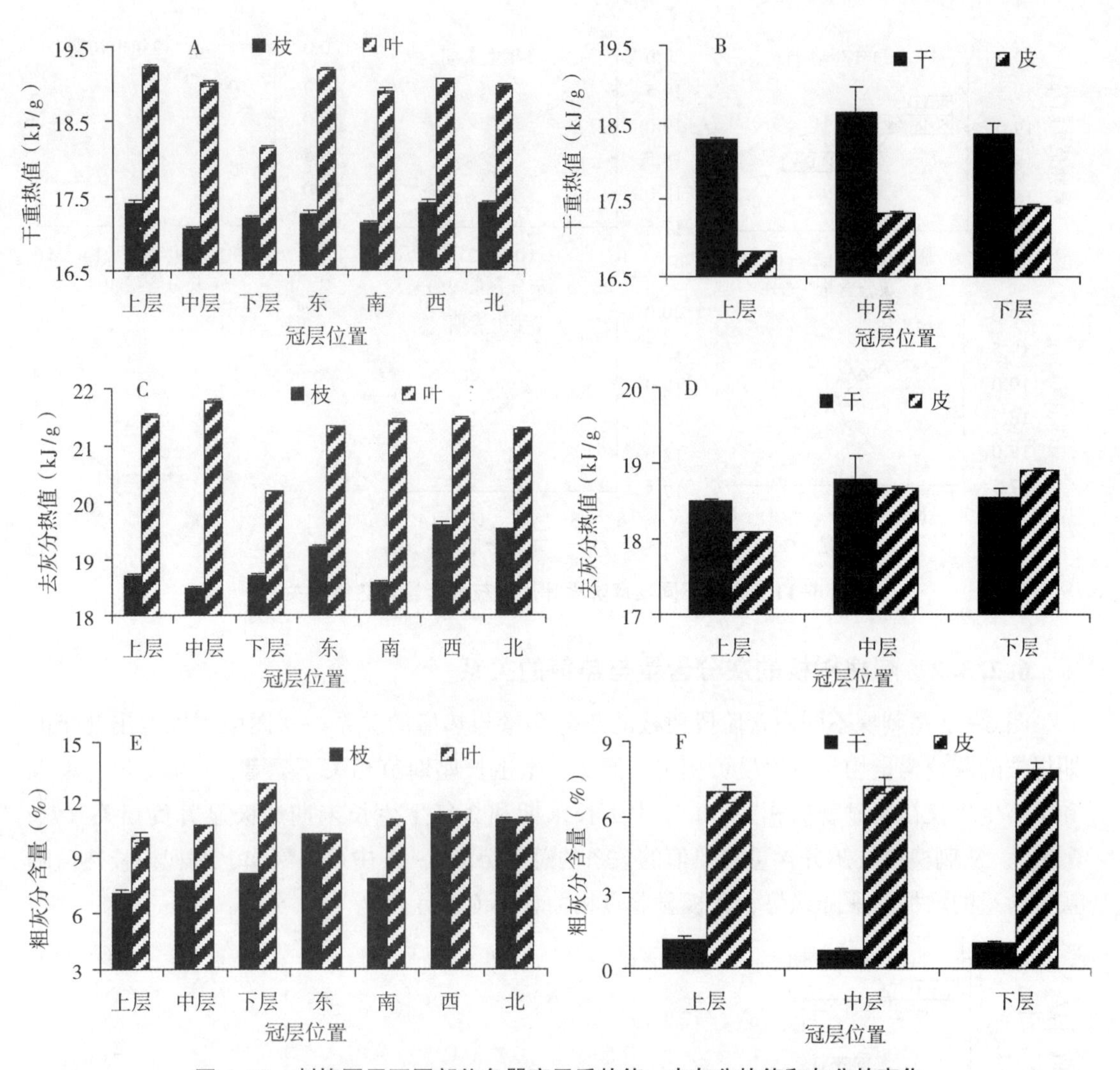

图 6-10　刺槐冠层不同部位各器官干重热值、去灰分热值和灰分的变化

6.2.3　刺槐不同器官灰分含量与热值的关系

6.2.3.1　刺槐叶片的灰分含量与热值的关系

图 6-11 是刺槐不同发育阶段叶片的灰分含量与热值的关系。除 2 年生生长初期刺槐叶片灰分含量与热值呈不显著正相关外，其他几个时期叶片的灰分含量均与热值呈显著负相关，1 年生生长盛期、生长末期和 2 年生生长末期达极显著负相关。从刺槐叶片灰分含量与热值的关系的总趋势图 6-15 中可以看出，刺槐叶片热值随灰分含量的增加呈下降趋势，极显著负相关（$P<0.01$）。

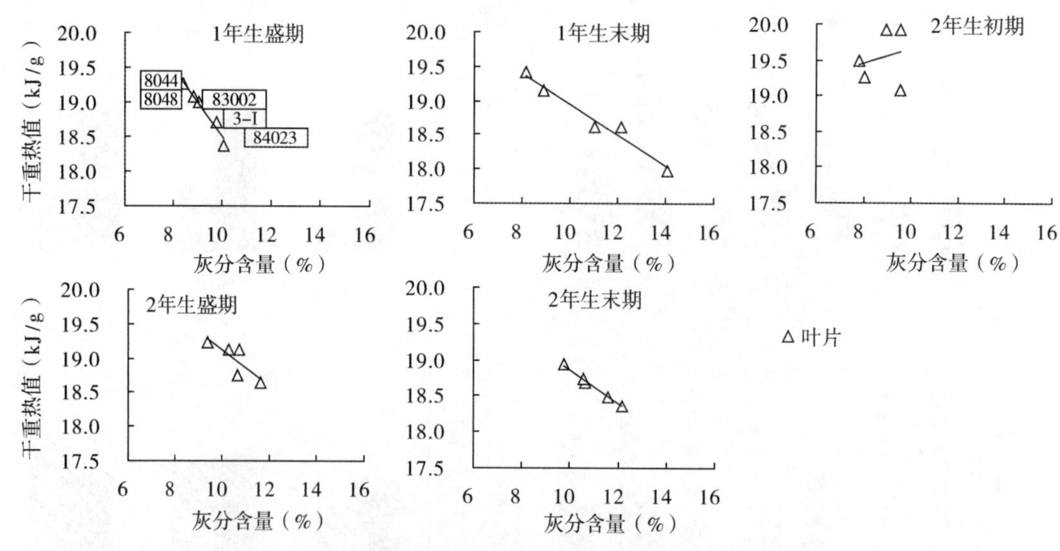

图 6-11 刺槐不同发育阶段叶片的灰分含量与热值的关系

6.2.3.2 刺槐树枝的灰分含量与热值的关系

图 6-12 是刺槐不同发育阶段树枝的灰分含量与热值的关系。从图中可以看出几个时期树枝的灰分含量均与热值呈负相关，但 2 年生生长盛期负相关不显著，1 年生生长盛期和 2 年生生长初期显著负相关，1 年生生长末期和 2 年生生长末期达极显著负相关（$P<0.01$）。从刺槐树枝灰分含量与热值的关系的总趋势图 6-15 中可以看出，刺槐树枝热值随灰分含量的增加呈下降趋势，为极显著负相关（$P<0.01$）。

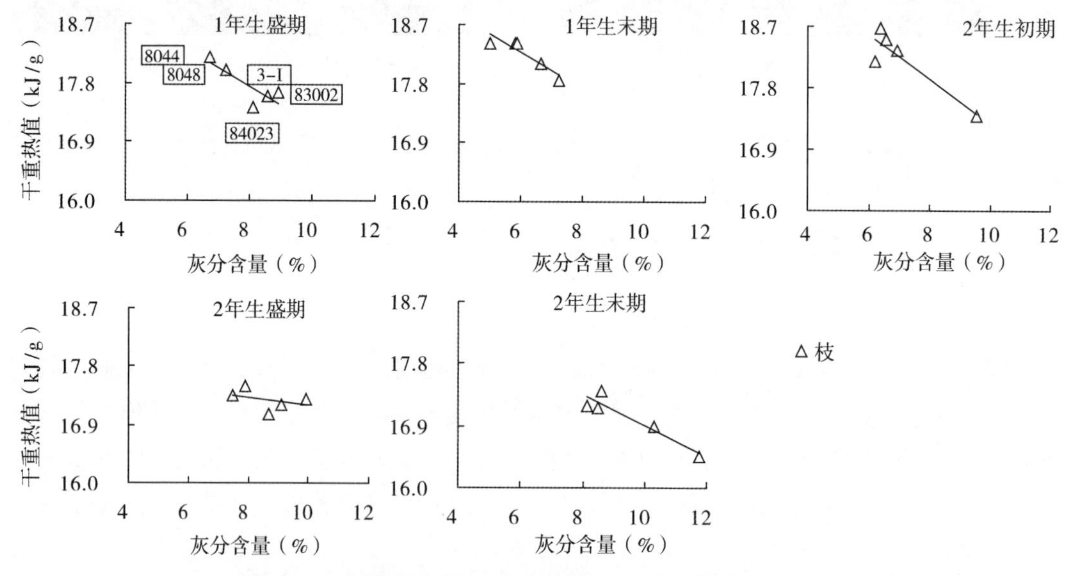

图 6-12 刺槐不同发育阶段树枝的灰分含量与热值的关系

6.2.3.3 刺槐树干的灰分含量与热值的关系

图 6-13 是刺槐不同发育阶段树干的灰分含量与热值的关系。除 2 年生生长盛期刺槐树干的灰分含量与热值呈不显著正相关外，其他几个时期干的灰分含量均与热值呈负相关，仅 1 年生生长末期刺槐树干的灰分含量与热值呈极显著负相关，其余均不显著。从刺槐树干的灰分含量与热值的关系的总趋势图 6-15 中可以看出，刺槐树干热值随灰分含量的增加呈下降趋势，但负相关不显著（$P>0.05$）。

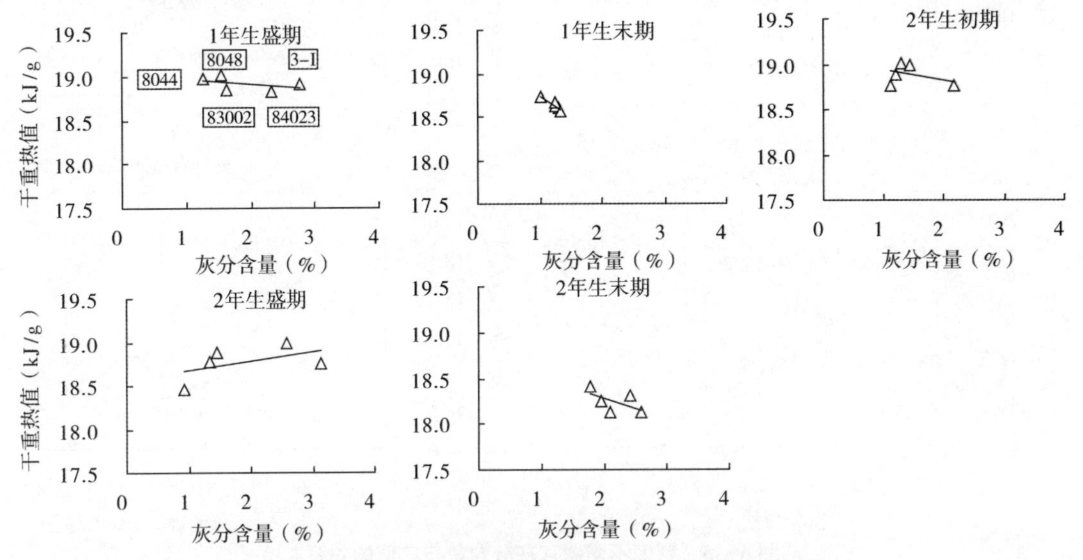

图 6-13 刺槐不同发育阶段树干的灰分含量与热值的关系

6.2.3.4 刺槐树皮的灰分含量与热值的关系

图 6-14 是刺槐不同发育阶段树皮的灰分含量与热值的关系。除 2 年生生长初期刺槐

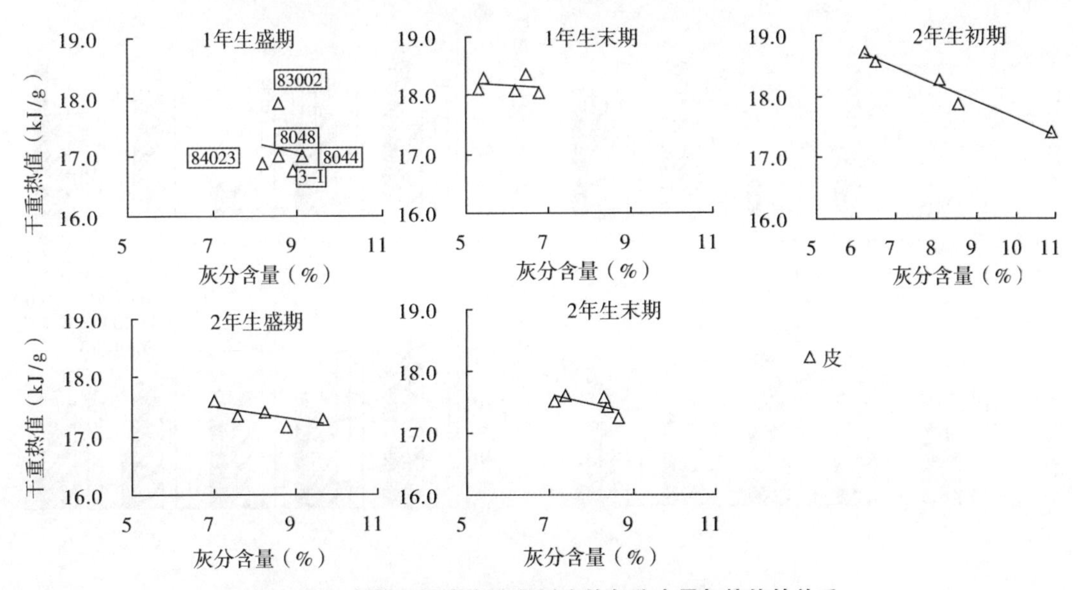

图 6-14 刺槐不同发育阶段树皮的灰分含量与热值的关系

树皮的灰分含量与热值呈极显著负相关外，其他几个时期皮的灰分含量均与热值呈不显著负相关，从刺槐树皮的灰分含量与热值的关系的总趋势图 6-15 中可以看出，刺槐树皮热值随灰分含量的增加呈下降趋势，为极显著负相关（$P<0.01$）。

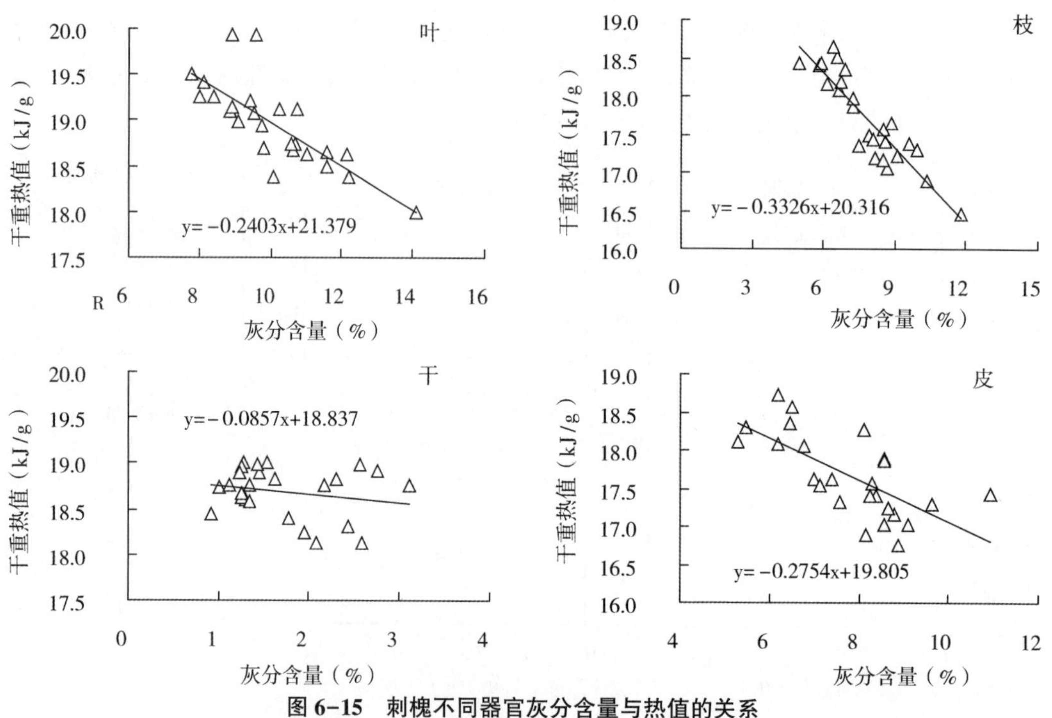

图 6-15　刺槐不同器官灰分含量与热值的关系

6.2.4　不同刺槐无性系及器官随发育阶段挥发物含量的变化

图 6-16 是不同无性系刺槐不同发育阶段各器官的挥发物含量变化。其中，平均干的

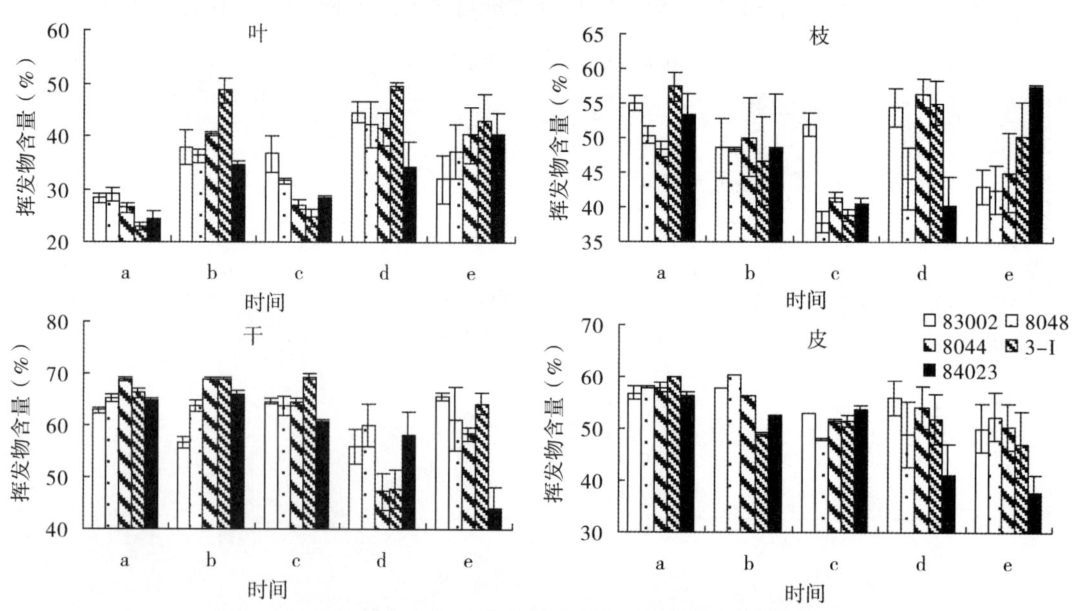

图 6-16　不同刺槐无性系不同发育阶段各器官挥发物含量（%）

挥发物含量最高（61.49%），平均叶的挥发物含量最低（35.24%）。刺槐叶挥发物含量随季节变化差异极显著（$P<0.01$），不同无性系间叶的挥发物含量差异极显著（$P<0.01$）；刺槐枝挥发物含量随季节变化差异不显著（$P\approx0.066$），不同无性系间除1年生生长末期差异不显著（$P\approx0.94$）外，其他季节不同无性系枝的挥发物含量差异极显著（$P<0.01$）；刺槐干挥发物含量随季节变化差异显著（$P<0.05$），不同无性系间的挥发物含量差异极显著（$P<0.01$）；皮挥发物含量随季节变化差异极显著（$P<0.01$），不同无性系间1年生生长盛期、末期及2年生生长初期皮的挥发物含量差异极显著（$P<0.01$），2年生生长盛期、末期差异显著，P值分别约为0.036和0.024。

6.2.5 小结

本研究中灰分含量的高低影响其干重热值的大小，所以用去灰分热值能够更好地反映植物体内能量的贮藏状况。林鹏等在研究福建龙海的秋茄叶片热值时指出，叶片热值夏秋高、冬春低，灰分含量也有相似现象，且去灰分热值波动小（林鹏等，1991）。本试验中刺槐属落叶乔木，叶片热值和灰分含量的变化都与林鹏等的研究有所不同，可见影响热值的因素很多，如树种、气候、灰分。因此，采用去灰分热值则会较好地反映植物的热量特征。

James等研究发现叶的热值在春季最高（James et al.，1978）。本研究中也可清楚地看到，8044、3-I、84023叶片的干重热值和去灰分热值均在生长初期时最高。83002和8048较同年生长盛期相差不大。衰老叶中的热值都低于成熟叶且差异显著（张立华等，2008），本研究中叶片的热值变化也是衰老叶片的热值低于成熟叶片的且差异显著。

植物热值在春、夏季较高是因为植物在恢复生长期和生长旺期，光合作用强，有机物不断累积使干重热值较高，但是植物生长中期生殖器官逐渐形成，会消耗大量能量（于应文等，2000），所以夏季会有热值降低的现象发生，本试验中不同器官热值大多在生长盛期时最低；秋季由于温度逐渐降低，累积有机物质促使其提高干重热值增强抗寒力（李合生，2002），因此干重热值会趋于升高。

本研究中，总体上各器官的干重热值平均值的排序为：叶>干>枝>皮，而去灰分热值平均值的排序与干重热值的不同：叶>枝>皮>干。这是因为树叶是树木生理活动最活跃和实现光合作用的主要器官，含有较多的高能化合物，在营养物质的输送过程中，高能化合物的积累速率高于低能化合物，因此，高能化合物在输送过程中的积累浓度按树叶、树枝、树干和皮的顺序逐渐降低，热值也相应逐渐减小，所以，树叶的热值较高（郝朝运等，2006）。同时也可看出灰分含量的多少对不同器官的热值影响程度不同。

灰分含量高低与植物吸收元素量有关。其含量随植物种类、器官、部位和季节的变化而变化。本试验中各器官平均粗灰分含量排序为：叶>皮>枝>干。这是因为树木的树皮和树叶对矿质元素吸收与积累的能力比树枝强，矿质元素含量高，因此，树皮和树叶灰分含量高（李合生，2002）。但是植物叶片灰分含量的高低受多重因素影响，其中植物自身遗传特性的影响最为显著。

本研究显示，除3-I在第一年中生长盛期的灰分含量高于生长末期外，其他时间同龄不同无性系刺槐的灰分含量随生长发育时间的推移逐渐增加。3-I叶片在第一年中生长盛期的灰分含量高于生长末期的原因可能是树木处于春夏季的生长旺盛阶段，各种矿质元素的积累使其灰分含量相对较高。且有研究显示，植物不同生长发育时期的灰分含量不同，同属的5种植物灰分含量的变化趋势各不相同（谭忠奇等，2003）。郝朝运等对北山七子花群落的主要植物的灰分研究表明，有的灰分含量在春季高（大叶胡枝子、珍珠莲），有的在夏季高（七子花、野蔷薇），有的在秋季高（算盘子、山胡椒），本试验中虽是同一树种，但无性系不同、发育期不同、器官不同，从而灰分含量的变化趋势、浮动程度亦不同（郝朝运等，2006）。不同种类植物灰分含量在时间梯度上的变化差异可能与植物固有的遗传特性、生长发育节律或生殖对策有关（郝朝运等，2006）。

植物组织经过高温灼烧，有机物中的碳、氢、氧等物质与氧结合成二氧化碳和水蒸气，这些气体就是挥发物。经分析刺槐叶片的挥发物含量最低，而干的最高，在本研究的器官热值排序中，叶的最高，干的最低，刚刚与挥发物的相反。对挥发物的研究多在煤炭、环境卫生工程领域，原因是挥发物的产生温度或是产率对煤炭的燃烧特性和城市垃圾的净化处理有一定影响（龚佰勋，2002；吕太等，2003），而在植物领域对燃烧放热中挥发物析出报道的尚不多见。

不同植物、品种或无性系体内的有机化学组分含量是不同的，即使是同种植物，由于受时间、空间的差异，气候、土壤、栽培措施、施肥、灌溉等因素的影响，其有机化学组分含量也会不同，这些都会影响植物的热值。本试验中5个刺槐无性系（无性系）尽管栽培措施、土壤、气候等条件一致，但其热值差异与植物生长节律有着密切关系。

热值是指单位重量干物质在完全燃烧后所释放出来的热量值，它与干物质产量结合是评估森林生态系统初级生产力的重要指标，植物热值是植物含能产品能量水平的一种度量，它反映了绿色植物在光合作用中转化日光能的能力，热值是衡量植物体生命活动及组成成分的指标之一，可作为植物生长状况的一个有效指标（林益明等，2003；鲍雅静等，2006）。

6.3 刺槐无性系生长量和生物量分配

6.3.1 不同无性系刺槐的标准木生长量

表6-1是2008年埋根苗木两年不同发育阶段标准木生长量。可以看出不同无性系刺槐的生长发育阶段各不相同，有的速生阶段在春夏季，有的速生阶段在夏秋季，且不同无性系增长趋势也不同。8048无论是生长高度，还是冠幅，在第一年的长势很旺，而第二年中的生长弱于其他4个无性系。3-I、84023在1年生末期时，生长势较弱，而到第二年各项指标的生长都明显高于其他无性系，就说明不同无性系刺槐的生长节律具有明显的差异。

表 6-1　不同刺槐无性系当年生林分不同发育阶段的标准木生长量（平均值±标准差）

时间	项目	无性系				
		83002	8048	8044	3-I	84023
1 年生盛期（当年 7 月中旬）	苗高（cm）	257.5±16.1	304.6±26.5	256.5±16.8	175.4±5.3	150.8±8.7
	地径（mm）	16.91±1.48	23.22±2.27	18.37±2.02	22.03±1.29	17.37±1.86
	冠幅（cm）	92.9±14.8	118.2±15.7	99.3±15.2	122.2±11.1	95.3±10.6
1 年生末期（当年 10 月初）	苗高（cm）	264.7±16.8	334.0±24.6	291.1±19.5	304.6±22.5	263.2±23.6
	地径（mm）	20.13±2.26	23.33±2.21	21.29±4.34	28.06±3.74	24.01±4.02
	冠幅（cm）	67.9±17.0	96.2±33.8	94.9±36.7	164.4±24.0	134.5±34.9
2 年生初期（翌年 4 月底）	苗高（cm）	259.5±25.7	316.17±28.8	288.6±14.7	298.1±13.5	255.2±33.6
	地径（mm）	20.45±3.85	23.59±3.25	21.48±3.23	29.43±4.26	28.91±6.86
	冠幅（cm）	61.8±26.3	50.3±24.5	75.3±23.6	110.5±26.2	96.2±31.2
2 年生盛期（翌年 7 月上旬）	苗高（cm）	302.3±33.6	342.4±31.8	297.9±34.1	356.5±39.5	368.3±52.3
	地径（mm）	24.12±3.94	24.03±4.53	23.70±4.14	36.08±7.41	34.97±7.69
	冠幅（cm）	74.2±24.0	79.8±21.4	73.8±29.1	125.3±45.2	114.0±36.0
2 年生末期（翌年 10 月初）	苗高（cm）	392.6±40.6	373.6±36.0	357.4±37.7	420.1±40.7	427.3±34.7
	地径（mm）	29.77±4.74	26.65±3.70	26.87±4.91	35.92±7.23	37.84±7.54
	冠幅（cm）	92.6±24.6	83.8±16.8	91.5±19.7	124.6±30.0	157.8±34.6

8048 在 2008 年春埋根处理后长势旺盛，1 年生生长盛期苗高是 84023 的 2 倍多；几乎是 3-I 的 2 倍，比较地径而言 8048 和 3-I 二者相差不大，较其他几个无性系大。2008 年生长末期时 8048 和 3-I 苗高相差不大，但 3-I 的地径却高出 8048 的 20.27%。3-I 和 84023 的在 1 年生生长末期苗高均增加了约 0.7 倍。8048 的苗高在第二年中长势趋于平缓，而地径亦是如此，2009 年生长末期 8048 的苗高较前一年同期增加了 11.86%，地径增加了 14.23%。其他几个无性系一直保持稳步增长，3-I 和 84023 较前一年增长迅猛，2009 年生长末期 84023 苗高较 2008 年的增加了 62.35%，地径增加了 57.60%；3-I 的苗高增加了 37.89%，地径增加了 28.01%。同期比较，3-I 和 84023 的生长节律较其他无性系晚，但是增长却迅速，即不是所有无性系的速生期均处于生长盛期（7、8 月）；也可能处于生长盛期与生长末期之间（9、10 月），即不同无性系刺槐的生长节律是不同的。最后一次测定的无性系苗高排序为：84023（427.3cm）>3-I（420.1cm）>83002（392.6cm）>8048（373.6cm）>8044（357.4cm），地径排序为：84023（37.84mm）>3-I（35.92mm）>83002（29.77mm）>8044（26.87mm）>8048（26.65mm）。

苗高和地径是良种选择及能源林定向培育的基本指标，也是评价苗木质量的重要指标。经方差分析可知，刺槐苗高随季节变化差异极显著（$P<0.01$），不同无性系间除 1 年生生长盛期差异极显著（$P\approx0.024$）外，其他季节均差异不显著（$P>0.05$）；冠幅和地径均随季节的变化差异显著（$P\approx0.036$）或极显著（$P<0.01$），不同无性系间冠幅和地径均差异极显著（$P<0.01$）。

6.3.2 不同无性系刺槐的标准木地上部分生物量及其分配

表 6-2 是不同无性系刺槐不同发育阶段地上各器官生物量分配情况。单株干物质量随着时间推移，最后一次取样时单株干物质量达到最大。1 年生生长末期单株干物质量排序是：84023（688.73g/株）>8044（680.95g/株）>83002（627.26g/株）>8048（608.93g/株）>3-I（511.04g/株）；2 年生生长末期单株干物质量排序是：3-I（2009.85g/株）>83002（1498.15g/株）>84023（1481.17g/株）>8044（1073.42g/株）>8048（702.66g/株）。83002 和 84023 在 2 年生末期单株干物质量均为 1 年生末期时的 2 倍多，而 3-I 的单株干物质量 2 年生末期是 1 年生末期的近 4 倍。

两年同期生长盛期树叶干物质量比较（表 6-2、表 6-3），83002 降低了 68.04%，8048 降低了 15.27%，8044 降低了 27.21%，3-I 降低了 59.37%，84023 降低了 35.22%。而同期树干干物质量的比例增幅较大，1、2 年生生长季比较：83002 增加了 76.86%，8048 增加了 5.80%，8044 增加了 12.31%，3-I 增加了 109.76%，84023 增加了 52.81%。

随着生长季节的推移，各器官的生长存在一定的相互消长作用。不同无性系刺槐干的干重物质量比例一直增加，相应的其他器官所占的比例就会降低。但不同无性系刺槐各器官生长规律各不相同。2 年生时除 84023 外其余几个无性系的生长初期枝占干重比例最低，其中 3-I 的生长初期枝生物量比例较其他两个时期变化不大。两年中各无性系基本上均是生长盛期时叶片干物质量较其他时期所占比例高。

经方差分析，各器官生物量大小均随季节变化差异极显著（$P<0.01$），相同季节不同器官生物量差异极显著（$P<0.01$），除 2 年生生长末期不同无性系间生物量差异极显著（$P<0.01$）外，其他时间上，各无性系间生物量均差异不显著（$P>0.05$），相同季节同一器官不同无性系间生物量均差异极显著（$P<0.01$）。综上分析，不同无性系各时期不同器官的物质积累各不相同，而对生物量分配的理解是提高对碳分配和碳储存理解的关键（Caims，1997）。

表 6-2 刺槐不同发育阶段的地上各器官两年的生物量分配（平均值±标准差）

时间	器官	无性系（g/株）				
		83002	8048	8044	3-I	84023
1 年生盛期（当年 7 月中旬）	叶	80.13±3.95	84.45±4.15	81.8±3.27	85.24±3.83	91.88±3.91
	枝	44.38±2.22	43.96±2.18	53.68±2.15	63.51±2.80	65.03±2.72
	干	50.68±2.53	106.52±5.31	142.12±5.68	38.83±1.74	54.33±2.33
	皮	19.18±0.90	31.42±1.51	36.70±1.46	15.06±0.66	17.38±0.74
	单株	194.37±9.71	266.35±13.30	314.30±12.57	202.64±9.11	228.62±9.66
1 年生末期（当年 10 月初）	叶	161.35±8.06	110.78±5.54	144.33±5.77	133.72±6.01	205.81±8.84
	枝	145.38±7.27	100.78±5.00	131.38±5.25	107.74±4.84	195.15±8.35
	干	249.96±12.41	296.28±14.00	324.94±12.99	211.22±9.51	218.12±9.31
	皮	70.57±3.52	101.09±5.00	80.3±3.21	58.36±2.62	69.65±2.49
	单株	627.26±31.31	608.93±30.44	680.95±27.21	511.04±22.99	688.73±29.15

（续）

时间	器官	无性系（g/株）				
		83002	8048	8044	3-I	84023
2年生初期（翌年4月底）	叶	21.41±1.07	58.56±2.90	28.42±1.18	52.81±2.37	61.70±2.31
	枝	120.86±6.04	62.42±3.10	59.69±2.36	62.19±2.79	121.44±5.22
	干	328.62±16.40	307.35±15.36	332.05±13.28	214.49±9.65	244.76±10.52
	皮	84.42±4.22	122.72±6.11	86.85±3.47	64.96±2.92	76.62±3.26
	单株	555.31±27.76	551.05±27.52	507.01±20.28	394.45±17.75	504.52±21.66
2年生盛期（翌年7月上旬）	叶	235.7±11.70	295.53±14.65	181.51±7.26	239.87±10.79	282.86±12.18
	枝	150.17±7.50	141.43±7.07	147.15±5.89	202.74±9.12	231.28±9.90
	干	443.02±22.10	316.88±15.14	450.27±18.00	365.29±16.43	345.62±14.80
	皮	131.81±6.59	154.8±7.74	107.97±4.31	100.89±4.54	91.98±3.95
	单株	960.7±48.00	908.64±45.20	886.9±35.47	908.79±40.89	951.74±40.92
2年生末期（翌年10月初）	叶	383.52±19.17	159.07±7.35	221.05±8.84	434.51±19.55	298.49±12.80
	枝	346.27±17.30	197.51±9.55	197.15±7.89	466.32±20.98	301.91±12.90
	干	622.25±31.11	356.92±17.46	539.26±21.57	898.81±40.44	713.76±30.60
	皮	146.11±7.30	189.16±9.80	115.96±4.64	210.21±9.45	167.01±7.10
	单株	1498.15±74.90	902.66±45.10	1073.42±42.98	2009.85±90.44	1481.17±63.60

表6-3　刺槐苗期两年单位面积的生物量比较

项目	无性系（10^4kg/hm^2）				
	83002	8048	8044	3-I	84023
2年末	5.99	3.61	4.29	8.04	5.92
1年末	2.51	2.44	2.72	2.04	2.75
净增倍数	1.39	0.48	0.58	2.93	1.15

6.3.3　刺槐不同发育阶段单位质量热值特征

6.3.3.1　标准木单位质量的干重热值和去灰分热值特征

标准木单位质量的干重热值和去灰分热值之间有差异（图6-17），各无性系的干重热值随季节变化总体上先升后降，干重热值平均排序为：8044（18.54kJ/g）>3-I（18.46kJ/g）>84023（18.36kJ/g）>83002（18.33kJ/g）>8048（18.31kJ/g），最后一次取样各无性系的排序为：8044>84023>3-I>83002>8048，而各无性系的去灰分热值变化总体上呈下降趋势，其平均值排序为：83002（19.56kJ/g）>3-I（19.54kJ/g）>84023（19.51kJ/g）>8048（19.49kJ/g）>8044（19.44kJ/g），最大值的排序亦同。

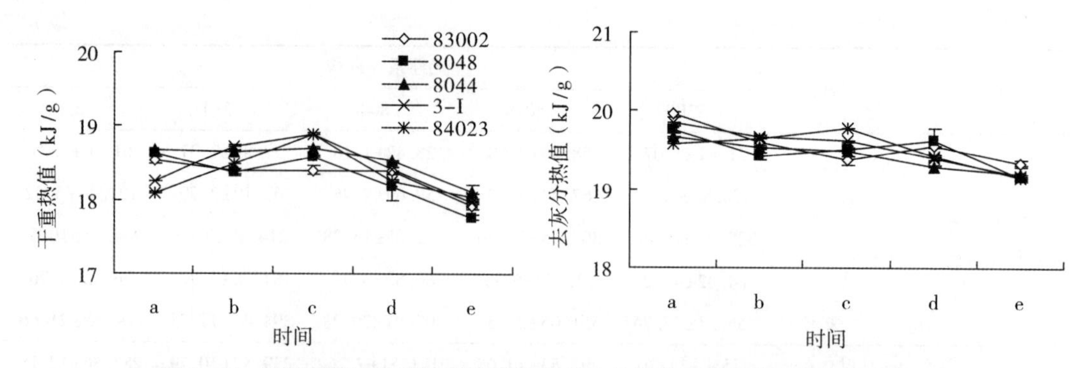

图 6-17　不同刺槐无性系不同发育阶段单位质量的干重热值和去灰分热值

注：图中 a 为 1 年生生长盛期（当年 7 月中旬）；b 为 1 年生生长末期（当年 10 月初）；c 为 2 年生生长初期（翌年 4 月底）；d 为 2 年生生长盛期（翌年 7 月上旬）；e 为 2 年生生长末期（翌年 10 月初）。下同。

6.3.3.2　标准木的干重热值和去灰分热值特征

比较标准木的干重热值和去灰分热值（图 6-18）可以看出，各季节不同无性系刺槐的标准木热值排序是相同的，由于所研究不同无性系刺槐的栽种密度相同，标准木的热值可代表单位面积上的热值，所以可以得出，灰分含量不影响单位面积上的不同无性系的热值高低排序。83002、3-I、84023 的生长潜能大，单位面积上的热值高。最后一次取样各无性系的热值排序为：3-I>83002>84023>8048>8044，与生物量排序基本一致。

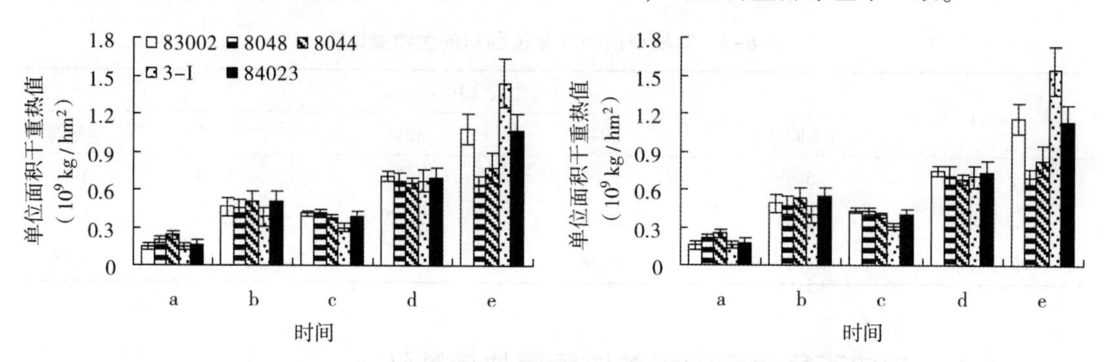

图 6-18　不同刺槐无性系不同发育阶段单位面积的干重热值和去灰分热值

物质是能量的载体，而物质的多少体现在生物量的积累。本试验中，各无性系的密度相同，所以标准木的热值就代表单位面积产出的能量。在单位质量产生能量一定的前提下，单位面积上生物量的多少就成为制约热值的关键。

6.3.4　小结

植物通常是由有代谢活性的组织和非代谢组织组成。随着年龄的增加，植物会有越来越多的生物量积累在非代谢部分。任何一部分生物量都影响生物体的结构和功能。生物体需要从外界吸收物质能量来支持自身的生长发育，从而会在体内产生一个特殊的物理、化学的生物环境。不同刺槐无性系的生长节律具有明显的差异，3-I 生长盛期推迟。83002、3-I、84023 具有潜在的生长潜能，生物量高，单位面积上的热值较其他两个高。

植物在每一个生境条件下其生长和生物量分配均与环境因子之间具有一定的相关性(Schenk，2002)。代谢理论在植物中的应用假设：光合表面积最大；同时所需要的各种资源在通过内部网络输送时，所消耗的能量是最小化的；与能量运输过程有关的功能单位(例如：叶、最末端木质部大小等结构)与个体大小无关(Enquist，2000)。

光合作用是植物生长发育的基础，组成植物产量的干物质90%~95%来源于光合作用(张旺峰等，2004)，光合作用原理对生产实践具有巨大的指导作用，生长量和生物量是对光合作用强弱的直观表现指标。有关光合生理的研究很多，它直接关系到植物各器官的生物量分配，最终影响产量。

6.4 无性系刺槐的光合生理特征

光合作用对植物的生长和生存都至关重要(Lambers，2005)。光合作用的强弱可直接表明该树种在一定时间里将日光能转化为化学能贮存于树体内的能力(万劲等，2006)。因此测定光合速率可作为能源树种的重要指标。

6.4.1 不同无性系刺槐能源林的光合特性

光合作用是植物生物量积累的根本途径，取决于环境因素以及与树种遗传品质相关的因素，是能源林培育的生物学基础。光合作用直接关系到植物的生长发育、产量形成以及次生代谢物质的合成积累。

6.4.1.1 不同无性系刺槐光合日变化和季变化

光合作用日变化是植物生产过程中物质积累与生理代谢的基本过程，也是研究植物生长和代谢环境响应的重要手段。图6-19是光合有效辐射(*PAR*)和刺槐生长环境因子的

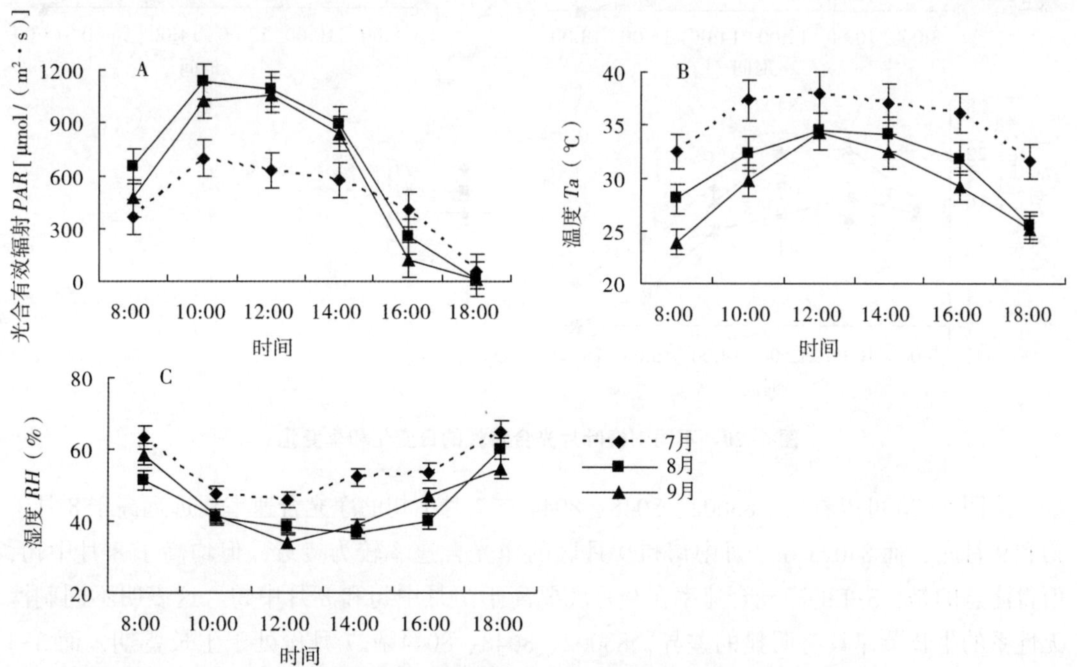

图6-19 刺槐5个无性系光合有效辐射及气象因子的日变化和季变化

测定结果。可以看出，光合有效辐射、温度、湿度日变化均表现为典型的单峰曲线，且显然7月份具有高温、高湿、低光合有效辐射的特征，而8、9月份的3项环境因子较为接近。由图6-20可见，在7月份仅83002叶片净光合速率（P_n）日变化存在明显的光合“午休”现象，峰值分别出现在上午10：00及下午14：00，其他4个无性系的刺槐叶片净光合速率（P_n）日变化均呈单峰曲线，最大值大多出现在午间12：00；在8月份，5个无性系净光合速率最大值出现时间明显提前，大多发生在上午8：00或10：00，其后则表现出明显的光合速率下降现象，结合环境因子变化来看，这可能与8月份高光强与低湿共同抑制作用有关。进入9月份，5个刺槐无性系均表现为单峰态，最大值均出现在上午10：00。

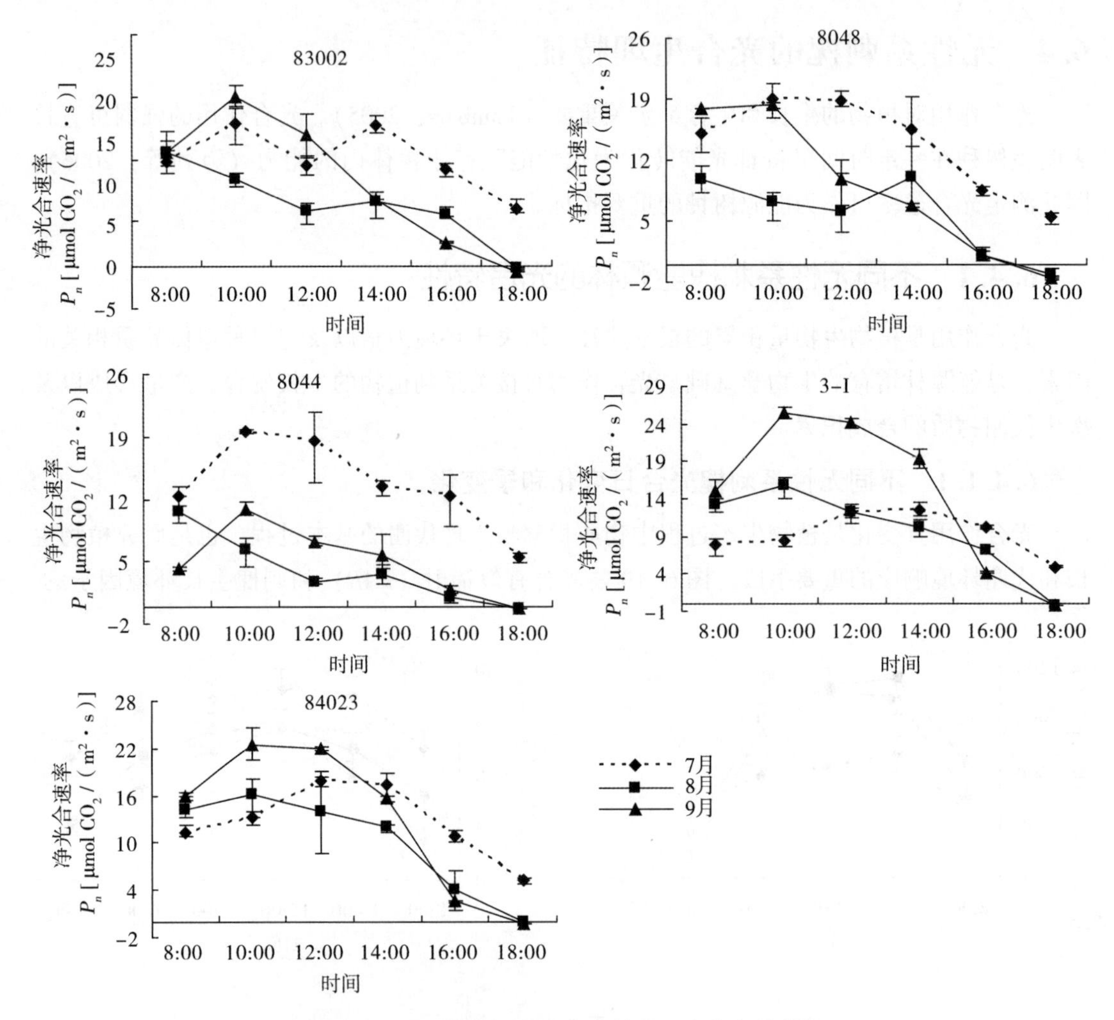

图6-20　不同刺槐叶片光合特性的日变化和季变化

从图6-20可以看出，83002、8048、8044在7月中旬的净光合速率要远远高于8月中旬和9月底，而84023在7月中旬和9月底的净光合速率较为接近，但均高于8月中旬，值得注意的是，3-I的净光合速率在9月底要高于7月中旬和8月中旬。这表明不同刺槐无性系的生长节律具有明显的差异，83002、8048、8044在7月份处于生长盛期，而3-I

在9月份进入生长盛期。

在高温、高湿、低光强的7月中旬，5个无性系净光合速率日均值大小排序为：8048>8044>83002>84023>3-I，单因素多重比较分析结果表明，3-I的净光合速率显著低于另外4个无性系。在8月份中旬，5个无性系净光合速率日均值大小排序为：84023>3-I>83002>8048>8044，其中，3-I、84023的净光合速率显著高于8048和8044，83002显著高于8044。到9月底，5个无性系净光合速率日均值大小排序为3-I>84023>83002>8048>8044，5个无性系两两之间均具显著差异。可以发现，不同无性系在不同月份的大小排序位置具有明显差异，84023在3个月均表现出良好的光合作用能力，3-I的净光合速率除在7月中旬较低外，其在8月中旬及9月底均相对较高，83002在3个月份的净光合速率大小排序位置相对稳定。如将5个无性系在不同月份的净光合速率日均值分别求平均，发现净光合速率大小排序结果与8月中旬完全一致，这表明，84023、3-I及83002具有相对良好的光合物质积累能力，具备入选刺槐能源林高产无性系的光合特征。

6.4.1.2　不同刺槐无性系蒸腾速率的日、季节变化特征

蒸腾作用影响着植物水分状况，在一定程度上反映了植物调节水分损失的能力及适应干旱环境的方式。从图6-21可以看出刺槐蒸腾速率（*Tr*）的日变化曲线为单峰型和双峰

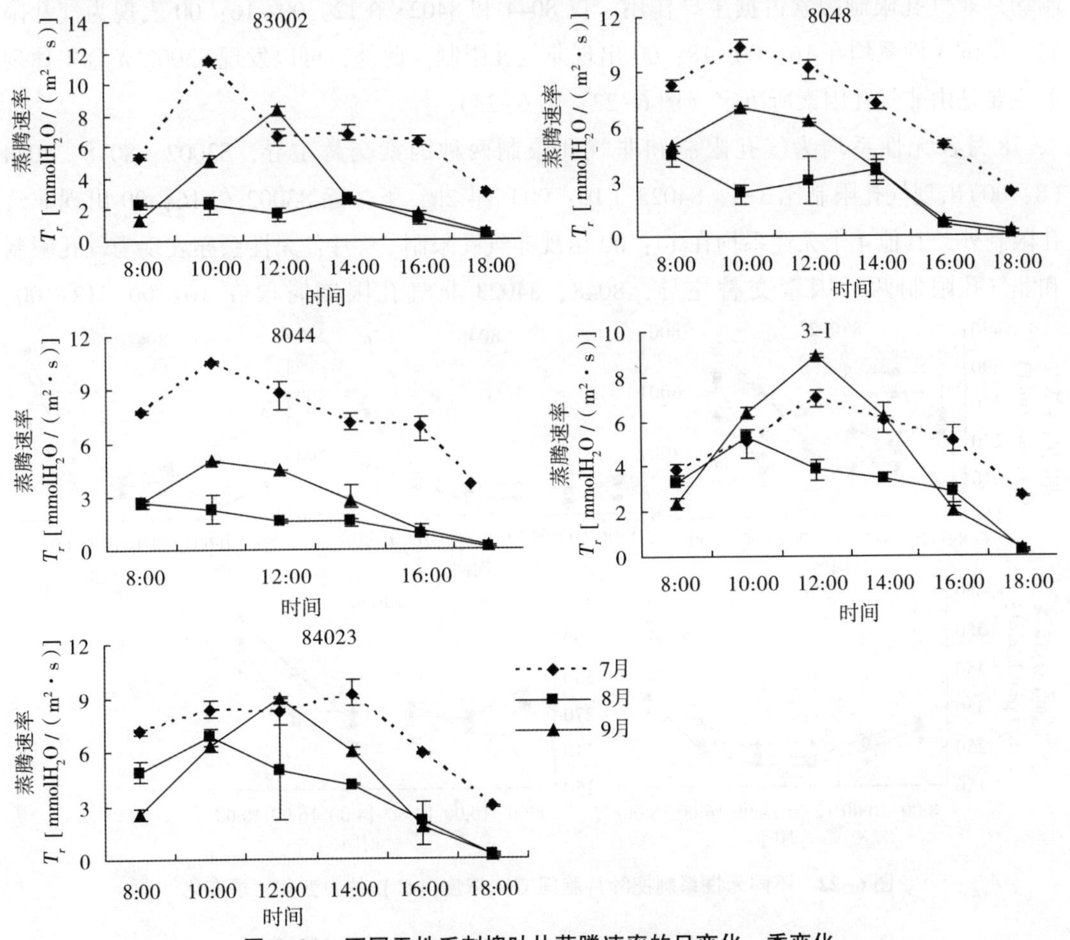

图6-21　不同无性系刺槐叶片蒸腾速率的日变化、季变化

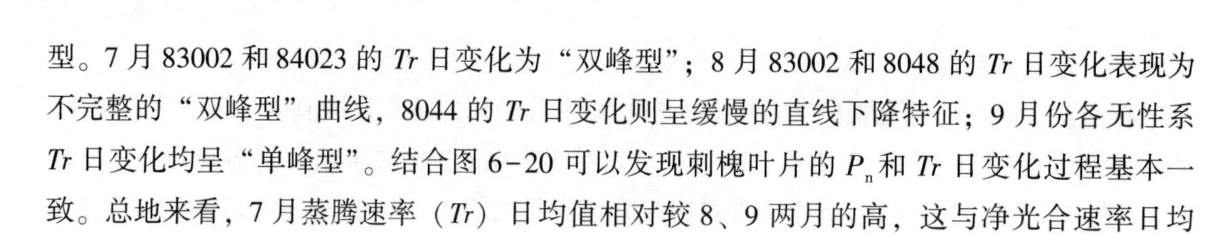

型。7月83002和84023的 *Tr* 日变化为“双峰型”；8月83002和8048的 *Tr* 日变化表现为不完整的“双峰型”曲线，8044的 *Tr* 日变化则呈缓慢的直线下降特征；9月份各无性系 *Tr* 日变化均呈“单峰型”。结合图6-20可以发现刺槐叶片的 P_n 和 *Tr* 日变化过程基本一致。总地来看，7月蒸腾速率（*Tr*）日均值相对较8、9两月的高，这与净光合速率日均值表现亦相同。

6.4.1.3 不同刺槐无性系光合作用气孔限制分析

气孔是植物进行 CO_2 和水汽交换的主要通道，气孔的开闭会对植物叶片的光合和蒸腾产生影响。气孔导度（G_s）是指植物气孔传导 CO_2 和水的能力，是反映气孔行为最为重要的生理指标（张小全，2002）。当 P_n 和 G_s 下降的同时，C_i 亦下降则表明光合限制以气孔限制为主导因素；否则当 P_n 和 G_s 下降的同时，C_i 上升则表明光合限制以非气孔限制为主导因素。

以7月为例，5个刺槐无性系的 G_s 变化从清晨到傍晚基本呈现下降趋势。除3-I外，其他无性系的 G_s 日变化幅度较大。P_n 日变化达到最低值，*PAR* 接近0时，各无性系 C_i 显著增大。通过对 P_n、G_s 和 C_i 的同步分析可以发现，供试的5个无性系绝大部分时期的光合限制均是非气孔限制因素占据主导作用，仅8044和84023在12：00~16：00表现为气孔限制。供试无性系均在16：00~18：00出现非气孔限制。此外，可以发现83002光合午休现象主要是由非气孔因素所决定（图6-22、图6-23）。

8月各无性系均为气孔限制和非气孔限制两种因素交替主导，83002、8048、8044（8：00）出现气孔限制比3-I、84023（10：00）早2h，下午除83002在16：00出现非气孔限制外，其他4个无性系均在14：00出现非气孔限制。9月各无性系亦表现为气孔限制和非气孔限制两种因素交替主导，8048、84023非气孔限制时段在10：00~12：00、

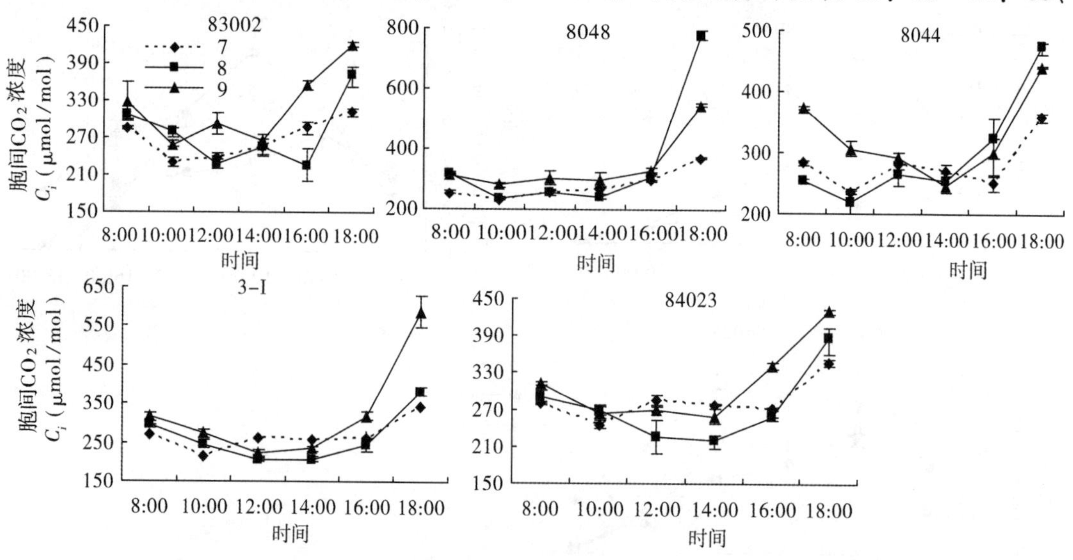

图6-22 不同无性系刺槐叶片胞间 CO_2 浓度（C_i）的日变化、季变化

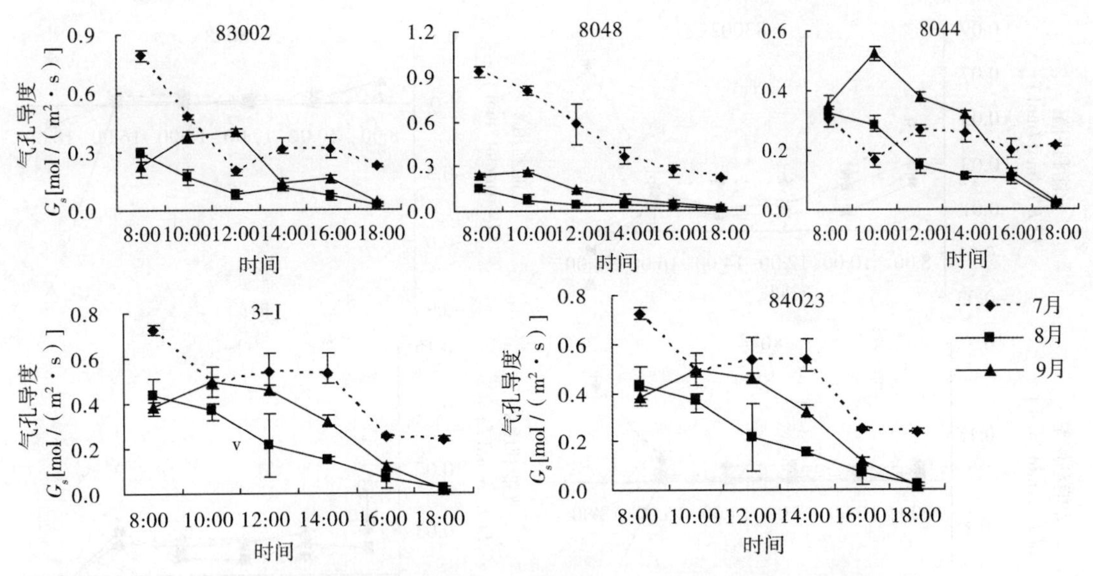

图 6-23　不同无性系刺槐叶片气孔导度（G_s）的日变化、季变化

14：00~18：00，气孔限制时段在12：00~14：00；8044和3-I气孔限制时段在8：00~12：00，非气孔限制时段在12：00~18：00；83002气孔限制时段在12：00~14：00，非气孔限制时段在16：00~18：00。各月份不同无性系均在16：00~18：00出现非气孔限制。

6.4.1.4　不同刺槐无性系光合水分利用率分析

刺槐叶片在吸收CO_2进行光合作用的同时，蒸腾释放一定量的水汽，不同无性系刺槐的水分利用率（*WUE*）的日变化和季变化不同（图6-24），但8、9两月各无性系的*WUE*变化趋势相似。从图6-24观察到7月各无性系的*WUE*一直围绕在2.0上下浮动，各自的浮动规律和幅度各有差异。比较而言，83002的*WUE*变化幅度较大，这也许与它的P_n具有“午休”现象有关。83002和8048呈“W”形，最高点分别在14：00（2.53μmol/mmol）和18：00（2.27μmol/mmol）3-I和84023先降低再升高再下降，升高的峰点分别在12：00（2.07μmol/mmol）和14：00（2.16μmol/mmol），二者的低谷值均在10：00，分别为1.50μmol/mmol和1.66μmol/mmol。8044的*WUE*变化与3-I和84023相反，是先升高再降低再升高，在8：00有全天的低谷值为1.59μmol/mol，在12：00达全天的最高值。从水分利用率（*WUE*）有规律地围绕在一定范围内波动亦可印证刺槐叶片的P_n和*Tr*日变化过程的同步性。

8月和9月的*WUE*随时间的推移基本呈下降的趋势，但9月在8：00~12：00的下降趋势比同时段8月更大，水分利用率（*WUE*）是植物光合和蒸腾特性的综合反映，*WUE*的大小可以反映植物对逆境适应能力的强弱（Fischer，1978）。

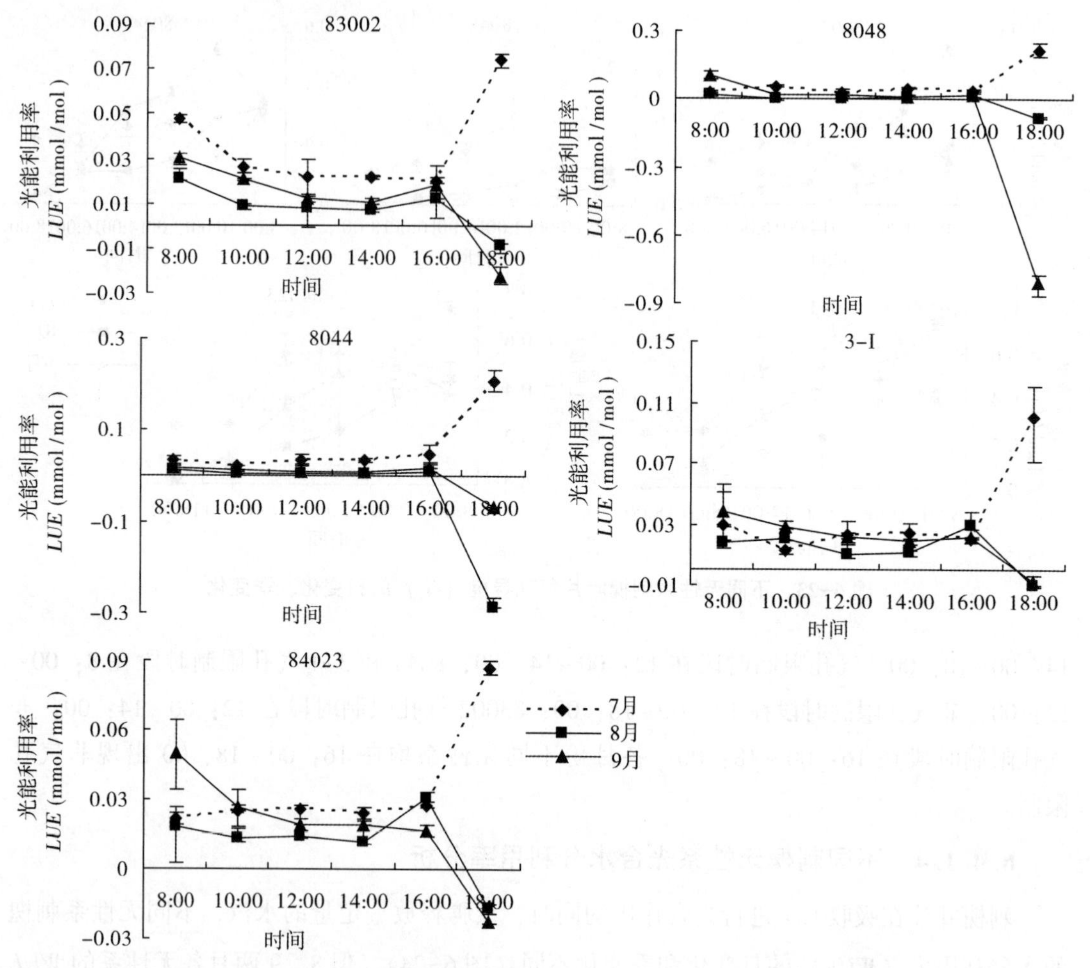

图 6-24 不同无性系刺槐叶片水分利用率（*WUE*）的日变化、季变化

6.4.2 刺槐冠层的光合特性

6.4.2.1 冠层不同部位的环境因子比较

由于林冠结构和几何特征对太阳辐射和降水的影响，使能量传输和分配在冠层呈现空间异质性，从而导致光合作用在冠层空间上的变化（孟陈等，2007）。图 6-25 和图 6-26 是刺槐（8048）不同冠层的环境因子和光合有效辐射（*PAR*）的日变化。从图 6-25 中可以看出，相同层次各部位的温湿度差变化趋势相似，大气 CO_2 浓度的变化亦同。但是各层光照强度却变化各有不同。可见光是引起冠层能量空间异质性的一个重要因子。

图 6-26 是刺槐（8048）冠层南北方向各层的光合有效辐射日变化。不难看出，不同层次不同方向的光合有效辐射变化多样，同层同方向的各部位变化亦不相同。但是光在冠层中的传输和分配符合比尔定律，也许观测不同冠层部位的叶片解剖结构、木材解剖结构——从植物体本身对光的反映角度可以发现区别。从而为研究不同层次的光合特性提供一定导向性。

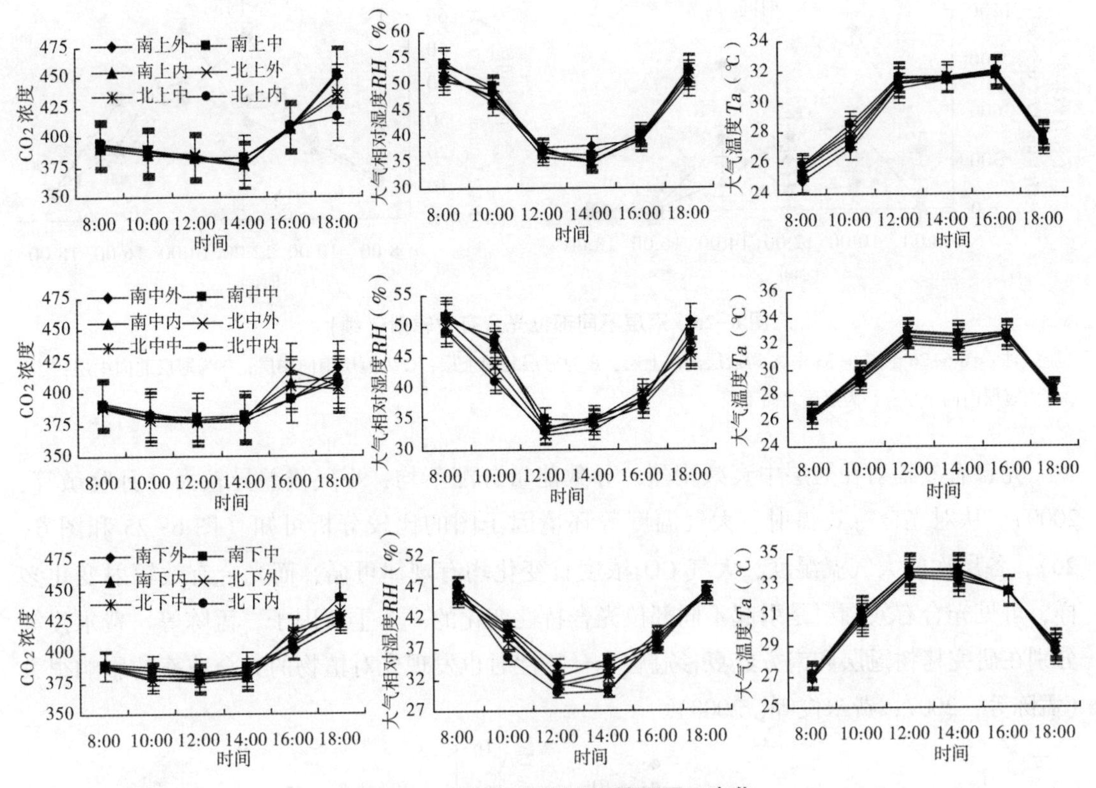

图 6-25　冠层不同部位环境因子日变化

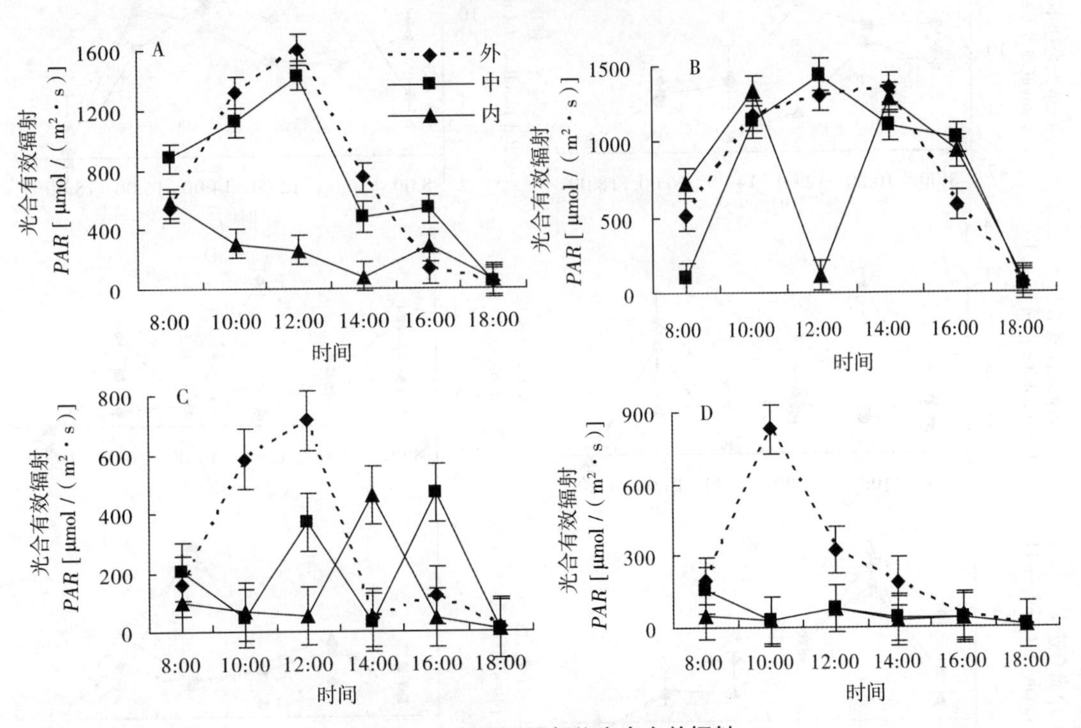

图 6-26　冠层不同部位光合有效辐射

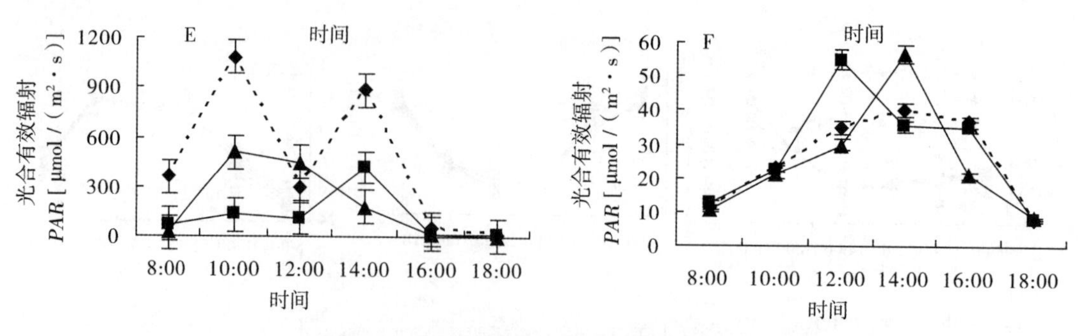

图 6-26　冠层不同部位光合有效辐射（续）

注：图 6-26 至图 6-33 中 A 为冠层南向上层；B 为冠层北向上层；C 为冠层南向中层；D 为冠层北向中层；E 为冠层南向下层；F 为冠层北向下层。

光合有效辐射在冠层中衰减剧烈，导致能量分配不均，小气候差异较大（孙晓敏等，2000）。从对光合有效辐射、大气温度等环境因子图的比较分析可知（图 6-25 和图 6-26），各层次间大气温湿度、大气 CO_2浓度日变化均有规律可循，而光合有效辐射变化多样，可见光合有效辐射是引起不同部位光合特性变化的一个重要因子。孟陈等、费永俊等分别在研究栲树冠层和南方红豆杉冠层光合特性时也发现光对植物的光合速率的影响很大（孟陈等，2007；费永俊等，2008）。

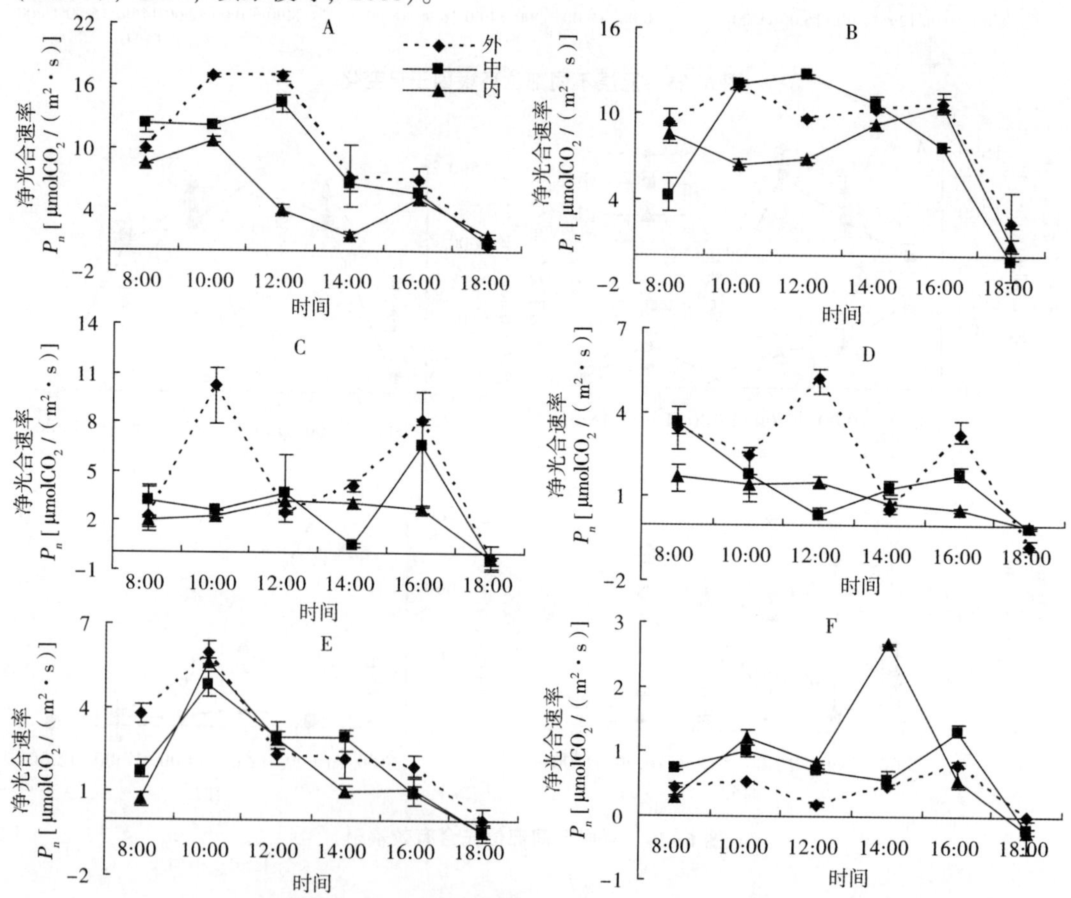

图 6-27　刺槐冠层不同部位叶片净光合速率的日变化

6.4.2.2 冠层不同部位光合速率

一般认为叶片的净光合速率不仅与光量子通量密度有关，还与叶片吸收光量子和固定二氧化碳的能力有关。

从图6-27可以看出，刺槐冠层空间上的光合变化，从垂直方向上，南向刺槐的平均光合速率上层（7.86μmolCO_2/m^2·s）>中层（3.13μmolCO_2/m^2·s）>下层（2.22μmolCO_2/m^2·s）；北向刺槐的平均光合速率上层（7.97μmolCO_2/m^2·s）>中层（1.59μmolCO_2/m^2·s）>下层（0.65μmolCO_2/m^2·s）。水平方向上，南向刺槐平均光合速率外部（5.63μmolCO_2/m^2·s）>中部（4.52μmolCO_2/m^2·s）>内部（3.06μmolCO_2/m^2·s）；北向刺槐平均光合速率外部（3.94μmolCO_2/m^2·s）>中部（3.31μmolCO_2/m^2·s）>内部（2.97μmolCO_2/m^2·s）。Field在1983年就指出，在密集生长的植被内部，光量子通量密度随冠层深度的增加而减小，那些长在冠层较高处的、可以获得更多光照的叶子，比长在冠层较低处、被更多遮蔽的叶子的固碳能力要强，光合能力更大。总体上是刺槐上层、南向、外部的平均光合潜能最大，固碳能力更强（Field，1983）。

6.4.2.3 冠层不同部位蒸腾速率

刺槐冠层不同部位的蒸腾速率（*Tr*）变化见图6-28。刺槐冠层部位不同，*Tr*存在明

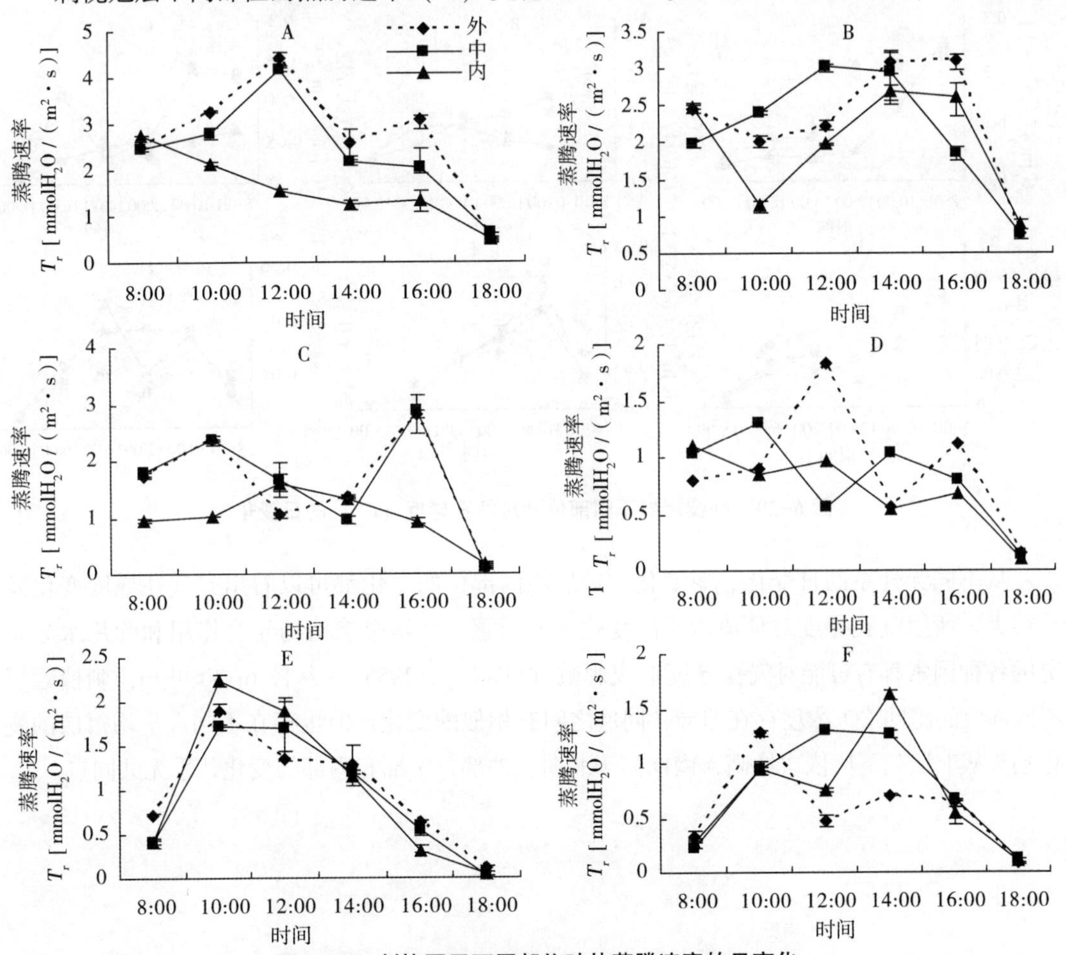

图6-28 刺槐冠层不同部位叶片蒸腾速率的日变化

显差异。从垂直方向，南向刺槐的平均蒸腾速率上层（2.23mmol$H_2O/m^2 \cdot s$）>中层（1.40mmol$H_2O/m^2 \cdot s$）>下层（0.98mmol$H_2O/m^2 \cdot s$），北向刺槐的平均蒸腾速率上层（2.13mmol$H_2O/m^2 \cdot s$）>中层（0.80mmol$H_2O/m^2 \cdot s$）>下层（0.68mmol$H_2O/m^2 \cdot s$）；从水平方向，南向刺槐的平均蒸腾速率外部（1.76mmol$H_2O/m^2 \cdot s$）>中部（1.65mmol$H_2O/m^2 \cdot s$）>内部（1.20mmol$H_2O/m^2 \cdot s$），北向刺槐的平均蒸腾速率外部（1.25mmol$H_2O/m^2 \cdot s$）>中部（1.24mmol$H_2O/m^2 \cdot s$）>内部（1.13mmol$H_2O/m^2 \cdot s$）。总体上是刺槐上层、南向、外部的平均蒸腾速率最大，与净光合速率的部位变化趋势同步。

6.4.2.4 冠层不同部位气孔导度和胞间 CO_2浓度

气孔导度是单位时间内单位面积气孔的水汽蒸腾量，通过对刺槐冠层不同部位叶片气孔导度（G_s）的比较分析（图6-29）可知，南向上层的平均 G_s 最高，为0.13mol/$m^2 \cdot s$，北向下层的平均 G_s 最低，为0.023mol/$m^2 \cdot s$。从以上分析知南向上层 G_s 最高，相应的南向 *Tr* 上层也最大，冠层 G_s 的排序与 *Tr* 的排序一致。由此可以看出气孔导度的开张制约着蒸腾强度，气孔导度越大，代表气孔开张程度越大，相应的 *Tr* 也越大。

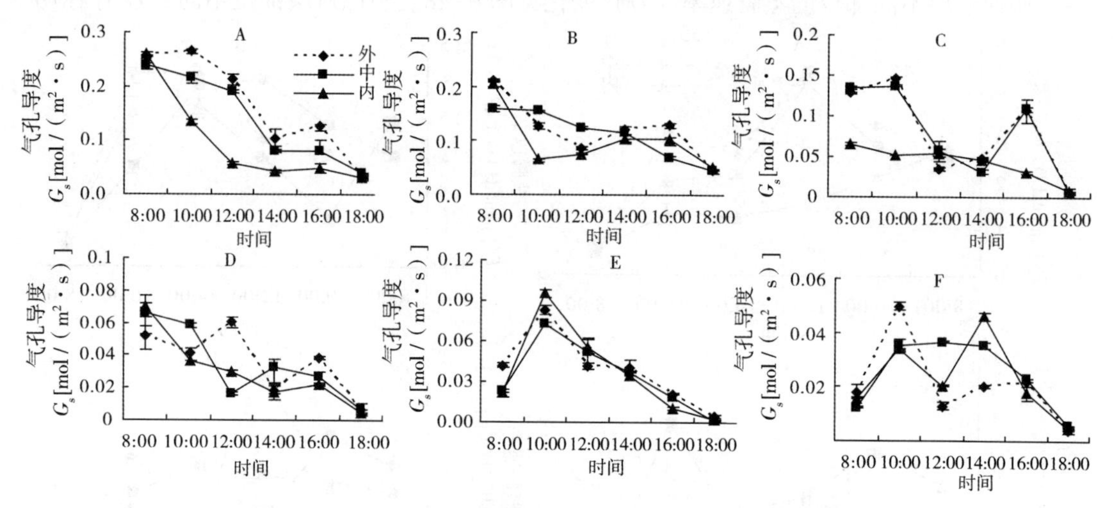

图6-29 刺槐冠层不同部位叶片气孔导度（G_s）的日变化

从不同无性系的日变化、季变化，冠层不同部位的变化都可以看出，气孔导度变化差异很大。所以气孔导度对环境因子的变化十分敏感，凡是影响植物光合作用和叶片水分状况的各种因素都有可能对气孔导度造成影响（Sharkey，1988）。从图6-30可知，刺槐冠层不同部位的胞间 CO_2浓度存在差异，同层之间有相似的变化，但也存在不同。平均每层的变化趋势从上层到下层依次增高，南向高于北向，外部、中部和内部的变化几乎无共同点。

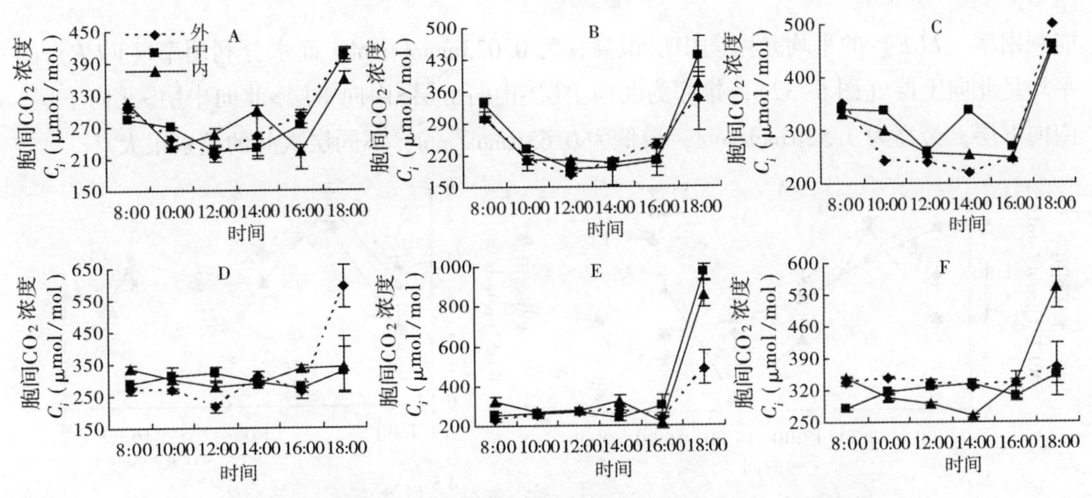

图 6-30　刺槐冠层不同部位叶片胞间 CO_2浓度（C_i）的日变化

6.4.2.5　冠层不同部位光合日变化的光能利用率和水分利用率

光能利用率是表征植物固定太阳能效率的指标，指植物通过光合作用将所截获或吸收的能量转化为有机干物质的效率。由图 6-31 可知，从垂直方向上，刺槐冠层不同部位光

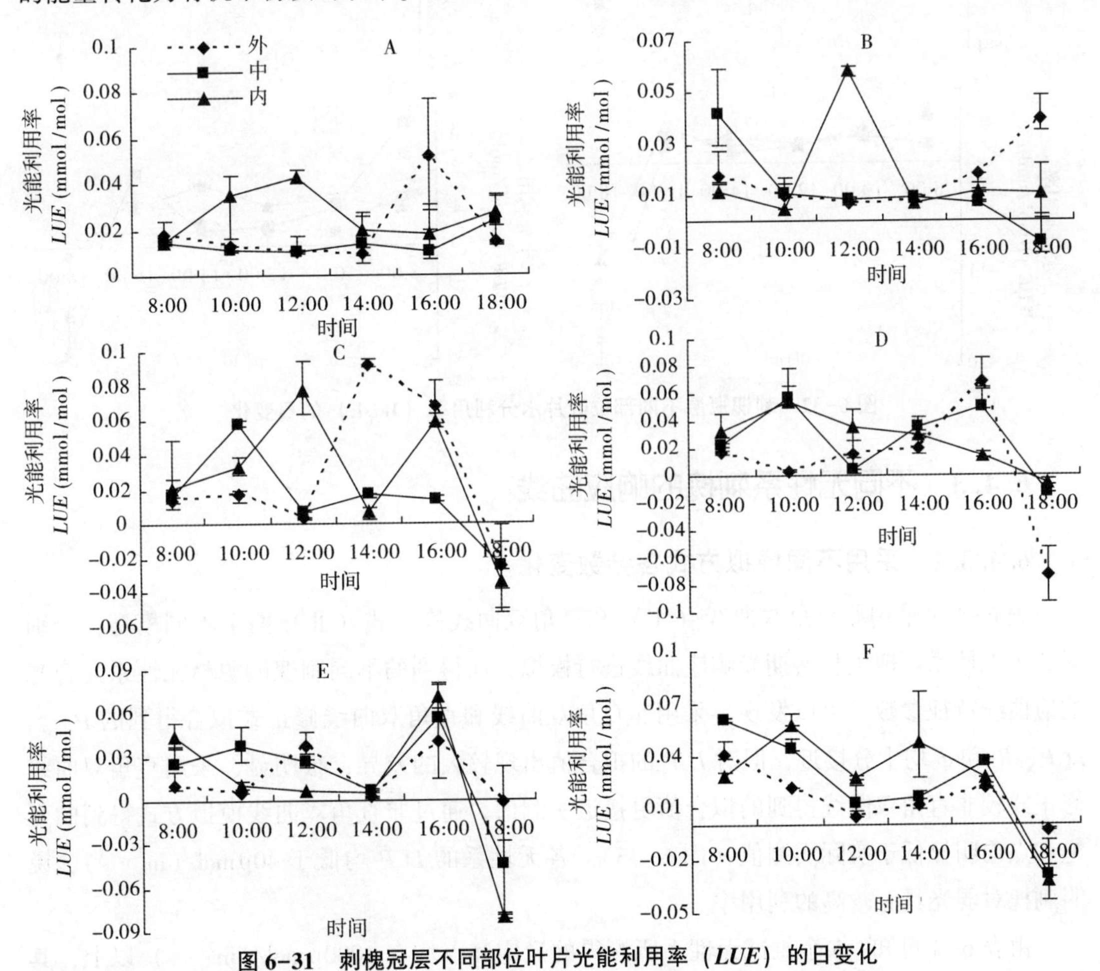

图 6-31　刺槐冠层不同部位叶片光能利用率（*LUE*）的日变化

能利用率（*LUE*）的平均是南向中层最高，为 0.023mmol/mol。而水分利用率（*WUE*）的平均是北向上层（图 6-32），排序为北向上层>南向上层>南向中层>北向中层>北向下层>南向下层。最高为 3.52μmol/mol，最低为 0.63μmol/mol，不同层次间的差别很大。

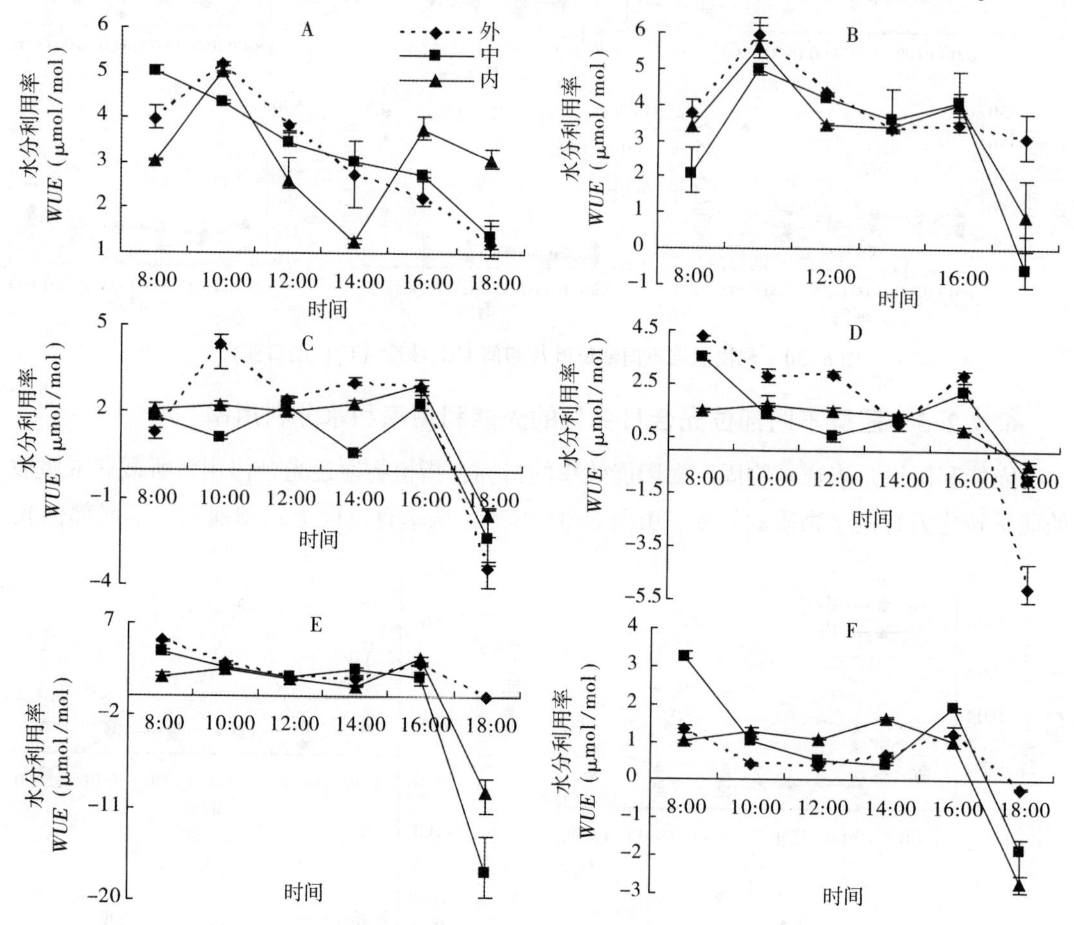

图 6-32 刺槐冠层不同部位叶片水分利用率（*WUE*）的日变化

6.4.3 不同无性系刺槐的响应曲线

6.4.3.1 采用不同模拟方式各参数变化

表 6-4 是采用非直角双曲线（Ⅰ）和直角双曲线修正式（Ⅱ）两个不同模型，分别对 5 个无性系刺槐生长盛期光响应曲线进行模拟，而得到的不同刺槐能源林无性系光合光响应曲线特征参数。可以发现，采用非直角双曲线和直角双曲线修正式拟合得到的 P_{nmax}、*LCP*、R_d 和 φ 均十分接近，但对 *LSP* 的拟合值出现较大的差异，很明显，采用直角双曲线修正式较非直角双曲线得到的拟合值更接近实测值，通过非直角双曲线模拟方式得到的光饱和点均明显低于实际实测值（图 6-33）。各无性系的 *LCP* 均低于 40μmol/(m^2 · s)，说明刺槐对弱光具有较高的利用率。

由表 6-4 可知，5 个供试无性系所测得的光饱和点均在 1000μmol/(m^2 · s) 以上，其

中以 8044 及 83002 最小。由于实际测定 PAR 值小于 1000μmol/(m² · s)，可以初步断定在 7 月中旬 5 个刺槐无性系均不会出现强光抑制情况，这就表明导致 83002 出现午休现象的原因可能是温度上升与湿度下降综合作用的结果。将采用两种方式分别得到的 5 个供试无性系最大净光合速率进行平均并排序，其结果为 3-I>8048>83002>84023>8044，这一排序结果与 7 月中旬各无性系净光合速率日均值大小排序显然具有较大差别，这表明刺槐潜在光合作用能力的高低并不能确切地代表其实际光合作用能力的大小。

表 6-4　不同无性系刺槐净光合速率光响应曲线模拟参数比较

无性系及拟合方式		最大净光合速率 [μmol/(m² · s)]	初始量子效率 (mol/mol)	光补偿点 [μmol/(m² · s)]	光饱和点 [μmol/(m² · s)]	暗呼吸速率 [μmol/(m² · s)]	拟合系数
1	Ⅰ	20.72	0.090	0.53	229.67	−0.047	0.986 1
	Ⅱ	22.11	0.090	12.15	1175.26	−1.06	0.959 6
2	Ⅰ	25.16	0.037	21.96	711.30	−0.80	0.997 5
	Ⅱ	21.90	0.041	24.15	1672.72	−0.97	0.999 1
3	Ⅰ	14.97	0.064	36.15	270.00	−2.31	0.985 4
	Ⅱ	12.54	0.081	35.08	1012.52	−2.52	0.994 5
4	Ⅰ	27.90	0.061	18.34	437.93	−1.12	0.999 9
	Ⅱ	22.93	0.065	18.78	2447.83	−1.17	0.999 9
5	Ⅰ	20.48	0.052	17.78	378.18	−0.92	0.999 8
	Ⅱ	17.31	0.058	18.19	1915.69	−1.01	0.999 8

6.4.3.2　生长盛期光响应变化

图 6-33 描述了 2 种拟合方式对 5 个刺槐无性系生长盛期光合光响应曲线的模拟效果。从图 6-33 中可以直观地看出两种模型对 5 个刺槐无性系均有较好的拟合效果，尤其是对

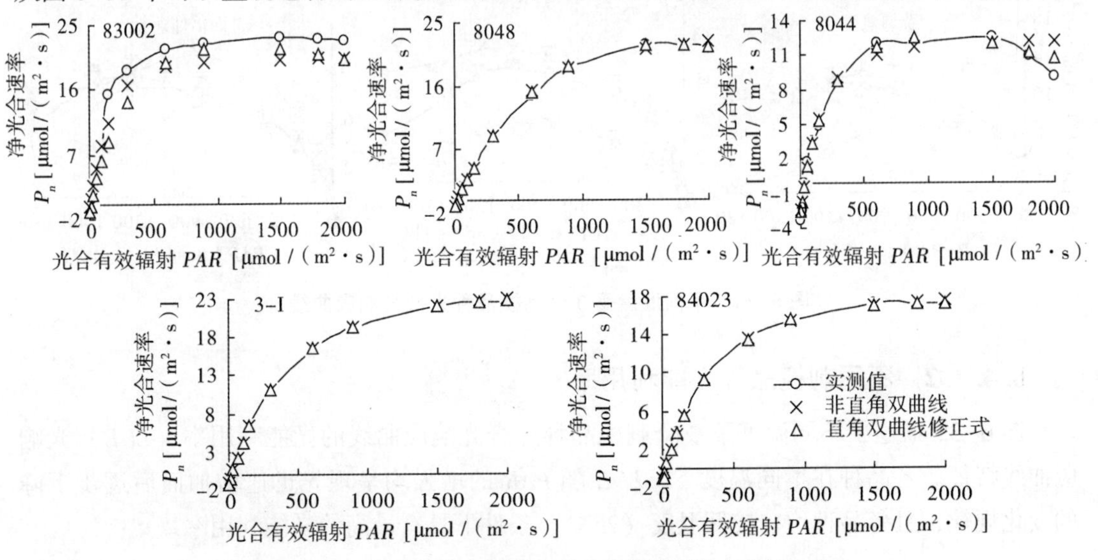

图 6-33　不同无性系刺槐光响应曲线模型拟合效果比较

于8048、3-I及84023。8044在强光阶段具有明显的光抑制现象。从图6-32中分析得到，83002和3-I均在有效光辐射达1000μmol/(m^2·s)左右时，光响应曲线变化幅度趋于稳定。8048、8044、84023净光合速率在有效光辐射达1000μmol/(m^2·s)后仍具有一定的缓慢上升趋势。这表明不同刺槐能源林无性系光合作用受光强的影响程度存在明显不同。

6.4.4 不同品种刺槐光合光响应曲线的温度效应研究

植物的光饱和点和光补偿点反映了植物对光照条件的要求，植物的正常生长发育也总是和特定的温度条件联系在一起（郑益兴，2008）。关于温度对植物生长和光响应曲线影响的研究较多，但温度梯度对不同品种（无性系）刺槐光合光响应曲线影响的研究尚不多见。通过对普通二倍体刺槐、红花刺槐和四倍体刺槐在3个不同温度下的光合光响应曲线及其特征参数进行了比较研究，探索不同品种刺槐的适宜温度及适宜光照条件。

6.4.4.1 不同品种刺槐光合光响应曲线

图6-34描述了不同温度条件下不同品种刺槐的光合光响应特征曲线。由图6-34可以看出，普通刺槐与红花刺槐受35℃的影响较大，该温度时的净光合速率远低于其他2种温度。光合有效辐射在0~200μmol/(m^2·s)之间时，3种温度条件下3个刺槐品种的净光合速率均迅速增加，此后则增加趋势趋于缓慢。普通刺槐在25℃和30℃下的光合光响应曲线变化趋势大体一致，先迅速增加，之后缓慢增加，然后略有下降，但在35℃时，其净光合速率在光合有效辐射高于800μmol/(m^2·s)后呈现迅速下降趋势。红花刺槐在25℃时净光合速率随光强变化而变化的趋势与普通刺槐相似，不同的是在30℃和35℃温度条件下，其净光合速率在高光强范围内均明显下降。四倍体刺槐的光合光响应曲线随温度的变化与前2个品种有所不同，表现为在达到光饱和后的高光强阶段，其净光合速率受温度的变化较小，且温度为30℃和35℃时的光合光响应曲线具有更小的差异。

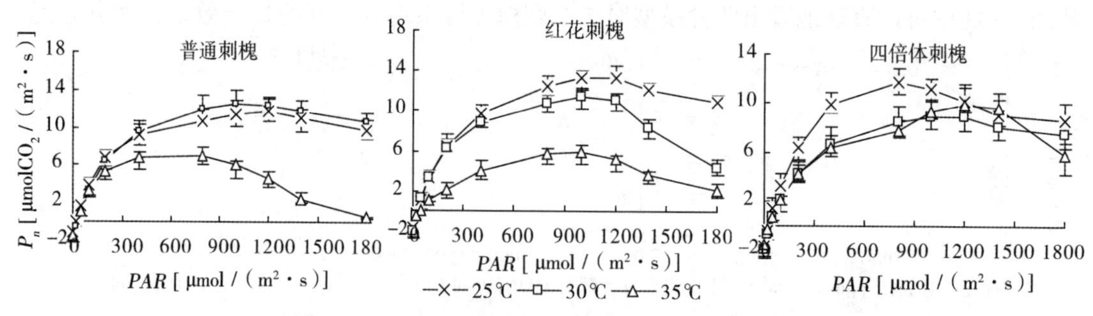

图6-34 不同温度下3个刺槐品种光合光响应曲线

6.4.4.2 不同刺槐品种光能利用率

图6-35描述了不同温度下3个刺槐品种光合光响应曲线的光能利用率（*LUE*）光响应曲线特征。各品种在不同温度下，*LUE*随*PAR*的增强均呈现先迅速增加而后逐步下降的变化规律，且各品种均在较低温度（25℃）条件下具有最高的光能利用率。

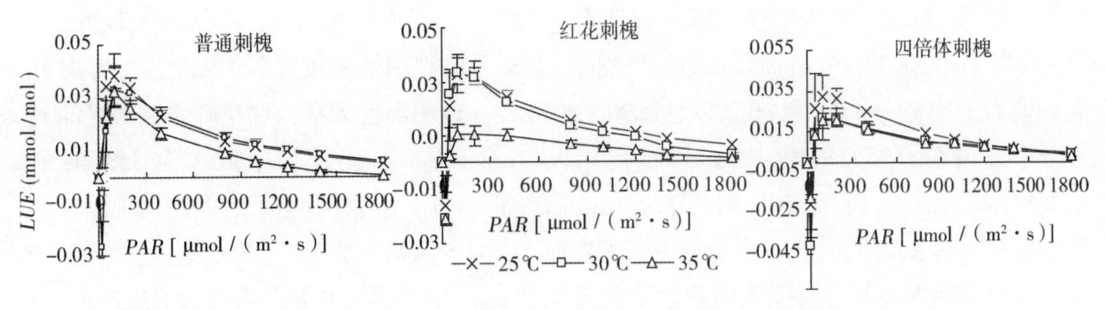

图 6-35　3 个刺槐品种光能利用率对温度和光合有效辐射的响应

6.4.4.3　不同温度对 3 个刺槐无性系光响应曲线特征参数的影响

表 6-5 列出了 3 种温度条件下普通刺槐、红花刺槐和四倍体刺槐的光响应曲线特征参数。从表 6-5 可知，25℃时普通刺槐光响应曲线初始量子效率（α）较 30℃升高了 4.6%，较 35℃时升高了 4.6%。结合图 6-35 可以看到，普通刺槐在光合有效辐射 0~200μmol/(m²·s) 范围时，25℃时的 *LUE* 略高于其他 2 个温度时的，而随着 *PAR* 的增加，30℃时的 *LUE* 和 25℃的趋于一致，均高于 35℃时的 *LUE*。普通刺槐在 30℃时的最大净光合速率（P_{nmax}）最大，比 25℃和 35℃时分别高 9.1%、67.6%，这说明普通刺槐在相对低的温度时具有更高的强光适应能力。3 个温度下普通刺槐的光补偿点（*LCP*）范围在 17~31μmol/(m²·s) 之间，25℃时的 *LCP* 最低，说明普通刺槐在该温度时对弱光的利用效率优于其他 2 个温度。普通刺槐在温度 25℃和 30℃时具有相近的光饱和点（*LSP*），远远高于 35℃时的 *LSP*，这说明在前 2 个温度下，普通刺槐的光合潜力大，在光照强度增加时，能够充分利用光照条件。30℃时普通刺槐的暗呼吸速率（R_d）最大。

表 6-5　不同温度下 3 个刺槐品种光响应曲线各特征参数的变化

无性系	温度 (℃)	最大净光合速率 [μmol/(m²·s)]	光补偿点 [μmol/(m²·s)]	光饱和点 [μmol/(m²·s)]	初始量子效率 (mol/mol)	暗呼吸速率 [μmol /(m²·s)]	R^2
普通刺槐	25	11.28	17.61	971.77	0.066	−1.09	0.996
	30	12.31	30.36	998.42	0.063	−1.76	0.999
	35	7.35	25.07	531.24	0.063	−1.43	0.986
红花刺槐	25	13.07	27.43	1010.47	0.056	−1.46	0.998
	30	11.57	28.28	779.10	0.049	−1.32	0.986
	35	5.69	60.41	813.54	0.025	−1.36	0.977
四倍体刺槐	25	11.23	27.53	812.81	0.068	−1.73	0.994
	30	8.68	39.54	995.12	0.048	−1.70	0.998
	35	9.51	30.93	1015.64	0.026	−0.77	0.973

红花刺槐在不同温度下的初始量子效率（α）差异明显，25℃时的 α 是 30℃时的约 1.14 倍，是 35℃时的 2.24 倍，表明 25℃时红花刺槐对弱光的利用能力最强。从图 6-35 可知，红花刺槐在 25℃和 30℃时的 *LUE* 均远高于 35℃时。25℃和 30℃时的 P_{nmax} 分别比

35℃时的高 129.7%和 103.3%，25℃时的 P_{nmax} 最大。与普通刺槐相似，红花刺槐 3 个温度下的 *LCP* 范围在 27~61μmol/(m² · s) 之间，对弱光的利用效率较普通刺槐低。35℃时红花刺槐 *LCP* 分别是 25℃和 30℃时的 2.20、2.14 倍，说明温度太高，红花刺槐对弱光的利用效率会降低。25℃时的 LSP 最高为 1010.47μmol/(m² · s)，顺序依次为 35℃时的 813.54μmol/(m² · s) 和 30℃时的 779.10μmol/(m² · s)。而 25℃时的 R_d 也最大。比较而言，红花刺槐在 25℃时能够充分利用弱光、强光，且光合潜力大。

四倍体刺槐在不同温度下的初始量子效率（α）存在明显差异，表现为温度越高，α 越低，25℃时的 α 分别是 30℃时和 35℃时的 1.42、2.62 倍。从表 6-5 可以看出，四倍体刺槐对光能的利用率是 25℃时的最大。同时 25℃时的最大净光合速率（P_{nmax}）也最大。表明四倍体刺槐在 25℃时对弱光的利用效率最大。四倍体刺槐 3 个温度下的光补偿点（*LCP*）范围在 27~40μmol/(m² · s) 之间，四倍体刺槐的 *LCP* 变化幅度小于红花刺槐，说明四倍体刺槐的 *LCP* 受温度的影响在一定程度上较红花刺槐小；同时四倍体刺槐在 3 个温度时的 *LCP* 均高于普通刺槐，说明在其他条件相同时，四倍体刺槐对弱光的利用效率低于普通刺槐。随着温度的升高，四倍体刺槐的光饱和点（*LSP*）也随着增大，35 ℃时的 *LSP* 最大，*LCP* 和 P_{nmax} 介于 25℃和 30℃时的之间，但是暗呼吸速率（R_d）最小，分别约是 25℃和 30℃时的 0.44 倍、0.45 倍。

6.4.4.4 不同温度对 3 个无性系蒸腾速率的影响

图 6-36 描述了 3 个刺槐品种蒸腾速率（*T*r）随 *PAR* 的升高的变化规律。在 0~200μmol/(m² · s) 时，各品种刺槐 *T*r 增加速率很快，此后上升减缓，之后降低。不同刺槐品种的 *T*r 随 *PAR* 的升高变化明显，普通刺槐在 30℃时的 *T*r 明显高于其他 2 个温度的，且 35℃时的 *T*r 在 *PAR* 为 1200μmol/(m² · s) 时较 25℃时的下降趋势明显。红花刺槐各温度下的 *T*r 随 *PAR* 变化趋势相对一致，较普通刺槐的变化幅度较大。红花刺槐在 25℃时 *T*r 的后期变化与其他 2 个温度的略有不同，25℃时 *T*r 的最高点在 *PAR* 为 1200μmol/(m² · s)，而其他 2 个温度的均在 *PAR* 为 1000μmol/(m² · s)。25℃时红花刺槐 *T*r 下降的较平缓，而其他 2 个温度下 *T*r 下降的部分陡峭。四倍体刺槐在高温 35℃时蒸腾速率（*T*r）随 *PAR* 的变化幅度很大，最高点为 4.82mmol/(m² · s)，其他 2 个温度时蒸腾速率（*T*r）随 *PAR* 的变化幅度相对平缓，变化的最高幅度小于 3mmol/(m² · s)。从以上分析可以看出，3 个无

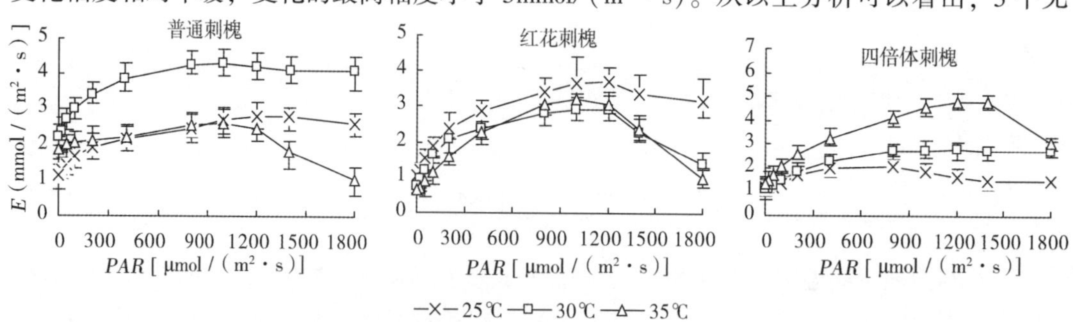

图 6-36 不同温度下 3 个刺槐品种的蒸腾速率

性系刺槐的 *Tr* 最大变化各自不同，普通二倍体刺槐在 30℃，红花刺槐在 25℃，四倍体刺槐在 35℃。

6.4.4.5 不同温度对 3 个无性系气孔导度及胞间 CO_2 浓度的影响

从图 6-37 可以发现，不同温度条件下不同刺槐无性系的气孔导度（G_s）随 PAR 的变化趋势与净光合速率十分相似。从图 6-37 可知，胞间 CO_2 浓度（C_i）随 PAR 增加呈现出下降的趋势。在 *PAR* 非常低的情况下，叶片的 C_i 比较高，这可能是由于刺槐在这一阶段主要进行的是呼吸作用，叶肉细胞释放出 CO_2 的量随着 *PAR* 的增加而增大，同时植物进行光合作用大量消耗 CO_2，使 C_i 逐渐减小。在 *PAR* 增大的初级阶段即 PAR 为 0~200μmol/(m²·s) 区间时，C_i 急剧下降，主要是此时 G_s 比较小（图 6-38），外界补充的 CO_2 量远小于光合作用消耗的 CO_2 量。

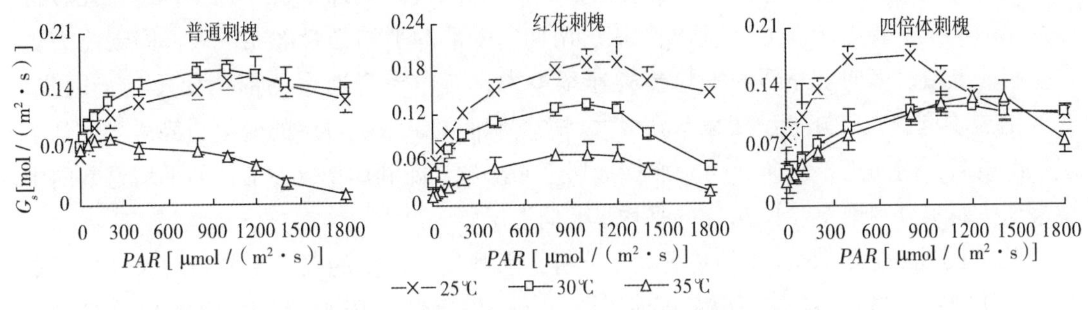

图 6-37 不同温度下 3 个刺槐品种的气孔导度

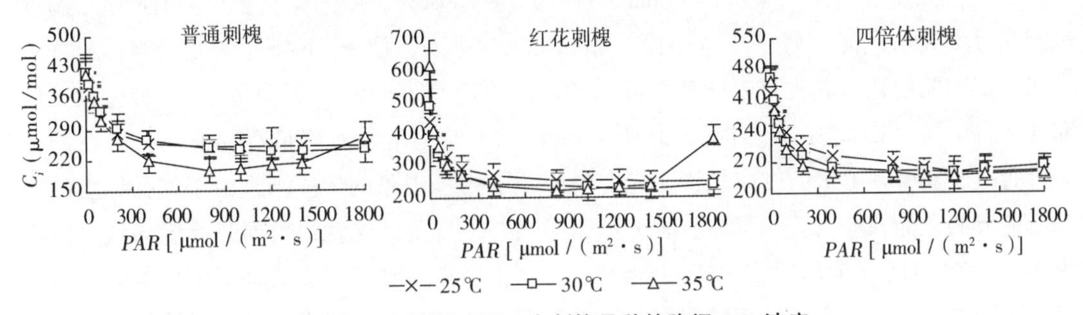

图 6-38 不同温度下 3 个刺槐品种的胞间 CO_2 浓度

6.4.5 小结

环境的复杂多变，使植物必须在生理上发生与之相应的改变来适应变化的光环境，光合能力的大小是衡量植物适应生境的重要指标。本节对同一树种刺槐的 5 个不同无性系间光合速率（P_n）、蒸腾速率（T_r）、气孔导度（G_s）、胞间 CO_2 浓度（C_i）等光合生理指标做了分析研究，得到以下结论：(1) 在 7 月中旬，不同刺槐无性系净光合速率日变化最大值大多出现在午间 12:00，而在 8 月中旬大多发生在上午 8:00 或 10:00，在 9 月底，最大值均出现在上午 10:00。(2) 供试刺槐无性系在 7 月中旬光合作用在一天当中均存在气孔限制和非气孔限制两种主导因素，在 8 月中旬及 9 月底则均表现为气孔限制和非气孔限制两种因素交替主导。(3) 采用直角双曲线修正式较非直角双曲线得到的光合光响应曲线参数更接近实测值；5 个供试无性系所测得的光饱和点均在 1000μmol/(m^2 · s) 以上，这表明 5 个刺槐无性系在 7 月中旬均不会出现强光抑制情况，83002 出现午休现象的原因可能是温度上升与湿度下降综合作用的结果。(4) 对 5 个供试无性系生长盛期的光响应曲线比较分析发现，不同刺槐能源林无性系的光合作用受光强的影响程度存在明显不同。(5) 刺槐潜在光合作用能力的高低并不能确切地代表其实际光合作用能力的大小。不同无性系的水分利用率存在很大差异的日变化和季变化。无性系 84023、3-I 及 83002 具有相对良好的光合物质积累能力，具备入选刺槐能源林高产无性系的光合特征，且在热值的研究中单位面积上 3 个无性系也较其他两个产生的热量高。

冠层是植物与外界环境相互作用最直接和最活跃的界面层，冠层不同部位的光合效率差异很大，是考虑植物光合能力大小不可忽视的一个重要因子。对 8048 冠层不同部位光合生理指标分析研究表明：(1) 光合有效辐射在冠层中衰减剧烈，是引起不同部位光合特性变化的一个重要因子。(2) 刺槐上层、南向、外部的平均光合潜能最大，固碳能力更强。刺槐上层、南向、外部的平均蒸腾速率最大，与净光合速率的部位变化趋势同步。(3) 冠层不同部位气孔导度变化差异很大。平均胞间 CO_2浓度每层的变化趋势从上层到下层依次增高，南向高于北向。(4) 刺槐冠层不同部位光能利用率（*LUE*）的平均是南向中层最高，而水分利用率（*WUE*）的平均是北向上层。

根据 Farquhar 和 Sharkey 的传统观点分析，限制光合速率的因素主要归纳为气孔因素和非气孔因素，当 P_n 和 G_s 下降的同时，C_i 亦下降发生气孔限制，而当 P_n 和 G_s 下降的同时，C_i 上升发生非气孔限制（Farquhar，1982）。一般认为，“午休”是由于强光导致温度过高或过度失水，G_s 下降，C_i 亦下降，影响 CO_2的进入，使 P_n 下降（朱万泽等，2001），且对于不同的植物引起光合午间效率降低的原因可能是不同的（葛明菊等，2002）。本研究在 7 月中旬，83002 在正午时分 G_s 明显下降，但 C_i 不但没有降低反而升高，气孔的关闭没有减少对叶片 CO_2的供应，说明光合午休“午休”现象的形成不是由于气孔导度的下降所造成的，而在非气孔因素中，强光因素显然并不具备，这就很可能是高温导致过度失水 *Tr* 过高造成的（邹琦等，1995），当然这一结论尚需得到进一步验证。宋庆安等对刺槐光合生理的研究中也发现刺槐的光合“午休”现象，但发生时间及时间的长度不同，且无性系不详（宋庆安等，2008）。刺槐无性系、环境因子、地理状况都可能是导致光合“午休”现象发生及其发生时间长短的因素。至于午间的蒸腾速率的下降，*PAR* 只起间接作用（周海燕等，1996）。

光补偿点、光饱和点和表观量子效率是指示植物光响应特征的重要指标。光补偿点越低，对弱光的适应能力越强；饱和点越高，利用强光的能力越强。从对普通刺槐、红花刺槐和四倍体刺槐 3 个无性系的光补偿点、光饱和点的分析中可以看出，普通刺槐和红花刺槐在较低的温度（25℃）下有较高的光饱和点，而四倍体刺槐相反，在较高的温度（35℃）下光饱和点反而高。说明普通刺槐和红花刺槐在较低的温度下碳同化能力强，而四倍体刺槐在较高的温度下碳同化能力强。除红花刺槐在 35℃时外，各品种在不同温度下的光补偿点均低于 50μmol/(m^2 · s)，光补偿点越小，光合时间相对越长，且越晚出现呼

吸作用强于光合作用的现象。P_{nmax}是衡量群体光合能力的重要指标，3个刺槐无性系均在较低的温度下出现P_{nmax}，说明高温对不同刺槐无性系的光合生产力具有一定抑制作用。

从对光的利用效率可以看出，当光合有效辐射在0~200μmol/(m^2·s)之间时，不同刺槐无性系在不同温度条件下的光能利用效率呈快速增加趋势，而此后则均呈缓慢下降趋势。这表明，刺槐对弱光的利用率远高于对强光的利用率。值得注意的是，不同刺槐无性系均在相对低的温度25℃时表现出相对高的光能利用率。由于本试验设定的温度下限为25℃，故更低温度对光能利用率是否亦具有这种影响尚有待进一步研究。

光能利用效率的大小是决定植物生产力高低的重要因素（夏江宝等，2008）。从以上研究分析发现，冠层中上部，光合有效辐射充足，相应的光合能力强。植物光合作用对光强很敏感，光强过低时影响碳化能力的提高，而光强过高时发生光抑制（许大全，1990；邹琦等，1995）。5个供试无性系受光强影响程度明显不同，且存在明显的季节差异。所以即使同一树种的不同无性系栽培培育方式都要有遵循其生长发育的不同需求，有相应的不同。

光合能力大小反映在植物体的固碳能力，同时光合器官对光合能力也有一定的作用。不同无性系刺槐的生长节律、生物量的积累及其向不同器官分配比例的变化也反映了它们的固碳能力的大小。

6.5 无性系刺槐能源林碳密度和碳储量动态

碳是一切有机物的基本成分，生物圈中最重要的基本元素，构成生物体的主要元素，约占生物体干物质的一半，密切参与植物的生命过程。植物体内的碳素主要来自植物的光合作用，并主要以糖类的形式（即碳水化合的形式）储存在植物体内。植物中可燃烧的元素组成中碳占最大的成分，是主要的可燃元素。分析和讨论碳在植物不同部位间的分配及变化情况，有利于了解植物在不同环境条件下的生长发育能力、对环境条件的适应能力以及产能情况和能量在植物体内分配情况。

6.5.1 不同刺槐无性系及器官随发育阶段碳密度动态变化

6.5.1.1 叶的碳密度

刺槐叶片的碳密度见图6-39A，2年生时，从生长初期到盛期，各无性系的碳密度大体上逐渐增大，8048和3-I增加的最多，分别增加了9.15%和6.80%。不同季节各无性系的叶片碳密度在43.82%~49.57%之间，碳密度最大的是1年生生长盛期（图6-39A中b）3-I，最小的是2年生生长初期（图6-39 A中c）8048。经方差分析，刺槐叶片的碳密度随着季节的变化差异显著（P=0.037176)，1年生生长盛期、末期，和2年生生长初期各无性系叶片间差异极显著（P<0.01)，2年生生长盛期、末期差异显著（P<0.05)。

6.5.1.2 枝的碳密度

不同无性系刺槐枝随时间的变化碳密度总体上的变化趋势是先升高，在1年生生长末期达到最大，然后一直下降（图 6-39B），84023 在 2 年生生长盛期处的变化与总体变化上存在差异，即下降到 2 年生生长盛期然后上升。刺槐的枝含碳量随着季节的变化差异极显著（$P<0.01$），2 年生时，与叶的变化趋势相反，大体上是逐渐降低的，83002 和 8048 降低的较多，分别为 4.19%和 5.78%。各无性系枝条的碳密度随着季节的变化在 42.73%~50.26%之间。碳密度最大的是 1 年生生长末期（图 6-39B 中 b）3-I，最小的是 2 年生生长末期（图 6-39B 中 e）8048。各无性系枝条之间的差异显著（$P=0.01109$）。

6.5.1.3 干的碳密度

刺槐干的含碳量随着季节的变化差异显著（$P=0.030315$），不同无性系刺槐干的碳密度在 46.71%~50.71%（图 6-39C），碳密度最小为 1 年生生长末期 8048（图 6-39C 中 b），最大为 2 年生生长盛期 3-I（图 6-39C 中 d）。1 年生时，干的碳密度大体上是下降的，与同期枝的变化相反；2 年生，干的碳密度大体上是先升后降，3-I 降低得最多，在生长盛期较末期降低了 5.89%。在 1 年生生长末期时，各无性系间干的碳密度差异极显著（$P=0.007923$），其他季节各无性系间干的碳密度差异不显著。

6.5.1.4 皮的碳密度

图 6-39D 是不同无性系刺槐皮碳密度随季节变化情况，变化范围在 42.79%~48.34%。1 年生时，83002 皮的碳密度是下降的，其余无性系的碳密度均上升；2 年生时，除 8048 先升后降外，其余均是呈"V"字形先降后升，刺槐皮的含碳量随着季节的变化差异不显著。各无性系刺槐皮间有差异，1 年生生长盛期和 2 年生生长末期，各无性系刺槐皮间差异显著，P 值分别为 0.043419 和 0.042792，2 年生生长初期各无性系刺槐皮间差

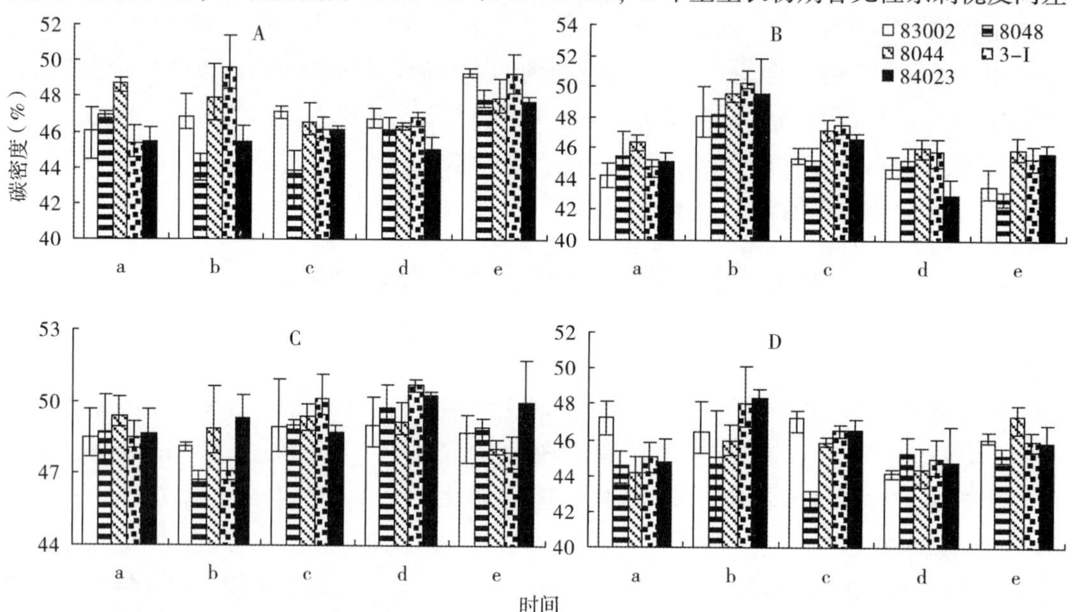

图 6-39 刺槐不同发育阶段叶（A）、枝（B）、干（C）、皮（D）碳密度（%）

注：图中 a 为 1 年生生长盛期（当年 7 月中旬）；b 为 1 年生生长末期（当年 10 月初）；c 为 2 年生生长初期（翌年 4 月底）；d 为 2 年生生长盛期（翌年 7 月上旬）；e 为 2 年生生长末期（翌年 10 月初）。下同。

异极显著，*P* 值远远小于 0.01。其他时间段各无性系刺槐皮间差异不显著。

综合以上分析，83002、3-I、84023 的枝、皮和干的碳密度较其他两个无性系的高，3-I 的叶片碳密度是 5 个无性系中最高的，8048 的各器官碳密度是几个无性系中最低的。

6.5.1.5 刺槐不同发育阶段各器官碳密度比较

刺槐不同发育阶段各器官的平均碳密度变化各不相同，见表 6-6。各时期叶片的碳密度在 45.97%~48.42%之间浮动，平均 46.80%；枝的碳密度在 44.63%~49.15%之间浮动，平均 46.05%，枝在 1 年生生长末期时的碳密度，是除了干之外各器官在不同生长季节的碳密度中最高的，此时的碳密度波动较大；干的碳密度变化幅度较小，在 48.02%~49.92%，干在各器官中的平均碳密度最高，平均 48.93%；皮的碳密度在 44.50%~46.78%，平均 45.66%。1 年生时，刺槐的叶、枝、皮的碳密度均随时间的推移而升高，而干的碳密度变化相反，随时间的推移反而降低，且在时间上各器官碳密度变化差异极显著，*P* 值远远小于 0.01。2 年生时，叶片的碳密度随时间的推移逐渐升高，枝的碳密度随时间的推移逐渐降低，干的碳密度变化是先升高再降低，皮的碳密度变化与干的变化相反，是先降低再升高。各器官平均碳密度大小排序为：干>叶>枝>皮，方差分析结果表明（表 6-7），碳密度在时间上变化差异不显著，各器官间的变化差异极显著。

表 6-6 不同发育阶段刺槐平均各器官全碳密度（%）

时间	器官				
	叶	枝	干	皮	平均
1 年生生长盛期	46.50	45.19	48.75	45.14	46.39
1 年生生长末期	46.81	49.15	48.02	46.78	47.69
2 年生生长初期	45.97	46.34	49.25	45.80	46.84
2 年生生长盛期	46.28	44.95	49.92	44.50	46.41
2 年生生长末期	48.42	44.63	48.72	46.08	46.96
平均值 mean	46.80	46.05	48.93	45.66	46.86

注：表中 1 年生生长盛期为当年 7 月中旬；1 年生生长末期为当年 10 月初；2 年生生长初期为翌年 4 月底；2 年生生长盛期为翌年 7 月上旬；2 年生生长末期为翌年 10 月初。

表 6-7 刺槐不同发育阶段与各器官两项因素方差分析

差异源	平方和	自由度	均方	*F*	*P*-value	*F* crit
发育阶段	4.458411	4	1.114603	0.746911	0.578533	3.259167
器官	31.93505	3	10.64502	7.133377	0.005245	3.490295
误差	17.9074	12	1.492283			
总计	54.30086	19				

6.5.1.6 不同无性系刺槐各发育阶段碳储量比较

图 6-40 是结合各时期生物量得到的各无性系不同发育阶段的碳储量，各无性系随不同发育阶段碳储量季节变化差异性极显著，*P* 值远远小于 0.01。同时期不同无性系间的碳

储量也差异极显著，*P* 值远远小于 0. 01。不同发育阶段，各无性系均在生长末期碳储量达到最大，除 8048 在 2 年生生长盛期碳储量（1.71×10^6 kg/hm^2）高于同年生长末期的（1.68×10^6kg/hm^2）。83002 在整个发育期碳储量在 0.36×10^6 ~ 2.84×10^6kg/hm^{2}之间，平均为 1.45×10^6kg/hm^2，两年生长末期比较，增加了 137. 78%；8048 的在 0.50×10^6 ~ 1.71×10^6kg/hm^{2}之间，平均为 1.21×10^6kg/hm^2，两年生长末期比较，增加了 49. 40%；8044 在 0.60×10^6 ~ 2.04×10^6kg/hm^{2}之间，平均为 1.33×10^6kg/hm^2，两年生长末期比较，增加了 54. 70%；3-I 在 0.37×10^6 ~ 3.81×10^6kg/hm^{2}之间，平均为 1.54×10^6kg/hm^2，两年生长末期比较，增加了 284. 20%；84023 在 0.42×10^6 ~ 2.86×10^6kg/hm^{2}之间，平均为 1.47×10^6 kg/hm^2，两年生长末期比较，增加了 115. 34%。第二年中净碳储量增加顺序排序为：3-I>84023>83002>8044>8048，年终的排序亦同。

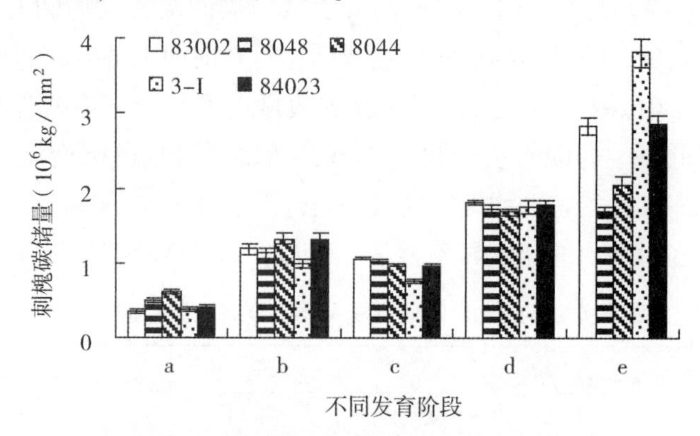

图 6-40　刺槐不同发育阶段各无性系碳储量

6. 5. 2　刺槐冠层不同部位碳密度动态变化

刺槐 8048 冠层不同部位碳密度的测定结果表明（图 6-41），3 层叶碳密度变幅范围在 41. 95~46. 84%之间，且以下层叶碳密度最小；3 层枝碳密度变幅很小；3 层干碳密度从上层到下层呈阶梯下降；3 层皮碳密度则呈阶梯上升。以上分析表明，上、中层叶碳密度大于下层叶碳密度，可能因为中上冠层所截获的光能和热能高于下层，且中层枝叶扩张较大，获得太阳辐射多，光合作用相应的强，合成和积累的碳水化合物较多。东西南北四个

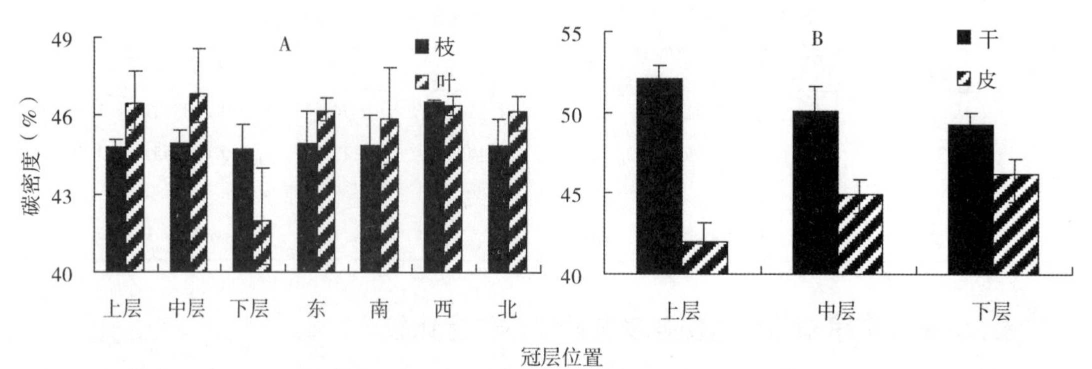

图 6-41　刺槐冠层不同部位各器官的碳密度（%）

方位中以西向的叶和枝碳密度最大，分别为46.41%和46.50%，其余3个方位叶碳密度集中在45.86%~46.20%之间，其余3个方位枝碳密度集中在44.80%~44.95%之间。方差分析表明，各冠层叶碳密度差异极显著，各冠层干和皮碳密度差异显著，各冠层枝碳密度差异不显著。冠层不同器官平均碳密度排序：干（50.49%）>叶（45.70%）>枝（45.08%）>皮（44.40%）。

6.5.3 刺槐各器官碳密度与热值的关系

6.5.3.1 刺槐叶片碳密度与热值的关系

图6-42是刺槐5个发育阶段叶片碳密度与热值的关系图。除2年生生长末期相关度不明显外，各时间段叶片碳密度与热值呈正相关，1、2年生生长盛期叶片碳密度与热值均呈显著正相关，1年生生长末期呈极显著正相关。从叶片的碳密度和热值关系的总趋势图（图6-46）也可以看出呈正相关，但不显著（$P>0.05$）。

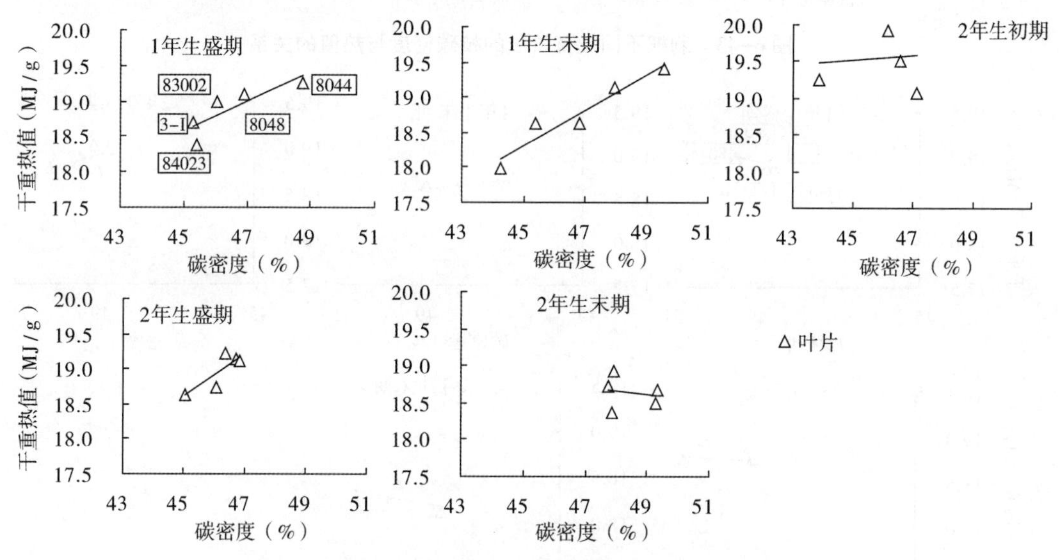

图6-42 刺槐不同发育阶段叶片碳密度与热值的关系

6.5.3.2 刺槐枝的碳密度与热值的关系

刺槐枝5个时期的碳密度与热值的关系如图6-43。5个时期枝的碳密度与热值均呈正相关，除1年生生长盛期枝的碳密度与热值正相关不显著外，其余时间均达显著正相关（2年生生长初期）或极显著正相关（1年生生长末期、2年生生长盛期和末期）。从图6-46中也可以看出枝的碳密度和热值关系的总趋势，呈显著正相关（$P<0.05$）。

6.5.3.3 刺槐干的碳密度与热值的关系

图6-44是刺槐5个发育阶段干的碳密度与热值的关系图。干的碳密度和热值的关系与枝、叶片的不同，正相关性不明显。除1年生生长末期呈显著负相关外，各时间段叶片碳密度与热值的相关性均不显著。从刺槐干的碳密度与热值关系的总趋势图（图6-46）可以看出呈正相关，但不显著（$P>0.05$）。

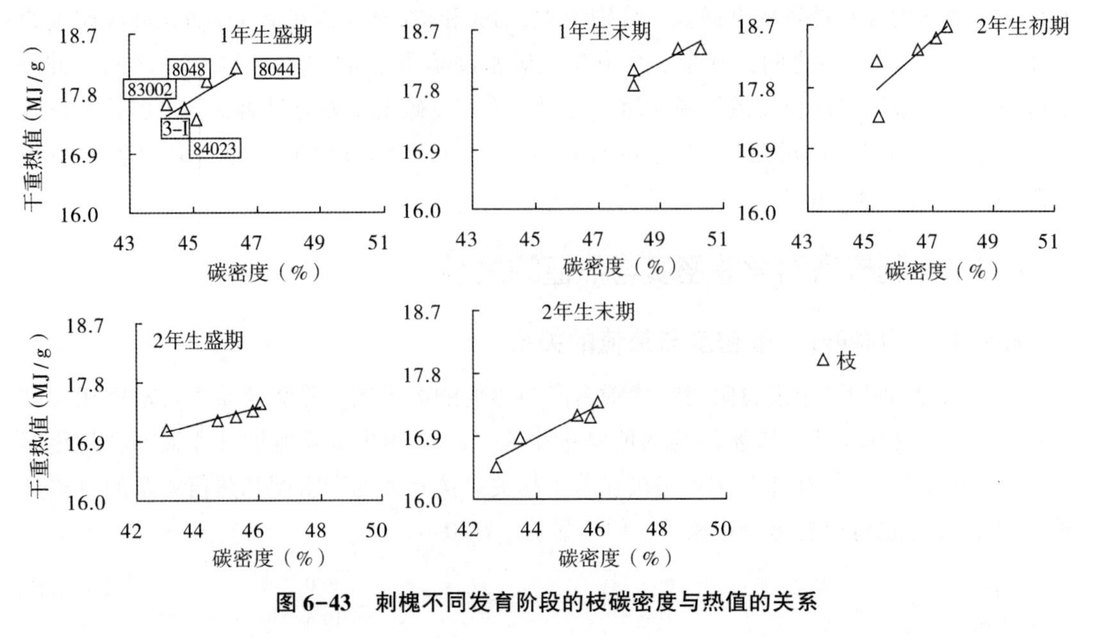

图 6-43　刺槐不同发育阶段的枝碳密度与热值的关系

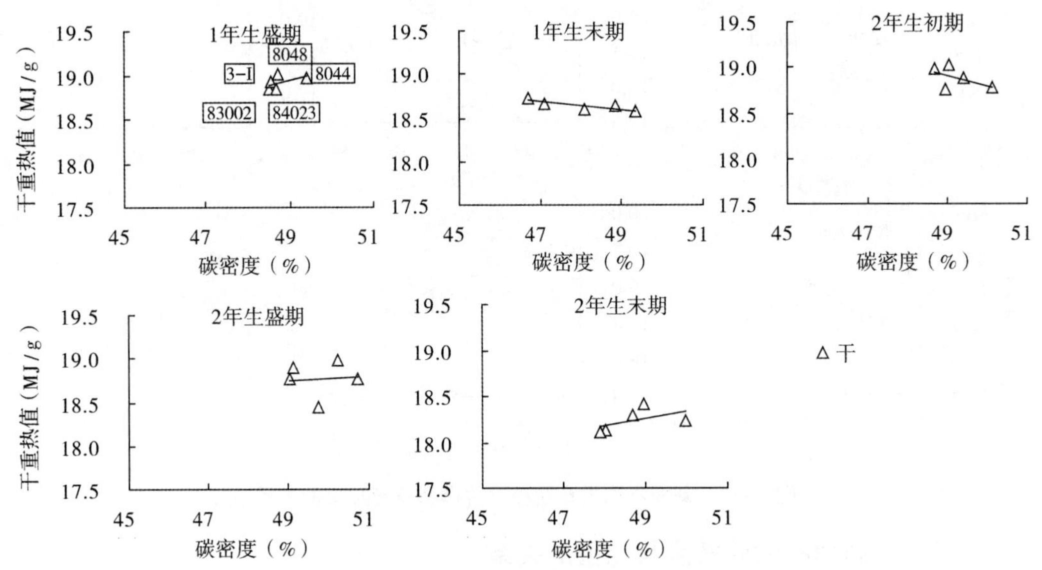

图 6-44　刺槐不同发育阶段干碳密度与热值的关系

6.5.3.4　刺槐皮的碳密度与热值的关系

刺槐皮 5 个时期的碳密度与热值的关系如图 6-45。5 个时期皮的碳密度与热值相关系数不高，仅 1 年生生长盛期和 2 年生生长初期皮的碳密度与热值达显著正相关，其余时间均不显著。但从图 6-46 皮的总变化中也可以看出枝的碳密度和热值关系的总趋势是正相关，且呈显著正相关（$P<0.05$）。

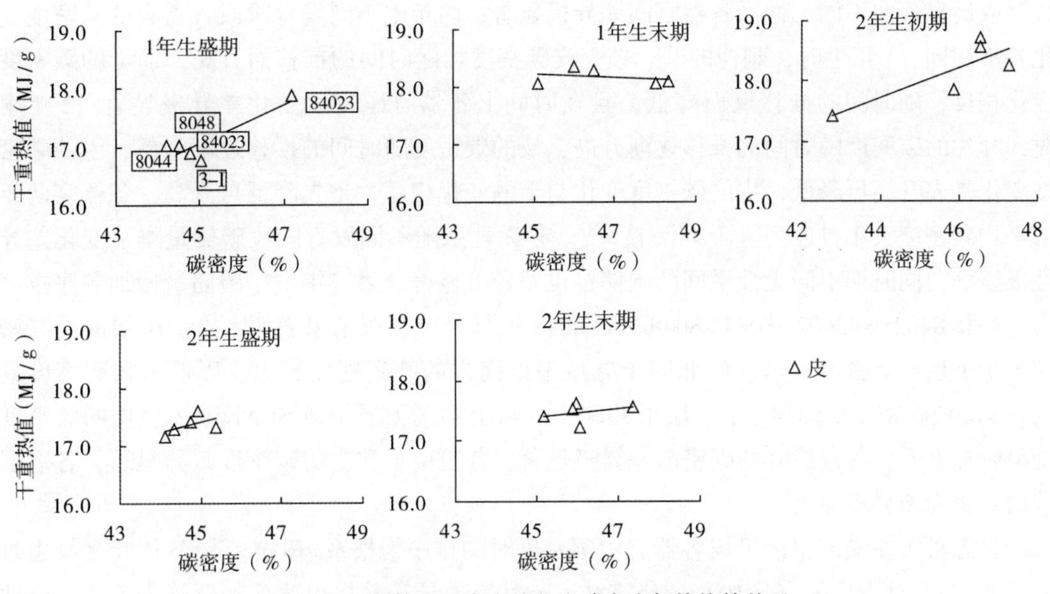

图 6-45　刺槐不同发育阶段皮碳密度与热值的关系

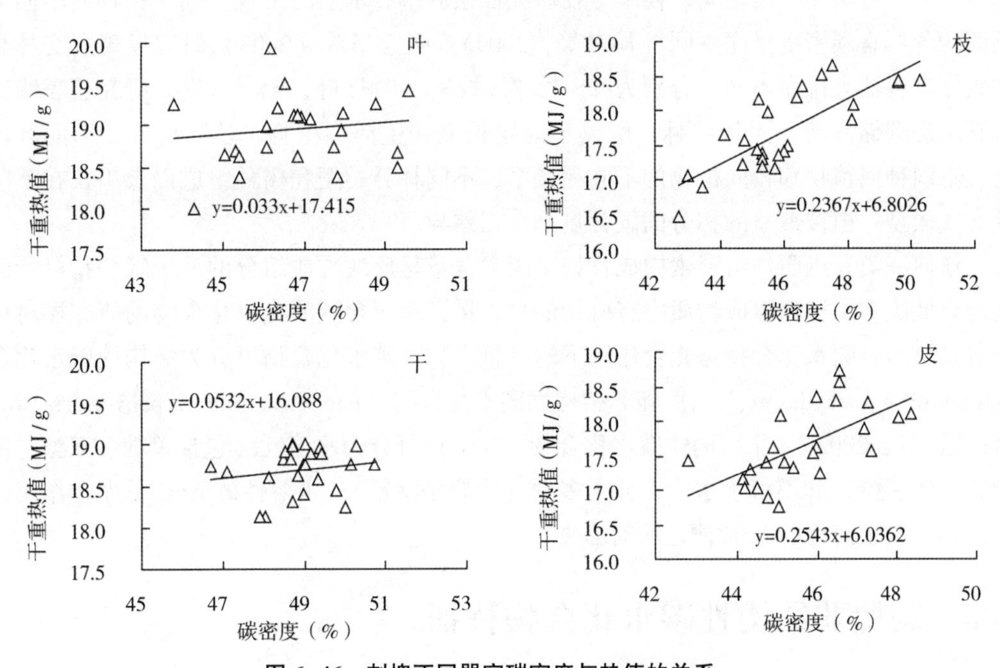

图 6-46　刺槐不同器官碳密度与热值的关系

6.5.4　小结

植物碳密度（即碳含量）是植物碳储量的一种量度，反映了绿色植物在光合作用中固定贮存碳元素的能力，是调节碳平衡的核心，是反映生态系统中碳循环的重要指标之一（郑帏婕等，2007）。碳密度的大小往往决定植物的热值（鲍雅静等，2006）。本节对 5 个无性系刺槐不同发育阶段地上部分各器官的分析结果为：不同器官均随季节的变化而差异显著或极显著，不同无性系各器官间差异极显著；两年中不同发育阶段各器官的碳密度变化各不相同，1 年生时，刺槐的叶、枝、皮碳密度均随时间的推移而升高，而干的碳密度变化相反，随时间的推移反而降低，且在时间上各器官碳密度变化差异极显著。2 年生时，叶片的碳密度随时间的推移逐渐升高，枝的碳密度随时间的推移逐渐降低，干的碳密度变化是先升高再降低，皮的碳密度变化与干的变化相反，是先降低再升高，各器官两年的平均碳密度大小排序为：干>叶>枝>皮。各无性系随不同发育阶段碳储量季节变化差异性极显著，同时期不同无性系间的碳储量也差异极显著。第二年中净碳储量增加顺序排序为：3-I>84023>83002>8044>8048。对 8048 进行分层分析结果表明：上、中层的叶碳密度大于下层叶碳密度，东西南北四个方位中以南方的叶碳密度最大，以西方枝碳密度最大，3 层枝碳密度变幅很小；3 层干的碳密度从上层到下层呈阶梯下降；3 层皮的碳密度则呈阶梯上升，各冠层叶的碳密度差异极显著，各冠层干和皮的碳密度差异显著，各冠层枝的碳密度差异不显著。

吴志丹等在测定柑橘果树各器官中碳密度时的排序为根系>树枝>果实>树叶（吴志丹等，2008）。林青山等（2010）的研究结论与其有差异，并提出改变经营管理方式，合理套种牧草，可增加固碳空间。侯琳等在研究油松群落乔木层时发现，同一树种的不同无性系间的各器官碳密度排序不同（侯琳等，2009）。张立华等（2008）研究发现混交林和纯林碳储量各器官排序不同，分别为叶>皮>根>枝>干和根>叶>枝>干>皮。研究还表明混交林乔木层碳储量高于同年纯林。所以不同生长型和生活型植物、植物构件、不同区域植物、不同种属植物和相同植物的不同无性系、不同林分类型和树种组成以及生长在不同土壤、气候型、植被覆盖的林分的碳含量都存在差异。

任何一类有机质均由碳素构成骨架，碳素含量是反映物质组分的一个综合指标。碳浓度的高低决定了植物组成物质中有机物的总含量，对于含碳的有机化合物的研究探讨也就很有必要，且碳水化合物是光合作用下的有机产物。碳水化合物可分为结构性碳水化合物（structural carbohydrates，SC）和非结构性碳水化合物（non-structural carbohydrates，NSC）（潘庆民等，2002）。非结构性碳水化合物（NSC）可分为水溶性（包括单糖、双糖、低聚糖和一些多糖）和不溶于水的大分子多糖（主要是淀粉）。水溶性的 NSC 是光合作用的直接产物，对水溶性的 NSC 测定很有必要。

6.6 刺槐非结构性碳水化合物特征

水溶性的 NSC 是光合作用的直接产物，也是植物体内多糖、蛋白质、脂肪等大分子化合物合成的物质基础。其含量高低反映了植物体内有机物合成代谢所需要的物质和能量的供应基础。

6.6.1 不同刺槐无性系及器官随发育阶段非结构性碳水化合物变化

6.6.1.1 叶 NSC 浓度的变化

刺槐叶片 NSC 浓度随着季节的变化逐渐升高（图 6-47A）。不同发育阶段的刺槐叶片

NSC 浓度表明，生长初期 NSC 浓度较低（25.71%~34.86%），随着季节的变化，叶片的水溶性 NSC 浓度差异极显著（$P<0.01$），在生长盛期，随着刺槐叶片、萌条量的增加，光合作用加强，同化物质增多，不同无性系间，除 1 年生生长盛期叶片的水溶性 NSC 浓度差异不显著（$P\approx0.40$）外，其他季节不同无性系叶片间的水溶性 NSC 浓度差异极显著（$P<0.01$）。

6.6.1.2 枝 NSC 浓度的变化

不同无性系的刺槐枝的水溶性 NSC 浓度变化各异（图 6-47B），随季节变化差异显著（$P\approx0.011$），8048 和 8044 先上升到 2 年生生长初期，然后下降，呈单峰趋势；83002、3-I、84023 总体变化上呈双峰趋势，分别在 1 年和 2 年生长盛期，但 83002 的更明显。刺槐枝的水溶性 NSC 浓度变化范围在 14.15%~20.35%，最小值是 1 年生生长盛期 8044，最大值是 1 年生生长末期 84023。不同无性系刺槐枝的水溶性 NSC 浓度差异极显著（$P<0.01$）。

6.6.1.3 干 NSC 的变化

不同无性系刺槐干的水溶性 NSC 浓度随季节变化差异极显著（$P<0.01$）（图 6-47C），总体上的趋势是先升到 1 年生生长末期，达到最大，然后下降到 2 年生生长盛期，之后略有上升。刺槐干的 NSC 浓度范围在 4.18%~10.93%，最高值在 1 年生生长末期 8044，最低值在 2 年生生长盛期 84023。不同无性系间 1 年生生长盛期、2 年生生长初期和末期干的水溶性 NSC 浓度差异极显著（$P<0.01$），其他两个季节不同无性系树干的水溶性 NSC 浓度差异显著，（$P\approx0.39$ 和 $P\approx0.015$）。

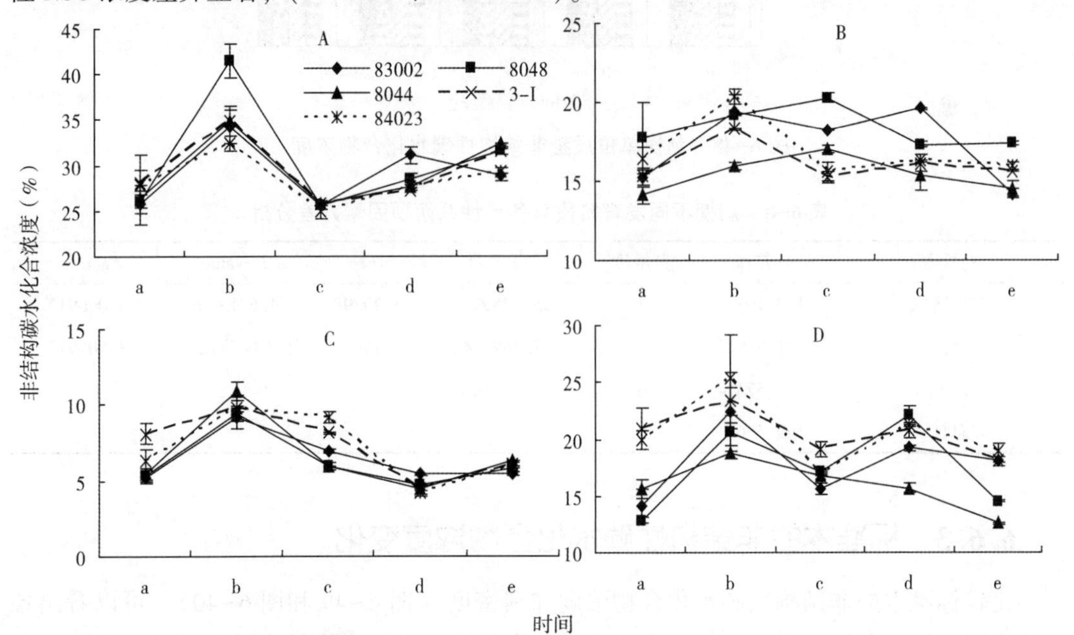

图 6-47 刺槐不同发育阶段叶（A）、枝（B）、干（C）、皮（D）非结构性碳水化合物浓度

注：图中 a 为 1 年生生长盛期（当年 7 月中旬）；b 为 1 年生生长末期（当年 10 月初）；c 为 2 年生生长初期（翌年 4 月底）；d 为 2 年生生长盛期（翌年 7 月上旬）；e 为 2 年生生长末期（翌年 10 月初）。下同。

6.6.1.4 皮水溶性 NSC 的变化

5 个无性系刺槐皮的水溶性 NSC 随季节大体上呈双峰变化（图 6-47D），峰高分别在 1 年生生长末期和 2 年生生长盛期，且不同无性系刺槐皮的水溶性 NSC 浓度随季节变化差异极显著（$P<0.01$）。刺槐皮的 NSC 变化范围在 12.57%～25.32%，最高值是 1 年生生长末期 84023，最低值是 2 年生生长末期 8044。不同无性系间皮的水溶性 NSC 浓度也差异极显著（$P<0.01$）。

6.6.2 单位质量的非结构性碳水化合物浓度变化

单位质量的非结构性碳水化合物浓度变化总体上为先上升、下降、再上升、再下降（图 6-48）。从表 6-8 双因素方差分析可知，不同无性系间单位质量的 NSC 浓度变化差异极显著，各无性系均随季节变化差异极显著。可以明显看出各季节中均是 8044 的单位质量的 NSC 浓度最低。无性系单位质量的 NSC 浓度平均排序为：84023＞3－I＞83002＞8048>8044。

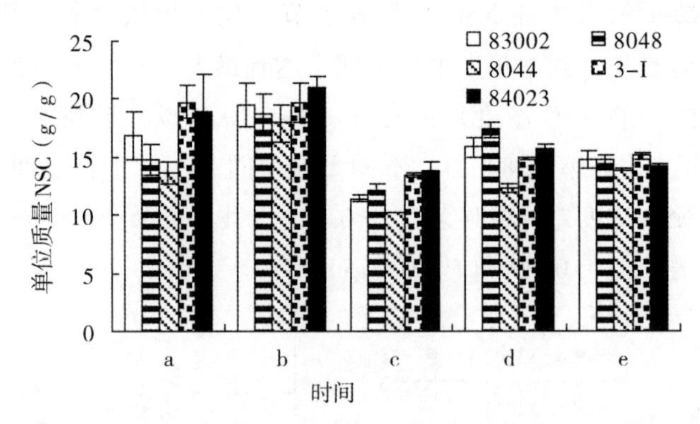

图 6-48 刺槐单位质量非结构性碳水化合物浓度

表 6-8 刺槐不同发育阶段与各无性系两项因素方差分析

差异源	平方和	自由度	均方	*F*	*P*-value	*F* crit
发育阶段	143.1039	4	35.77597	23.29398	1.67E-06	3.006917
无性系	31.87925	4	7.969814	5.1892	0.007112	3.006917
误差	24.57354	16	1.535846			
总计	199.5567	24				

6.6.3 标准木的非结构性碳水化合物浓度变化

比较标准木的非结构性碳水化合物浓度和碳密度（图 6-49 和图 6-40），可以看出各季节不同无性系刺槐的标准木非结构性碳水化合物浓度和碳密度排序是相同的，由于所研究不同无性系刺槐的栽种密度相同，标准木的 NSC 可代表单位面积上的 NSC。83002、3-I、84023 的标准木 NSC 浓度高，且由前几节分析知 83002、3-I、84023 的生长潜能大、

光合能力高、单位面积上的热值高、碳密度大，因此是能源贮藏性较好的无性系。

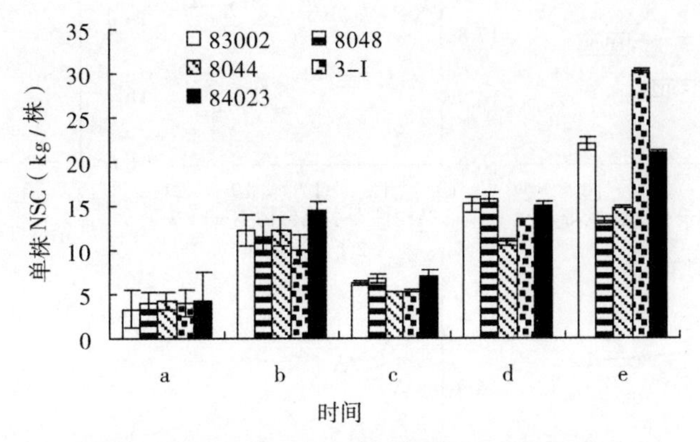

图 6-49　刺槐标准木非结构性碳水化合物浓度

6.6.4　刺槐各器官的非结构性碳水化合物浓度与热值的关系

6.6.4.1　刺槐叶片的非结构性碳水化合物浓度与热值的关系

图 6-50 是 5 个时期的刺槐叶片 NSC 浓度与热值关系对比。从图中可以看出 1 年生生长盛期、末期和 2 年生生长初期叶片 NSC 浓度与热值呈负相关，后两个季节呈正相关，但均不显著。从叶片 NSC 浓度与热值总关系图 6-54 可以看出叶片 NSC 浓度与热值呈显著负相关（$P<0.05$）。

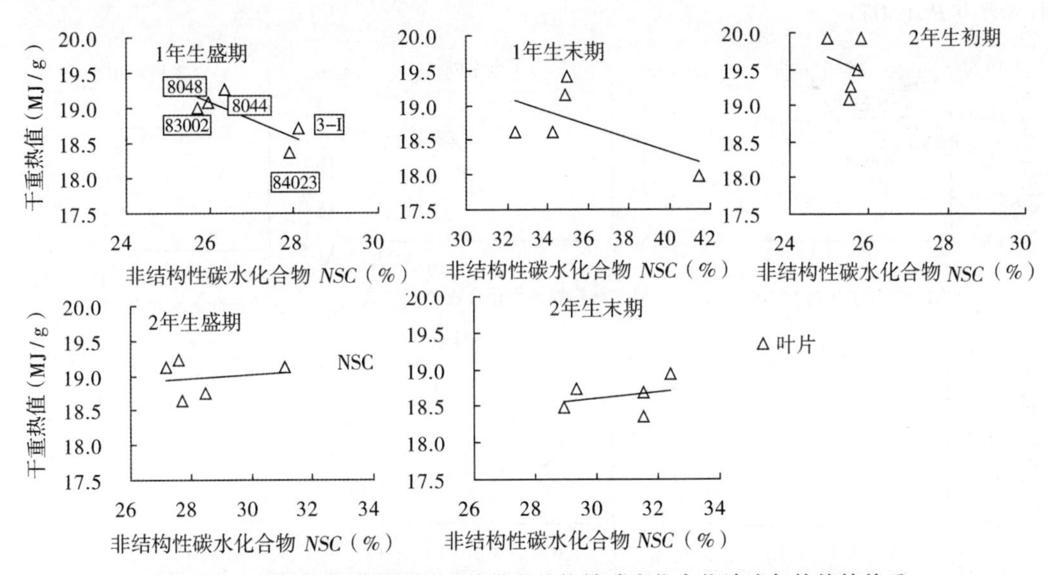

图 6-50　刺槐不同发育阶段叶片的非结构性碳水化合物浓度与热值的关系

6.6.4.2　刺槐枝的非结构性碳水化合物浓度与热值的关系

5 个发育阶段刺槐枝的 NSC 浓度与热值的关系见图 6-51。从图中可以看出 5 个发育阶段刺槐枝的 NSC 浓度均与热值呈负相关，但不显著。而在图 6-54 中，刺槐枝的 NSC 浓度与热值的总趋势中呈不显著的正相关（$P>0.05$）。

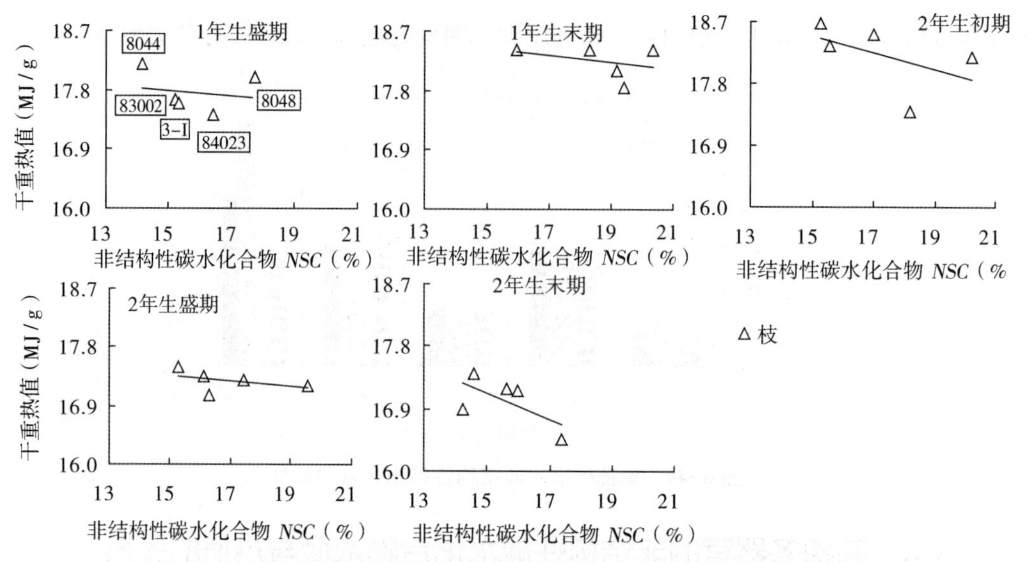

图 6-51　刺槐不同发育阶段枝的非结构性碳水化合物浓度与热值的关系

6.6.4.3　刺槐干的非结构性碳水化合物浓度与热值的关系

图 6-52 体现了 5 个不同时期刺槐干的 NSC 浓度与热值的关系。从图中可以看出 5 个不同时期刺槐干的 NSC 浓度与热值呈负相关，均不显著。在图 6-54 刺槐干的 NSC 浓度与热值的总趋势图中，干的热值随干的 NSC 浓度变化趋于稳定即近似平行于 X 轴，相关性不显著（$P>0.05$）。

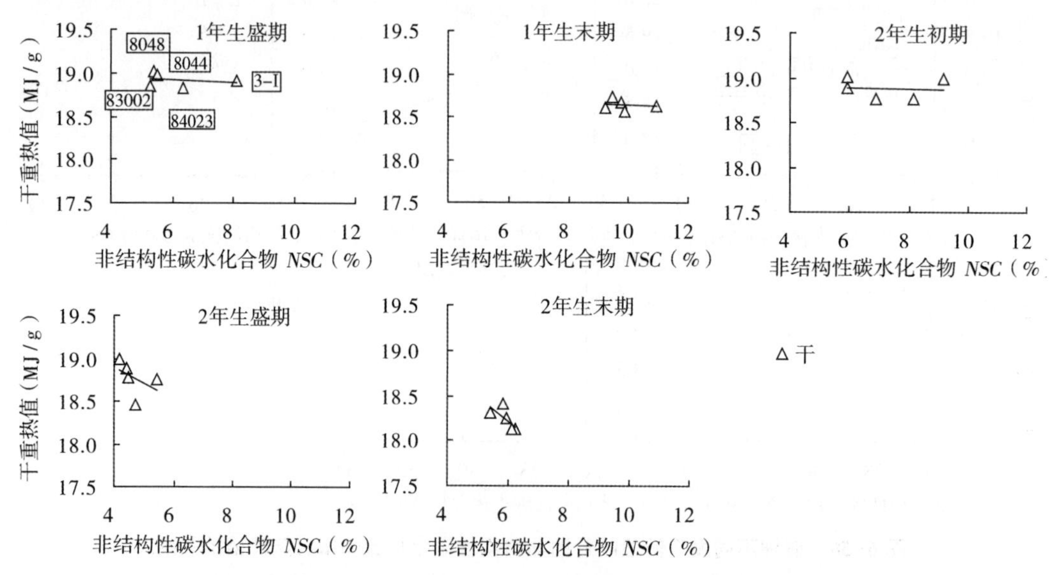

图 6-52　刺槐不同发育阶段干的非结构性碳水化合物浓度与热值的关系

6.6.4.4　刺槐皮的非结构性碳水化合物浓度与热值的关系

图 6-53 是 5 个不同发育阶段刺槐皮的 NSC 浓度与热值的关系。从图中可以看出，2 年生生长初期和盛期刺槐皮的 NSC 浓度与热值呈正相关，其他几个发育阶段皮的 NSC 浓

度与热值呈负相关，且差异不显著。从图6-54刺槐皮的NSC浓度与热值的总趋势图中可以看出，皮的热值随皮的NSC浓度变化呈正相关，差异不显著（*P*>0. 05）。

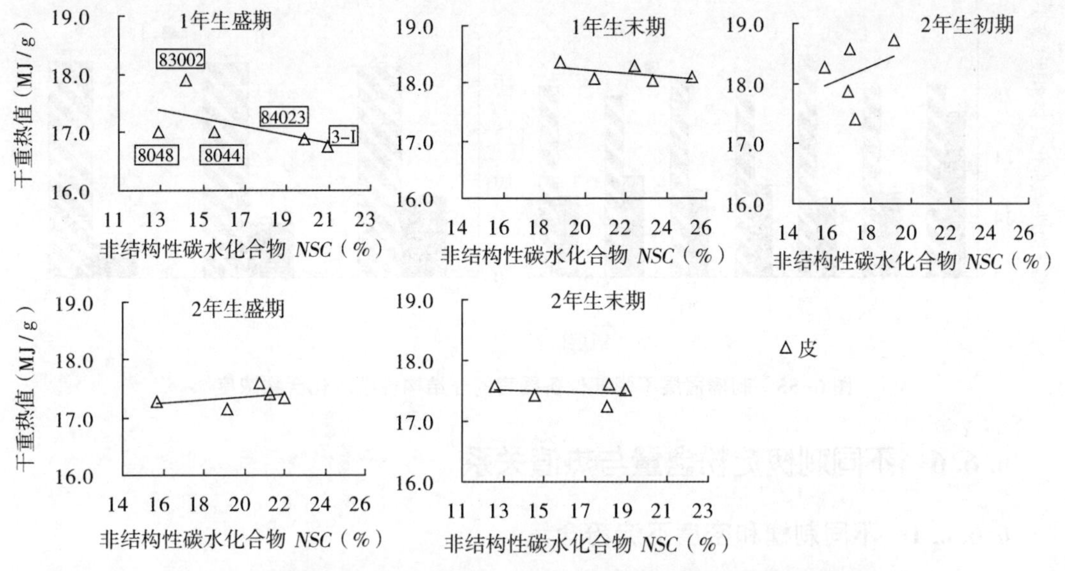

图6-53　刺槐不同发育阶段皮的非结构性碳水化合物浓度与热值的关系

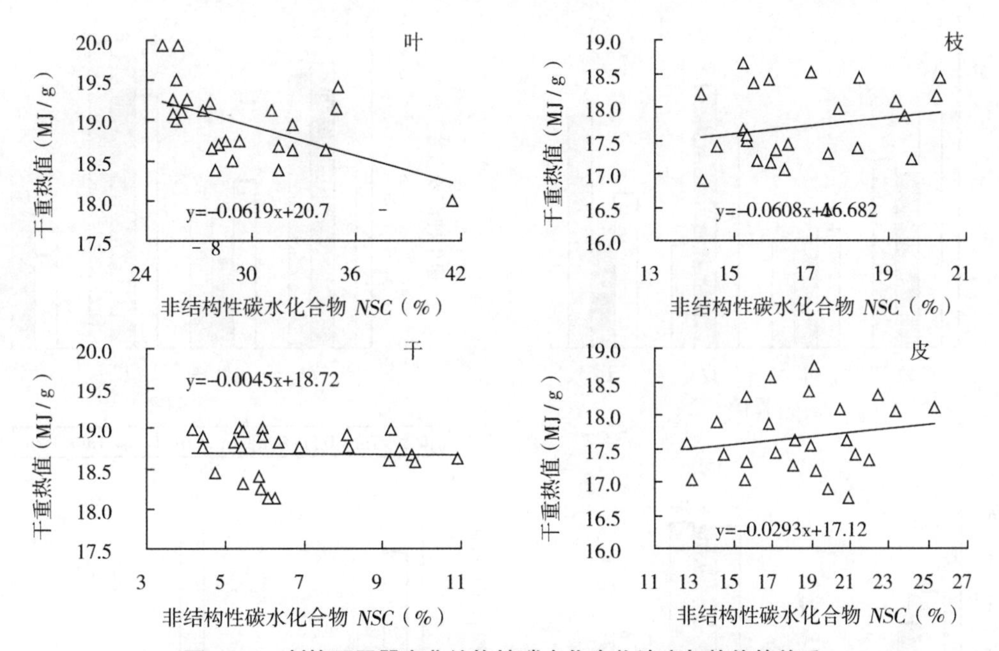

图6-54　刺槐不同器官非结构性碳水化合物浓度与热值的关系

6.6.5　刺槐冠层不同部位的非结构性碳水化合物的分配特征

刺槐（8048）冠层不同部位的NSC浓度总体上是叶>枝>皮>干（图6-55）。叶和枝的NSC浓度变化趋势不同，叶片最下层的NSC浓度最高，枝是最上层的NSC浓度最高，东、西、南、北四向中以南向叶片的NSC浓度最高。刺槐不同器官间（叶和枝，干和皮）水溶性 NSC 浓度差异极显著（$P<0.01$），冠层不同部位除皮的水溶性 NSC 浓度差异不显著（$P\approx0.73$）外，其他部位均差异极显著（$P<0.01$）。

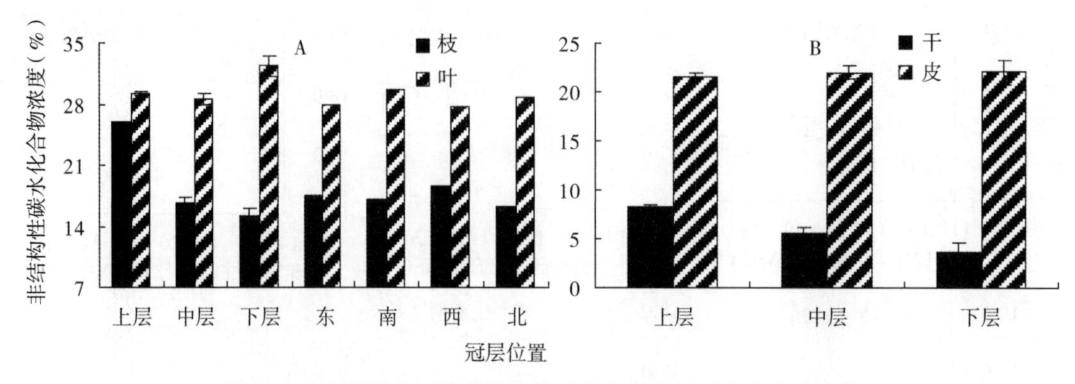

图 6-55 刺槐冠层不同部位各器官的非结构性碳水化合物浓度

6.6.6 不同刺槐淀粉含量与热值关系

6.6.6.1 不同刺槐和密度下淀粉含量

由图 6-56 可得，4 个刺槐品种各器官淀粉含量无明显大小关系。刺槐品种不同密度

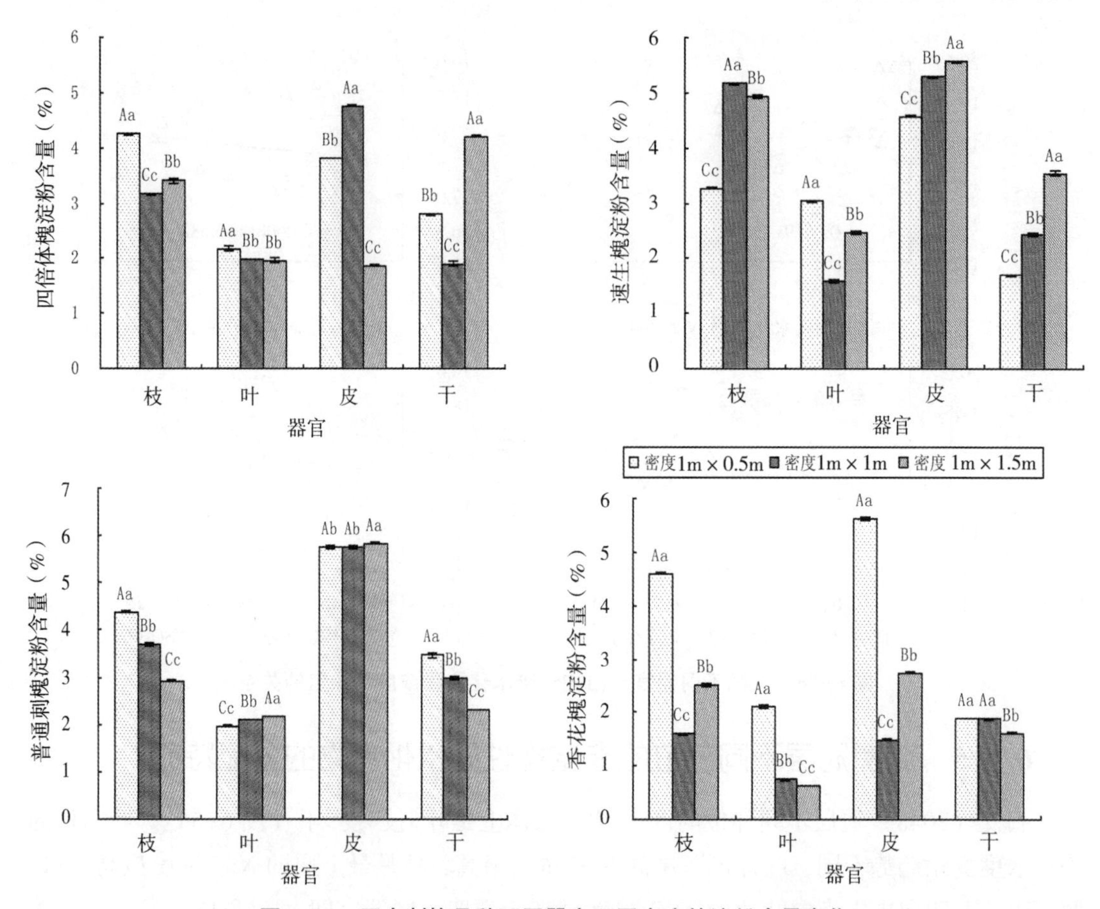

图 6-56 四个刺槐品种不同器官不同密度的淀粉含量变化

不同器官淀粉含量变化范围为0.64%~5.84%，最高的为普通刺槐，在密度1m×1.5m下的皮部位，最低的为香花槐，在密度1m×1.5m下的叶部位。同一器官不同密度间淀粉含量有差异性，但其随密度变化无明显规律性。四倍体刺槐不同密度下叶存在显著差异（$P<0.05$），枝、皮和干均呈极显著差异水平（$P<0.01$）；速生槐不同密度下器官间淀粉含量均呈极显著差异水平（$P<0.01$）；普通刺槐不同器官不同密度下淀粉含量皮呈显著差异（$P<0.05$），枝、叶和干均存在极显著差异（$P<0.05$）；香花槐不同密度下各器官间淀粉含量均呈极显著差异水平（$P<0.01$）。

6.6.6.2 不同刺槐总淀粉含量与热值关系

（1）不同刺槐总淀粉含量与干重热值关系　由图6-57可得，四倍体刺槐、普通刺槐和香花槐淀粉含量与干重热值的线性关系拟合均不良好，R^2值均较小；速生槐两者之间R^2值为0.425，拟合较好。四倍体刺槐、普通刺槐和香花槐在淀粉含量为1%~2%之间时，干重热值达到较高值，随后又逐渐下降；速生槐在淀粉含量为5%~6%之间时，干重热值达到最高值。前三种树种淀粉含量与干重热值呈正相关关系，这说明了淀粉对热值产生了一定影响；香花槐两者之间则呈负相关关系，原因同上述分析。

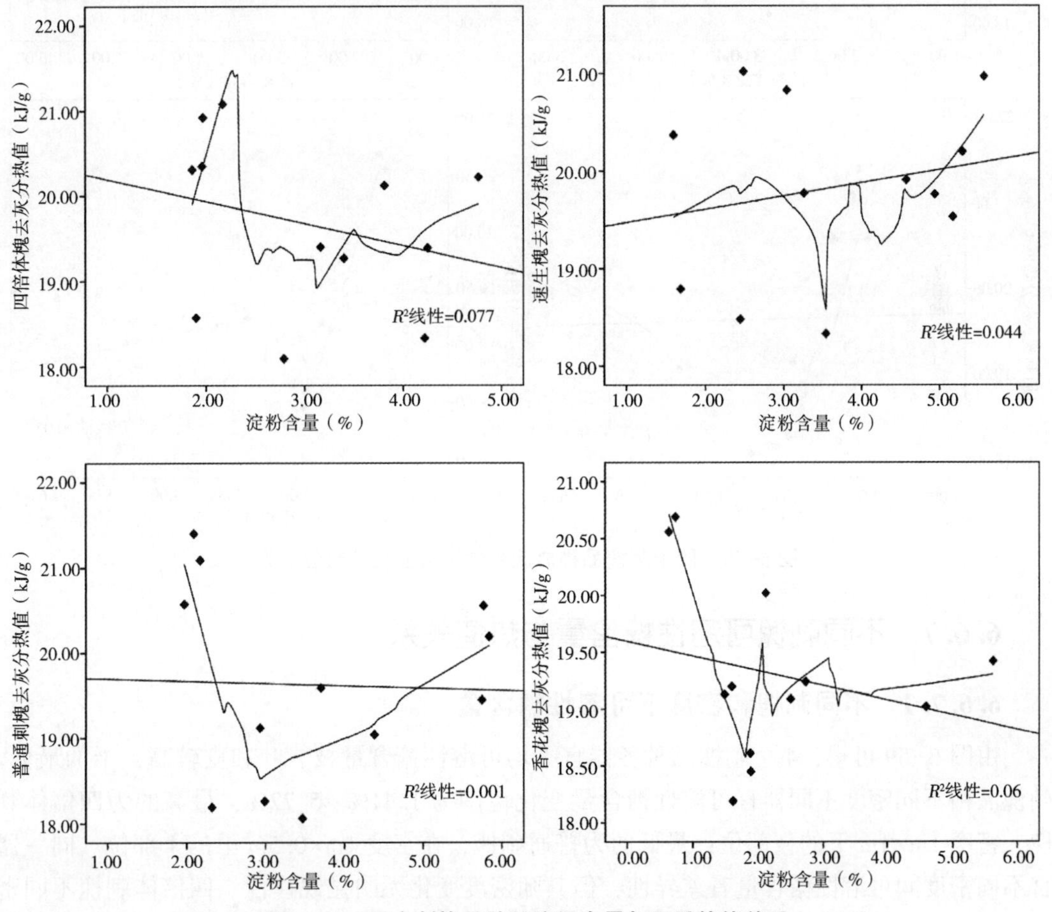

图6-57　四个刺槐品种总淀粉含量与干重热值关系

（2）不同刺槐总淀粉含量与去灰分热值关系　由图 6-58 可得，4 个刺槐品种淀粉含量与去灰分热值的线性关系拟合 R^2 值不理想。四倍体刺槐、普通刺槐和香花槐淀粉含量与去灰分热值均呈现出负相关关系；速生槐两者之间呈正相关关系。与图 6-57 相比，说明灰分对植物热值产生了一定的影响，各淀粉含量与去灰分热值和干重热值存在较大差异。LOWESS 回归图表明，四倍体刺槐、速生槐、普通刺槐在淀粉含量为 2%~3%之间时，去灰分热值达到最高值，随后又逐渐下降；香花槐则在淀粉含量为 1%时去灰分热值达到最高，随后呈现先下降后上升的趋势。

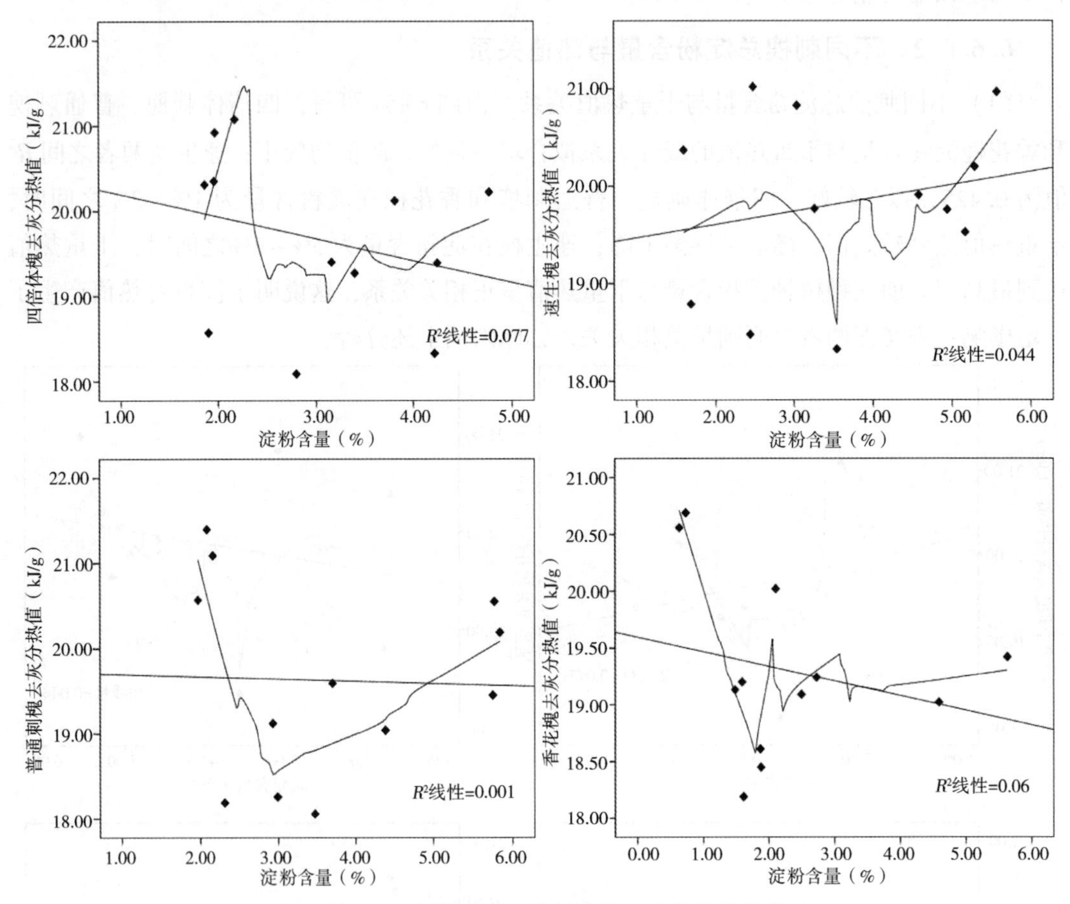

图 6-58　四个刺槐品种总淀粉含量与去灰分热值关系

6.6.7　不同刺槐可溶性糖含量与热值关系

6.6.7.1　不同刺槐和密度下可溶性糖含量

由图 6-59 可得，4 个刺槐品种各器官平均可溶性糖含量枝、叶和皮较高，干的最低。刺槐品种不同密度不同器官可溶性糖含量变化范围为 1.41%~5.72%，最高的为四倍体刺槐，密度 1m×1m 下的枝部位；最低的为普通刺槐，在密度 1m×0.5m 下的干部位。同一器官不同密度间可溶性糖含量有差异性，但其随密度变化无明显规律性。四倍体刺槐不同密度下各器官可溶性糖含量叶呈显著差异（$P<0.05$），枝、皮和干均呈极显著差异水平（$P<$

0.01)；速生槐不同器官不同密度下干呈显著差异（$P<0.05$），枝、叶和皮均呈极显著差异水平（$P<0.01$）；普通刺槐不同器官不同密度下干呈显著差异（$P<0.05$），枝、叶和皮均呈极显著差异水平（$P<0.01$）；香花槐不同密度下各器官均存在极显著差异（$P<0.01$）。

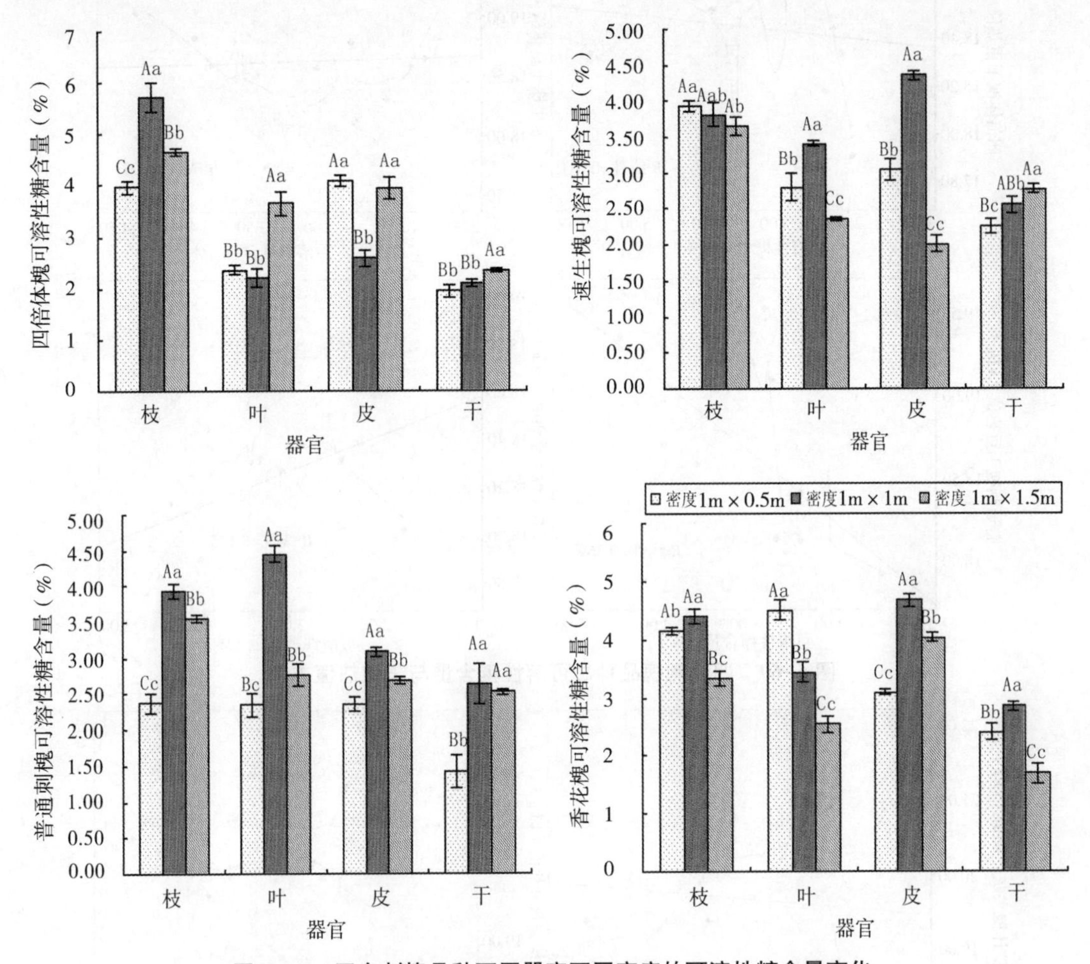

图 6-59　四个刺槐品种不同器官不同密度的可溶性糖含量变化

6.6.7.2　不同刺槐可溶性糖含量与热值关系

（1）不同刺槐可溶性糖含量与干重热值关系　由图 6-60 可得，可溶性糖含量与干重热值的线性关系拟合均不良好，R^2值均较小。四倍体刺槐、普通刺槐的可溶性糖含量与干重热值呈正相关关系；速生槐和香花槐可溶性糖含量与干重热值呈负相关关系。四倍体刺槐、普通刺槐和香花槐在可溶性糖含量为 3%~4%之间时，干重热值达到较高值，随后又呈不规则下降趋势；速生槐可溶性糖在 2%时干重热值达到最高，随后呈现先下降后上升的趋势。

（2）不同刺槐可溶性糖含量与去灰分热值关系　由图 6-61 可得，4 个刺槐品种可溶性糖含量与去灰分热值的线性关系拟合 R^2值较小。各品种可溶性糖与去灰分热值均呈正相关关系。与图 6-60 相比，糖含量的增加在一定程度上植物的去灰分热值也有所增加。由 4 个品种的 LOWESS 回归图可得，各品种可溶性糖含量与去灰分热值无明显变化规律，说明可溶性糖对去灰分热值的影响并不显著。

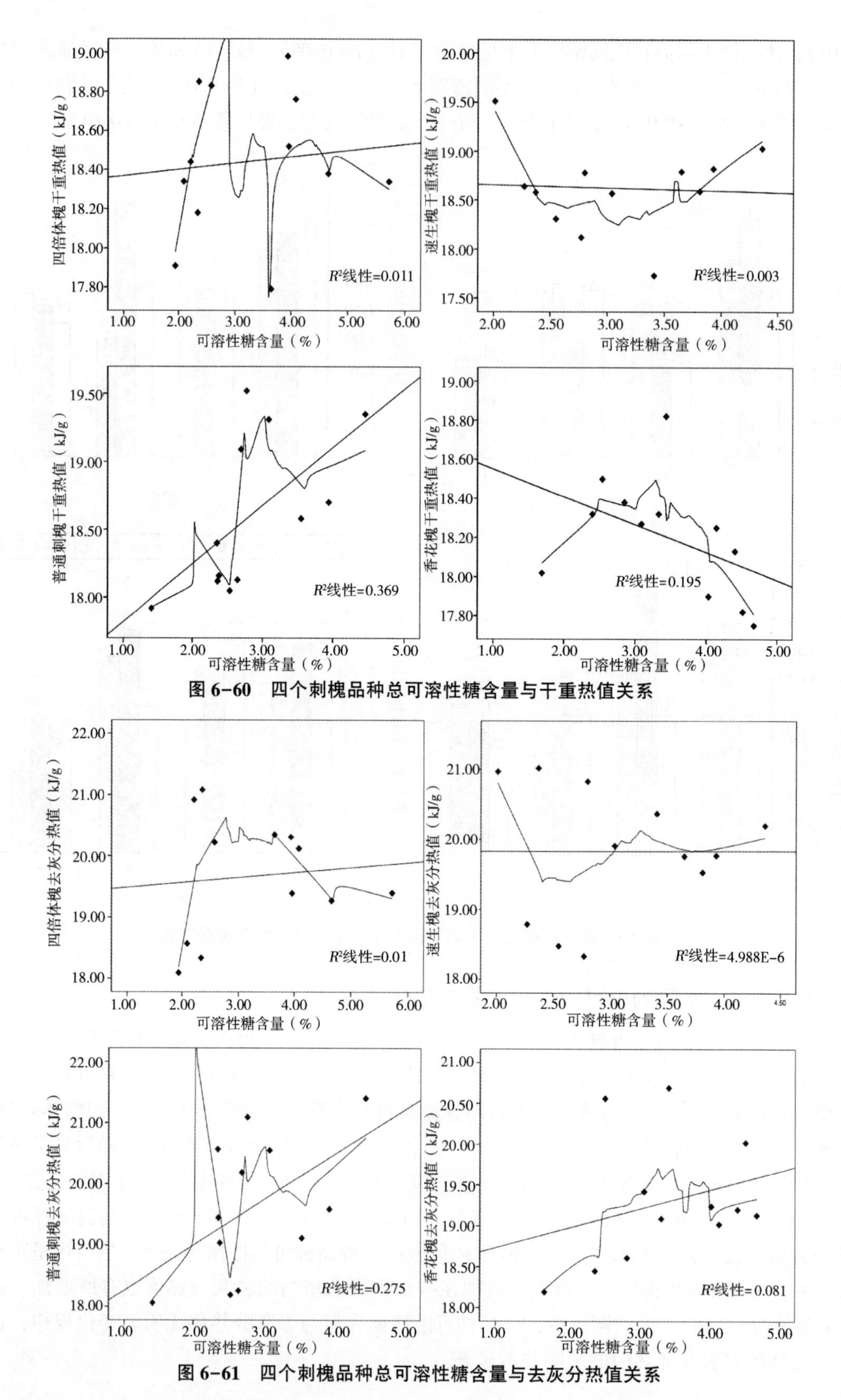

图 6-60　四个刺槐品种总可溶性糖含量与干重热值关系

图 6-61　四个刺槐品种总可溶性糖含量与去灰分热值关系

6.6.8 小结

在光合作用下，树种在一定时间里将日光能转化为化学能贮存于树体内，贮存于树体的化学能即有机物主要表现为碳水化合物（万劲等，2006）。自然界中的大多数碳水化合物来源于植物的光合作用，它们通常以蔗糖的形式被运送到植物的各个器官，进一步合成多糖（金征宇等，2008）。

可溶性糖是叶片碳运输和代谢过程中主要形式，淀粉是叶片内碳积累的主要形式（武维华，2003），它们是衡量植株体内碳代谢的重要指标。植株体内可溶性糖和淀粉浓度受外界环境条件（光照、N 浓度和水分等）的影响较大（霍常富等，2009）。不同器官的 NSC 浓度变化或呈单峰或呈双峰，总体趋势是叶>皮>枝>干。结合生物量后，83002、3-I、84023 的标准木 NSC 浓度高，且由前几节分析知 83002、3-I、84023 的生长潜能大、光合能力高、单位面积上的热值高、碳密度大。刺槐冠层不同部位的 NSC 浓度总体上是叶>枝>皮>干。

四倍体刺槐、速生槐、普通刺槐和香花槐 4 种刺槐不同密度不同器官淀粉含量变化范围为 36.70%~75.80%。不同刺槐品种的淀粉含量与干重热值、去灰分热值拟合均一般。四倍体刺槐、速生槐和普通刺槐淀粉含量与干重热值呈正相关关系，香花槐与干重热值之间呈正相关关系；四倍体刺槐、普通刺槐和香花槐与去灰分热值呈负相关关系，速生槐与去灰分热值之间则呈正相关关系。

四倍体刺槐、速生槐、普通刺槐和香花槐 4 种刺槐不同密度不同器官可溶性糖含量变化范围为 1.41%~5.72%。四倍体刺槐、普通刺槐的可溶性糖含量与干重热值呈正相关关系；速生槐和香花槐可溶性糖含量与干重热值呈负相关关系；各刺槐品种可溶性糖与去灰分热值均呈现正相关关系。

结构性碳水化合物用于植株形态建成，非结构性碳水化合物参与植株生命代谢，是植株生命代谢不可或缺的营养元素，它们参与着生态系统中多种能量循环和物质转移，成为生态系统生产力的主要限制因素（Vitousek et al.，1991；Aerts et al.，2000），研究它们在植物生长发育中的动态变化，在植物各构件中的分配比例，有助于理解植物体内的各种能量代谢相关之间的影响，营养元素在不同无性系、不同季节及植物构件中的动态变化值得关注。

6.7 刺槐结构性碳水化合物及其与热值的关系

6.7.1 不同刺槐的木质素（木素）含量及其与热值的关系

酸不溶木素（克拉森木素）的组成主要是木素中分子量较大的部分和木素-碳水化合物复合体。在测定克拉森木素含量时，有一部分可溶于 3%硫酸溶液的、分子量较小的、亲水性的，被称之为酸溶木素的木素（石淑兰等，2003），这是不可忽略的，克拉森木素仅是木素的一部分。应以克拉森木素和酸溶木素之和来全面体现全部木素的含量。

6.7.1.1　不同刺槐各器官的木素含量

（1）不同生长阶段刺槐无性系树干的木素含量　不同生长阶段5个刺槐无性系树干的克拉森木素含量（图6-62）在16.76%~32.62%之间，含量最高为2年生生长初期3-I的树干，最低为1年生生长末期84023的树干。5个无性系树干的克拉森木素含量随不同生长阶段均表现为先下降后上升然后再下降的趋势，其中含量最高的生长阶段均是2年生生长初期。同一生长阶段中不同无性系树干的克拉森木素含量高低各不相同。1年生生长盛期时，树干克拉森木素含量最高的无性系是8048，最低的无性系是8044和84023；1年生生长末期时，含量最高的是8044，最低的是84023；2年生生长初期时，含量最高的是3-I，最低的是8044；2年生生长盛期时，含量最高的是84023，最低的是8048；2年生长末期时，含量最高的是3-I，最低的是84023。

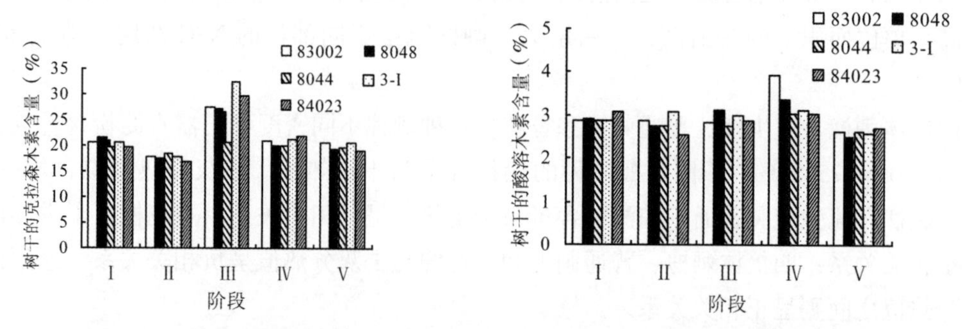

图6-62　不同刺槐无性系不同生长阶段树干的克拉森木素含量和酸溶木素含量

注：图中Ⅰ、Ⅱ、Ⅲ、Ⅳ、Ⅴ代表刺槐无性系的5个生长阶段，依次为1年生生长盛期（2008年7月中旬）、1年生生长末期（2008年10月初）、2年生生长初期（2009年4月底）、2年生生长盛期（2009年7月上旬）、2年生生长末期（2009年10月初）。下同。

不同生长阶段5个刺槐无性系树干的酸溶木素含量（图6-62）在2.52%~3.94%之间，含量最高为2年生生长盛期83002的树干，最低为2年生生长末期8048的树干。5个无性系树干的酸溶木素含量随不同生长阶段表现为：83002和3-I先上升再下降然后又上升又下降，8048、8044和84023均是先下降后上升然后再下降。5个无性系树干酸溶木素含量最高的生长阶段除无性系84023为1年生生长盛期之外，其余均是2年生生长盛期。同一生长阶段中不同无性系树干的酸溶木素含量高低各不相同。1年生生长盛期时，树干酸溶木素含量最高的无性系是84023，最低的无性系是83002；1年生生长末期时，含量最高的是3-I，最低的是84023；2年生生长初期时，含量最高的是8048，最低的是8044；2年生生长盛期时，含量最高的是83002，最低的是8044；2年生生长末期时，含量最高的是84023，最低的是8048。

不同生长阶段5个刺槐无性系树干的总木素含量（图6-66）在19.30%~35.61%之间，含量最高为2年生生长初期3-I的树干，最低为1年生生长末期84023的树干。5个无性系树干的总木素含量随不同生长阶段均表现为先下降后上升然后再下降的趋势，其中含量最高的生长阶段均是2年生生长初期，这与克拉森木素含量的变化趋势是一致的。同

一生长阶段中不同无性系树干的总木素含量高低各不相同。1 年生生长盛期时，树干总木素含量最高的无性系是 8048，最低的无性系是 8044；1 年生生长末期时，含量最高的是 8044，最低的是 84023；2 年生生长初期时，含量最高的是 3-I，最低的是 8044；2 年生生长盛期时，含量最高的是 84023，最低的是 8044；2 年生生长末期时，含量最高的是 3-I，最低的是 84023。

经双因素方差分析可知，无性系的不同对树干的克拉森木素含量、酸溶木素含量和总木素含量的影响均是不显著的，生长阶段对树干的克拉森木素含量、酸溶木素含量和总木素含量的影响均是显著的（$P<0.01$）。

（2）不同生长阶段刺槐无性系树皮的木素含量　不同生长阶段 5 个刺槐无性系树皮的克拉森木素含量（图 6-63）在 8.83%~20.45%之间，含量最高为 2 年生生长初期 8044 的树皮，最低为 1 年生生长末期 84023 的树皮。5 个无性系树皮的克拉森木素含量随不同生长阶段表现为：8048 和 8044 先下降再上升然后又下降又上升，83002、3-I 和 84023 均是先下降后上升然后再下降。5 个无性系树皮克拉森木素含量最高的生长阶段：83002 为 1 年生生长盛期，84023 为 2 年生生长盛期，8048、8044、3-I 均为 2 年生生长初期。同一生长阶段中不同无性系树皮的克拉森木素含量高低各不相同。1 年生生长盛期时，树皮克拉森木素含量最高的无性系是 83002，最低的无性系是 8048；1 年生生长末期和 2 年生生长初期时，含量最高的是 8044，最低的是 84023；2 年生生长盛期时，含量最高的是 8044，最低的是 8048；2 年生生长末期时，含量最高的是 8044，最低的是 3-I。

不同生长阶段 5 个刺槐无性系树皮的酸溶木素含量（图 6-63）在 4.20%~7.22%之间，含量最高为 2 年生生长盛期 84023 的树皮，最低为 1 年生生长盛期 8044 的树皮。5 个无性系树皮的酸溶木素含量随不同生长阶段表现为：83002 先上升后下降然后再上升，8048 和 84023 先上升再下降，8044 基本上一直上升，3-I 先下降后上升然后再下降。5 个无性系树皮酸溶木素含量最高的生长阶段：83002 和 8044 为 2 年生生长末期，8048、3-I 和 84023 均为 2 年生生长盛期。同一生长阶段中不同无性系树皮的酸溶木素含量高低各不相同。1 年生生长盛期和 2 年生生长末期时，树皮酸溶木素含量最高的无性系是 3-I，最低的无性系是 8044；1 年生生长末期、2 年生生长初期和 2 年生生长盛期时，含量最高的是 84023，最低的是 8044。

不同生长阶段 5 个刺槐无性系树皮的总木素含量（图 6-66）在 14.79%~25.63%之间，含量最高为 2 年生生长初期 8044 的树皮，最低为 1 年生生长末期 84023 的树皮。5 个无性系树皮的总木素含量随不同生长阶段表现为：83002 和 8044 先下降再上升然后又下降又上升，8048 先上升后下降然后再上升，3-I 和 84023 先下降后上升然后再下降。5 个无性系树皮总木素含量最高的生长阶段除无性系 84023 为 2 年生生长盛期之外，其余均是 2 年生生长初期。同一生长阶段中不同无性系树皮的总木素含量高低各不相同。1 年生生长盛期时，树皮总木素含量最高的无性系是 83002，最低的无性系是 8048；1 年生生长末期和 2 年生生长初期时，含量最高的是 8044，最低的是 84023；2 年生生长盛期时，含量最高的是 84023，最低的是 8048；2 年生生长末期时，含量最高的是 8044，最低的是 83002。

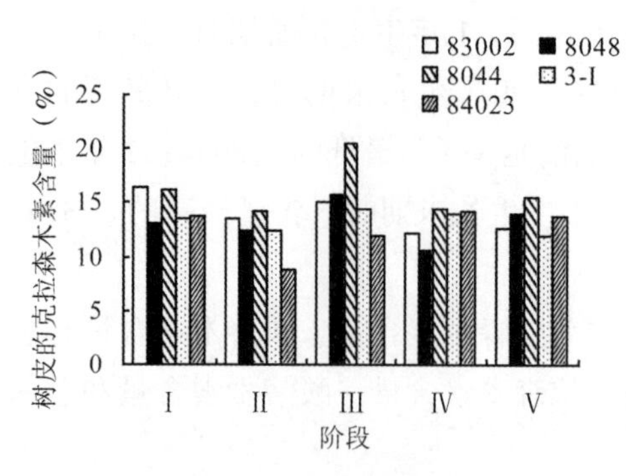

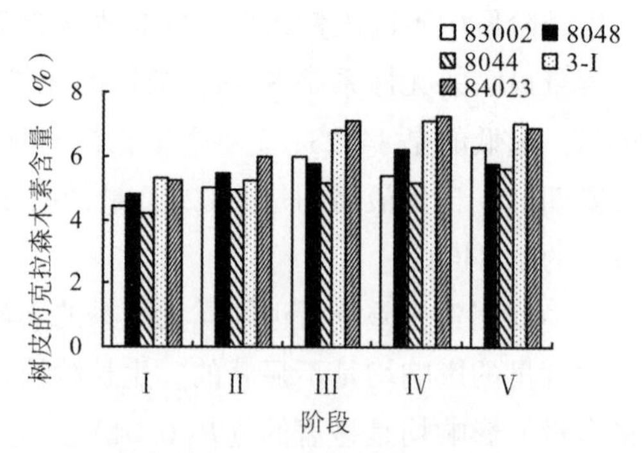

图 6-63　不同刺槐无性系不同生长阶段树皮的克拉森木素含量和酸溶木素含量

经双因素方差分析可知，无性系的不同对树皮的克拉森木素含量的影响是显著的（P<0.05），生长阶段对树皮的克拉森木素含量的影响是不显著的。无性系的不同、生长阶段对树皮的酸溶木素含量的影响均是显著的（P<0.01）。无性系的不同对树皮的总木素含量的影响是不显著的，生长阶段对树皮的总木素含量的影响是显著的（P<0.05）。

（3）不同生长阶段刺槐无性系树枝的木素含量　不同生长阶段5个刺槐无性系树枝的克拉森木素含量（图6-64）在13.11%~22.35%之间，含量最高为1年生生长盛期83002的树枝，最低为2年生生长初期8048的树枝。5个无性系树枝的克拉森木素含量随不同生长阶段表现为：83002先下降再上升然后又下降又上升，其余无性系均是先下降后上升然后再下降。5个无性系树枝克拉森木素含量最高的生长阶段：83002和8048为1年生生长盛期，8044和84023为2年生生长盛期，3-I为2年生生长初期。同一生长阶段中不同无性系树枝的克拉森木素含量高低各不相同。1年生生长盛期和2年生生长末期时，树枝克拉森木素含量最高的无性系是83002，最低的无性系是84023；1年生生长末期时，含量最高的是3-I，最低的是84023；2年生生长初期时，含量最高的是3-I，最低的是8048；2年生生长盛期时，含量最高的是8044，最低的是8048。

不同生长阶段5个刺槐无性系树枝的酸溶木素含量在2.52%~4.93%之间（图6-64），含量最高为2年生生长初期84023的树枝，最低为1年生生长盛期8044的树枝。5个无性系树枝的酸溶木素含量随不同生长阶段表现为：83002先下降后上升然后再下降，8048、8044和84023先上升再下降，3-I先下降再上升然后又下降又上升。5个无性系树枝酸溶木素含量最高的生长阶段均为2年生生长初期。同一生长阶段中不同无性系树枝的酸溶木素含量高低各不相同。1年生生长盛期和2年生生长初期时，树枝酸溶木素含量最高的无性系是84023，最低的无性系是8044；1年生生长末期时，含量最高的是84023，最低的是83002；2年生生长盛期时，含量最高的是83002，最低的是8048；2年生生长末期时，含量最高的是3-I，最低的是84023。

不同生长阶段5个刺槐无性系树枝的总木素含量（图6-66）在17.91%~26.12%之间，含量最高为2年生生长初期3-I的树枝，最低为2年生生长初期8048的树枝。5个无性系树枝的总木素含量随不同生长阶段表现为：83002先下降再上升然后又下降又上升，8048、8044、3-I和84023均先下降后上升然后再下降。5个无性系树枝总木素含量最高的

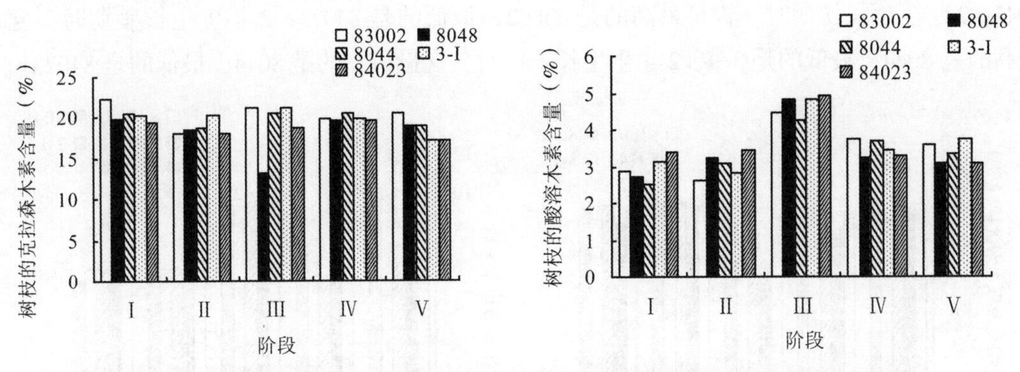

图 6-64　不同刺槐无性系不同生长阶段树枝的克拉森木素含量和酸溶木素含量

生长阶段除无性系 8048 为 2 年生生长盛期之外，其余均是 2 年生生长初期。同一生长阶段中不同无性系树枝的总木素含量高低各不相同。1 年生生长盛期时，树枝总木素含量最高的无性系是 83002，最低的无性系是 8048；1 年生生长末期时，含量最高的是 3-I，最低的是 83002；2 年生生长初期时，含量最高的是 3-I，最低的是 8048；2 年生生长盛期时，含量最高的是 8044，最低的是 8048；2 年生生长末期时，含量最高的是 83002，最低的是 84023。

经双因素方差分析可知，无性系的不同、生长阶段对树枝克拉森木素含量和总木素含量的影响均是不显著的。无性系的不同对树枝的酸溶木素含量的影响是不显著的，生长阶段对树枝的酸溶木素含量的影响是显著的（$P<0.01$）。

（4）不同生长阶段刺槐无性系树叶的木素含量　不同生长阶段 5 个刺槐无性系树叶的克拉森木素含量（图 6-65）在 17.07%～27.07%之间，含量最高为 1 年生生长盛期 8044 的树叶，最低为 2 年生生长初期 8048 的树叶。5 个无性系树叶的克拉森木素含量随不同生长阶段表现为：3-I 先上升再下降然后又上升又下降，其余无性系均是先下降后上升然后再下降。5 个无性系树叶克拉森木素含量最高的生长阶段：83002 和 8044 为 1 年生生长盛期，其余无性系均为 2 年生生长盛期。同一生长阶段中不同无性系树叶的克拉森木素含量高低各不相同。1 年生生长盛期时，树叶克拉森木素含量最高的无性系是 8044，最低的无性系是 3-I；1 年生生长末期和 2 年生生长盛期时，含量最高的是 84023，最低的是 8048；2 年生生长初期时，含量最高的是 83002，最低的是 8048；2 年生生长末期时，含量最高的是 8044，最低的是 8048。

不同生长阶段 5 个刺槐无性系树叶的酸溶木素含量（图 6-65）在 5.44%～10.89%之间，含量最高为 2 年生生长初期 83002 的树叶，最低为 2 年生生长末期 84023 的树叶。5 个无性系树叶的酸溶木素含量随不同生长阶段表现为：3-I 先下降再上升然后又下降又上升，其余无性系均先下降后上升然后再下降。5 个无性系树叶酸溶木素含量最高的生长阶段除无性系 3-I 为 1 年生生长盛期之外，其余均是 2 年生生长初期。同一生长阶段中不同无性系树叶的酸溶木素含量高低各不相同。1 年生生长盛期时，树叶酸溶木素含量最高的无性系是 3-I，最低的无性系是 8044；1 年生生长末期时，含量最高的是 84023，最低的是

8044；2年生生长初期时，含量最高的是83002，最低的是84023；2年生生长盛期时，含量最高的是8044，最低的是3-I；2年生生长末期时，含量最高的是8044，最低的是84023。

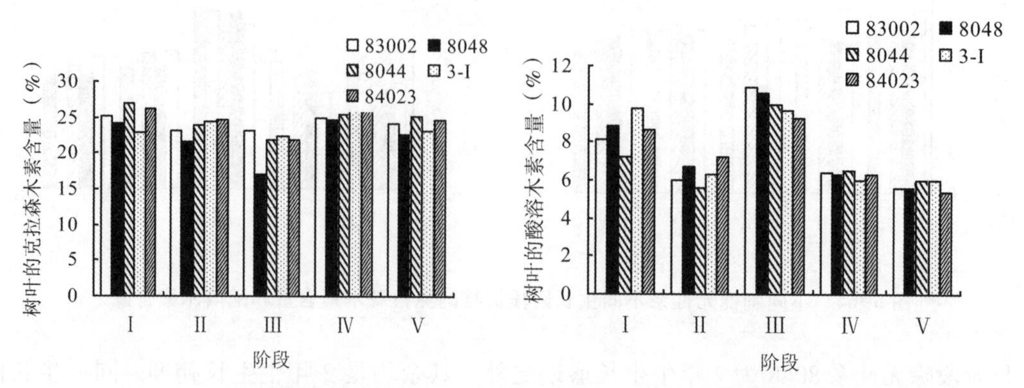

图6-65　不同刺槐无性系不同生长阶段树叶的克拉森木素含量和酸溶木素含量

不同生长阶段5个刺槐无性系树叶的总木素含量（图6-66）在27.63%~34.90%之间，含量最高为1年生生长盛期84023的树叶，最低为2年生生长初期8048的树叶。5个无性系树叶的总木素含量随不同生长阶段均表现为先下降后上升然后再下降。5个无性系树叶总木素含量最高的生长阶段除无性系83002为2年生生长初期之外，其余均是1年生生长盛期。同一生长阶段中不同无性系树叶的总木素含量高低各不相同。1年生生长盛期时，树叶总木素含量最高的无性系是84023，最低的无性系是3-I；1年生生长末期和2年生生长盛期时，含量最高的是84023，最低的是8048；2年生生长初期时，含量最高的是

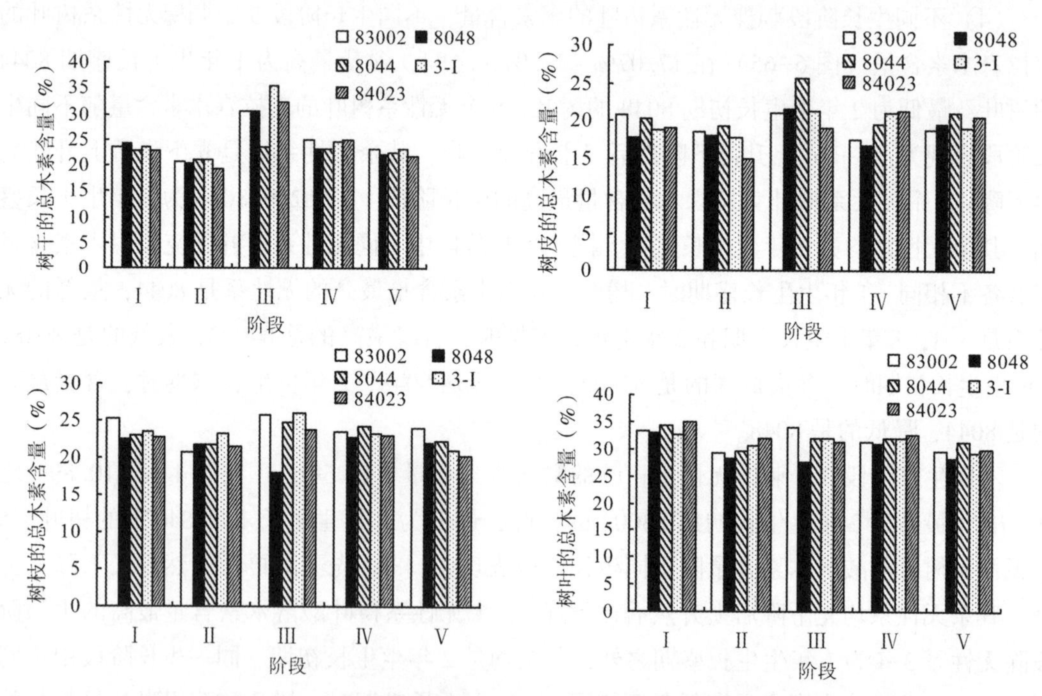

图6-66　不同刺槐无性系不同生长阶段不同器官的总木素含量

83002，最低的是8048；2年生生长末期时，含量最高的是8044，最低的是8048。

经双因素方差分析可知，无性系的不同、生长阶段对树叶的克拉森木素含量和总木素含量的影响均是显著的（$P<0.05$）。无性系的不同对树叶的酸溶木素含量的影响是不显著的，生长阶段对树叶的酸溶木素含量的影响是显著的（$P<0.01$）。

（5）刺槐不同器官木素含量的比较　从整体上来说，刺槐不同器官的克拉森木素含量按照从高到低的顺序依次是树叶、树干、树枝、树皮；不同器官的酸溶木素含量按照从高到低的顺序大体上依次是树叶、树皮、树枝、树干；不同器官的总木素含量按照从高到低的顺序大体上依次是树叶、树干、树枝、树皮，与不同器官的克拉森木素含量顺序大体一致。

6.7.1.2　刺槐不同器官的总木素含量与热值关系

通常所指的木素含量过去一般仅仅指克拉森木素含量，近年来的研究对酸溶木素更加重视，倾向于以克拉森木素和酸溶木素含量之和表示总木素含量，因此，本研究拟采用总木素含量探讨与热值的关系。

（1）生长阶段Ⅰ刺槐无性系不同器官的总木素含量与热值关系　在生长阶段Ⅰ（2008年7月），刺槐不同无性系不同器官的总木素含量与热值的关系见图6-67，由图6-67可以看出，树干、树皮的热值随总木素含量的增加而呈上升趋势，树枝、树叶的热值随总木素含量的增加而呈下降趋势。通过相关分析表明，树干、树皮的总木素含量与干质量热值呈不显著的正相关关系，树枝、树叶的总木素含量与干质量热值呈不显著的负相关关系。

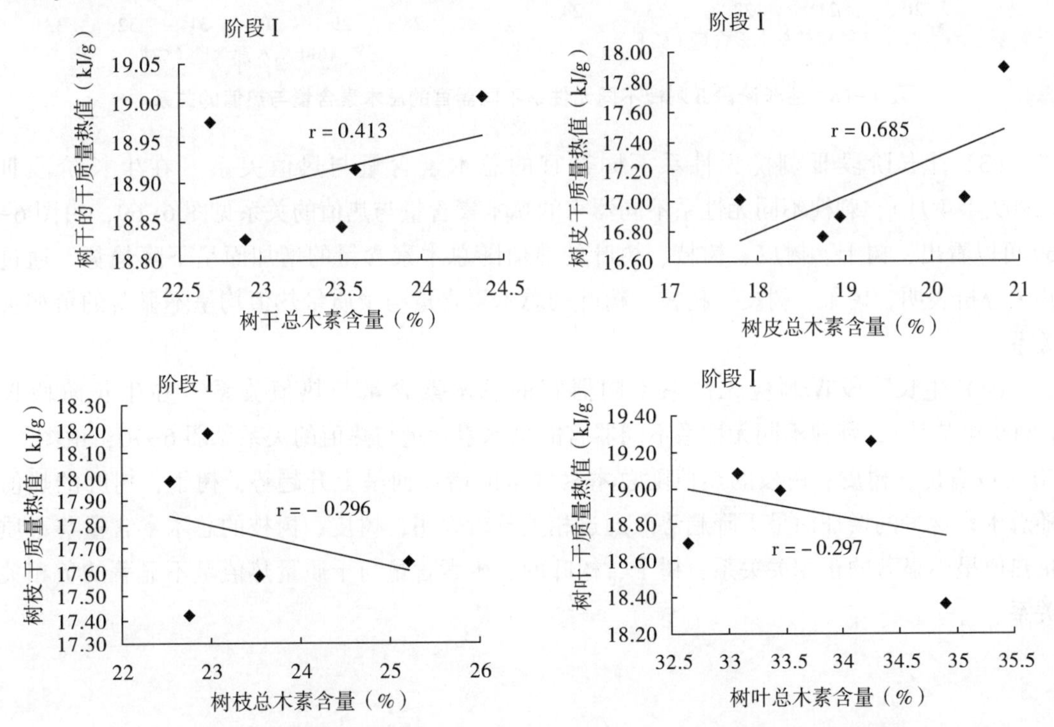

图6-67　生长阶段Ⅰ刺槐不同无性系不同器官的总木素含量与热值的关系

（2）生长阶段Ⅱ刺槐无性系不同器官的总木素含量与热值关系　在生长阶段Ⅱ（2008年10月），刺槐不同无性系不同器官的总木素含量与热值的关系见图6-68，由图6-68可以看出，树干、树皮、树枝、树叶的热值随总木素含量的增加均呈现上升趋势。通过相关分析表明，树干、树皮、树枝、树叶的总木素含量与干质量热值均呈不显著的正相关关系。

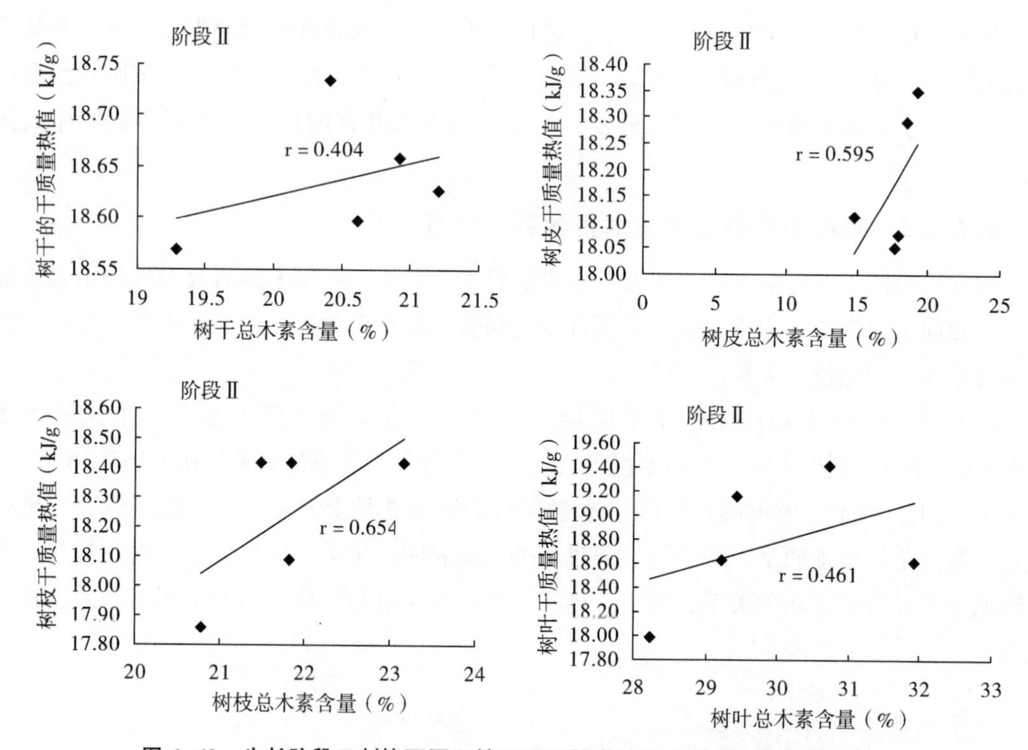

图6-68　生长阶段Ⅱ刺槐不同无性系不同器官的总木素含量与热值的关系

（3）生长阶段Ⅲ刺槐无性系不同器官的总木素含量与热值关系　在生长阶段Ⅲ（2009年4月），刺槐不同无性系不同器官的总木素含量与热值的关系见图6-69，由图6-69可以看出，树干、树皮、树枝、树叶的热值随总木素含量的增加而呈下降趋势。通过相关分析表明，树干、树皮、树枝、树叶的总木素含量与干质量热值均呈不显著的负相关关系。

（4）生长阶段Ⅳ刺槐无性系不同器官的总木素含量与热值关系　在生长阶段Ⅳ（2009年7月），刺槐不同无性系不同器官的总木素含量与热值的关系见图6-70，由图6-70可以看出，树皮、树枝的热值随总木素含量的增加而呈上升趋势，树干、树叶的热值随总木素含量的增加而呈下降趋势。通过相关分析表明，树皮、树枝的总木素含量与干质量热值呈不显著的正相关关系，树干、树叶的总木素含量与干质量热值呈不显著的负相关关系。

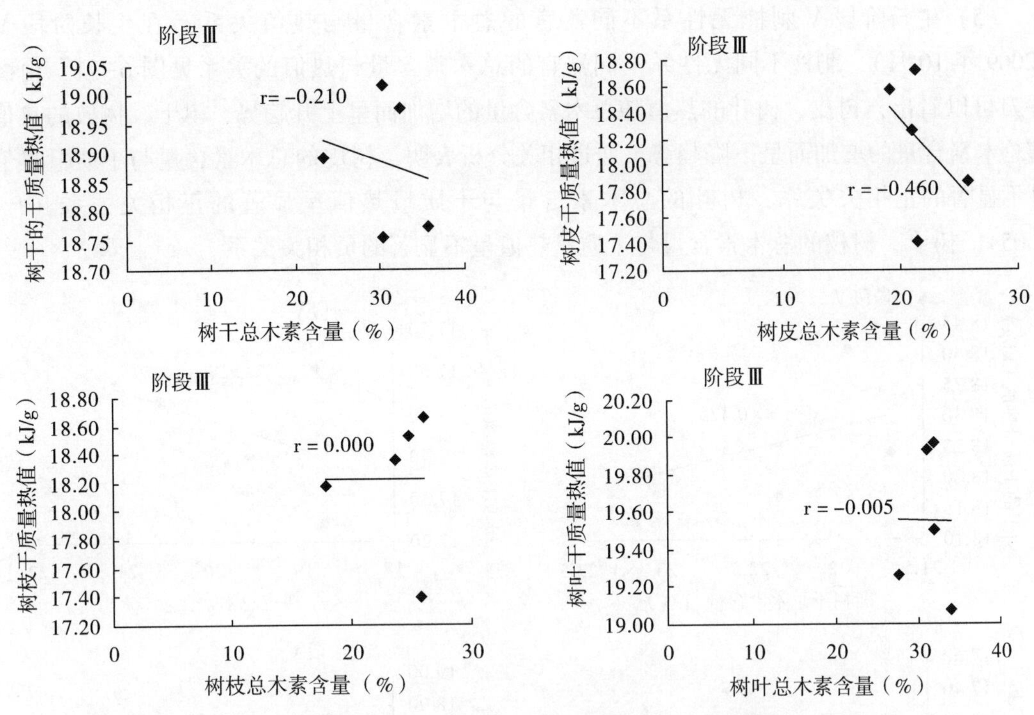

图 6-69　生长阶段Ⅲ刺槐不同无性系不同器官的总木素含量与热值的关系

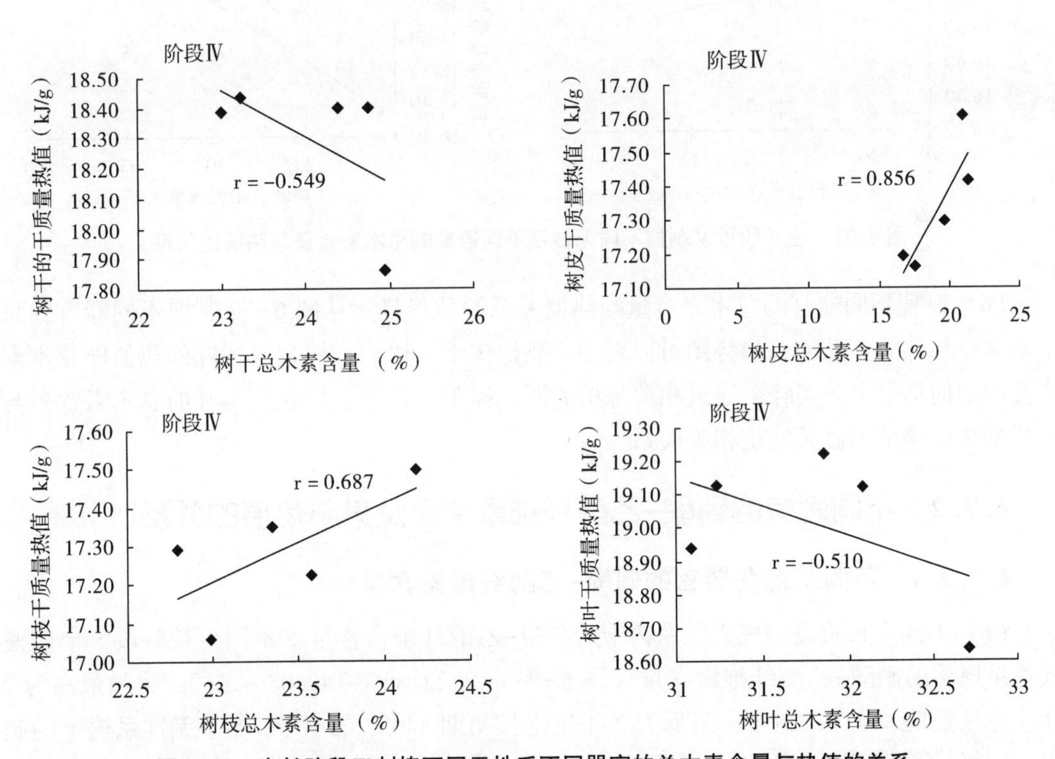

图 6-70　生长阶段Ⅳ刺槐不同无性系不同器官的总木素含量与热值的关系

（5）生长阶段Ⅴ刺槐无性系不同器官的总木素含量与热值关系　在生长阶段Ⅴ（2009年10月），刺槐不同无性系不同器官的总木素含量与热值的关系见图6-71，由图6-71可以看出，树皮、树叶的热值随总木素含量的增加而呈上升趋势，树干、树枝的热值随总木素含量的增加而呈下降趋势。通过相关分析表明，树皮的总木素含量与干质量热值呈不显著的正相关关系，树叶的总木素含量与干质量热值呈显著的正相关关系（$P<0.05$），树干、树枝的总木素含量与干质量热值呈不显著的负相关关系。

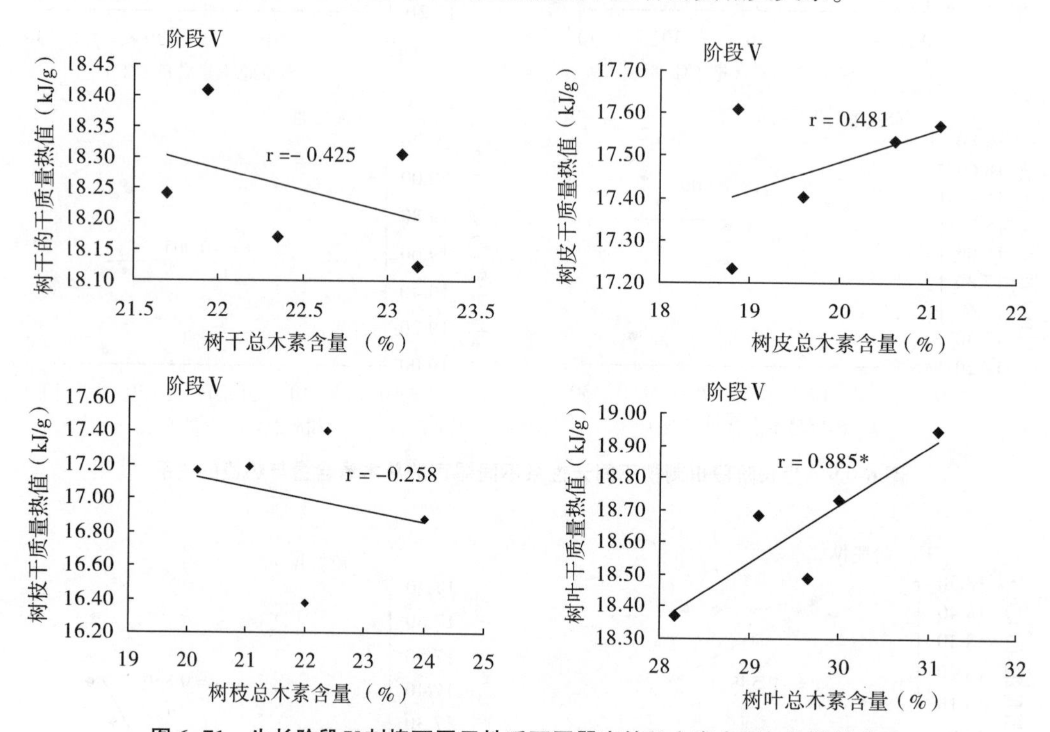

图6-71　生长阶段Ⅴ刺槐不同无性系不同器官的总木素含量与热值的关系

（6）刺槐不同器官的总木素含量与热值关系的总趋势　从图6-72刺槐不同器官的总木素含量与热值关系的总趋势图可以看出，刺槐树干、树皮、树枝、树叶的热值随总木素含量的增加均呈上升趋势，通过相关分析表明，树干、树皮、树枝、树叶的总木素含量与干质量热值均呈不显著的正相关关系。

6.7.2　不同刺槐的硝酸-乙醇纤维素含量及其与热值的关系

6.7.2.1　不同刺槐各器官的硝酸-乙醇纤维素含量

（1）不同生长阶段刺槐无性系树干的硝酸-乙醇纤维素含量　不同生长阶段5个刺槐无性系树干的硝酸-乙醇纤维素含量（图6-73）在32.86%~42.03%之间，含量最高为2年生生长盛期84023的树干，最低为2年生生长初期84023的树干。5个无性系树干的硝酸-乙醇纤维素含量随不同生长阶段表现为：除了无性系3-I为先上升再下降然后又上升又下降之外，其余无性系均为先下降后上升然后再下降的趋势，其中含量最高的生长阶段均是2年生生长盛期。同一生长阶段中不同无性系树干的硝酸-乙醇纤维素含量高低各不

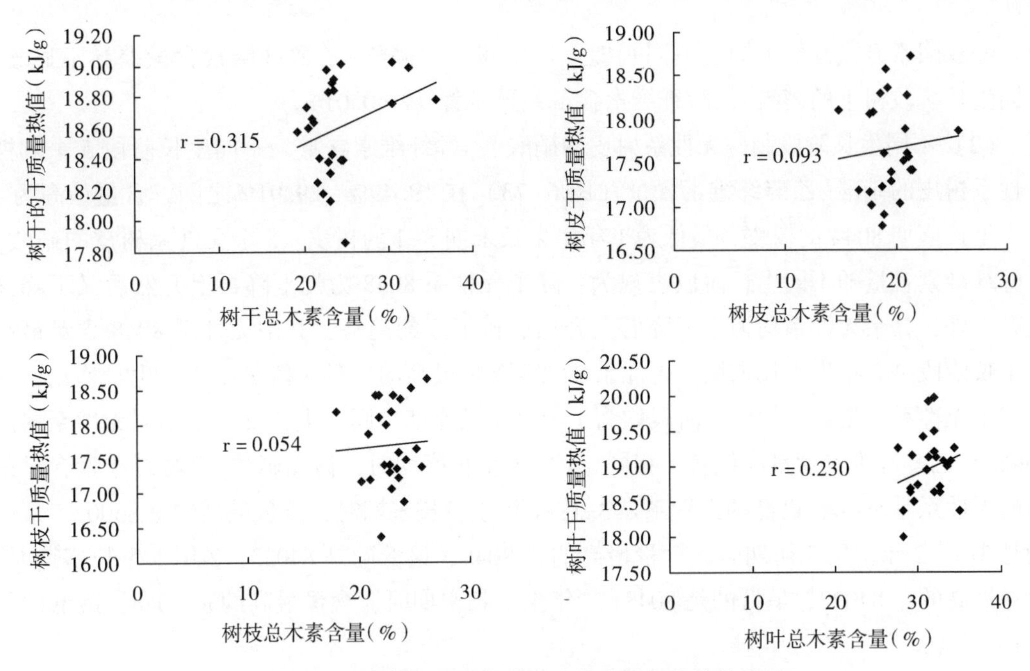

图 6-72　刺槐不同器官的总木素含量与热值的关系

相同。1 年生生长盛期时，树干硝酸-乙醇纤维素含量最高的无性系是 8044，最低的无性系是 3-I；1 年生生长末期时，含量最高的是 3-I，最低的是 84023；2 年生生长初期时，含量最高的是 8044，最低的是 84023；2 年生生长盛期时，含量最高的是 84023，最低的是 3-I；2 年生生长末期时，含量最高的是 83002，最低的是 8044。

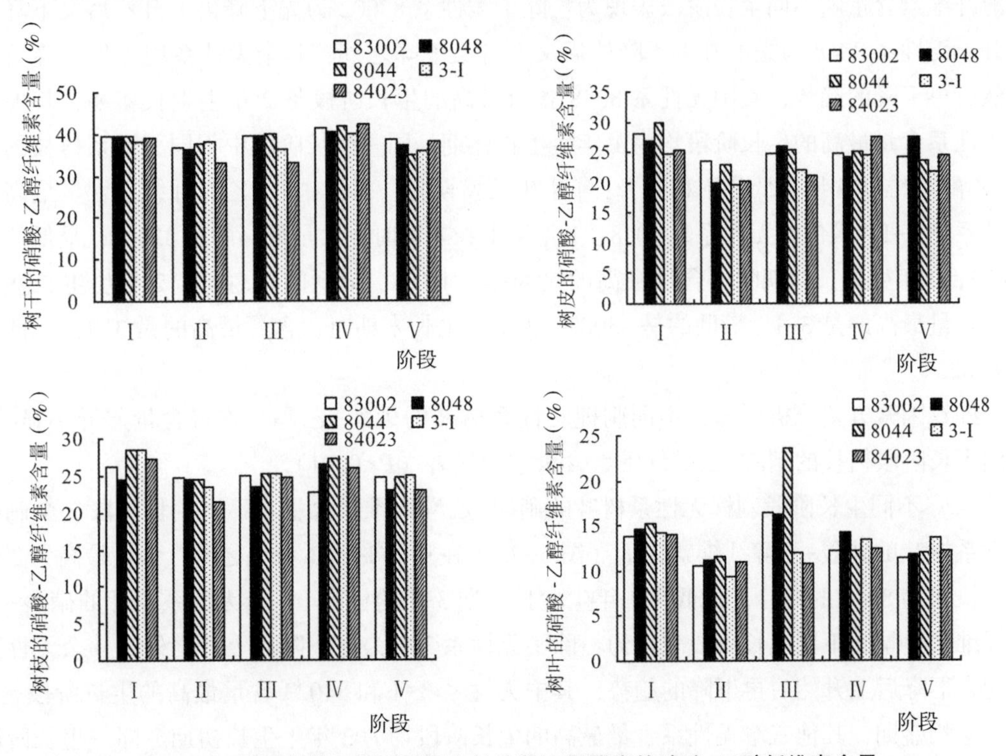

图 6-73　不同刺槐无性系不同生长阶段不同器官的硝酸-乙醇纤维素含量

经双因素方差分析可知，不同刺槐无性系树干的硝酸–乙醇纤维素含量差异不显著，不同生长阶段树干的硝酸–乙醇纤维素含量差异显著（$P<0.01$）。

（2）不同生长阶段刺槐无性系树皮的硝酸–乙醇纤维素含量　不同生长阶段 5 个刺槐无性系树皮的硝酸–乙醇纤维素含量（图 6–73）在 19.49%～29.91%之间，含量最高为 1 年生生长盛期 8044 的树皮，最低为 1 年生生长末期 3–I 的树皮。5 个无性系树皮的硝酸–乙醇纤维素含量随不同生长阶段表现为：除了无性系 8048 为先下降再上升然后又下降又上升之外，其余无性系均为先下降后上升然后再下降的趋势，其中无性系 8048 含量最高的生长阶段是 2 年生生长末期，无性系 84023 含量最高的生长阶段是 2 年生生长盛期，其他三个无性系含量最高的生长阶段均为 1 年生生长盛期。同一生长阶段中不同无性系树皮的硝酸–乙醇纤维素含量高低各不相同。1 年生生长盛期时，树皮硝酸–乙醇纤维素含量最高的无性系是 8044，最低的无性系是 3–I；1 年生生长末期时，含量最高的是 83002，最低的是 3–I；2 年生生长初期时，含量最高的是 8048，最低的是 84023；2 年生生长盛期时，含量最高的是 84023，最低的是 8048；2 年生生长末期时，含量最高的是 8048，最低的是 3–I。

经双因素方差分析可知，不同刺槐无性系树皮的硝酸–乙醇纤维素含量差异不显著，不同生长阶段树皮的硝酸–乙醇纤维素含量差异显著（$P<0.01$）。

（3）不同生长阶段刺槐无性系树枝的硝酸–乙醇纤维素含量　不同生长阶段 5 个刺槐无性系树枝的硝酸–乙醇纤维素含量（图 6–73）在 21.32%～28.52%之间，含量最高为 1 年生生长盛期 3–I 的树枝，最低为 1 年生生长末期 84023 的树枝。5 个无性系树枝的硝酸–乙醇纤维素含量随不同生长阶段表现为：除了无性系 83002 为先下降再上升然后又下降又上升、无性系 8048 为先上升再下降然后又上升又下降之外，其余无性系均为先下降后上升然后再下降的趋势，其中无性系 8048 含量最高的生长阶段是 2 年生生长盛期，其他四个无性系含量最高的生长阶段均为 1 年生生长盛期。同一生长阶段中不同无性系树枝的硝酸–乙醇纤维素含量高低各不相同。1 年生生长盛期时，树枝硝酸–乙醇纤维素含量最高的无性系是 3–I，最低的无性系是 8048；1 年生生长末期时，含量最高的是 83002，最低的是 84023；2 年生生长初期时，含量最高的是 8044 和 3–I，最低的是 8048；2 年生生长盛期时，含量最高的是 3–I，最低的是 83002；2 年生生长末期时，含量最高的是 3–I，最低的是 84023。

经双因素方差分析可知，不同刺槐无性系树枝的硝酸–乙醇纤维素含量差异不显著，不同生长阶段树枝的硝酸–乙醇纤维素含量差异显著（$P<0.01$）。

（4）不同生长阶段刺槐无性系树叶的硝酸–乙醇纤维素含量　不同生长阶段 5 个刺槐无性系树叶的硝酸–乙醇纤维素含量（图 6–73）在 9.41%～23.48%之间，含量最高为 2 年生生长初期 8044 的树叶，最低为 1 年生生长末期 3–I 的树叶。5 个无性系树叶的硝酸–乙醇纤维素含量随不同生长阶段表现为：除了无性系 3–I 为先下降后上升之外，其余无性系均为先下降后上升然后再下降的趋势，其中无性系 3–I 和 84023 含量最高的生长阶段是 1 年生生长盛期，其他三个无性系含量最高的生长阶段均为 2 年生生长初期。同一生长阶段

中不同无性系树叶的硝酸-乙醇纤维素含量高低各不相同。1年生生长盛期时，树叶硝酸-乙醇纤维素含量最高的无性系是8044，最低的无性系是83002；1年生生长末期时，含量最高的是8044，最低的是3-I；2年生生长初期时，含量最高的是8044，最低的是84023；2年生生长盛期时，含量最高的是8048，最低的是83002；2年生生长末期时，含量最高的是3-I，最低的是83002。

经双因素方差分析可知，不同刺槐无性系树叶的硝酸-乙醇纤维素含量差异不显著，不同生长阶段树叶的硝酸-乙醇纤维素含量差异显著（$P<0.05$）。

（5）刺槐不同器官的硝酸-乙醇纤维素含量的比较　从整体上来说，刺槐不同器官的硝酸-乙醇纤维素含量按照从高到低的顺序依次是树干、树枝、树皮、树叶，与不同器官的木质素含量顺序不同。

6.7.2.2　刺槐不同器官的硝酸-乙醇纤维素含量与热值关系

（1）生长阶段Ⅰ刺槐无性系不同器官的硝酸-乙醇纤维素含量与热值关系　在生长阶段Ⅰ（2008年7月），刺槐无性系不同器官的硝酸-乙醇纤维素含量与热值的关系如图6-74，可以看出，树干、树皮、树叶的热值随硝酸-乙醇纤维素含量的增加而呈上升趋势，树枝的热值随硝酸-乙醇纤维素含量的增加而呈下降趋势。通过相关分析表明，树干、树皮、树叶的硝酸-乙醇纤维素含量与干质量热值呈不显著的正相关关系，树枝的硝酸-乙醇纤维素含量与干质量热值呈不显著的负相关关系。

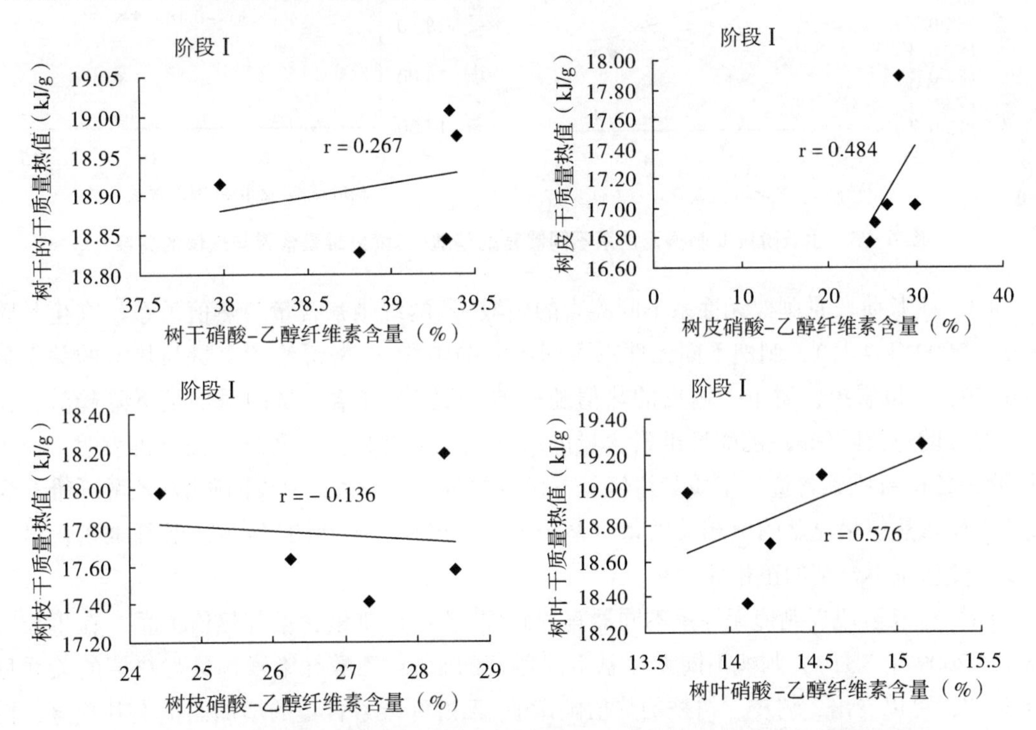

图6-74　生长阶段Ⅰ刺槐无性系不同器官的硝酸-乙醇纤维素含量与热值的关系

（2）生长阶段Ⅱ刺槐无性系不同器官的硝酸-乙醇纤维素含量与热值关系　在生长阶

段Ⅱ（2008 年 10 月），刺槐无性系不同器官的硝酸-乙醇纤维素含量与热值的关系见图 6-75，可以看出，树干、树皮的热值随硝酸-乙醇纤维素含量的增加而呈上升趋势，树枝、树叶的热值随硝酸-乙醇纤维素含量的增加而呈下降趋势。通过相关分析表明，树干的硝酸-乙醇纤维素含量与干质量热值呈不显著的正相关关系，树皮的硝酸-乙醇纤维素含量与干质量热值呈显著的正相关关系（$P<0.05$），树枝、树叶的硝酸-乙醇纤维素含量与干质量热值呈不显著的负相关关系。

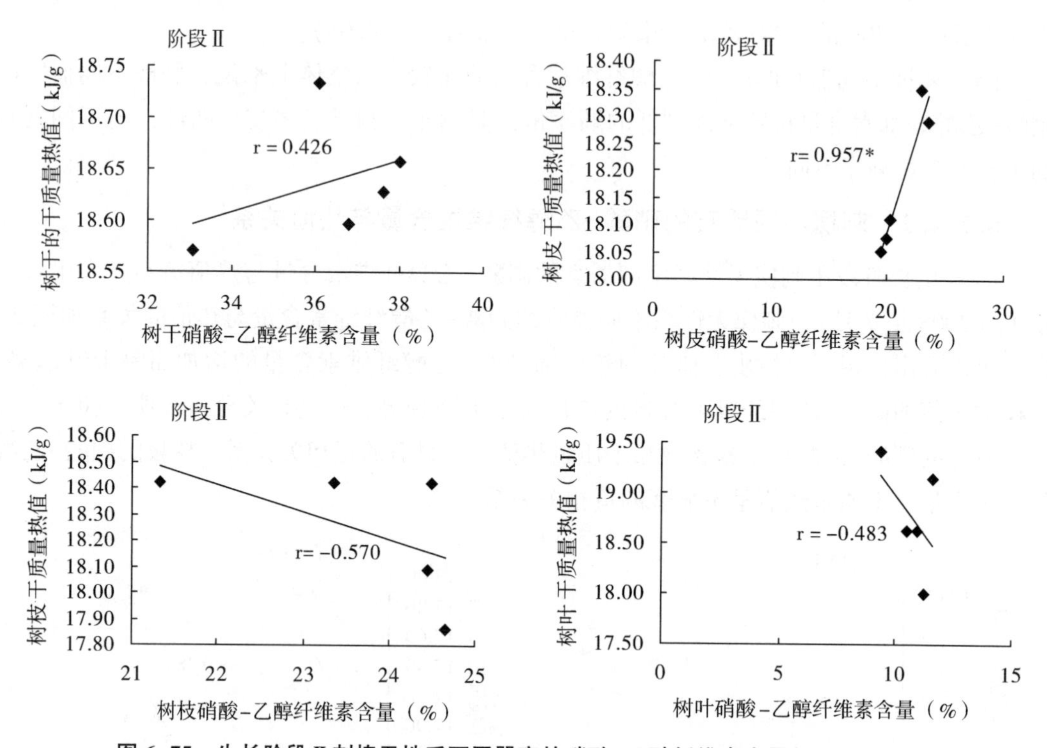

图 6-75　生长阶段Ⅱ刺槐无性系不同器官的硝酸-乙醇纤维素含量与热值的关系

（3）生长阶段Ⅲ刺槐无性系不同器官的硝酸-乙醇纤维素含量与热值关系　在生长阶段Ⅲ（2009 年 4 月），刺槐不同无性系不同器官的硝酸-乙醇纤维素含量与热值的关系见图 6-76，可以看出，树干、树皮的热值随硝酸-乙醇纤维素含量的增加呈下降趋势，树枝、树叶的热值随硝酸-乙醇纤维素含量的增加而呈上升趋势。通过相关分析表明，树干的硝酸-乙醇纤维素含量与干质量热值呈不显著的负相关关系，树皮的硝酸-乙醇纤维素含量与干质量热值呈显著的负相关关系（$P<0.05$），树枝、树叶的硝酸-乙醇纤维素含量与干质量热值呈不显著的正相关关系。

（4）生长阶段Ⅳ刺槐无性系不同器官的硝酸-乙醇纤维素含量与热值关系　在生长阶段Ⅳ（2009 年 7 月），刺槐不同无性系不同器官的硝酸-乙醇纤维素含量与热值的关系见图 6-77，可以看出，树皮、树枝的热值随硝酸-乙醇纤维素含量的增加而呈上升趋势，树干、树叶的热值随硝酸-乙醇纤维素含量的增加而呈下降趋势。通过相关分析表明，树皮、树枝的硝酸-乙醇纤维素与干质量热值呈不显著的正相关关系，树干、树叶的硝酸-乙醇纤维素含量与干质量热值呈不显著的负相关关系。

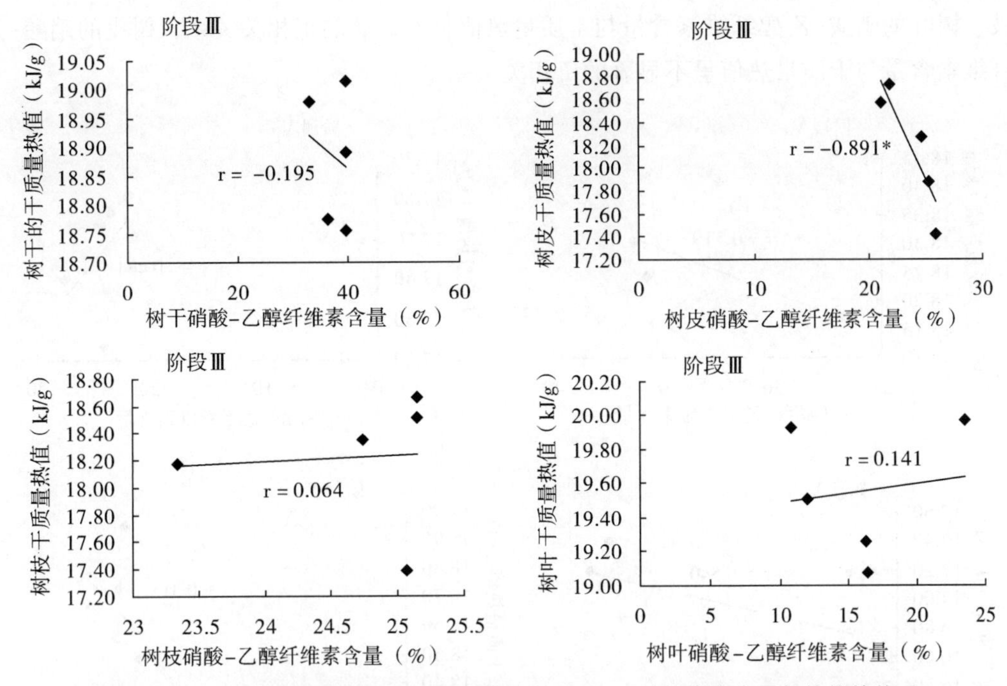

图 6-76　生长阶段Ⅲ刺槐无性系不同器官的硝酸-乙醇纤维素含量与热值的关系

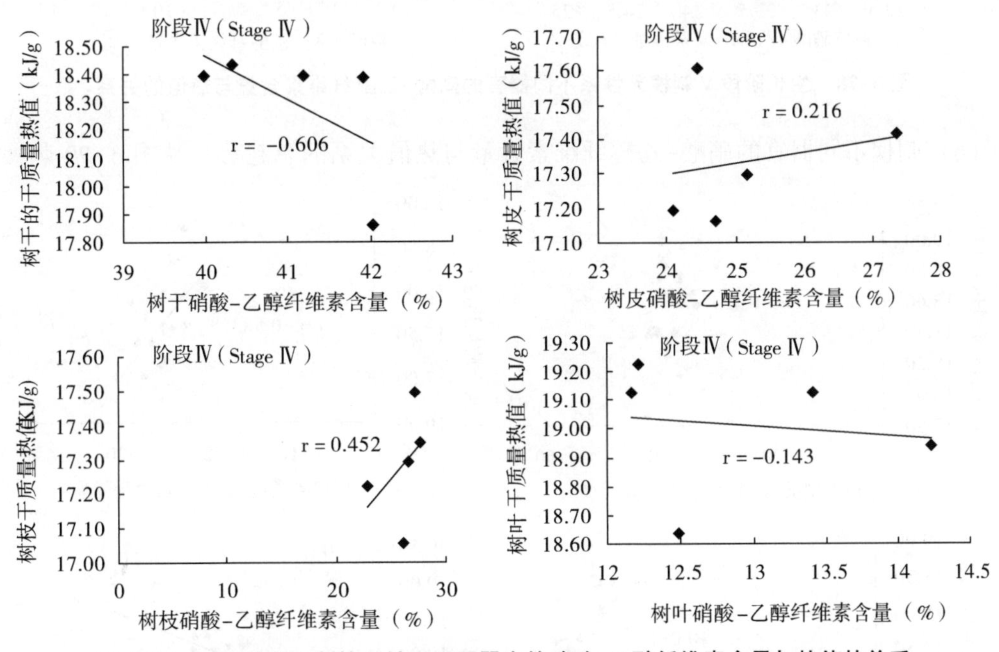

图 6-77　生长阶段Ⅳ刺槐无性系不同器官的硝酸-乙醇纤维素含量与热值的关系

（5）生长阶段Ⅴ刺槐无性系不同器官的硝酸-乙醇纤维素含量与热值关系　在生长阶段Ⅴ（2009 年 10 月），刺槐不同无性系不同器官的硝酸-乙醇纤维素含量与热值的关系见图 6-78，可以看出，树干、树枝、树叶的热值随硝酸-乙醇纤维素含量的增加而呈上升趋势，树皮的热值随硝酸-乙醇纤维素含量的增加而呈下降趋势。通过相关分析表明，树干、树枝、树叶的硝酸-乙醇纤维素含量与干质量热值呈不显著的正相关关系，树皮的硝酸-乙醇纤维素含量与干质量热值呈不显著的负相关关系。

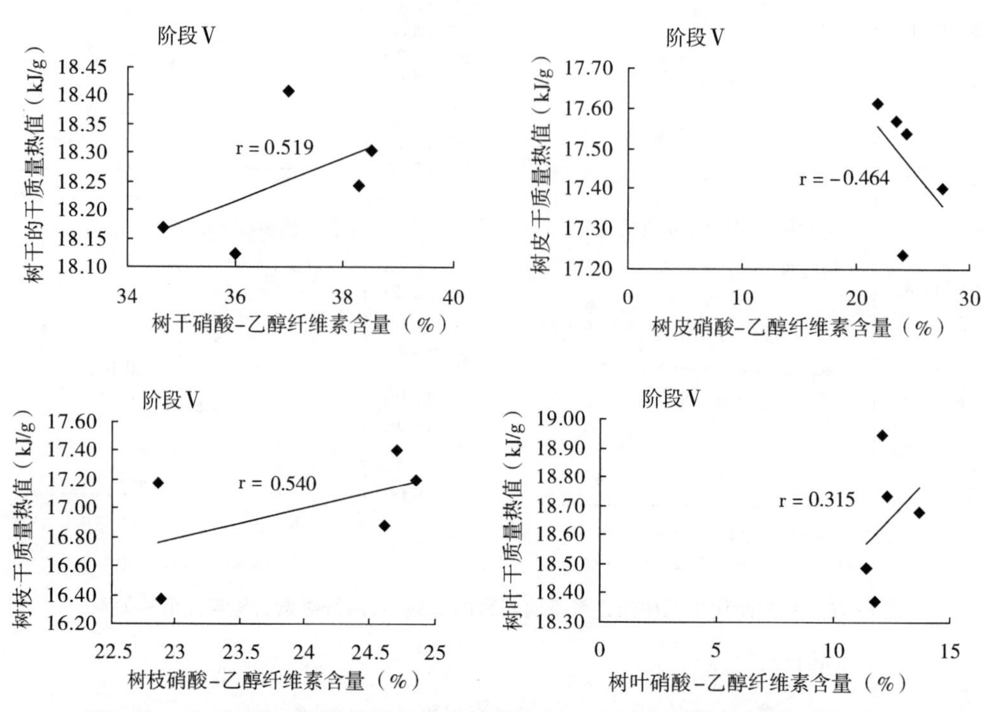

图 6-78　生长阶段V刺槐无性系不同器官的硝酸-乙醇纤维素含量与热值的关系

（6）刺槐不同器官的硝酸-乙醇纤维素含量与热值关系的总趋势　从图 6-79 刺槐不

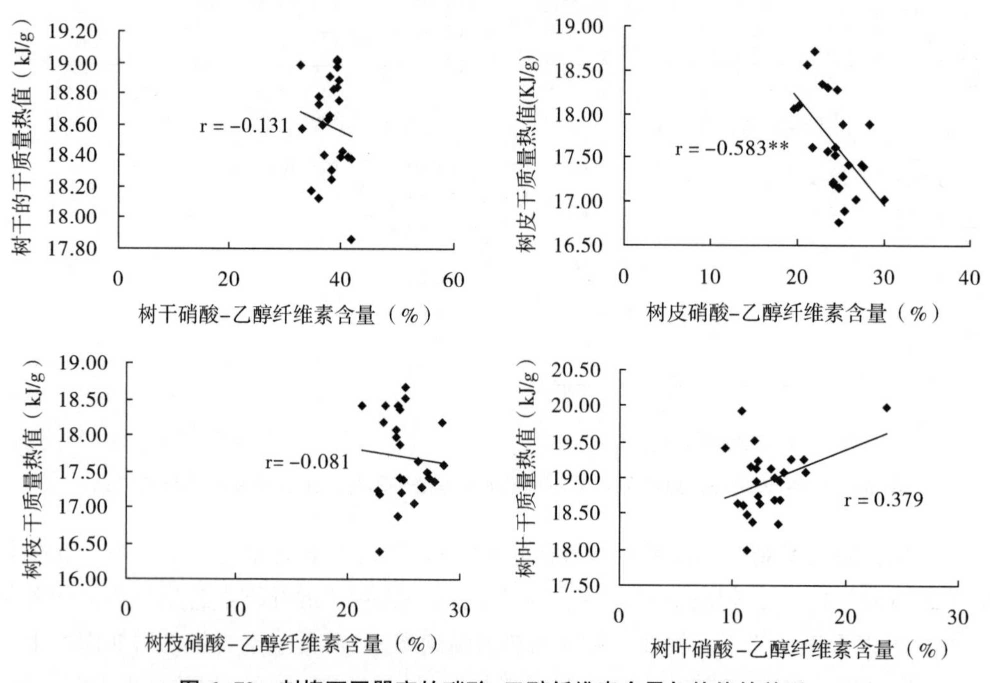

图 6-79　刺槐不同器官的硝酸-乙醇纤维素含量与热值的关系

同器官的硝酸-乙醇纤维素含量与热值关系的总趋势可以看出，刺槐树干、树皮、树枝的热值随硝酸-乙醇纤维素含量的增加均呈下降趋势，树叶的热值随硝酸-乙醇纤维素含量的增加呈上升趋势，通过相关分析表明，树干、树枝的硝酸-乙醇纤维素含量与干质量热值呈不显著的负相关关系，树皮的硝酸-乙醇纤维素含量与干质量热值呈极显著的负相关关系（$P<0.01$），树叶的硝酸-乙醇纤维素含量与干质量热值呈不显著的正相关关系。

6.7.3 不同刺槐的聚戊糖含量及其与热值的关系

聚戊糖是指半纤维素中五碳糖组成的高聚物的总称（石淑兰等，2003）。测定聚戊糖的含量实际上即代表了半纤维素的含量。

6.7.3.1 不同刺槐各器官的聚戊糖含量

（1）不同生长阶段刺槐无性系树干的聚戊糖含量　不同生长阶段 5 个刺槐无性系树干的聚戊糖含量（图 6-80）在 22.59%~29.10%之间，含量最高为 1 年生生长盛期 8044 的树干，最低为 2 年生生长末期 84023 的树干。5 个无性系树干的聚戊糖含量随不同生长阶段均表现出先下降后上升然后再下降的变化趋势，其中聚戊糖含量最高的生长阶段除了 83002 为 2 年生生长盛期之外，其他无性系均是 1 年生生长盛期。同一生长阶段中不同无性系树干的聚戊糖含量高低各不相同。1 年生生长盛期时，树干聚戊糖含量最高的无性系是 8044，最低的无性系是 84023；1 年生生长末期时，含量最高的是 3-I，最低的是 8044；2 年生生长初期时，含量最高的是 8044，最低的是 83002；2 年生生长盛期时，含量最高的是 83002，最低的是 84023；2 年生生长末期时，含量最高的是 3-I，最低的是 84023。

经双因素方差分析可知，不同刺槐无性系树干的聚戊糖含量差异不显著，不同生长阶段树干的聚戊糖含量差异显著（$P<0.01$）。

（2）不同生长阶段刺槐无性系树皮的聚戊糖含量　不同生长阶段 5 个刺槐无性系树皮的聚戊糖含量（图 6-80）在 14.02%~18.62%之间，含量最高为 1 年生生长盛期 8044 的树皮，最低为 2 年生生长末期 84023 的树皮，与树干的最高和最低聚戊糖含量所在的生长阶段、无性系均是一致的。5 个无性系树皮的聚戊糖含量随不同生长阶段均表现出先下降后上升然后再下降的变化趋势，这与树干的聚戊糖含量随不同生长阶段的变化趋势是一致的。其中聚戊糖含量最高的生长阶段除了 3-I 和 84023 为 2 年生生长初期之外，其他无性系均是 1 年生生长盛期。同一生长阶段中不同无性系树皮的聚戊糖含量高低各不相同。1 年生生长盛期时，树皮聚戊糖含量最高的无性系是 8044，最低的无性系是 8048；1 年生生长末期时，含量最高的是 8044，最低的是 3-I；2 年生生长初期时，含量最高的是 84023，最低的是 8048；2 年生生长盛期时，含量最高的是 83002，最低的是 84023；2 年生生长末期时，含量最高的是 3-I，最低的是 84023。

经双因素方差分析可知，不同刺槐无性系树皮的聚戊糖含量差异不显著，不同生长阶段树皮的聚戊糖含量差异显著（$P<0.01$）。

（3）不同生长阶段刺槐无性系树枝的聚戊糖含量　不同生长阶段 5 个刺槐无性系树枝的聚戊糖含量（图 6-80）在 17.28%~23.02%之间，含量最高为 1 年生生长盛期 8044 的

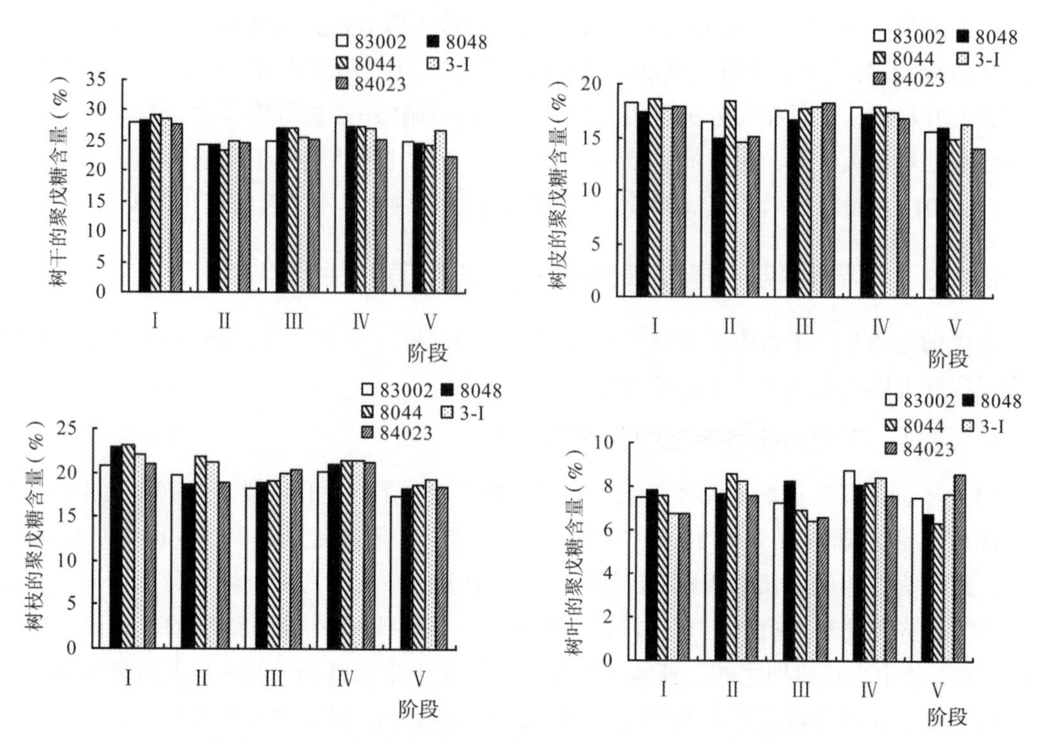

图 6-80　不同刺槐无性系不同生长阶段不同器官的聚戊糖含量

树枝，最低为 2 年生生长末期 83002 的树枝，最高聚戊糖含量所在的生长阶段、无性系与树干、树皮均是一致的。5 个无性系树枝的聚戊糖含量随不同生长阶段均表现出先下降后上升然后再下降的变化趋势，这与树干、树皮的聚戊糖含量随不同生长阶段的变化趋势是一致的。其中聚戊糖含量最高的生长阶段除了 84023 为 2 年生生长盛期之外，其他无性系均是 1 年生生长盛期。同一生长阶段中不同无性系树枝的聚戊糖含量高低各不相同。1 年生生长盛期和 2 年生生长盛期时，树枝聚戊糖含量最高的无性系是 8044，最低的无性系是 83002；1 年生生长末期时，含量最高的是 8044，最低的是 8048；2 年生生长初期时，含量最高的是 84023，最低的是 83002；2 年生生长末期时，含量最高的是 3-I，最低的是 83002。

经双因素方差分析可知，不同刺槐无性系树枝的聚戊糖含量差异显著（$P<0.05$），不同生长阶段树枝的聚戊糖含量差异显著（$P<0.01$）。

（4）不同生长阶段刺槐无性系树叶的聚戊糖含量　不同生长阶段 5 个刺槐无性系树叶的聚戊糖含量（图 6-80）在 6.35%~8.74%之间，含量最高为 2 年生生长盛期 83002 的树叶，最低为 2 年生生长末期 8044 的树叶，5 个无性系树叶的聚戊糖含量随不同生长阶段除了 8048 表现出先下降后上升然后再下降的变化趋势之外，其他无性系均表现出先上升再下降然后又上升又下降的趋势。这与树干、树皮、树枝的聚戊糖含量随不同生长阶段的变化均不同。每个无性系树叶聚戊糖含量最高的生长阶段基本上各不相同，83002 和 3-I 树叶聚戊糖含量最高的生长阶段是 2 年生生长盛期，8048 为 2 年生生长初期，8044 为 1 年

生生长末期，84023为2年生生长末期。同一生长阶段中不同无性系树叶的聚戊糖含量高低各不相同。1年生生长盛期和2年生生长初期时，树叶聚戊糖含量最高的无性系是8048，最低的无性系是3-I；1年生生长末期时，含量最高的是8044，最低的是84023；2年生生长盛期时，含量最高是83002，最低的是84023；2年生生长末期时，含量最高的是84023，最低的是8044。

经双因素方差分析可知，不同刺槐无性系、不同生长阶段树叶的聚戊糖含量差异均不显著（$P<0.01$）。

（5）刺槐不同器官的聚戊糖含量的比较　刺槐各个阶段各个无性系不同器官的聚戊糖含量按照从高到低的顺序均依次是树干、树枝、树皮、树叶，与不同器官的木质素含量顺序不同，与不同器官的硝酸-乙醇纤维素含量大致相同，不同器官的硝酸-乙醇纤维素含量和聚戊糖含量均为树叶最低、树干最高。

6.7.3.2　刺槐不同器官的聚戊糖含量与热值关系

（1）生长阶段Ⅰ刺槐无性系不同器官的聚戊糖含量与热值关系　在生长阶段Ⅰ（2008年7月），刺槐不同无性系不同器官的聚戊糖含量与热值的关系见图6-81，可以看出，树干、树皮、树枝、树叶的热值随聚戊糖含量的增加均呈上升趋势。通过相关分析表明，树干、树皮、树枝和树叶的聚戊糖含量与干质量热值均呈不显著的正相关关系。

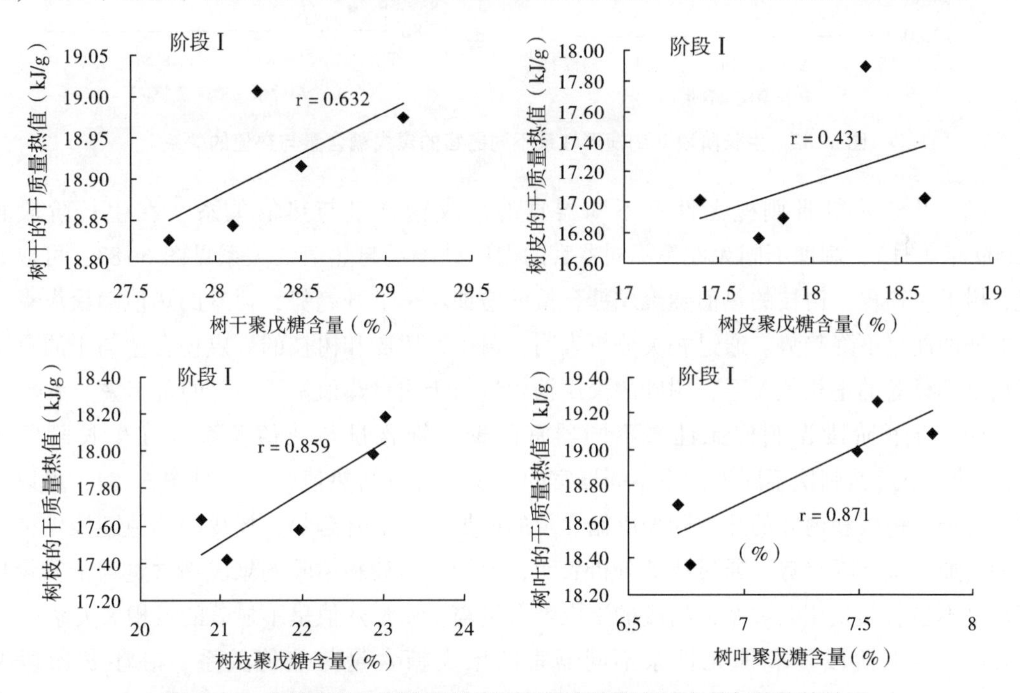

图6-81　生长阶段Ⅰ刺槐无性系不同器官的聚戊糖含量与热值的关系

（2）生长阶段Ⅱ刺槐无性系不同器官的聚戊糖含量与热值关系　在生长阶段Ⅱ（2008年10月），刺槐不同无性系不同器官的聚戊糖含量与热值的关系见图6-82，可以看出，树皮、树枝和树叶的热值随聚戊糖含量的增加而呈上升趋势，只有树干的热值随聚戊糖含量的增加呈下降趋势。通过相关分析表明，树干的聚戊糖含量与干质量热值呈不显著的负相关关系，树皮的聚戊糖含量与干质量热值呈显著的正相关关系（$P<0.05$），树枝、树叶的聚戊糖与干质量热值呈不显著的正相关关系。

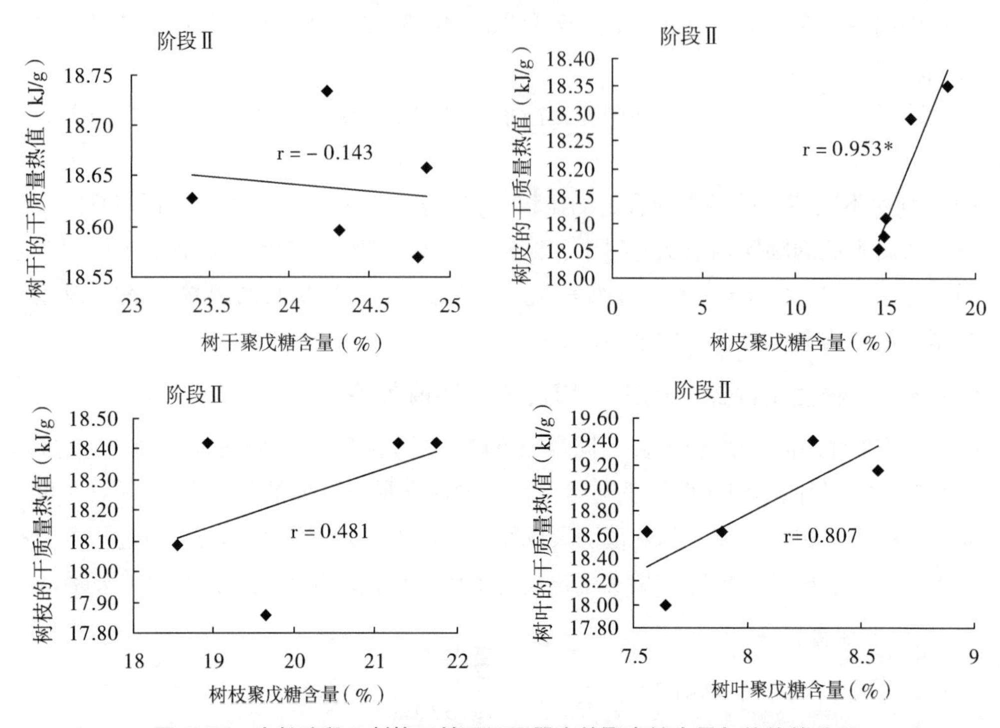

图 6-82　生长阶段Ⅱ刺槐无性系不同器官的聚戊糖含量与热值的关系

（3）生长阶段Ⅲ刺槐无性系不同器官的聚戊糖含量与热值关系　在生长阶段Ⅲ（2009 年 4 月），刺槐不同无性系不同器官的聚戊糖含量与热值的关系见图 6-83，可以看出，树干、树皮、树枝的热值随聚戊糖含量的增加均呈上升趋势，树叶的热值随聚戊糖含量的增加而呈下降趋势。通过相关分析表明，树干、树皮和树枝的聚戊糖含量与干质量热值均呈不显著的正相关关系，树叶的聚戊糖含量与干质量热值呈不显著的负相关关系。

（4）生长阶段Ⅳ刺槐无性系不同器官的聚戊糖含量与热值关系　在生长阶段Ⅳ（2009 年 7 月），刺槐不同无性系不同器官的聚戊糖含量与热值的关系见图 6-84，可以看出，树干、树枝和树叶的热值随聚戊糖含量的增加而呈上升趋势，树皮的热值随聚戊糖含量的增加而呈下降趋势。通过相关分析表明，树干、树枝和树叶的聚戊糖含量与干质量热值均呈不显著的正相关关系，树皮的聚戊糖含量与干质量热值呈不显著的负相关关系。

（5）生长阶段Ⅴ刺槐无性系不同器官的聚戊糖含量与热值关系　在生长阶段Ⅴ（2009 年 10 月），刺槐不同无性系不同器官的聚戊糖含量与热值的关系见图 6-85，可以看出，只有树枝的热值随聚戊糖含量的增加呈上升趋势，树干、树皮和树叶的热值随聚戊糖含量的增加均呈下降趋势。通过相关分析表明，树干、树皮和树叶的聚戊糖含量与干质量热值均呈不显著的负相关关系，树枝的聚戊糖含量与干质量热值呈不显著的正相关关系。

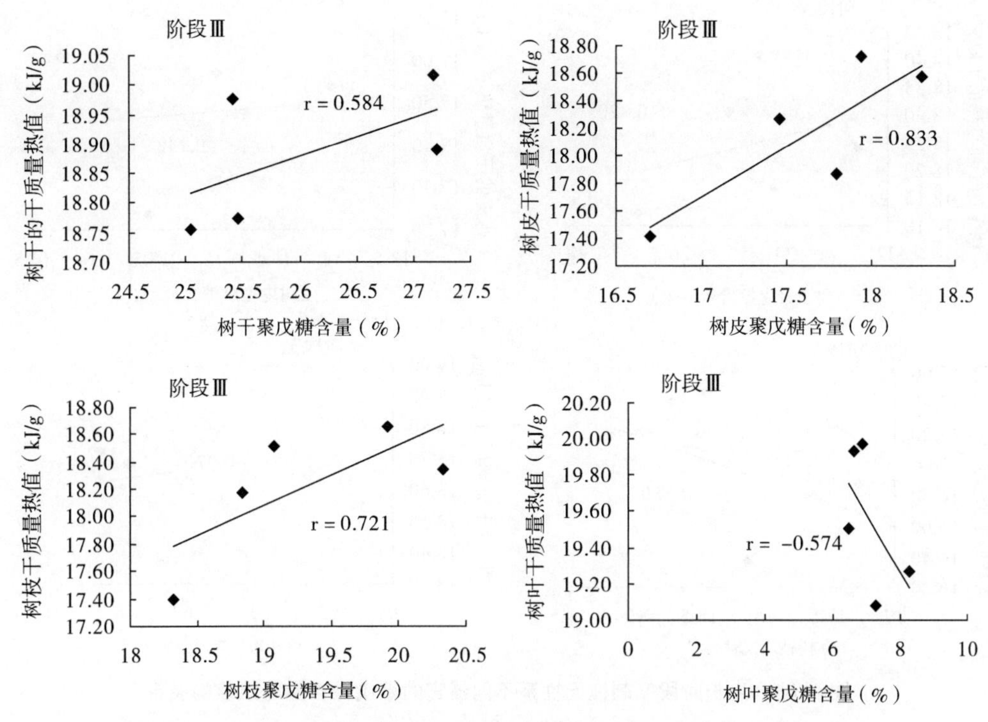

图 6-83　生长阶段Ⅲ刺槐不同无性系不同器官的聚戊糖含量与热值的关系

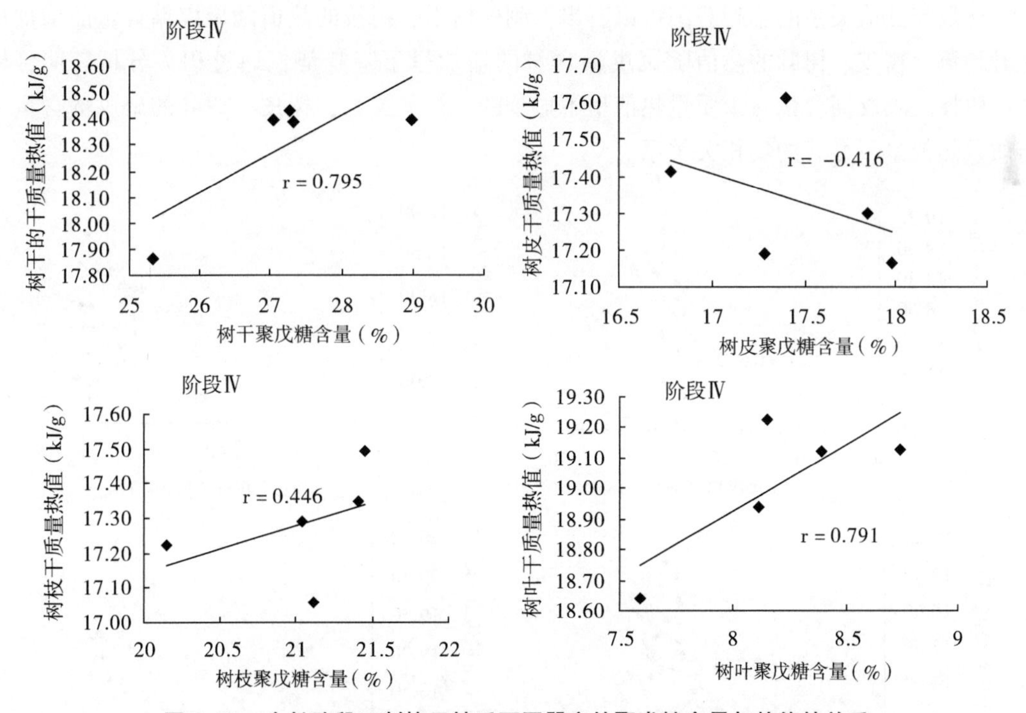

图 6-84　生长阶段Ⅳ刺槐无性系不同器官的聚戊糖含量与热值的关系

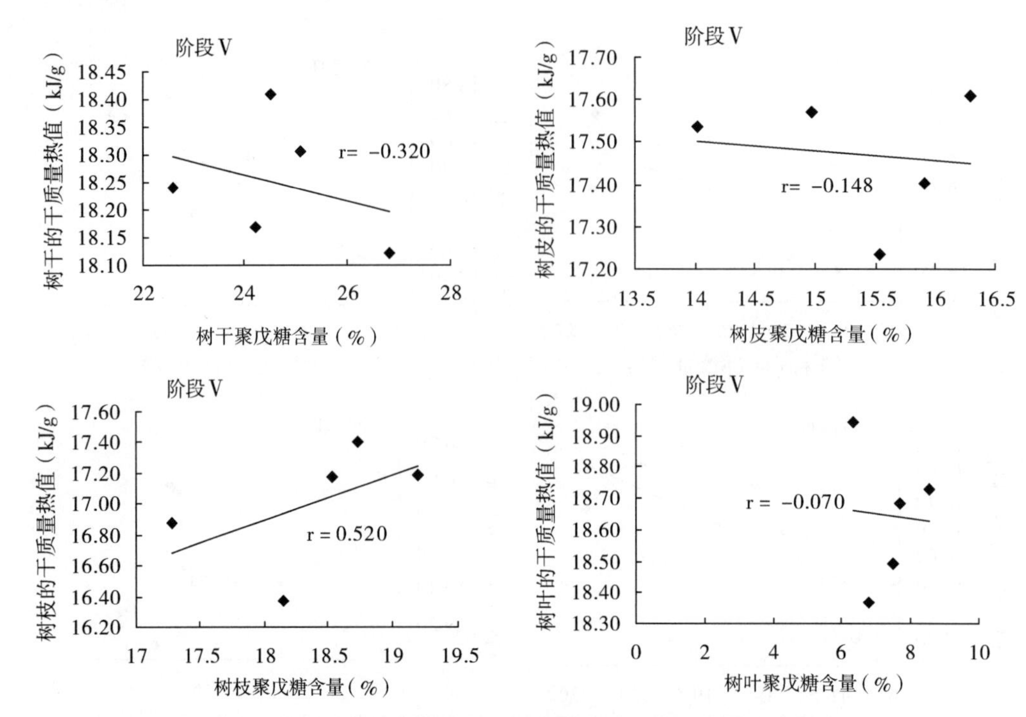

图 6-85　生长阶段Ⅴ刺槐无性系不同器官的聚戊糖含量与热值的关系

（6）刺槐不同器官的聚戊糖含量与热值关系的总趋势　从图 6-86 刺槐不同器官的聚戊糖含量与热值关系的总趋势图可以看出，刺槐树干、树枝的热值随聚戊糖含量的增加呈上升趋势，树皮、树叶的热值随聚戊糖含量的增加呈下降趋势，通过相关分析表明，树干、树枝的聚戊糖含量与干质量热值呈不显著的正相关关系，树皮、树叶的聚戊糖含量与干质量热值呈不显著的负相关关系。

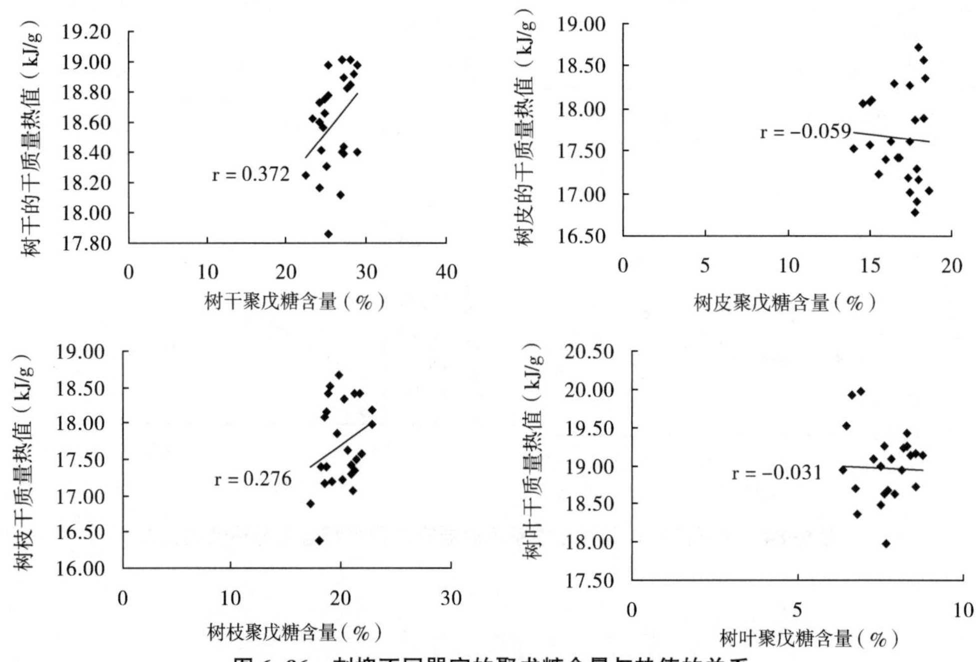

图 6-86　刺槐不同器官的聚戊糖含量与热值的关系

6.7.4 不同刺槐综纤维素含量及其与热值的关系

6.7.4.1 不同刺槐和密度下综纤维素含量

由图 6-87 可得，4 个树种各器官总纤维素含量大小为干>枝>皮>叶，枝和干为植物支撑器官，所以纤维素含量较高。不同刺槐品种不同密度不同器官综纤维素含量变化范围为 36.70%~75.80%，最高的为普通刺槐，在密度 1m×1.5m 下的干部位；最低的为四倍体刺槐，在密度 1m×0.5m 下的叶部位。同一器官不同密度间总纤维素含量有差异性，栽植密度的不同导致光照、生长环境等的差异，间接造成内含化学成分的不一致，但其随密度变化无明显规律性。其不同密度下各器官综纤维素含量均呈极显著差异水平（$P<0.01$）；速生槐不同器官不同密度下枝和干无显著差异，叶和皮均呈极显著差异水平（$P<0.01$）；普通刺槐不同器官不同密度下皮无显著差异，干存在显著差异（$P<0.05$），枝和叶呈极显著差异（$P<0.01$）；香花槐不同器官不同密度下枝存在显著差异水平（$P<0.05$），叶、皮和干均存在极显著差异（$P<0.01$）。

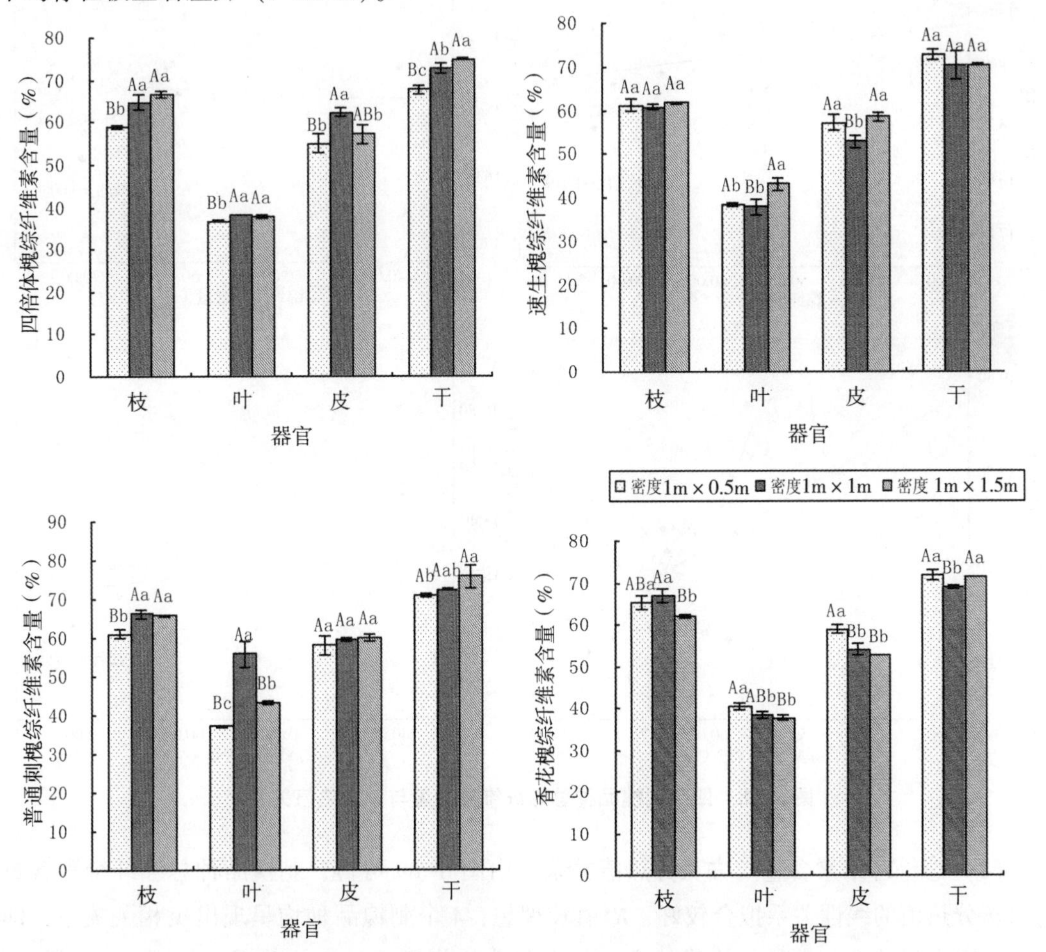

图 6-87 四个刺槐品种不同器官不同密度的综纤维素含量变化

6.7.4.2 不同刺槐无性系总综纤维素含量与热值关系

（1）总综纤维素含量与干重热值关系　由图 6-88 可得，刺槐品种总综纤维素含量与干重热值的线性关系拟合均不良好，R^2值均较小，曲线为 LOESS 局部平滑散点回归拟合曲线，是查看二维变量的一种有力工具。四倍体刺槐、速生槐在综纤维素含量为 50%~60%之间时，干重热值达到较高值，随后又逐渐下降；普通刺槐在综纤维素含量为 50%时，干重热值达到一个最高值，之后随着综纤维素含量的增加慢慢降低；香花槐在综纤维素含量为 50%~60%之间时，干重热值出现了较低值，之后又出现慢慢升高的现象。前三种树种综纤维素含量随干重热值变化趋势相同，这说明了综纤维素为一定含量时，对各器官干重热值的大小贡献最大。香花槐与其他树种呈现相反趋势，有可能是实验测量存在的误差或其他因素造成的。

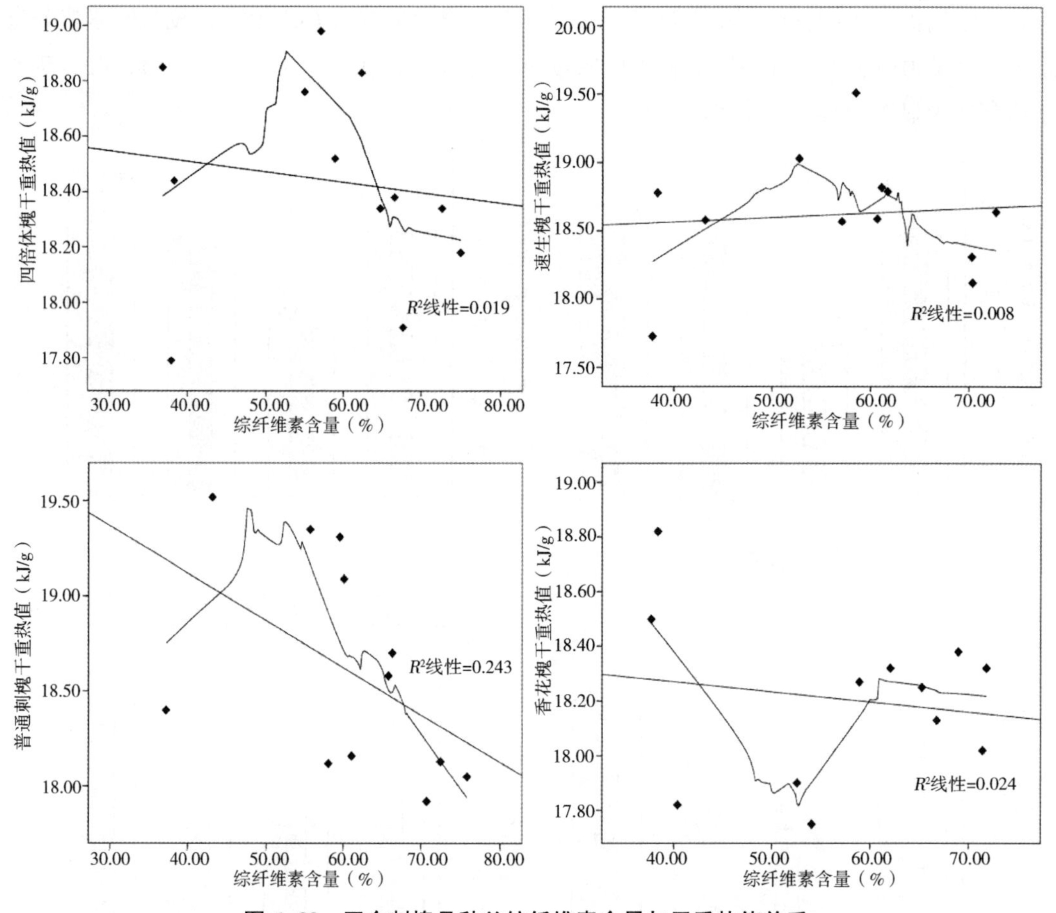

图 6-88　四个刺槐品种总综纤维素含量与干重热值关系

（2）总综纤维素含量与去灰分热值关系　由图 6-89 可得，刺槐品种总综纤维素含量与去灰分热值的线性关系拟合较好，R^2值较理想，4 个刺槐品种均呈现出负相关关系，即综纤维素含量越高，去灰分热值越小。与去灰分热值呈现负相关关系。与图 6-88 相比，说明灰分对植物热值产生了一定的影响，在消除了灰分的影响之后，总纤维素与热值的关

系才逐步显现了出来。LOWESS 回归拟合图也印证了这一理论，四倍体刺槐、速生槐、普通刺槐在综纤维素含量为50%~60%之间时，干重热值达到较高值，随后又逐渐下降；香花槐则与前三个树种相反。

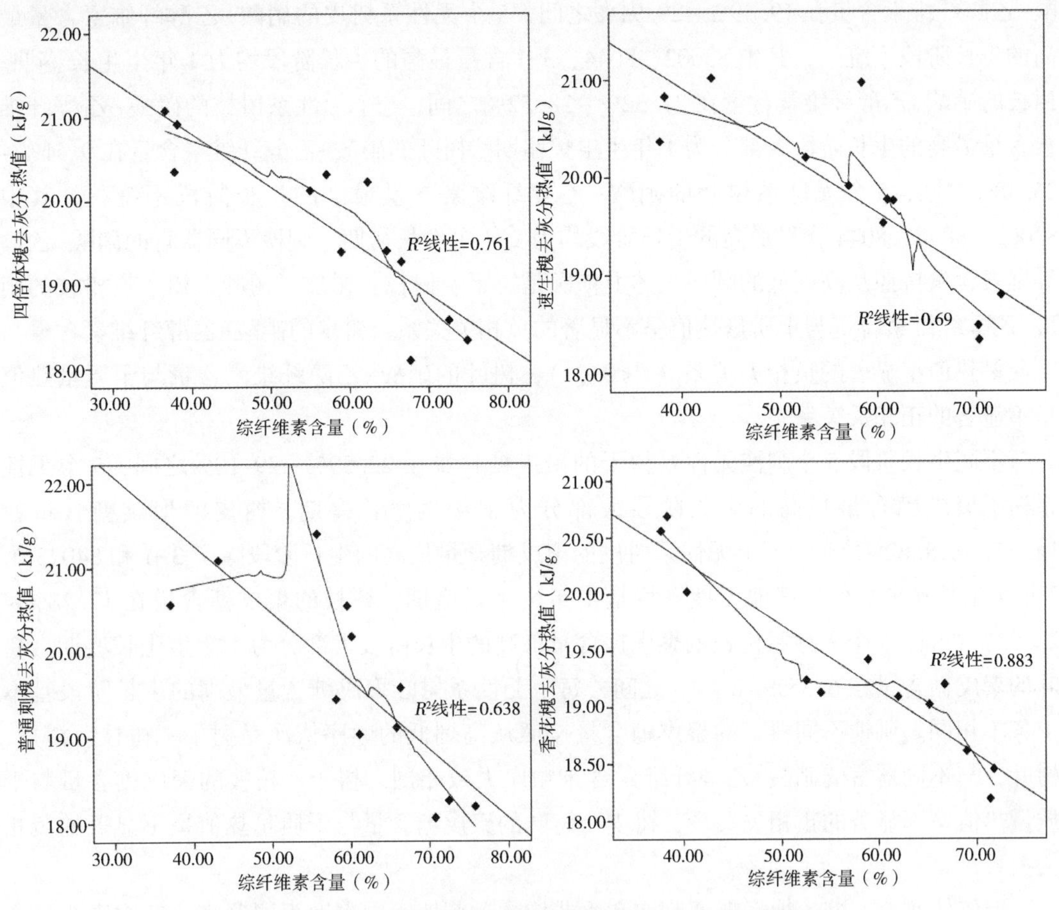

图 6-89　四个刺槐品种总综纤维素含量与去灰分热值关系

6.7.5　小结

不同生长阶段 5 个刺槐无性系树干的克拉森木素含量在 16.76%~32.62%之间，酸溶木素含量在 2.52%~3.94%之间，总木素含量在 19.30%~35.61%之间。树皮的克拉森木素含量在 8.83%~20.45%之间，酸溶木素含量在 4.20%~7.22%之间，总木素含量在 14.79%~25.63%之间。树枝的克拉森木素含量在 13.11%~22.35%之间，酸溶木素含量在 2.52%~4.93%之间，总木素含量在 17.91%~26.12%之间。树叶的克拉森木素含量在 17.07%~27.07%之间，酸溶木素含量在 5.44%~10.89%之间，总木素含量在 27.63%~34.90%之间。刺槐 5 个无性系树干、树皮、树枝的总木素含量最高的生长阶段大部分为 2 年生生长初期，树叶的总木素含量最高的生长阶段大部分为 1 年生生长盛期。刺槐不同器官的总木素含量按照从高到低的顺序大体上依次是树叶、树干、树枝、树皮。刺槐树干、树皮、树枝、树叶的总木素含量与干质量热值均呈不显著的正相关关系。

不同生长阶段5个刺槐无性系树干的硝酸-乙醇纤维素含量在32.86%~42.03%之间，5个无性系树干的硝酸-乙醇纤维素含量最高的生长阶段均是2年生生长盛期。树皮的硝酸-乙醇纤维素含量在19.49%~29.91%之间，5个无性系树皮的硝酸-乙醇纤维素含量最高的生长阶段不统一，其中83002、8044、3-I含量最高的生长阶段均为1年生生长盛期。树枝的硝酸-乙醇纤维素含量在21.32%~28.52%之间，5个无性系树枝的硝酸-乙醇纤维素含量最高的生长阶段大部分为1年生生长盛期。树叶的硝酸-乙醇纤维素含量在9.41%~23.48%之间，5个无性系树叶的硝酸-乙醇纤维素含量最高的生长阶段不统一，其中83002、8048、8044含量最高的生长阶段均为2年生生长初期。刺槐不同器官的硝酸-乙醇纤维素含量按照从高到低的顺序大体上依次是树干、树枝、树皮、树叶。树干、树枝的硝酸-乙醇纤维素含量与干质量热值呈不显著的负相关关系，树皮的硝酸-乙醇纤维素含量与干质量热值呈显著的负相关关系（$P<0.01$），树叶的硝酸-乙醇纤维素含量与干质量热值呈不显著的正相关关系。

不同生长阶段5个刺槐无性系树干的聚戊糖含量在22.59%~29.10%之间，5个无性系树干聚戊糖含量最高的生长阶段大部分为1年生生长盛期。树皮的聚戊糖含量在14.02%~18.62%之间，5个无性系树皮的聚戊糖含量最高的生长阶段除了3-I和84023为2年生生长初期之外，其他无性系均是1年生生长盛期。树枝的聚戊糖含量在17.28%~23.02%之间，5个无性系树枝的聚戊糖含量最高的生长阶段大部分为1年生生长盛期。树叶的聚戊糖含量在6.35%~8.74%之间，每个无性系树叶聚戊糖含量最高的生长阶段基本上各不相同。刺槐不同器官的聚戊糖含量按照从高到低的顺序依次是树干、树枝、树皮、树叶，与不同器官的硝酸-乙醇纤维素含量顺序大致相同。树干、树枝的聚戊糖含量与干质量热值呈不显著的正相关关系，树皮、树叶的聚戊糖含量与干质量热值呈不显著的负相关关系。

四倍体刺槐、速生槐、普通刺槐和香花槐4种刺槐不同密度不同器官综纤维素含量变化范围为36.70%~75.80%。不同刺槐品种综纤维素含量均与干重热值拟合一般，与去灰分热值线性拟合较好。四倍体刺槐、速生槐和普通刺槐综纤维素含量与干重热值的关系图，均有一个相同的先上升后下降的变化趋势，香花槐的变化趋势则相反；4个刺槐品种的综纤维素含量与去灰分热值的变化关系则不是很明显。

6.8 刺槐无性系的其他相关化合物及其与热值的关系

6.8.1 苯-乙醇抽出物含量及其与热值的关系

苯-乙醇抽出物是一种广泛的有机溶剂抽出物，有机溶剂抽出物指植物纤维原料中可溶于中性有机溶剂的憎水性物质，苯-乙醇抽出物常包括树脂、脂肪、蜡、可溶性单宁和色素等成分（石淑兰等，2003）。

6.8.1.1 各器官的苯-乙醇抽出物含量

（1）不同生长阶段刺槐无性系树干的苯-乙醇抽出物含量　不同生长阶段5个刺槐无性系树干的苯-乙醇抽出物含量（图6-90）在2.12%～4.52%之间，含量最高为2年生生长初期84023的树干，最低为2年生生长末期8044的树干。5个无性系树干的苯-乙醇抽出物含量随不同生长阶段的变化趋势不尽相同，3-I表现为先下降后上升然后再下降的趋势，84023先下降再上升然后又下降又上升，其他三个无性系均为先上升再下降。5个无性系树干苯-乙醇抽出物含量最高的生长阶段均是2年生生长初期。同一生长阶段中不同无性系树干的苯-乙醇抽出物含量高低各不相同。1年生生长盛期和1年生生长末期时，树干苯-乙醇抽出物含量最高的无性系是83002，最低的无性系是8048；2年生生长初期时，含量最高的是84023，最低的是8044；2年生生长盛期和2年生生长末期时，含量最高的是8048，最低的是8044。

经双因素方差分析可知，不同刺槐无性系树干的苯-乙醇抽出物含量差异不显著，不同生长阶段树干的苯-乙醇抽出物含量差异显著（$P<0.01$）。

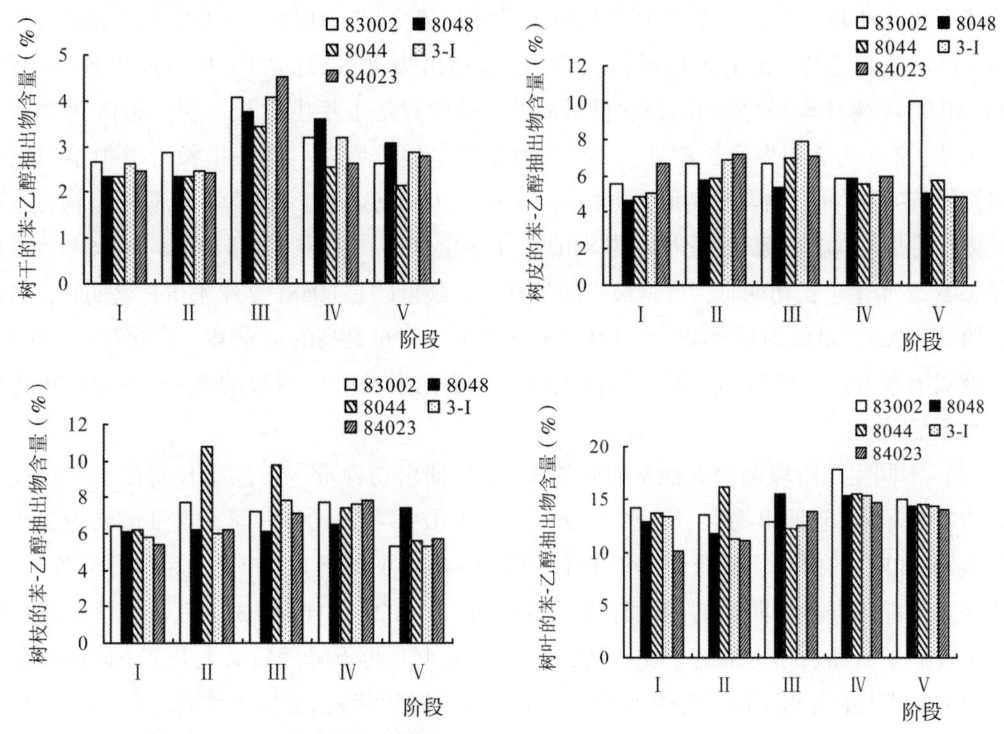

图6-90　不同刺槐无性系不同生长阶段不同器官的苯-乙醇抽出物含量

（2）不同生长阶段刺槐无性系树皮的苯-乙醇抽出物含量　不同生长阶段5个刺槐无性系树皮的苯-乙醇抽出物含量（图6-90）在4.59%～10.09%之间，含量最高为2年生生长末期83002的树皮，最低为1年生生长盛期8048的树皮。5个无性系树皮的苯-乙醇抽出物含量随不同生长阶段的变化趋势各不相同，83002和8044呈先上升后下降然后再上升的趋势变化，8048呈先上升再下降然后又上升又下降的趋势变化，3-I和84023表现为先上升再下降的变化趋势。5个无性系树皮苯-乙醇抽出物含量最高的生长阶段也各不相同，83002树皮苯-乙醇抽出物含量最高的生长阶段是2年生生长末期，8048为2年生生长盛期，8044和3-I均是2年生生长初期，84023为1年生生长末期。同一生长阶段中不同无性系树皮的苯-乙醇抽出物含量高低各不相同。1年生生长盛期和1年生生长末期时，树皮苯-乙醇抽出物含量最高的无性系是84023，最低的无性系是8048；2年生生长初期时，含量最高的是3-I，最低的是8048；2年生生长盛期时，含量最高的是84023，最低的是3-I；2年生生长末期时，含量最高的是83002，最低的是84023。

经双因素方差分析可知，不同刺槐无性系、不同生长阶段树皮的苯-乙醇抽出物含量差异均不显著。

（3）不同生长阶段刺槐无性系树枝的苯-乙醇抽出物含量　不同生长阶段5个刺槐无性系树枝的苯-乙醇抽出物含量（图6-90）在5.27%~10.77%之间，含量最高为1年生生长末期8044的树枝，最低为2年生生长末期83002的树枝。5个无性系树枝的苯-乙醇抽出物含量随不同生长阶段的变化趋势不尽相同，83002呈先上升再下降然后又上升又下降的趋势变化，8048呈先上升后下降然后再上升的趋势变化，其他三个无性系均表现为先上升再下降的变化趋势。5个无性系树枝苯-乙醇抽出物含量最高的生长阶段也各不相同，83002和8044树枝苯-乙醇抽出物含量最高的生长阶段是1年生生长末期，8048为2年生生长末期，3-I为2年生生长初期，84023为2年生生长盛期。同一生长阶段中不同无性系树枝的苯-乙醇抽出物含量高低各不相同。1年生生长盛期时，树枝苯-乙醇抽出物含量最高的无性系是83002，最低的无性系是84023；1年生生长末期时，含量最高的是8044，最低的是3-I；2年生生长初期时，含量最高的是8044，最低的是8048；2年生生长盛期时，含量最高的是84023，最低的是8048；2年生生长末期时，含量最高的是8048，最低的是83002。

经双因素方差分析可知，不同刺槐无性系、不同生长阶段树枝的苯-乙醇抽出物含量差异均不显著。

（4）不同生长阶段刺槐无性系树叶的苯-乙醇抽出物含量　不同生长阶段5个刺槐无性系树叶的苯-乙醇抽出物含量（图6-90）在10.01%~17.90%之间，含量最高为2年生生长盛期83002的树叶，最低为1年生生长盛期84023的树叶。5个无性系树叶的苯-乙醇抽出物含量随不同生长阶段的变化趋势不尽相同，83002、8048和3-I三个无性系均表现为先下降后上升然后再下降的变化趋势，8044呈先上升再下降然后又上升又下降的趋势变化，84023呈先上升再下降的趋势变化。5个无性系树叶苯-乙醇抽出物含量最高的生长阶段也不尽相同，83002、3-I和84023树叶苯-乙醇抽出物含量最高的生长阶段均是2年生生长盛期，8048为2年生生长初期，8044为1年生生长末期。同一生长阶段中不同无性系树叶的苯-乙醇抽出物含量高低也各不相同。1年生生长盛期、2年生生长盛期和2年生生长末期时，树叶苯-乙醇抽出物含量最高的无性系是83002，最低的无性系是84023；1年生生长末期时，含量最高的是8044，最低的是84023；2年生生长初期时，含量最高的是8048，最低的是8044。

经双因素方差分析可知，不同刺槐无性系树叶的苯-乙醇抽出物含量差异不显著，不

同生长阶段树叶的苯-乙醇抽出物含量差异显著（$P<0.05$）。

（5）刺槐不同器官的苯-乙醇抽出物含量的比较　刺槐各个阶段各个无性系不同器官的苯-乙醇抽出物含量按照从高到低的顺序依次是树叶、树枝、树皮、树干或者树叶、树皮、树枝、树干，前者的顺序占绝大多数，因此，不同器官的苯-乙醇抽出物含量按照从高到低的顺序大体上依次是树叶、树枝、树皮、树干。不同器官中树叶的苯-乙醇抽出物含量是最高的，树干的是最低的，与不同器官的硝酸-乙醇纤维素含量和聚戊糖含量中树干含量最高而树叶含量最低是完全相反的。

6.8.1.2　刺槐不同器官的苯-乙醇抽出物含量与热值关系

（1）生长阶段Ⅰ刺槐无性系不同器官的苯-乙醇抽出物含量与热值关系　在生长阶段Ⅰ（2008 年 7 月），刺槐不同无性系不同器官的苯-乙醇抽出物含量与热值的关系见图 6-91，可以看出，树皮、树枝、树叶的热值随苯-乙醇抽出物含量的增加均呈上升趋势，而树干的热值随苯-乙醇抽出物含量的增加呈下降趋势。通过相关分析表明，树干的苯-乙醇抽出物含量与干质量热值呈不显著的负相关关系，树皮、树枝和树叶的苯-乙醇抽出物含量与干质量热值均呈不显著的正相关关系。

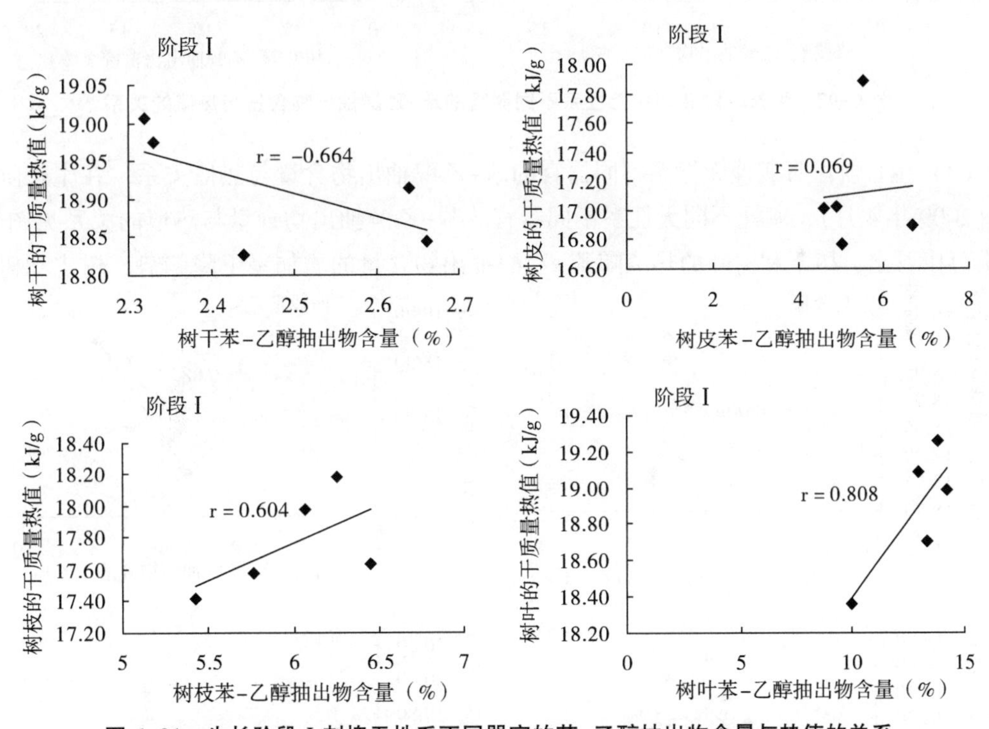

图 6-91　生长阶段Ⅰ刺槐无性系不同器官的苯-乙醇抽出物含量与热值的关系

（2）生长阶段Ⅱ刺槐无性系不同器官的苯-乙醇抽出物含量与热值关系　在生长阶段Ⅱ（2008 年 10 月），刺槐不同无性系不同器官的苯-乙醇抽出物含量与热值的关系见图 6-92，可以看出，树干和树皮的热值随苯-乙醇抽出物含量的增加呈下降趋势，树枝和树叶的热值随苯-乙醇抽出物含量的增加而呈上升趋势。通过相关分析表明，树干和树皮的苯-乙醇抽出物含量与干质量热值呈不显著的负相关关系，树枝和树叶的苯-乙醇抽出物含量与干质量热值呈不显著的正相关关系。

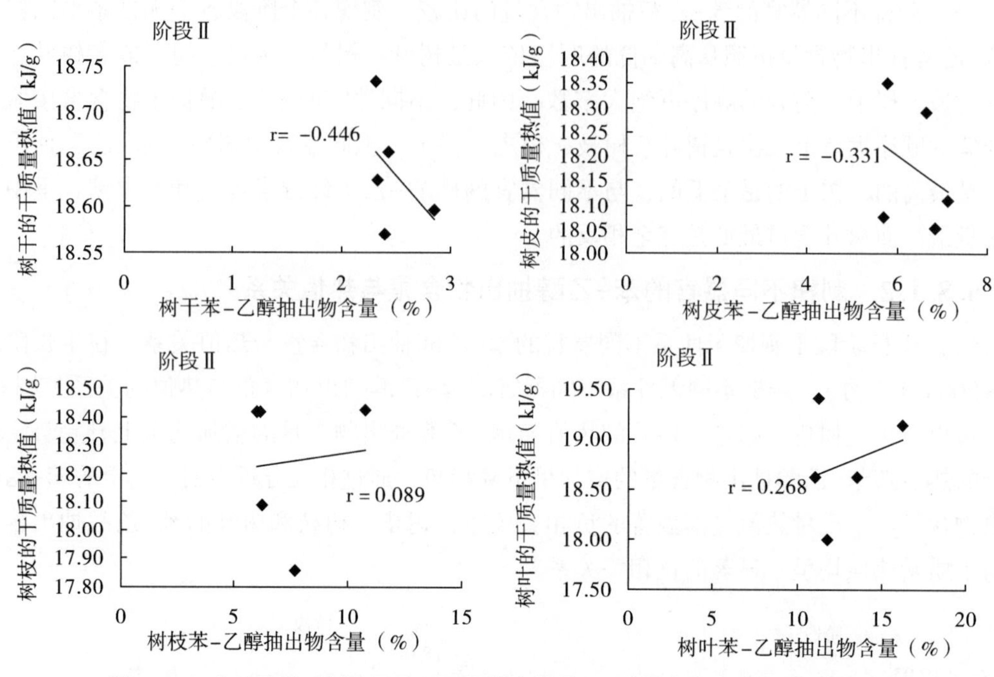

图 6-92　生长阶段Ⅱ刺槐无性系不同器官的苯-乙醇抽出物含量与热值的关系

（3）生长阶段Ⅲ刺槐无性系不同器官的苯-乙醇抽出物含量与热值关系　在生长阶段Ⅲ（2009 年 4 月），刺槐不同无性系不同器官的苯-乙醇抽出物含量与热值的关系见图 6-93，可以看出，树干和树叶的热值随苯-乙醇抽出物含量的增加呈下降趋势，树皮和树枝

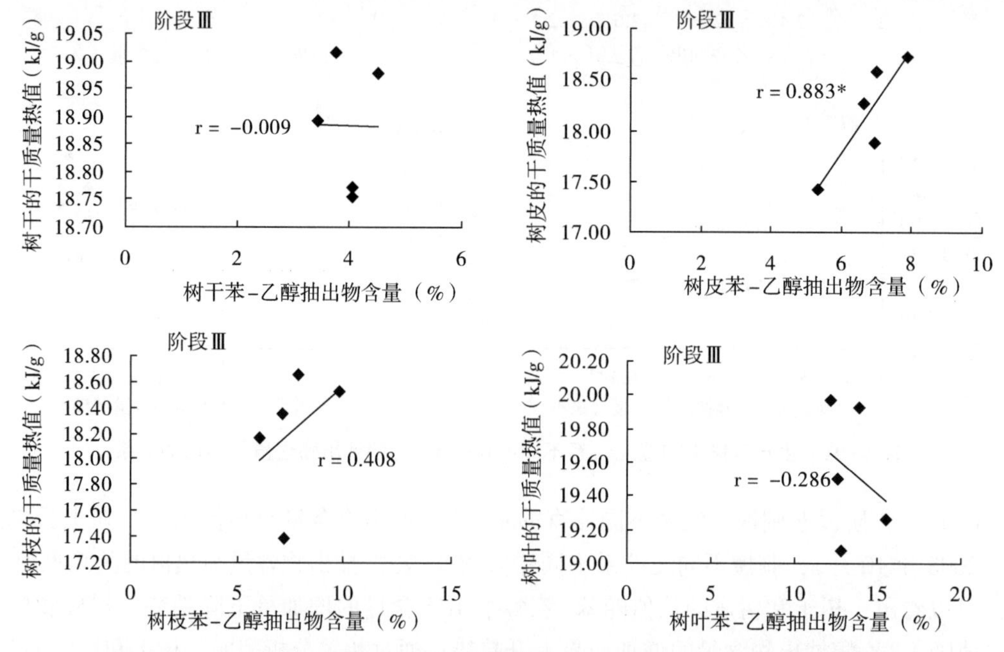

图 6-93　生长阶段Ⅲ刺槐无性系不同器官的苯-乙醇抽出物含量与热值的关系

的热值随苯-乙醇抽出物含量的增加而呈上升趋势。通过相关分析表明，树干和树叶的苯-乙醇抽出物含量与干质量热值呈不显著的负相关关系，树皮的苯-乙醇抽出物含量与干质量热值呈显著的正相关关系（$P<0.05$）；树枝的苯-乙醇抽出物含量与干质量热值呈不显著的正相关关系。

（4）生长阶段Ⅳ刺槐无性系不同器官的苯-乙醇抽出物含量与热值关系　在生长阶段Ⅳ（2009年7月），刺槐不同无性系不同器官的苯-乙醇抽出物含量与热值的关系见图6-94，可以看出，树干和树叶的热值随苯-乙醇抽出物含量的增加而呈上升趋势，树皮和树枝的热值随苯-乙醇抽出物含量的增加而呈下降趋势。通过相关分析表明，树干和树叶的苯-乙醇抽出物含量与干质量热值呈不显著的正相关关系，树皮和树枝的苯-乙醇抽出物含量与干质量热值呈不显著的负相关关系。

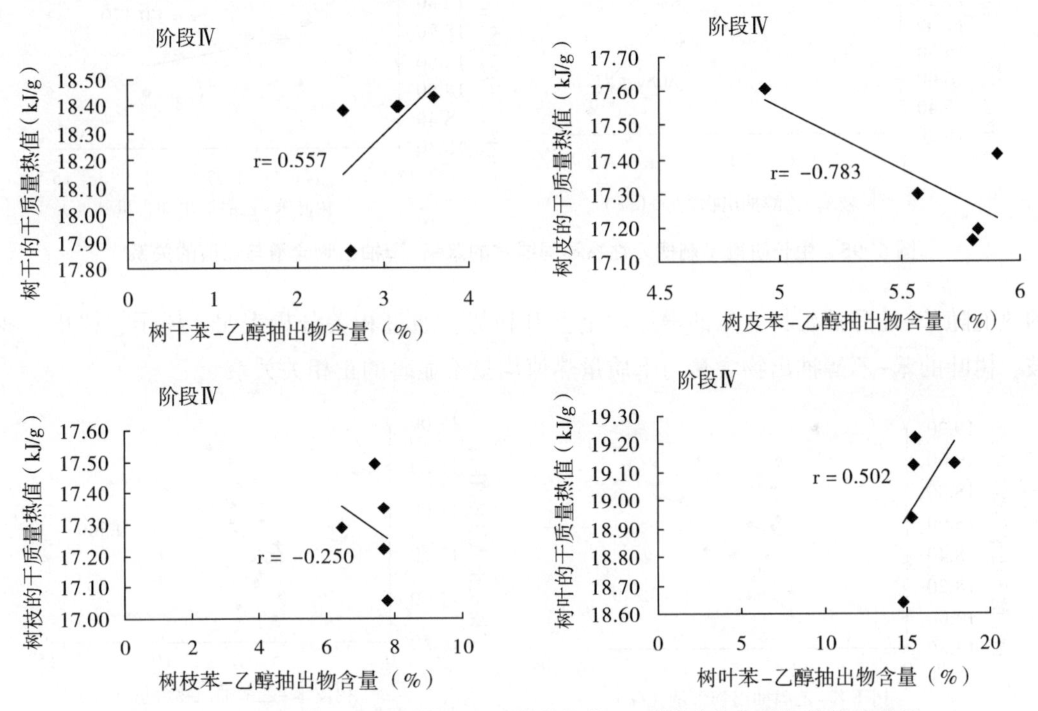

图6-94　生长阶段Ⅳ刺槐无性系不同器官的苯-乙醇抽出物含量与热值的关系

（5）生长阶段Ⅴ刺槐无性系不同器官的苯-乙醇抽出物含量与热值关系　在生长阶段Ⅴ（2009年10月），刺槐不同无性系不同器官的苯-乙醇抽出物含量与热值的关系见图6-95，可以看出，只有树干的热值随苯-乙醇抽出物含量的增加呈上升趋势，树皮、树枝和树叶的热值随苯-乙醇抽出物含量的增加均呈下降趋势。通过相关分析表明，树干的苯-乙醇抽出物含量与干质量热值呈不显著的正相关关系，树皮、树枝和树叶的苯-乙醇抽出物含量与干质量热值均呈不显著的负相关关系。

（6）刺槐不同器官的苯-乙醇抽出物含量与热值关系的总趋势　从图6-96刺槐不同器官的苯-乙醇抽出物含量与热值关系的总趋势可以看出，刺槐树干、树皮、树枝、树叶

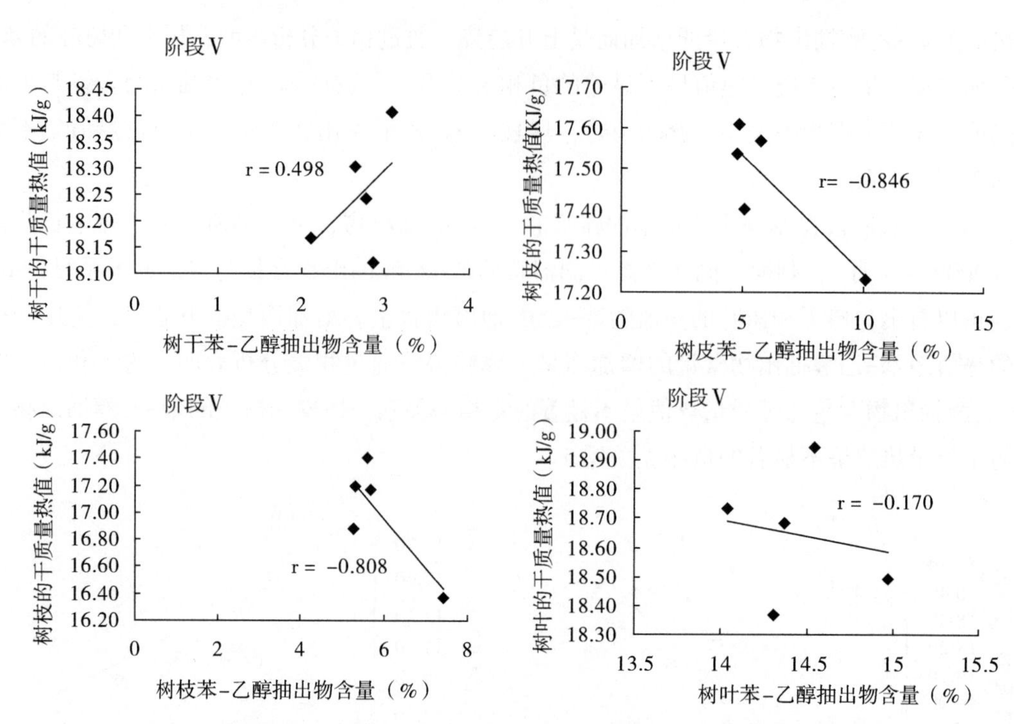

图 6-95　生长阶段 V 刺槐无性系不同器官的苯-乙醇抽出物含量与热值的关系

的热值随苯-乙醇抽出物含量的增加均呈上升趋势，通过相关分析表明，树干、树皮、树枝、树叶的苯-乙醇抽出物含量与干质量热值均呈不显著的正相关关系。

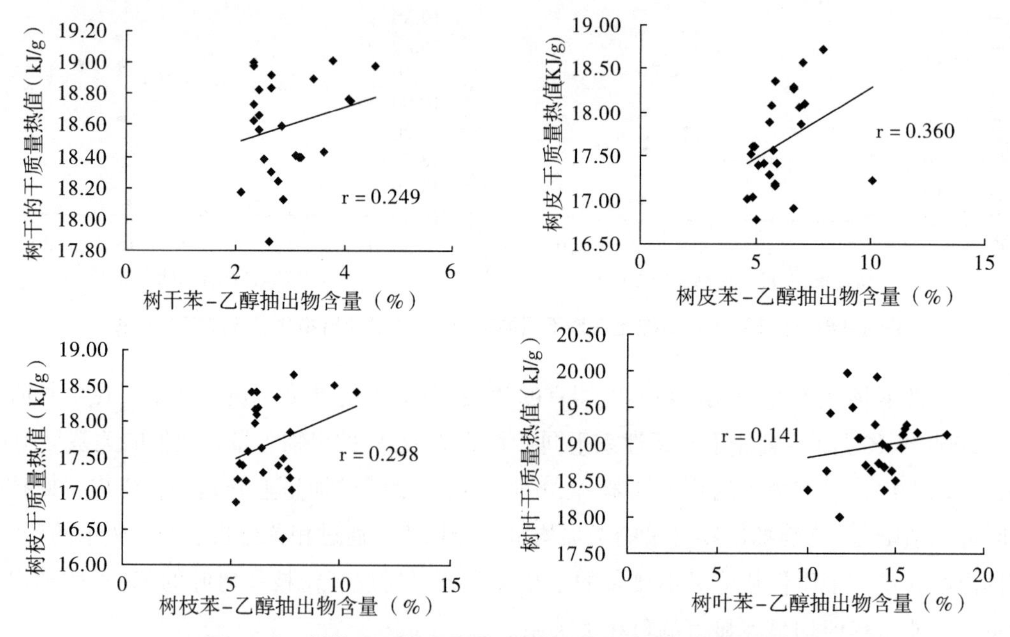

图 6-96　刺槐不同器官的苯-乙醇抽出物含量与热值的关系

6.8.2 不同刺槐粗蛋白含量及其与热值的关系

6.8.2.1 不同刺槐和密度下粗蛋白含量

由图 6-97 可得，四个树种各器官粗蛋白含量叶和皮含量较高，枝和干较低。叶属于生理活动旺盛的植物器官，故含有较多的有机物。刺槐品种不同密度不同器官粗蛋白含量变化范围为 4.00%~27.51%，最高的为速生槐，在密度 1m×0.5m 下的叶部位；最低的为四倍体刺槐，在密度 1m×1.5m 下的干部位。同一器官不同密度间粗蛋白含量有差异性，但其随密度变化无明显规律性。四倍体刺槐不同密度下各器官粗蛋白含量均呈极显著差异（$P<0.01$）；速生槐不同器官不同密度下各器官粗蛋白含量均呈极显著差异（$P<0.01$）；普通刺槐不同器官不同密度下干存在显著差异（$P<0.05$），枝、叶、皮均存在极显著差异（$P<0.01$）；香花槐不同器官不同密度下叶无显著差异，干存在显著差异（$P<0.05$），枝和皮均存在极显著差异（$P<0.01$）。

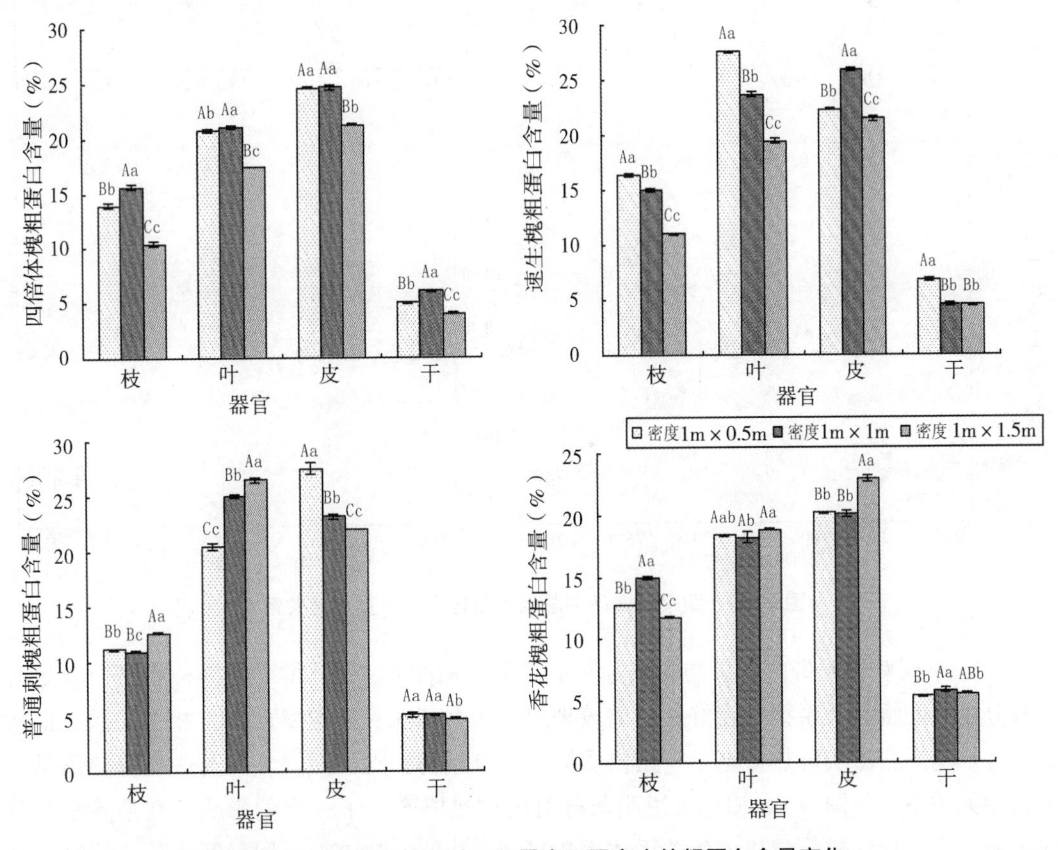

图 6-97 四个刺槐品种不同器官不同密度的粗蛋白含量变化

6.8.2.2 不同刺槐总粗蛋白含量与热值关系

（1）不同刺槐粗蛋白含量与干重热值关系 由图 6-98 可得，各树种总粗蛋白含量与干重热值的线性关系拟合均不良好，R^2值较小。四倍体刺槐在粗蛋白含量为 15%~20%之间时，干重热值突然呈现下降的趋势，随后又逐渐上升；速生槐、普通刺槐和香花槐在粗蛋白含量为15%~20%时，干重热值均呈现不同程度的上升趋势。前三种树种粗蛋白含量随干重热值变化均呈现正相关趋势，这说明了蛋白质含量较高时，植物的干重热值较高。香花槐与其他树种呈现相反趋势，有可能是实验测量存在的误差或其他因素造成的，有待进一步验证。

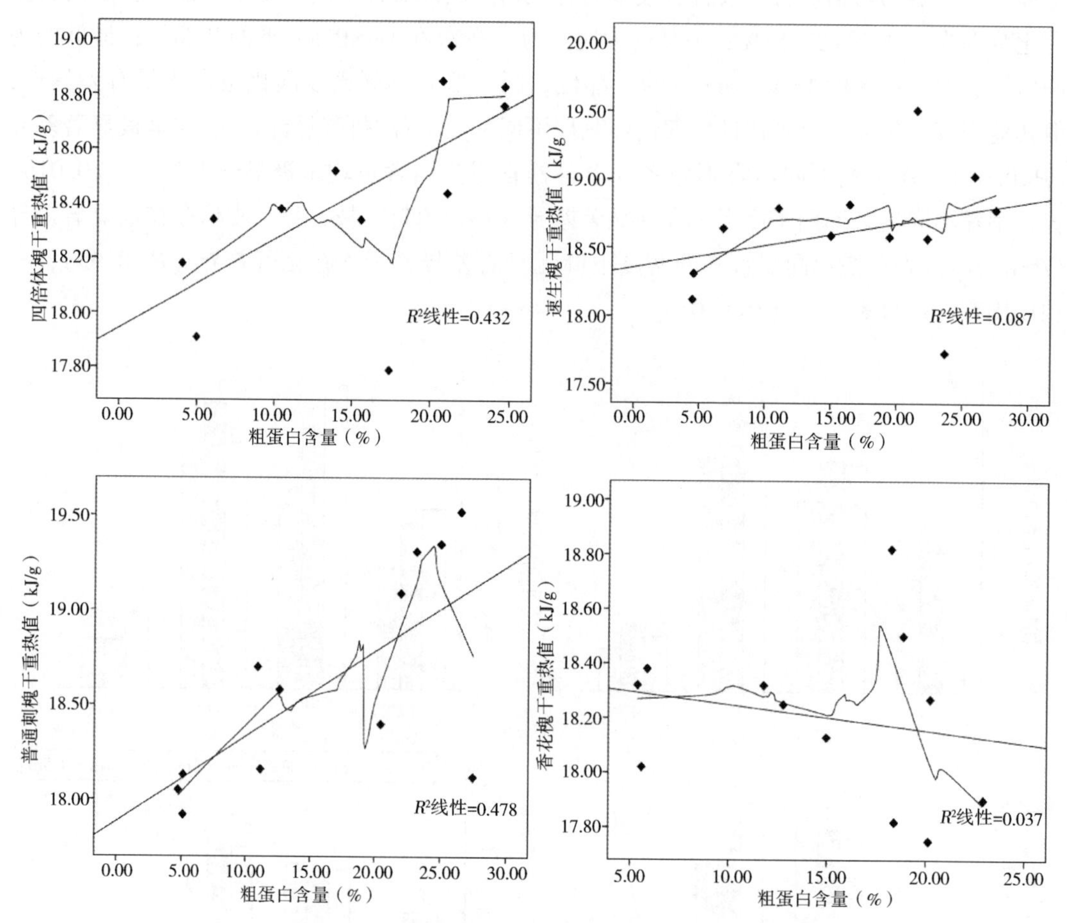

图 6-98　四个刺槐品种总粗蛋白含量与干重热值关系

（2）不同刺槐粗蛋白含量与去灰分热值关系　由图 6-99 可得，各树种粗蛋白含量与去灰分热值的线性关系拟合较好，R^2值较理想，四个刺槐品种均呈现出正相关关系，即粗蛋白含量越高，去灰分热值越小。蛋白质为高能有机物，支持燃烧，故与去灰分热值呈现了正相关关系。与图 6-98 相比，说明灰分对植物热值产生了一定的影响，在消除了灰分的影响之后，化学成分与热值的关系才逐步显现了出来。LOWESS 回归图也验证了这一结论，四倍体刺槐、速生槐、普通刺槐在粗蛋白含量为 20%~25%之间时，干重热值达到较高值，随后出现小幅下降；香花槐与去灰分热值的关系也呈现正相关关系，说明去除灰分的影响后，粗蛋白与热值的关系才显现出来。

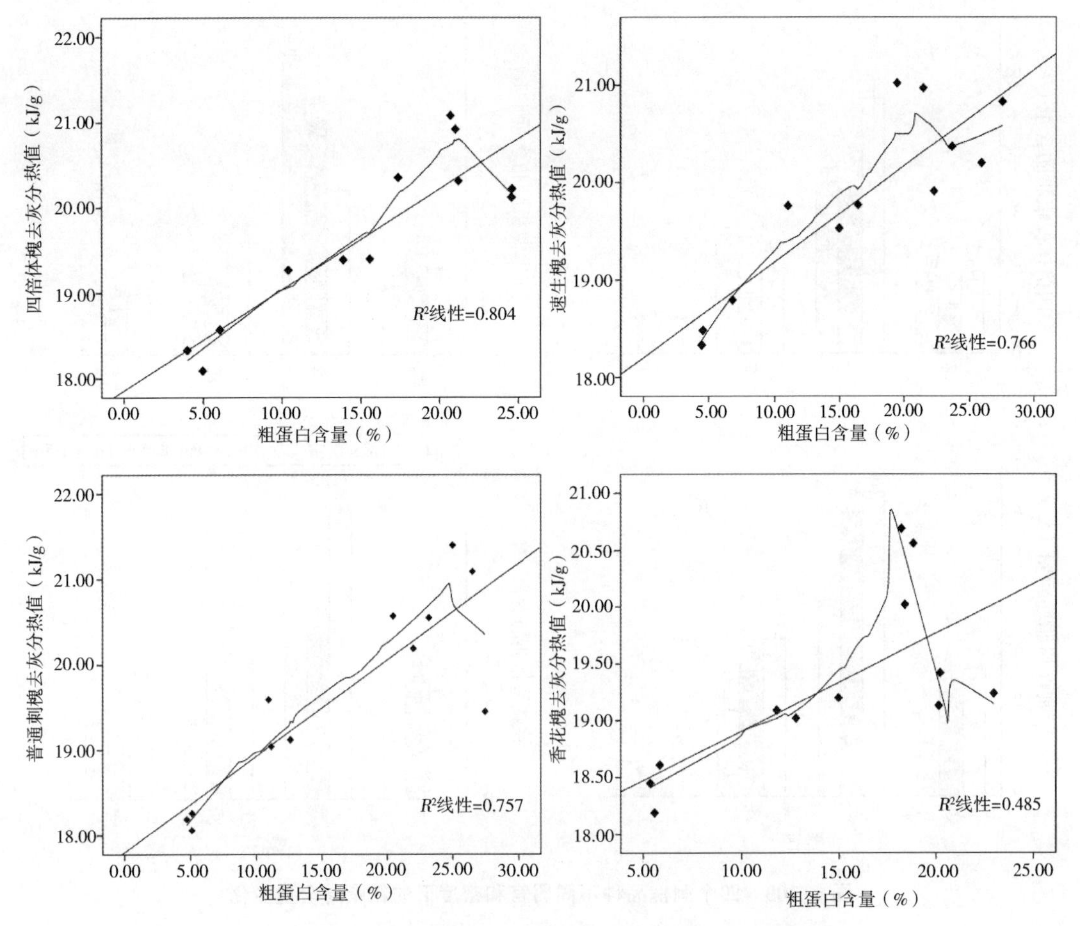

图 6-99　四个刺槐品种总粗蛋白含量与去灰分热值关系

6.8.3　不同刺槐粗脂肪含量及其与热值关系

6.8.3.1　不同刺槐和密度下粗脂肪含量

由图 6-100 可得，4 个树种各器官粗脂肪含量大小为叶>皮>枝>干，叶和皮含有加多的高能有机化合物，故脂肪含量较高；干和枝含有较多纤维素，故脂肪含量偏低。4 个刺槐树种不同密度不同器官粗脂肪含量变化范围为 0.64%~6.42%，最高的为普通刺槐，在密度 1m×0.5m 下的叶部位，最低的也为普通刺槐，在密度 1m×1m 下的干部位。同一器官不同密度间粗脂肪含量有差异性，但其随密度变化无明显规律性。四倍体刺槐不同密度下各器官粗脂肪含量枝和干呈显著差异（$P<0.05$），叶和皮呈极显著差异（$P<0.01$）；速生槐不同器官不同密度下枝和干呈显著差异（$P<0.05$），叶和皮均呈极显著差异（$P<0.01$）；普通刺槐不同器官不同密度下各器官粗脂肪含量均呈极显著差异（$P<0.01$）；香花槐不同密度下各器官粗脂肪含量均呈极显著差异（$P<0.01$）。

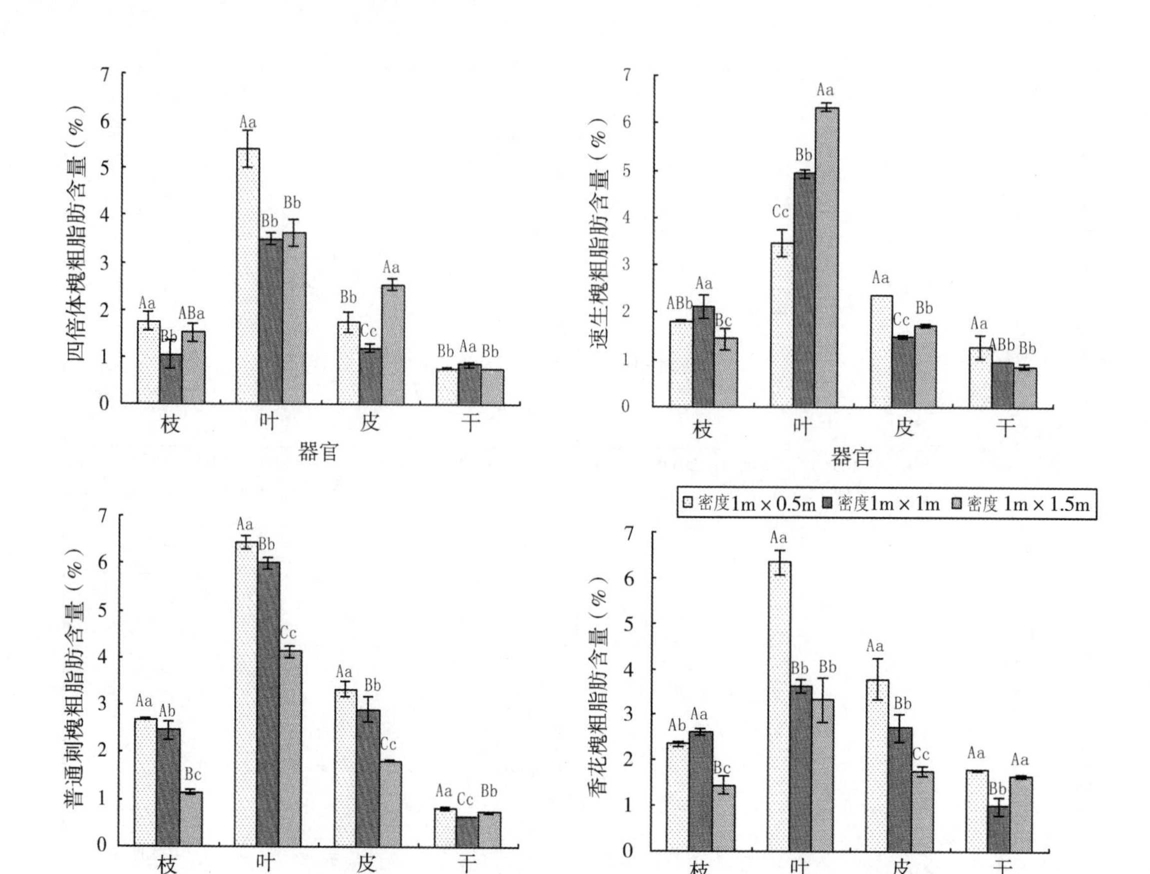

图 6-100　四个刺槐品种不同器官和密度下的粗脂肪含量变化

6.8.3.2　不同刺槐总粗脂肪含量与热值关系

（1）不同刺槐粗脂肪含量与干重热值关系　由图 6-101 可得，4 个刺槐品种总粗脂肪含量与干重热值的线性关系拟合 R^2值均较小。四倍体刺槐和速生槐在粗脂肪含量为 2%～3%之间时，干重热值达到最高值；普通刺槐在粗脂肪含量为 4%～5%之间时，干重热值达到最高值，之后出现下降趋势。四倍体刺槐和普通刺槐粗脂肪含量随干重热值变化趋势相同，均呈现正相关关系；速生槐和香花槐的两者之间则呈现负相关关系，可能是这两个树种含有较多的灰分，影响了热值与粗脂肪的关系。

（2）不同刺槐粗脂肪含量与去灰分热值关系　由图 6-102 可得，4 个刺槐品种总粗脂肪含量与去灰分热值的线性关系拟合较好，R^2值较理想。各刺槐品种粗脂肪含量与去灰分热值均呈现出正相关关系，即粗脂肪含量越高，去灰分热值越高。粗脂肪为高能有机物，燃烧放热量较高。与图 6-101 相比，说明灰分对植物热值产生了一定的影响。LOWESS 回归图也印证了这一结论，四倍体刺槐、速生槐和普通刺槐在粗脂肪含量为 6%～7%之间时，去灰分热值达到最高值，香花槐则在粗脂肪含量为 6%～7%之间时，去灰分热值最高，随后出现降低现象。

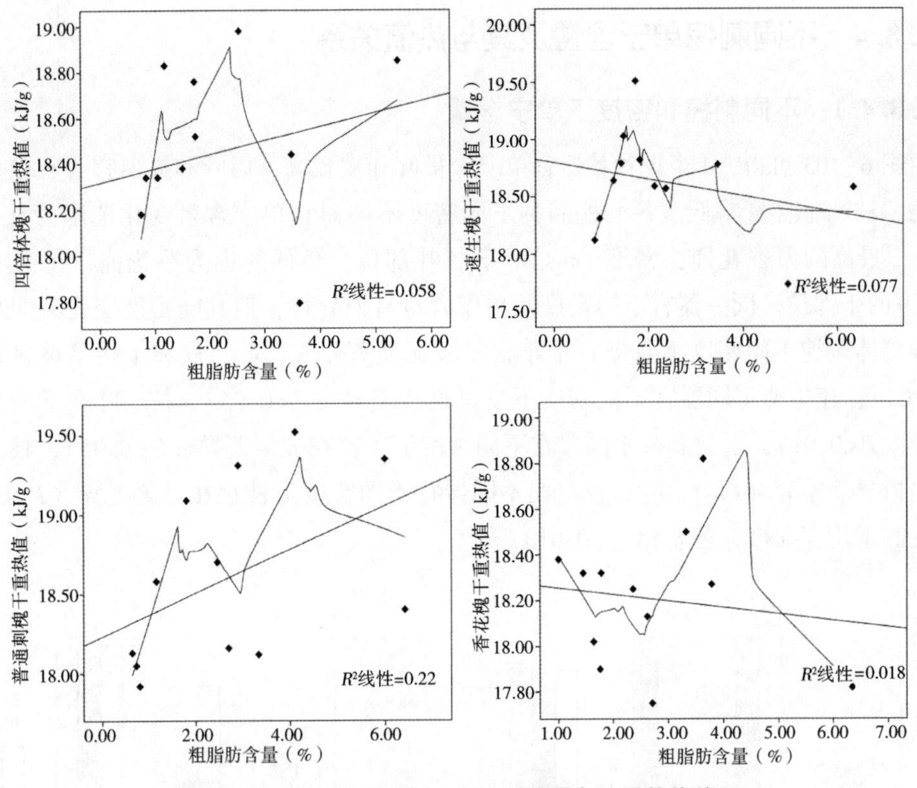

图 6-101　四个刺槐品种总粗脂肪含量与干重热值关系

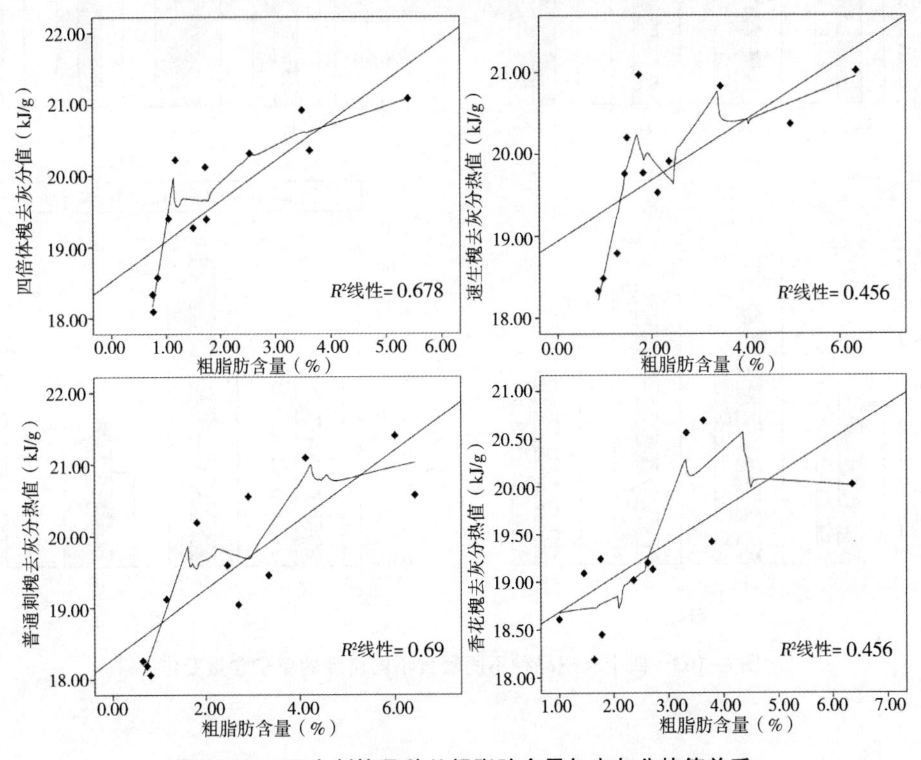

图 6-102　四个刺槐品种总粗脂肪含量与去灰分热值关系

6.8.4 不同刺槐单宁含量及其与热值关系

6.8.4.1 不同刺槐和密度下单宁含量

由图 6-103 可得，4 个树种各器官单宁含量叶和皮较高，因叶和皮器官含有较多酚类化合物，枝和干含量略低。各刺槐品种不同密度不同器官单宁含量变化范围为 0.50%～1.64%，最高的为香花槐，密度 1m×1m 下的叶部位，最低的也为香花槐，在密度 1m×0.5m 下的干部位。同一器官不同密度间单宁含量有差异性，但其随密度变化无明显规律性。四倍体刺槐不同密度下各器官单宁含量枝无显著差异，叶、皮和干均呈极显著差异（$P<0.01$）；速生槐不同器官不同密度下皮呈显著差异（$P<0.05$），枝、叶和干均呈极显著差异（$P<0.01$）；普通刺槐不同器官不同密度下干存在显著差异（$P<0.05$），枝、叶和皮均呈极显著差异（$P<0.01$）；香花槐不同器官不同密度下枝存在显著差异（$P<0.05$），叶、皮和干均存在极显著差异（<0.01）。

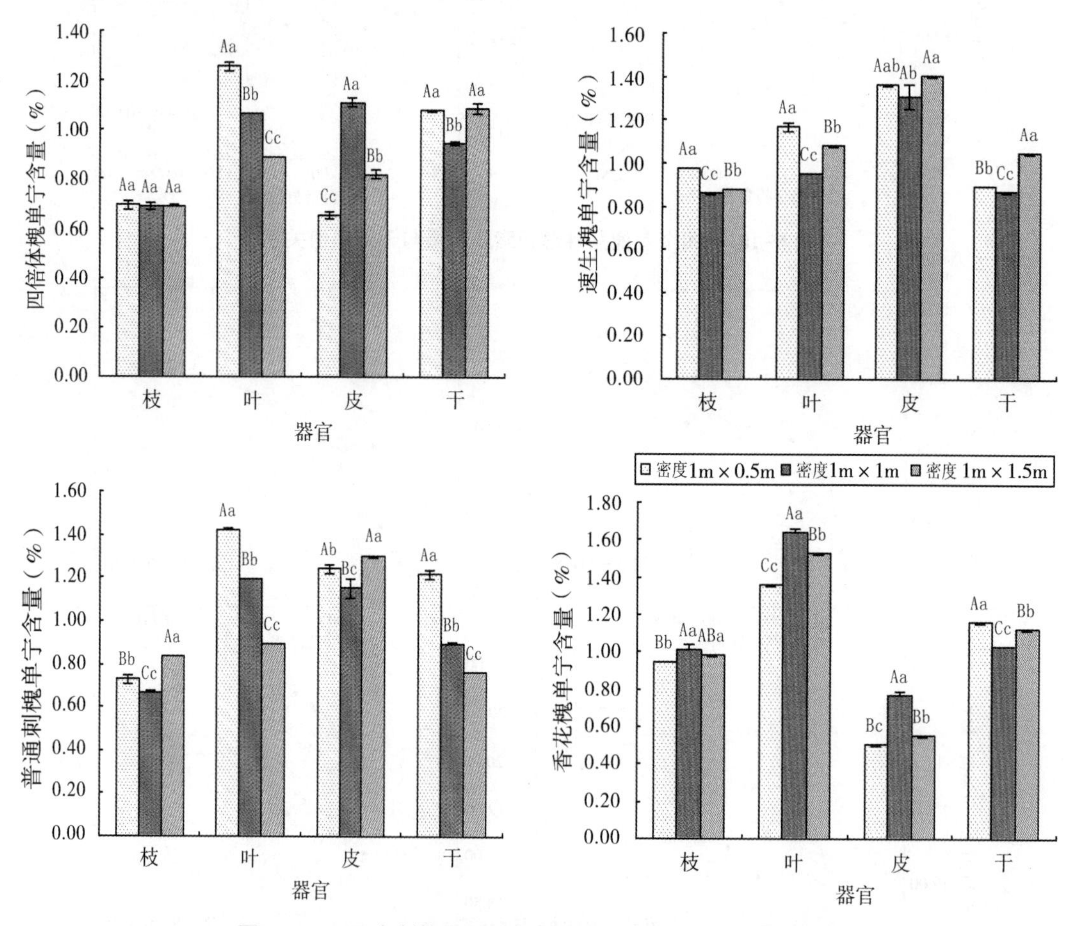

图 6-103　四个刺槐品种不同器官不同密度的单宁含量变化

6.8.4.2 不同刺槐总单宁含量与热值关系

（1）不同刺槐单宁含量与干重热值关系 由图 6-104 可得，4 个刺槐品种总单宁含量与干重热值的线性关系拟合均不良好，R^2值均较小。四倍体刺槐和普通刺槐在单宁含量为 0.8%~1.0%之间时，干重热值达到较高值，随后四倍体刺槐呈上升趋势，而普通刺槐则呈现下降趋势；速生槐和香花槐呈现先下降后上升的趋势，在单宁含量最大值时干重热值达到最大。四倍体刺槐单宁含量与干重热值呈负相关关系，速生槐、普通刺槐和香花槐两者之间则呈正相关关系。

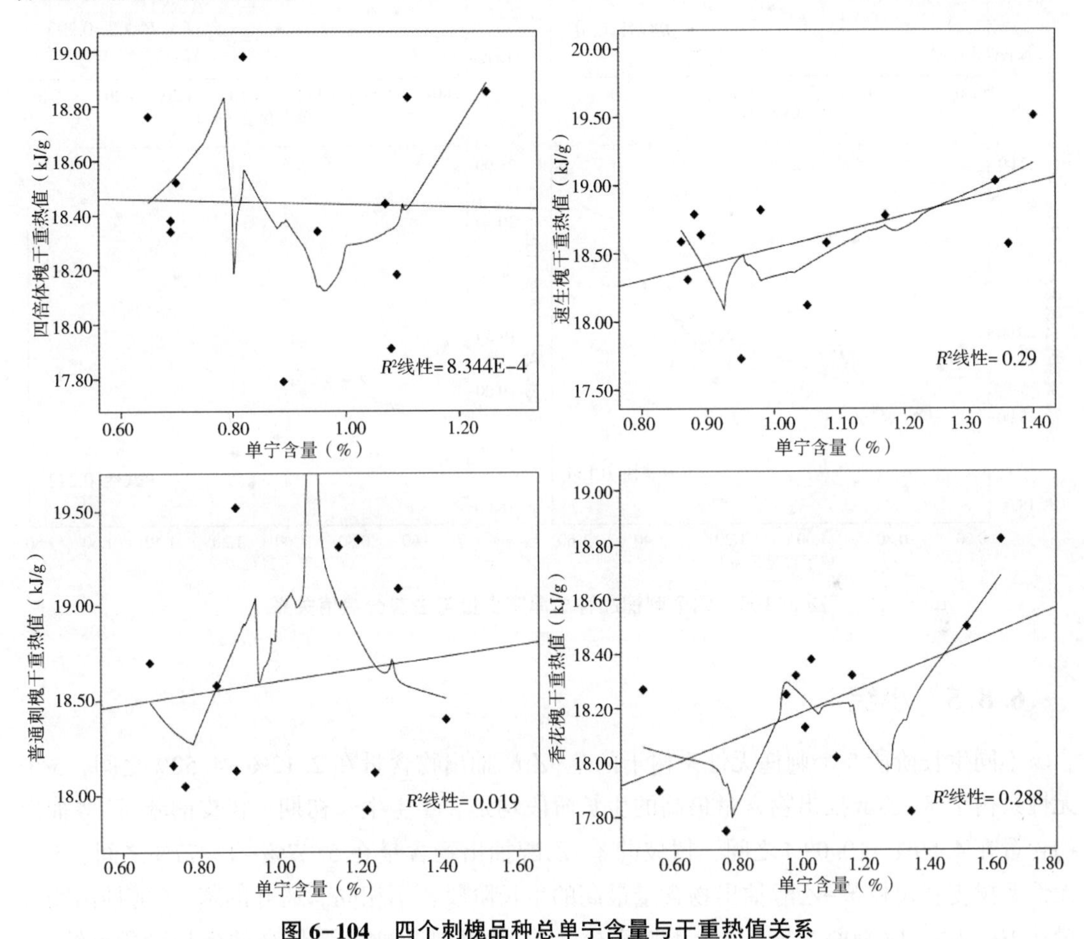

图 6-104 四个刺槐品种总单宁含量与干重热值关系

（2）不同刺槐单宁含量与去灰分热值关系 由图 6-105 可得，3 个树种总单宁含量与去灰分热值的线性关系拟合 R^2值最大为 0.293，拟合效果不是很理想。4 个刺槐品种单宁含量与去灰分热值均呈现出正相关关系，即单宁含量越高，去灰分热值越高。与图 6-104 相比，说明灰分对植物热值产生了一定的影响。LOWESS 回归图表明，四倍体刺槐、香花槐在综纤维素含量为 1%左右时，干重热值急剧下降，随后又逐渐上升；速生槐和普通刺槐单宁含量在 1.0%~1.2%之间时，去灰分热值达到最高，随后呈现下降现象。

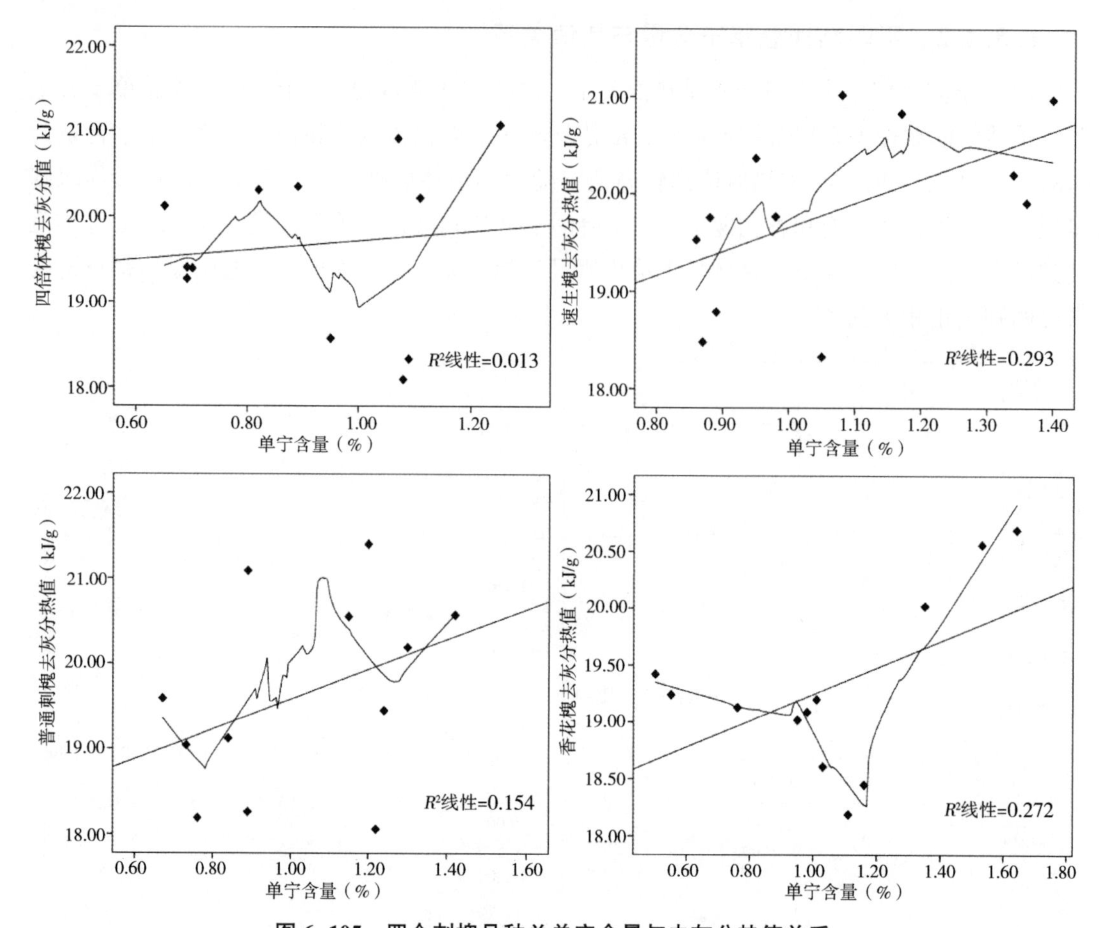

图 6-105　四个刺槐品种总单宁含量与去灰分热值关系

6.8.5　小结

不同生长阶段 5 个刺槐无性系树干的苯-乙醇抽出物含量在 2. 12%～4. 52%之间，5 个无性系树干苯-乙醇抽出物含量最高的生长阶段均是 2 年生生长初期。树皮的苯-乙醇抽出物含量在 4. 59%～10. 09%之间，树枝的苯-乙醇抽出物含量在 5. 27%～10. 77%之间，5 个无性系树皮、树枝苯-乙醇抽出物含量最高的生长阶段各不相同。树叶的苯-乙醇抽出物含量在 10. 01%～17. 90%之间，5 个无性系树叶苯-乙醇抽出物含量最高的生长阶段不统一，其中 83002、3-I 和 84023 树叶苯-乙醇抽出物含量最高的生长阶段均是 2 年生生长盛期。刺槐不同器官的苯-乙醇抽出物含量按照从高到低的顺序大体上依次是树叶、树枝、树皮、树干，与不同器官的硝酸-乙醇纤维素含量和聚戊糖含量中树干含量最高而树叶含量最低是完全相反的。树干、树皮、树枝、树叶的苯-乙醇抽出物含量与干质量热值均呈不显著的正相关关系。

四倍体刺槐、速生槐、普通刺槐和香花槐 4 种刺槐不同密度不同器官粗蛋白含量变化范围为 4. 00%～27. 51%。不同刺槐品种的粗蛋白含量均与干重热值拟合一般，与去灰分热值线性拟合较好。四倍体刺槐、速生槐和普通刺槐粗蛋白含量与干重热值均呈现有一个相

同的先下降后上升的变化趋势，香花槐的变化趋势则相反；4 个刺槐品种的粗蛋白含量与去灰分热值均呈现正相关关系，且均呈现先上升后下降的趋势。

四倍体刺槐、速生槐、普通刺槐和香花槐 4 种刺槐不同密度不同器官粗脂肪含量变化范围为 0.64%~6.42%。不同刺槐品种的粗脂肪含量均与干重热值线性及 LOWESS 回归拟合一般，与去灰分热值拟合较好。四倍体刺槐、普通刺槐粗脂肪含量与干重热值呈正相关关系，速生槐和香花槐两者之间则呈负相关关系；4 个刺槐品种其粗脂肪含量与去灰分热值均呈现正相关关系。

四倍体刺槐不同密度不同器官单宁含量变化范围为 0.50%~1.64%。不同刺槐品种的单宁含量与干重热值、去灰分热值拟合效果均一般。四倍体刺槐单宁含量与干重热值呈负相关关系，速生槐、普通刺槐和香花槐两者之间均呈正相关关系；4 个刺槐品种单宁含量与去灰分热值均呈现正相关关系；不同刺槐单宁含量与热值的关系没有明显的变化规律。

6.9 无性系刺槐能源林的营养元素动态

植物中营养元素的分布特征反映了植物自身的特性，是植物长期演化的结果，同时也受到所处生境的影响（Chapin，1980）。由于植物不同器官的生理机能不同，不同营养元素在植物体内的功能不同，营养元素在植物不同器官及不同营养元素在同一器官中的分布也有差异。

氮（N）和磷（P）是植物的基本营养元素，它们的循环限制着生态系统中的大多数过程（Chapin，1980；Aerts et al.，2000）。N 和 P 也是各种蛋白质和遗传物质的重要组成元素。由于自然界中 N 和 P 元素供应往往受限，成为生态系统生产力的主要限制因素（Vitousek et al.，1991；Aerts et al.，2000）。因此，研究 N、P 在植物群落中的浓度和分布格局十分必要。由于 N、P 元素在陆地生态系统中有着紧密的交互作用，群体水平的 N、P 浓度及其分布特征可能对我们了解整个生态系统对 N、P 的需求更加重要（杨阔等，2010）。

6.9.1 不同刺槐无性系及器官随发育阶段的氮元素分配特征

植物体内的氮主要是通过植物的根系从土壤中吸收，主要以蛋白质、氨基酸等有机氮的形式存在于植物组织中。

6.9.1.1 叶片的氮浓度的季节变化特征

叶片氮素浓度高可以保持叶片整个生育期较高的光合效率，获得较高的光合产物，从而使干物质产量得以提升（叶功富等，2007）。

不同无性系刺槐的叶片氮浓度变化有差异（图 6-106A）。叶片氮浓度范围在 30.98g/kg~65.05g/kg，5 个时间段上的不同无性系的总体趋势是下降、升高、下降、再上升、再下降，呈“W”形，叶片氮浓度最高的是 2 年生生长初期 84023，最低的是 1 年生生长盛期 8044。每个无性系叶片的氮浓度都随季节变化而发生波动，且差异极显著($P \approx 0.00229$)。1 年生时，8044 的叶片氮浓度生长末期高于生长盛期，与其他无性系的变化相反，各无性系间叶片氮浓度差异极显著（$P<0.01$）；2 年生时，各无性系间叶片氮浓度差异显著（$P<$

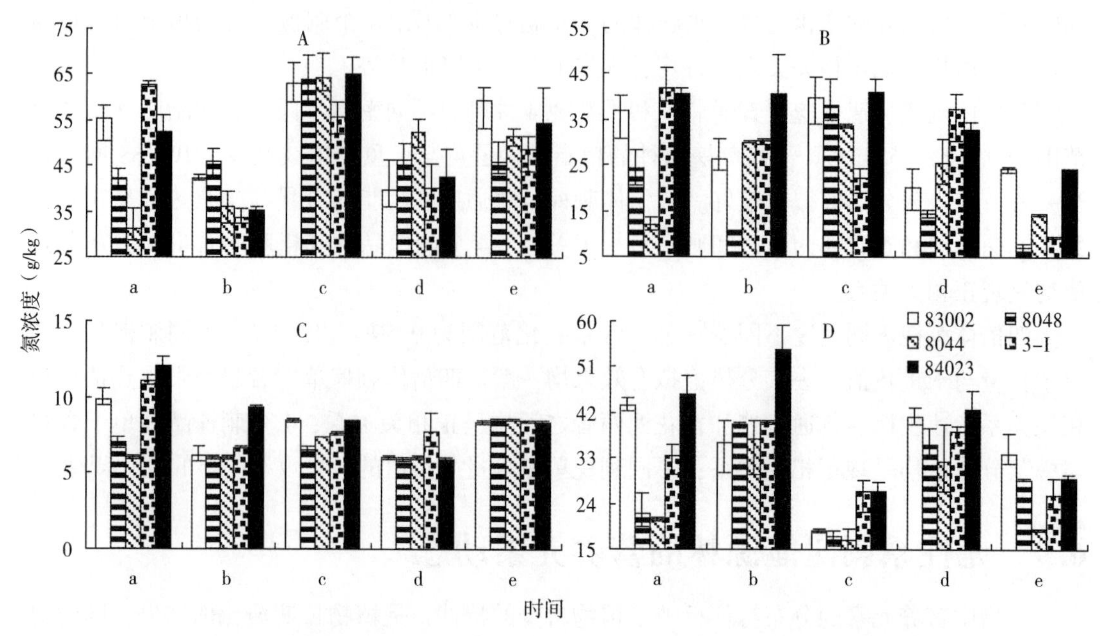

图6-106　刺槐不同发育阶段叶（A）、枝（B）、干（C）、皮（D）氮浓度

注：图中a为1年生生长盛期（当年7月中旬）；b为1年生生长末期（当年10月初）；c为2年生生长初期（翌年4月底）；d为2年生生长盛期（翌年7月上旬）；e为2年生生长末期（翌年10月初）。下同。

0.05）。比较而言，2年生生长初期是几个时间段中叶片氮浓度最高的。有研究表明三倍体毛白杨叶片的氮浓度在生长季节初期也是最高的（曲天竹等，2008）。在叶片氮浓度最高的季节中，3-I的氮浓度是几个无性系中最低的，为55.61g/kg，几个无性系的叶片平均氮浓度排序为：84023>8044>8048>83002>3-I。

6.9.1.2　单位叶面积氮浓度变化

叶片的净光合速率不仅与光量子通量密度有关，还与叶片吸收光量子和固定二氧化碳的能力有关，单位面积氮浓度高的叶片往往具有较高的光合能力（Tisdale et al.，1984）。本研究中8048的单位叶面积的氮浓度最高（图6-107），但是在分析光合能力时，发现8048并不是最高的。这也许是因为采样时间与光合测定并非同步导致的，且决定光合能力高低的因素也较多。

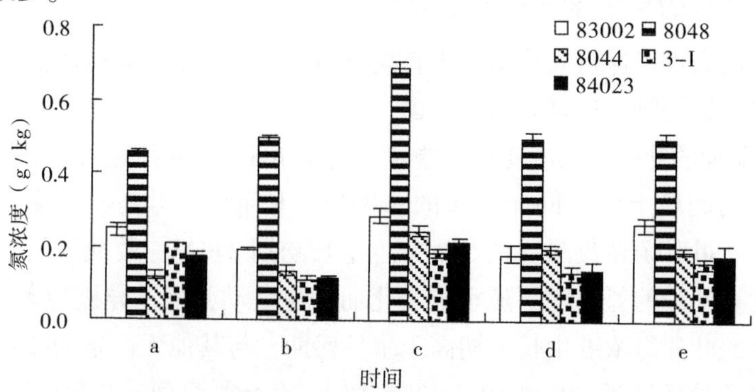

图6-107　刺槐不同发育阶段单位叶面积氮浓度

6.9.1.3 枝的氮浓度季节变化特征

刺槐枝的氮浓度在季节上和无性系间均差异显著（$P<0.05$）（图 6-106B），枝的氮浓度变化范围在 6.97~41.85g/kg，波动范围显然比叶片的高很多，且各无性系枝的氮浓度在不同季节的变化各有不同。不同季节 83002 呈“W”形变化；8048 和 3-I 均是先下降、上升、再下降，但二次下降的季节不同，8048 是在 2 年生生长初期开始的，3-I 则在 2 年生生长盛期开始；8044 和 84023 均是先升后降，最高点均在 2 年生生长初期。8044 氮浓度为 33.72g/kg，84023 的为 41.08g/kg，比较而言，84023 枝的氮浓度变化较其他几个无性系小，最高值与最低值之比为 1.70，其他几个无性系的最高值与最低值之比依次分别为：1.97、5.45、2.36、4.42。几个无性系的最高值大都在 2 年生生长初期，除 3-I 在 1 年生生长盛期，且 3-I 是几个无性系中枝的氮浓度波动最大的。

6.9.1.4 干的氮浓度季节变化特征

刺槐干的氮浓度变化如图 6-106C，干的氮浓度变化范围在 5.92g/kg~12.01g/kg，变化幅度不大，总体趋势呈“W”形，最高是 1 年生生长初期的 84023，最低的是 2 年生生长盛期的 8048。各无性系干的氮浓度均在季节变化上差异显著（$P\approx0.013$），83002 和 2 的呈“W”形变化，3-I 和 84023 的呈“V”字形变化，但最低点不同，3-I 的在 1 年生末期，为 6.65g/kg，84023 的在 2 年生盛期，为 5.93g/kg，84023 的最低值与干的氮浓度变化范围的最低值接近，而最高值也是 84023，由此可见，84023 是干的氮浓度波动最大的一个。不同刺槐无性系的干的氮浓度仅在 2 年生生长末期差异不显著（$P\approx0.077$），其他季节都差异极显著。

6.9.1.5 皮的氮浓度季节变化特征

刺槐皮的氮浓度变化见图 6-106D，皮的氮浓度变化范围在 16.69~54.55g/kg，大体上皮的氮浓度变化呈“M”形，与干的氮浓度变化趋势相反，且波动较大，最高的是 1 年生生长末期 84023，最低的是 2 年生生长初期 8044；在总体趋势上 84023 皮的氮浓度最高，8044 则是相对较低的。刺槐皮的氮浓度季节上和无性系间均差异极显著（$P<0.01$）。

6.9.1.6 各器官的碳氮比变化

氮同碳一样同为生物圈中最重要的基本元素，密切参与植物的生命过程，且相互之间密切相关即氮代谢与碳代谢的有效性相互影响，碳氮比（C/N）就显得尤为重要。所谓碳氮比（C/N）就是含碳百分率与含氮百分率之比，它反映出在新鲜有机物质、腐殖质或整个个体中这两种元素的相对量（Tisdale et al.，1984）。通过它们的比例变化我们可以了解到生物体内两者相关性。

图 6-108 表现了 4 个器官不同季节的 C/N 变化，可以看出总体上枝（B）、干（C）的 C/N 相对较高，叶（A）的较低，而在分析碳密度时，得知各器官平均碳密度大小排序为：干>叶>枝>皮。8048 在枝、叶中的 C/N 变化幅度都较大，在不同季节刺槐不同无性系各部位的皮、干碳氮比变化均差异极显著（$P<0.01$），叶、枝季节差异显著，P 值分别为 0.018 和 0.048，不同无性系枝差异极显著（$P<0.01$），不同无性系叶片的含氮量在前 3

个季节均差异极显著（$P<0.01$），在2年生生长盛期差异不显著（$P>0.05$），最后一个季节差异显著（$P\approx0.017$）。

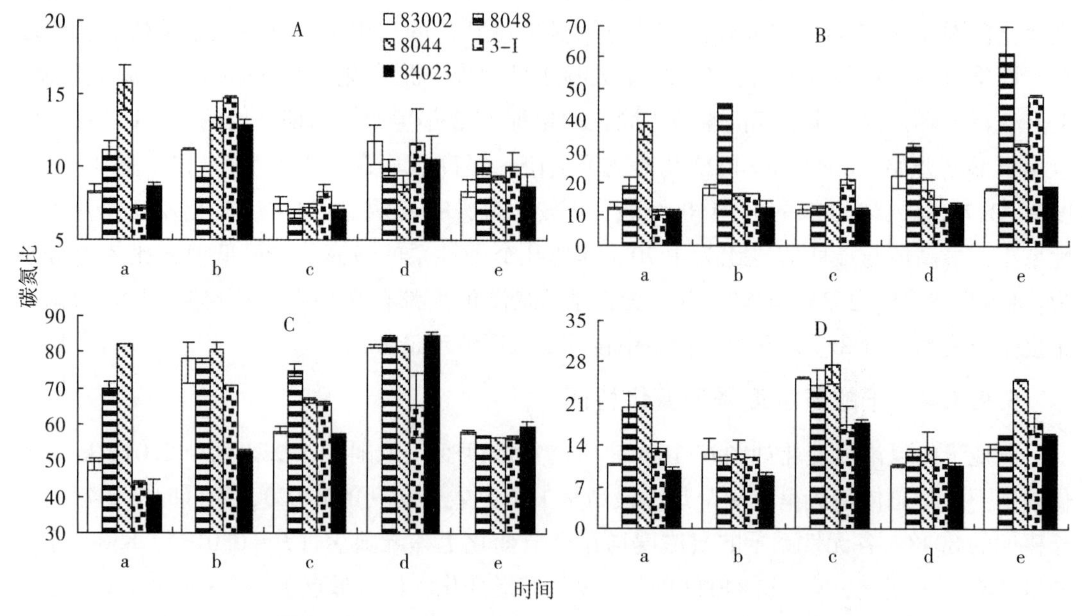

图6-108 刺槐不同发育阶段叶（A）、枝（B）、干（C）、皮（D）碳氮比

6.9.2 不同刺槐无性系及器官随发育阶段的磷元素分配特征

植物体内的磷主要以磷脂、核酸、植素等有机态存在。然而在大多数植物中，磷的数量比氮、钾要少得多。已经证明几种磷酸化合物对光合作用、碳水化合物的转化作用等大量生命过程都是必需的（Tisdale et al.，1984）。

6.9.2.1 叶片的磷浓度季节变化特征

刺槐叶片的磷浓度随季节变化趋势是先升后降（图6-109A），刺槐叶片磷浓度随季节变化差异极显著（$P<0.01$），大体呈倒置“V”形，变化范围在0.78~3.30g/kg，最高值是2年生生长盛期8048，最低值是2年生生长末期8044。各无性系均在2年生生长初期叶片磷浓度最高，叶片氮的浓度同期也是最高。而最低值均在2年生生长末期，最高值与最低值之比依次分别为：2.75、3.59、3.20、2.25、3.33。83002和8044的变化幅度较小，但总体趋势上83002的叶片磷浓度较8044的高33.05%。不同无性系间的叶片磷浓度差异极显著（$P<0.01$）。

6.9.2.2 树枝的磷浓度季节变化特征

刺槐枝的磷浓度变化趋势与叶的相似（图6-109A、B），磷浓度最高值均在2年生生长初期，但最低值并不完全在2年生生长末期，83002、8044、84023的在1年生生长末期。刺槐枝的磷浓度随季节变化差异极显著（$P<0.01$）。刺槐枝的磷浓度变化范围在0.40~3.92g/kg，最高值与最低值均是8048，说明8048枝的磷浓度波动较大，同时8044在1年

生生长末期也存在最低值，最高值与最低值之比依次为 3.83，3.52，3.86，2.27，3.92。不同无性系间刺槐枝的磷浓度除 2 年生生长盛期都差异极显著（$P<0.01$），2 年生生长盛期不同无性系间的树枝磷浓度差异显著（$P\approx0.010$）。

6.9.2.3 树干的磷浓度季节变化特征

不同无性系刺槐干的磷浓度随季节变化总体上存在着下降的趋势（图 6-109C），但刺槐干的磷浓度随季节变化差异不显著（$P\approx0.062$）。刺槐干的磷浓度变化范围在 0.31～0.98g/kg 之间，均是 3-I 的，83002 和 8044 的波动较小，最高值与最低值之比依次为：1.23、1.72、1.49、2.73、2.67。不同无性系间刺槐干的磷浓度除 1 年生生长末期差异不显著（$P\approx0.055$）外，其他季节各无性系间均差异极显著（$P<0.01$）。

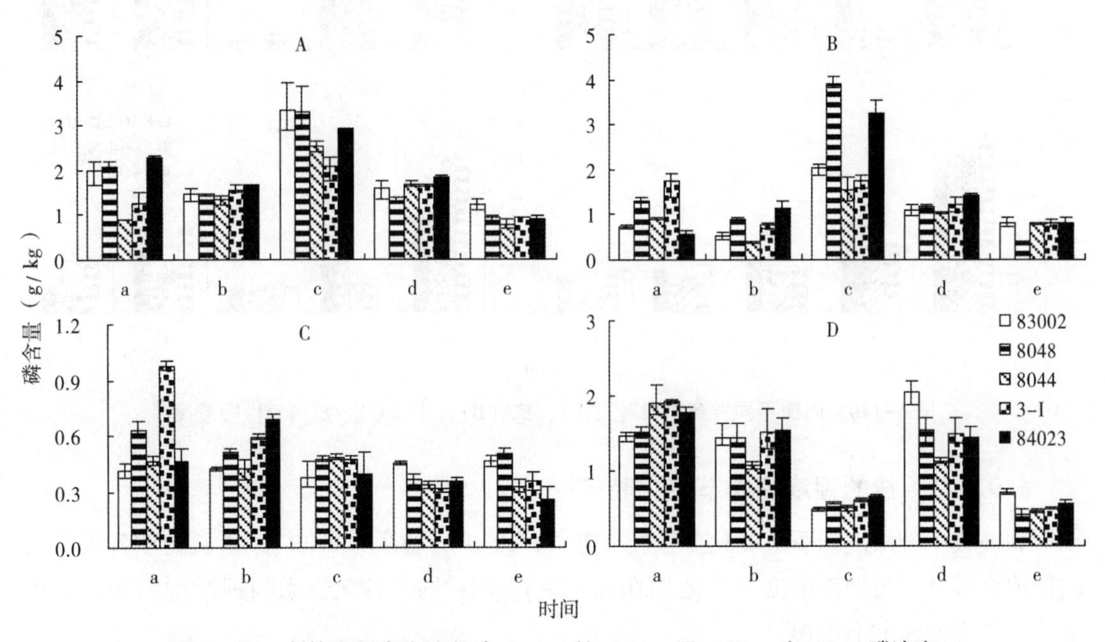

图 6-109 刺槐不同发育阶段叶（A）、枝（B）、干（C）、皮（D）磷浓度

6.9.2.4 皮的磷浓度季节变化特征

不同无性系刺槐皮的磷浓度均随季节变化先下降再上升，再下降（图 6-109D），刺槐皮的磷浓度随季节变化差异极显著（$P<0.01$）。刺槐皮的磷浓度变化范围在 0.42～2.04g/kg，最高值是 2 年生生长盛期 83002，最低值是 2 年生生长末期 8048。不同无性系间的皮磷浓度除 2 年生生长盛期都差异极显著（$P<0.01$），2 年生生长盛期不同无性系间的皮磷浓度差异显著（$P\approx0.010$）。

由以上分析可知，干中的磷浓度是最低的，但变化较为稳定；枝和叶的磷浓度相当且在各器官中浓度较高，但枝的波动较大；皮的磷浓度居中。

6.9.3 不同刺槐无性系及器官随发育阶段钾元素分配特征

植物体内的钾素几乎全部以离子状态存在于植物组织中。钾是植物生长所需的第三个大量元素。

6.9.3.1 叶片的钾浓度季节变化特征

刺槐叶中钾浓度随季节变化差异极显著（$P<0.01$）（图 6-110A），生长初期叶片的钾浓度较其他 4 个季节的高，叶片的钾浓度变化范围在 3.71～16.24g/kg，各无性系间钾浓度的变化也极显著，P 值远远小于 0.01。

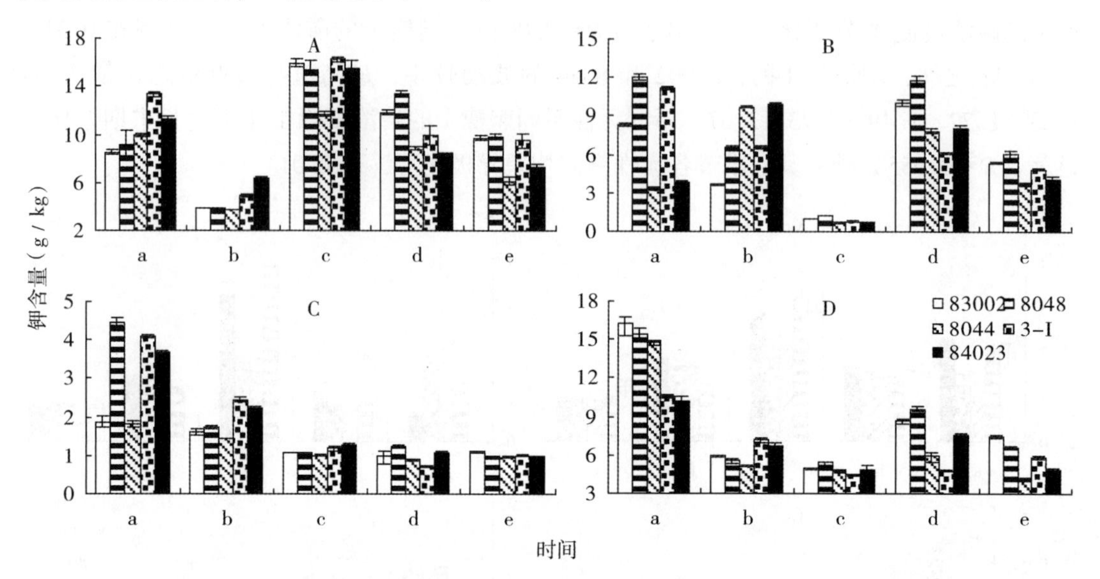

图 6-110 刺槐不同发育阶段叶（A）、枝（B）、干（C）、皮（D）钾浓度

6.9.3.2 枝的钾浓度季节变化特征

刺槐枝中钾浓度随季节变化差异极显著（$P<0.01$）（图 6-110B），生长初期各无性系的钾浓度最低，枝的钾浓度变化范围在 0.71～12.01g/kg。各无性系间钾浓度的变化也极显著，P 值远远小于 0.01。

6.9.3.3 干的钾浓度季节变化特征

刺槐干中钾浓度随季节变化差异极显著（$P<0.01$）（图 6-110C），刺槐干的钾浓度范围在 0.71～4.09g/kg，最高浓度集中在 1 年生时，2 年生时各无性系变化幅度较小，但各无性系间钾浓度的变化也极显著，P 值远远小于 0.01。83002、8044 各季节间干钾浓度的波动较其他 3 个无性系的小。

6.9.3.4 皮的钾浓度季节变化特征

不同刺槐皮中钾浓度随季节变化见图 6-110D，差异极显著（$P<0.01$）。1 年生生长盛期是 5 个季节中皮的钾浓度最高的，刺槐皮的钾浓度变化范围在 4.17～16.24g/kg。各无性系间钾浓度的变化也极显著，P 值远远小于 0.01。

6.9.4 刺槐冠层不同部位的氮、磷、钾分配特征

6.9.4.1 不同器官的氮浓度

冠层内叶片氮素的空间分布存在明显的垂直梯度，最高氮浓度位于冠层顶部（Hirose，1989）。从图6-111A中可以看出，从上层到下层叶片氮浓度呈明显的下降趋势，且差异极显著（$P<0.01$），3层枝的氮浓度变化是中层最高，四个方位枝和叶的氮浓度变化刚刚相反，叶的氮浓度是东西高、南北低，而枝的氮浓度是东西低、南北高。冠层不同部位间枝和叶的氮浓度变化均差异极显著（$P<0.01$）。干的氮浓度变化也是从上层到下层依次降低（图6-111B），但差异不显著（$P>0.05$），皮的氮浓度变化与干的相反，呈显著的上升趋势（$P\approx0.018$）。

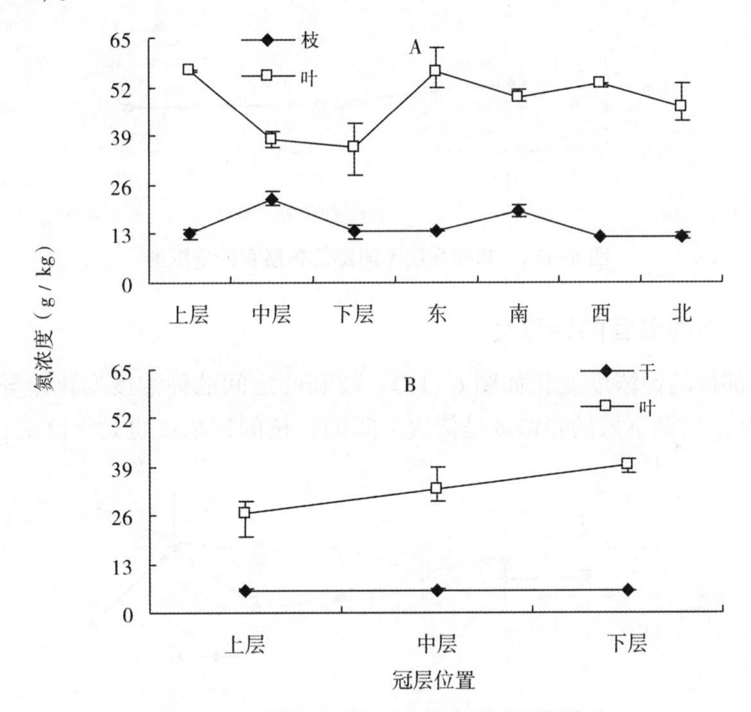

图6-111 刺槐冠层不同部位各器官的氮浓度

6.9.4.2 不同器官的磷浓度

器官不同部位的磷浓度变化如图6-112，叶片从上层到下层的磷浓度是依次升高的，而枝的磷浓度是下降的，四个方位叶片的磷浓度均高于枝。但枝和叶的磷浓度之间差异不显著（$P>0.05$），枝和叶的不同部位之间分别都差异极显著（$P<0.01$）。干和皮的变化差异极显著（$P<0.01$）（图6-112B），干和皮的磷浓度均是从上层到下层依次降低的，各层干之间的磷浓度变化差异显著（$P<0.05$），各层皮之间的磷浓度变化差异不显著（$P>0.05$）。

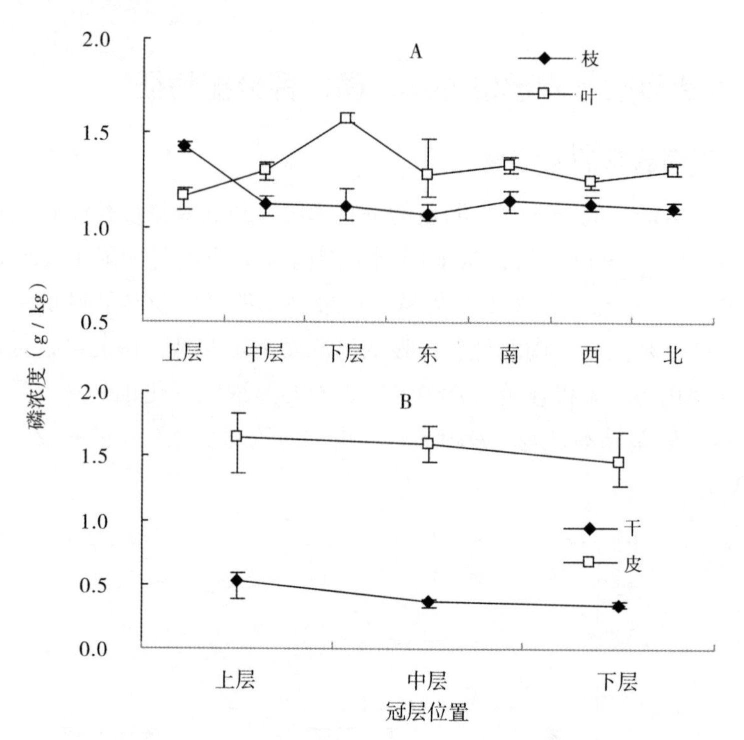

图 6-112　刺槐冠层不同部位各器官的磷浓度

6.9.4.3　不同器官的钾浓度

器官不同部位的钾浓度变化如图 6-113。枝和叶之间的钾浓度变化差异极显著（$P<0.01$），叶片从上层到下层的磷浓度是依次下降的，枝的钾浓度也是下降的，四个方位及

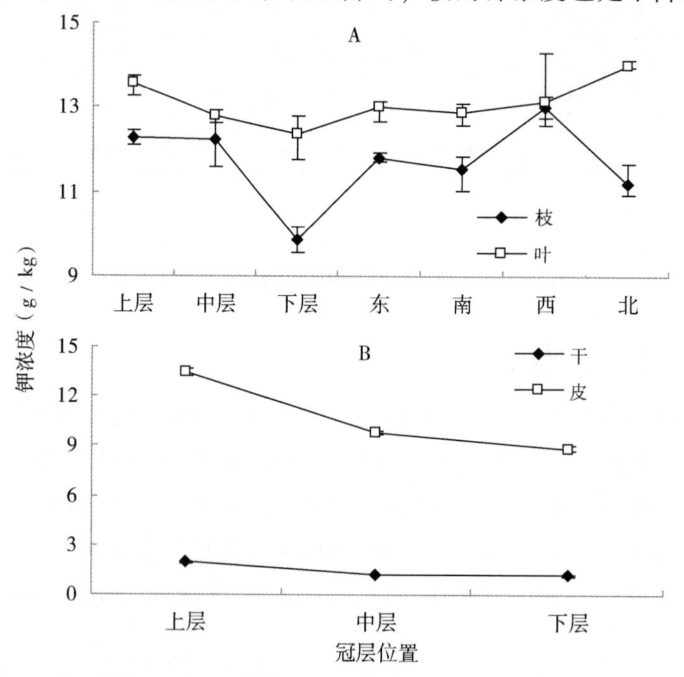

图 6-113　刺槐冠层不同部位各器官的钾浓度

冠层的 3 层叶片的钾浓度均高于枝。枝和叶的不同部位之间分别都差异极显著（$P<0.01$）。干和皮的变化差异显著（$P<0.05$）（图 6-113B），干和皮的磷浓度均是从上层到下层依次降低的，且皮的各层钾浓度远远高于干，各层干之间和各层皮之间的磷浓度变化分别差异极显著（$P<0.01$）。

6.9.5 刺槐各器官的氮浓度与热值的关系

6.9.5.1 刺槐叶片的氮浓度与热值的关系

5 个发育阶段叶片的氮浓度与热值的关系如图 6-114 所示。1 年生生长盛期、末期和 2 年生生长初期刺槐叶片的氮浓度与相应时期的热值呈负相关，1 年生生长末期时相关性显著。2 年生生长盛期和末期刺槐叶片氮浓度与相应时期的热值的相关性不明显，且不显著。对刺槐叶片的氮浓度与热值的总趋势图 6-118 分析发现，刺槐叶片的氮浓度与对应的热值呈不显著的正相关（$P>0.05$）。

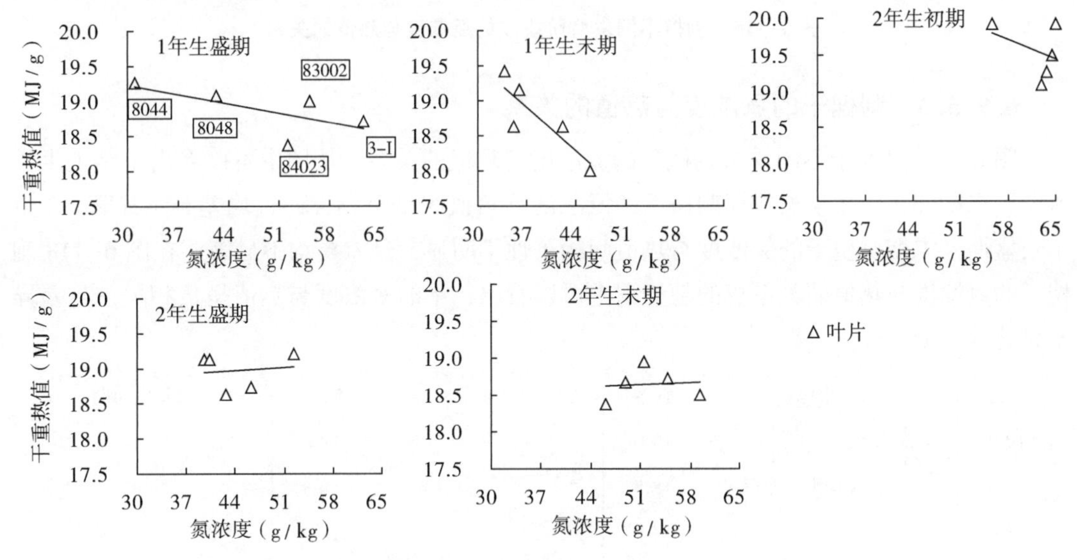

图 6-114 刺槐不同发育阶段叶片的氮浓度与热值的关系

6.9.5.2 刺槐枝的氮浓度与热值的关系

图 6-115 是 5 个不同季节刺槐枝的氮浓度与热值的关系。从图中可以看出 1 年生生长盛期和 2 年生生长初期刺槐枝的氮浓度与热值间呈负相关，且 1 年生生长盛期时差异显著。1 年生生长末期、2 生生长盛期、2 年生生长末期刺槐枝的氮浓度与热值间呈正相关，且差异均不显著。在图 6-118 刺槐枝的氮浓度与热值的关系总的趋势图中可以看出，枝的氮浓度与热值呈正相关，且差异不显著（$P>0.05$）。

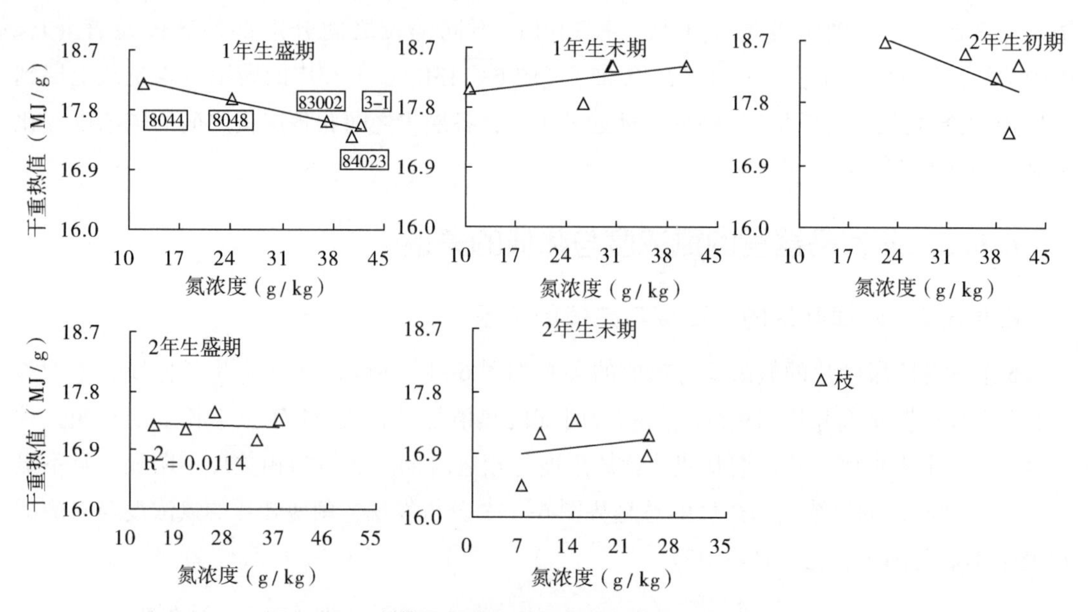

图 6-115　刺槐不同发育阶段枝的氮浓度与热值的关系

6.9.5.3　刺槐干的氮浓度与热值的关系

图 6-116 是 5 个不同季节刺槐干的氮浓度与热值的关系。从图中可以看出 1 年生生长盛期、末期和 2 年生生长初期刺槐干的氮浓度与热值间呈负相关，且均差异不显著。2 生生长盛期、末期刺槐干的氮浓度与热值间相关性不明显，且差异均不显著。在图 6-118 刺槐干的氮浓度与热值的关系总的趋势图中可以看出，干的氮浓度与热值呈负相关，且差异不显著（$P>0.05$）。

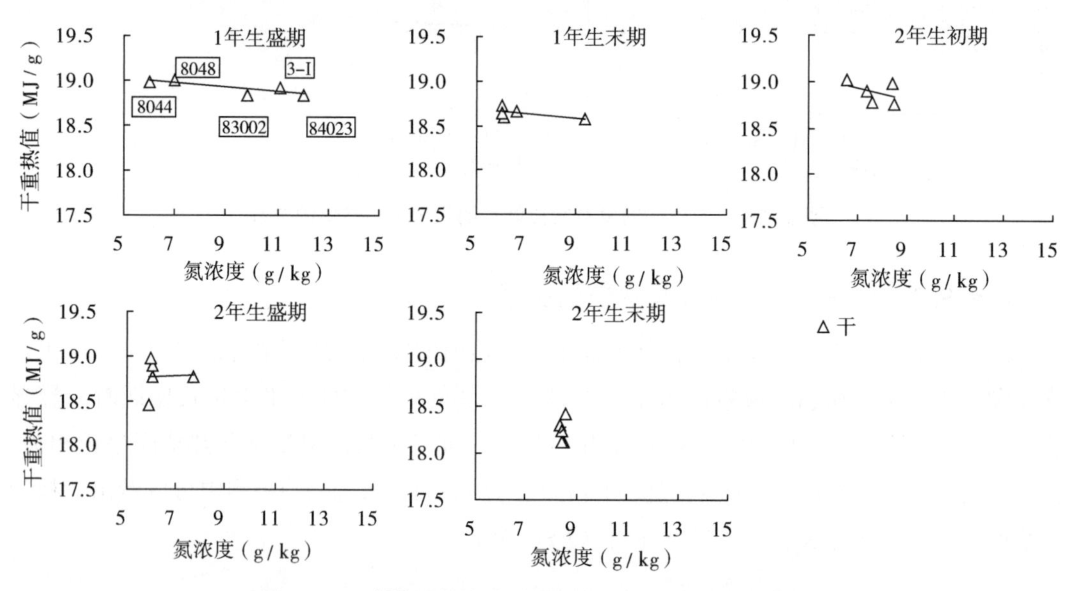

图 6-116　刺槐不同发育阶段干的氮浓度与热值的关系

6.9.5.4 刺槐皮的氮浓度与热值的关系

5 个不同发育阶段的刺槐皮的氮浓度与热值的关系见图 6-117。从图中可以看出 1 年生生长盛期和 2 年生生长初期刺槐皮的氮浓度与热值间呈正相关，且 2 年生生长初期时差异显著。1 年生生长末期、2 生生长末期刺槐皮的氮浓度与热值间呈负相关，但差异均不显著。2 年生生长盛期刺槐皮的氮浓度与热值间相关性不明显，亦差异不显著。在图 6-118 刺槐皮的氮浓度与热值的关系总的趋势中可以看出，随着皮的氮浓度的增加，刺槐热值浮动不明显，且差异不显著。

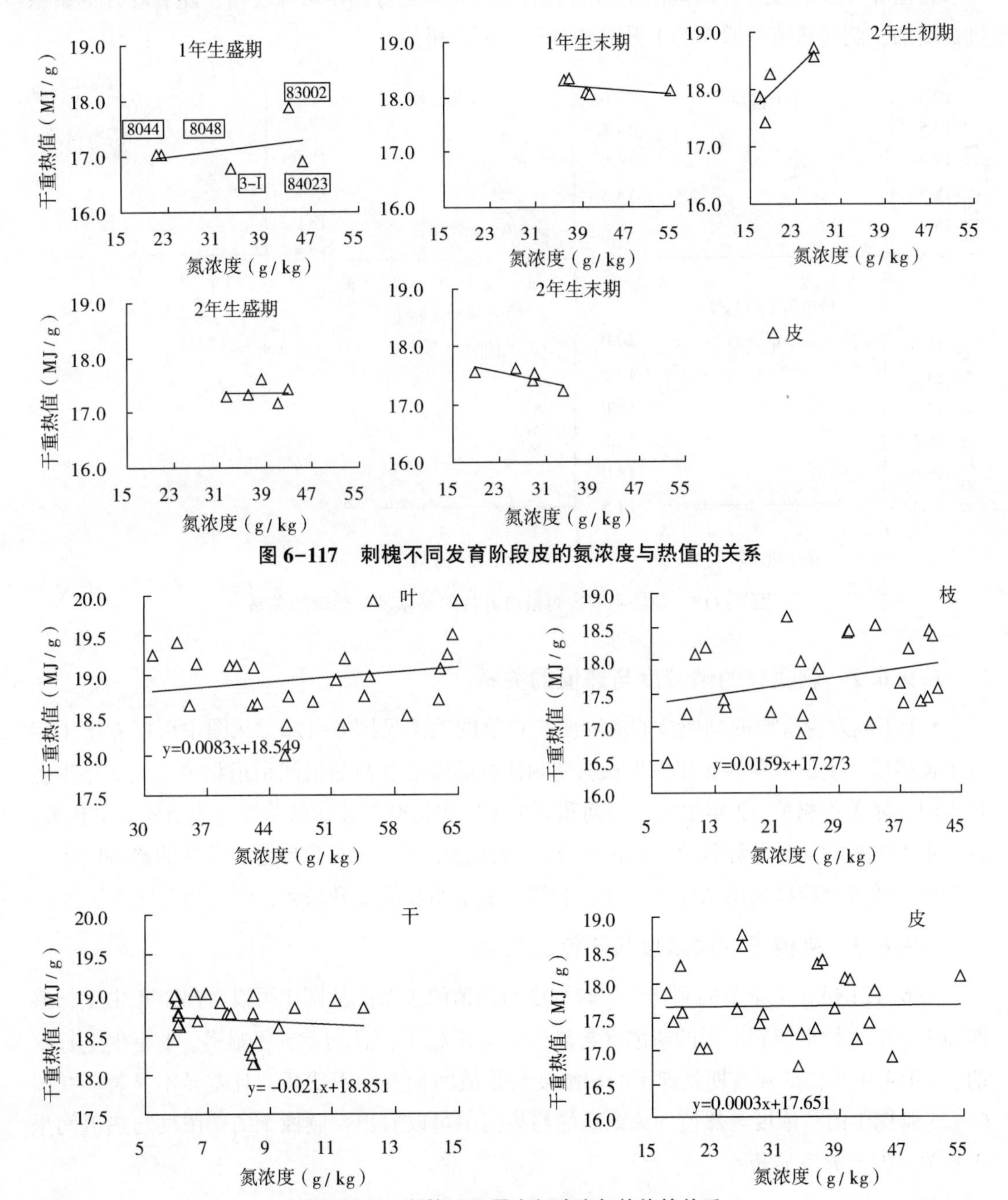

图 6-117 刺槐不同发育阶段皮的氮浓度与热值的关系

图 6-118 刺槐不同器官氮浓度与热值的关系

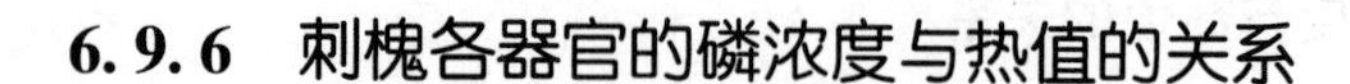

6.9.6 刺槐各器官的磷浓度与热值的关系

6.9.6.1 刺槐叶片的磷浓度与热值的关系

5 个不同发育阶段的刺槐叶片的磷浓度与热值的关系见图 6-119。从图中可以看出 1 年生生长盛期和 2 年生生长初期刺槐叶片的磷浓度与热值间呈负相关，但均差异不显著。1 年生生长末期、2 生生长末期刺槐叶片的磷浓度与热值间相关性不明显，且差异均不显著。在图 6-123 刺槐叶片的磷浓度与热值的关系总的趋势图中可以看出，随着叶片的磷浓度的增加，刺槐热值呈明显的上升趋势且呈显著正相关。

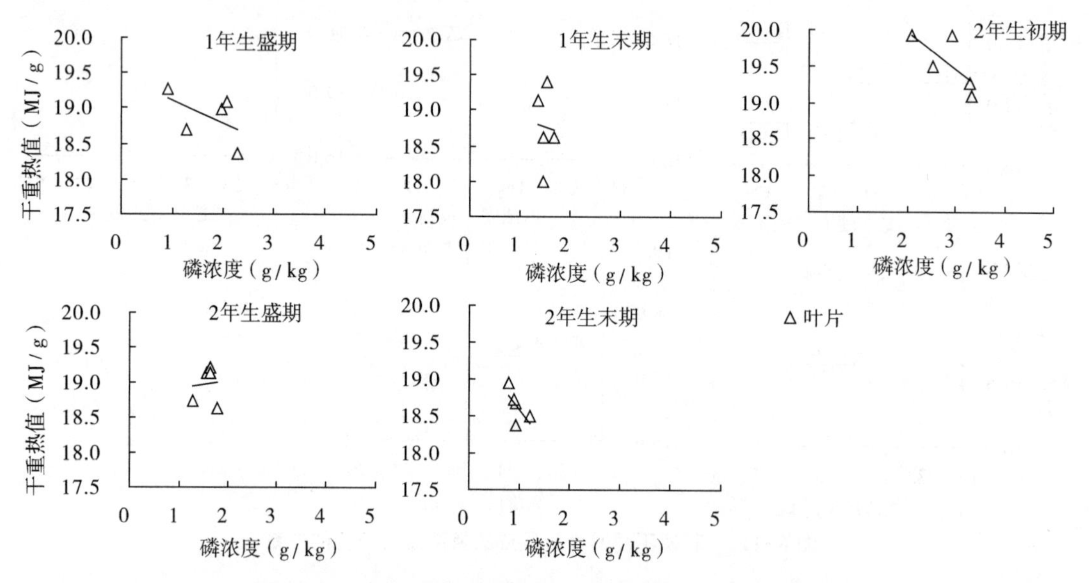

图 6-119 刺槐不同发育阶段叶片的磷浓度与热值的关系

6.9.6.2 刺槐枝的磷浓度与热值的关系

5 个不同发育阶段的刺槐枝的磷浓度与热值的关系见图 6-120。从图中可以看出 1 年生生长盛期、生长末期和 2 年生生长末期刺槐枝的磷浓度与热值间呈正相关，且 2 年生生长末期呈显著正相关。2 年生生长初期和 2 生生长盛期刺槐枝的磷浓度与热值间呈负相关，且 2 年生生长初期时差异显著。在图 6-123 刺槐枝的磷浓度与热值的关系总的趋势图中可以看出，随着刺槐枝的磷浓度的增加，刺槐热值呈明显的上升趋势，但正相关性不显著。

6.9.6.3 刺槐干的磷浓度与热值的关系

图 6-121 是 5 个季节的刺槐干的磷浓度与热值的关系。从图中可以看出 1 年生生长盛期和 2 年生生长末期刺槐干的磷浓度与热值间呈正相关，且均差异不显著。1 年生生长末期、2 年生生长初期和盛期刺槐干的磷浓度与热值间相关性不明显，且差异不显著。在图 6-123 刺槐干的磷浓度与热值的关系总的趋势图中可以看出，刺槐干的磷浓度与热值间呈正相关，但差异不显著。

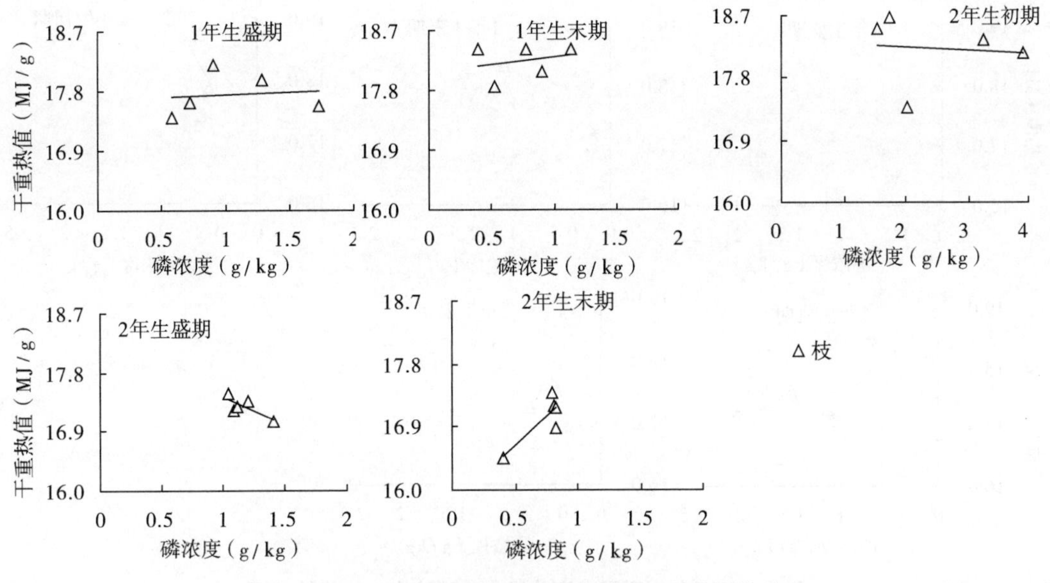

图 6-120　刺槐不同发育阶段枝的磷浓度与热值的关系

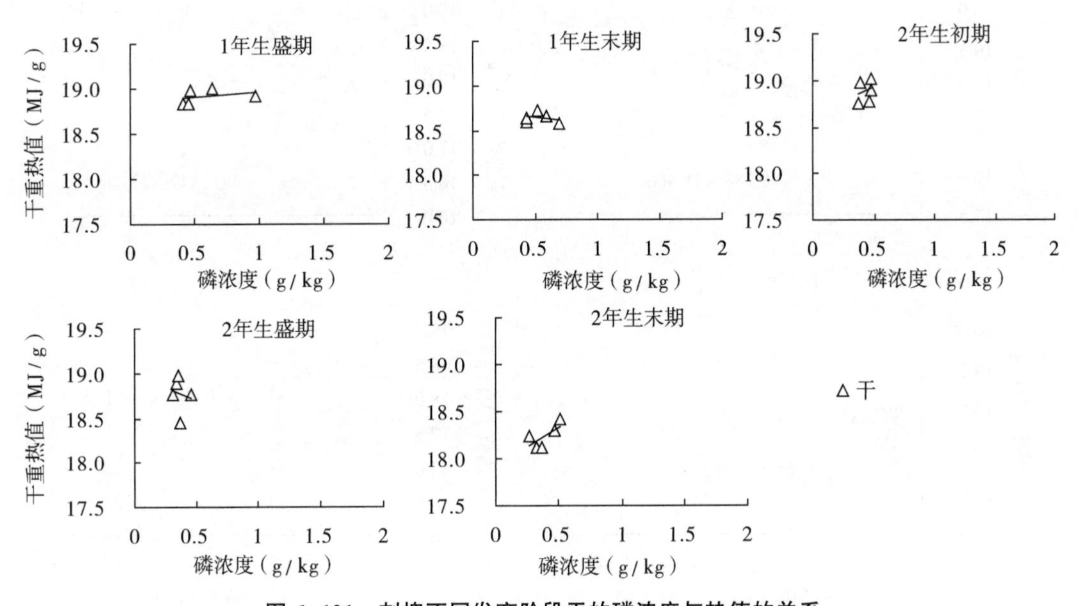

图 6-121　刺槐不同发育阶段干的磷浓度与热值的关系

6.9.6.4　刺槐皮的磷浓度与热值的关系

5 个不同发育阶段的刺槐皮的磷浓度与热值的关系见图 6-122。从图中可以看出除 2 年生生长初期刺槐皮的磷浓度与热值间呈正相关，且差异不显著外，其余时间刺槐皮的磷浓度均与热值间呈负相关，但均不显著。在图 6-123 刺槐皮的磷浓度与热值的关系总的趋势图中可以看出，随着刺槐皮的磷浓度的增加，刺槐热值呈明显的下降趋势，且呈显著负相关。

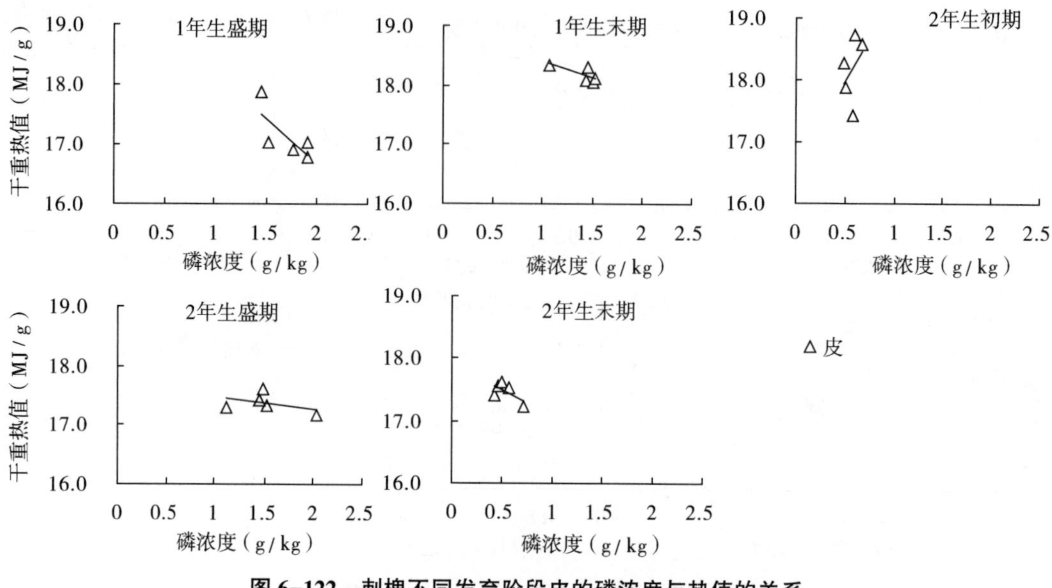

图 6-122 刺槐不同发育阶段皮的磷浓度与热值的关系

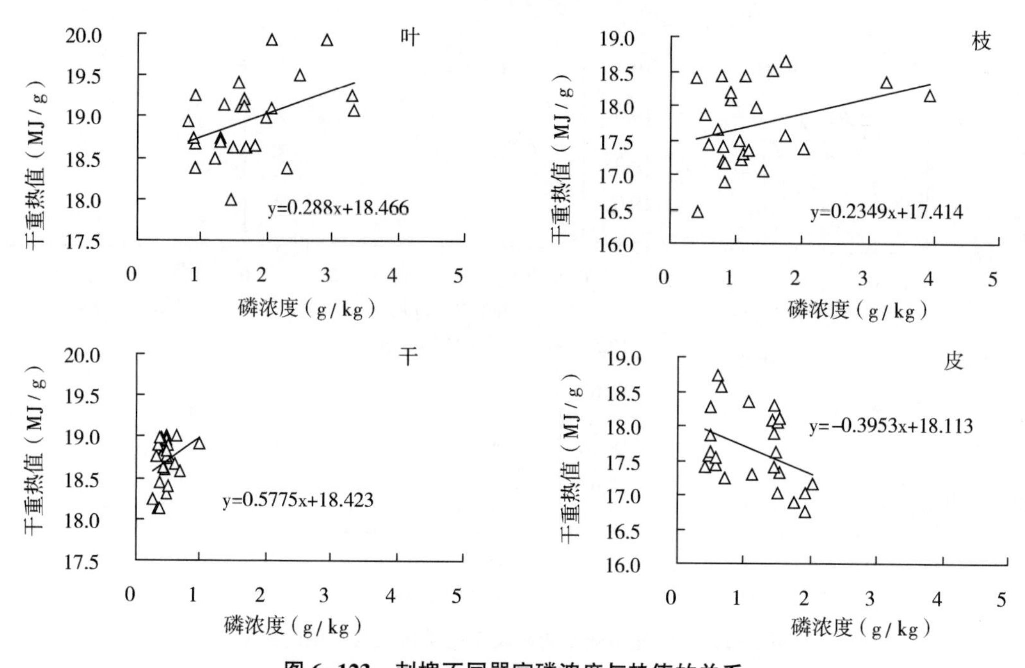

图 6-123 刺槐不同器官磷浓度与热值的关系

6.9.7 刺槐各器官的钾浓度与热值的关系

6.9.7.1 刺槐叶片的钾浓度与热值的关系

图 6-124 是 5 个不同发育阶段的刺槐叶片的钾浓度与热值的关系。从图中可以看出 1 年生生长盛期和 2 年生生长末期刺槐叶的钾浓度与热值间呈负相关，2 年生生长末期负相关显著。2 年生生长盛期刺槐叶的钾浓度与热值间相关性不明显，其余两个时间刺槐叶

的钾浓度均与热值间呈不显著正相关。在图6-128刺槐叶片的钾浓度与热值的关系总的趋势图中可以看出，随着刺槐叶片的钾浓度的增加，刺槐热值呈明显的上升趋势，且呈显著正相关。

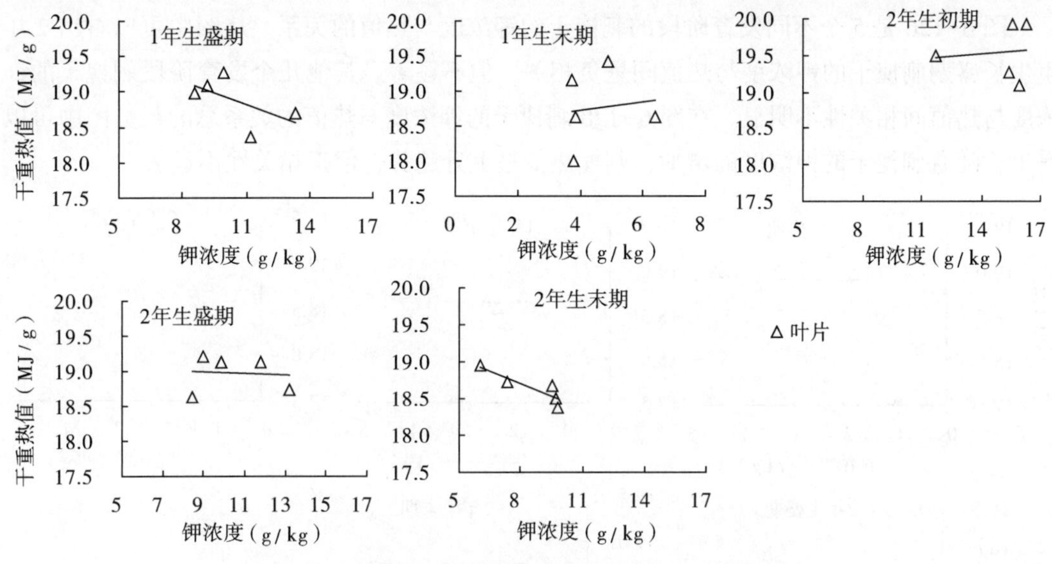

图6-124　刺槐不同发育阶段叶片的钾浓度与热值的关系

6.9.7.2　刺槐枝的钾浓度与热值的关系

图6-125是5个不同发育阶段的刺槐枝的钾浓度与热值的关系。从图中可以看出2年生生长初期和2年生生长末期刺槐枝的钾浓度与热值间呈负相关，2年生生长末期负相关显著。1年生生长盛期和2年生生长盛期刺槐枝的钾浓度与热值间相关性不明显，1年生

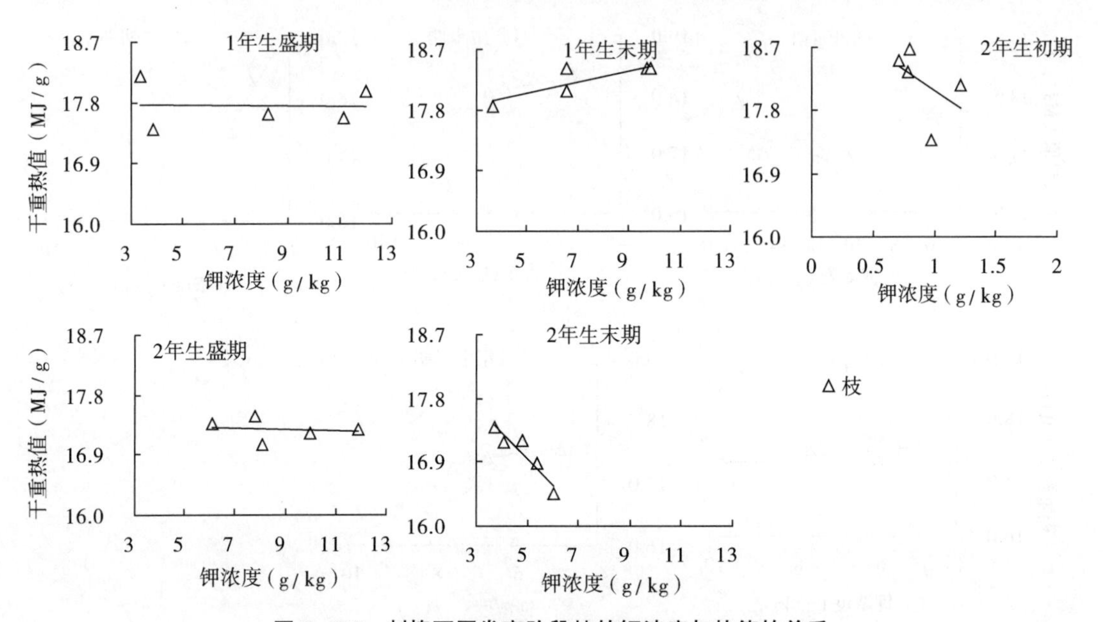

图6-125　刺槐不同发育阶段枝的钾浓度与热值的关系

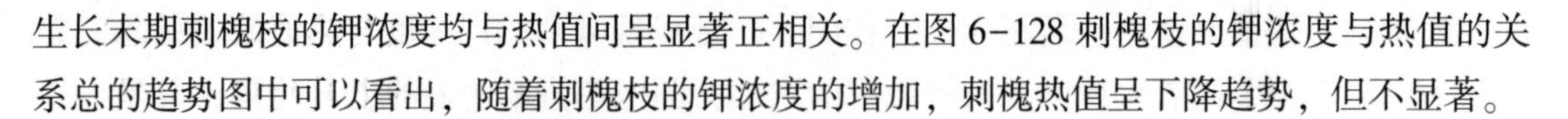

生长末期刺槐枝的钾浓度均与热值间呈显著正相关。在图 6-128 刺槐枝的钾浓度与热值的关系总的趋势图中可以看出，随着刺槐枝的钾浓度的增加，刺槐热值呈下降趋势，但不显著。

6.9.7.3 刺槐干的钾浓度与热值的关系

图 6-126 是 5 个不同发育阶段的刺槐干的钾浓度与热值的关系。从图中可以看出 2 年生生长盛期刺槐干的钾浓度与热值间呈负相关，但不显著。其他几个发育阶段刺槐干的钾浓度与热值间相关性不明显。在图 6-128 刺槐干的钾浓度与热值的关系总的趋势图中可以看出，随着刺槐干的钾浓度的增加，刺槐热值呈上升趋势，但正相关性不显著。

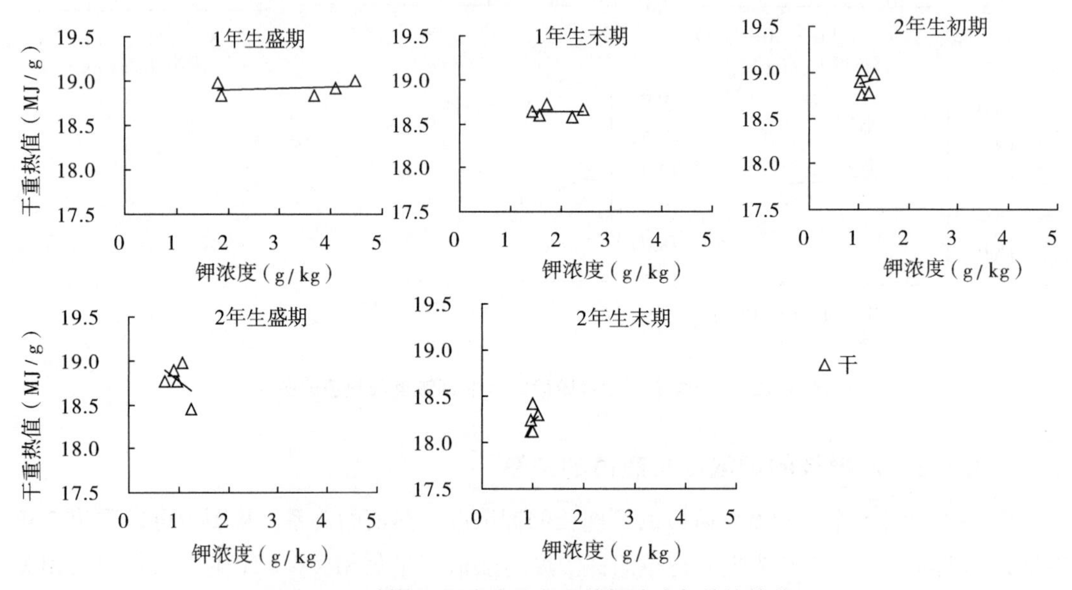

图 6-126 刺槐不同发育阶段干的钾浓度与热值的关系

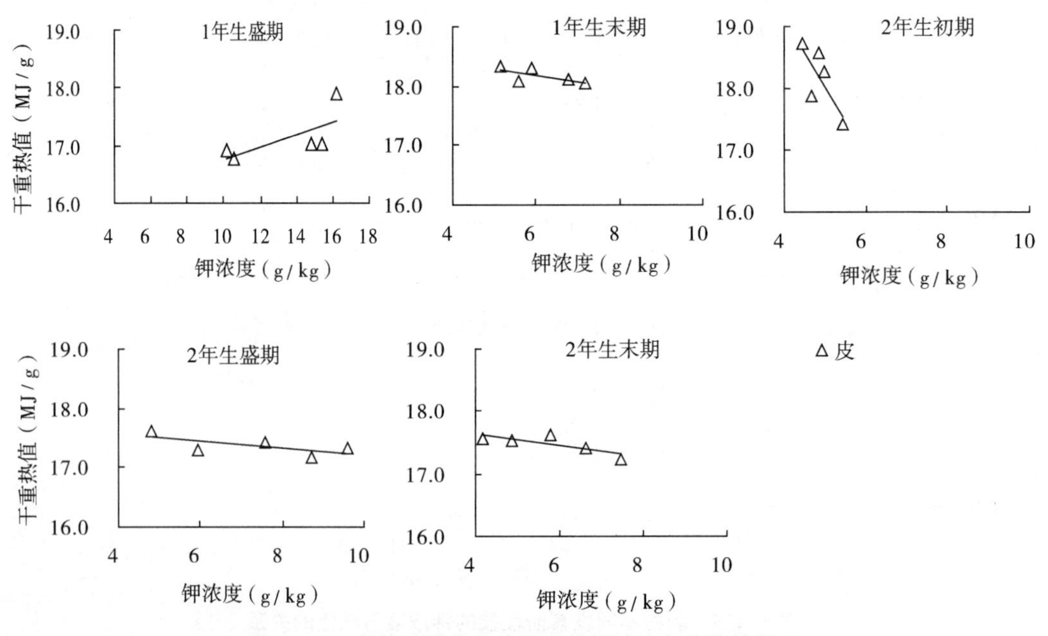

图 6-127 刺槐不同发育阶段皮的钾浓度与热值的关系

6.9.7.4 刺槐皮的钾浓度与热值的关系

图 6-127 是 5 个不同发育阶段的刺槐皮的钾浓度与热值的关系。从图中可以看出除 1 年生生长盛期刺槐皮的钾浓度与热值间呈不显著正相关外，其他几个发育阶段刺槐皮的钾浓度与热值间均呈负相关，但仅 2 年生生长末期负相关性显著。从图 6-128 刺槐皮的钾浓度与热值的关系总的趋势图中可以看出，刺槐皮的钾浓度与热值间呈显著正相关。

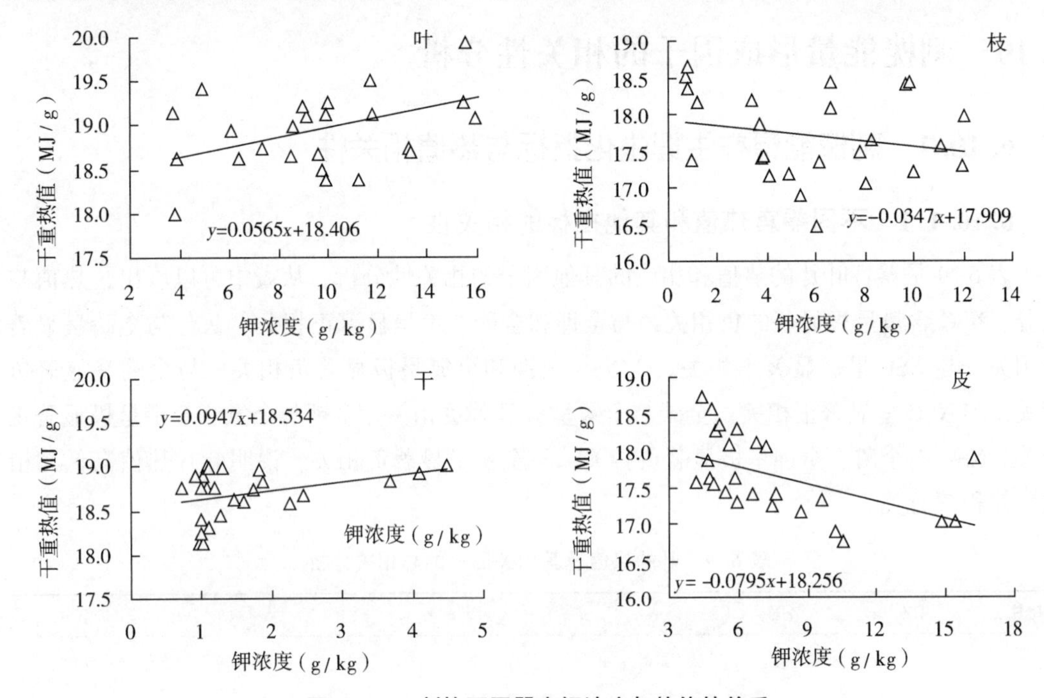

图 6-128 刺槐不同器官钾浓度与热值的关系

6.9.8 小结

植株生长较快，植株增大，体内淀粉积累，营养浓度降低。一般认为叶片衰老过程中由于呼吸消耗及碳水化合物、核酸、脂类和蛋白质等降解后小分子物质的外运，使叶片的质量及氮、磷、钾等元素的浓度随之下降，老叶的灰分浓度低于幼叶和成熟叶。有研究表明：红树植物木榄叶片衰老过程中，叶片中大约 60%的氮、48%的磷和 46%的钾转移至多年生的器官和新叶中。

C/N 比例是反映植株体内 C、N 代谢状况的一项重要诊断指标（李晋生，1981）。碳氮代谢的协调程度影响植株生长发育进度（王勋等，2008）。

总体上叶中的氮浓度最高，干中的最低，枝和皮居中。84023 的枝、干皮的氮浓度较其他几个无性系在各季节大都是最高的。3-I 叶片的氮浓度是几个无性系中最低的，枝的波动最大，8044 则是皮的氮浓度相对较低的。84023 是干的氮浓度波动最大的一个。干中的磷浓度是最低的，但变化较为稳定；枝和叶的磷浓度相当且在各器官中浓度较高，但枝的波动较大；皮的磷浓度居中。叶中的钾浓度生长初期的最高，而其他几个器官则几乎是生长初期最低。对 8048 冠层分层得：皮中氮磷钾的浓度均显著高于干中的，叶中磷钾的浓度均显著高于枝中的。

热值是指单位重量干物质在完全燃烧后所释放出来的热量值，它与干物质产量结合可以评估森林生态系统初级生产力，是衡量植物体生命活动及组成成分的指标之一，可作为植物生长状况的一个有效指标（鲍雅静等，2006）。了解热值与这些因子之间的相关程度很有必要。

6.10 刺槐能量形成因子的相关性分析

6.10.1 刺槐能源林生理生化指标与热值相关性

6.10.1.1 不同器官热值和其他指标的相关性

表 6-9 是器官叶片的热值和相应的其他因子的相关性分析。从表中可以看出，热值与灰分、NSC 含量呈极显著的负相关，与全钾和全磷浓度呈显著正相关。灰分与全磷呈显著负相关，与 NSC 呈极显著正相关。C/N 与全钾和全氮呈极显著负相关，与全磷呈显著负相关，与 NSC 呈显著正相关。全碳与全磷呈极显著负相关。全钾与全氮、全磷呈极显著正相关。NSC 与全磷、全钾呈极显著负相关，与全氮呈显著负相关。说明叶片热值高低与植物营养积累有关。

表 6-9　叶的热值及其相关因子的总相关分析

叶片	RZ	HF	C/N	C	K	N	P	NSC
RZ	1							
HF	-0.7787 **	1						
C/N	-0.0469	0.0220	1					
C	0.1075	-0.1468	0.4379 *	1				
K	0.4620 *	-0.3637	-0.5669 **	-0.2677	1			
N	0.1867	-0.1957	-0.9629 **	-0.2926	0.6268 **	1		
P	0.4438 *	-0.4204 *	-0.4863 *	-0.5058 **	0.5858 **	0.5182 **	1	
NSC	-0.5358 **	0.5966 **	0.4177 *	0.1203	-0.7671 **	-0.4932 *	-0.5091 **	1

注：RZ 为热值，HF 为灰分，C/N 为碳氮比，C 为植物全碳，K 为植物全钾，N 为植物全氮，P 为植物全磷，NSC 为非结构性碳水化合物，W 为生物量，MPn 为平均光合能力，MRZ 为标准木单位干重热值，* 表示差异显著，** 表示差异极显著。下同。

表 6-10 是器官枝的热值和相应的其他因子的相关性分析。从表中可以看出，热值与灰分含量呈极显著的负相关，与全碳含量呈极显著正相关。灰分含量与全碳含量呈显著负相关，与 C/N 呈显著正相关。C/N 与全氮浓度呈极显著负相关。全钾与全磷浓度呈显著负相关，全氮与全磷浓度呈显著正相关。NSC 浓度与全氮、全磷、全钾浓度呈不显著正相关，但可以明显看出枝中各组分的相关性较叶片有很大差异。由此可见，枝和叶片对各种物质的需要、贮藏状态的不同，叶片中氮磷钾显著正相关，而枝条中 3 者关系变化有差

异，也鉴于它们的生理功能、特性不同。但也说明全碳含量、营养元素含量与枝的热值关系密切。

表 6-10　枝的热值及其相关因子的总相关分析

枝条	RZ	HF	C/N	C	K	N	P	NSC
RZ	1							
HF	-0.9033**	1						
C/N	-0.3771	0.3976*	1					
C	0.7943**	-0.8219**	-0.2078	1				
K	-0.2129	0.1348	0.0198	-0.0524	1			
N	0.3032	-0.3228	-0.8949**	0.1139	-0.0896	1		
P	0.3301	-0.2487	-0.3899	-0.0847	-0.4034*	0.4607*	1	
NSC	0.1934	-0.2582	-0.1057	0.3036	0.1236	0.1251	0.2015	1

表 6-11 是器官干的热值和相应的其他因子的相关性分析。从表中可以看出，热值与灰分呈负相关但不显著，与全碳呈正相关也不显著。灰分与全氮呈显著正相关，氮磷钾之间呈显著或极显著相关，氮与 C/N 呈极显著负相关。NSC 浓度与全氮、磷、钾浓度相关但不显著。说明碳含量、营养元素含量与干的热值相关。

表 6-11　干的热值及其相关因子的总相关分析

干	RZ	HF	C/N	C	K	N	P	NSC
RZ	1							
HF	-0.1920	1						
C/N	0.2188	-0.3510	1					
C	0.1784	-0.0207	0.1325	1				
K	0.3524	0.0906	-0.3493	-0.2983	1			
N	-0.1272	0.3963*	-0.9734**	-0.0553	0.4236*	1		
P	0.3083	0.0957	-0.3069	-0.2857	0.7332**	0.3359	1	
NSC	-0.0326	-0.3036	-0.0980	-0.4885*	0.2181	0.0470	0.3883	1

表 6-12 是器官皮的热值和相应的其他因子的相关性分析。从表中可以看出，热值与灰分呈极显著负相关，与全碳呈极显著正相关。这一点与干的相关性相同但干的均不显著。灰分与 C/N 呈显著正相关，与全碳、NSC 呈极显著负相关，与全氮呈显著负相关。磷钾之间呈极显著相关。NSC 与全氮、全磷呈极显著或显著正相关，与全钾呈负相关但不显著。

叶、枝、皮中全碳和 NSC 均呈正相关，而干中呈显著负相关。说明 NSC 在不同器官的累积不同。碳含量，全氮、磷、钾浓度在各器官的积累状况不同，与热值的相关性程度也不同，这说明不同器官对不同营养的需求不同，积累也不同，但植物的热值均与营养积累有关。

表 6-12　皮的热值及其相关因子的总相关分析

皮	RZ	HF	C/N	C	K	N	P	NSC
RZ	1							
HF	-0.6865**	1						
C/N	0.0656	0.3967*	1					
C	0.6278**	-0.6337**	-0.0590	1				
K	-0.5174**	0.3339	-0.1838	-0.2037	1			
N	0.0047	-0.4310*	-0.9454**	0.2083	0.1621	1		
P	-0.3997*	-0.0373	-0.6139**	-0.2252	0.6202**	0.6138**	1	
NSC	0.1786	-0.5691**	-0.6312**	0.1949	-0.2313	0.6783**	0.4258*	1

6.10.1.2　各指标与热值间的总相关性

表 6-13 为热值和相应的其他因子的总相关性分析。从表中可以看出，热值与灰分呈极显著负相关，与钾呈负相关但不显著，与其他因子均呈正相关，但只与全碳呈极显著正相关。灰分与其他因子除全碳和 C/N 呈极显著负相关外，与全氮、全磷、全钾和 NSC 均呈极显著正相关。C/N 与碳呈极显著正相关，与全氮、全磷、全钾和 NSC 呈极显著负相关。碳与氮磷钾以及 NSC 呈极显著负相关。氮、磷、钾之间呈极显著相关。NSC 与全氮、全钾、全磷呈极显著或显著正相关。

表 6-13　热值及其相关因子的总相关分析

总相关	RZ	HF	C/N	C	K	N	P	NSC
RZ	1							
HF	-0.2898**	1						
C/N	0.1807	-0.8128**	1					
C	0.5944**	-0.6425**	0.5234**	1				
K	-0.0436	0.6227**	-0.6346**	-0.4212**	1			
N	0.1328	0.6953**	-0.8493**	-0.3536**	0.6718**	1		
P	0.1102	0.4627**	-0.6081**	-0.4136**	0.5209**	0.7121**	1	
NSC	0.1202	0.8159**	-0.7816**	-0.3329**	0.5468**	0.8095**	0.5396*	1

综上，碳含量与热值呈极显著正相关，与灰分呈极显著负相关。这说明碳含量高的刺槐无性系可以提供高效的木质能源。通过测定显示 3-I、84023 和 83002 的碳储量较高。在表中，灰分与氮磷钾都呈极显著正相关，说明灰分中可能富集氮磷钾，全碳和 NSC 呈显著负相关。无论从各器官热值与其他因子的相关性分析，还是从热值与其他因子的总相关性分析中，均可以看出热值与植物自身营养的累积密切相关。在今后能源林选育中，不仅要选取最高碳含量的无性系，还有生物量、营养物质等其他指标的综合评定测试。

6.10.1.3 生长季末期热值与各指标间的总相关性

2 年生末期时，增加了标准木热值、末期生物量后，做的各因素与热值之间的相关性分析如表 6-14 所示。因为本试验中各无性系大田栽培密度相同，所以单株热值可代表单位面积上的热值。从表中可以看出，热值与灰分含量呈显著正相关，而未加生物量时，无论是各器官的热值与其他因子的相关性分析还是热值与其他因子总的相关性分析中，热值与灰分含量均呈极显著负相关。增加生物量这一因子后，灰分含量与全钾浓度呈负相关但不显著，与其他因子均呈正相关，但只与全碳含量呈极显著正相关。灰分含量与其他因子除全碳含量和 C/N 呈极显著负相关外，与全氮、全磷、全钾和 NSC 浓度均呈极显著正相关。C/N 与碳含量呈极显著正相关，与全氮、全磷、全钾和 NSC 浓度呈极显著负相关。碳含量与氮、磷、钾浓度以及 NSC 浓度呈极显著负相关。氮、磷、钾之间呈极显著相关。NSC 浓度与全氮、全钾、全磷浓度呈极显著或显著正相关。全碳含量、氮磷钾浓度、NSC 浓度、平均光合能力、生物量均与热值关系密切，有的甚至达极显著正相关，说明植物的热值高低与植物的营养积累密切相关。本研究中光能积累率与热值呈正相关但不显著，但有资料显示（毕玉芬等，2002），光能积累率高，相应的生长潜能大，生物量高，植物抗逆性强，热值高。

表 6-14 2 年生生长末期热值及其相关因子的相关分析

总相关	RZ	HF	C/N	C	K	N	P	NSC	MPn	W	MRZ
RZ	1										
HF	0.9219*	1									
C/N	-0.2748	-0.2635	1								
C	0.9998**	0.9192*	-0.2893	1							
K	0.8632	0.9875**	-0.1620	0.8590	1						
N	0.8645	0.8973*	-0.6567	0.8697	0.8365	1					
P	0.9073*	0.9806**	-0.4173	0.9058*	0.9481*	0.9471*	1				
NSC	0.9953**	0.9457*	-0.2142	0.9937**	0.9014*	0.8523	0.9186*	1			
MPn	0.6991	0.6604	-0.3328	0.7102	0.6380	0.7049	0.5995	0.6964	1		
W	0.9999**	0.9274	-0.2693	0.9995**	0.8711	0.8658	0.9110*	0.9966**	0.7025	1	
MRZ	0.2799	-0.0317	-0.4655	0.2854	-0.1842	0.2137	0.0907	0.1929	-0.0719	0.2640	1

6.10.2 不同刺槐各化学成分与热值总相关性

6.10.2.1 不同刺槐化学成分与热值总相关性

（1）四倍体刺槐各成分与热值总相关性　由表 6-15 得出，干重热值和灰分之间呈不显著的负相关关系，说明灰分确实对植物的干重热值造成了一定的影响。去灰分热值与灰分含量有极显著的正相关关系，这与另一文献（陈美玲等，2009）等研究的结果一致。

干重热值与粗蛋白呈显著的正相关关系，与其他均为显著的相关性。去灰分热值与灰分、粗蛋白、粗脂肪呈极显著的正相关关系，与综纤维素呈极显著的负相关关系，与单宁和可溶性糖为不显著正相关关系，与淀粉呈不显著负相关关系。

表 6-15　四倍体刺槐各化学成分与热值及灰分的总相关性分析

项目	干重热值	去灰分热值	灰分	综纤维素	粗蛋白	粗脂肪	单宁	淀粉	可溶性糖
干重热值	1	0.537	0.178	-0.137	0.657*	0.240	-0.029	0.146	0.106
去灰分热值		1	0.925**	-0.872**	0.897**	0.824**	0.114	-0.277	0.099
灰分			1	-0.950**	0.759**	0.842**	0.118	-0.374	0.099
综纤维素				1	-0.658*	-0.926**	-0.215	0.468	0.055
粗蛋白					1	0.530	-0.072	-0.005	0.229
粗脂肪						1	0.338	-0.532	-0.122
单宁							1	-0.179	-0.854**
淀粉								1	0.168
可溶性糖									1

（2）速生槐各化学成分与热值总相关性　由表 6-16 得出，干重热值与各化学成分均无显著的相关性。去灰分热值与灰分、粗蛋白、粗脂肪呈极显著的正相关关系，与综纤维素呈极显著的负相关关系，与单宁、淀粉和可溶性糖均为不显著正相关关系。

表 6-16　速生槐各化学成分与热值及灰分的总相关性分析

项目	干重热值	去灰分热值	灰分	综纤维素	粗蛋白	粗脂肪	单宁	淀粉	可溶性糖
干重热值	1	0.424	-0.078	0.089	0.295	-0.277	0.539	0.652*	-0.051
去灰分热值		1	0.869**	-0.831**	0.875**	0.675**	0.541	0.211	0.002
灰分			1	-0.963**	0.811**	0.885**	0.303	-0.107	0.057
综纤维素				1	-0.848**	-0.831**	-0.304	0.130	-0.136
粗蛋白					1	0.535	0.649*	0.239	0.257
粗脂肪						1	0.047	-0.398	-0.131
单宁							1	0.497	-0.105
淀粉								1	0.350
可溶性糖									1

（3）普通刺槐各化学成分与热值总相关性　由表 6-17 得出，干重热值与粗蛋白和可溶性糖呈显著的正相关关系，与其他成分均无显著的相关性。去灰分热值与灰分、粗蛋白、粗脂肪呈极显著的正相关关系，与综纤维素呈极显著的负相关关系，与单宁和可溶性糖呈不显著正相关关系，与淀粉呈不显著负相关关系。

表 6-17 普通刺槐各化学成分与热值及灰分的总相关性分析

项目	干重热值	去灰分热值	灰分	综纤维素	粗蛋白	粗脂肪	单宁	淀粉	可溶性糖
干重热值	1	0.870**	0.574	-0.493	0.692*	0.469	0.139	0.026	0.607*
去灰分热值		1	0.902**	-0.799**	0.870**	0.831**	0.392	-0.036	0.524
灰分			1	-0.897**	0.854**	0.962**	0.523	-0.044	0.340
综纤维素				1	-0.753**	-0.869**	-0.482	0.168	-0.058
粗蛋白					1	0.719*	0.530	0.265	0.285
粗脂肪						1	0.469	-0.256	0.322
单宁							1	0.213	-0.251
淀粉								1	-0.179
可溶性糖									1

（4）香花槐各化学成分与热值总相关性　由表 6-18 得出，干重热值与各个化学成分均无显著的相关性。去灰分热值与灰分呈极显著的正相关关系，与粗蛋白、粗脂肪呈显著的正相关关系，与综纤维素呈极显著的负相关关系，与单宁和可溶性糖呈不显著正相关关系，与淀粉呈不显著负相关关系。

表 6-18 香花槐各化学成分与热值及灰分的总相关性分析

项目	干重热值	去灰分热值	灰分	综纤维素	粗蛋白	粗脂肪	单宁	淀粉	可溶性糖
干重热值	1	0.389	-0.043	-0.154	-0.193	-0.136	0.537	-0.149	-0.442
去灰分热值		1	0.903**	-0.940**	0.697*	0.676*	0.521	-0.245	0.284
灰分			1	-0.942**	0.858**	0.789**	0.294	-0.176	0.531
综纤维素				1	-0.743**	-0.703*	-0.461	0.305	-0.303
粗蛋白					1	0.552	-0.190	0.130	0.612*
粗脂肪						1	0.325	0.038	0.401
单宁							1	-0.687*	-0.244
淀粉								1	0.142
可溶性糖									1

6.10.2.2 不同刺槐各化学成分与热值回归方程拟合

笔者共选取了 6 种化学成分，为进一步明确各化学成分之间的关系，用各刺槐品种的去灰分热值作为因变量（Y），用灰分含量（X_1）、综纤维素含量（X_2）、粗蛋白含量（X_3）、粗脂肪含量（X_4）、单宁含量（X_5）、淀粉含量（X_6）、可溶性糖含量（X_7）作为自变量，估算出 4 个刺槐品种的多元回归方程（表 6-19）。

表 6-19　不同刺槐各化学成分与去灰分热值拟合的回归方程

刺槐品种	回归方程	R^2	F	P
四倍体刺槐	$Y=15.113+0.151X_1+0.045X_2+0.070X_3+0.419X_4-0.562X_5-0.003X_6-0.115X_7$	0.990	54.739	0.001
速生槐	$Y=17.940+0.099X_1+0.020X_2+0.090X_3+0.100X_4-1.063X_5+0.212X_6-0.382X_7$	0.925	7.049	0.039
普通刺槐	$Y=20.511-0.231X_1-0.069X_2+0.051X_3+0.235X_4+0.549X_5+0.089X_6+0.735X_7$	0.935	8.259	0.030
香花槐	$Y=16.306+0.074X_1-0.004X_2+0.078X_3-0.118X_4+1.732X_5+0.161X_6-0.052X_7$	0.96	16.281	0.009

由表 6-19 得出，四倍体刺槐中，偏回归系数 b_3 的相伴概率 $P<0.01$，b_4 的 $P<0.05$，说明粗蛋白对热值的偏回归达到极显著水平，粗脂肪对去灰分热值的偏回归达到显著水平，其余均有 $P>0.05$；其余品种偏回归系数均有 $P>0.05$，说明对应化学成分对去灰分热值的偏回归均未达到极显著水平。判定系数 R^2 均显示各个回归方程拟合良好，其中四倍体刺槐和香花槐的 Sig. 值 $P<0.01$，说明方程拟合比较好；速生槐、普通刺槐的 Sig. 值 $P<0.05$，说明方程拟合效果次之。

6.10.2.3　主成分分析

主成分分析（principal component analysis，PCA）是将多个变量通过线性变换以选出较少重要变量的一种多元统计分析方法，是考察多个变量间相关性的一种多元统计方法。我们把不同刺槐对应的去灰分热值作为样品空间，以热值对象的各个化学成分含量作为变量，即灰分含量（X_1）、综纤维素含量（X_2）、粗蛋白含量（X_3）、粗脂肪含量（X_4）、单宁含量（X_5）、淀粉含量（X_6）、可溶性糖含量（X_7），由前面主成分分析方法的介绍中，我们需把这些变量组合成一个新的综合因子，这个综合因子就是这些变量的一个线性组合。

在 4 个刺槐品种中，一共得到了 3 个主成分，我们定义为 F_1、F_2 和 F_3，其贡献率分别达到 50.53%、20.38% 和 15.59%。可见 F_1 包含了 7 个变量的绝大部分信息，反映的是这 7 个变量对热值的一个综合影响。

由主成分得分系数矩阵可得其表达式：

$$F_1=0.274X_1-0.270X_2+0.233X_3+0.248X_4+0.113X_5-0.054X_6+0.057X_7 \quad (6-27)$$

$$F_2=0.066X_1+0.048X_2+0.2122X_3-0.071X_4-0.488X_5+0.275X_6+0.575X_7 \quad (6-28)$$

$$F_3=-0.019X_1+0.056X_2+0.311X_3-0.108X_4+0.296X_5+0.804X_6-0.256X_7 \quad (6-29)$$

三个主成分的评分标准表达式为：$F=3.537F_1+1.427F_2+1.092F_3$。

由各个表达式可得，综纤维素和单宁含量在对综合因子的贡献中，有着相反的关系，这与上节相关性分析和回归分析所得结论一致，即可表达出去灰分热值综合因子中主要是灰分、粗脂肪、粗蛋白等化学成分在起作用。

6.10.3　刺槐生物化学因子含量与平均干质量热值的关系

为进一步了解生物化学因子含量与热值的关系，以下分别对 5 个刺槐无性系每个生长阶段所有器官的因子含量与生物量相结合，以所有器官各个指标含量与生物量的加权平均

值来探讨平均生物化学因子含量与平均热值的关系。

6.10.3.1 刺槐的平均木质素含量（总木素）与平均干质量热值的关系

刺槐不同无性系在不同的生长阶段4个器官干质量热值和总木素含量的加权平均值如表6-20和6-21所示。从表中可以看出，除8044的加权平均总木素含量最高阶段为1年生生长盛期之外，其余无性系的加权平均总木素含量最高阶段均为2年生生长初期。平均干质量热值在18.27~18.50kJ/g之间，按从高到低的顺序依次是8044、3-I、8048、83002、84023。平均总木素含量在24.27%~26.24%之间，按从高到低的顺序依次是3-I、83002、84023、8048、8044。通过相关分析表明，2008年7月时，不同无性系的平均干质量热值与平均总木素含量呈不显著的负相关关系（$r=-0.657$，$P>0.05$）；2008年10月时，二者呈不显著的正相关关系（$r=0.741$，$P>0.05$）；2009年4月时，二者呈不显著的正相关关系（$r=0.259$，$P>0.05$）；2009年7月时，二者呈不显著的负相关关系（$r=-0.738$，$P>0.05$）；2009年10月时，二者呈不显著的正相关关系（$r=0.428$，$P>0.05$）。不同无性系5个阶段的平均干质量热值与平均总木素含量呈不显著的负相关关系（$r=-0.301$，$P>0.05$）。

表6-20 刺槐无性系4个器官干质量热值的加权平均值

生长阶段	刺槐无性系4个器官干质量热值的加权平均值（kJ/g）				
	83002	8048	8044	3-I	84023
2008-10	18.40	18.38	18.67	18.74	18.50
2009-04	18.40	18.59	18.73	18.85	18.88
2009-07	18.22	18.21	18.28	18.27	17.85
2009-10	17.92	17.75	18.12	17.97	18.04
平均	18.29	18.31	18.50	18.41	18.27

表6-21 刺槐无性系4个器官总木素含量的加权平均值

生长阶段	刺槐无性系4个器官总木素含量的加权平均值（%）				
	83002	8048	8044	3-I	84023
2008-07	27.73	26.05	25.47	27.03	27.38
2008-10	22.63	21.65	22.83	23.58	23.24
2009-04	28.11	26.69	24.44	31.27	28.17
2009-07	25.17	24.61	24.59	25.81	26.42
2009-10	24.56	22.57	24.02	23.51	22.94
平均	25.64	24.31	24.27	26.24	25.63

6.10.3.2 刺槐的平均硝酸-乙醇纤维素含量与平均干质量热值的关系

刺槐不同无性系在不同的生长阶段4个器官硝酸-乙醇纤维素含量的加权平均值如表6-22所示。从表中可以看出，除84023的加权平均硝酸-乙醇纤维素含量最高阶段为2年生生长末期之外，其余无性系的加权平均硝酸-乙醇纤维素含量最高阶段均为2年生生长初期。平均硝酸-乙醇纤维素含量在25.83%~30.18%之间，按从高到低的顺序依次是8044、8048、83002、3-I、84023。通过相关分析表明，2008年7月时，不同无性系的平均干质量热值与平均硝酸-乙醇纤维素含量呈不显著的正相关关系（$r=0.779$，$P>0.05$）；2008年10月时，二者呈不显著的正相关关系（$r=0.102$，$P>0.05$）；2009年4月时，二者呈不显著的负相关关系（$r=-0.692$，$P>0.05$）；2009年7月时，二者呈不显著的正相关关系（$r=0.387$，$P>0.05$）；2009年10月时，二者呈不显著的正相关关系（$r=0.014$，$P>0.05$）。不同无性系5个阶段的平均干质量热值与平均硝酸-乙醇纤维素含量呈不显著的正相关关系（$r=0.675$，$P>0.05$）。

表6-22 刺槐无性系4个器官硝酸-乙醇纤维素含量的加权平均值

生长阶段	刺槐无性系4个器官硝酸-乙醇纤维素含量的加权平均值（%）				
	83002	8048	8044	3-I	84023
2008-07	24.69	27.53	30.09	24.05	24.59
2008-10	25.74	26.96	27.86	25.32	21.84
2009-04	33.28	32.13	34.61	28.85	26.42
2009-07	28.94	26.94	31.36	28.51	27.95
2009-10	26.96	27.49	26.99	27.10	28.33
平均	27.92	28.21	30.18	26.77	25.83

6.10.3.3 刺槐的平均聚戊糖含量与平均干质量热值的关系

刺槐不同无性系在不同的生长阶段4个器官聚戊糖含量的加权平均值如表6-23所示。从表中可以看出，所有刺槐无性系的加权平均聚戊糖含量最高阶段均为2年生生长初期。平均聚戊糖含量在18.13%~20.78%之间，按从高到低的顺序依次是8044、8048、83002、3-I、84023。通过相关分析表明，2008年7月时，不同无性系的平均干质量热值与平均聚戊糖含量呈不显著的正相关关系（$r=0.814$，$P>0.05$）；2008年10月时，二者呈不显著的正相关关系（$r=0.357$，$P>0.05$）；2009年4月时，二者呈不显著的负相关关系（$r=-0.312$，$P>0.05$）；2009年7月时，二者呈不显著的正相关关系（$r=0.649$，$P>0.05$）；2009年10月时，二者呈不显著的正相关关系（$r=0.151$，$P>0.05$）。不同无性系5个阶段的平均干质量热值与平均聚戊糖含量呈不显著的正相关关系（$r=0.839$，$P>0.05$）。

表6-23 刺槐无性系4个器官聚戊糖含量的加权平均值

生长阶段	刺槐无性系4个器官聚戊糖含量的加权平均值（%）				
	83002	8048	8044	3-I	84023
2008-07	16.97	19.61	21.24	16.49	16.66
2008-10	18.13	18.74	19.34	18.60	17.00
2009-04	21.75	21.89	23.50	20.81	20.81
2009-07	21.12	18.37	21.27	19.79	18.21
2009-10	17.85	18.19	18.53	19.81	17.97
平均	19.16	19.36	20.78	19.10	18.13

6.10.3.4 刺槐的平均苯-乙醇抽出物含量与平均干质量热值的关系

刺槐不同无性系在不同的生长阶段4个器官苯-乙醇抽出物含量的加权平均值如表6-24所示。从表中可以看出，83002、3-I的加权平均苯-乙醇抽出物含量最高阶段为1年生生长盛期，8048、84023的最高阶段为2年生生长盛期，8044的最高阶段为1年生生长末期。平均苯-乙醇抽出物含量在6.19%~7.24%之间，按从高到低的顺序依次是83002、3-I、84023、8048、8044。通过相关分析表明，2008年7月时，不同无性系的平均干质量热值与平均苯-乙醇抽出物含量呈不显著的负相关关系（$r=-0.216$，$P>0.05$）；2008年10月时，二者呈不显著的正相关关系（$r=0.207$，$P>0.05$）；2009年4月时，二者呈不显著的正相关关系（$r=0.725$，$P>0.05$）；2009年7月时，二者呈不显著的负相关关系（$r=-0.327$，$P>0.05$）；2009年10月时，二者呈不显著的负相关关系（$r=-0.611$，$P>0.05$）。不同无性系5个阶段的平均干质量热值与平均苯-乙醇抽出物含量呈不显著的负相关关系（$r=-0.544$，$P>0.05$）。

表6-24 刺槐无性系4个器官苯-乙醇抽出物含量的加权平均值

生长阶段	刺槐无性系4个器官苯-乙醇抽出物含量的加权平均值（%）				
	83002	8048	8044	3-I	84023
2008-07	8.58	6.58	6.28	8.30	6.65
2008-10	7.17	5.25	7.33	6.01	6.54
2009-04	5.48	5.63	5.27	6.43	6.67
2009-07	7.86	8.23	6.37	7.61	7.82
2009-10	7.13	6.43	5.71	6.13	5.87
平均	7.24	6.42	6.19	6.90	6.71

6.10.4 小结

从不同刺槐的总相关性分析得到，去灰分热值与各化学成分相关性较强，这也与前面做的直线拟合结论相一致。不同刺槐的灰分含量与去灰分热值均呈极显著的正相关关系，综纤维素含量与去灰分热值均呈极显著的负相关关系。四倍体刺槐、速生槐、普通刺槐的粗蛋白含量与去灰分热值呈极显著正相关关系（$P<0.01$），香花槐的两者之间呈显著的正相关关系（$P<0.05$）；四倍体刺槐、速生槐和普通刺槐的粗脂肪含量与去灰分热值均呈极显著的正相关关系（$P<0.01$），香花槐的两者之间呈显著的正相关关系（$P<0.05$）；4个刺槐品种的单宁含量与去灰分热值呈不显著正相关关系；四倍体刺槐、普通刺槐和香花槐的淀粉含量与去灰分热值均呈不显著的负相关关系，速生槐的则呈不显著的正相关关系；4个刺槐品种的可溶性糖含量与去灰分热值均呈不显著的正相关关系。

四倍体刺槐、香花槐的多元回归方程P值分别为0.001、0.009和0.006（$P<0.01$），表明回归极显著，方程拟合很好；速生槐、普通刺槐的多元回归方程P值分别为0.039和0.030（$P<0.05$），表明回归显著，方程对样本点的拟合效果较好。利用主成分分析法，

对7个化学成分进行了分析，对不同刺槐分别得到了贡献率最大的主成分表达式，在一定程度上反映了去灰分热值与这些化学成分的关系。

刺槐不同无性系的加权平均总木素含量最高阶段大部分为2年生生长初期。平均干质量热值在18.27~18.50KJ/g之间，按从高到低的顺序依次是8044、3-I、8048、83002、84023。平均总木素含量在24.27%~26.24%之间，按从高到低的顺序依次是3-I、83002、84023、8048、8044。平均干质量热值与平均总木素含量的相关性不显著。

刺槐不同无性系的加权平均硝酸-乙醇纤维素含量最高阶段大部分为2年生生长初期。平均硝酸-乙醇纤维素含量在25.83%~30.18%之间，按从高到低的顺序依次是8044、8048、83002、3-I、84023。平均干质量热值与平均硝酸-乙醇纤维素含量的相关性不显著。

所有刺槐无性系的加权平均聚戊糖含量最高阶段均为2年生生长初期。平均聚戊糖含量在18.13~20.78%之间，按从高到低的顺序依次是8044、8048、83002、3-I、84023。平均干质量热值与平均聚戊糖含量的相关性不显著。

刺槐无性系的加权平均苯-乙醇抽出物含量最高阶段为1年生生长盛期、2年生生长盛期或1年生生长末期。平均苯-乙醇抽出物含量在6.19%~7.24%之间，按从高到低的顺序依次是83002、3-I、84023、8048、8044。平均干质量热值与平均苯-乙醇抽出物含量的相关性不显著。

通过对多项指标的综合评价，可以说明刺槐无性系之间所含生物质能存在差异，选择高效能的刺槐无性系营造能源林，可以获得较好的经济效益和社会效益。

6.11 结论与建议

6.11.1 结论

6.11.1.1 刺槐无性系能源林生产力形成的生理基础

（1）灰分浓度高低与植物吸收元素量有关。其浓度随植物种类、器官、部位和季节的变化而变化。5个无性系的刺槐苗期枝和叶的粗灰分浓度随时间变化具有极为相似的变化趋势。除8048和8044外，其他几个刺槐无性系的皮和干的粗灰分浓度随时间变化也具有相似的变化趋势。

（2）苗期5个无性系的4个器官均是在生长初期即埋根第二年初的热值最高，器官叶和枝中排序最大均是8044，干和皮的均是83002。枝和叶的热值随季节的变化趋势大致相同。去灰分后，不同器官的热值大小排序均与干重热值的排序不同。说明灰分浓度对热值有一定的干扰，所以去灰分热值去除了因灰分浓度不同而造成的干扰，更能够反映植物体各组分热值情况。

（3）不同无性系的生长节律不同，3-I、84023的生长盛期滞后，83002、3-I、84023生长潜能大，生物量也高。苗高排序：84023>3-I>83002>8048>8044，最高是最低的1.2倍。径排序：84023>3-I>83002>8044>8048，最大是最小的1.42倍。生物量排序：3-I>

83002>84023>8044>8048，最高是最低的 2.23 倍。

（4）不同刺槐无性系苗期单位质量的标准木热值排序：8044>84023>3-I>83002>8048，最大是最小的 1.02 倍。不同刺槐无性系苗期单位面积上热值排序：3-I>83002>84023>8048>8044，最高是最低的 2.25 倍。

（5）不同刺槐无性系苗期的净光合速率均值与总生物量排序基本一致。3 个月平均的净光合速率排序：84023（11.88）>3-I（11.23）>83002（10.17）>8048（9.32）>8044（7.52），最高的是最低的 1.58 倍。在 7 月生长盛期，不同刺槐无性系净光合速率日变化最大值大多出现在午间 12：00，而在 8 月中旬大多发生在上午 8：00 或 10：00，在 9 月底，最大值均出现在上午 10：00。供试刺槐无性系在 7 月中旬光合作用在一天当中均存在气孔限制和非气孔限制两种主导因素，在 8 月中旬及 9 月底则均表现为气孔限制和非气孔限制两种因素交替主导。83002 出现午休现象的原因可能是温度上升与湿度下降综合作用的结果。不同无性系的水分利用率存在很大差异的日变化和季变化。无性系 84023、3-I 及 83002 具有相对良好的光合物质积累能力，单位面积上的热值也较其他两个的高。

（6）对 5 个供试无性系生长盛期的光响应曲线比较分析发现，不同刺槐能源林无性系的光合作用受光强的影响程度存在明显不同，刺槐潜在光合作用能力的高低并不能确切地代表其实际光合作用能力的大小。采用直角双曲线修正式较非直角双曲线得到的光合光响应曲线参数更接近实测值；供试的 5 个无性系在苗期所测得的光饱和点均在 1000μmol/(m^2·s) 以上，这表明 5 个刺槐无性系在 7 月中旬均不会出现强光抑制情况。

（7）冠层是植物与外界环境相互作用最直接和最活跃的界面层，冠层不同部位的光合效率差异很大，是考虑植物光合能力大小不可忽视的一个重要因子。对 8048 冠层不同部位光合生理指标分析研究表明：光合有效辐射在冠层中衰减剧烈，是引起不同部位光合特性变化的一个重要因子；刺槐上层、南向、外部的平均光合潜能最大，固碳能力更强；刺槐上层、南向、外部的平均蒸腾速率最大，与净光合速率的部位变化趋势同步；冠层不同部位气孔导度变化差异很大，平均胞间 CO_2 浓度每层的变化趋势从上层到下层依次增高，南向高于北向；刺槐冠层不同部位光能利用率（*LUE*）的平均是南向中层最高，而水分利用率（*WUE*）的平均是北向上层。

（8）83002、3-I、84023 在枝、皮、干的碳密度上较其他两个无性系的高，3-I 的叶片碳密度是 5 个无性系中最高的，8048 的各器官碳密度是几个无性系中最低的。5 个刺槐无性系苗期的碳储量净增排序为：3-I>83002>84023>8044>8048，最高的是最低的 2.26 倍，与不同无性系总热值排序一致。

（9）不同器官的 NSC 浓度变化或呈单峰或呈双峰，总体趋势是叶>皮>枝>干。结合生物量后，83002、3-I、84023 的标准木 NSC 浓度较高，刺槐冠层不同部位的 NSC 浓度总体上是叶>枝>皮>干。

（10）热值与灰分、全碳的相关性很高，而全碳和灰分又与其他因子的相关性很高。灰分是矿质元素的总和，灰分与氮磷钾都呈极显著正相关，说明灰分中可能富集氮磷钾，全碳和 NSC 呈显著负相关。通过相关性分析发现，植物热值的高低与植物营养的积累密切相关。

（11）3-I、84023 、83002 在生物量、热值、光合能力与碳储量均表现出优良特性，具备入选刺槐能源林高效能和高产无性系资格。

（12）刺槐不同器官的总木素含量按照从高到低的顺序大体上依次是树叶、树干、树枝、树皮。刺槐 5 个无性系树干、树皮、树枝的总木素含量最高的生长阶段大部分为 2 年生生长初期，树叶的总木素含量最高的生长阶段大部分为 1 年生生长盛期。刺槐树干、树皮、树枝、树叶的总木素含量与干质量热值均呈不显著的正相关关系。

（13）刺槐不同器官的硝酸-乙醇纤维素含量按照从高到低的顺序大体上依次是树干、树枝、树皮、树叶。刺槐 5 个无性系树干的硝酸-乙醇纤维素含量最高的生长阶段均是 2 年生生长盛期。树皮、树枝的硝酸-乙醇纤维素含量最高的生长阶段大部分为 1 年生生长盛期。树叶的硝酸-乙醇纤维素含量最高的生长阶段大部分为 2 年生生长初期。树干、树枝的硝酸-乙醇纤维素含量与干质量热值呈不显著的负相关关系，树皮的硝酸-乙醇纤维素含量与干质量热值呈极显著的负相关关系（$P<0.01$），树叶的硝酸-乙醇纤维素含量与干质量热值呈不显著的正相关关系。

（14）刺槐不同器官的聚戊糖含量按照从高到低的顺序依次是树干、树枝、树皮、树叶，与不同器官的硝酸-乙醇纤维素含量顺序大致相同。树干、树皮、树枝聚戊糖含量最高的生长阶段大部分为 1 年生生长盛期。每个无性系树叶聚戊糖含量最高的生长阶段基本上各不相同。树干、树枝的聚戊糖含量与干质量热值呈不显著的正相关关系，树皮、树叶的聚戊糖含量与干质量热值呈不显著的负相关关系。

（15）刺槐不同器官的苯-乙醇抽出物含量按照从高到低的顺序大体上依次是树叶、树枝、树皮、树干。树干苯-乙醇抽出物含量最高的生长阶段均是 2 年生生长初期。树皮、树枝苯-乙醇抽出物含量最高的生长阶段各不相同。树叶苯-乙醇抽出物含量最高的生长阶段大部分是 2 年生生长盛期。树干、树皮、树枝、树叶的苯-乙醇抽出物含量与干质量热值均呈不显著的正相关关系。

（16）刺槐不同无性系的加权平均总木素、平均硝酸-乙醇纤维素、平均聚戊糖含量最高阶段大部分为 2 年生生长初期。加权平均苯-乙醇抽出物含量最高阶段为 1 年生生长盛期、2 年生生长盛期或 1 年生生长末期。平均总木素含量在 24. 27%~26. 24%之间。平均硝酸-乙醇纤维素含量在 25. 83%~30. 18%之间。平均聚戊糖含量在 18. 13%~20. 78%之间。平均苯-乙醇抽出物含量在 6. 19%~7. 24%之间。平均干质量热值与平均总木素、平均硝酸-乙醇纤维素、平均聚戊糖、平均苯-乙醇抽出物含量的相关性不显著。

综上所述，刺槐 83002、3-I、84023 无论是从生长还是能量贮藏方面，均是营造能源林的优良树种。所以在今后能源林选育中，不仅要选取最高碳含量的无性系，还要有生物量、营养物质等其他指标的综合评定测试。但评价能量的指标、综合能量以及选育、培育理论和技术问题，尚待进一步深入研究。

6. 11. 1. 2　不同刺槐品种能源林生产力形成的生理基础

（1）四倍体刺槐、速生槐、普通刺槐和香花槐 4 种刺槐的干重热值变化范围在

17.73%~19.52kJ/g，灰分含量为0.69%~12.97%。4个刺槐品种在同一器官不同密度下差异显著，不同刺槐叶、皮的热值明显高于枝和干；刺槐品种灰分含量大小均为叶>皮>枝>干。

（2）四倍体刺槐、速生槐、普通刺槐和香花槐4种刺槐的综纤维素含量变化范围为36.70%~75.80%，不同刺槐的综纤维素含量与干重热值均拟合一般，与去灰分热值线性拟合较好。四倍体刺槐、速生槐和普通刺槐的综纤维素含量与干重热值均呈负相关关系，香花槐的则呈正相关关系；不同刺槐的综纤维素含量与去灰分热值均呈负相关关系。

（3）四倍体刺槐、速生槐、普通刺槐和香花槐4种刺槐的粗蛋白含量变化范围为4.00%~27.51%。4个刺槐品种的粗蛋白含量均与干重热值拟合一般，与去灰分热值线性拟合较好。四倍体刺槐、速生槐和普通刺槐粗蛋白含量与干重热值均呈正相关关系，香花槐的呈负相关关系；不同刺槐的粗蛋白含量与去灰分热值均呈正相关关系；LOWESS显示不同刺槐的粗蛋白含量与干重热值、去灰分热值之间不存在明显变化规律。

（4）四倍体刺槐、速生槐、普通刺槐和香花槐4种刺槐的粗脂肪含量变化范围为0.64%~6.42%。不同刺槐的线性拟合结果同上述结论。四倍体刺槐、普通刺槐粗脂肪含量与干重热值呈正相关关系，速生槐和香花槐两者之间则呈负相关关系；不同刺槐的粗脂肪含量与去灰分热值均呈正相关关系。

（5）四倍体刺槐的单宁含量变化范围为0.50%~1.64%。不同刺槐的单宁含量与干重热值、去灰分热值拟合效果均一般。四倍体刺槐的单宁含量与干重热值呈负相关关系，速生槐、普通刺槐和香花槐均呈正相关关系；不同刺槐单宁含量与去灰分热值均呈正相关关系；不同刺槐单宁含量与热值的关系没有明显的变化规律。

（6）四倍体刺槐、速生槐、普通刺槐和香花槐4种刺槐的淀粉含量变化范围为36.70%~75.80%。不同刺槐的淀粉含量与干重热值、去灰分热值拟合均一般。四倍体刺槐、速生槐和普通刺槐淀粉含量与干重热值呈正相关关系，香花槐两者之间呈负相关关系；四倍体刺槐、普通刺槐和香花槐与去灰分热值呈负相关关系，速生槐两者之间则呈正相关关系。

（7）四倍体刺槐、速生槐、普通刺槐和香花槐4种刺槐不同密度不同器官可溶性糖含量变化范围为1.41%~5.72%。四倍体刺槐、普通刺槐的可溶性糖含量与干重热值呈正相关关系；速生槐和香花槐可溶性糖含量与干重热值呈负相关关系；各刺槐品种可溶性糖与去灰分热值均呈正相关关系。

（8）四倍体刺槐、速生槐、普通刺槐和香花槐4种刺槐的灰分含量与去灰分热值均呈极显著的正相关关系，综纤维素含量与去灰分热值均呈极显著的负相关关系；其粗蛋白、粗脂肪含量多与去灰分热值呈显著/极显著正相关关系；其单宁、淀粉、可溶性糖含量与去灰分热值相关性均不显著。

（9）四倍体刺槐、香花槐的多元回归拟合极显著（$P<0.01$）；速生槐、普通刺槐的多元回归拟合显著（$P<0.05$）。四倍体刺槐、速生槐、普通刺槐和香花槐4种刺槐的去灰分热值评分标准表达式为：$F=3.537F_1+1.427F_2+1.092F_3$。

（10）香花槐在25℃时净光合速率随光强变化而变化的趋势与普通刺槐相似，在30℃

和35℃温度条件下，其净光合速率在高光强范围内均明显下降。四倍体刺槐的光合光响应曲线随温度的变化与普通刺槐和四倍体刺槐有所不同，表现为在达到光饱和后的高光强阶段，其净光合速率受温度的变化较小，且温度为30℃和35℃时的光合光响应曲线具有更小的差异。

（11）普通刺槐在温度25℃和30℃时具有相近的光饱和点（*LSP*），远远高于35℃时的*LSP*。30℃时普通刺槐的暗呼吸速率（R_d）最大。温度太高，香花槐对弱光的利用效率会降低。香花槐在25℃时能够充分利用弱光、强光，且光合潜力大。四倍体刺槐对弱光的利用效率低于普通刺槐。随着温度的升高，四倍体刺槐的光饱和点（*LSP*）也随之增大，35℃时的*LSP*最大，*LCP*和P_{nmax}介于25℃和30℃时之间，但是暗呼吸速率（R_d）最小。

6.11.2 建议

刺槐各无性系苗期地径和苗高年生长节律均表现为慢—快—慢的生长规律，同时根据试验当地的物候期，将苗木的整个生长和采样时期大致划分为生长初期、生长盛期和生长末期。苗高和地径是良种选择及能源林定向培育的基本指标，也是评价苗木质量的重要指标。生物量的积累则给能量蓄积提供载体。在本研究中，8048埋根当年长势很旺，第二年长势趋于平缓，3-I和84023的生长虽在开始时滞后，后期生物量迅速积累。无性系的生长节律不同，加上不同无性系各时期不同器官的物质积累的不同，最终3-I、84023和83002在生长量和生物量上均远高于其他两个无性系。

植物生长发育节律影响植物热值变化（Golley，1960；Bliss，1962）。本研究中3-I、84023生长盛期较其他无性系推后，相应的光合潜能也高，热值较高。杨福囤等（1983）对高寒草甸地区常见植物热值的研究中发现，植物热值随生长发育节律的不同分三种变化类型，“V”形（金露梅）、“L”形（垂穗披碱草）和无明显变化（矮嵩草）。张鸿芳等（1993）对草原植物热值随生长节律的变化研究发现也分三种类型，相对稳定型（落草）、逐渐升高型（大针茅）和逐渐降低型（冰草）。探明刺槐不同无性系的生长发育节律和热值的关系，对指导刺槐培育、营造很有裨益。

植物热值是生态因子和生长特性相关密切的特性（毕玉芬等，2002）。本文对刺槐的分层光合生理的研究表明光照条件的重要性。大量研究表明，光照条件是影响热值的主导因素之一（何晓等，2007）。营建能源矮林（Randerson，1999）、短轮伐期（施士争等，2006）培育措施推广已经取得明显效果。

植物中可燃烧的元素组成中碳占最大的成分，而碳元素主要来自植物进行的光合作用，同时水溶性的NSC是光合作用的直接产物。相关分析显示，碳含量和NSC浓度均与热值呈极显著正相关，所以选取高效木质能源的刺槐无性系也许可以从含碳量高的无性系着手，但如何培育光合能力强、产能高的无性系和优化栽培模式将待进一步研究。

通过相关性分析发现，热值的高低与植物营养的积累密切相关。叶片是植物进行光合作用的最活跃的部位，叶片掉落前后的营养变化固然与元素本身性质有关（Chapin et al.，1983；Small，1972）。叶片衰老过程中通过养分元素的内吸收，把一部分营养元素移至根、

茎、新叶及果实中建立养分库，这是养分内吸收最重要的生理功能之一。植物叶片 N、P 含量在各生长阶段具有较大的变异性（Stemer，et al.，2002；Han，et al.，2005；吴统贵等，2010）。但在环境相对一致的条件下，叶片的养分再分配能力则与土壤的养分状况密切相关（李志安等，2003）。通过养分内吸收所提供的营养元素是树木生长所需养分的重要来源，在调节树木生长中起了重要的作用（曾琦等，2008）。刺槐 N、P、K 存在明显的再分配现象，主要与这些元素移动的性质有关（Helmisaari，1992）。徐福余等（1997）研究了北方 12 个落叶树木叶片的养分迁移，也有类似的发现。

灰分在整个热值的研究史上都是不可或缺的。它反映了不同植物对矿质元素选择吸收和积累特性（郝朝运等，2006）。对热值的影响在很多文献中都有提到（杨福囤等，1983；李意德等，1996；王得祥等，1999；林益明等，2000，2001，2002，2003；谭忠奇等，2003）。本文中灰分对器官干和皮的干重热值影响较大，在相关分析中发现，各器官的干重热值均与灰分呈显著或不显著的负相关，而当结合生物量后，热值与灰分呈显著正相关。热值与生物量呈极显著正相关，显然生物量这一因素起了关键的作用，其他原因也许与灰分富集的营养成分以及不同时期的养分迁移有关，这也是因为不同种类植物灰分含量在时间梯度上的变化差异可能与植物固有的遗传特性、生长发育节律或生殖对策有关（郝朝运等，2006），当然，灰分中的成分、其含量多少与养分迁移的密切程度及其与生物量之间的关系尚待进一步研究。

由此可见，植物热值的影响因子及因子之间的关系理论复杂，选择优良的刺槐无性系营造能源林，是一个复杂的理论与技术问题，尚有待进一步深入研究。

植物的热值不仅与其自身的形态结构密切相关，也与其所在生境中的光照强度、日照长短及土壤类型和植物年龄及取样时间有关（陈波等，2006），探索提高刺槐光能利用率、增加树冠各层对太阳辐射的接受及如何进行适当营养施加方案和配套的培育管理措施，以提高刺槐各组分生物质能，同时找到适宜采伐年龄和取样时间将是进一步需要深入探讨的。

综上分析与结论，不同刺槐无性系和品种的总纤维素、粗蛋白、粗脂肪、单宁、淀粉和可溶性糖含量与干重热值相关关系不显著，与去灰分热值相关关系显著。而大部分情况下参试的 5 个刺槐无性系的总木素、硝酸-乙醇纤维素、聚戊糖和苯-乙醇抽出物与干重热值相关关系均不显著。过去有关热值与综纤维素、粗脂肪的研究较多，而与粗蛋白、单宁、淀粉、可溶性糖、总木素、硝酸-乙醇纤维素、聚戊糖和苯-乙醇抽出物等化学成分相关的文章较少。已有的相关研究成果大多是木材、竹类、秸秆等方面的，具体到能源树种枝、叶、皮、干、根器官的相关研究较少。有文献研究表明，能源树种的热值与树木的一些主要化学成分有一定关系；也有些研究表明，热值与这些成分没有相关性。不同刺槐的研究结果基本上符合前者的结论，而 5 个刺槐无性系的研究结果即为后者情况。

本研究的目的主要在于探究刺槐的各化学成分与热值的关系，实验结果显示刺槐各成分与去灰分热值有较强的相关性，没有呈现显著的相关性，可能由于能源树种种类、试验地立地条件、气候与地理位置、研究方法以及试验过程等多方面的差异。研究各化学成分与热值的相关关系，还是要具体情况具体分析。

目前我们对刺槐能源树种的生物化学因子与热值相关关系进行的初步研究，可能由于样品处理过程、试验样品数量不充足、测定过程中种种人为测定因素、测定精确度、分析角度等的影响，最终研究结果大多为相关性不显著。可能正是因为上述因素的影响，才导致相应的相关性没有明显表现出来。因此，可以考虑后续的研究在增加能源树种、增加刺槐样品无性系和生长阶段、更加严格样品处理过程及指标测定过程的情况下，在此基础上继续深入研究，从大量的实验数据中提炼出更客观的规律。

另外，目前我们所采用的实验方法都源自造纸分析与检测领域的测试方法，整个实验进行过程当中，花费了大量的时间与精力，实验中运用的实验方法既费时同时又要求较高的精确度。研究者认为在样品数量较大、实验内容较多、实验比较复杂的情况下，可以考虑采用既节省时间提高效率又可准确反映结果的快速测试方法。

总之，目前的研究工作对刺槐热值形成的生理生化过程的认识有了一定的基础，现有研究对刺槐热值的形成及其和木质素、纤维素、半纤维素、苯醇抽出物含量等的影响关系也比较深入，填补了我国对能源树种刺槐热值形成的生理生化基础研究的空白，对刺槐能源林的培育有重要的指导作用，为今后刺槐热值形成的生化基础研究提供了值得借鉴的科学数据，必将对刺槐燃料能源林的高效培育提供更为坚实的理论基础。

第7章 刺槐收获物高产调控与采收

刺槐是我国主要造林树种之一，具有较强的适应性、速生性、水土保持性以及饲喂性、蜜源性等多功能的特点，栽培技术易掌握。从大批量引种栽培以来，我国刺槐面积已经达到1000万hm^2以上，已演化成为我国的一个乡土树种（徐秀琴等，2006）。刺槐研究较多的在抗逆性选育，提高木材质量、蜜源以及饲喂等特种经营和传统型薪炭林培育方面，对矮林作业下刺槐能源林生长变化、生物量、热性能以及短轮伐期等问题的研究报道很少，在系统研究方面更是薄弱；刺槐人工林立地条件与其适宜的条件存在一定的差异性，主要受我国林地面积少、人口多等因素影响。

大量人工林林地土壤非常贫瘠，加上经营管理粗放，人为因素干扰等方面容易引起地力衰退现象，不利于林业的可持续性经营，开展相关问题研究一直是人工林培育的重要课题。刺槐林更新措施与培育方向的确定也是刺槐能源林培育利用面临的一个紧迫问题。萌蘖更新、定向培育高质量能源林现已得到资助并立项研究，为刺槐燃料能源林栽培和经营提供了重要的理论依据，有助于促进制定完整科学的刺槐燃料能源林栽培技术指南或技术标准。

7.1 研究方法

7.1.1 试验区概况

试验区位于河南省洛阳市洛宁县吕村林场。洛宁县地处河南省西南部，属于洛阳市管辖。洛宁县地理位置介于东经111°07′47″~111°49′30″，北纬34°05′29″~34°37′39″之间；属暖温带季风型大陆性气候，春旱多风，夏热多雨，秋爽日照长，冬寒少雨雪，四季分明，雨热同季。年平均气温13.7℃，绝对最高气温42℃，绝对最低气温-21℃，年日照时数1967.1h，年平均降水量551.9mm，无霜期213天。由于地形地势差异，洛宁县域内土壤分布有明显差异，深山区主要为山地棕壤（表现出明显的垂直地带性）和少量淋溶褐土，浅山丘陵区主要为褐土。县域土地总面积230590hm^2，其中山区面积占72%，丘陵塬区占19%，川涧区占9%。洛宁县有林地面积140865.39hm^2，占全县土地总面积的61.1%。用材林的优势树种有刺槐、速生杨、柏木、栎类、杂竹、油松、泡桐等。林业是洛宁县的支柱产业，多年来一直是全国林业先进县。

洛宁县各处均有刺槐栽培，刺槐林面积 26635.61hm²。其中，刺槐纯林面积 26538.99hm²，混交林 96.62hm²，各类刺槐达到成熟林和过熟林的面积约 5864.36hm²。刺槐林大面积集中栽植主要分布在海拔 650~890m 的山区。

吕村林场坐落在洛宁县北部山区，土壤类型有棕壤和褐土，棕壤分布在海拔 800m 以上，厚度约 20~100cm，腐殖质含量丰富。褐土分布在海拔 800m 以下，厚度约 60~100cm，肥力中等，同时有裸露岩石，主要为页岩、花岗岩和片麻岩。林场有各种类型刺槐林面积达 4376hm²，是刺槐的主要栽培区。2007 年开始，洛宁县开展了刺槐生物质能源试验区建设（图 7-1）。试验林中的刺槐经过一次皆伐后已形成二代刺槐萌蘖林（D2）。林分未受到严重的自然和人为干扰，生长状况良好。

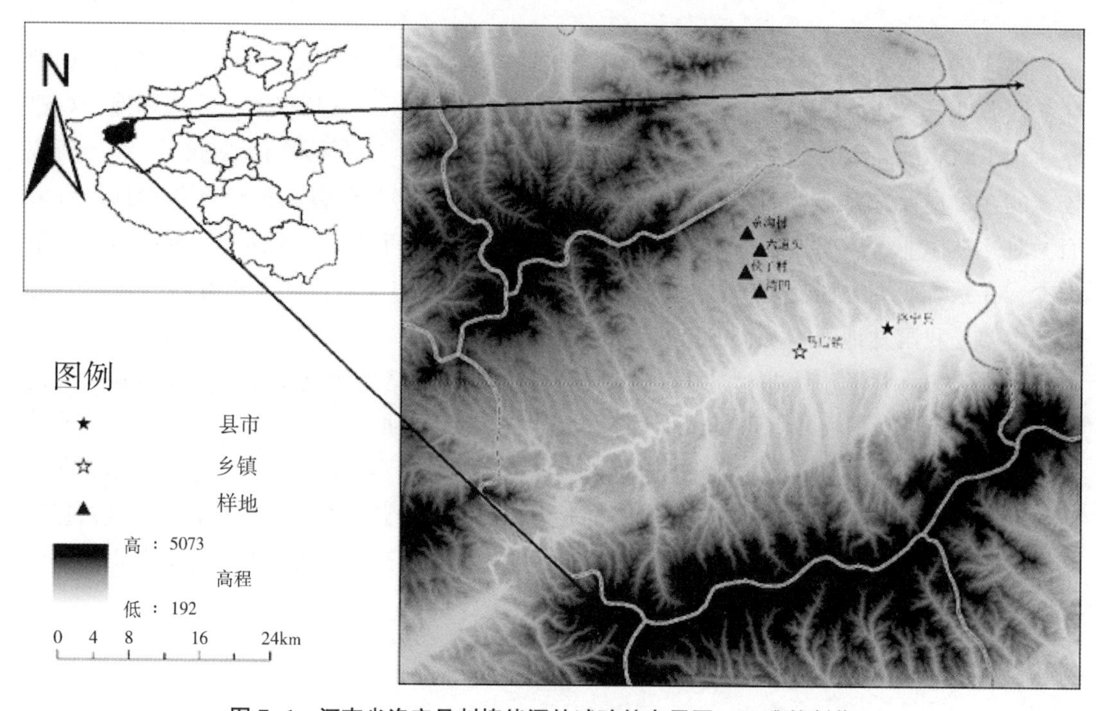

图 7-1　河南省洛宁县刺槐能源林试验林布局图（王雅慧制作）

刺槐试验林种源均为 1960 年左右从朝鲜引种。分别于 1959—1961 年的实生苗截干造林，初次栽植株行距为 0.5m×0.5m。在近 40 余年的经营过程中，有的作为乔木用材林生长到现在，有的进行过 1~3 次不等的皆伐萌蘖更新。

试验林的林分类型有矮林型刺槐纯林和乔林型刺槐纯林（图 7-2、图 7-3），乔林型刺槐试验林包括 1~4 代萌生林，林龄为 8~39 年，阴坡和阳坡两种立地条件（表 7-1）。灌丛型刺槐林均为 2 代萌生林，林龄为 1~5 年，立地类型分阴坡和阳坡 2 种，详尽情况见表 7-2。无论哪种林分，除抚育间伐和皆伐更新外，均未实施过任何肥水管理。

林分形成以及抚育管理资料清楚。地处偏远山区，人为干扰较小，未发生过强烈的自然和人为灾害，供试材料生长表现良好。

图 7–2　乔林型刺槐纯林

图 7–3　矮林型刺槐纯林

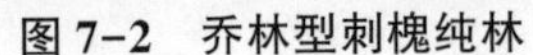

7.1.2　研究思路

任何物质的总量都是由个体数量和个体性能指标决定的；个体数量通过调查监测可以得到，个体性能指标需要通过多种测定来完成。只要证明个体数量和其对应的个体热值指标值有差异，并试图找到各自变化的原因，就可能会制定出实现高目标因子的适宜措施。因此，笔者拟定的刺槐能源林高产调控的研究思路为：①监测生物量和当量热值的形成与品种间的差异；②分析找出刺槐生物质产量及热值差异形成的可能原因及产生的变化幅度；③找出刺槐燃料能源林可能达到的最终生物产量和热值量；④获得刺槐燃料能源林高产调控的影响因子及技术途径，为能源林培育和利用提供理论和技术帮助。研究的技术路线如图 7–4 所示。

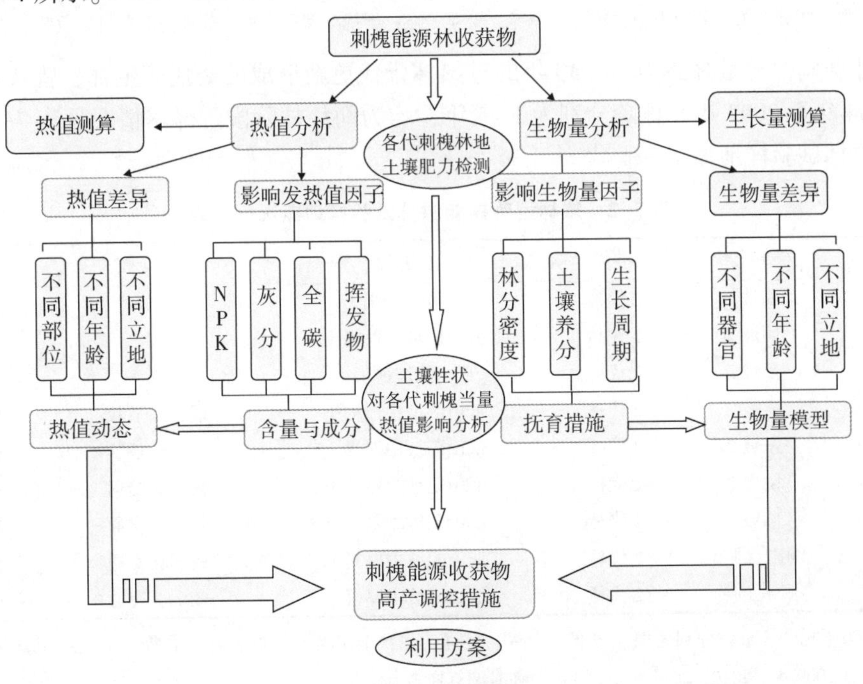

图 7–4　技术路线

7.1.3 刺槐能源林收获调查

7.1.3.1 样地选择

林分类型有矮林型和乔林型两种，生长时间有两种概念：世代与林龄。乔林型林分有：2 年生苗截干造林形成的 1 代林；1 代林经过 1 次皆伐，更新萌生形成 2 代林；以及后来的皆伐更新形成的 3 代林和 4 代林。试验地皆伐更新的次序和间隔期不是一致的，就有 4 代林地上部分为 17 年生，而 3 代林地上部分仅为 8 年生的事实。本试验林乔林型包括 1~4 代萌生林，林龄为 8~39 年，分属于中龄林、成熟林和过熟林，阴坡和阳坡两种立地条件。详尽数据见表 7-1 乔林型刺槐能源林试验样地概况一览表。

表 7-1 乔林型刺槐能源林试验样地概况一览表

世代	林分年龄	样方个数	立地条件	人为干扰	地点
1 代林	39 年	阳坡 1	低山阳坡中厚棕壤	弱	楼梯山
1 代林	32 年	阴坡 1	低山阴坡中厚棕壤	弱	楼梯山
1 代林	37 年	阴坡 1	丘陵薄层褐土	弱	烟庄村
2 代林	22 年	阴坡 1	低山阴坡中厚褐土	较弱	湾窝
2 代林	24 年	阳坡 1	低山阳坡中厚褐土	较弱	湾窝
2 代林	22 年	阴坡 1	低山阴坡中厚褐土	弱，少放牧	沙疙瘩
2 代林	21 年	阳坡 1	低山阳坡中厚褐土	弱，少放牧	沙疙瘩
3 代林	8 年	阴坡 1	低山阴坡中厚褐土	强，用材、放牧、交通	杨保河
3 代林	8 年	阳坡 1	低山阳坡中厚褐土	强，用材、放牧、交通	杨保河
4 代林	13 年	阴坡 1	低山阴坡中厚褐土	强，用材、放牧、交通	杨家坡
4 代林	13 年	阳坡 1	低山阳坡中厚褐土	强，用材、放牧、交通	杨家坡

注：人为干扰分 5 级，分别为弱、较弱、中等、较强、强；干扰类型有 3 种，分别为取薪材、放牧、交通。

矮林型刺槐林是林龄为 38~40 年的过熟林皆伐更新形成的 2 代萌生林，皆伐更新的时间为 2004 年至 2007 年，林龄分别为 1~5 年，均为幼龄林阶段。详尽情况见表 7-2 矮林型刺槐能源林试验样地概况一览表。

表 7-2 矮林型刺槐能源林试验样地概况一览表

采伐时间	样方个数	世代	立地条件	人为干扰	地点
2007 年	阴坡 1	2 代林	丘陵薄层褐土	弱，放牧	烟庄湾
2006 年	阴坡 2	2 代林	低山阴坡中厚褐土	弱	寨疙瘩
2006 年	阳坡 2	2 代林	低山阳坡薄褐土	弱	寨疙瘩
2005 年	阴坡 2	2 代林	低山阴坡中厚褐土	弱，少放牧	杨疙瘩
2005 年	阳坡 2	2 代林	低山阳坡中厚褐土	弱，少放牧	杨疙瘩
2004 年	阴坡 2	2 代林	低山阴坡中厚褐土	较弱，交通	杨疙瘩
2004 年	阳坡 2	2 代林	低山阴坡中厚褐土	较弱，交通	杨疙瘩
2005 年	阴 2（临）	2 代林	低山阴坡中厚褐土	较弱，交通	杨疙瘩
2005 年	阴 1（临）	2 代林	低山阴坡中厚褐土	较弱，交通	杨疙瘩

注：人为干扰分 5 级，分别为弱、较弱、中等、较强、强；干扰类型有取薪材、放牧、交通；调查时间为 2007 年、2008 年、2009 年、2010、2011 年；（临）为临时调查样地。

7.1.3.2 标准地设置

于2006年夏季、秋季进行踏查和选择样地，2006年冬、2007年冬设置标准地。每种林分类型选有代表性的地块设样方，水平投影面积20m×20m。共设固定样方24个，临时样方3个。固定样地设定后，进行记录、标记、打桩和固定警示牌。

固定样地面积达9600m^2，历时5年共调查样地累计面积21200hm^2。获得实验材料2100多份，该研究初步用到约1800份。

7.1.3.3 外业调查与材料采集

（1）生长量调查

①乔林型刺槐试验林样地进行每木检尺，记录树高（m）、枝干高（m），基径（m），胸径（m），冠幅（m）；用具为测高仪（0.01cm），米尺（0.1cm）和游标卡尺（0.05mm）。

②矮林型刺槐试验样地生长量调查：进行每木检尺，记录基径（cm）、树高（m）、冠幅（m）；用具为伸缩标杆（0.1cm）、米尺（0.1cm）和游标卡尺（0.05mm）。

（2）生物量调查与取样

①乔林型刺槐试验林样地生物量的调查：对11个乔林型样地进行每木检尺，记录基径（cm）、胸径（cm）、枝下高（m）、树高（m）、冠幅（m）；然后根据统计结果，在样地外侧选择一株有代表性的标准木，在离地5~10cm处锯伐，对树干从基部10cm处做树盘，130cm处（胸高处）做第二个树盘，然后向上每100cm长锯成木段，随即用台式电子秤称其鲜重；在每节木段的下部锯取厚度约3cm的树盘，用游标卡尺仔细测厚（0.1mm），称其鲜重做解析木树盘。详细记录树冠各枝条基部均匀处的直径，同样，按100cm长锯段，称其鲜重，在每段下部锯取3cm，精确测长度和重量，按从基部到梢顶的顺序编号。一株乔木树全部样段（树盘）装入一袋（棉质布袋）。再次全部称重（便于校对），置于通风阴凉处。带回实验室后，对树干树盘和树冠样段再次称重（半鲜重），在树盘底面和树冠样段底部均刨去1mm木刨花片并称重取样，为半鲜样。这些半鲜重样品是乔木树体最终烘干和做各种测定的最原始实验材料。取样回实验室在80℃下烘至绝干，求含水率。根据各器官的含水率，求各器官的干物质量，根据标准木树干解析推算各林分的现存量。另采集每树胸径处的树干（不含皮）、树根、树枝和树皮各1份作热值和灰分测定。

②矮林作业下的刺槐丛状萌蘖林样地生长量与生物量的调查：对16个矮林型样地进行每木（萌蘖枝条）检尺，记录基径（cm）、树高（m）、冠幅（m）；根据每木检尺的结果，在样地外侧每个径阶选择3株平均木，伐倒后采用“分层切割法”实测树枝、树根、树干、树皮各器官鲜重。在离地3~5cm处锯伐，基径小于1cm的标准株干整株秤其鲜重，剪断装袋；对于1cm以上的标准株干同样按乔木树冠枝条取样的办法进行。最后每一样方可以获得径阶数3倍的标准木供试材料，即每个样方有树枝、树干和树皮实验材料的份数为径阶个数的9倍。每一径阶有3株标准木，每个标准木有1份树干、1份树枝和1份树皮；最终，每个样方的植物待测样本为径阶数的9倍，是一个繁重而复杂的样本群。

③树皮的取样：在每段树干或枝条中部，皮厚均匀处用木工环刀割取 1cm 长的环带，以一株树为单位装袋，带回待烘干和各种测试备用。每株乔木标准木 1 个样本袋，矮林型刺槐林每个径阶的 3 株标准木，各自有 1 个树皮样本。树皮样本的个数为乔木标准木的个数加灌木不同样方的所有径阶数。

④树叶的取样：树叶的取样分别在 2007 年和 2008 年的 7 月下旬。乔木树叶在 3 株树上，分区分层取样，混合称重、装袋；灌木每径阶选 3 株，同样采用分区分层取样，混合称重、装袋。

矮林样地取样的数量包括固定样地 2008 年 7 月取树叶，2007—2011 年连续 5 年取 12 月份的树枝、树干和树皮。取样样地累计 50 个次×每样地平均 6 径阶×每径阶 3 标准木×每标准木 2 个样 = 1800 样本。

乔木样地 2008 年 12 月取树枝、树干和树皮并做解析木。取样数量为 11 个样地，每个样地约 12 个样本，合计有 132 个。

（3）立地条件调查与取样

试验地土层厚度均超过 70cm，无耕作记录。土壤剖面和土样采集：准备一定数量两端有活动封盖的不锈钢环刀，并对其进行编号、称量记录环刀盒的重量（准确到 0.1g），记为 G_0。

做土壤剖面和取土样。在样点选择好土壤剖面点，挖掘土壤剖面，挖深 60cm，共分四个层次：0~5cm；5~15cm；15~30cm；30~50cm。在每个土壤发生层次中部平稳打入环刀，待环刀全部进入土壤后，用铁锹挖去环刀周围的土壤，取出环刀，小心脱出环刀上端的环刀托，然后用削土刀削平环刀两端的土壤，使得环刀内土壤容积一定。随即封盖称重（准确到 0.1g），记为 G_1。

土壤剖面每层用环刀切取后用保鲜膜包裹，放入密封袋中。土壤样本为 24 样地×每样方 4 个 = 96 个。

（4）林分密度与抚育强度试验

①密度计算：林分密度根据作业方式不同，分两种计算法：乔林型林分密度指单位面积林地内活立木的个数；矮林作业下林分密度是指单位面积林地内，活萌蘖株干总数。

②抚育强度试验：该试验于 2008 年 12 月在远离居住点的寨疙瘩林区进行。以寨疙瘩 4 个固定样地为对照，选择环境和生长基本相近的样地，设置 4 个样地（20m×20m）进行抚育间伐。设计伐除总株数的 1/4、1/2 两种抚育强度。间伐后经过 1 年自然生长，于 2009 年 12 月进行每木检尺。检尺方法同上。

（5）热值调查与取样

①乔林型刺槐实验林样地的热值调查：每代林选 18 株有代表性的标准木，用生长锥在树高 10cm~15cm 处取样，分 4 个方向垂直钻向树心，钻深达该处直径的 1/2，4 处共钻取木屑，随即用托盘天平称重（精度 0.01g），鲜重为 25~50g，装入牛皮纸样袋中。采用烘干法测定木材含水量，计算乔木生物量。同时也是测当量热值、灰分、挥发分和元素含量的实验材料。乔木测热值木屑为 4 代林分×18 株 = 72 个木屑样本。

②矮林型刺槐实验样地的热值调查：结合生物量样品同时进行，不另行取样。材料采集包括生物量、测热值、测元素和土壤标本（合计 1800+132+96+72=2100 份）。

7.1.3.4 指标测定与计算

（1）生物量

①生物量测定：分别对乔林型收集的标准木和矮林型收集的不同样地、不同年龄、不同径阶的标准木的各器官（树干、树皮、树枝、树叶）进行烘干称重。注意与鲜重的对应关系。

在实验室，对每株标准木各部分器官称鲜重后的牛皮纸袋样品，在 105℃烘箱内杀青 15min 后，再在 85℃烘箱内烘干至恒重，得到每个样方标准木不同器官的干物质质量，用天平（0.01g）称重，计算出烘干含水量。植株总生物量等于各器官生物量总和。对其木质干茎样品进行第二次取样，把每段（盘）在木工刨床上，垂直树心刨取 5mm 左右（L前-L后）刨光样品，同样进行烘干和称重，干重计入原有样段中。刨花样品供以后粉碎用。

$$树高=（30+N_{干}×100）+N_{枝}×50+梢长 \quad (7-1)$$

树干分段长÷对应的样品盘（段）= 树干分段鲜重÷对应的样品盘（段）鲜重 （7-2）

样品盘（段）鲜重烘干后，可计算出含水量 $k\%$。

$$树干分段干重=（1-k\%）×树干分段鲜重 \quad (7-3)$$

矮林经营的能源林收获物为林分地上部分的枝干，本试验林为刺槐纯林，由于刺槐萌生力强，第二年迅速郁闭，伴生种稀有，所以，地上生物量的计算只计算刺槐林木的地上部分。

②建立模型：每一样方内选取的 3 株标准木，利用其基径、枝干高、鲜重、干重等测定数的平均值代表该径阶的指标值来模型拟合。如曹吉鑫（2009）建立的以胸径为变量的根、茎、叶生物量模型（7-4），成子纯（2009）建立的生物量模型（7-5）等，根据调查数据得到适合的模型。

$$W = aD^{b} \quad (7-4)$$

式中：W——林木各器官的生物量；

D——林木胸径；

a、b——参数。

$$W=a×D^{b}×H^{c}×N^{d} \quad (7-5)$$

式中：W——林分生物量；

D——林木平均胸径；

N——林木密度；

H——树高；

a、b、c、d——待定参数。

（2）测试样品制备　对数量大的样品取重量不少于 100g 粉碎，然后把同一样方同一径阶的 3 个样品混合，再按堆锥四分法（coning and quarterirg）取样，装取 50g 为供试样品；数量不足 50g 的全取来粉碎。

对标准木的各器官分别进行粉碎，分别过筛 0.425mm 和 0.150mm，过筛样品装入塑料自封袋内备用。粉碎叶、花和果实比较容易，粉碎木质的枝干和根全部的烘干样品是件十分艰难的事，也是没有必要的。因此，取刨花样粉碎是可取的方法。

（3）枝干微观结构观测　把木材切成长约 0.5cm、火柴棒粗细的小条，放入小玻璃管中，加离析液（10%硝酸和 10%铬酸等量混合液）至浸没材料为宜。在恒温箱中 50~60℃下离析一周后，用 30%~50%酒精脱水 12h，1%番红酒精溶液染色 6h。在光学显微镜下用显微测量法（10×40）测量木纤维的长度、宽度、壁厚、腔径，以 30 个样本为单位计算平均数，记录不同树龄刺槐的长宽比、壁腔比（壁腔比等于 2 壁厚除以腔径）。

（4）刺槐植物体内组成成分的测试

①灰分与挥发分的测定与计算。灰分含量用直接灰化法（鲍士旦，2000）。称取 2.5g 左右（精确至 0.0001g）烘干粉碎过筛 0.425mm 后的待测样品（m），置于经预先灼烧至质量恒定并称重（m_1）的瓷坩锅中，先在电炉上加温使其炭化，然后将坩埚移入德国产 Nabertherm LE4/11/R6 高温炉中在 400±5℃ 温度范围内灼烧 10min，在空气中冷却 5~10min，置入干燥器内，冷却 0.5h，称重（m_2）。再次放入高温炉中在 600±5℃ 温度范围内灼烧至灰分表层和底层颜色一致，无黑色碳素。取出坩锅，在空气中冷却 5~10min，置入干燥器内，冷却 0.5h，称重（精度 0.0001g）记录（m_3）。再将坩埚放入高温炉中灼烧，重复上述操作，至冷却干燥后的坩埚保持恒重。以上得到粗灰分。每个样品重复 3 次，保证测定的准确性。

计算公式：

$$\text{挥发分含量}(\%) = (m_2 - m_1)/m \times 100\% \tag{7-6}$$

$$\text{粗灰分含量}(\%) = (m_3 - m_1)/m \times 100\% \tag{7-7}$$

式中：m——烘干过筛 0.425mm 后的待测样品质量（g）；

m_1——灼烧后坩埚质量（g）；

m_2——经高温炉中在 400±5℃ 温度范围内灼烧 10min 后的称重质量（g）；

m_3——经高温炉中在 600±5℃ 温度范围内灼烧后盛有灰渣的称重质量（g）。

②植物全碳含量的测定与计算。植物碳含量测定：按照 GB/T 7857-87 采用重铬酸钾氧化-外加热法（中国土壤学会农业化学专业委员会，1983）。称样：用减量法称取 0.1~0.5g（精确到 0.0001g）过 0.15mm 的植物样品于硬质大试管中。用吸管加入 5mL 0.8000mol/L 1/6 $K_2Cr_2O_7$标准溶液，然后用移液管注入 5mL 浓硫酸，并小心旋转摇匀。消煮：预先将控温式远红外消煮炉加热至 185~190℃，将盛样品的大试管放入炉内加热，此时应控制炉内温度在 170~180℃，并使溶液保持沸腾 5min，然后取盛样品的大试管，待试管稍冷后滴定。滴定：如溶液呈橙黄色或黄绿色，则冷却后，将试管内混合物洗入 250mL 锥形瓶中，使瓶内体积在 60~80mL 左右，加邻啡啰啉指示剂 3~4 滴，用 0.2mol/L 硫酸亚铁滴定，溶液由橙黄经蓝绿到棕色为终点；如用 N-苯基邻胺基苯甲酸指示剂，变色过程由棕红色经紫色至蓝绿色为终点。记录硫酸亚铁用量。

$$有机碳(\%)=\frac{0.8000\times(V_0-V)\times0.003\times1.1}{V_0\times m}\times100 \tag{7-8}$$

式中：0.8000——1/6 $K_2Cr_2O_7$标准溶液的浓度（mol/L）；

V_0——空白标定用去硫酸亚铁的体积（mL）；

V——滴定土样用去硫酸亚铁溶液体积（mL）；

0.003——1/4 碳原子的摩尔质量（g/mmol）；

1.1——氧化校正系数；

m——称取样品质量（g）。

碳储量计算：各器官的生物量与其碳含量的乘积为各器官的碳储量；各器官碳储量之和与每 hm^2 土地刺槐株数的乘积为单位面积（hm^2）上刺槐能源林的碳储量。

植物碳密度计算：碳密度分为重量密度和面积密度，碳含量在总物质量中的百分比为重量密度（谭晓红等，2010），单位为%；单位面积生产地上的碳储量为面积密度（贾黎明等，2013），单位为 t/hm^2。

③营养元素测定与计算。氮含量的测定：同时称取 0.100g 样品进行消煮，用凯氏定氮仪测定含氮量。

硫酸-过氧化氢消煮法（中国土壤学会农业化学专业委员会，1983；鲍士旦，2000）：称取过筛 0.15mm 的植物样品 0.2g（精确到 0.0001g）于硬质大试管中，用吸管加入 5mL 浓硫酸，静置过夜，然后滴加 30%过氧化氢置于 300℃控温式远红外消煮炉加热，直至液体澄清，取盛样品的大试管，待试管稍冷后，将所得澄清液定容 50mL，然后过滤装入塑料瓶中备用。每个样品重复 3 次。

采用凯氏定氮法（鲍士旦，2000）。吸取消煮待测液体 5mL，使用意大利产 VELP © 全自动凯氏定氮仪 UDK152 测定，每个样品重复 3 次。单位重量氮含量 Nmass（g/kg）由 3 次测定结果取平均，单位叶面积氮含量 Narea（g/m^2）由 Narea=Nmass/SLA 得出。

磷含量的测定：采用钼蓝比色法（鲍士旦，2000）。吸取消煮待测液体（硫酸-过氧化氢消煮法）5mL 置于 50mL 容量瓶中，加蒸馏水 25mL，加二硝基酚指示剂 2 滴，滴加 4mol/L 氢氧化钠溶液，直至溶液变为黄色，再加 2mol/L（H_2SO_4），直至溶液黄色刚刚褪去，加 5mL 钼锑抗试剂，加蒸馏水定容，摇匀。显色 30min，用 700nm 波长比色。单位重量磷含量 Pmass 由下式得出，3 次测定结果取平均。

$$植物全磷量(g/kg)=\rho\times\frac{V}{m}\times\frac{V_2}{V_1}\times10^{-3} \tag{7-9}$$

式中：ρ——待测消煮液中磷的质量浓度（μg/mL）；

V——样品制备消煮溶液的定容体积（50mL）；

m——称取消煮的样品质量（g）；

V_1——吸取消煮液体积（5mL）；

V_2——显色的溶液体积（mL）；

10^{-3}——将 μg 换算成每 kg 植物中含磷克数乘数。

钾含量的测定：采用火焰光度计法（鲍士旦，2000）。吸取消煮待测液体（硫酸-过氧化氢消煮法）稀释 10 倍，直接在火焰光度计上测定，记录检流计的读数。单位重量钾含量 Kmass 由下式得出，由 3 次测定结果取平均。

$$\text{植物全钾量(g/kg)} = \frac{\rho \times V \times ts}{m \times 10^6} \times 1000 \tag{7-10}$$

式中：ρ——待测消煮液中磷的质量浓度（μg/mL）；

V——样品制备消煮溶液的定容体积（50mL）；

m——称取消煮的样品质量（g）；

ts——吸取消煮液体积稀释倍数；

10^6——将 μg 换算成 g 的除数。

（5）pH 测定

称取通过 1mm 筛孔的风干土 10g 两份，各放在 50mL 的烧杯中，一份加无 CO_2 蒸馏水，另一份加 1mol/L KCl 溶液各 25mL（此时土水比为 1∶2.5，含有机质的土壤改为 1∶5），间歇搅拌或摇动 30min，放置 30min 后用酸度计测定。将清洗过的电极浸入被测溶液，摇动烧杯使溶液均匀，稳定后的仪器读数即为该溶液的 pH 值。

（6）土壤容重测定

容重：用环刀法。将带回的样品，放在 105℃烘箱内烘干至恒重，称量烘干土及不锈钢盒重量，记为 G_2。

$$\text{土壤容重}（DV）= \frac{(G_0 - G_1) \times 100}{V(100 + W)} \tag{7-11}$$

$$\text{环刀容积（V）} = \pi r^2 h \tag{7-12}$$

$$\text{土壤含水量（}W\text{）} = G_2 - G_1 \tag{7-13}$$

式中：W——指土壤含水量（计算过程见土壤含水量）；

h——指环刀高度；

r——指环刀有刃口一端的内半径；

V——指环刀的容积；

G_0——指环刀套盒的重量；

G_1——指环刀套盒及湿土的重量。

（7）土壤营养成分测定

①碱解氮：碱解氮的测定用碱解扩散法。

②速效磷：用往复式振荡机，分光光度计或光电比色计，采用碳酸氢钠法。

③速效钾：采用火焰光度计法。

④有机质：用重铬酸钾容量法。

（8）热值与去灰分热值测定

①当量热值的测定：采用美国产 Parr 6100 氧弹量热仪测定。从自封袋内称取 0.8g（精确至 0.0001g）左右的过筛 0.150mm 植物样品，用天津市科器高新技术公司产 769YP-

15A 型台式粉末压片机压成药片状，每个样品重复 3 次。保证充分燃烧的样品热值重复误差在±0.1kJ 范围内，计算结果取 3 次平均值。每次测定用仪器配备的苯甲酸对热值仪进行标定，测定环境在 25℃下进行。单位为 cal/g。即表示每克刺槐干物质完全燃烧所释放热值的卡值（cal），1cal= 4.1868kJ。林木燃烧物当量热值是计算林分总热值的一个基础指标值。

$$单株的干重热值 = \sum（各器官的当量热值×相应生物量）; \quad (7-14)$$

②去灰分当量热值计算：去灰分当量热值也有研究称为去灰分热值（ash-free caloric value，AFCV），是通过当量热值与灰分实验测得数据计算而来。

$$去灰分当量热值 = 干重当量热值（kJ/g）/(1-灰分含量) \quad (7-15)$$

$$单株去灰分热值 = 各器官的去灰分当量热值×相应生物量 \quad (7-16)$$

③林分总热值：林分总热值是林分中各组成林木个体热值的总和。

$$林分热值\ Q = \sum qi \cdot mi \cdot ni + \sum q'i \cdot m'i \cdot n'i \quad (7-17)$$

式中：Q——林分热值；

qi——个体或器官当量热值；

mi——个体或器官干物质量；

ni——个体或器官数量；

$q'i$——杂木个体或器官当量热值；

$m'i$——杂木个体或器官干物质量；

$n'i$——杂木个体或器官数量。

林分总热值是林分中各组成林木个体热值的总和，林木个体（或器官）热值是个体（或器官）生物量与对应部分当量热值之积。本研究对象为刺槐纯林，通过对样地踏查和预备调查中，证实即使在阳坡环境下伴生有酸枣、荆条等杂木，其生物量<1%，被认为可忽略；>1%时，按参考文献测定并计算酸枣和荆条生物质当量热值（何宝华，2006）。

（9）煤当量与生物质煤储量计算

①煤当量系数：煤当量计算方法是用燃烧物单位质量的干重热值除以单位质量标准煤的热值（7000cal/kg），单位为 kg ce/kg、t ce/t。

煤当量系数=某燃烧物当量热值（cal/kg）÷标准煤当量热值（7000cal/kg）

或煤当量系数 =某燃烧物当量热值（kJ/g）÷标准煤当量热值（29.27kJ/g）

（7-18）

本研究中是指刺槐生物质燃料折合成标准煤的系数，这样把能源林培育中的生物量和热能与热力学中的标准煤有机结合起来，便于不同物质热性能的沟通。

②标准煤储量：标准煤储量指一定面积和一定物质中燃烧物折合成标准煤的质量数。燃烧物生物量与其煤当量的乘积为各植株的标准煤储量；每公顷土地各植株标准煤储量之和即为单位面积（hm^2）上刺槐能源林的标准煤储量，单位为 kg ce。

③标准煤密度：

$$燃料标准煤储量 \quad ce\% = M_{ce}/M$$

$$或 \quad K_{ce} = M_{ce}/hm^2 \quad 单位：t\ ce/hm^2。 \quad (7-19)$$

式中：ce%——重量密度；

K_{ce}——面积密度；

M_{ce}——生物质折合标准煤的质量；

M——生物质干重。

7.1.3.5 统计分析方法

统计分析采用 SPSS 20.0 软件和 Microsoft Excel 2007 完成。对试验数据进行方差分析和相关分析，并用最小显著性差异法（LSD）进行多重比较。同一处理间差异显著性在 0.05 水平上进行多重比较分析。

7.1.4 刺槐能源林多代经营对土壤的影响

7.1.4.1 样地设置与土壤样品采集

在洛宁县吕村林场，根据实验需要选取海拔、坡度、坡向尽量一致的一代、二代、三代刺槐能源林，林龄大致为 20 年，样地面积为 20m×20m，株行距为 3m×3m，每代刺槐林地设 3 次重复，刺槐林地共计 9 块样地，在样地附近选取 3 处荒地作为对比试验，共计 12 块样地，样地设置和土壤取样方法一致，采样时间一致，以尽量减少环境背景不同所造成的差异。对刺槐林林木进行每木检尺，记录胸径、枝下高、树高、郁闭度。统计样地现状见表 7-3。

表 7-3　不同代刺槐林生长基本状况

刺槐代数	平均胸径（cm）	平均树高（m）	平均枝下高（m）	郁闭度（%）
D1	17.2	13.8	5.7	79
D2	16.3	11.9	4.6	70
D3	15.9	12.8	5.2	73

在选取的 D1、D2、D3 林地内，在每个样地中随机选取 5 株样木，以每株树为中心，水平方向上距树干基部 50cm、100cm、150cm 处取 0~20cm 的表层土，垂直方向是在距离树干基部 100cm 处，挖土壤垂直剖面，选取 0~20cm、20~40cm、40~60cm 位置进行土壤取样，刺槐林地每个林木取样 5 个，刺槐林地共取土样 225 个，在荒地选取 5 个点挖土壤剖面，共计 15 个土壤剖面，以相同方式进行土壤取样，共计土样 45 个。手工捡出土壤中大的石砾、植物根系、动植物残体等杂质，每个样点将 5 个同一位点的样品充分混合后，用四分法取大约 1kg 的土样，置于室内自然风干，留作土壤理化性质的测定，一部分土样置于低温冰箱，用于土壤微生物指标的测定。

7.1.4.2 土壤理化性质的测定与计算

（1）土壤物理性质的测定

①土壤容重的测定

采用环刀法。计算公式为：

$$D=m/v \tag{7-20}$$

式中：D——土壤容重（g/cm^3）；

m——为环刀内干土重（g）；

v ——为环刀体积（cm^3）。

②孔隙度计算

$$毛管孔隙度=毛管持水量×土壤容重/水的密度 \tag{7-21}$$

$$非毛管孔隙度=（最大持水量-毛管持水量）×土壤容重/水的密度 \tag{7-22}$$

$$总孔隙度=非毛管孔隙度+毛管空隙度$$

③土壤水分的测定

$$土壤含水率=环刀内湿土重-环刀内干土重/环刀内干土重 \tag{7-23}$$

$$田间持水量计算公式：X = \frac{m_1 - m_2}{m_2 - m_0} \times 100\% \tag{7-24}$$

式中：X——土壤田间持水量（%）；

m_0——烘干空铝盒质量（g）；

m_1——烘干前铝盒与湿土样质量之和（g）；

m_2——烘干后铝盒与干土样质量之和（g）。

（2）土壤化学性质的测定

土壤 pH 值：采用酸度计法（水土比 2.5：1）测定。

土壤有机质：用重铬酸钾-硫酸消化法测定。

全 N、全 P：浓硫酸-H_2O_2消煮流动分析仪测定。

速效 N：采用碱解扩散法测定。计算公式为：

$$速效 N（mg/kg）= NV×14000/m \tag{7-25}$$

式中：N——标准硫酸的当量浓度；

V——滴定样品消耗标准硫酸的滴定量；

14000——氮原子的摩尔质量；

m——烘干土样的质量。

速效 P：采用 $NaHCO_3$浸提钼锑抗比色法测定。计算公式为：

$$速效 P（mg/kg）=（\rho×V×ts）/(m×k) \tag{7-26}$$

式中：ρ——从工作曲线上查的 P 的质量浓度；

V——显色时定容体积；

ts——分取倍数；

m——风干土质量；

k——将风干土换算成烘干土质量的系数。

速效 K：采用乙酸铵浸提-火焰光度法测定。

$$速效 K（mg/kg）=\rho×V/m \tag{7-27}$$

式中：ρ——从工作曲线上查得测读液钾的‰数；

V——浸提剂体积；

m——烘干土样的质量。

（3）土壤微生物的测定和分析　土壤微生物群落结构分析，采用磷脂脂肪酸（PLFAs）生物标记法。磷脂脂肪酸的提取过程和分析参考 Frostegård 和 Kourtev 方法。

①提取：称取 4.00g 土样（冷冻干燥且过 100 目筛）装入 30mL 的玻璃离心管中，在通风橱内依次加入 3.6mL 磷酸缓冲液、4mL 氯仿、8mL 甲醇；振荡 1h，然后置于离心机中用 2500r/min 离心 10min。取上清液转移至 30mL 的分液漏斗中，再加 3.6mL 磷酸缓冲液、4mL 氯仿到分液漏斗中，摇匀过夜分离。第 2 天转移分液漏斗中的氯仿相至新试管中，N_2气吹干氯仿（温度不超过 30℃）。

②分离：过硅胶柱（100~200 目，120℃活化 1h）。过柱前先用 5mL 氯仿润湿柱子，然后用 15mL 氯仿分 3 次洗涤转移吹干的样品至柱子内，氯仿滴干后再加入 20mL 丙酮，完全滴干后用甲醇将柱子底部洗干净，再加 10mL 甲醇过柱，收集甲醇相，氮气吹干。

③甲酯化用 1mL 液态物质（1：1）溶解吹干的脂类物质，加入 1mL 0.2mol/L KOH（用甲醇做溶剂），35℃培养 15min。冷却至室温后，依次加入 2mL 氯仿：正己烷（1：4）的混合液，1mL 1mol /L 的醋酸用以中和样品，加 2mL 超纯水，混均匀于 2000 r/min 离心 5min。取上层正己烷溶液，再加 2mL 氯仿：正己烷（1：4）于试管中，2000r/min 离心 5min，移取上层正己烷，合并 2 次的正己烷溶液，N_2气吹干，提取样品在-20℃暗处保存，准备上机检测。上机时样品用 200mL 正己烷溶解，以 19：0 甲酯作为内标物，在气相色谱仪（Hew Iett-Packard 6890 series GC，FID）上采用 MIDI 软件系统（MIDI，Inc，Newark，DE）进行分析，测定磷脂脂肪酸各组分的含量。

$$\mathrm{PLFAs}=\mathrm{ng/Gdw}=\frac{\text{目标 }Response}{19.0Response}\times(19.0\text{ 浓度 ng/uL})\times\frac{\text{溶液体积}(\mu\mathrm{L})}{\text{样品干重 Dw}(\mathrm{g})}\quad(7\text{-}28)$$

7.1.4.3　统计分析方法

运用 Excel 2003 软件进行数据汇总和作图，基于 SPSS 19.0 平台采用多因素方差分析和 Duncan 进行差异性检验，检验不同代刺槐林和荒地同一深度，不同样地的差异性以及同一处理不同深度的差异。

7.1.5　刺槐能源林多代经营后的林地土壤自毒效应

7.1.5.1　刺槐浸提液制备

在试验样地随机选取刺槐植株，围绕主干去除表土后，用铲子挖取带土根系，抖落根系外围土，取附着的土壤（0~2mm）为根际土装入自封袋。取根际土壤 80g，按 1g 土对应 10mL 水和 0.5mL 无水乙醇的比例浸泡于烧杯中，搅拌，回旋式振荡器振荡 2h 后（160rpm）静置约 19h，过滤及取上清液，定容至 800mL，所得即相当于刺槐根际土浸提母液，编号为 S500，将 S500 稀释 5 倍，编号为 S100，倒入塑料桶中待用。

7.1.5.2　试验设计

1~3 代刺槐林地土壤分别取两种浓度的浸提液，按溶液质量的 0.05%分别进行加活性炭（AC）和不加活性炭的处理，活性炭用于吸附和中和植物毒性有机分子，同时对矿质营养物质不会产生较明显的影响。其中，对照为普通水加活性炭和普通水不加活性炭，每

个处理设置 5 次重复。

1 年生刺槐苗栽入容器中（直径约 22cm，高约 33cm，每个容器 1 株苗）。缓苗期一个月，正常浇水，一个月后改浇不同处理的土壤浸提液。生长季后对苗木进行生长指标测定。

7.1.5.3 指标测定

测定指标包括苗高、地径、叶绿素含量等。

7.1.6 刺槐萌生能源林生物量预测模型

7.1.6.1 材料与方法

供试刺槐为选自于河南洛宁的普通刺槐。均于 2011 年秋季对母树进行平茬，平茬高度为 10cm，株行距都是 1.0m×1.5m，立地条件一致，生长环境相同，平时管理方法相同。

2013 年 3 月，对试验地内的刺槐萌生林进行生长情况的调查，调查并记录样地内 42 株健康标准树的生长指标，包括树高（m）、冠幅（m）、萌发处基径（cm）；对 42 株标准萌生树进行采伐。

将标准木伐倒后，按枝条长度和枝条基部直径大小，分上、中、下 3 层，测算出每层枝条的平均长度和平均基径，在每层枝条中选出两枝标准枝，测其枝条和叶子的鲜重，作为推算各层枝、叶鲜重的依据。从标准枝中称出 100g 左右作为样品鲜重，将样品烘干后，计算出干重比 P_W。

$$P_W = \frac{W_{干}}{W_{鲜}} \tag{7-29}$$

用天平称取刚采伐下的植株的湿重，并将树叶、树枝、干分开整理并单独称量湿重，取每株的枝、叶的部分装袋带回实验室，在 80℃烘箱中烘至恒重，得到样品各器官的干重，计算各部分器官的含水率，推导出整株树的干、枝、叶的生物量。

7.1.6.2 统计分析方法

统计分析采用 SPSS 软件对测定的各指标进行计算，并进行数据的拟合，建立模拟方程。

7.2 刺槐能源林收获量及关联因子的研究

燃料能源林的收获量包括林分所能提供的生物质产量以及所能产生的热量，前者主要以生物量指标体现，后者一般以当量热值指标反映。刺槐燃料能源林高产调控技术措施主要来源于影响刺槐生物量和当量热值的各种关联影响因子的决定作用。因此，为实现刺槐燃料能源林培育的高产收获目标，理清这些关联因子的作用既是必要的也是必须的。

7.2.1 刺槐林木当量热值及关联因子

当量热值是单位质量干物质完全燃烧时所放出的热量，也称为发热值、理论热值，是燃烧物热值性能的基本指标，随植物种类、器官部位、生长时间以及环境条件不同而变化。

7.2.1.1 不同林分类型林木的当量热值变化特征

对于乔林型和矮林型两种不同林分类型植株当量热值（kJ/g）统计结果如图 7-5。图中，A 为乔林型与矮林型当量热值的平均值，G 为矮林型当量热值，Q 为乔林型当量热值。

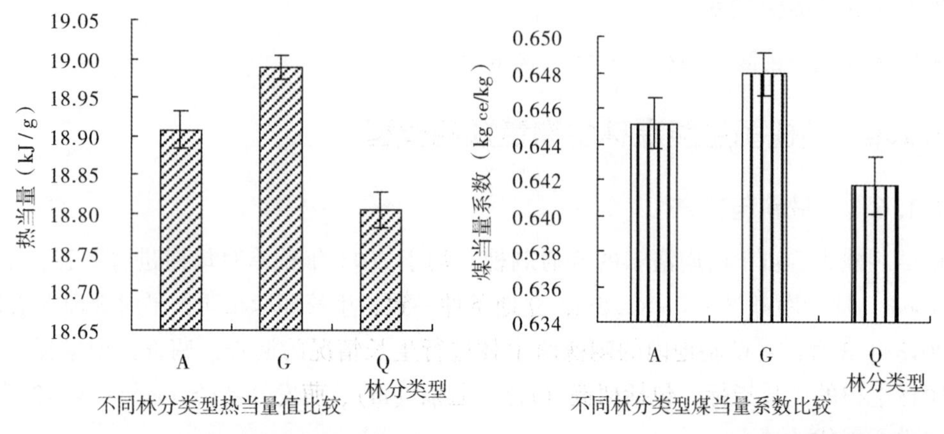

图 7-5　不同林分类型当量热值比较　　图 7-6　不同林分类型煤当量系数比较

由图 7-5、图 7-6 可见，刺槐林木平均当量热值值为 18.91kJ/g，煤当量系数为 0.6451kg ce/kg。乔林型刺槐植株当量热值（18.81kJ/g）明显（$P<0.05$）小于矮林型（18.99kJ/g），折算成标准煤相差 0.6%。即 1t 乔林型干生物量的热值比矮林型的少 6kg 标准煤。

7.2.1.2 不同年龄刺槐林木的当量热值变化特征

（1）乔林型刺槐当量热值随时间变化的特征

乔林型刺槐试验林年龄分别为 8 年、13 年、22 年和 39 年，分别属幼龄林、中龄林、近熟林和成熟林。林木生物质当量热值统计结果如图 7-7（左）。如果以年龄为自变量，植株生物质当量热值随年龄如图 7-7（右）。

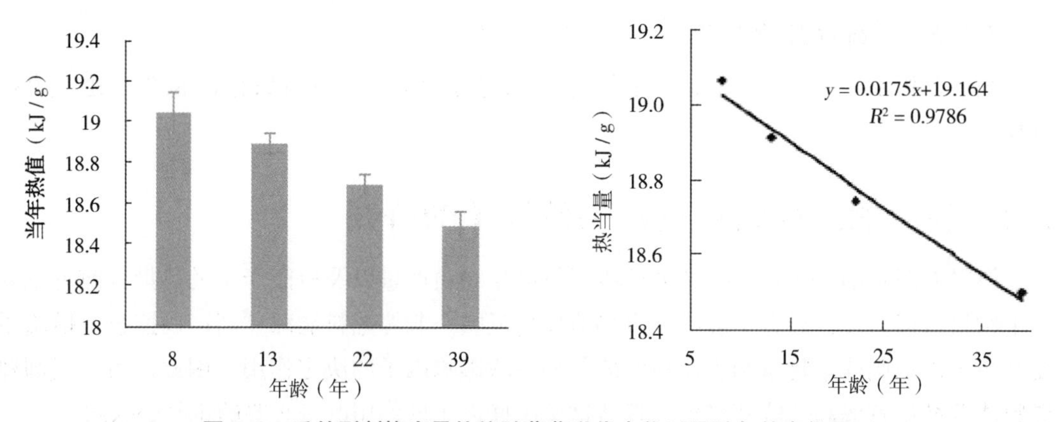

图 7-7　乔林型刺槐当量热值随萌蘖世代变化以及随年龄变化图

由图 7-7 可见，乔林型刺槐当量热值变幅在 18.50～19.06kJ/g。乔林型刺槐 8 年生、13 年生、22 年生和 39 年生刺槐植株当量热值依次分别为：19.06kJ/g、18.91kJ/g、18.74kJ/g、18.50kJ/g。由表 7-4 可见，两两数据间有明显的差异（$P<0.05$）。

表 7-4　乔林型刺槐不同林龄间当量热值多重比较表

年龄（年）	39	22	8	13
39	1	-58.09222*	-142.37389*	-103.61556*
22		1	-84.28167*	-45.52333*
8			1	38.75833*
13				1

注：*表示均值差的显著性水平为 0.05。

由表 7-5 可见，乔林型刺槐年龄与生物质当量热值间有极显著的相关性（$P<0.01$），关系模型见图 7-7（右），即当量热值随林龄增加而下降。其回归关系式为（7-30）。

$$Y = -0.0175X+19.164 \quad (R^2>0.95) \tag{7-30}$$

表 7-5　乔林型刺槐不同代龄当量热值的方差分析

差异源	平方和	自由度	均方	F	P-value	F crit
年龄	202766.3797	3	67588.7932	796.6336	6.97E-53	2.739502
误差	5769.3249	68	84.8430127			
总计	208535.7046	71				

另外，不同燃烧物间热性能常用煤当量系数来比较，该系数形象地说明了某种燃烧物折合标准煤的数量。乔林型刺槐不同林龄煤当量系数如图 7-8。

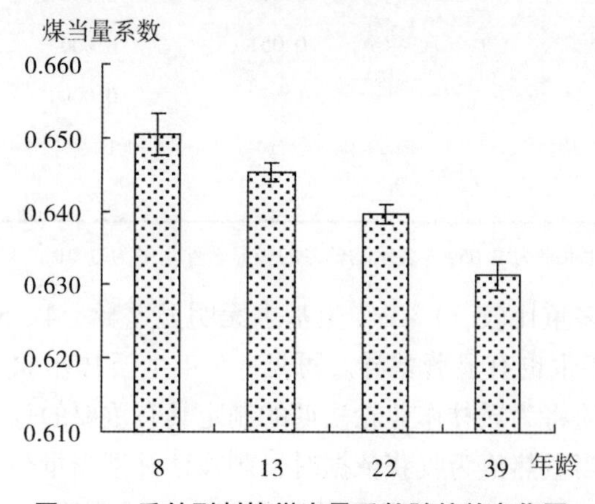

图 7-8　乔林型刺槐煤当量系数随林龄变化图

乔林型刺槐不同林龄煤当量系数在 0.6313~0.6505 范围内，最大值与最小值的差异在 0.0192，也就是说，1t 8 年生刺槐林的生物质折合标准煤后比 39 年生的生物质折合标准煤量多 19.2kg，即生物质折合煤量多 1.92%。

乔林型刺槐生物质当量热值随年龄增加而降低的这一结果与江丽媛、彭祚登等对不同林龄栓皮栎能源林的研究结果一致（江丽媛等，2010），与丁伯让（2003）对白栎的炭化工艺年龄的研究结果基本一致。根据刺槐的生长特性，本研究材料 8 年生为中龄林，13 年生为近熟林，22 年生为成熟林，39 年生为过熟林，根据林木生长理论，这种差异是由于生长势衰减、高能物质含量减少造成的。

（2）矮林型刺槐当量热值随时间变化的特征

矮林作业下不同年龄的刺槐当量热值变化见图 7-9。对不同年龄的当量热值进行方差分析和多重比较，结果见表 7-6。

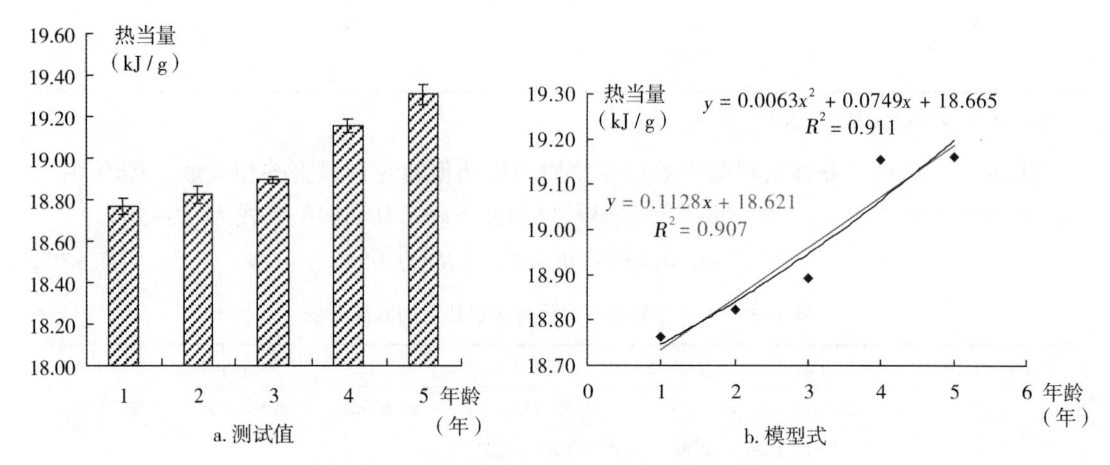

图 7-9　矮林型刺槐当量热值系数随年龄变化图

表 7-6　矮林型刺槐不同年龄当量热值的多重比较

年龄	1	2	3	4	5
1	1	0.301	0.013*	0.000**	0.000**
2		1	0.051	0.000**	0.000**
3			1	0.000**	0.000**
4				1	0.001*
5					1

注：* 表示均值差的显著性水平为 0.05；** 表示均值差的极显著性水平为 0.01。

经过对不同年份的多重比较，1~3 年生基本无明显差异，4、5 年生与 1~3 年生有极显著差异，4 年生与 5 年生也有显著差异。可见，5 年生矮林作业下刺槐当量热值高，且达极显著水平，这一结果将为矮林作业轮法期的制定具有重要的意义。

如果以林木生物质当量热值为收获依据时，刺槐矮林型当量热值平均值为 19.01kJ/g，变幅在 18.76~19.16kJ/g。矮林型刺槐不同林龄煤当量系数在 0.640107~0.653755 范围内，当量热值随生长年龄而升高，4 年生前禁止采伐收获，4 年生后可酌情收获，生长到 5 年底，收获物的当量热值很高。分别是 1 年底收获的 1.029 倍，2 年底的 1.026 倍，3 年底的 1.022 倍，4 年底的 1.008 倍。这种变化趋势与杨树、柳树能源林培育研究结论一致。杨树 1 年生和 2 年生的热值分别为 18.00kJ/g 和 18.64kJ/g、柳树的分别为 19.11kJ/g 和 19.44kJ/g（胡建军，2009）。在幼龄期，林木生物质当量热值随年龄增长而增长的趋势是由于幼树休眠期营养物质回流与体内有机物逐年积累上升所造成。

（3）刺槐林木当量热值连续变化分析　矮林作业下，1~5 年生当量热值变幅在 18.76~19.16kJ/g，8~39 年生当量热值变幅在 18.50~19.06kJ/g。刺槐是强阳性树种，自然情况

下会随年龄增长，个体间竞争加大，出现自然整枝，进入干性生长阶段。在洛宁浅山区5~8年生林分相貌会发生转变。根据李军等（2010）对黄土丘陵区1~45年生刺槐的生长研究，5~8年为生长旺盛期，王爽等（2011）对2~7年生沙棘能源林的研究认为沙棘在4~7年间当量热值较高。温佐吾等（2012）对白栎次生林的研究认为，白栎薪炭材的燃烧值在5~10年生各年龄之间的变化不大，数值较为稳定（温佐吾等，2012）。本研究假设5~8年为均匀变化，就有6~7年生当量热值为下降的趋势。结合1~5年生和8~39年的调查，可绘制连续变化趋势模型，如图7-10、图7-11。

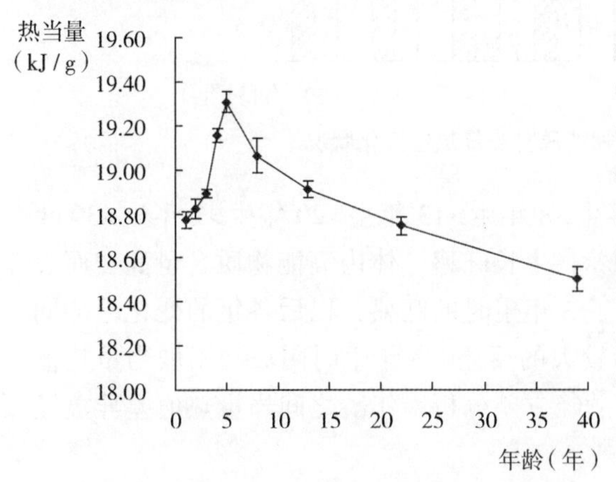

图7-10　刺槐林木当量热值连续变化趋势图

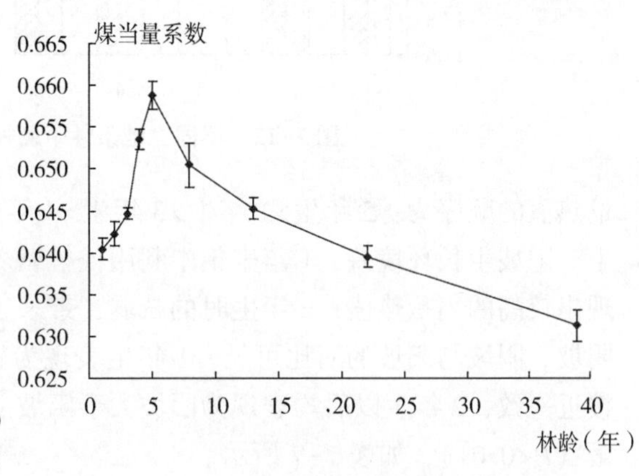

图7-11　刺槐林木煤当量系数连续变化趋势图

从图7-11可见，刺槐林木燃烧物煤当量系数顺序为：5年生（0.659）>4年生（0.654）>8年生（0.650）>3年生（0.645）=13年生（0.645）>2年生（0.642）>1年生（0.640）=22年生（0.640）>39年生（0.631）。估测6年生为0.656，7年生为0.653。前8年的顺序为5年生>6年生>4年生>7年生>8年生>3年生>2年生>1年生。由此说明4年生、5年生或许还有6年生是当量热值较高的阶段。而刺槐在4~7年已进入当量热值相对稳定期，煤当量系数>0.653，在0.653~0.659范围。白栎次生薪炭林在结合当地工作成本等综合影响下，确定适宜采伐年龄为8~10年（刘振西，1994；温佐吾等，2012）。由此，可推断在洛宁浅山区刺槐次生能源林适宜采伐年龄为5~7年生。如果集约经营，采伐时间可能会前移。该研究成果可以作为能源林收获收割的一个理论依据。

刺槐能源林矮林型平均当量热值为19.01kJ/g，乔林型平均值为18.65kJ/g。综合1~39年平均值为18.83kJ/g。折算标准煤系数为0.6425kg ce/kg，是薪材的平均值0.571 kg ce/kg的1.126倍。可见，刺槐是比较优质的能源林树种。

7.2.1.3　立地条件对林木当量热值的影响

试验地为低山，土层均大于80cm，立地条件（土壤水含水量、养分等）的主要差异表现由于阴坡和阳坡的差异而引起，因此，以坡向作为基本因子来分析。不同坡向影响下的当量热值变化见图7-12。

由图7-12可见，阴坡当量热值的变化为：矮林型1~5年生逐年上升，乔林型8~39年为逐年下降，5年生与8年生当量热值无明显差异，可见5~8年为高热值阶段。阳坡当

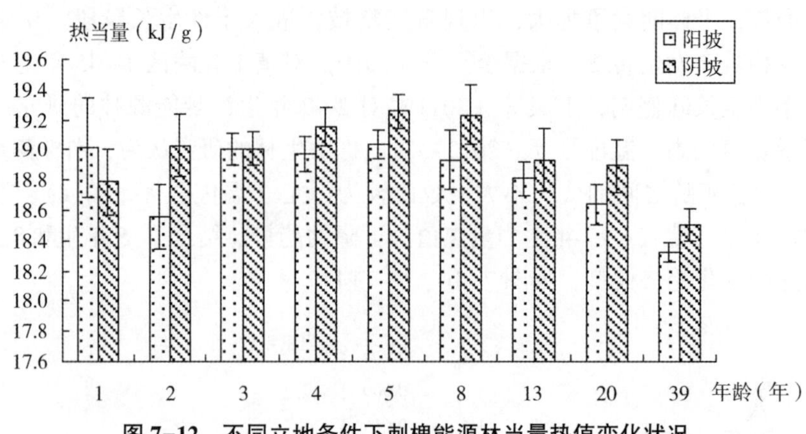

图 7-12　不同立地条件下刺槐能源林当量热值变化状况

量热值的顺序为：5 年生>1 年生>3 年生>4 年生>8 年生>13 年生>20 年生>2 年生>39 年生。阳坡生长环境差，1 年生集中利用伐桩营养，生长旺盛，体内高能物质含量高，而表现出较高的当量热值；2 年生时的减弱，带来了 3 年生时的旺盛，以后各年的变化趋势同阴坡。阴坡与阳坡的对比可见，1 年生表现为较大的反差，3 年生时阴坡和阳坡当量热值接近一致，2 年生以后均表现为阴坡大于阳坡。经方差分析，年龄之间当量热值差异极显著（$P<0.01$），如表 7-7 所示。

表 7-7　不同立地条件当量热值比较分析表

差异源	平方和	自由度	均方	*F*	*P*-value	*F* crit
年龄	0.796242642	7	0.1137489	12.13636832	0.0019469	3.787044
立地条件	0.188140445	1	0.1881404	20.07351939	0.0028651	5.591448
误差	0.065607983	7	0.0093726			
总计	1.049991069	15				

刺槐在洛宁山区处于一种自然生长状态，生长的限制因子是水分，阳坡缺水，总体表现为弱于阴坡；阴坡 1 年生植株旺盛生长，冬季营养物质顺利储存根部，2 年生冬季枝干比较成熟，营养物质除在根部储存外，也在主干有一定储存，使得 2 年生阴坡植株当量热值增加；阳坡 1 年生当量热值高于阴坡，由于水分胁迫，植株表现出的生理适应使得内存物密度高，枝条健壮充实和 1 年生阳坡的热当量值高。刘建凯对黄土高原地区 1~45 年人工刺槐林地研究认为，一般生长 5~10 年后出现黄土深层生物利用型土壤干层，一般在 2~5m 以下，最深达 8~10m。在得不到深层土壤水分补充的情况下，降雨将成为影响萌生林生长的重要因子（刘建凯等，2010）。在亚马逊地区非常贫瘠的土壤条件下，出现植物叶的高热值现象，Howards（1974）指出是植物适应环境的结果。Wielgolaski（1975）等对植物热值的空间动态有较全面的研究，对华盛顿高山植物能量研究证实，高山地区植物热值较高。毕玉芬等对苜蓿属（*Medicago*）植物 45 个种的热值测定结果表明，总体上表现为野生种群较栽培种群热值高（毕玉芬等，2002）。

7.2.1.4 同龄不同器官当量热值的变化特征

对林木不同器官当量热值的研究能够了解收获的热能质量标准和数量。同龄植株不同器官的当量热值不同，不同器官的当量热值随年龄的变化趋势也不同。

（1）不同器官的当量热值变化特征　刺槐不同器官的当量热值比较如图 7-13。无论矮林或乔林林木各器官当量热值的变化均表现出相似的规律。矮林型刺槐不同器官的当量热值平均值的顺序为：树叶（19.8567kJ/kg）>树干（19.4585kJ/kg）>树枝（18.3715kJ/kg）>树皮（16.8475kJ/kg），这种变化趋势与本文 7.2.1 刺槐整株当量热值变化相一致。也与 1~2 年生刺槐萌生林和栓皮栎、杨树、柳树、沙棘能源林的研究结果一致（江丽媛，2011；王爽，2011；李洪，2009；何宝华，2007；谭晓红等，2009）。这些研究结果说明

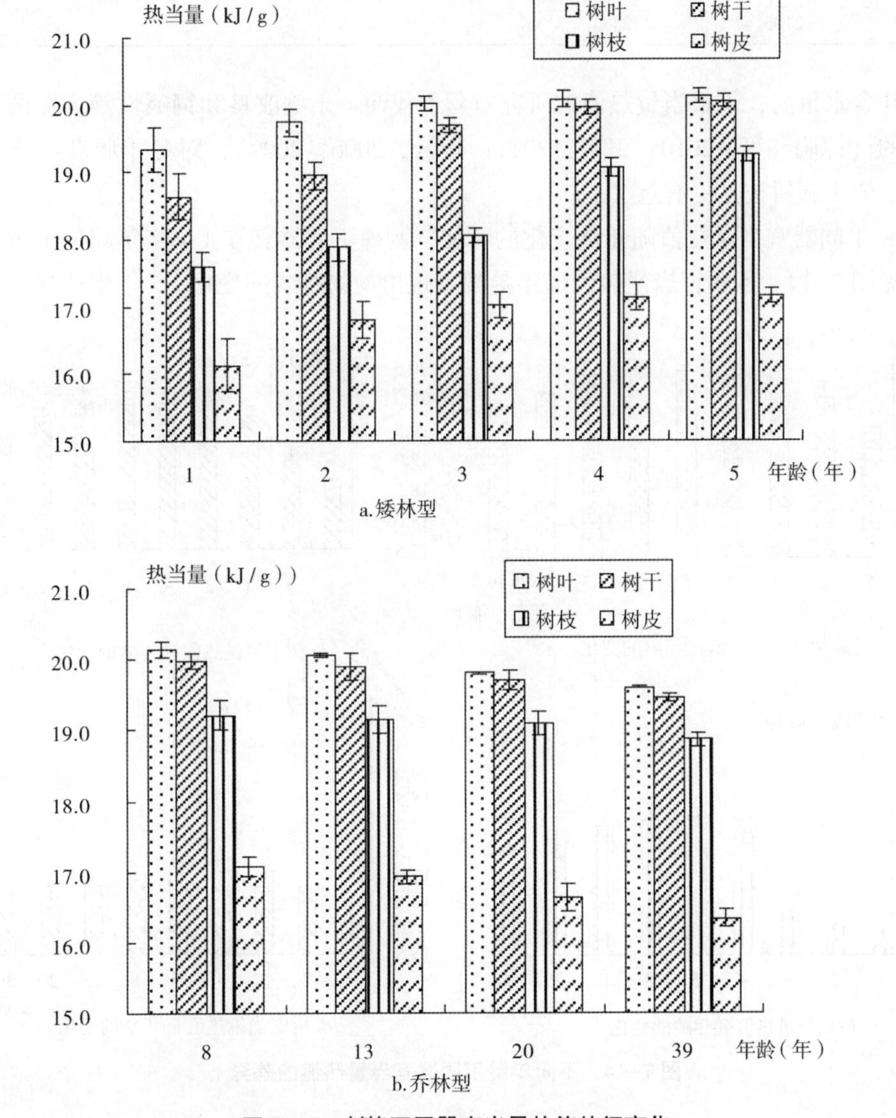

图 7-13　刺槐不同器官当量热值特征变化

树叶是树木光合作用形成有机物的器官，含有高能物质较多，植物体内有机物质在输送过程中的积累浓度是树叶—树干—树皮的顺序，高能物质燃烧释放热量较多，因此就有上述不同器官大量热值的顺序。

各器官当量热值的方差分析结果为：同一器官不同年龄间差异显著（$P<0.05$），不同器官的干重当量热值差异极显著（$P<0.01$），如表 7-8 所示。

表 7-8　不同年龄不同器官的值方差分析表

差异源	平方和	自由度	均方	F	P-value	F crit
年龄	131470. 5	7	18781. 51	3. 664742	0. 01848	2. 764199
器官	1902928	2	951464	185. 6545	8. 36E-11	3. 738892
误差	71748. 86	14	5124. 919			
总计	2106147	23				

树叶含水量高，干重当量热值的研究对营养代谢、土壤改良和饲喂性等方面的研究是有意义的（谭晓红等，2010；王爽，2011；李云，2006，2009），对冬季收获物来说，意义不大。树干和树枝是更有意义的。

（2）不同器官当量热值随年龄变化的特征　刺槐不同器官在 1～39 年间的干重当量热值变化见图 7-14。各器官当量热值随年龄都表现出抛物线式的变化，5 年生达到最高值。

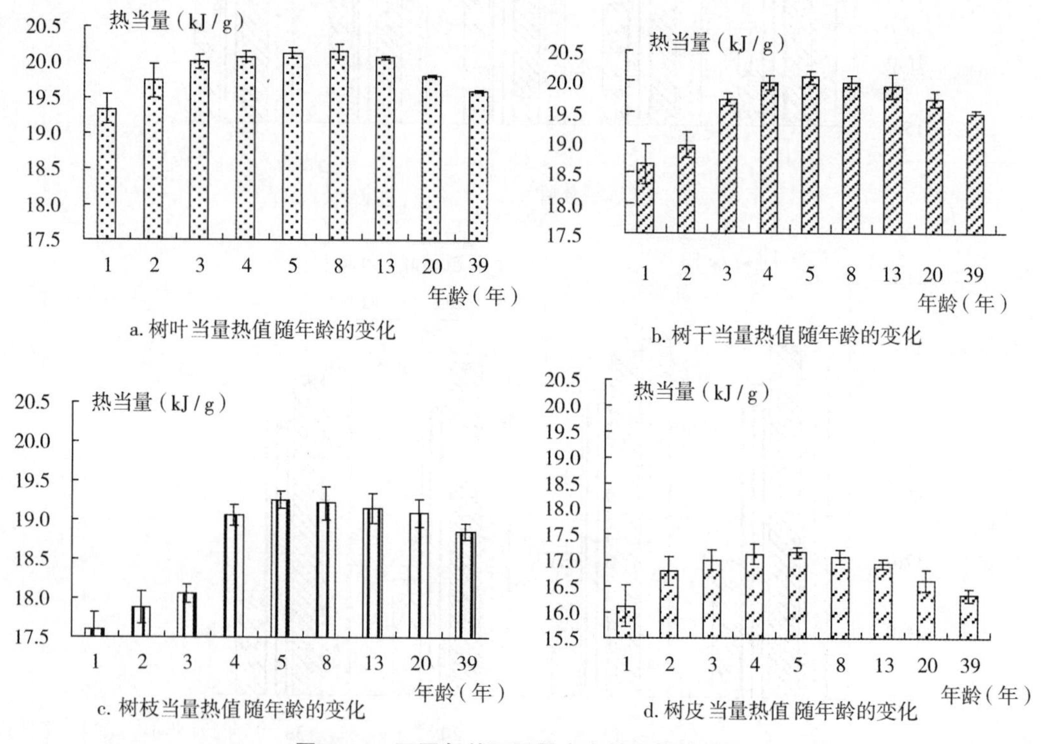

图 7-14　不同年龄不同器官当量热值的差异

各器官当量热值的变幅分别为树叶 19. 34～20. 15kJ/kg，相差 1. 042 倍；树干 18. 64～

20.06kJ/kg，相差 1.076 倍；树枝 17.60～19.26kJ/kg，相差 1.094 倍；树皮 16.12～17.15kJ/kg，相差 1.064 倍。从当量热值变幅大小来看：树枝（1.094）>树干（1.076）>树皮（1.064）>树叶（1.042）。变幅大小表现随年龄生长过程中储集物质水平的强弱差异幅度而变化。这种分布规律与光合产物从树叶—树枝—树干—树皮流动的关系（谭晓红等，2010）。

①树叶当量热值变幅最小，可能是由于树叶是树木新陈代谢的主要器官，生理的适应、高能有机质含量较多。

②树枝干重当量热值始终高于树皮，而低于生长季节的树叶和休眠季节的树干的数值，可能是由于树枝在冬季营养回流的原因。树木营养生长季节高能物质在树叶，休眠季节在树干或树根具有生理储存的原因。1～3 年生树枝的当量热值最低的，1～2 年生树枝的当量热值与河南孟津刺槐萌生林（7 月、10 月）研究结果（4299cal/g、4261cal/g）类似（谭晓红等，2010 年）。可以看出 1 年生和 2 年生的树叶和树枝的当量热值都是最低的。

③树干的干重热值平均值排序为：4～13 年生较高，1、2 年生和老熟龄较低，其中，较高的为 5 年生和 8 年生，成熟期均较低。

④树皮的当量热值变化趋势同树干。表现为：苗期和成熟林较低。5～8 年较高。

综上可见，对刺槐不同器官的干重当量热值分析可知，几个器官均是在老熟期的当量热值较低，因为收获物主要是树干，所以认为 5～8 年是比较适宜的收获年龄。

7.2.1.5 矮林作业下枝干不同基径的当量热值特征

矮林型萌生枝干基径按 1cm 为单位划分径阶，基径分布共 11 个径阶。以径阶为基础的分析目的是确定能源林培育目标下，适宜的收获基径或胸径以及对收获物按当量热值标准进行分级。

（1）矮林作业下刺槐不同基径当量热值的分布特征　根据标准地每木调查和干重当量热值测定数据，分析得到当量热值随基径变化特征，如图 7-15 所示。经方差分析（表 7-9）可知，基径与当量热值之间存在明显线性回归关系，关系模型见图 7-16，由图中看出，生物质热当量随基径增加而下降。

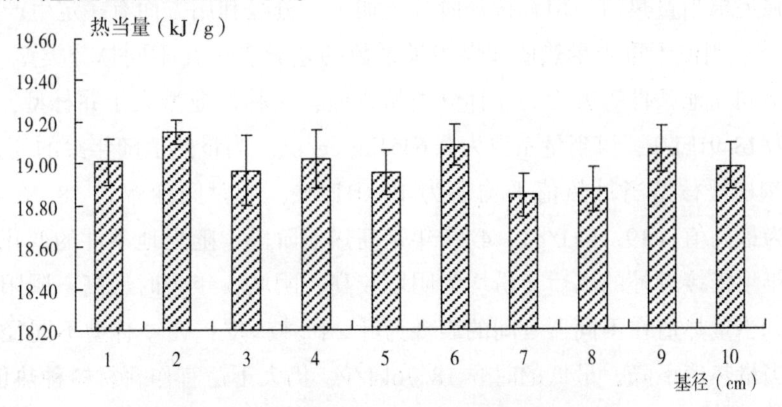

图 7-15　刺槐树木物质热值随基径变化情况

表 7-9　刺槐当量热值随基径变化的方差分析

差异源	自由度	平方和	均方	*F*	Sig.
回归分析	1	0.231284	0.231284	4.119985	0.045335718
残差	89	4.996197	0.056137		
总计	90	5.227481			

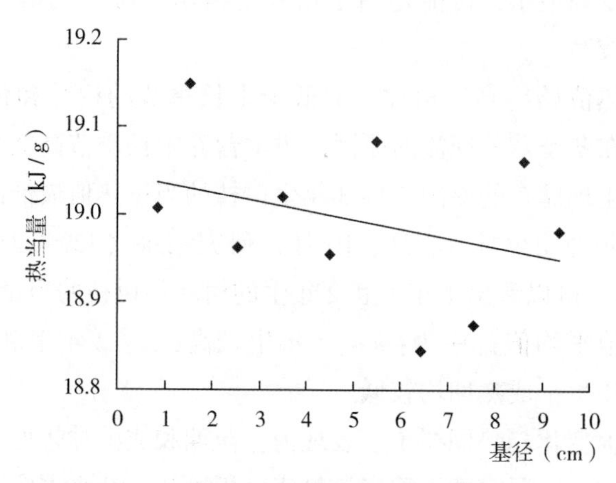

图 7-16　刺槐树木物质热值随基径变化情况

基径与当量热值关系式：

$$Q = -0.0104x + 19.047 \qquad (R^2 = 0.1119) \qquad (7\text{-}31)$$

图 7-16 为刺槐当量热值随基径变化图和模型线。热值随着基径增大而下降，变化是明显的（$P<0.05$）。影响萌条当量热值的因子很多，小径阶萌条可能是处于被压状态，营养不良，体内高能物含量较少，而导致当量热值较低；也许因为萌发新条，生理旺盛，体内高能物含量较多，而具有较高的当量热值。由于试验手段不便于更详细标记林分枝条的动态变化，呈现出的结果为不明显关系。

实际生产中，对枝条粗度的利用要考虑多个因子，当量热值、木质化程度、密实度等，不能单独追求当量热值。但在按径阶分类加工、分级利用方面有一定生产意义。

（2）小结　刺槐干重当量热值和煤当量系数的差异表现在不同林分类型、不同年龄、不同器官和不同立地条件等方面。在林分类型方面，矮林作业型大于乔林型，乔林型当量热值平均值为 18.91kJ/g，煤当量系数为 0.6451kg ce/kg。当量热值随年龄的变幅在 18.50~19.06kJ/g；刺槐矮林型当量热值平均值为 19.01kJ/g，随时间变幅在 18.76~19.16kJ/g，并且 5 年生为最高值（19.16kJ/g），4~7 年是高热值阶段。随立地条件的变化为：除 1 年生相反和 3 年生极接近外的以后年份均为阴坡较高，阴坡 5 年生时最高，阴阳坡差异最大的为 2 年生。当量热值在不同器官间的表现为叶>干>枝>皮；在矮林型不同径阶的表现为随枝干增粗当量热值下降，最低的时候 18.76kJ/g，仍大于适宜作薪材树种热值 17.58kJ/g 的要求（白卫国等，2006）。

本研究所得洛宁山区刺槐当量热值比同属河南洛阳的孟津农田环境下刺槐当量热值

（谭晓红等，2012）高。这一结果与毕玉芬等对苜蓿属一些种类热值测定结果一致。毕玉芬等对苜蓿属（*Medicago*）植物45个种的热值测定表明，不同种苜蓿差异达到显著水平，总体上表现为野生种群较栽培种群热值高（毕玉芬等，2002）。Hughes（1971）在研究英国落叶林植物热值的季节变化时发现叶片脱落时热值增加。Golley（1969）、Wielgolaski（1975）等对植物热值的空间动态有较全面的研究，对华盛顿高山植物能量研究证实，高山地区植物热值较高。

7.2.2 刺槐林分生长量与生物量及关联因子

林分生物量是单个株干的生物量的总和，通过探讨个体生长量的变化来统计林分生物量变化。本文主要针对冬季收获物进行调查，矮林型选用了基径和树干，乔林型选用胸径和树高的指标。分析生长过程中，基径或胸径、树高随年龄、立地以及抚育强度等因子变化而变化的趋势和强度，探讨生物量的变化规律。

7.2.2.1 刺槐林不同林分类型生物量的变化特征

对现有不同林分类型的刺槐林生物量计算结果见图7-17。

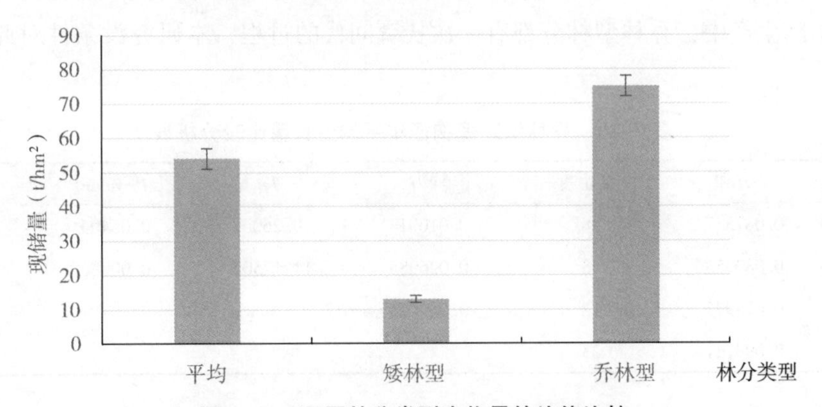

图7-17 不同林分类型生物量的均值比较

从图7-17可见，不同类型刺槐林现有生物量储积量表现为乔林型单位面积林地干物质储量较大，乔林型林分平均值77.178t/hm^{2}大于矮林型15.194t/hm^2。方差分析为极显著（P<0.01），乔林型现有生物量储积量是矮林型的5.08倍；由于煤当量系数的不同，乔林型现有标煤密度49.548t ce/hm^{2}大于矮林型9.846 tce/hm^2，是后者的5.03倍。乔林型有生物量较大的标准误（±4.16），由于林龄差异较大（8~39年），矮林型由于林龄为1~5年生，生物量标准误较小（±1.12）。

7.2.2.2 不同林分类型生长量和生物量随时间变化特征

（1）乔林型刺槐生长量与生物量随时间变化的特征

①乔林型生长量与生物量的世代变化分析

乔林型刺槐试验林的试验对象设计以更新次数和为依据，包括刺槐实生林经过3次皆伐后萌蘖更新形成萌生林，因此，共选择了4个世代的刺槐林，树龄8~39年生不等。不同世代与年龄的生长状况用年平均生长量与生物量来说明。见图 7-18，对其结果的方差分析见表 7-10。

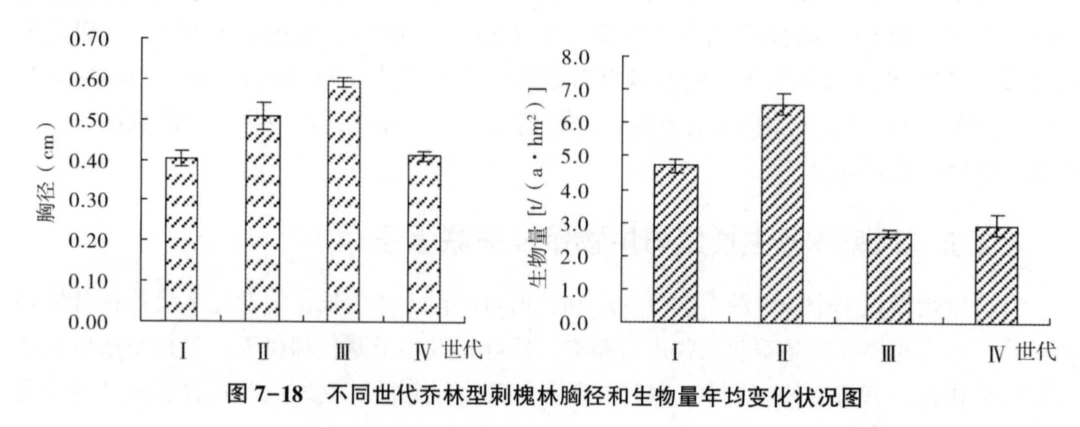

图 7-18　不同世代乔林型刺槐林胸径和生物量年均变化状况图

由图 7-18 看出，乔林型刺槐平均胸径和年均生物量的变化并不是随年龄而均匀变化。从树木单株胸径年生长可见，从Ⅰ、Ⅱ、Ⅲ代林逐代增加，Ⅳ代林胸径增长量明显降低；从林分年生长量变化可见Ⅲ代林最小，这是由于 7 年生冬季抚育间伐一部分生物量被收获的原因。实际生产中，乔林型林分都有一次抚育间伐的过程，本研究没条件对此进行更全面的分析。

表 7-10　乔林型刺槐胸径年平均生长量比较分析表

差异源	平方和	自由度	均方	*F*	*P*-value	*F* crit
年龄	0.087337	8	0.010917	10.26067	0.05404	4.146804
世代	0.080955	3	0.026985	11.17502	0.000865	3.490295
误差	0.028977	12	0.002415			
总计	0.093721	23				

由表 7-10 的比较分析可见，乔林型林分不同世代间的生长差异是极显著的（$P<0.01$）。其表现为：胸径生长以Ⅲ代林较高，单位面积生物量以Ⅱ代林较高，Ⅲ代林生物量较小。当地一般在 6~7 年对林分进行抚育，择优伐取小径材（胸径>6cm）。Ⅳ代林胸径平均生长量最小(0.391cm)，生物量年均生长量［3.471t/(a·hm^2)］与Ⅰ代林［3.445t/(a·hm^2)］接近。可见，随着皆伐萌蘖世代的增加，生物量在衰减。

②乔林型生长量与生物量的年龄变化分析

由表 7-10 的方差分析可知，乔林型生长量与生物量随年龄变化也有明显差异（$P<0.05$）。

由图 7-19 看出，胸径年生长量基本为下降趋势，19 年生胸径生长量小还与林地密度有关，19 年生林地密度为 2300 株/hm^2，22 年生林地密度为 1750 株/hm^2；生物量的变化是随着年龄增长表现为先升后降，8~22 年间上升，22~34 年间表现为下降。该研究根据洛宁林业调查报告资料，试验选择了中龄林、近熟林、成熟林和过熟林 4 个不同的龄级组，由图 7-19 可见，刺槐不同龄级间生物量差异也是明显的。

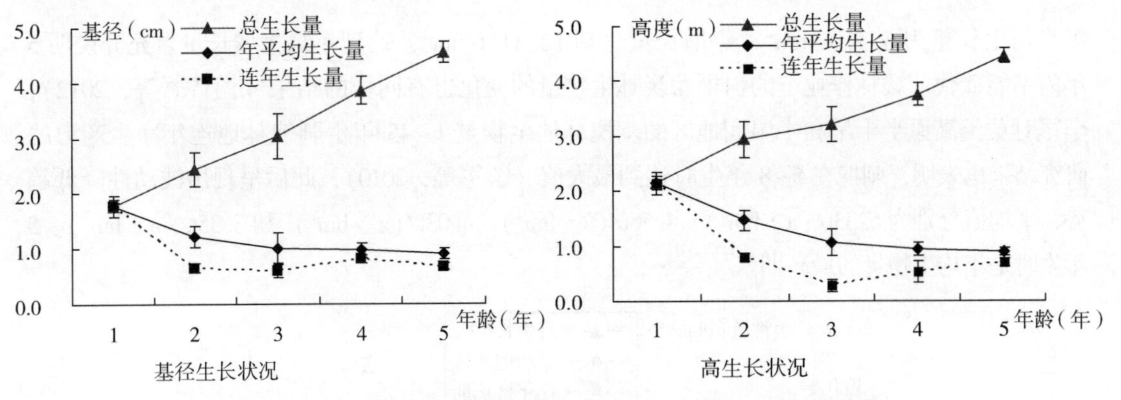

图 7-19　不同世代乔林型刺槐林胸径和生物量年均变化状况图

根据黄土丘陵区Ⅱ代刺槐林 1~45 年的生长情况，当刺槐萌生林的生长进入衰退时，考虑Ⅱ代刺槐林对地力的利用与影响，应对刺槐林进行合理采伐利用，而不宜培育第Ⅲ代刺槐林（刘建凯等，2010），在干旱和半干旱地区的刺槐林龄不宜超过 35 年，过熟林会出现主梢枯死、新枝量极少和树根盘结枯死等现象。

（2）矮林型刺槐生长量与生物量的变化特征

①矮林型 1~5 年生刺槐试验林萌条基径和高度的总生长量、年平均生长量和连年生长量统计结果如图 7-20。

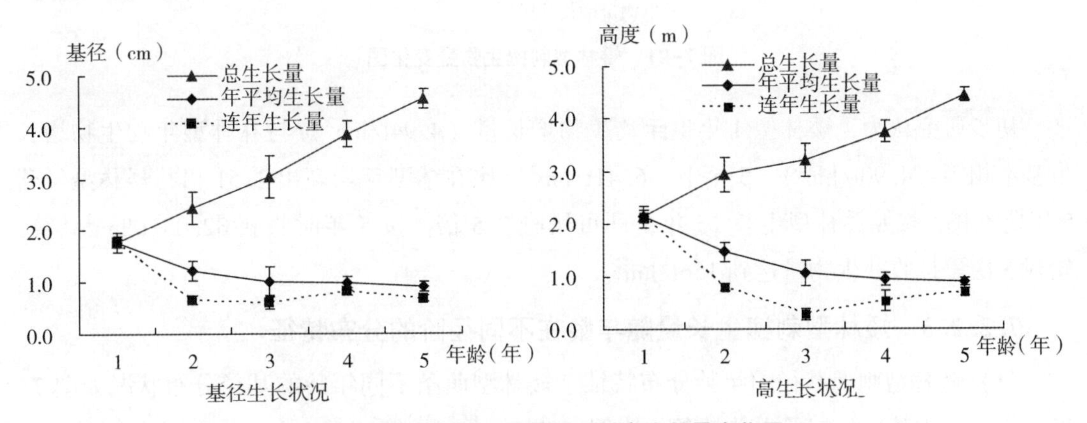

图 7-20　矮林型刺槐基径、树高生长量变化图

由图 7-20 看出，矮林林分基径、高度生长量在 5 年中均不断增加，5 年生的矮林基径平均值为 4. 54cm，高度平均值为 4. 45m。基径随年龄变化的线段以比较一致或稍有加大的斜率而上升，说明基径连年增长量在加大；树高的变化线段斜率较小，3 年生明显减缓。基径和株高的年平均生长量随着林龄的变化逐渐下降，其连年生长量均低于第 1 年生的生长量；3 年生时基径和高度的生长量都较低，这可能是生长竞争、个体分异加大的原因；4 年后又开始上升。

②矮林型 1~5 年生刺槐试验林总生物量、年均增长量和连年增长量统计结果如图 7-21。

从图 7-21 矮林型林分生物量的变化可以看出，在 5 年中，矮林型林分生物量的年平均生长量及连年生长量随着年龄的变化逐渐增大。5 年生林分生物量达到 32. 051t/hm^2，年平均生长量为 6.410t/hm²，年增长量达到 12.311t/hm²，达到年最大增长量。充分说明 5 年内不能砍伐。矮林作业下的白栎薪炭林生物量的变化也有同样的结果（温佐吾等，2012）；李军对黄土高原半干旱和半湿润地区的刺槐林地生物量 1~45 年生刺槐林地连年净生产力的研究结果也表明，刺槐在 5~8 年生时达到最大值（李军等，2010），此后呈现出波动性降低趋势，平均值分别为 5.33t/（a · hm²）、4.56t/（a · hm²）、4.03t/（a · hm²）和 3.35t/（a · hm²）。5 年生时是年均生物量的最高期。

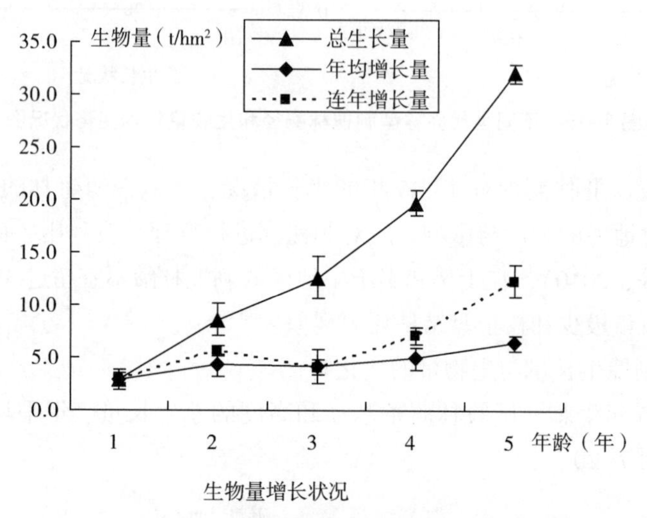

图 7-21　矮林型刺槐生物量变化图

初步研究认为，矮林型 4 年生年均生物增长量（4.94t/hm²）与乔林型年均生物增长量基本相等（4.90t/hm²），5 年生（6.41t/hm²）比乔林型年均高出 1.51 倍，矮林型经营 5 年期收获，按照乔林型生长 25 年，即可增收 7.5 倍。按 5 年时收获 32.051t/hm² 计算，轮伐 5 次累计收获生物量达到 156t/hm²。

7.2.2.3　矮林型刺槐生长量随年龄在不同径阶的分布特征

（1）矮林型刺槐基径随年龄分布特征　矮林型萌条不同年龄的基径分布状况如图 7-22。纵坐标为某径阶枝条占总枝条的比例（%）。

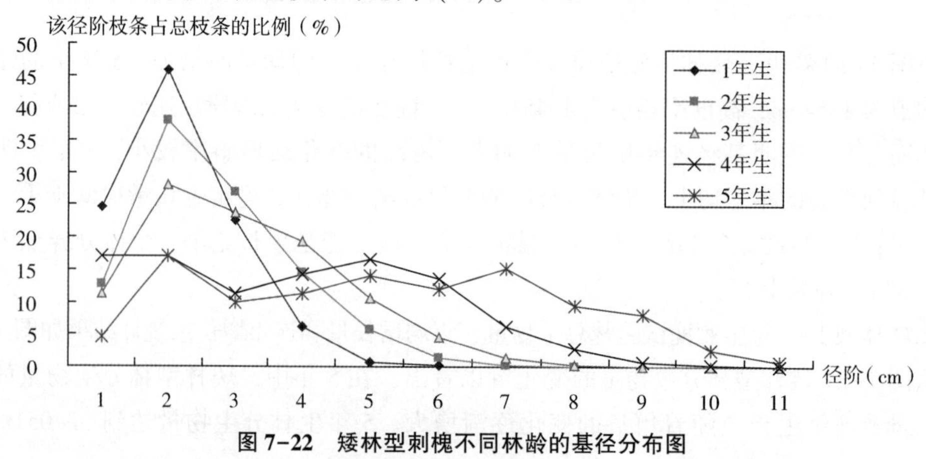

图 7-22　矮林型刺槐不同林龄的基径分布图

从图7-22可以看出，1年生萌条基径主要分布在3cm以下，2年生萌条基径主要分布在4cm以下，3年生萌条基径在2~5cm较多，4~5年生萌条基径明显增加，基径集中在4~8cm间。刺槐的基径生长开始于3年生，快速生长期为5年生，是大多数速生树种发育规律的表现。

（2）矮林型刺槐树高随年龄分布特征　矮林型刺槐不同年龄的植株高度分布状况如图7-23。

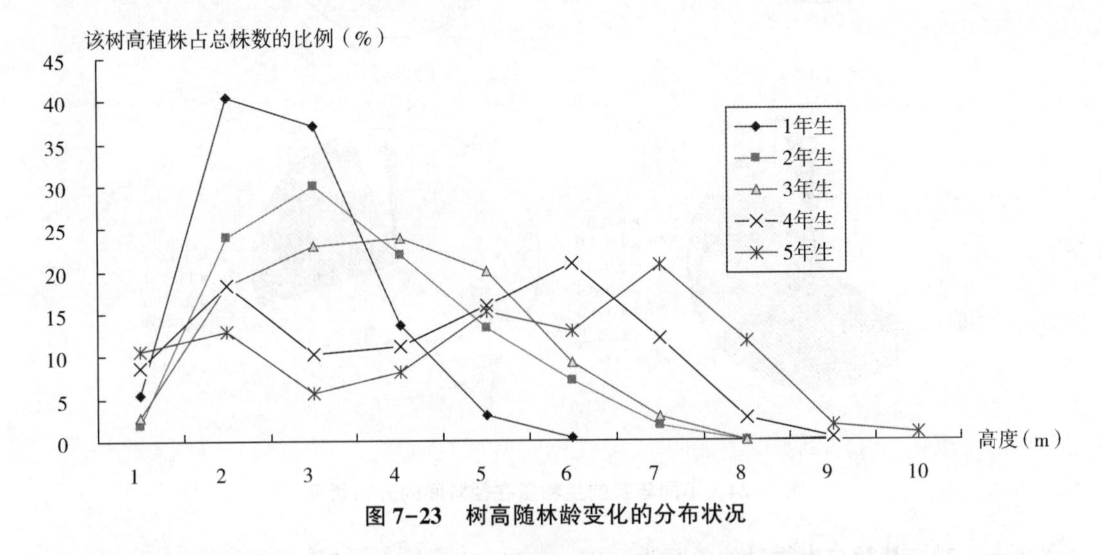

图7-23　树高随林龄变化的分布状况

由图7-23可以看出，1年生的树高明显聚集在2~3m的范围；4年生和5年生时出现两个较为集中的径阶；说明矮林型刺槐后期林冠结构分为两层，上层优势木和下层比较耐阴的植株；但5年生还表现出上层木增加，而林层植株在减少。刺槐属于强阳性乔木的特性日益彰显出来。林木经过营养竞争，致使刺槐萌生林向乔木状转换，根据当地生产习惯，6~7年开始择优间伐，提供小径材。

（3）矮林型刺槐生物量随年龄分布特征　生物量在不同年龄不同径阶间的分布状况如图7-24，可见，生物量随年龄在不同径级的分布比例不同。在各不同年龄占比例较大的径阶为：1年生林分生物量的53%在2.00~2.99cm径阶；2年生林分生物量的45%在2.00~2.99cm径阶，42%在3.00~4.00cm径阶；3年生林分生物量的65%在4.00~5.99cm径阶；4年生林分生物量的70%在5.00cm径阶。

生物量随年龄在各径阶的不同分布比例说明，纯林的直径结构在生长的初期为较宽范围的正态分布，以后随着个体的竞争，范围在变窄，林相趋于整齐，进入相对稳定的生长期。这是由阳性树种组成的纯林常常要经过的一个阶段。

（4）刺槐林的生长指标值与生物量的关系模型

①矮林型基径与生物量模型。本研究对生物量估测进行了研究。通过对不同年龄不同基径生物量的统计分析，分别得出下列1~5年生林分的生长模型，其中D为基径，W为生物量。

1年生时，基径与生物量的关系为：$W_1 = 0.034D_1^{2.595}$　　$(R^2 = 0.95)$　　(7-32)

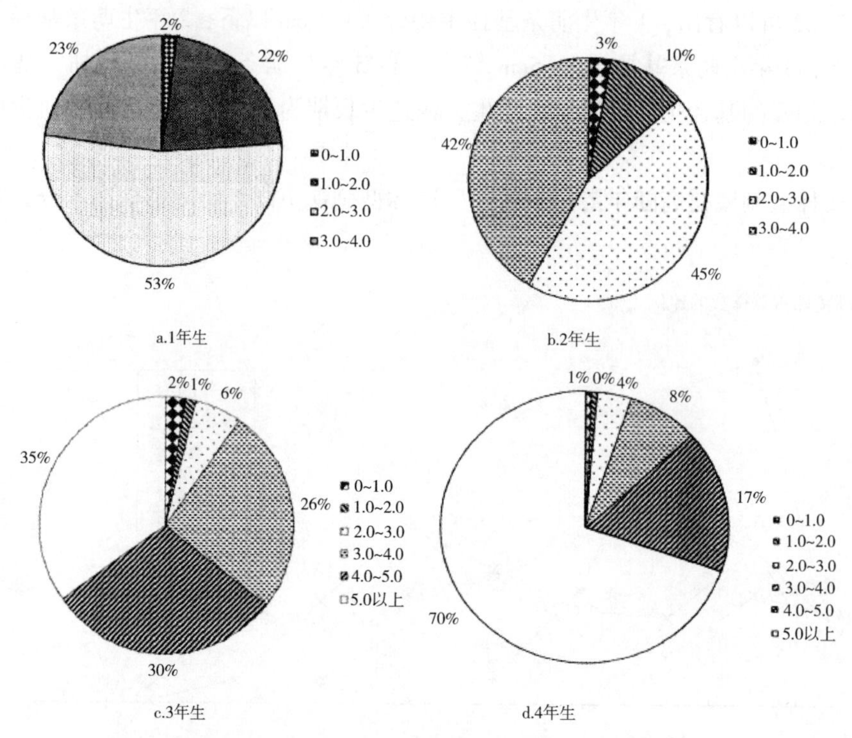

图 7-24　不同年龄的生物量在径阶间的分布状况

2 年生时，基径与生物量的关系为：$W_2=0.1161D_2{}^{2.005}$　($R^2=0.91$)　(7-33)

3 年生时，基径与生物量的关系为：$W_3=0.0415D_3{}^{2.521}$　($R^2=0.90$)　(7-34)

4 年生时，基径与生物量的关系为：$W_4=0.0619D_4{}^{2.439}$　($R^2=0.96$)　(7-35)

5 年生时，基径与生物量的关系为：$W_5=0.0618D_5{}^{2.477}$　($R^2=0.97$)　(7-36)

从公式 7-32、7-35、7-36 模型看出，三个模型的 R^2 大于或等于 0.95，模型拟合相关性明显，7-33、7-34 公式表示模型相关性不明显。

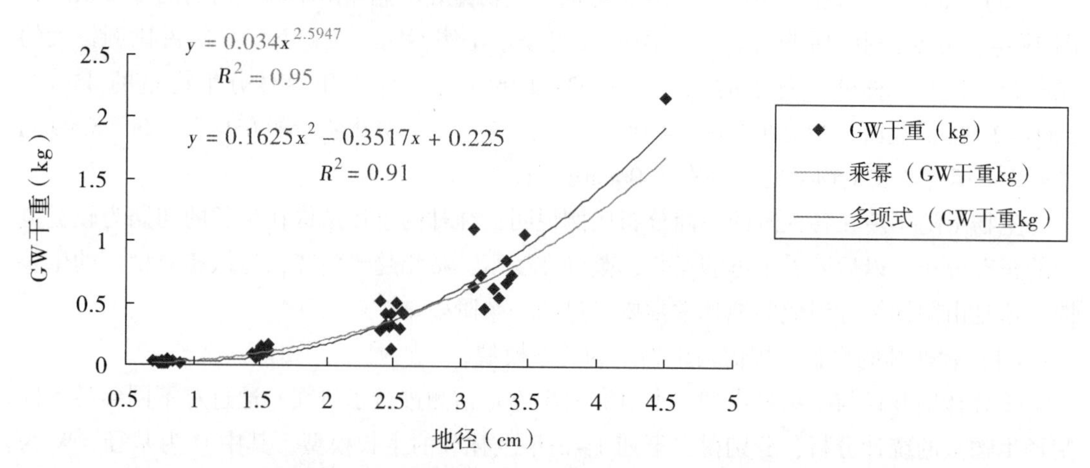

图 7-25　矮林型刺槐 1 年生株干基径与生物量关系图

由图 7-25 可以看出，1 年生植株基径与生物量模型也采用多项式关系模型，但相关性略有下降，但应用时，简便了许多。因此，可以结合野外条件加以选择。

由公式 7-32 至 7-36 和图 7-25 可见，基径与单株生物量都基本遵从幂函数关系或多项式函数关系，但参数不同。2 年生、3 年生由于生长不稳定性，由于多因子影响的生长竞争，基径和生物量关系不明显。4 年生和 5 年生幂函数关系均明显。

②矮林型刺槐枝干高度与生物量关系。高度与干重和湿重的相关性都不显著。所以，在矮林生物量计算时，不用树高来计算（图 7-26）。

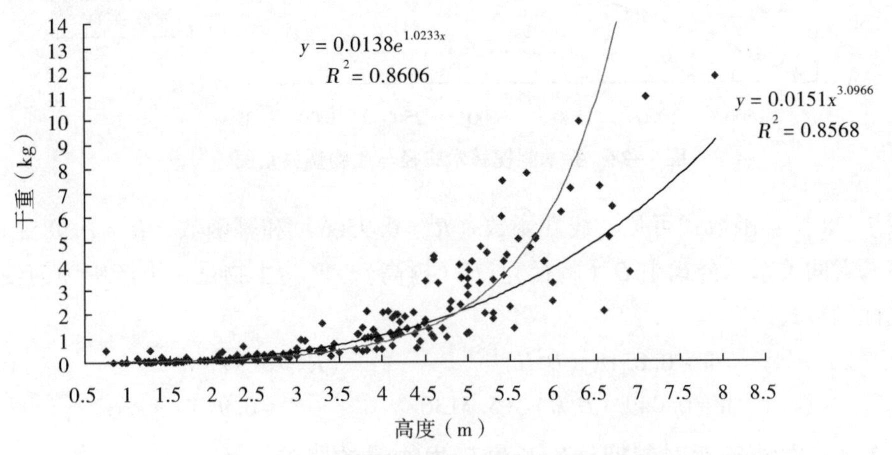

图 7-26　矮林型刺槐株干高度与生物量关系图

③矮林型刺槐林生长双因子（D^2H）与生物量的关系。图 7-27 是矮林型刺槐基径高度双因子估测与生物量模型图，其函数式如下。

$$W=0.0233\ (D^2H)\ +0.0054\ (R^2=0.95) \tag{7-37}$$

图 7-27　矮林型刺槐基径高度双因子估测与生物量模型

通过与公式 7-32 至 7-36 与公式 7-37 的比较表明，矮林型不能借用乔林型生物量的估算模型基本式。

④乔林型刺槐胸径与生物量的关系。乔木常用胸径来估测生物量，基本型为 $W=a(D^2H)^b+c$（唐守正，1993）。乔木刺槐植株胸径与生物量关系如图 7-28，随林龄和萌发

代数不同稍有不同。a、b、c 为不同的参数。

通过对乔木标准木胸径与生物量的调查，得出如图 7-28 所示的结果。

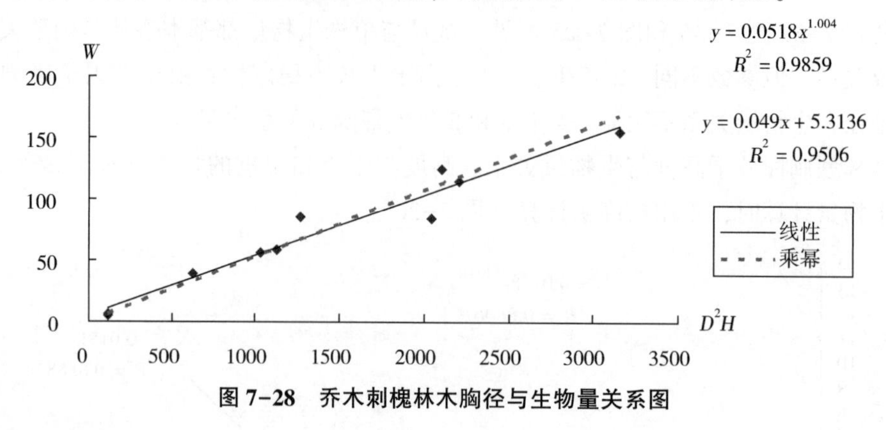

图 7-28　乔木刺槐林木胸径与生物量关系图

从图 7-28 拟合函数式可见，线性函数（$R^2=0.9506$）和幂函数（$R^2=0.9859$）都较好地描述二者间关系。公式中 D（胸径）、H（树高）、W 为生物量。生产中为简便起见，可选用线性函数式。

$$W=0.0518\ (D^2H)^{1.004} \qquad (R^2=0.99) \qquad (7-38)$$

$$W=0.049\ (D^2H)\ +5.3136 \qquad (R^2=0.91) \qquad (7-39)$$

7.2.2.4　立地条件对刺槐林生长量与生物量的影响

（1）试验地立地条件分析

试验地立地条件状况具体分布见 7.1.1 试验地概况。乔林型和矮林型刺槐能源林所处条件均为：低山阴坡中厚褐土和低山阳坡中厚褐土，土层深厚，均大于 80cm，主要差异表现在坡向方面，因此，调查、取样和分析以阳坡和阴坡为影响因子来分析。

刺槐属阳性树种，耐干旱瘠薄，但在土层深厚、肥沃的环境下会生长更好。调查地立地条件分 4 种类型，如表 7-11。

表 7-11　4 种立地条件土壤营养状况调查表

立地类型	pH	容重 (g/cm^3)	碱解氮 (mg/kg)	速效磷 (mg/kg)	速效钾 (mg/kg)	有机质 (g/kg)
杨疙瘩阳坡	7.05±0.02	1.56±0.10	33.63±1.35	1.92±0.02	164.06±6.92	8.36±0.03
杨疙瘩阴坡	7.01±0.01	1.59±0.10	38.14±2.01	1.98±0.02	200.00±9.03	13.81±1.03
寨疙瘩阳坡	7.35±0.01	1.70±0.11	35.43±2.76	1.89±0.01	236.25±7.09	11.10±1.00
寨疙瘩阴坡	6.88±0.01	1.42±0.09	35.85±2.12	1.91±0.01	249.38±10.11	12.47±1.02

结合国家土壤养分分级表（2008 年），确定试验地养分级别见表 7-12 。

表 7-12　试验地土壤养分比较表

级别		有机质（%）	碱解氮（N）（%）	速效磷（P_2O_5）（mg/kg）	速效钾（K_2O）（mg/kg）
1	极高	>4	>150	>40	>200※
2	高	3~4	120~150	20~40	150~200※
3	中	2~3	90~120	10~20	100~150
4	低	1~2※	60~90	5~10	50~100
5	极低	0.6~1※	30~60※	3~5	30~50
6	超级低	<0.6	<30	<3※	<30

注：※表示试验地指标所处水平。

表 7-11 与表 7-12 的比较分析结果表明，洛宁浅山丘陵区土壤中，碱解氮含量处于极低水平，速效磷为超级低，有机质为低和极低的水平，受成土母岩的影响，速效钾处于高和极高的状态，使得 pH 值维持中性偏碱的程度。同时，试验地 1.5~1.7g/cm^{3}的土壤容重，接近沼泽土的潜育层容重可达 1.7~1.9g/cm^3，远远超过耕作土壤 1.0~1.3g/cm^{3}的范围，。通过对 4 种立地条件养分元素的方差分析，寨疙瘩与杨疙瘩两个林区在养分元素间除速效钾有显著差异外（$P<0.05$），其他元素差异不明显。但阳坡与阴坡存在着极明显差异（$P<0.05$）。

对各营养元素以及有机质的相关性进行检验，结果为有机质与碱解氮极显著相关，与速效磷显著相关；速效磷与碱解氮极显著相关；容重与 pH 值极显著相关。土壤的有机质含量通常作为土壤肥力水平高低的一个重要指标。有机质对土壤理化性质如结构性、保肥性和缓冲性等有着积极的影响。土壤有机质含量高，熟化程度高，有效性氮含量也高；反之，有机质含量低，熟化程度低，有效性氮的含量也低。碱解氮含量比较能确切地反映出近期内土壤的供氮水平；由于土壤中磷元素参与和促进氮的循环，由于磷的极度缺乏，使得洛宁山区土壤为极度贫瘠型，也充分证明刺槐适应性强的生长发育特征。同时能源林的发展可以应用非农用土地资源，特别是刺槐能源林的开发利用对荒山荒地的利用具有重要意义。

从表 7-13 中看出，在四个不同的立地条件下，杨疙瘩的阴、阳坡的碱解氮、速效磷、速效钾、有机质具有明显的差异（$P<0.05$），而寨疙瘩的阴、阳坡立地条件比较相近。

表 7-13　4 种立地条件土壤营养的相关性分析

	pH	容重	碱解氮	速效磷	速效钾	有机质
pH	1	0.864**	−0.06977	−0.07421	0.12332	−0.16947
容重		1	0.09347	0.11332	−0.13710	−0.01296
碱解氮			1	0.853**	0.41235	0.836**
速效磷				1	0.16425	0.664*
速效钾					1	0.56488
有机质						1

注　** 表示在 0.01 水平（双侧）上显著相关；* 表示在 0.05 水平（双侧）上显著相关。

（2）立地条件对刺槐林基径生长的影响　1~5 年生矮林型刺槐在不同立地条件下，林分基径生长变化状况见图 7-29、图 7-30。图 7-29 是杨疙瘩林区 1~5 年生刺槐萌条基径的变化图，图 7-30 是寨疙瘩林区 1~3 年生刺槐萌条基径的变化图。

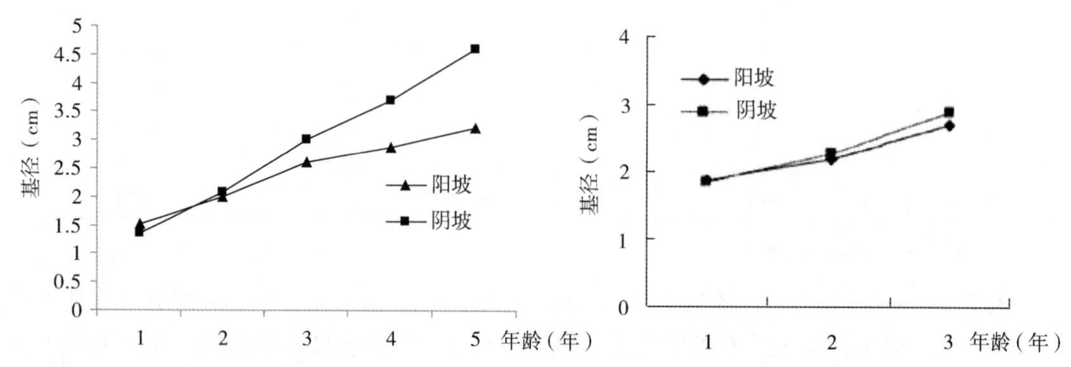

图 7-29　杨疙瘩矮林型刺槐枝条基径年变化　　图 7-30　寨疙瘩矮林型刺槐灌丛萌条基径年变化

通过图 7-29、图 7-30 可以看出，在四个不同的立地条件下，阴坡与阳坡萌条的基径随着林龄的增大差异在加大。1 年时阳坡基径平均值大于阴坡，以后均为阴坡大于阳坡。产生这种现象的原因是因为阴坡条件较好，第 1 年生长季节枝条萌发量大，生长后期由于个体竞争，当年枯死的枝条比例较大，降低了基径的平均值。杨疙瘩的矮林型林阴坡、阳坡随年龄变化基径的差异比寨疙瘩的差异大。这一点可以通过前一节表 7-11 的分析知道，杨疙瘩阴坡与阳坡在土壤营养元素含量方面差异较大，而寨疙瘩差异较小。

对于矮林型萌条基径变化与土壤营养成分的相关分析表见表 7-14。

表 7-14　不同立地土壤成分与基径的相关性分析

	基径	容重	pH	碱解氮	速效磷	速效钾	有机质
基径	1	-0.146	0.009	0.139	0.616	-0.624	-0.019
容重		1	-0.980**	0.056	-0.106	-0.127	-0.108
pH			1	-0.005	0.014	0.32	0.201
碱解氮				1	0.732*	0.322	0.957**
速效磷					1	-0.364	0.566
速效钾						1	0.556
有机质							1

从表 7-14 不同立地土壤成分与基径的相关性分析看出，刺槐矮林萌条基径与土壤性质的 6 种独立因子均无相关性，可能是属于联合影响的结果。对于表 7-14 的因子分为正负两类：正向影响类分别是速效磷>碱解氮>pH 值；负向类是速效钾>容重>有机质。由于试验林地土壤中钾元素含量极高，磷元素极缺而出现这种结果。

结合图 7-29、图 7-30 的现象，阴坡生长时具有很大的生长潜力，在进行刺槐栽植时，为了获得大径阶的枝条，适宜在阴坡栽植。另外，给予土壤适当的酸性磷肥的补充，对提高基径生长和生物量生长是积极有效的。

(3) 立地条件对刺槐林木高生长的影响

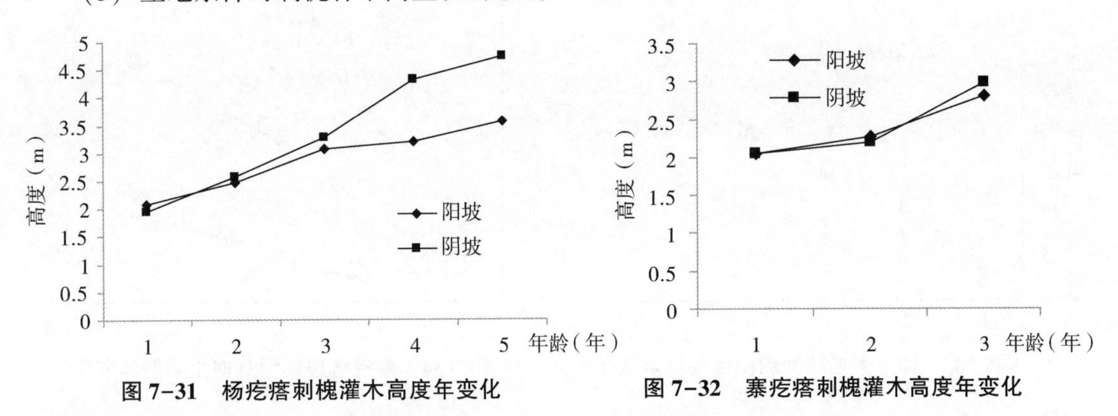

图 7-31　杨疙瘩刺槐灌木高度年变化　　**图 7-32　寨疙瘩刺槐灌木高度年变化**

通过图 7-31 和图 7-32 可以看出，在两个林区两种不同的立地条件下，1 年生杨疙瘩阴坡的径阶小于阳坡，主要由于阴坡发枝量大，影响平均值结果。随着林龄的增大逐渐大于阳坡。杨疙瘩在 2 年时阳坡的生长超过阴坡，寨疙瘩在 3 年生时其增长超过阳坡。在立地条件最好的杨疙瘩阴坡下其基径为优。寨疙瘩的立地条件相差不大，其高度生长的差距也不明显。

表 7-15　不同立地土壤成分与高度的相关性分析

	高度	容重	pH	碱解氮	速效磷	速效钾	有机质
高度	1	0.054	-0.174	0.165	0.563	-0.585	-0.011
容重		1	-0.980**	0.056	-0.106	-0.127	-0.108
pH			1	-0.005	0.014	0.32	0.201
碱解氮				1	0.732*	0.322	0.957**
速效磷					1	-0.364	0.566
速效钾						1	0.556
有机质							1

通过相关性分析（表 7-15）得出刺槐矮林林木的高度与土壤性质各指标无相关性。结合图 7-31 和图 7-32 可以看出，立地对高度的生长影响不显著，为了获得高度较高的灌木林，适宜在阴坡进行栽植。对高度的影响有正负两种情况。其中：正影响顺序为速效磷>碱解氮>容重；负影响顺序为：速效钾>pH>有机质。对于影响高生长原因分析与基径生长的分析相同，此处不重述。

(4) 立地条件对刺槐林木生物量生长的影响

①不同立地条件下的生物量年变化特征：

对于两个林区样地的检测分析见图 7-33 和图 7-34。可以看出，杨疙瘩的矮林的生物量随着年龄在增大，阴坡一直大于阳坡，在 2 年生时阴坡的生长加速，阳坡生长变缓。在第 5 年阴、阳坡均达到最大值。寨疙瘩的生物量生长阴坡也一直好于阳坡，增长速度一直快于阳坡。方差分析结果表明，阴坡和阳坡生物量变化有极显著差异（$P<0.01$）。采伐时应主要采伐阴坡的灌木林，已得到较大的生物量。

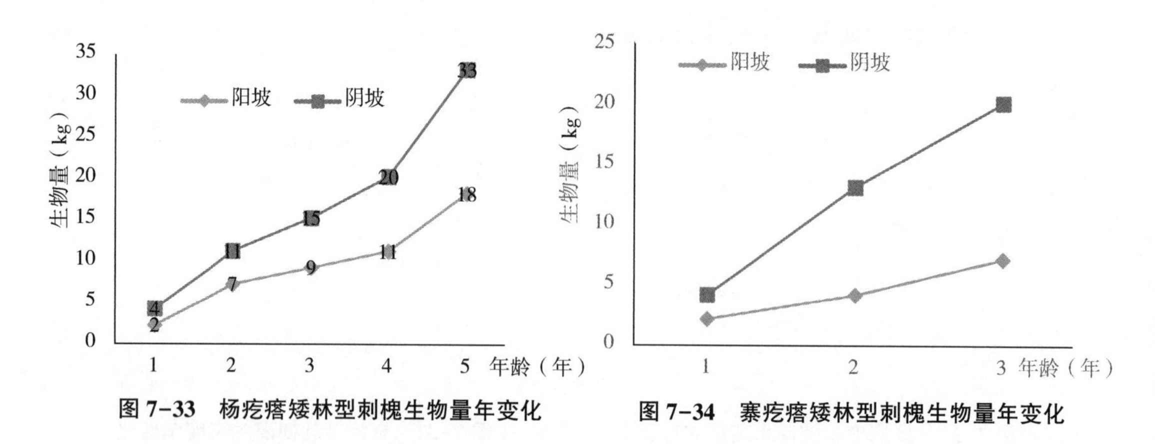

图 7-33　杨疙瘩矮林型刺槐生物量年变化

图 7-34　寨疙瘩矮林型刺槐生物量年变化

②不同立地条件下生物量在径阶间分布状况

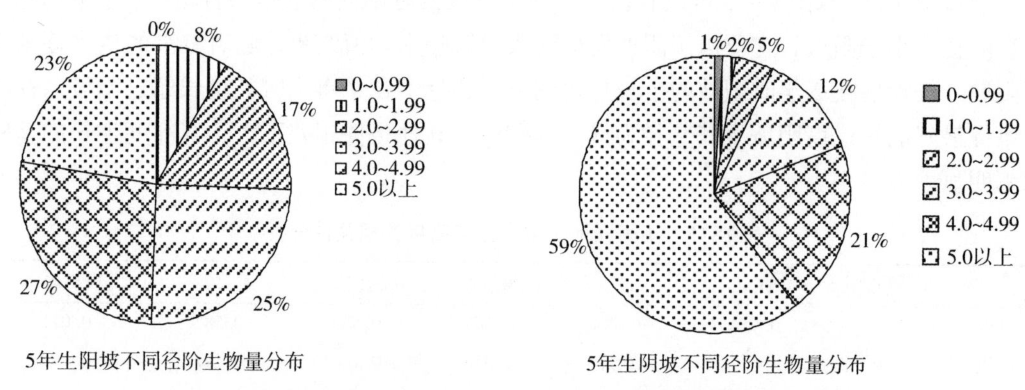

图 7-35　矮林型刺槐林 5 年生不同坡向生物量的径阶分布比较

图 7-35 为矮林型刺槐林 5 年生不同坡向生物量在径阶间的分布状况。如果以基径>5cm 为收获等级标准，阴坡达标材料占 59%，而阳坡仅有 23%。根据植物生长的理论，立地条件优越的环境下，优势木占据有利空间优先利用营养资源，产生群体间的竞争，出现生长分化的现象。

③土壤营养成分与生物量的相关性分析

土壤不同营养成分对生物量的影响相关性分析见表 7-16。

表 7-16　不同立地土壤成分与生物量的相关性分析

	生物量	容重	pH	碱解氮	速效磷	速效钾	有机质
生物量	1	0.156	−0.301	0.197	0.669	−0.725*	−0.031
容重		1	−0.980**	0.056	−0.106	−0.127	−0.108
pH			1	−0.005	0.014	0.32	0.201
碱解氮				1	0.732*	0.322	0.957**
速效磷					1	−0.364	0.566
速效钾						1	0.556
有机质							1

由表 7-16 相关性分析可见，正影响顺序为速效磷>碱解氮>容重；负影响顺序为速效钾>pH>有机质。而且，速效钾与生物量呈显著的负相关性。结合图 7-33 和图 7-34，在阴坡进行栽植可以获得较大生物量。由表 7-11 和表 7-12 的营养元素比较可以说明这一现象。需要强调的一点是，补充酸性磷肥，减弱钾的影响和降低值，对生物量的影响比基径和高生长更重要。

7.2.2.5 抚育强度对矮林型刺槐生长量和生物量的影响

抚育强度由于改变了林分密度，提供充足营养面积，从而影响基径与高度的变化。试验针对寨疙瘩阴坡矮林型 2 年生刺槐，设计 2 个抚育强度，1/4、1/2 均匀间伐和对照。以自然生长 1 年后的生物量来对比。

（1）抚育强度对生长量和生物量的影响

①抚育强度对基径与高度的变化分析表明，不同的抚育强度，改变着林木生长环境。不同抚育强度下，基径、树高平均值的变化见图 7-36。

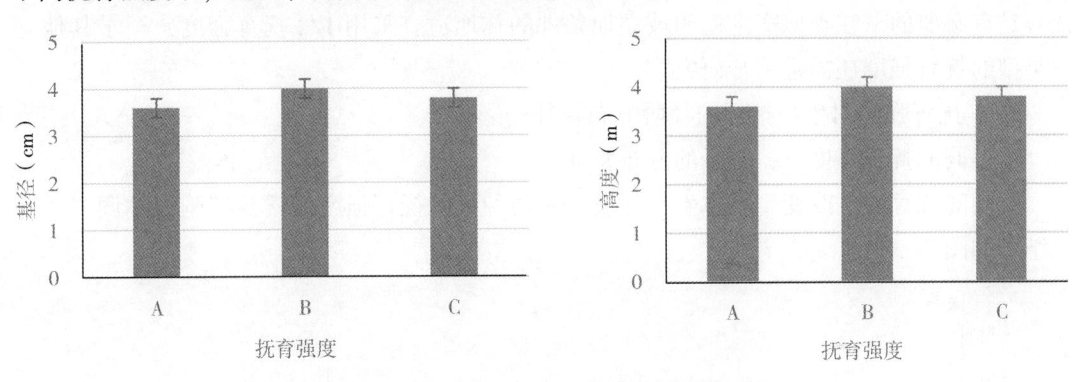

图 7-36 不同抚育强度下基径与树高的比较

注：A 为对照；B 为 1/4 抚育强度；C 为 1/2 抚育强度。本节图中标注同此。

对基径的变化进行方差分析，结果表现为两种抚育强度下，平均基径的变化增加（$P<0.05$）明显；而高度的变化结果表现为变化不明显（$P>0.05$）。此现象符合植物生长规律，立地条件的水平影响树木的高生长，林分的密度明显影响树木的粗生长。

②抚育强度对生物量的变化分析

对 2 年生样地进行 1/4 和 1/2 的不同强度的抚有间伐，其生物量的变化见图 7-37。可以看出，抚育间伐促进了生物量的提高。由表 7-17 不同强度的抚育间伐处理下，生物量变化的方差分析可知，抚育间伐的增产效果是极显著的（$P<0.01$）。

表 7-17 不同抚育强度生物量方差分析

差异源	平方和	自由度	均方	*F*	*P*-value	*F* crit
处理	145.4126	2	72.70631	45.30541	2E-05	4.256495
误差	14.44324	9	1.604804			
总计	159.8559	11				

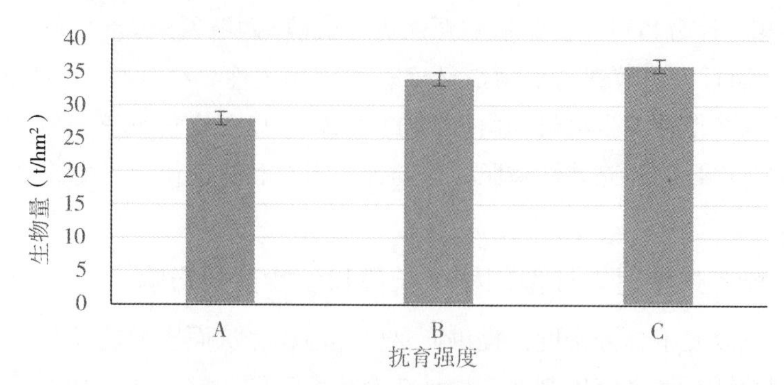

图 7-37　不同抚育强度下生物量比较

以 2 年生林分自然生长的林分为对照，3 年生对照样方的生物量为 27.567t/hm²；间伐强度为 1/4 时，生物量为 33.258t/hm²，增幅为 20.64%；间伐强度为 1/2 时，生物量为 35.906t/hm²，增幅为 30.25%。为获得多的能源林生物量，在第 2 年冬季对矮林刺槐林的抚育是有必要的。在类似寨疙瘩阴坡立地条件的林地适宜采用 1/2 抚育强度，至于其他立地类型的抚育强度还需进一步研究。

（2）抚育强度对生长指标的径阶分布特征的影响

①不同的抚育强度下，基径的分布特征

不同的抚育强度改变着林木生长环境，对两种不同抚育强度的矮林型刺槐林调查，统计结果如图 7-38。

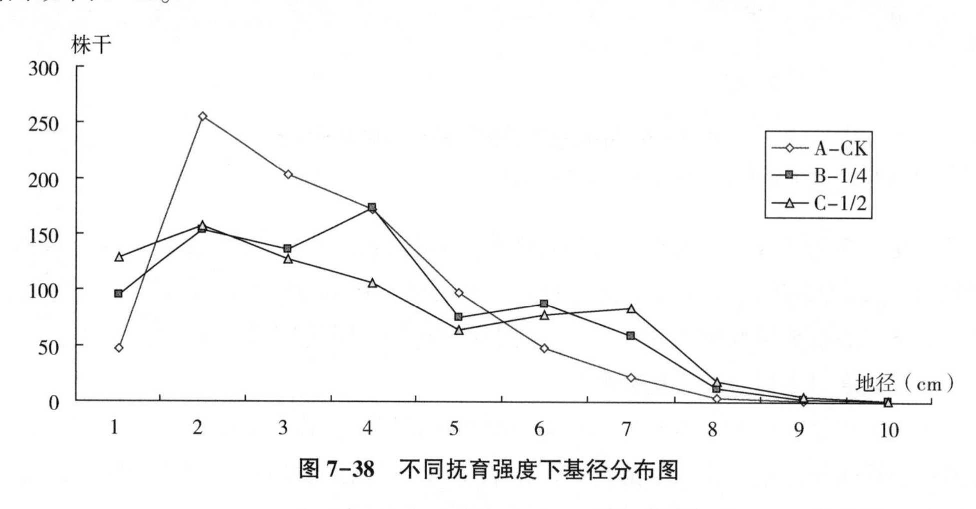

图 7-38　不同抚育强度下基径分布图

由图 7-38 看出，对照样方自然生长状态下，明显小基径的偏多，通过自然疏枝往前推进；抚育强度为 1/4 时，整体前进；抚育强度为 1/2 条件下，出现两个突起（枝条集中点），由于间伐稀疏，暂时出现营养空间的扩大，带来株干的快速增长，同时，也因林中光照增强，底部再次萌发新枝，这部分枝条在后期大部分又枯死。

研究表明，刺槐 3 年生进入基径迅速生长期，由公式 7-34：$W_3=0.0415D_3^{2.521}$（$R^2=0.90$）可见，基径的加大，将带来生物量的几何倍数增加。所以，在 2 年生的冬季可进行抚育处理，对于抚育的强度应结合立地条件而定，初步认为成熟林伐桩萌生林，类似寨疙

瘠立地条件的阴坡 3 年生保留的萌条数为 12000 条/hm²较为合适。

②不同抚育强度下，树高的分布特征

矮林型刺槐在两种不同抚育强度下的高生长状况如图 7-39。

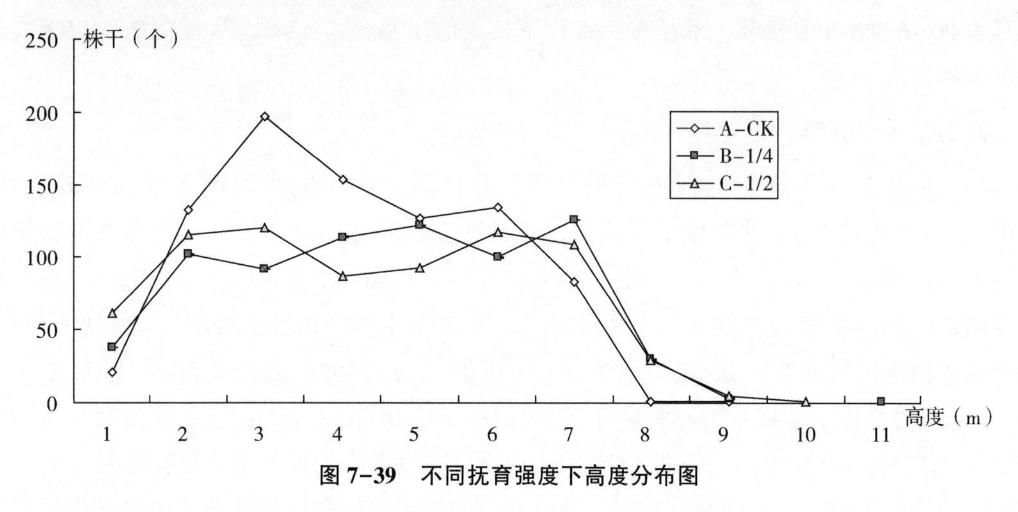

图 7-39　不同抚育强度下高度分布图

由图 7-39 看出，2 年生时萌条的高生长已基本完成，抚育间伐使得优势木加大树冠的生长，原来林中被压大枝条由于获得了光照空间开始高生长，林分出现较为均匀的复层结构。前两年主要是高生长，到第 3 年高度变化基本稳定，遵从着树木生长过程中，高生长在前、粗度生长在后的规律。密度的降低，为植株侧枝和冠幅的生长提供了更多的营养空间，基径的增长是生物量增长的基础。

③不同抚育强度下，生物量的分布特征

不同抚育强度下，矮林型刺槐的生物量状况如图 7-40。

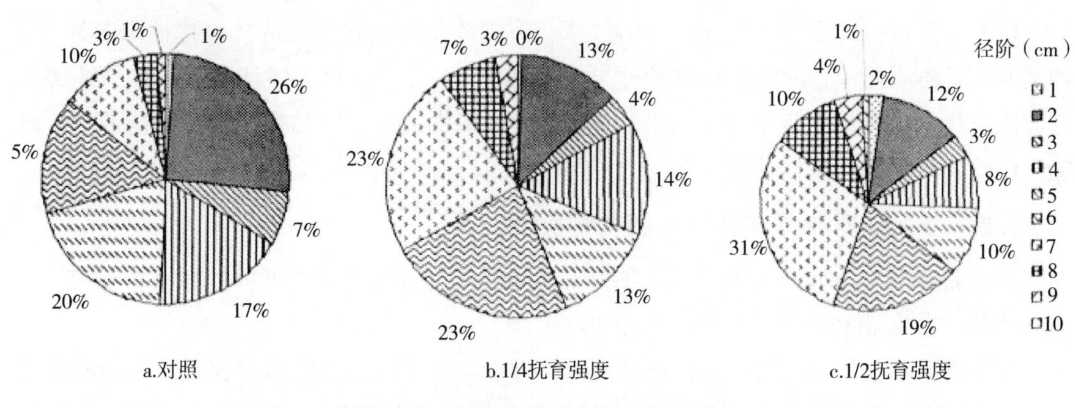

图 7-40　不同抚育强度下生物量分布图

由图 7-40 可看出抚育强度对生物量的影响状况。对照（无间伐）生物量在不同径阶的分布顺序为：26%的生物量在基径为 1.00~1.99cm 的枝条，20%的生物量在基径 4.00~4.99cm 的枝条，17%的生物量在基径 3.00~3.99cm 的枝条，15%生物量在基径 5.00~5.99cm 的枝条。基径在 3cm 以下枝条的生物量占 34%，基径在 7cm 以上的枝条的生物量占4%。在1/4抚育强度时，生物量分布为：46%生物量在基径5.00~6.99cm的枝条，27%的生物量在基径3.00~3.99cm的枝条，基径在3cm以下枝条的生物量占17%，基径在7cm以上的枝条的生物量占10%。而在1/2抚育强度时，生物量分布为：50%生物量在基径5.00~6.99cm的枝条，基径在3cm以下枝条的生物量占17%，基径在7cm以上的枝条的生物量占15%。

7.2.2.6 小结

林分生长量与生物量的研究结果表明，乔林型刺槐不同世代间差异极明显（$P<0.01$），1~4代林中，2代林优于其他的；年龄间差异明显（$P<0.05$）；乔林型生物量模型为 $W=0.0518\ (D^2H)^{1.004}$；矮林型5年生时连年生物量增长值为12.311t/hm^2，是1~5年生的最高期，年平均生物量达到6.410t/hm^2，5年生林分总生物量达到32.051t/hm^2；矮林型生物量模型为 $W_5=0.0618{D_5}^{2.477}$（$R^2=0.97$）。抚育强度的研究表明，阴坡2年生后，1/4抚育强度下生物量增幅明显升高20.64%（$P<0.05$）；1/2的抚育强度时，生物量增加为30.25%（$P<0.01$）。说明1/2、1/4的抚育强度对生物量的增长是有效的。

丁伯让对栎树薪炭林的研究提出，应将现行的超短轮伐期矮林作业法改为高生理经济轮伐期作业法（丁伯让，2003），每4~5年采伐一次，麻栎立木一般胸径达5~7cm，高度4~5m，平均单株重5~7g，每hm^{2}可产炭材约75000kg，年均10~12t/hm^2。在考虑出材率、产炭率、炭质量以及综合成本价格的情况下，可将5年一个采伐周期延长至8年左右，以达到产品质量的最优化和经济效益的最大化。柳树生长4~5年成熟，成熟后高度可达6~7m，平均年干物质生产量为10t/hm^2（Christersso L，1998）。

7.2.3 刺槐能源林林分收获量研究

根据经营目标的不同，森林分为用材林、防护林、薪炭林、经济林和特种用途林等5种类型，虽然对能源林的所属还有种种异议（陈新安等，2012），但认同的一点是能源林是以培育高热能林分收获物为目标的，其形式是以提供现代生产与生活的通用能源——电能。因此，对刺槐能源林林分收获物的种类与产量有必要按生物质、煤质和电质来分析。

7.2.3.1 刺槐能源林林分收获物种类及关系

（1）能源林林分收获物的种类　能源林林分收获物分为3种类型：生物质收获物、煤质（热能）收获物和电质（电能）收获物。

①生物质收获量可用两个指标值来说明，即生物质密度和生物质储存量。生物质密度是指单位面积生物质干重量；生物质储存量是指某种林分储存有生物质的总量，简称储物量。

②煤质收获量是把生物质含有的总热量折算成标准煤的量。

③电质收获量是指林分生物质经过热电系数转换后，在目前设备和技术水平下能生产电的数量。

能源林林分收获物的3种形式是针对不同生产部门的计量分类，三者间有联系也有区

别。它们共同以林木光合作用形成的初级物质为基础，以植物器官为载体，根据冬季收获物标准木样品烘干至恒重的量，推算生物质干重与对应当量热值之积，除以煤当量可折算为标煤量；标煤（储）量乘以煤电系数和其他参数可转换为电储量。这3个指标是三个不同的行业产量指标，对社会生产和生活具有特别的意义。

（2）能源林林分收获物的换算　①林分生物量：林地上生长林木的全部生物质干重的总和。

$$W = \sum wi \cdot ni \tag{7-40}$$

②林分热量：林分热量是林分生物量与对应当量热值乘积的总和。

$$Q = \sum qi \cdot wi \cdot ni \tag{7-41}$$

可见，生物量相同的林分不一定总热值就相同。林分生物量或林木当量热值任一因子的变化都可能会引起林分总热值的不同。由7.2.1节当量热值变化和7.2.2节生物量变化的研究结论可知，当量热值的最大倍数为1.92%，而生物量的倍数在200%~500%。说明当量热值相对稳定，而生物量会随栽培措施有较大变化。充分说明“生物量生产”的能源林培育理论同样适合刺槐能源林。

③林分可发电量：报据电学知识可知：1W=1J/s，由此推导煤电系数（理论当量值），1度电相当于标准煤的质量为123.03g（1度电=3600000J÷29260J/g=123.03g）。

GB/T 2589-2008《综合能耗计算通则》说明：1kW·h的当量热值为3.6MJ/kW·h，即3.6MJ是当量值。实际火电厂供电热效率为30%~40%，国外最先进水平也仅45%左右。按火力发1度电的煤耗计算，每年各不相同，1998年发1度电耗标准煤为404g，2000年发1度电耗标准煤为392g，2009年发1度电耗标准煤为319g。国家能源发展规划说明2020年发1度电耗煤标准（实际等价值）为320g。

7.2.3.2　乔林型刺槐林林分收获物

（1）乔林型林分生物量　乔林型林分样地现有生物量调查值如图7-41。图中横坐标M表示阴坡，S表示阳坡；中间数字为萌发世代数，最后数字为林龄。

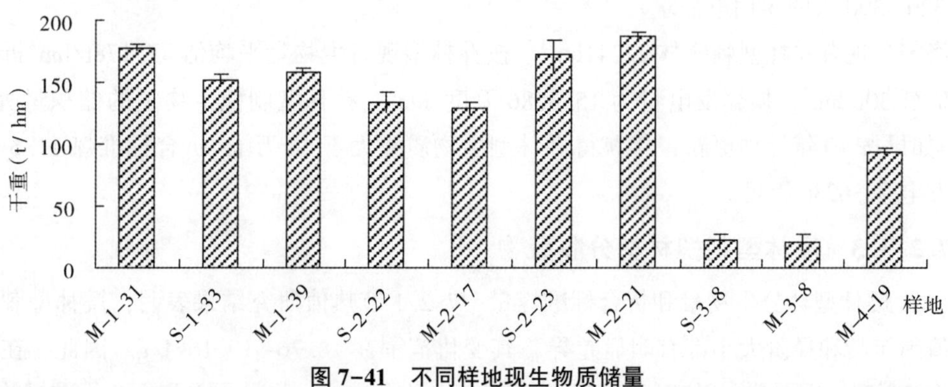

图7-41　不同样地现生物质储量

由图7-41可见，阳坡生物量大于阴坡；结合表7-3样地分布可知，不同林区间有差异。乔林型林分现有生物量的储积量在18~160t/hm^2，其平均值为77.178t/hm^2。

（2）乔林型林分标准煤储量　煤质收获量：煤质收获量是把林分总热值转换成标准煤的量来做比较。乔林型的生物质热值 18.91kJ/g，不同年龄间存在差异（1.9%）。煤当量系数为 0.6451kgce/kg。单位面积乔林型刺槐林的煤质收获量为 50kg ce/kg。通过本章 7.2.2 节的研究可知，生物量相同不一定热能收获量相同。图 7-42 表明了不同世代乔林型刺槐林标煤密度和标煤年产量变化状况。

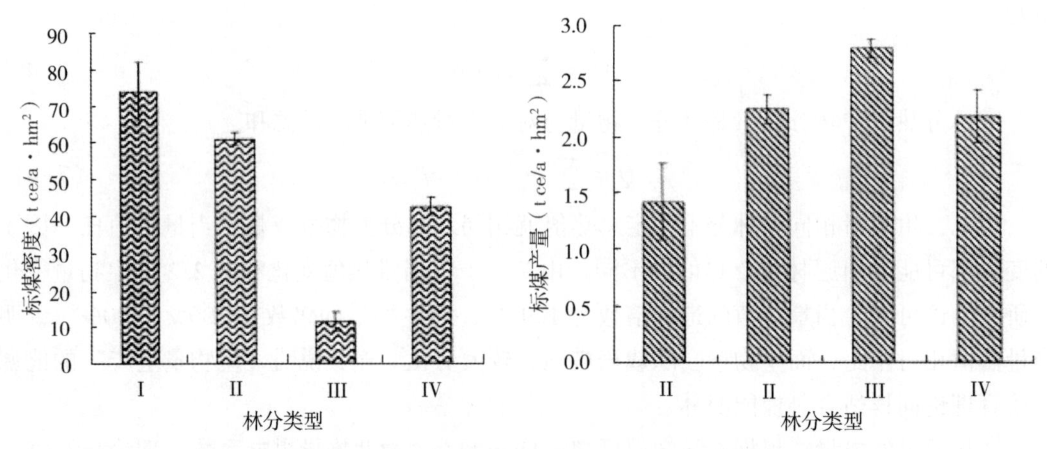

图 7-42　不同世代乔林型刺槐林标煤密度和标煤年产量变化状况图

不同世代的乔林型刺槐林标煤储量以Ⅰ代林最高为 73.95t ce/hm^2；Ⅱ代林为 60.99t ce/hm^2，Ⅳ代林为 42.56t ce/hm^2，Ⅲ代林最少为 11.36 t ce/hm^2；而标煤年产量为Ⅲ代林（8 年生）2.772t ce/(a · hm^2) >（22 年生）2.240t ce/(a · hm^2) >Ⅳ代标（19 年生）2.2175t ce/(a · hm^2) >（34 年生）1.420 t ce/(a · hm^2)。可见，林地产热值受萌生世代和林龄共同影响。

（3）乔林型林分可发电量　电质收获量：乔林型刺槐林生物质折合标准煤，根据国家能源发展规划的技术目标，1 度电实际耗标准煤（等价值）为 320g。乔林型刺槐林生物质可发电量为 15.5586 万度/hm^2。按中小城市用电规划人均 400~500 度/年，1hm^{2}乔林型刺槐解决 320~390 人的年用电需求。

洛宁县现有乔林型刺槐林 22241hm^2。按乔林型现有生物量平均值 77.178t/hm^{2}折合标准煤估算 50t/hm^2，换算发电量为 15.5586 万度/hm^2。乔林型刺槐生物量的储积量为 171 万 t。如果按 10 年计划更新，年获得乔林型生物质量大于 18 万 t，折合标准煤 11.6 万 t，年可发电量 36286 万度。

7.2.3.3　矮林型刺槐林林分收获物

（1）矮林型林分生物量和折合标准煤量　7.2.1 节热值研究结果表明，矮林型刺槐林木热值因年龄和径阶大小都有明显差异，其变化范围在 18.76~19.16kJ/g。因此，在计算煤质收获量时，需要找出对应年份和径阶的热值。几个样地生物量干重和折合标准煤的数量见图 7-43。矮林型刺槐试验林样地生物从小到大的排序为：S-1<M-1<S-2<S-3<M-2<M-3<S-4<M-4<M-5。1~5 年生不同林龄生物量的平均值分别为 2.930t/hm^2、8.596t/hm^2、

12.655t/hm²、19.740t/hm²和32.051t/hm²。

生物量乘以其对应煤当量系数的变化范围为18.76~19.166kJ/g，计算结果见图7-44。1~5年生不同林龄林分林地储积的标准煤分别为1.90t/hm²、5.561t/hm²、8.817t/hm²、12.770t/hm²和20.734t/hm²。标准煤的顺序和生物量一致，由于煤当量系数差异比较小（小于1.92%）。因此，目前在没有高热值无性系的情况下，林分总热值主要受林分总生物量的影响。

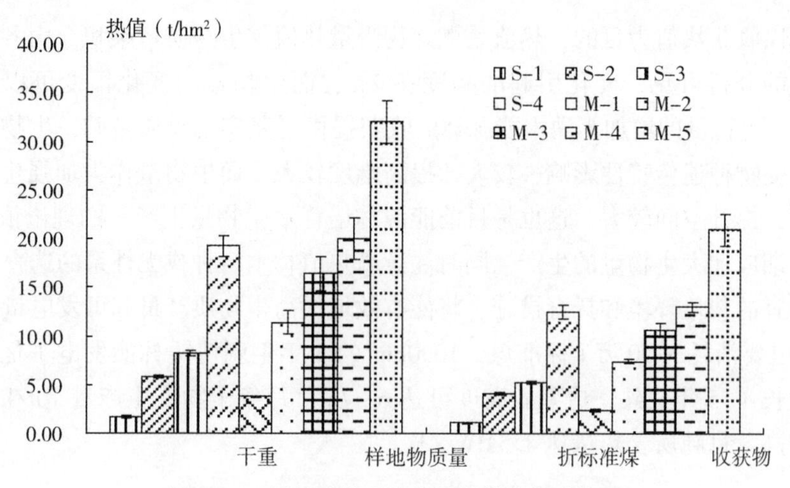

图7-43 矮林型林分生物量与热值估测结果

对于矮林型刺槐林株干高度与生物量不显著，因此，在估测林分生物量时，可以省去对萌生条高度的测量。洛宁县现有刺槐幼龄林4395hm²，以生长到5年期为限，每年割灌1500hm²，可以收获32t/hm²×1500=48000t。

同样的计算方法，可以推算出年收获量，见图7-44。

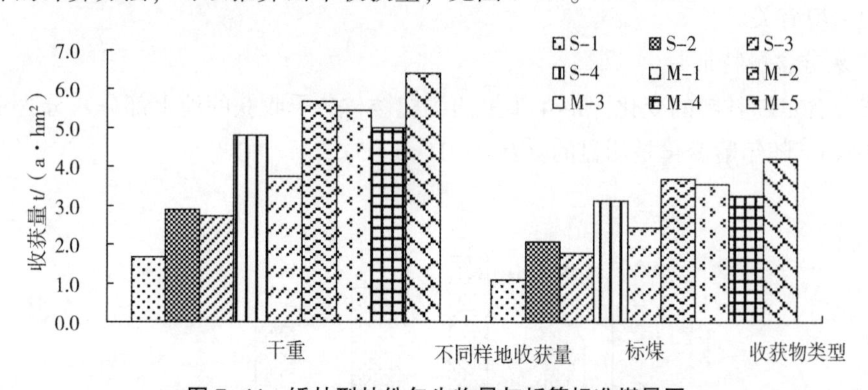

图7-44 矮林型林份年生物量与折算标准煤量图

为简便起见，也可用平均值估测，矮林型生物质当量热值平均值为19.01kJ/g，煤当量系数平均值为0.6469kg ce/kg。以48000t/年的收获产量计算，矮林型刺槐生物质折合标准煤为31051t ce/年。

（2）矮林型林分可发电量　矮林型1~5年生不同林龄生物量的平均值分别为

2.930t/hm²、8.596t/hm²、12.655t/hm²、19.740t/hm²和 32.051t/hm²。换算成标准煤，再按煤电消耗计算。其矮林型不同年龄刺槐林分的单位面积生物的可发电量分别为：5932 度/hm²、17377 度/hm²、25583 度/hm²、39906 度/hm²和 64793 度/hm²。

另外，立地条件和抚育强度对收获物影响与 7.2.2 节对生物量影响的内容相似，在此不再赘述。

7.2.3.4 小结

能源林以收获热值为目的，热值是燃烧物当量热值与生物质量乘积。由各种不同条件下当量热值的分析可见，变化引起的幅度在 2%，而生物量的变化幅度可以达到 20%~30%，因此，生物量的增加为灌木能源林的收获提供了坚实的物质基础，生物质燃烧物当量热值提高受物种遗传特性影响，较大的提高难度较大，而生物量作为加强生产管理可以达到的措施，提升空间较大。这也是目前能源林培育“生物量生产”的理论依据。在能源林培育的前期应加大生物量的生产，同时注意高热值林木树种或无性系的选育。

选择适宜的栽培环境和抚育措施，将能有效地提高生物质产量和可发电量。

1 亿度电要消耗 3.20 万 t 标准煤，1000hm²的 5 年生刺槐矮林能发电 1 亿度。瑞典选出的柳树生长 4~5 年成熟，成熟后高度可达 6~7m，每年干物质生产量 10t/hm²，其热值含量也非常高，每吨所含热量达 4.5MW · h。

7.2.4 刺槐林木组分与营养元素对热值特征的影响

7.2.4.1 林木灰分含量特征与热值关系分析

灰分在燃烧过程中不能产生热值。它是燃烧过程所有残留的总和，其中也包括植物体矿物质元素氧化物的总和。灰分的组成与含量跟植株种类、植株年龄、生长发育阶段和植株所处的生境有关。

(1) 灰分含量特征

①灰分含量随林龄的变化。1~4 年生的刺槐矮林冬季收获的地上部分灰分含量检测结果见图 7-45。随年龄变化是明显的（$P=0.04<0.05$）。

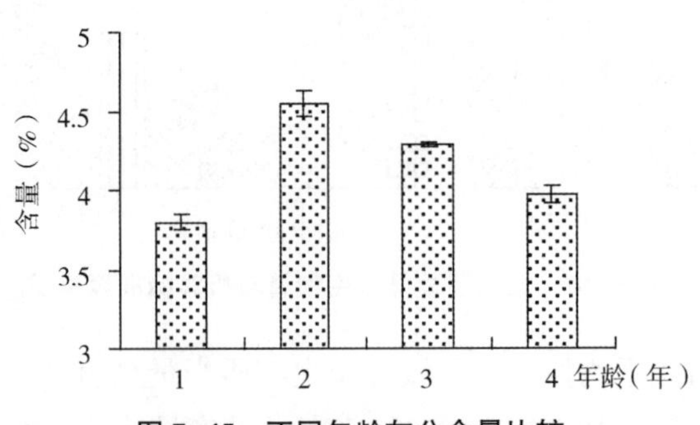

图 7-45 不同年龄灰分含量比较

②灰分含量随立地条件的变化。1~4 年生的刺槐矮林植株灰分含量随立地条件的变化因年龄不同，1 年生阳坡较低，2~3 年生阳坡较高，4 年生又表现出阳坡低。检测结果见

图 7-46。灰分含量随坡向变化是不明显的（$P=0.56>0.05$），结合 7.2.1 节的研究，除第一年阳坡当量热值高于阴坡外，以后各年都是阴坡当量热值高于阳坡，可见，对冬季收获物来说，有灰分含量高而当量热值低的趋势，但不明显。

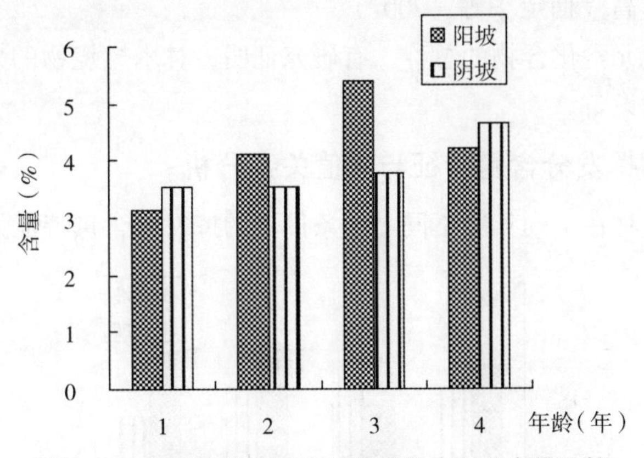

图 7-46　不同年龄不同立地植株体内灰分含量比较

③对不同器官灰分含量分析的结果排序为叶（7.5039%）>皮（5.4467%）>枝（4.2134%）>干（3.8475%）。冬季收获物主要是枝干的混合物，通过对冬年收获干条的灰分含量与其对应的当量热值进行分析，二者有明显的负相关性。

④灰分含量随基径的变化。1~4 年生的刺槐矮林植株灰分含量随基径的变化见图 7-47，灰分含量随基径的变化是不明显的（Sig=0.164）。

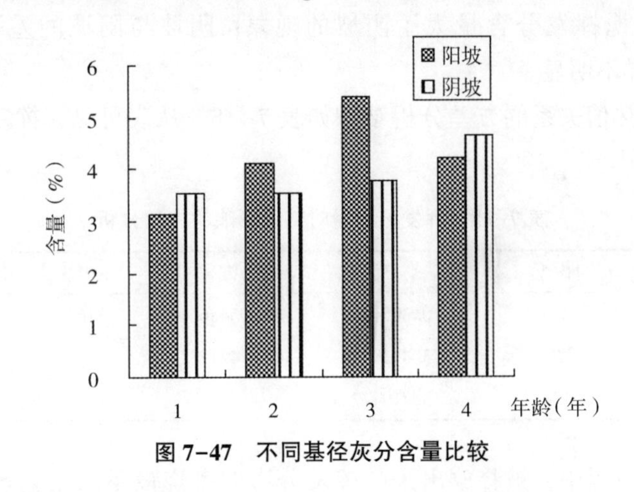

图 7-47　不同基径灰分含量比较

刺槐体内灰分含量以 2~3 年生较高，不同器官灰分含量顺序为叶>皮>枝>干，随着枝条基径的加入，有下降的趋势；阳坡枝干的灰分含量高于阴坡。

灰分在燃烧过程中不产生热量，阳坡林木的灰分含量超过阴坡，是一种抗性的适应（谭晓红等，2010）。由于阳坡干旱缺水，细胞具有较高的水势，对土壤中矿质元素吸收力加大，植物体内矿质元素浓度的提升导致燃烧后灰分含量的增加。大径阶萌生干含灰分低，利于收获利用。

（2）灰分含量对热值影响　灰分是指植物体金属离子的氧化物，在燃烧过程中不产生热量，燃烧剩余的灰分在质量分数中占比例越大，生物质发热的性能就越差，当量热值就表现得较低。对于冬季收获物来说，更是如此。灰分与干重热值呈负相关；连年生长量越大，其去灰分热值越高（何宝华等，2007）。

灰分是多种矿质元素化合物的总称，有研究证明，林木燃烧物的残留物中有大量碳酸的成分，会腐蚀燃烧设备。

7.2.4.2　林木挥发分含量特征与热值关系分析

矮林型刺槐萌生林在不同年龄不同立地条件下的挥发分含量特征如图 7-48。

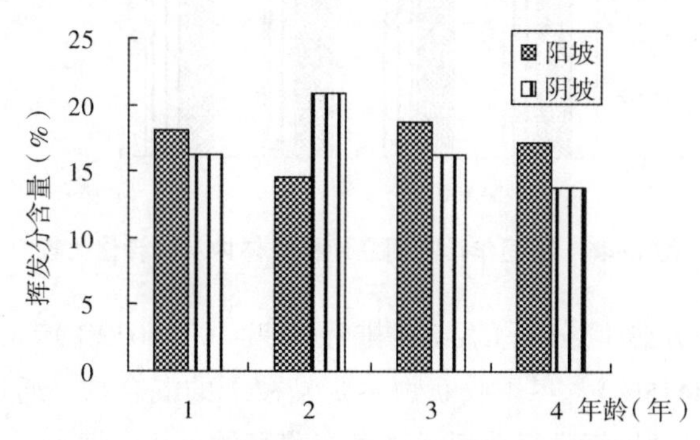

图 7-48　不同年龄不同立地刺槐挥发分含量比较

由图 7-48 可见，不同年龄和不同立地条件都有可能影响树木挥发分。除 2 年生外，均有阳坡生长的刺槐挥发分含量大于阴坡的现象；阴坡与阳坡的差异是明显的（$P<0.05$）；年龄间差异不明显。

挥发分与当量热值关系的方差分析结果如表 7-18。从表可见，挥发分对热值没有明显影响。

表 7-18　挥发分含量对热值影响的方差分析

	自由度	平方和	均方	*F*	Sig.
回归分析	1	0.305486	0.305486	4.116107	0.048287847
残差	46	3.413991	0.074217		
总计	47	3.719477			

生物质在燃烧过程中，被释放出来的挥发分影响燃烧设备与工艺环节，以及环境质量，真正对当量热值的影响报道较少。

7.2.4.3　刺槐能源林碳含量变化特征与热值关系分析

木材的基本化学元素有 C（50%）、H（6.4%）、O（42.6%）、N 等（尹恩慈，1996），碳是一切有机物的基本成分，也是燃烧物最主要的可燃元素。分析和讨论碳含量在植物不同部位间的分配及变化情况，有利于了解植物在不同环境条件下的生长发育能力、对环境条件的适应能力以及产能情况和能量在植物体内分配情况。

（1）矮林型刺槐林碳含量变化特征

矮林型刺槐萌生林的株干的碳含量变化如图 7-49。

从图 7-49 可见，矮林型刺槐萌生林不同年龄、不同立地条件下，碳含量不同。随年龄变化为 2 年生>4 年生>3 年生>1 年生。

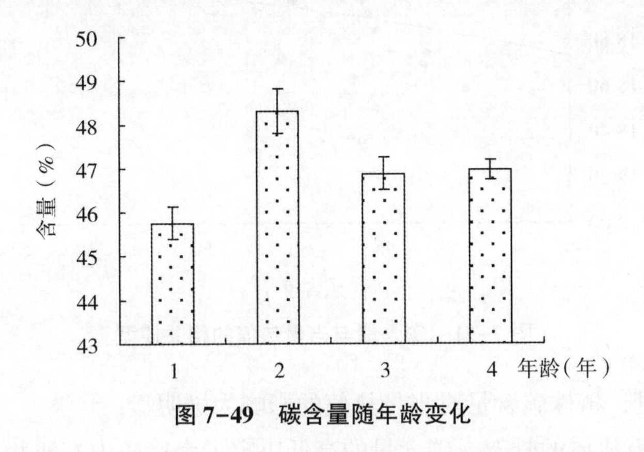

图 7-49　碳含量随年龄变化

由图 7-50 可知，总体上，径阶较高的碳含量关系不明显（$P>0.05$），但有随基径增加碳含量也增加的趋势。

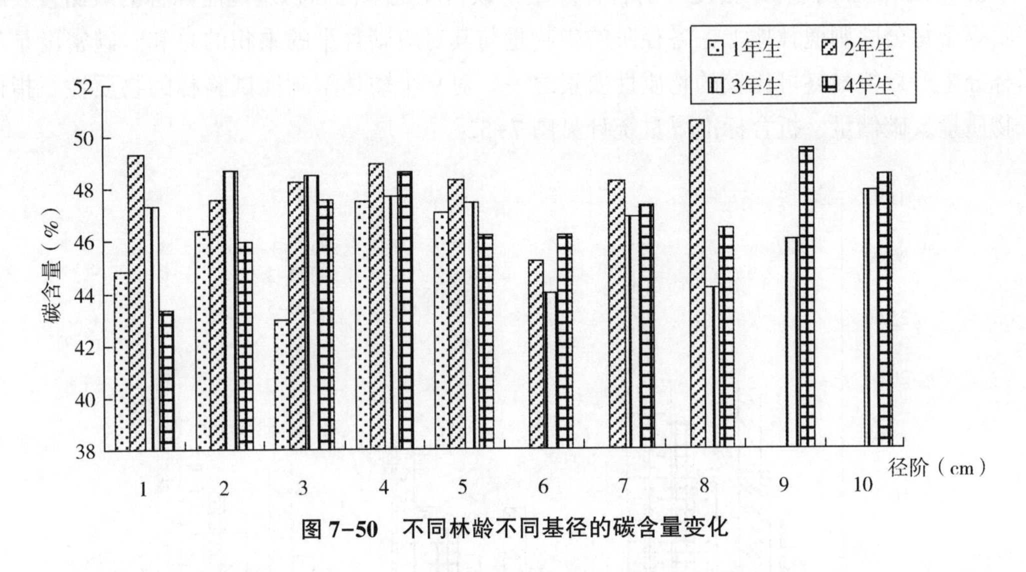

图 7-50　不同林龄不同基径的碳含量变化

（2）矮林型刺槐林碳含量与当量热值关系　矮林型刺槐萌生条碳含量与当量热值的关系如图 7-51。

由图 7-51 可知，植物碳含量与当量热值呈正相关。

表 7-19　不同碳含量对林木当量热值影响的方差分析

差异源	自由度	平方和	均方	*F*	Sig.
回归分析	1	0. 570637	0. 57063697	8. 336182	0. 005903289
残差	46	3. 14884	0. 06845304		
总计	47	3. 719477			

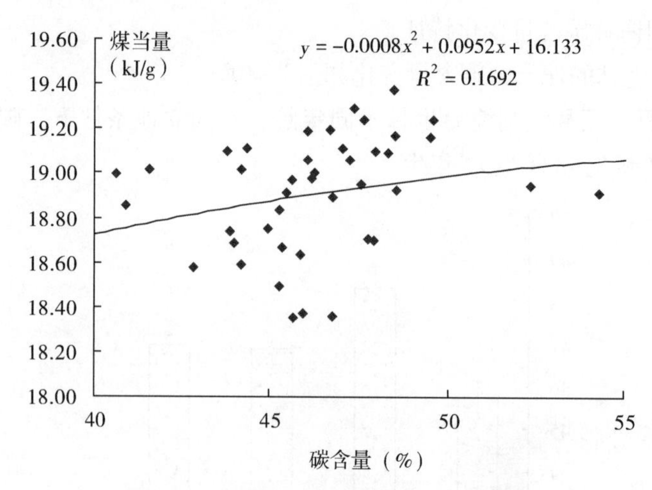

图 7-51　碳含量与当量热值的相关模型

从表 7-19 可见，植株碳含量对当量热值的影响为极明显。

碳是构成所有有机质的骨架，碳含量的高低决定了生物质中有机物的总含量，因为有机物含量高，而带来热值的增加。

（3）矮林型刺槐林碳密度与折合标煤量　碳密度是单位面积刺槐能源林的碳储量。碳密度等于每公顷刺槐林地上，各径阶的生物量与其对应碳含量的乘积的总和。碳密度是不同林分生产效能最终可比较的物质性要素之一。对 9 个矮林型刺槐试验林的物质性三指标干物质量、碳储量、折合标准煤量统计见图 7-52。

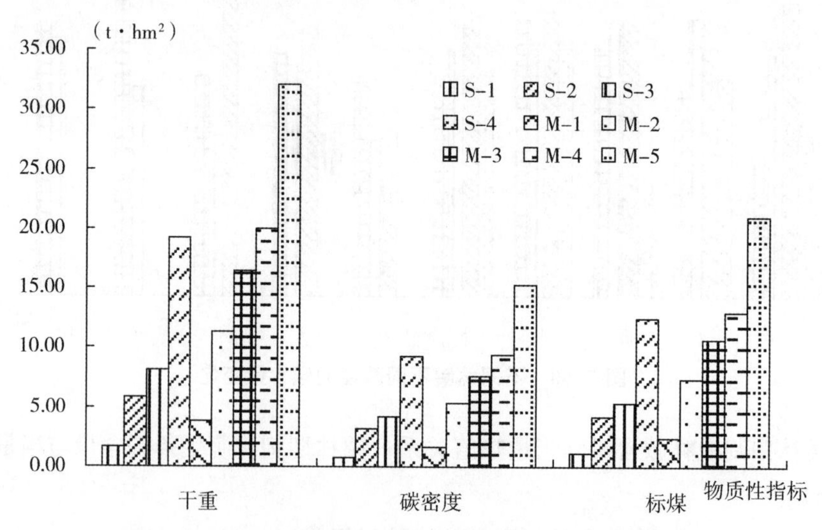

图 7-52　矮林型刺槐生物量、折标煤量、碳储量比较图

不同年龄的林分年均收获不同种类的物质量比较如图 7-53。由图可见，在 4 年以内，随林龄增长，各类物质都为增长状态，同样说明，4 年内不能皆伐。

蔡宝军等（2008）研究碳汇与生长量的模型，当刺槐林分平均含碳率（CF）取 0.4998 时，可得林分碳汇量估计模型。

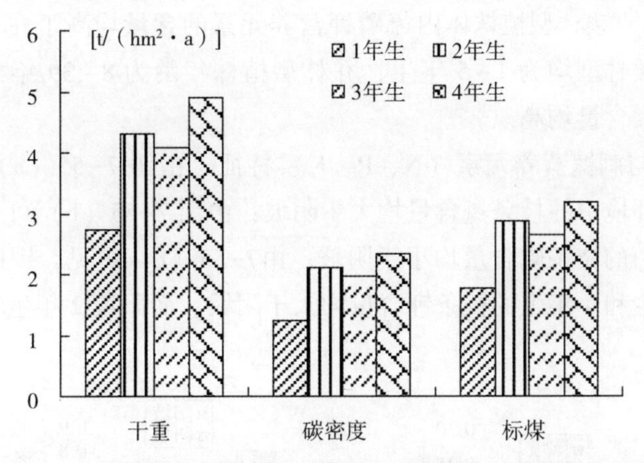

图 7-53　不同年龄刺槐年均生物量、碳密度、折标煤量比较图

$$C=0.000113\times D^{1.61153}\times H^{0.56815}\times N^{1.00737} \tag{7-42}$$

式中：C——固碳量；

D——胸径；

H——树高；

N——株数。

太行山区刺槐林年碳汇量估计模型表明，2~16 年刺槐林多年平均固碳量为 1.79t/hm²。本研究得出洛宁刺槐 2 年生年均固碳量为 2.121t/hm²，3 年生年均固碳量为 1.964t/hm²；4 年生年均固碳量为 2.339t/hm²，大于太行山区的刺槐固碳量。

综上所述，刺槐不同器官的碳含量变化为灌木大于乔木，碳密度的增长量也表现出灌木大于乔木的结果，与谭晓红等对平原农田的研究结果一致（2010 年）。

7.2.4.4　刺槐林木营养元素含量特征

营养元素平均值对热值的影响，营养元素在乔木萌蘖更新次数、灌木年龄及灌木径阶等的含量差异性特征，可以说明 7.2.1 节和 7.2.2 节研究中所得出其热值不同的一些原因。这从刺槐能源林培育角度说明造林选地和加强培育生产过程管理是有意义的举措。

（1）林分类型与营养元素（N、P、K）特征　矮林型刺槐林萌条中营养元素氮、磷、钾的含量特征如图 7-54 所示。

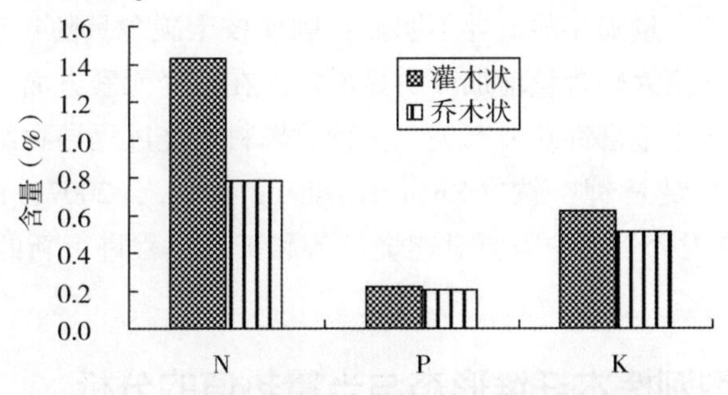

图 7-54　不同林分类型刺槐 N、P、K 含量比较图

由图 7-54 可见，矮林型植株体内氮磷钾营养元素的含量均高于乔林型。氮是生理旺盛指标之一，因为矮林型均为 1~5 年生，乔林型植株年龄为 8~39 年，幼龄枝条生长旺盛，所以各营养元素含量均高。

（2）立地条件与刺槐营养元素（N、P、K）特征　由图 7-55（a）可见，氮的含量表现为生长在阳坡环境中的枝条氮含量均大于阴坡；由图 7-55（b）可见，磷的含量表现为生长在阳坡环境中的枝条磷含量均小于阴坡；由7-55（c）可见，钾的含量表现为生长在阳坡环境中 1 年生和 4 年生的枝条钾含量均大于阴坡；而阳坡 2 年生和 3 年生枝条钾含量均小于阴坡。

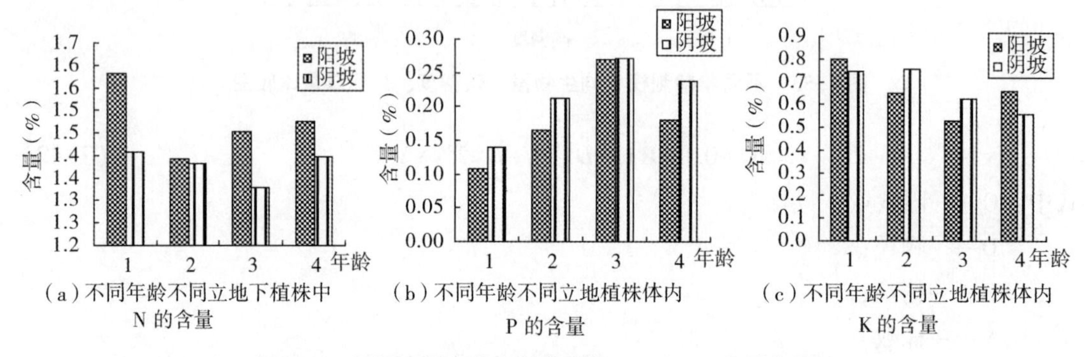

图 7-55　不同立地条件和树龄刺槐 N、P、K 含量变化图

结合图 7-8 矮林型刺槐煤当量系数随年龄变化图。热值和氮磷钾含量之间的关系并不是直接的，营养元素含量对热值的影响是通过有机物合成和生长量、生物量来表现的。

李靖等（2013）对黄土丘陵沟壑区不同林龄刺槐林养分特征与生物量研究结果表明，各林龄刺槐林土壤有机碳和全氮含量依次为 15 年>20 年>10 年>5 年；全钾含量为 20 年>15 年>5 年>10 年。农田地全磷含量是各林龄刺槐林地磷含量的 3. 2~3. 9 倍。刺槐根和叶中 N、P 含量随着林龄的增加而增加，K 含量则表现出相反趋势；茎中 N、P、K 含量变化不大。上述特征表明：刺槐不同器官营养元素（N、P、K）不同。

7. 2. 4. 5　小结

对刺槐所含物质和元素的分析得出结果：体内灰分含量以 2~3 年生较高，不同器官灰分含量顺序为叶>皮>枝>干，随着枝条基径的加大，有下降的趋势；阳坡枝干的灰分含量高于阴坡；挥发分的含量随年龄差异不明显；刺槐枝干碳含量随年龄在增加，2 年生枝条含碳量较高。植物热值因碳含量增加而明显增加。在营养元素方面，磷的含量与热值相关明显，这与洛宁山区土壤富钾缺磷有关。生物质燃料燃烧过程导致结焦归结为燃料中碱金属含量的多少，主要是钾、钠（Zhou Haosheng et al. , 2007；H. P. Nielsen et al. , 2000）。由于结焦和挥发分量大，需要对燃烧设备和工艺过程进行新的设计或改造（郭勇等，2012）。

7. 2. 5　矮林型刺槐木纤维形态与当量热值的分析

木纤维是树木的重要组成部分，起机械支持作用，在阔叶树木材中木材纤维占木材总

体积的50%以上，也是碳元素的主要存储处（尹思慈等，1996）。燃烧是一个物质与氧气充分结合的过程，刺槐枝干的木纤维结构将影响着燃烧效率。

7.2.5.1　矮林型刺槐木纤维形态特征分析

（1）木纤维结构随树龄的变化特征

①木纤维长度随树龄变化的比较分析。由图7-56（a）看出：不同树龄刺槐木纤维长度介于490~670μm之间，3年生的刺槐木纤维最长，平均为668.07μm。3年生刺槐木纤维长度极显著高于1年生、2年生刺槐木纤维长度（$P<0.01$），显著高于4年生刺槐木纤维长度（$P<0.05$）。

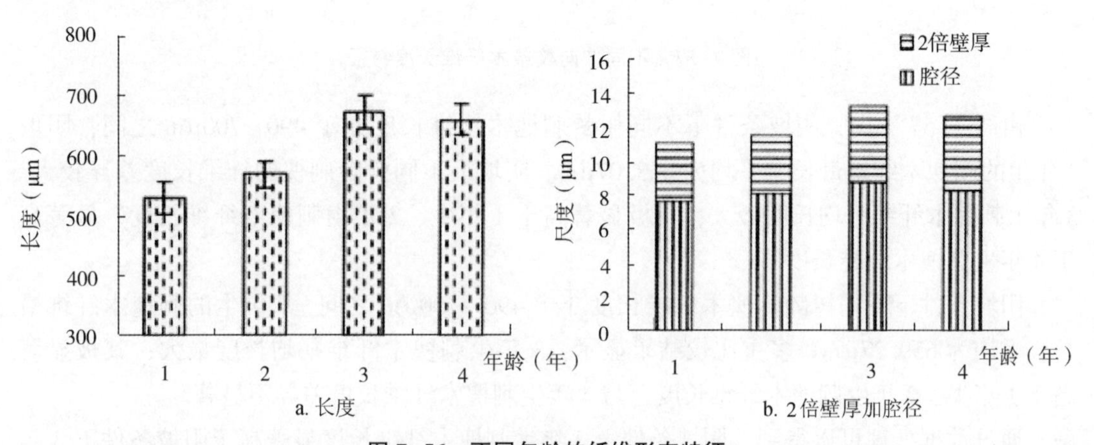

图7-56　不同年龄的纤维形态特征

②木纤维宽度与长宽比随树龄变化的比较分析。木纤维横向结构数值见图7-56（b），其中，木纤维宽度等于2倍壁厚加腔径。由图7-56（b）看出：不同树龄刺槐木纤维宽度介于100~140μm之间，3年生的刺槐木纤维宽度最大，平均为137.20μm。3年生刺槐木纤维宽度极显著高于1年生、2年生、4年生刺槐木纤维宽度；不同树龄刺槐木纤维长宽比介于35~52，变化幅度较小。以3年生刺槐的长宽比最大，1年生刺槐的长宽比最小。2年生、3年生、4年生刺槐木纤维长宽比均大于45。

③木纤维腔径随树龄变化的比较分析。不同树龄刺槐木纤维腔径介于7~10μm之间，3年生的刺槐木纤维腔径似最大，平均为9.07μm。其极显著高于1年生刺槐木纤维腔径，显著高于2年生刺槐木纤维腔径，与4年生刺槐木纤维腔径无显著性差异。

④木纤维壁厚与壁腔随树龄变化的比较分析。由图7-56（b）看出：不同树龄刺槐木纤维宽度介于1~2.6μm之间，3年生的刺槐木纤维壁厚最大，平均为2.58μm。其极显著高于1年生、2年生、4年生刺槐木纤维壁厚，不同树龄刺槐的壁腔比均小于1。

不同树龄刺槐木纤维壁腔比介于0.47~0.54之间，以4年生刺槐的壁腔比最大，2年生刺槐的壁腔比最小。

（2）木纤维结构随立地条件的变化

①木纤维长度随坡向变化的比较分析。矮林型不同树龄刺槐木纤维长度变化状况如图7-57。

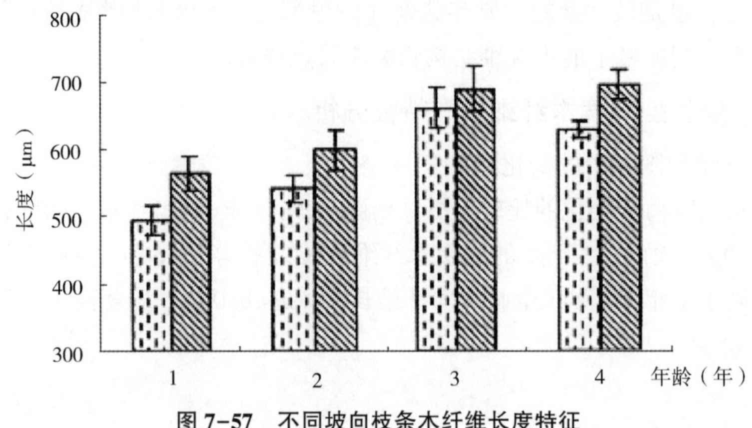

图 7-57　不同坡向枝条木纤维长度特征

由图 7-57 看出，阴坡条件下不同树龄刺槐木纤维长度介于 490～700μm 之间，阴坡 3 年生的刺槐木纤维最长，平均为 668.07μm。阴坡下不同树龄刺槐的纤维长度差异较大。3 年生刺槐木纤维平均长度最大，其极显著高于 1 年生、2 年生刺槐木纤维长度，显著高于 4 年生刺槐木纤维长度。

阳坡条件下不同树龄刺槐木纤维长度介于 490～700μm 之间，3 年生的刺槐木纤维最长，平均为 659.27μm。多重比较结果显示，3 年生刺槐木纤维平均长度最大，其极显著高于 1 年生、2 年生刺槐木纤维长度，与 4 年生刺槐木纤维长度差异不显著。

通过数据处理可以得到：阴坡条件下 3 年生刺槐木纤维长度显著高于阳坡条件下 3 年生、4 年生刺槐木纤维长度；阴坡条件下 2 年生刺槐木纤维长度与阳坡条件下 2 年生刺槐木纤维长度差异不显著。

②木纤维宽度与长宽比随坡向变化的分析。木纤维横向结构数值见图 7-58。其中，木纤维宽度等于 2 倍壁厚加腔径。阴坡条件下不同树龄刺槐木纤维宽度介于 100～700μm，3 年生的刺槐木纤维宽度最大，平均为 137.2μm。通过方差分析（$P=0.000<0.01$）可知，不同树龄刺槐的纤维宽度差异较大。对不同树龄刺槐木纤维宽度进行多重比较，可以看出：3 年生刺槐木纤维平均宽度大，其极显著高于 1 年生、2 年生、4 年生刺槐木纤维宽度，4 年生刺槐木纤维宽度与 2 年生刺槐木纤维宽度无显著差异。

如图 7-58 所示，阳坡条件下不同树龄刺槐木纤维宽度介于 110～130μm，3 年生的刺槐木纤维宽度最大，平均为 135.3μm。通过数据处理现得到 $F=8.702$，$P=0.000<0.01$，可知，不同树龄刺槐的纤维宽度差异较大。对不同树龄刺槐木纤维宽度进行多重比较，可以看出：3 年生刺槐木纤维平均宽度最大，极显著高于 1 年生、2 年生、4 年生刺槐木纤维宽度，4 年生刺槐木纤维宽度与 1 年生、2 年生刺槐木纤维宽度无显著差异。

通过数据处理可以得到：阴坡条件下 3 年生、4 年生刺槐木纤维宽度显著高于阳坡条件下 3 年生、4 年生刺槐木纤维宽度；阴坡条件 2 年生刺槐木纤维宽度与阳坡条件下 2 年生刺槐木纤维宽度差异不显著。

不同树龄及立地类型刺槐木纤维长宽比均介于 35～55，以 3 年生阴坡条件下刺槐的木纤维长宽比最大，1 年生阳坡条件下刺槐的木纤维长宽比最小。2 年生、3 年生、4 年生刺

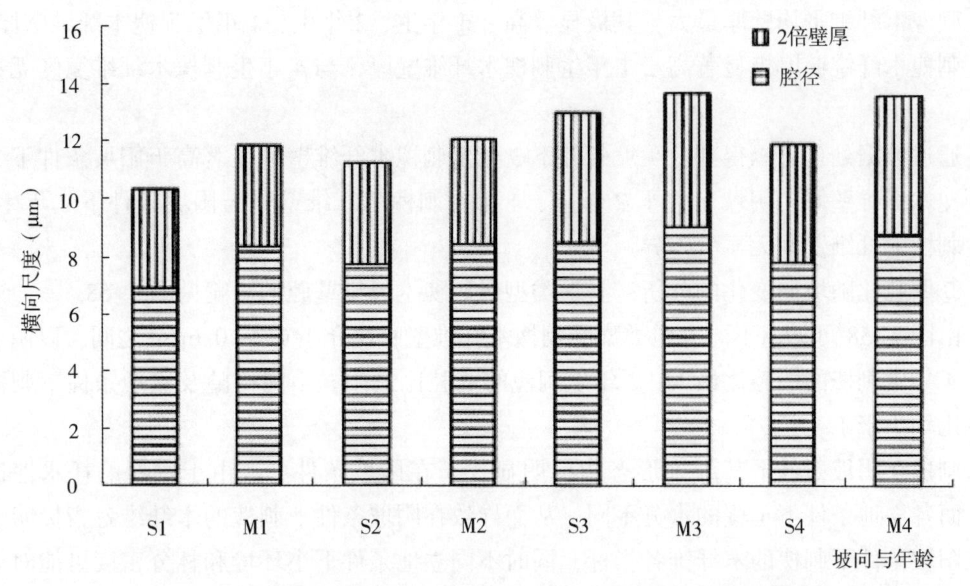

图 7-58　不同坡向和年龄枝条木纤维宽度、壁厚、腔径的特征比较

槐木纤维长宽比均大于 45。

③木纤维腔径随坡向变化的分析。由图 7-58 看出，阴坡条件下不同树龄刺槐木纤维腔径介于 7~10μm，3 年生的刺槐木纤维腔径最大，平均为 9.07μm。通过对不同树龄刺槐木纤维腔径进行多重比较，3 年生刺槐木纤维平均腔径最大，其极显著高于 1 年生刺槐木纤维腔径（$P<0.01$），显著高于 2 年生刺槐木纤维腔径（$P<0.05$），与 4 年生刺槐木纤维腔径无显著性差异（$P=0.05$）；4 年生刺槐木纤维平均腔径极显著高于 1 年生刺槐木纤维腔径，与 2 年生刺槐木纤维腔径无显著性差异。

阳坡条件下不同树龄刺槐木纤维腔径介于 6~9μm 之间，2 年生的刺槐木纤维腔径最大，平均为 8.77μm。通过数据处理得到 $F=12.418$，$P=0.000<0.01$。故有结论，不同树龄刺槐的木纤维腔径差异极显著。对不同树龄刺槐木纤维腔径进行多重比较的结果为：2 年生刺槐木纤维平均腔径最大，其极显著高于 1 年生、4 年生刺槐木纤维腔径，与 3 年生刺槐木纤维腔径无显著性差异；3 年生刺槐木纤维平均腔径极显著高于 1 年生刺槐木纤维腔径，显著高于 4 年生刺槐木纤维腔径。

④木纤维壁厚与壁腔比随坡向变化的分析。由图 7-58 可见，阴坡条件下不同树龄刺槐木纤维壁厚介于 1~3μm 之间，3 年生的刺槐木纤维壁厚最大，平均为 2.58μm。通过数据处理得到 $F=16.299$，$P=0.000<0.01$，可知，不同树龄刺槐的纤维壁厚差异较大。对不同树龄刺槐木纤维壁厚进行多重比较的结果为：3 年生刺槐木纤维平均壁厚最大，其极显著高于 1 年生、2 年生、4 年生刺槐木纤维壁厚，2 年生刺槐木纤维壁厚极显著高于 1 年生刺槐木纤维壁厚，与 4 年生刺槐木纤维宽度无显著差异。

阳坡条件下不同树龄刺槐木纤维壁厚介于 1~3μm 之间，3 年生的刺槐木纤维壁厚最大，平均为 2.58μm。通过数据处理得到 $F=17.309$，$P=0.000<0.01$。因此，可以认为，不同树龄刺槐的纤维壁厚差异较大。对不同树龄刺槐木纤维壁厚进行多重比较结果为：3

年生刺槐木纤维平均壁厚最大，其极显著高于1年生、2年生、4年生刺槐木纤维壁厚，2年生刺槐木纤维壁厚极显著高于1年生刺槐木纤维壁厚，与4年生刺槐木纤维宽度无显著差异。

通过数据处理可以得到：阴坡条件下3年生刺槐木纤维壁厚显著高于阳坡条件下3年生刺槐木纤维壁厚；阴坡条件下2年生、4年生刺槐木纤维壁厚与阳坡条件下2年生、4年生刺槐木纤维壁厚无显著差异。

⑤壁腔比随坡向变化的分析。立地类型对刺槐木纤维壁腔的影响见图7-58。

由图7-58可见，不同立地类型的刺槐木纤维壁腔比介于0.4~0.6μm之间，以阴坡条件下4年生刺槐的壁腔比最大，2年生刺槐的壁腔比最小。不同树龄及立地条件下刺槐的壁腔比均小于1。

刺槐在阴坡条件下其纤维形态指标明显优于在阳坡条件下。由于刺槐的耗水性比较强，而各立地条件下土壤的水分不同，从而导致在阴坡条件下刺槐的木纤维各指标明显优于在阳坡条件下刺槐的木纤维各指标，同时不同立地条件下小环境和林分密度可能对此也有一定影响。目前关于不同立地类型条件下刺槐能源林良好生长的适宜密度问题研究并未展开，有待于进一步的研究。

7.2.5.2 刺槐木纤维结构与热值关系

刺槐木纤维形态的各指标与热值的相关性见表7-20。

表7-20 矮林型刺槐不同木纤维结构与热值相关性

	热值	平均长（μm）	平均宽（μm）	长宽比	平均腔径（μm）	平均壁厚（μm）
热值	1	-0.04	-0.053	0.071	0.009	-0.219
平均长（μm）		1	-0.288	0.775	-0.388	0.116
平均宽（μm）			1	-0.717	0.972**	0.715
长宽比				1	-0.689	-0.537
平均腔径（μm）					1	0.531
平均壁厚/μm						1

从表7-20中可以看出，刺槐木纤维形态的各指标与热值的相关性都不高，最高的为与平均壁厚的相关性（-0.29）。各指标之间的相关性中，平均腔径与平均宽的相关性最高，为0.972，相关性最低的为0.116。这一结果与刘泽文（2011）对31种植物3年生枝的热值测定及解剖结构研究结果不同。刘泽文（2011）的结果为细胞直径小、细胞壁厚、细胞内含物丰富是热值较高枝条的最显著特征。今后可能通过细胞内含物的研究来更好说明这一原因。

表 7-21 矮林型刺槐不同木纤维结构与热值逐步相关性分析

相关系数	X1	X2	X3	X4	X1·X2	X1·X3	X1·X4	X2·X3	X2·X4	X3·X4	显著水平 *P*
X1	1										0.2367
X2	0.9709	1									0.2218
X3	0.9702	0.958	1								0.1729
X4	0.92	0.935	0.7941	1							0.3661
X1·X2	0.9981	0.9825	0.9304	0.932	1						0.2345
X1·X3	0.9916	0.9779	0.9607	0.8849	0.9926	1					0.2081
X1·X4	0.9798	0.9615	0.8579	0.9772	0.9828	0.9533	1				0.2948
X2·X3	0.9683	0.9915	0.9845	0.8843	0.9776	0.9882	0.9338	1			0.1966
X2·X4	0.9615	0.9725	0.866	0.9905	0.9715	0.9398	0.9923	0.9386	1		0.2969
X3·X4	0.9755	0.9903	0.9111	0.9724	0.9857	0.9658	0.988	0.9683	0.995	1	0.2627
Y	0.4728	0.4863	0.5339	0.3706	0.4748	0.499	0.4243	0.5101	0.4226	0.4505	0.0001

根据各因子间逐步回归得到下列关系式：

$$Q=116.6553+0.2368X_1-41.2378X_3-0.0609X_1X_2+0.2296X_1X_4+5.5482X_2X_3-17.7500X_3X_4 \tag{7-43}$$

式中：Q——矮林型枝条当量热值（kJ/g）；

X_1——长度（μm）；

X_2——宽度（μm）；

X_3——腔径（μm）；

X_4——壁厚（μm）。

初步结论是，刺槐矮林林木当量热值受腔径和壁厚影响较大，与腔径呈负相关，与腔径与壁厚之积呈正相关。

7.2.5.3 小结

物质的性能常常由自身结构和其内含物两部分决定。通过对组成刺槐木纤维形态指标的观测，初步认为，刺槐木纤维长度为 490～670μm，宽度为 100～140μm，长宽比介于 35.5～51.12；木纤维壁厚介于 1～2.6μm，3 年生刺槐木纤维平均壁厚最大为 2.58μm，壁腔比介于 0.47～0.54，其中，3 年生是最长的（668μm）、最宽的（137μm），同时也是长宽比最大的（51.12）；3 年生木纤维腔径也是最大的（9.07μm）。在不同坡向的影响下，阴坡以 3 年生较好，阳坡以 3 年生和 2 年生较好。从纤维形态看，刺槐在 3 年生时质量基本稳定，如果是以木纤维为原料的生产，可以采伐利用。

初步认为刺槐木纤维结构对其作为燃料能源林的当量热值影响不明显，与一些研究结论有异，如刘泽文（2011）认为细胞直径小、细胞壁厚、细胞内含物丰富是高热值枝条的特征。也有研究认为植物细胞大，利于生产生物质煤混合燃料和提高燃烧效能。从热能利用角度分析刺槐微观结构得到了一些基础信息，也是一次尝试。

7.2.6 林分物质组成成分与热值相关性分析

7.2.6.1 各组成成分相关性分析

(1) 1 年生刺槐各组成成分与热值的相关性分析

矮林型刺槐不同年龄林木物质与热值的相关性分析结果见表 7-22。

表 7-22 1 年生各组成成分与热值相关性分析

	均热值（cal/g）	全氮（%）	全磷（%）	全钾（%）	全碳（%）	挥发分（%）	灰分（%）
均热值（cal/g）	1	0.808**	0.493	0.547	0.031	-0.160	0.001
全氮（%）		1	0.548	0.558	-0.358	0.029	0.296
全磷（%）			1	0.786*	-0.165	0.110	-0.344
全钾（%）				1	0.083	0.382	-0.244
全碳（%）					1	0.010	-0.421
挥发分（%）						1	0.381
灰分（%）							1

对 1 年生刺槐矮林的均热值、全氮、全磷、全钾、全碳、挥发分和灰分进行相关性分析，得出：全氮与热值的相关性最高，相关系数达到 0.808，极显著；而其他成分与均热值的关系不显著，其中，挥发分与热值呈负相关关系；灰分与均热值的相关系数仅为 0.001；各组分之间，全磷和全钾的相关性最高，相关系数为 0.786，关系显著；全碳和挥发分的相关系数最低，为 0.01。

(2) 2 年生各组成成分与热值相关性分析　矮林型刺槐 2 年生林木物质组成成分与热值相关性分析结果如表 7-23。

表 7-23 2 年生各组成成分与热值相关性分析

	均热值（cal/g）	全氮（%）	全磷（%）	全钾（%）	全碳（%）	挥发分（%）	灰分（%）
均热值（cal/g）	1	0.163	0.411	0.496	0.614*	0.004	-0.486
全氮（%）		1	0.788**	0.793**	0.159	0.299	0.139
全磷（%）			1	0.875**	0.343	0.637*	0.090
全钾（%）				1	0.149	0.425	-0.061
全碳（%）					1	0.253	-0.010
挥发分（%）						1	0.349
灰分（%）							1

对于 2 年生矮林，在 6 种成分中，全碳与均热值的相关性显著，相关系数为 0.614，挥发分与热值的相关性最低，相关系数为 0.004，灰分与均热值呈负相关关系。各组成成分之间，相关性最大的为全磷和全钾，相关系数是 0.875，最小的为全碳和灰分，相关系数是-0.010。

（3）3 年生各组成成分与热值相关性分析　矮林型刺槐林 3 年生林木物质组成成分与热值相关性分析结果如表 7-24。

表 7-24　3 年生各组成成分与热值相关性分析

	均热值（cal/g）	全氮（%）	全磷（%）	全钾（%）	全碳（%）	挥发分（%）	灰分（%）
均热值（cal/g）	1	0.216	0.610**	-0.426	0.521*	-0.266	0.449*
全氮（%）		1	0.329	-0.146	0.094	0.418	0.560*
全磷（%）			1	-0.027	0.491*	0.046	0.315
全钾（%）				1	-0.137	-0.104	-0.426
全碳（%）					1	0.078	0.327
挥发分（%）						1	0.387
灰分（%）							1

对于 3 年生矮林，在 6 种成分中，全磷与均热值的相关性极显著，相关系数为 0.610，全氮与热值的相关性最低，相关系数为 0.216，全钾、挥发分与均热值呈负相关关系。各组成成分之间，相关性最大的为全氮和灰分，相关系数是 0.560，最小的为全钾和全磷，相关系数是-0.027。

（4）4 年生各组成成分与热值相关性分析　矮林型刺槐林 4 年生林木物质组成成分与热值相关性分析结果如表 7-25。

表 7-25　四年生各组成成分与热值相关性分析

	均热值（cal/g）	全氮（%）	全磷（%）	全钾（%）	全碳（%）	挥发分（%）	灰分（%）
均热值（cal/g）	1	0.439	0.285	0.454	-0.139	-0.305	-0.147
全氮（%）		1	0.102	0.664	-0.577	-0.067	0.181
全磷（%）			1	0.168	-0.256	0.023	0.264
全钾（%）				1	-0.168	0.012	-0.040
全碳（%）					1	0.457	0.241
挥发分（%）						1	.716*
灰分（%）							1

对于 4 年生矮林林。在 6 种成分中，各组分与均热值的相关性均不显著。全钾与均热值的相关性最高，相关系数是 0.454；全碳与均热值的相关性最低，相关系数为-0.139。各组成成分之间，相关性最大的为全氮和全钾，相关系数是 0.664，最小的为全钾和挥发分，相关系数是 0.012。

7.2.6.2　回归方程

通过各项分析说明，对不同年龄林木热值与营养元素分析，建立回归方程。

（1）矮林型 1 年生刺槐能源林热值与各组分进行回归分析　矮林型 1 年生刺槐能源林热值与各组分回归分析结果如表 7-26。

表 7-26　矮林型 1 年生林木热值与各组分回归分析

模型	平方和	自由度	均方	F	P
回归	20059. 509	6	3343. 252	1. 474	0. 458[a]
残差	4536. 243	2	2268. 122		
总计	24595. 752	8			

方差分析表中，$P=0.485>0.05$，可以认为所建立的回归方程无效。

（2）2 年生的刺槐萌生林热值与各组分进行回归分析　矮林型 2 年生刺槐能源林热值与各组分回归分析结果如表 7-27。

表 7-27　2 年生的矮林热值与各组成成分回归分析

模型	平方和	自由度	均方	F	P
回归	61913. 599	6	10318. 933	6. 281	0. 048[a]
残差	6571. 804	4	1642. 951		
总计	68485. 403	10			

方差分析表中，$P=0.048<0.05$，可以认为所建立的回归方程有效。

$$Q_2=-0.663X_1+0.173X_2+0.928X_3+0.617X_4-1.511X_5-1.144X_6 \tag{7-44}$$

预测变量：X_1为全氮（%）、X_2为全磷（%）、X_3为全钾（%）、X_4为全碳（%）、X_5为挥发分（%）、X_6为灰分（%）。

因变量：均热值（cal/g）。

$R^2=0.904$　（R^2值越大所反映的自变量与因变量的共变量比率越高，模型与数据的拟合程度越好）。

（3）3 年生刺槐萌生林热值与各组分别进行回归分析　矮林型 3 年生刺槐能源林热值与各组分回归分析结果如表 7-28。

表 7-28　3 年生的矮林林木热值与组分营养元素回归分析

模型	平方和	自由度	均方	F	P
回归	47965. 822	6	7994. 304	6. 518	0. 002[a]
残差	15944. 839	13	1226. 526		
总计	63910. 661	19			

方差分析表中，$P=0.002<0.05$，可以认为所建立的回归方程有效。

$$Q_3=0.063X_1+0.412X_2-0.314X_3+0.222X_4-0.459X_5+0.255X_6 \tag{7-45}$$

$$R^2=0.751$$

预测变量：X_1为全氮（%）、X_2为全磷（%）、X_3为全钾（%）、X_4为全碳（%）、X_5为挥发分（%）、X_6为灰分（%）

因变量：均热值（cal/g）。

R^2值越大所反映的自变量与因变量的共变量比率越高，模型与数据的拟合程度越好。

R^2不高，可能是受生长山地小环境的影响，也可能因为放牧活动影响。加大调查范围和持续调查年度，将会取得一定效果。

（4）4 年生刺槐萌生林热值与各组分进行回归分析　矮林型 4 年生刺槐能源林热值与各组分回归分析结果如表 7-29。

表 7-29　4 年生刺槐矮林林热值与各组分回归分析

模型	平方和	自由度	均方	F	P
回归	5304. 824	6	884. 137	0. 471	0. 799[a]
残差	3756. 318	2	1878. 159		
总计	9061. 142	8			

方差分析表中，$P=0.799>0.05$，可以认为所建立的回归方程无效。综上分析可知，在冬季收获物中营养元素与热值间的回归关系只有 3 年生时是有效的。

对生物质当量热值提高起正向作用的顺序为：全磷>灰分>全碳>全氮，起负向作用的顺序为：全钾>挥发分。磷的含量对于当量热值的提高作用较大，钾的含量为负作用。这一原因与 7. 2. 2 节中土壤营养状况相吻合，洛宁浅山区土壤钾的含量 212. 42mg/kg 超过我国土壤级别中的极高值 200mg/kg；而磷的含量 1. 925mg/kg 低于该级别的极低值 3mg/kg。加大酸性磷肥的施用，将对刺槐热性能指标的提高具有积极作用。

7. 3　刺槐能源林多代经营对林地土壤的影响

7. 3. 1　各代刺槐能源林林地土层深度与土壤理化性状

7. 3. 1. 1　土层深度对土壤物理性状指标的影响

（1）土层深度对土壤容重的影响　土壤容重在一定程度上反映了土壤的疏松程度与通气性，土壤容重的大小是土壤保持土壤水分和提供林木生长所需水分的能力的一种体现。土壤结构的基础指标是土壤容重，其在一定程度上可以反映土壤的通气透水性（孙向阳等，2005）。其大小通常受地表植被、土壤动物和微生物以及人为干扰等因素的影响。

由表 7-30 可知，刺槐林地的土壤容重显著低于空白荒地，相同土层深度，在 0~20cm 处，D1 比荒地低 6. 6%，D2 比荒地低 3. 3%，D3 比荒地低 9. 9%。在 20~40cm 处，D1 比荒地低 5. 2%，D2 比荒地高 3. 2%，D3 比荒地低 7. 8%。在 40~60cm 处，D1 比荒地低 3. 1%，D2 比荒地高 6. 2%，D3 比荒地低 9. 9%。同一类型的样地，随土层深度的增加，土壤容重均增加，这是由于土层越深枯落物含量越少，微生物活动不频繁，土壤越紧实。

表 7-30　各代刺槐能源林土层深度与土壤容重的关系

土层（cm）	CK	D1	D2	D3
0~20	1.51±0.07Da	1.41±0.47Ba	1.46±0.61Ca	1.36±0.14Aa
20~40	1.53±0.02Ca	1.45±0.28Bb	1.58±0.40Db	1.41±0.07Ab
40~60	1.61±0.03Cb	1.56±0.17Bc	1.62±0.13Cb	1.45±0.07Ac

注：表中数据以平均值±标准差的形式表现，相同大写字母表示同一土层深度不同样地差异不显著（$P>0.05$），不同大写字母表示同一土层深度度不同样地差异显著（$P<0.05$）；相同小写字母表示同一样地不同土层深度差异不显著（$P>0.05$），不同小写字母表示同一样地不同土层深度差异显著（$P<0.05$），下表同。

（2）土层深度对土壤孔隙性的影响

毛管孔隙是指土壤毛管水所占据的孔隙，是土壤孔隙的重要指标之一。在 0~20cm 处，D2>D1>D3>CK，D1 与 D2 之间差异不显著。在 20~40cm 处，D2>D1>D3>CK，D1 与 D3 之间差异不显著。在 40~60cm 处，D2>D3>CK>D1。D1 与对照荒地的差异不显著。同一类型的样地，随土壤深度增加，土壤毛管孔隙度降低且差异显著。

非毛管孔隙是土壤空气流动的主要通道，是土壤迅速储水的场所，在 0~20cm 处，D3>CK>D1>D2，差异显著。在 20~40cm 处，D3>CK>D1>D2，D3 与空白荒地的差异不显著。在 40~60cm 处，D1>D3>CK>D2，D1 与 D3 的差异不显著。同一类型的样地，随土壤深度增加，土壤非毛管孔隙度变化规律不明显，这可能与土壤生物活动有关。

非毛管孔隙度和毛管孔隙度相加的和即为土壤总孔隙度。刺槐林地比对照荒地的孔隙度显著增大，说明刺槐林有利于土壤通透性和持水性的改善。在 0~20cm 处，D1 比荒地高 8.7%，D2 比荒地高 4.3%，D3 比荒地高 13.1%。在 20~40cm 处，D1 比荒地高 7.1%，D2 比荒地低 4.4%，D3 比荒地高 10.7%。在 40~60cm 处，D1 比荒地高 4.7%，D2 比荒地低 0.9%，D3 比荒地高 15.3%。这与土壤容重的趋势恰好相反。土壤容重越大，土壤孔隙度越小，土壤越紧实，在同一类型的样地，土壤总孔隙度随土壤深度增加，不断降低（图 7-31）。

表 7-31　各代刺槐能源林土层深度与土壤孔隙度的关系

土层（cm）	代数	土壤总孔隙度（%）	毛管孔隙度（%）	非毛管孔隙度（%）
0~20	CK	43.02±1.20Abc	25.52±1.37Ac	17.50±0.64Ca
	1	46.79±1.37BCb	30.17±2.30Cc	16.62±1.27Ba
	2	44.91±0.69ABc	31.10±1.46Cb	13.81±2.04Ac
	3	48.68±1.46Cb	29.78±0.97Bc	18.90±0.87Da
20~40	CK	42.26±2.13Bb	23.26±0.69Ab	19.00±0.64Cb
	1	45.28±1.58Cab	27.99±1.58Bb	17.29±1.19Ba
	2	40.38±1.39Ab	31.60±2.06Cb	8.78±2.31Aa
	3	46.79±1.27Dab	27.64±1.69Bb	19.15±1.56Ca

（续）

土层（cm）	代数	土壤总孔隙度（%）	毛管孔隙度（%）	非毛管孔隙度（%）
40~60	CK	39. 25±0. 37ABa	20. 61±1. 25Aa	18. 64±2. 17Bb
	1	41. 13±1. 26Ba	19. 97±2. 03Aa	21. 16±1. 69Cb
	2	38. 87±0. 91Aa	28. 35±1. 89Ca	10. 52±0. 87Ab
	3	45. 28±0. 71Ca	24. 51±2. 16Ba	20. 77±1. 28Cb

（3）土层深度对土壤水分的影响　田间持水量和饱和含水量对整个土壤生态系统的水热平衡具有重要作用，是土壤肥力各指标中最活跃的因子。它主要参与土壤中营养物质的转化与运输过程，是植物生长必不可少的因素，对于维持土壤结构的形成和稳定性具有重要作用（陈乾富等，1999）。土壤含水量不仅受到林内降水状况的影响，也会受到林内土壤结构、植被覆盖、立地条件等方面的影响。一般来说，土壤总孔隙度越大，林地土壤储水能力越强，土壤含水量则越大。

土壤中的毛管水达到最大值时的土壤含水量称为田间持水量。刺槐林地的田间持水量显著高于空白荒地，林分小气候及截留作用使林内土壤水分比空白荒地多，相同土壤深度下，不同代刺槐林地的田间持水量差异不显著。在0~20cm处，D1比荒地高26. 6%，D2比荒地高26. 0%，D3比荒地高29. 5%。在20~40cm处，D1比荒地高40. 7%，D2比荒地高31. 5%，D3比荒地高28. 9%。在40~60cm处，D2比荒地高36. 7%，D3比荒地高32. 0%。同一类型样地，田间持水量随土壤深度增加，不断降低（图7-32）。

土壤含水量受外界环境影响比较大，天气炎热时，表层土壤水分蒸发比较快，表层土壤含水量就低，阴雨天气表层土壤含水量就高，相同土层深度，各代林对土壤含水量的变化差异不显著。空白荒地随土壤深度增加土壤含水量降低，刺槐林地随土壤深度增加，土壤含水量增加，差异不显著。

表7-32　各代刺槐能源林土层深度与土壤水分的关系

土层（cm）	代数	土壤含水量（%）	田间持水量（%）
0~20	CK	0. 19±0. 02BCa	16. 9±0. 40Aa
	1	0. 19±0. 06Ca	21. 4±0. 62Bb
	2	0. 15±0. 03Aa	21. 3±0. 13Bb
	3	0. 17±0. 02ABa	21. 9±0. 96Ba
20~40	CK	0. 18±0. 02Aa	15. 2±0. 75Ac
	1	0. 22±0. 01Bb	19. 3±0. 70Bc
	2	0. 18±0. 02Ab	20. 0±0. 51Bb
	3	0. 18±0. 03Ab	19. 6±0. 48Bb
40~60	CK	0. 17±0. 05Aa	12. 8±0. 28Ab
	1	0. 25±0. 10Cc	12. 8±0. 43Aa
	2	0. 22±0. 17Bc	17. 5±1. 07Ba
	3	0. 21±0. 13Bc	16. 9±0. 74Bc

7.3.1.2 土层深度对土壤化学性状指标的影响

土壤养分是林地肥力的重要指标之一。土壤有机质是土壤中各种营养元素特别是氮、磷的重要来源（伍海兵等，2015）。

（1）土层深度对土壤 pH 的影响　荒地和刺槐林地土壤 pH 都呈弱酸性，pH 均值介于 6.12 和 6.98 之间。同一土层深度，不同代刺槐林地与空白荒地没有明显规律，但刺槐林地 pH 均低于空白荒地 pH，差异不显著，说明刺槐林地对土壤 pH 影响不大。同一类型样地，土壤 pH 随土壤深度增加均呈降低趋势，表层土壤 pH 最高，差异显著（图 7-33）。

表 7-33　各代刺槐能源林土层深度与土壤 pH 的关系

土层（cm）	CK	D1	D2	D3
0~20	6.98±0.01Cc	6.65±0.12Bc	6.83±0.17Cc	6.35±0.02Ab
20~40	6.93±0.03Cb	6.12±0.04Aa	6.60±0.37Bb	6.28±0.27Aab
40~60	6.72±0.15Ca	6.51±0.26Bb	6.29±0.03Aa	6.19±0.10Aa

（2）土层深度对土壤有机质的影响　土壤有机质是林地土壤养分的主要来源，能够促进微生物活动，保持土壤良好理化性状，是体现土壤肥力的重要指标。相同类型样地，土壤有机质含量随土壤深度增加不断降低，差异显著。这是由于土壤深度增加，枯落物少，土壤微生物活动弱。相同土层深度下，土壤有机质含量均呈现 D3>D2>D1>CK，差异显著。在 0~20cm 处，D1 比荒地高 11.4%，D2 比荒地高 57.6%，D3 比荒地高 71.5%。在 20~40cm 处，D1 比荒地高 25.1%，D2 比荒地高 66.5%，D3 比荒地高 91.2%。在 40~60cm 处，D1 比荒地高 33.2%，D2 比荒地高 72.5%，D3 比荒地高 96.5%（图 7-34）。3 代刺槐林下，土壤有机质含量最大，这可能是由于刺槐连载，林下产生了大量的凋落物，凋落物受到土壤微生物的分解作用，土壤有机质不断积累。

表 7-34　各代刺槐能源林土层深度与土壤有机质的关系

土层（cm）	CK	D1	D2	D3
0~20	8.42±0.37Aa	9.38±0.22Ba	13.27±0.36Ca	14.44±0.35Da
20~40	6.96±0.17Ab	8.71±0.39Bb	11.59±0.38Cb	13.31±0.36Db
40~60	6.13±0.27Ac	8.17±0.19Bb	10.58±0.35Cc	12.05±0.14Dc

（3）土层深度对土壤氮的影响　土壤全氮含量与土壤有机质含量变化趋势十分相似，相同类型样地，随土壤深度增加，土壤全氮含量不断降低，差异显著。相同土层深度下，土壤全氮含量均呈现 D3>D2>D1>CK，差异显著。在 0~20cm 处，D1 比荒地高 2.1%，D2 比荒地高 54.2%，D3 比荒地高 70.8%。在 20~40cm 处，D1 比荒地高 25.6%，D2 比荒地高 71.8%，D3 比荒地高 94.9%。在 40~60cm 处，D1 比荒地高 34.3%，D2 比荒地高 74.3%，D3 比荒地高 97.1%。土壤全氮含量增加是由于刺槐是固氮树种，能将空气中的氮气转变为植物可吸收利用的化合态氮（NH_4^+和 NO_3^-）和有机态氮，增加了土壤氮素含量。另外，造林后每年进入土壤中大量凋落物、林木根系及微生物的分泌物中含有许多易

分解的简单有机态氮，凋落物分解后也释放出大量的NH_4^+和NO_3^-，导致土壤中全氮含量的增加。

土壤速效氮含量与全氮含量呈正相关关系。相同林地的速效氮的含量随土壤深度的增加不断降低，差异显著。相同深度下，不同林地速效氮含量 D3>D2>D1>CK，差异显著。在0~20cm 处，D1 比荒地高 13.5%，D2 比荒地高 54.7%，D3 比荒地高 58.7%。在 20~40cm 处，D1 比荒地高 28.2%，D2 比荒地高 70.7%，D3 比荒地高 94.8%。在 40~60cm 处，D1 比荒地高 35.6%，D2 比荒地高 74.2%，D3 比荒地高 98.6%（图 7-35）。

表 7-35　各代刺槐能源林土层深度与土壤氮的关系

土层（cm）	代数	全 N（g/kg）	速效 N（mg/kg）
0~20	CK	0.48±0.21Aa	24.82±1.09Aa
	1	0.54±0.44Ba	28.19±2.24Ba
	2	0.74±0.08Ca	38.41±0.33Ca
	3	0.82±0.26Da	39.40±0.65Cb
20~40	CK	0.39±0.10Ab	19.99±0.51Ab
	1	0.49±0.22Bab	25.63±1.14Bab
	2	0.67±0.22Cb	34.12±1.15Cb
	3	0.76±0.21Db	38.95±0.64Db
40~60	CK	0.35±0.15Ac	17.87±0.76Ac
	1	0.47±0.16Bb	24.24±0.81Bb
	2	0.61±0.21Cc	31.13±1.05Cc
	3	0.69±0.15Dc	35.49±0.28Da

（4）土层深度对土壤磷的影响　土壤全磷含量的变化没有明显的规律，这是因为土壤磷含量变异系数较大，极易受外界环境的影响，土壤中的磷主要来自土壤母岩，而且土壤中磷矿石比较多，不同类型样地的土壤磷含量不同。同一林地，随土壤深度的增加，全磷含量下降，各土层之间差异显著，但相同深度下，磷含量变化空间分布有所不同，在 0~20cm 处，D1 比荒地高 63.3%，D2 比荒地高 73.2%，D3 比荒地高 89.6%。在 20~40cm 处，D1 比荒地高 72.5%，D2 比荒地高 74.5%，D3 比荒地高 49.0%。在 40~60cm 处，D1 比荒地高 69.7%，D2 比荒地高 41.9%，D3 比荒地高 23.2%。

同一林地，随土壤深度的增加，速效磷含量均下降，差异显著。相同深度下，速效磷含量变化空间分布有所不同，在 0~20cm 处，D1 比荒地高 16.0%，D2 比荒地高 59.4%，D3 比荒地高 69.8%。在 20~40cm 处，D1 比荒地低 32.6%，D2 比荒地高 4.1%，D3 比荒地高 55.4%。在 40~60cm 处，D1 比荒地高 23.1%，D2 比荒地高 17.9%，D3 比荒地高 71.8%（图 7-36）。

表 7-36　各代刺槐能源林土层深度与土壤磷的关系

土层（cm）	代数	全磷（g/kg）	速效磷（mg/kg）
0~20	CK	0. 71±0. 20Aa	3. 18±0. 20Aa
	1	1. 16±0. 08Ba	3. 69±0. 17Ba
	2	1. 23±0. 81Ba	5. 07±0. 25Ca
	3	1. 58±0. 22Ca	6. 90±0. 60Da
20~40	CK	0. 51±0. 25Ab	2. 42±0. 17Bb
	1	0. 88±0. 07Cb	1. 63±0. 11Ab
	2	0. 89±0. 60Cb	2. 43±0. 22Cb
	3	0. 76±0. 17Bb	3. 76±0. 43Db
40~60	CK	0. 43±0. 26Ac	0. 78±0. 10Ac
	1	0. 73±0. 29Cc	0. 96±0. 07Cc
	2	0. 61±0. 82Bc	0. 92±0. 13Bc
	3	0. 53±0. 16Bc	1. 34±0. 28Dc

（5）土层深度对土壤钾的影响　速效钾含量的变化规律有所不同，同一类型样地，随土壤深度增加，速效钾含量降低。但是20~40cm处与40~60cm处差异不显著，这可能是由于钾在土壤中容易流失，地表枯落物分解的一部分钾养分从表层土壤转移到下层土壤中。相同土层深度，在0~20cm处，D1比荒地高25. 7%，D2比荒地高82. 2%，D3比荒地高43. 6%。在20~40cm处，D1比荒地高11. 9%，D2比荒地高59. 8%，D3比荒地高41. 5%。在40~60cm处，D1比荒地高11. 9%，D2比荒地高57. 2%，D3比荒地高33. 8%（图7-37）。

表 7-37　各代刺槐能源林土层深度与土壤钾的关系

土层（cm）	CK	D1	D2	D3
0~20	66. 26±3. 34Ab	83. 29±0. 49Ba	120. 78±4. 39Cb	161. 43±6. 10Da
20~40	59. 37±2. 54Aa	66. 42±0. 74Bb	94. 87±3. 02Da	84. 02±1. 64Cb
40~60	58. 67±1. 24Aa	65. 65±3. 94Bb	92. 21±1. 53Da	78. 48±2. 42Cb

7. 3. 2　各代刺槐能源林林地距树干不同距离与土壤理化性状

7. 3. 2. 1　距树干不同距离对土壤物理性状指标的影响

（1）距树干不同距离对土壤容重的影响　距离树干不同距离，刺槐林表现出不同的变化规律，土壤容重在距树干距离0~50cm处，D2比D1高0. 7%，D3比D1低0. 5%。距树干距离50~100cm处，D2比D1高3. 5%，D3比D1低3. 5%，D2>D1>D3，差异显著。距树干距离100~150cm处，D2比D1高2. 1%，D3比D1高0. 7%，差异不显著。相同的样地，不同水平距离下，D1：0~50cm处>50~100cm处>100~150cm处，50~100cm与100~150cm处差异不显著。D2：0~50cm处>50~100cm处>100~150cm处，差异显著。而D3：

100~150cm处>50~100cm处>0~50cm处，差异显著。土壤容重反映了土壤的紧实性，容重越大，土壤紧实性越大，越不利于土壤水分与养分的运输（图7-38）。

表7-38　各代刺槐能源林距树干不同距离与土壤容重的关系

距树干距离（cm）	D1	D2	D3
0~50	1.47±0.13Bb	1.48±0.09Bc	1.39±0.17Ab
50~100	1.41±0.03Ba	1.46±0.05Cb	1.36±0.14Aa
100~150	1.40±0.06Aa	1.43±12Aa	1.41±14Ac

（2）距树干不同距离对土壤孔隙性的影响　距树干相同距离时，土壤总孔隙度在距树干距离0~50cm处，D2比D1低0.4%，D3比D1高0.5%，距树干距离50~100cm处，D2比D1低0.8%，D3比D1高7.5%，距树干距离100~150cm处，D2比D1低1.7%，D3比D1高7.5%。相同类型样地，D1：50~100cm>100~150cm>0~50cm，差异显著。D2：100~150cm>50~100cm>0~50cm，其中0~50cm与50~100cm差异不显著。D3：100~150cm>0~50cm>50~100cm，差异显著。距树干相同距离时，土壤毛管孔隙度在0~50cm处，D1>D2>D3，D2与D3差异不显著。在50~100cm处，D2>D1>D3，差异显著。在100~150cm处，D1>D3>D2，D2与D3差异不显著。相同类型样地，D1：0~50cm>100~150cm>50~100cm，差异显著。D2：50~100cm>0~50cm>100~150cm，0~50cm与50~100cm差异不显著。D3：0~50cm>100cm ~150cm>50~100cm，50~100cm与100~150cm差异不显著。距树干相同距离时，非毛管孔隙度在0~50cm处，D3>D2>D1，差异显著。在50~100cm处，D1>D3>D2，差异显著。在100~150cm处，D3>D2>D1，D1与D2差异不显著。在相同类型的样地，D1：50~100cm>100~150cm>0~50cm，差异显著。D2：100~150cm>50~100cm>0~50cm，0~50cm与50~100cm差异不显著。D3：100~150cm>50~100cm>0~50cm，差异显著（图7-39）。

表7-39　各代刺槐能源林距树干不同距离与土壤孔隙度的关系

距树干距离（cm）	代数	土壤总孔隙度（%）	毛管孔隙度（%）	非毛管孔隙度（%）
0~50	1	44.36±1.37Aa	32.28±1.95Bc	12.07±1.83Aa
	2	44.15±1.58Aa	30.93±0.83Ab	13.21±0.99Ba
	3	47.54±0.39Bb	30.71±1.48Ab	16.82±1.23Ca
50~100	1	48.68±1.46Bb	29.78±0.97Ba	18.90±0.87Cb
	2	44.91±0.69Aa	31.10±1.46Cb	13.81±2.04Aa
	3	45.28±1.58Aa	27.99±1.58Aa	17.29±1.19Bc
100~150	1	46.84±1.58Ac	30.52±0.69Bb	16.32±0.36Ab
	2	46.03±0.97Ab	29.45±1.37Aa	16.58±1.23Ab
	3	48.78±1.46Bc	29.88±0.97Aa	18.90±0.87Bb

（3）距树干不同距离对土壤水分的影响　距树干相同距离时，在0~50cm处，土壤含水量D1>D3>D2，差异显著。在50~100cm处，D1>D3>D2，差异显著。在100~150cm

处，D1>D3>D2，D2 与 D3 差异不显著。相同类型样地，D1：0~50cm>50~100cm>100~150cm，50~100cm 与 100~150cm 差异不显著。D2：50~100cm>0~50cm>100~150cm，0~50cm 与 50~100cm 差异不显著。D3：0~50cm>50~100cm>100~150cm，0~50cm 与 50~100cm 差异不显著。距树干相同距离时，田间持水量在距树干距离 0~50cm 处，D2 比 D1 高 4.5%，D3 比 D1 低 0.9%；距树干距离 50~100cm 处，D2 比 D1 低 0.4%，D3 比 D1 高 2.3%；距树干距离 100~150cm 处，D2 比 D1 低 3.8%，D3 比 D1 高 2.8%。相同类型样地，D1：0~50cm>50~100cm>100~150cm，0~50cm 与 50~100cm，差异不显著。D2：50~100cm>0~50cm>100~150cm，差异显著。D3：0~50cm 处>50~100cm 处>100~150cm 处，0~50cm 与 50~100cm 差异不显著（图 7-40）。

表 7-40 各代刺槐能源林距树干不同距离与土壤水分的关系

距树干距离（cm）	代数	土壤含水量	田间持水量
0~50	1	0.21±0.05Cb	21.9±0.34Bb
	2	0.14±0.09Ab	20.9±0.21Ab
	3	0.18±0.11Bb	22.1±0.56Bb
50~100	1	0.19±0.06Ca	21.4±0.62Ab
	2	0.15±0.03Ab	21.3±0.13Ac
	3	0.17±0.02Bb	21.9±0.96Ab
100~150	1	0.18±0.03Ba	20.7±0.16Ba
	2	0.12±0.06Aa	19.9±0.17Aa
	3	0.13±0.05Aa	21.3±0.16Ca

7.3.2.2 距树干不同距离对土壤化学性状指标的影响

（1）距树干不同距离对土壤 pH 的影响　刺槐林地土壤呈弱酸性，距树干相同距离时，在 0~50cm 处，D2>D3>D1，D2 与 D3 差异不显著。在 50~100cm 处，D2>D1>D3，差异显著。在 100~150cm 处，D2>D3>D1，D1 与 D3 差异不显著。相同类型样地，D1：50~100cm>100~150cm>0~50cm，0~50cm 与 100~150cm 差异不显著。D2：50~100cm>100~150cm>0~50cm，差异显著。D3：50~100cm>0~50cm>100~150cm，差异显著（图 7-41）。

表 7-41 各代刺槐能源林距树干不同距离与土壤 pH 的关系

距树干距离（cm）	D1	D2	D3
0~50	6.04±0.13Aa	6.26±0.06Ba	6.23±0.57Bb
50~100	6.65±0.12Bb	6.83±0.17Cc	6.35±0.02Ac
100~150	6.07±0.09Aa	6.73±0.15Bb	6.14±0.22Aa

（2）距树干不同距离对土壤有机质的影响　距树干相同距离时，均呈现 D3>D2>D1，差异显著。土壤有机质在距树干距离 0~50cm 处，D2 比 D1 高 50.1%，D3 比 D1 高 73.6%；距树干距离 50~100cm 处，D2 比 D1 高 41.4%，D3 比 D1 高 53.9%；距树干距离

100~150cm 处，D2 比 D1 高 42.5%，D3 比 D1 高 52.3%。相同类型样地，D1：0~50cm>50~100cm>100~150cm，水平距离土壤有机质差异不显著。D2：0~50cm>50~100cm>100~150cm，50~100cm 与 100~150cm 差异不显著。D3：0~50cm>50~100cm>100~150cm，50~100cm 与 100~150cm 差异不显著。土壤有机质在距树干相同距离时，呈现出相同的规律性，D3>D2>D1；随着刺槐林经营代数增加，土壤中枯落物腐殖质含量增加，土壤有机质的含量也增加，水平距离没有表现出一定的规律性（图 7-42）。

表 7-42　各代刺槐能源林距树干不同距离与土壤有机质的关系

距树干距离（cm）	D1	D2	D3
0~50	9.39±0.39Aa	14.08±0.58Bb	16.29±0.41Cb
50~100	9.38±0.22Aa	13.27±0.36Ba	14.44±0.35Ca
100~150	9.27±0.29Aa	13.21±0.36Ba	14.12±0.45Ca

（3）距树干不同距离对土壤氮的影响　在不施肥条件下的森林土壤中，氮素主要是由林中凋落物的分解、固氮作物、固氮微生物固定的氮以及降水中化合态氮素提供的（杜凌燕等，2009）。一般情况下，其含量的变化与有机质含量的变化呈正相关，因为土壤全氮的含量主要受到有机质的积累和分解作用的影响。

距树干相同距离时，均呈现 D3>D2>D1，差异显著。土壤全氮在距树干距离 0~50cm 处，D2 比 D1 高 51.8%，D3 比 D1 高 74.1%；距树干距离 50~100cm 处，D2 比 D1 高 37.0%，D3 比 D1 高 51.8%；距树干距离 100~150cm 处，D2 比 D1 高 43.4%，D3 比 D1 高 52.8%。相同类型样地，D1：0~50cm>100~150cm>50~100cm，水平距离含量差异不显著。D2：0~50cm>50~100cm>100~150cm，50~100cm 与 100~150cm 差异不显著。D3：0~50cm>50~100cm>100~150cm，0~50cm 与 50~100cm 差异不显著（图 7-43）。

土壤碱解氮对于植物的生长发育具有重要作用，可直接提供植物吸收利用的氮素，是土壤短期供氮能力的体现，有机质含量与碱解氮含量呈显著正相关。

表 7-43　各代刺槐能源林距树干不同距离与土壤氮的关系

距树干距离（cm）	代数	全氮（g/kg）	速效氮（mg/kg）
0~50	1	0.55±0.31Aa	27.62±1.65Aab
	2	0.82±0.25Bb	41.46±1.36Bb
	3	0.94±0.18Cb	47.97±0.58Cc
50~100	1	0.54±0.44Aa	28.19±2.24Ab
	2	0.74±0.08Ba	38.41±0.33Ba
	3	0.82±0.26Ca	39.40±0.65Ba
100~150	1	0.53±0.31Aa	27.29±1.31Aa
	2	0.76±0.27Ba	38.89±0.25Ba
	3	0.81±0.36Ca	41.58±1.28Cb

距树干相同距离时，均呈现 D3>D2>D1，差异显著。土壤速效 N 在距树干距离 0~

50cm 处，D2 比 D1 高 50.1%，D3 比 D1 高 73.6%；距树干距离 50~100cm 处，D2 比 D1 高 36.2%，D3 比 D1 高 39.8%；距树干距离 100~150cm 处，D2 高 42.5%，D3 比 D1 高 52.3%。相同类型样地，D1：50~100cm>0~50cm>100~150cm，差异不显著。D2：0~50cm>100~150cm>50~100cm，50~100cm 与 100~150cm 差异不显著。D3：0~50cm>100~150cm>50~100cm，差异显著。

（4）距树干不同距离对土壤磷的影响　植物从土壤中吸收生长所需要的磷的形态主要为难溶性有机态和无机态，土壤中有机磷在全磷中具有较大比例，由于土壤速效磷只占全磷量的极小部分，而土壤中的速效磷与全磷没有显著相关性，因此土壤供应磷的能力并不能用全磷指标表示（王小强等，2009）。

距树干相同距离时，均呈现 D3>D2>D1，差异显著。土壤全磷在距树干距离 0~50cm 处，D2 比 D1 高 1.6%，D3 比 D1 高 33.1%；距树干距离 50~100cm 处，D2 比 D1 高 6.0%，D3 比 D1 高 36.2%；距树干距离 100~150cm 处，D2 比 D1 高 11.3%，D3 比 D1 高 24.3%。相同类型样地，D1：0~50cm>50~100cm>100~150cm，50~100cm 与 100~150cm 差异不显著。D2：100~150cm>0~50cm>50~100cm，0~50cm 与 50~100cm 差异不显著。D3：0~50cm>50~100cm>100~150cm，差异显著（图 7-44）。

土壤中速效磷通过植物根系的吸收维持植物体内的物质运输、蛋白质合成等各种新陈代谢活动，对植物的基础生命活动具有重要作用（于法展等，2007）。

距树干相同距离时，土壤速效磷在距树干距离 0~50cm 处，D2 比 D1 高 27.0%，D3 比 D1 高 77.9%；距树干距离 50~100cm 处，D2 比 D1 高 37.3%，D3 比 D1 高 86.9%；距树干距离 100~150cm 处，D2 比 D1 高 34.6%，D3 比 D1 高 91.1%。相同类型样地，D1：0~50cm>100~150cm>50~100cm，50~100cm 与 100~150cm 差异不显著。D2：100~150cm>0~50cm>50~100cm，差异不显著。D3：100~150cm>0~50cm>50~100cm，0~50cm 与 100~150cm 差异不显著。

表 7-44　各代刺槐能源林距树干不同距离与土壤磷的关系

距树干距离（cm）	代数	全磷（g/kg）	速效磷（mg/kg）
0~50	1	1.21±0.76Bb	4.03±0.46Ab
	2	1.23±1.03Ba	5.12±0.37Ba
	3	1.61±0.56Ab	7.17±0.29Cb
50~100	1	1.16±0.08Aa	3.69±0.17Aa
	2	1.23±0.81Ba	5.07±0.25Ba
	3	1.58±0.22Cb	6.90±0.60Ca
100~150	1	1.15±0.37Aa	3.81±0.65Aa
	2	1.28±0.21Bb	5.13±0.59Ba
	3	1.43±0.16Ca	7.28±0.26Cb

（5）距树干不同距离对土壤钾的影响　土壤中钾主要以无机形态存在，根据对作物的有效程度可以划分为速效钾、缓效性钾和相对无效钾三种形态。速效钾是指土壤中水溶性

钾，是由土壤中矿物质的分解形成，土壤施肥、温度、植物对钾元素的吸收特征等因素对其影响较大。

距树干相同距离时，土壤速效钾在距树干距离0~50cm处，D2比D1高28.6%，D3比D1高69.0%；距树干距离50~100cm处，D2比D1高45.0%，D3比D1高93.8%；距树干距离100~150cm处，D2比D1高56.5%，D3比D1高86.8%。相同类型样地，D1：0~50cm>50~100cm>100~150cm，50~100cm与100~150cm差异不显著。D2：0~50cm>100~150cm>50~100cm，50~100cm与100~150cm差异不显著。D3：0~50cm>100~150cm>50~100cm，差异显著。

表7-45　各代刺槐能源林土层深度与土壤钾的关系

距树干距离（cm）	D1	D2	D3
0~50	101.37±3.89Ab	130.41±5.31Bb	171.35±2.14Cc
50~100	83.29±0.49Aa	120.78±4.39Ba	161.43±6.10Cb
100~150	81.63±3.17Aa	127.83±2.39Ba	152.36±1.68Ca

7.3.3　土壤微生物的PLFA分析

7.3.3.1　不同林地土壤微生物的PLFA分析

在荒地和刺槐林地中共检测到33种PLFA，包括直链饱和脂肪酸、支链饱和脂肪酸、环丙基脂肪酸、单不饱和脂肪酸以及双不饱和脂肪酸。其中细菌8种，革兰氏阳性菌12种，革兰氏阴性菌5种，放线菌4种，真菌2种，原生动物2种。在相同土壤深度情况下，均表现出了细菌PLFA含量最高，细菌中也包括革兰氏阳性菌和革兰氏阴性菌。其次是放线菌、真菌，原生动物含量最少。

7.3.3.2　相同土层下不同林地PLFAs含量

在0~20cm土层下，PLFA含量呈现D3>D2>D1>CK的细菌中PLFA分子标记有12：0、17：0、20：1 ω9c，革兰氏阳性菌中有a12：0、i13：0、a13：0，革兰氏阴性菌中有16：1 ω9c、放线菌中有10Me16：0。呈现D3>D1>D2>CK的细菌中PLFA分子标记有15：0，革兰氏阳性菌中有i14：0、i15：0、a15：0、i17：0、a17：0、i18：0，革兰氏阴性菌中有16：1 ω7c、16：1 ω5c、18：1 ω7c，放线菌中有10Me17：0，真菌中有18：1ω9c，原生动物中有20：3 ω6c。呈现D1>D3>D2>CK的细菌中PLFA分子标记有14：0、16：0、18：0、20：0，革兰氏阳性菌中有a16：0，革兰氏阴性菌中有17：1ω8c，放线菌中有10Me18：0，真菌中有18：2 ω6c，D2>D1>D3>CK有放线菌10Me20：0，原生动物20：4 ω6c。在表层土壤中刺槐林地土壤微生物明显高于荒地微生物含量，差异显著。不同代刺槐林则表现出了不同的变化规律，枯落物的分解依赖土壤微生物的分解作用，这可能是由于不同刺槐林林下枯落物含量不同，从而影响微生物的含量（图7-46）。

表 7-46　不同样地 0~20cm 土层各单一磷脂脂肪酸的含量

生物标记	微生物类型	PLFAs 含量（ng/g）			
		CK	D1	D2	D3
12：0	细菌	16. 29±0. 13Aa	28. 92±0. 29Ab	33. 77±0. 75Ac	41. 96±1. 39Ad
14：0	细菌	57. 48±0. 36Aa	133. 44±1. 38Ac	103. 11±0. 16Ab	133. 29±1. 23Ac
15：0	细菌	41. 73±1. 25Aa	82. 5±0. 36Ac	64. 89±0. 33Ab	84. 78±0. 23Ac
16：0	细菌	578. 54±5. 39Aa	1348. 46±5. 37Ac	963. 38±2. 39Ab	1359. 49±6. 39Ac
17：0	细菌	14. 6±0. 12Ab	36. 64±1. 28Bc	55. 64±0. 81Cb	82. 94±0. 36Db
18：0	细菌	168. 07±1. 59Ac	317. 2±1. 39Cc	231. 46±1. 36Bc	306. 65±1. 23Cc
20：0	细菌	39. 37±0. 39Ac	99. 8±0. 57Dc	67. 33±0. 36Bc	80. 32±0. 28Cc
20：1 ω9c	细菌	51. 8±0. 38Ac	65. 17±0. 28Bc	75. 6±1. 38Cc	78. 94±0. 36Bc
a12：0	G^+	29. 66±0. 15Ac	40. 75±0. 36Bb	49. 64±0. 29Cc	54. 44±0. 26Dc
i13：0	G^+	5. 83±0. 07Ab	9. 62±0. 15Bc	15. 77±0. 78Cc	24. 81±0. 29Dc
a13：0	G^+	17. 4±0. 15Ac	20. 72±0. 28Bc	24. 04±0. 19Cb	32. 36±0. 35Dc
i14：0	G^+	36. 78±0. 15Ac	91. 61±0. 87Cc	83. 6±0. 25Bc	95. 08±0. 78Dc
a14：0	G^+	27. 22±0. 26Ac	27. 26±0. 36Bc	21. 7±0. 13Bb	24. 98±0. 23Bb
i15：0	G^+	467. 87±3. 68Ac	1047. 23±6. 31Cc	835. 68±3. 98Bb	1125. 47±6. 39Dd
a15：0	G^+	228. 69±2. 37Ac	579. 94±3. 65Cc	546. 66±3. 26Bc	682. 23±0. 36Dc
i16：0	G^+	228. 61±2. 15Ac	494. 39±3. 18Dc	355. 76±1. 89Bc	448. 08±1. 26Cc
a16：0	G^+	37. 6±0. 19Ab	52. 86±0. 36Cb	44. 17±0. 58Bb	52. 7±0. 36Cb
i17：0	G^+	150. 12±3. 26Ac	266. 85±0. 28Cc	226. 87±1. 57Bc	280. 57±1. 23Db
a17：0	G^+	208. 51±1. 29Ac	334. 84±1. 56Cb	281. 2±2. 36Bb	335. 52±2. 36Cb
i18：0	G^+	48. 07±0. 15Aa	53. 57±0. 36Bb	48. 05±0. 69Aa	84. 31±0. 59Cc
16：1ω9c	G--	91. 46±0. 34Ac	136. 72±0. 28Bb	139. 23±0. 86Bc	189. 78±1. 26Cc
16：1ω7c	G--	428. 68±3. 68Ac	794. 61±6. 38Cc	711. 39±2. 38Bc	933. 47±3. 68Dc
18：1 ω7c	G--	505. 32±4. 35Ac	962. 91±3. 89Cc	837. 67±2. 39Bc	1347. 25±6. 39Dc
10Me16：0	放线菌	568. 53±3. 98Ac	1052. 91±5. 68Bc	1083. 37±8. 91Cc	1339. 18±5. 89Dc
10Me17：0	放线菌	66. 5±0. 29Ac	123. 47±0. 35Cc	90. 21±0. 38Bc	125. 97±0. 78Dc
10Me18：0	放线菌	314. 16±0. 43Ac	342. 41±0. 28Dc	328. 47±1. 03Cc	323. 17±1. 36Bc
10Me20：0	放线菌	84. 84±0. 39Ac	104. 71±0. 36Cb	115. 07±0. 28Dc	89. 76±0. 35Bc
18：2 ω6c	真菌	123. 62±0. 27Ac	287. 73±0. 78Dc	170. 3±0. 23Bc	241. 23±1. 23Cc
18：1 ω9c	真菌	533. 04±1. 39Ac	680. 51±1. 23Bc	534. 02±0. 64Ac	781. 83±0. 69Dc
20：4 ω6c	原生动物	57. 28±0. 35Ac	62. 97±0. 15Bc	81. 6±0. 36Dc	65. 45±0. 36Cc
20：3 ω6c	原生动物	16. 4±0. 45Ac	23. 93±1. 23Bb	17. 07±0. 13Ac	27. 74±0. 23Cc

在 20~40cm 土层下，PLFA 含量呈现 D3>D2>D1>CK，PLFA 分子标记有 12：0、14：0、a16：0、17：1 ω8c、18：1 ω7c、18：2 ω6c、20：4 ω6c、20：3 ω6c；呈现 D3>D1>D2>CK 的中 PLFA 分子标记有 15：0、17：0、a12：0 、i14：0、i17：0、a17：0、16：1ω9c、16：1ω5c、10Me17：0、10Me18：0、18：1 ω9c；呈现 D1>D3>D2>CK 的中 PLFA 分子标记有 14：0、16：0、20：1 ω9c、a14：0、a15：0、i16：0、i18：0、16：1ω7c、10Me16：0；呈现 D3>CK>D1>D2 中的 PLFA 分子标记有 16：0、18：0、20：0；D2>D1>D3>CK 有

i13：0、a13：0（图 7-47）。

在 40~60cm 土层下，PLFA 含量呈现 D3>D2>D1>CK 中 PLFA 分子标记有 12：0、i14：0、i15：0、a15：0、10Me17：0、18：2 ω6c、20：4 ω6c、20：3 ω6c；呈现 D3>D1>D2>CK 的中 PLFA 分子标记有 20：0、a14：0、i16：0、a16：0、a17：0、i18：0、16：1ω9c、16：1ω7c、16：1ω5c、18：1 ω7c、10Me16：0、10Me18：0、18：1 ω9c；呈现 D3>D2>CK>D1 中 PLFA 分子标记有 14：0、15：0；呈现 D3>CK>D2>D1 中 PLFA 分子标记有 16：0、17：0、18：0、i17：0；呈现 D1>D3>D2>CKPLFA 分子标记有 a12：0、10Me20：0；呈现 D2>D3>D1>CK PLFA 分子标记有 i13：0、a13：0（图 7-48）。

表 7-47　不同样地 20~40cm 土层各单一磷脂脂肪酸的含量

生物标记	微生物类型	PLFAs 含量（ng/g）			
		CK	D1	D2	D3
12：0	细菌	4.64±0.29Ca	15.43±0.27Bb	19.24±1.32Bc	22.12±0.27Bd
14：0	细菌	14.18±0.25Ca	25.62±0.15Bb	30.58±0.36Bc	36.8±0.36Cd
15：0	细菌	6.57±0.12Ba	16.56±0.29Bb	15.53±0.12Bb	31.27±0.23Bc
16：0	细菌	252.76±3.47Ba	224.87±3.89Ba	207.39±1.26Ba	343.05±2.35Bb
17：0	细菌	7.99±0.87Aa	14.29±0.28Cb	10.59±0.38Ba	17.02±0.23Da
18：0	细菌	81.46±0.98Cb	55.73±0.78Bb	44.8±0.26Aa	89.22±0.28Cb
20：0	细菌	21.68±0.74Cb	17.51±0.13Aa	19.21±0.13Bb	59.38±0.35Db
20：1 ω9c	细菌	10.55±0.15Ab	29.06±0.23Bb	11.25±0.17Aa	26.38±0.25Bb
a12：0	G⁺	6.01±0.05Aa	27.44±0.78Ba	21.24±0.36Bb	37.17±0.25Cb
i13：0	G⁺	3.96±0.04Aa	4.45±0.07Bb	7.05±0.12Db	4.37±0.23Ba
a13：0	G⁺	10.41±0.16Aa	18.06±0.15Cb	21.08±0.27Da	15.52±0.17Ca
i14：0	G⁺	5.7±0.09Aa	19.8±0.13Cb	14.38±0.39Bb	21.31±0.36Da
a14：0	G⁺	18.92±0.26Aa	22.6±0.15Ca	19.2±0.28Ba	19.44±0.12Ba
i15：0	G⁺	131.71±2.38Bb	168.68±1.23Db	106.62±1.27Ca	154.11±1.36Ca
a15：0	G⁺	42.84±1.22Aa	139.65±0.16Cb	125.13±2.03Bb	127.61±1.25Ba
i16：0	G⁺	43.39±0.27Ab	87.93±0.23Db	57.77±0.89Bb	85.72±0.28Ca
a16：0	G⁺	21.02±0.25Aa	26.3±0.23Ba	26.69±0.15Ba	28.02±0.26Ca
i17：0	G⁺	23.85±0.41Aa	58.88±0.78Cb	46.17±0.36Bb	60.93±0.35Da
a17：0	G⁺	39.59±0.68Aa	76.44±0.23Ca	66.97±0.57Ba	89.24±0.27Da
i18：0	G⁺	12.78±0.36Aa	16.05±0.23Dc	13.56±0.23Ba	14.56±0.19Cb
16：1ω9c	G--	11.08±0.25Aa	30.16±0.23Ca	23.14±0.31Bb	30.95±0.15Ca
16：1ω7c	G--	52.91±1.39Aa	164.06±1.23Db	128.37±1.03Bb	150.8±1.03Ca
16：1ω5c	G--	21.02±0.35Aa	49.26±0.38Ca	36.93±0.68Ba	51.78±0.36Da
17：1 ω8c	G--	18.35±0.36Ab	21.37±0.38Ba	27.47±0.36Cb	34.74±0.18Da
18：1 ω7c	G--	59.28±0.12Aa	116.3±1.18Ba	147.96±1.23Ca	180.4±0.87Da
10Me16：0	放线菌	68.21±0.79Aa	248.74±2.14Db	174.03±1.28Bb	235.51±2.35Ca

（续）

生物标记	微生物类型	PLFAs 含量（ng/g）			
		CK	D1	D2	D3
10Me17：0	放线菌	12.04±0.36Cb	23.16±0.26Cb	18.48±0.23Ba	24.89±0.35Da
10Me18：0	放线菌	37.94±0.58Ab	75.11±0.79Cb	73.08±0.64Cb	86.42±0.27Da
10Me20：0	放线菌	74.91±0.68Aa	109.64±0.89Dc	92.2±0.28Ca	83.53±0.18Bb
18：2 ω6c	真菌	35.34±0.28Aa	51.8B±0.67Bb	51.96±0.36Ba	85.18±0.17Ca
18：1 ω9c	真菌	116.38±1.39Ab	158.84±1.69Cb	127.51±0.57Bb	222.27±1.98Db
20：4 ω6c	原生动物	11.38±0.15Aa	15.91±0.39Ba	39.05±0.23Cb	14.54±0.18Ba
20：3 ω6c	原生动物	4.83±0.07Ab	5.8±0.05Ba	11.38±0.27Cb	23.31±0.23Db

表 7-48　不同样地 40～60cm 土层各单一磷脂脂肪酸的含量

生物标记	微生物类型	PLFAs 含量（ng/g）			
		CK	D1	D2	D3
12：0	细菌	5.68±0.36Ba	10.32±0.09Cb	14.65±0.67Cc	18.49±1.23Cd
14：0	细菌	20.73±0.12Bb	15.09±0.38Ca	29.11±0.15Cc	40.05±0.23Bd
15：0	细菌	14.95±0.79Cb	8.07±0.12Ca	17.77±0.36Bb	30.12±0.18Cc
16：0	细菌	251.55±4.38Bc	134.61±2.31Ca	191.61±1.26Cb	361.37±2.38Bd
17：0	细菌	14.5±0.13Cb	6.11±0.13Aa	10.02±0.16Ba	16.52±0.39Da
18：0	细菌	69.31±1.23Ca	38.74±0.56Aa	48.53±0.39Bb	81.47±0.13Da
20：0	细菌	13.07±0.23Aa	26.75±0.69Cb	16.05±0.26Ba	32.14±0.18Da
20：1 ω9c	细菌	8.77±0.06Aa	16.69±0.18Da	15.33±0.39Cb	14.93±0.17Ba
a12：0	G^+	12.55±0.15Ab	28.49±0.35Da	17.44±0.13Ba	21.31±0.23Ca
i13：0	G^+	3.85±0.09Aa	3.97±0.08Ba	6.83±0.36Da	4.41±0.08Ca
a13：0	G^+	13.57±0.15Ab	17.86±0.15Ca	21.33±0.36Da	16.47±0.23Cb
i14：0	G^+	8.16±0.13Ab	11.49±0.23Ba	13.41±0.15Ca	25.03±0.16Db
a14：0	G^+	21.06±0.25Ab	25.03±0.22Bb	21.58±0.36Ab	29.46±0.28Cc
i15：0	G^+	42.97±1.36Aa	71.44±0.54Ba	106.95±1.36Ca	178.39±1.36Db
a15：0	G^+	72.22±0.38Cb	82.15±1.69Ba	123.44±1.23Ba	158.13±1.36Bb
i16：0	G^+	38.69±0.58Aa	80.44±0.39Ca	53.68±0.36Ba	97.37±0.36Db
a16：0	G^+	21.5±0.46Aa	26.45±0.37Ba	26.05±0.12Ba	28.01±0.28Ca
i17：0	G^+	50.2±0.68Cb	23.4±0.59Aa	43.53±0.38Ba	59.3±0.25Da
a17：0	G^+	41.02±0.28Ab	78.87±1.03Ca	65.65±0.49Ba	89.52±0.27Da
i18：0	G^+	8.02±0.09Aa	16.99±0.21Bb	16.84±0.38Bb	18.15±0.16Cc
16：1ω9c	G--	13.28±0.36Ab	29.16±0.36Ca	20.71±0.36Ba	32.68±0.15Db
16：1ω7c	G--	80.56±0.28Ab	145.2±2.38Ca	115.81±1.23Ba	193.55±1.26Db
16：1ω5c	G--	22.45±0.67Aa	73.91±0.38Cb	39.24±0.25Bb	78.98±0.35Db
17：1 ω8c	G--	11.54±0.37Aa	39.9±0.78Db	25.56±0.23Ba	36.63±0.12Cb

（续）

生物标记	微生物类型	PLFAs 含量（ng/g）			
		CK	D1	D2	D3
18：1 ω7c	G--	85.62±0.68Ab	189.95±1.56Cb	151.98±1.36Bb	265.22±2.37Db
10Me16：0	放线菌	108.5±0.27Ab	185.32±2.36Ca	161.42±0.65Ba	243.74±3.46Db
10Me17：0	放线菌	11.43±0.15Aa	15.98±0.15Ba	24.92±0.38Cb	30.28±0.26Db
10Me18：0	放线菌	35.48±0.28Aa	54.98±0.36Ca	47.66±0.26Ba	102.97±1.27Db
10Me20：0	放线菌	80.27±0.36Ab	100.4±1.38Ba	96.97±0.83Cb	71.27±1.23Da
18：2 ω6c	真菌	38.91±0.77Ab	34.66±2.78Da	52.29±0.23Bb	99.4±0.46Cb
18：1 ω9c	真菌	64.65±0.69Aa	96.73±0.35Ba	83.98±1.36Ca	200.68±2.69Da
20：4 ω6c	原生动物	15.21±0.79Ab	26.63±0.24Bb	30.66±0.23Ca	37.28±0.35Db
20：3 ω6c	原生动物	3.64±0.03Aa	5.53±0.12Ba	10.83±0.36Ca	12.49±0.14Da

总的来说，在相同土层深度下，刺槐林地的土壤微生物含量高于空白荒地，差异显著，表明刺槐林地可以改善土壤微生物的含量分布，在不同代刺槐林地中，不同分子标记的微生物表现出了不同规律的特点，总体规律是 D3>D2>D1>CK，不同微生物的生存同时也受环境、林下枯落物等因素的影响，所以呈现不同规律的变化也是合理的。

7.3.3.3 相同林地下不同土层深度 PLFA 含量

综合观察可得，随土壤深度变化，4 种不同样地土壤各单一磷脂脂肪酸含量呈现明显的垂直变化规律，表层土壤集中了大部分的微生物 PLFA 含量，然后随土壤深度增加，PLFA 含量不断降低。且不同样地下减少趋势亦不同。这是由于植被生长过程中产生大量凋落物，凋落物聚集在表层土壤，为微生物的生存提供了一定的物质基础，微生物为分解这些凋落物种类和含量都相对较高，从而促进物质循环（Waid J et al.，1999）。而深层土壤不容易受到地表植被的枯落物和分泌物的直接影响，多是长年累月的土壤理化性质积累而发生变化，因而深层土壤的 PLFA 含量趋于稳定。

在荒地样地下，PLFA 含量呈现 0~20cm>20~40cm>40~60cm 的分子标记有 16：0、18：0、20：0、20：1 ω9c、i13：0、i15：0、a15：0、i16：0、i17：0、i18：0、17：1 ω8c、10Me18：0、18：1 ω9c、20：3 ω6c；PLFA 含量呈现 0~20cm>40~60cm>20~40cm 的分子标记有 12：0、14：0、15：0、17：0、a12：0、a13：0、i14：0、a14：0、a16：0、a17：0、16：1ω9c、16：1ω7c、16：1ω5c、18：1 ω7c、10Me16：0、10Me17：0、10Me20：0、18：2 ω6c、20：4 ω6c，部分微生物呈现 40~60cm>20~40cm，可能是荒地中枯落物腐殖质含量种类少，这部分微生物在土壤中不断活动，在深层土壤中与中层土壤中表现差异。但表层土壤（0~20cm）处土壤微生物的 PLFA 含量最高，这是由于土壤表层枯落物质量和种类增加，微生物活动频繁，活动更强。

在 1 代刺槐林中，PLFA 含量呈现 0~20cm>20~40cm>40~60cm 的分子标记有 12：0、14：0、15：0、16：0、17：0、18：0、20：1 ω9c、i13：0、a13：0、i14：0；i15：0、a15：0、i16：0、a16：0、i17：0、16：1ω9c、16：1ω7c、10Me16：0、10Me17：0、

10Me18：0、10Me20：0、18：2 ω6c、18：1 ω9c、20：3 ω6c；PLFA 含量呈现 0~20cm>40~60cm>20~40cm 的分子标记有 20：0、a12：0、a14：0、a17：0、i18：0、16：1ω5c、17：1 ω8c、18：1 ω7c、20：4 ω6c。刺槐林地中 PLFA 含量规律更加明显，随土层深度增加含量不断降低。

在 2 代刺槐林中，PLFA 含量呈现 0~20cm>20~40cm>40~60cm 的分子标记有 12：0、14：0、16：0、17：0、20：0、a12：0、i13：0、a13：0、i14：0、i16：0、a16：0、i17：0、a17：0、10Me18：0、16：1ω9c、16：1ω7c、17：1 ω8c、10Me16：0、18：1 ω9c、20：4 ω6c、20：3 ω6c；PLFA 含量呈现 0~20cm>40~60cm>20~40cm 的分子标记有 15：0、18：0、20：1 ω9c、a14：0、i15：0 、i18：0、16：1ω5c、18：1 ω7c、10Me17：0、10Me20：0、18：2 ω6c。

在 3 代刺槐林中，PLFA 含量呈现 0~20cm>20~40cm>40~60cm 的分子标记有 12：0、15：0、17：0、18：0、20：0、20：1 ω9c、a12：0、a16：0、i17：0、a17：0、10Me18：0、18：1 ω9c、20：3 ω6c；PLFA 含量呈现 0~20cm>40~60cm>20~40cm 的分子标记有 14：0、16：0、i13：0、a13：0、i14：0、a14：0、i15：0、a15：0、i16：0、i18：0、16：1ω9c、16：1ω7c、16：1ω5c、17：1 ω8c、18：1 ω7c、10Me16：0、10Me17：0、10Me20：0、18：2 ω6c、20：4 ω6c。

综上所述，土壤微生物 PLFA 含量呈垂直变化，随土壤深度增加，含量降低。特别是在由表层土壤（0~20cm）向中层土壤（20~40cm）含量降低趋势明显，差异显著。由中层土壤（20~40cm）向深层土壤（40~60cm）PLFA 含量降低趋势变缓。有的甚至深层土壤 PLFA 含量大于中层土壤，这可能是由于中层土壤和深层土壤中枯落物和腐殖质都相对较少，微生物生活环境大致相同，导致差异变化不明显，而且不同的微生物所喜好的温度、湿度等因素也不同，有的菌种更耐瘠薄。

7.3.3.4 不同林地下主要微生物类群分布

荒地与刺槐林地中均分布着细菌，革兰氏阳性菌、革兰氏阴性菌、放线菌、真菌、原生动物，在不同样地中土壤微生物 PLFA 含量虽表现出了一定的差异性，但是有的菌种在不同样地都表现出了优势，其 PLFA 含量相对较高。细菌中的优势菌种分子标记为 16：0，革兰氏阳性菌的优势菌分子标记为 i15：0，革兰氏阴性菌的优势菌分子标记 18：1 ω7c，放线菌的优势菌种分子标记为 10Me16：0，真菌的优势菌种分子标记为 18：1 ω9c，原生动物的优势菌种分子标记为 20：4 ω6c。这些优势菌种的 PLFA 总量占据了大部分的土壤微生物 PLFA 总量。16：0 占微生物 PLFA 总量的 13.91%，i15：0 占微生物 PLFA 总量的 10.27%，18：1 ω7c 占微生物 PLFA 总量的 4.37%，10Me16：0 占微生物 PLFA 总量的 6.12%，18：1 ω9c 占微生物 PLFA 总量的 5..06%，20：4 ω6c 占微生物 PLFA 总量的 0.17%。刺槐林地较荒地中优势菌群所占比例也有所增加。

7.3.3.5 不同林地土壤微生物群落多样性指数

在群落生态学研究中，常常将生物群落多样性用其多样性指数进行衡量，不同的多样

性指数表示不同的物种丰富程度（林生，2013）。

①Simpson 指数（C）：

$$C = 1 - \sum ni = 1 \ (ni/N)^2 \tag{7-46}$$

式中：ni——第 i 类脂肪酸数；

N——总脂肪酸数；

n——脂肪酸种类数。

②Shannon-Wiener 指数（H）：

$$H = -\sum i = Piln\ Pi \tag{7-47}$$

式中：$Pi = ni/N$。

③Pielou 指数（e）：

$$e = H / \ln S \tag{7-48}$$

式中：S 为群落中的脂肪酸总种类数。

Simpson 指数能够体现物种多样性（Maguran A，1998）。Simpson 指数越大表示物种越丰富，物种组成多，反之，物种种类越稀少。

在相同土壤深度 0~20cm 土层下，Simpson 指数 D3>D2>D1>CK，差异显著。D3 中土壤微生物种类越多，荒地中土壤微生物种类越少，土壤越单一。表明刺槐林地可以提高土壤微生物的种类，从而改善土壤肥力。在 20~40cm 土层下，Simpson 指数 D3>D2>D1>CK，D2 与 D3 差异不显著。在 40~60cm 土层下，Simpson 指数 D3>D2>D1>CK，差异显著。

在同一林地情况下，不同土层深度 Simpson 指数呈现出 0~20cm>20~40cm>40~60cm 的林地有 D2、D1、CK，D3 呈现 0~20cm>40~60cm>20~40cm，这可能是由于不同微生物在不同土层深度适应性不同所导致的。

微生物种类组成与均匀程度用 Shannon-Wiener 指数来表达。Shannon-Wiener 指数越大表示土壤微生物多样性越高，指数越小表示土壤微生物多样性越低。

在相同土壤深度在 0~20cm 土层下，Shannon-Wiener 指数 D3>D2>D1>CK，差异显著。在 20~40cm 土层下，Shannon-Wiener 指数 D2>D3>D1>CK，差异显著。在 40~60cm 土层下，Shannon-Wiener 指数 D3>D2>D1>CK，差异显著。刺槐林地可以显著改善微生物含量。在同一林地情况下，不同土层深度 Shannon-Wiener 指数呈现出 0~20cm>20~40cm>40~60cm 的林地有 D2、D1、CK，D3 呈现 0~20cm>40~60cm>20~40cm。

微生物组成和分布状况用 Pielou 指数体现，可以表明不同植被下土壤微生物的分布状况。

相同土壤深度，在 0~20cm 和 20~40cm 土层下，Pielou 指数 D3>D2>D1>CK，差异显著。在 40~60cm 土层下，D1>D3>D2>CK。刺槐林地的土壤微生物分布更加均匀，更有利于土壤枯落物的分解，提高土壤肥力。

在同一林地情况下，不同土层深度 Shannon-Wiener 指数呈现出 0~20cm>20~40cm>40~60cm 的林地有 CK、D2、D3，D1 呈现 0~20cm>40~60cm>20~40cm。详见表 7-49 至表 7-51。

表 7-49　不同林地在 0~20cm 土层土壤微生物群落多样性指数

样地	Simpson 指数	Shannon-Wiener 指数	Pielou 指数
CK	0. 75±0. 01Ac	2. 27±0. 17Ac	0. 69±0. 03Ac
D1	0. 76±0. 03Bc	2. 43±0. 13Bc	0. 81±0. 15Bc
D2	0. 78±0. 02Cc	2. 67±0. 26Cc	0. 83±0. 07Cc
D3	0. 79±0. 03Dc	2. 89±0. 18Dc	0. 87±0. 11Dc

表 7-50　不同林地在 20~40cm 土层土壤微生物群落多样性指数

样地	Simpson 指数	Shannon-Wiener 指数	Pielou 指数
CK	0. 74±0. 02Ab	2. 13±0. 23Ab	0. 61±0. 05Ab
D1	0. 75±0. 03Bb	2. 26±0. 18Bb	0. 67±0. 19Ba
D2	0. 76±0. 01Cb	2. 49±0. 22Db	0. 73±0. 12Cb
D3	0. 76±0. 05Ca	2. 38±0. 15Ca	0. 74±0. 17Db

表 7-51　不同林地在 40~60cm 土层土壤微生物群落多样性指数

样地	Simpson 指数	Shannon-Wiener 指数	Pielou 指数
CK	0. 71±0. 03Aa	1. 86±0. 17Aa	0. 58±0. 04Aa
D1	0. 73±0. 07Ba	1. 98±0. 17Ba	0. 76±0. 03Db
D2	0. 74±0. 06Ca	2. 19±0. 16Ca	0. 72±0. 05Ba
D3	0. 77±0. 03Db	2. 61±0. 24Db	0. 73±0. 04Ca

7. 3. 3. 6　不同林地土壤微生物 PLFA 与土壤养分的相关性分析

土壤养分相关因子与不同刺槐林地土壤细菌、放线菌、真菌与原生动物各总 PLFA 的相关系数存在差异。在 0~20cm 土层下，细菌总 PLFA 含量与土壤有机质、全 N、全 P、速效 N、速效 K 呈正相关，与速效 P 呈显著正相关。真菌总 PLFA 含量与土壤有机质、速效 K 呈负相关，与全 N、速效 N 呈显著负相关，全 P 与速效 P 呈正相关。放线菌总 PLFA 含量与土壤有机质、全 N、全 P、速效 P、速效 K 呈正相关，与速效 N 呈显著正相关。原生动物总 PLFA 含量与土壤有机质、全 N、速效 N 呈正相关，与速效 K 呈极显著相关，全 P 与速效 P 呈负相关。

在 20~40cm 土层下，细菌总 PLFA 含量与土壤有机质、全 P、速效 P 呈正相关，与全 N 呈显著正相关，与速效 N、速效 K 呈极显著正相关。真菌总 PLFA 含量与土壤有机质、全 N、速效 N、速效 K 呈负相关，与全 P、速效 P 呈正相关。放线菌总 PLFA 含量与土壤有机质、全 N、速效 N、全 P、速效 P、速效 K 呈正相关。原生动物总 PLFA 含量与土壤有机质、全 N、速效 N、全 P、速效 P 呈正相关，与速效 K 呈显著正相关。

在 40~60cm 土层下，细菌总 PLFA 含量与土壤有机质、全 N、全 P 呈正相关，与速效 P、速效 K 呈显著正相关，与速效 N 呈极显著正相关。真菌总 PLFA 含量与土壤有机质、速效 N、速效 K 呈负相关，与全 N 呈显著负相关，与全 P、速效 P 呈正相关。放线菌总 PLFA 含量与土壤有机质、全 N、速效 N、全 P、速效 P、速效 K 呈正相关。原生动物总

PLFA 含量与土壤有机质、全 N、速效 N、全 P、速效 P、速效 K 呈正相关（表 7-52 至表 7-54）。

表 7-52　土壤微生物与土壤养分之间在 0~20cm 土层的相关性

因子	土壤有机质	全 N	全 P	速效 N	速效 P	速效 K
细菌	0.994	0.77	0.808	0.248	0.884*	0.884
真菌	-0.569	-0.803*	0.087	-0.568*	0.228	-0.229
放线菌	0.266	0.955	0.247	0.808*	0.106	0.306
原生动物	0.976	0.252	-0.956	0.551	-0.988	0.988**

表 7-53　土壤微生物与土壤养分之间在 20~40cm 土层的相关性

因子	土壤有机质	全 N	全 P	速效 N	速效 P	速效 K
细菌	0.798	0.993*	0.437	0.997**	0.993	0.993**
真菌	-0.992	-0.627	0.941	-0.627	0.627	-0.627
放线菌	0.793	0.149	0.983	0.149	0.149	0.149
原生动物	0.995	0.783	0.844	0.716	0.698	0.883*

表 7-54　土壤微生物与土壤养分之间在 40~60cm 土层的相关性

因子	土壤有机质	全 N	全 P	速效 N	速效 P	速效 K
细菌	0.751	0.564	0.114	0.998**	0.988*	0.993*
真菌	-0.951	-0.998*	0.797	-0.553	0.479	-0.604
放线菌	0.868	0.964	0.903	0.372	0.291	0.432
原生动物	0.773	0.906	0.962	0.215	0.125	0.272

7.3.4　刺槐能源林多代经营后的林地土壤自毒效应

刺槐能源林在多代经营后，本身对自身是否存在化学伤害，是刺槐能源林经营常被人关注的重要问题。由表 7-55 根部土壤浸提液的测试结果可知，对于 1 年生刺槐苗，对于根际土壤浸提液灌溉对苗木的叶绿素含量、地径生长量、株高生长量均无明显的差异性表现（$P<0.05$），表明对自身的化感作用不明显。

表 7-55　添加活性炭（AC）与否对刺槐 1 年生苗的作用

测定指标	AC	CK	*p*
叶绿素 A（mg/g）	1.88±0.01	1.85±0.02	0.224
叶绿素 B（mg/g）	1.50±0.08	1.60±0.11	0.572
地径生长量（cm）	3.73±0.36	3.44±0.37	0.345
株高生长量（cm）	47.47±40.79	40.88±5.00	0.490

进一步对添加活性炭与不添加活性炭两个组内幼苗表现差异进行分析（表 7-56），在 1 代林、2 代林、3 代林根际土及 S500、S100 两种浓度下对幼苗的叶绿素含量、地径生长

量、株高生长量进行双因素方差分析，可知不同浸提液来源、浓度及两者交互上各生长指标均未表现出显著性差异。在无活性炭的添加组里，由于叶绿素 a 和地径生长量的数据未通过方差齐性检验，因此采用非参数检验、Cruskal-Wallis 秩和检验，P 值分别为 0.318 和 0.503，亦均未达到差异显著（$P<0.05$）。这说明刺槐能源林多代经营在理论上不会存在自身带来的不利影响。

表 7-56 浸提液作用于刺槐各生长指标的方差分析（P 值）

因子	AC				CK	
	叶绿素 A	叶绿素 B	地径	株高	叶绿素 B	株高
浸提液来源	0.903	0.867	0.083	0.270	0.910	0.641
浸提液浓度	0.468	0.283	0.708	0.899	0.918	0.976
浸提液来源×浸提液浓度	0.426	0.673	0.808	0.811	0.423	0.895

7.4 结论、讨论与建议

7.4.1 结论

7.4.1.1 浅山丘陵区刺槐皆伐萌蘖更新林的生物质能

（1）以河南省洛宁县浅山丘陵区皆伐萌蘖更新的刺槐林为研究对象，通过对其地上部分生长量和生物量的调查，林木相关组成物质（灰分、挥发分）和元素（碳、氮、磷、钾）的分析测定，对影响林分总热值的生物质能当量热值、煤效值和生物量的变化特征因子等的分析，通过长达 6 年的研究得到以下主要结论。

①刺槐林平茬收获物当量热值研究表明，矮林型生物质的当量热值（18.99kJ/g）高于乔林型（18.81kJ/g）的 1%，其中：1~5 年生矮林型生物质当量热值随年龄增加而升高，在 4~5 年生时热值明显偏高（$P<0.05$），变幅为 18.76~19.16kJ/g；8~39 年生的乔林型当量热值随年龄增加而下降，变幅为 18.5~19.06kJ/g。不同器官的当量热值不同，其排列顺序为：叶（19.8567kJ/g）>干（19.4585kJ/g）>枝（18.3715kJ/g）>皮（16.8476kJ/g）；不同立地条件下的当量热值表现为阴坡大于阳坡；当量热值随枝条基径的增大而降低，当量热值与基径遵从着多项函数式关系，$Q=-0.0153D^2+3.764D+4383.6$（$R^2=0.97$）。

②刺槐能源林生物量的变化有以下特征：1~5 年生的矮林型刺槐林生长过程表现出，基径和高度的年平均生长量为持续下降，连年生长量都表现为“W”形逐年下降；而生物量平均年生长量和连年生长量变化为“V”形逐年上升式，5 年生时单位面积生物量达 32050kg/hm²。8~39 年生乔林型年均生物量的变化为：8~22 年为上升阶段，22 年后为下降，34 年时明显下降，22 年生左右为转折点。对于林分存有的生物量比较，矮林型 5 年生明显大于乔林型 8 年生。说明刺槐能源林的轮伐期应该在 5 年生以后和 8 年生以前。同时，也得到基径与生物量的函数模型，4 年生时的关系式为：$W_4=0.0619D^{2.439}$，（$R^2=$

0. 96)；5 年生时的关系式为：$W_5=0.0618D^{2.477}$，($R^2=0.97$)。乔林型生物量的模型式为：$W=0.0518\ (D^2H)^{1.004}$ ($R^2=0.99$)

③如何迅速而准确地预测刺槐能源林林分的生物量是刺槐能源林经营的重要内容。对于萌生的刺槐能源林，林分生物量的测定更加困难。通过采用标准地、标准木和树体分层分段抽取标准样品的方法，采伐取样刺槐的样品，测定并计算刺槐萌条各部位的生物量和单位生物量。通过比较以基径（D_0）和树高（H）为自变量的模拟方程和以冠幅与株高乘积为自变量建立的生物量模型，后者所得方程不仅相关指数高（$R^2=0.971$），而且检验结果表明拟合效果较好，方程 $W=0.168\ (CH)^{1.434}$ 用于刺槐萌生林生物量的预测具有较高的可靠性和精度。

④刺槐能源林生物量是标准煤量和发电量的基础。其中矮林型生物质煤当量系数为 0. 6401~0. 6538，乔林型为 0. 6313~0. 6505，当量热值影响较小（1. 37%~1. 92%）。1 度电耗标准煤为 320g，以矮林型 5 年生林分为例，单位面积不同形式收获量分别为：生物量达 32. 1t/hm^{2}时，折合标准煤为 20. 6t/hm^2，可发电量约为 64375 度/hm^2。林分总热值的高低主要取决于林分生物量，煤质和电质收获量与生物质量有同样趋势和几乎一致的变化。

⑤不同立地条件对矮林型刺槐林生物量、当量热值和煤当量系数的分析，结果表现为阴坡生物量总是大于阳坡，阴坡生物量是阳坡 1. 78~3. 32 的倍，当量热值和煤当量系数阴坡为阳坡的 1. 01~1. 02 倍。说明洛宁浅山丘陵区在矮林型刺槐能源林培育方面，阴坡具有较好的能源林生产力。

⑥对阴坡 2 年生后抚育强度的研究表明，1/4 的抚育强度的生物量比对照。增幅 20. 64%，是极显著的（$P<0.01$）；当 1/2 的抚育强度时，生物量比对照增值为 30. 25%，说明 1/2~1/4 的抚育强度对生物量的增长是有效的，其中以 1/2 抚育强度比较合适。

⑦影响矮林型刺槐生物质当量热值差异的原因之一是木纤维结构的差异。初步断定，刺槐木纤维壁厚与热值呈正相关，而长度与腔径对热值则有负向影响。木纤维结构与热值间明显相关性逐步回归模型为：

$$Q=116.6553+0.2368X_1-41.2378X_3-0.0609X_1X_2+0.2296X_1X_4+5.5482X_2X_3-17.7500X_1X_4$$

⑧影响矮林型刺槐生物质当量热值的另一个原因是不同的组成成分。冬季地上部分收获物的粗灰分含量为 2 年生>3 年生>4 年生>1 年生，挥发分含量的特征为 2 年生>1 年生>3 年生>4 年生，碳含量顺序为 2 年生>4 年生>3 年生>I 年生。挥发分含量随基径的增大有下降的趋势；粗灰分和挥发分含量与干重当量热值为负相关，林分的碳储量与总热值呈正相关。各因子综合相关性分析结果为：热值与灰分、全碳、氮、磷和钾等因子的相关性较高；全碳、灰分与其他因子的相关性很高。热值与灰分、全碳及其他营养元素的回归关系式为：

$$Q=0.063X_1+0.412X_2-0.314X_3+0.222X_4-0.459X_5+0.255X_6\quad (R^2=0.751)$$

通过对洛宁浅山丘陵区刺槐 1~39 年生林分的生长过程、生物量变化以及热值与影响因子的系统性研究，其研究结果为生产栽培管理提供技术参考；一些模型也为短周期能源林标准化管理提供理论依据。研究方法也为今后刺槐乃至矮林型能源林的研究提供了一个可以选择的方法。

7.4.1.2 刺槐能源林多代经营对土壤肥力的影响

以河南洛宁吕村林场培育的刺槐能源林为研究对象，选取未平茬利用的22年生的第一代林（D1），经过首次平茬利用后由根桩萌生形成的第二代林（D2）和由第二代林再次平茬后萌生形成的第三代林（D3）为试验监测林分，在试验林地内采用定期定点挖取土壤剖面，室内测定土壤理化性质指标和土壤微生物成分等为基础评价各代刺槐能源林土壤肥力变化特征，以期为刺槐能源林的培育与经营提供理论指导。研究取得的结论如下。

①刺槐林能有效地改善土壤的物理性状，改良土壤质地和结构，使土壤疏松、通气通水效果显著。刺槐林的土壤容重显著低于荒地，表层土壤容重CK>D2>D1>D3，对照与D1和D2均没有显著差异。对照与D2没有显著差异，这可能是由于随着种植代数的增加，郁闭度升高，微生物在潮湿的环境下活动更加频繁，使土壤矿化程度加深进而增大土壤容重。距树干不同距离时，各代刺槐林之间，土壤容重差异不显著。同一类型样地，随土层深度的增加，土壤容重均增加，这是由于土层越深枯落物含量越少，微生物活动不频繁，土壤越紧实。刺槐林地比荒地的孔隙度显著增大，说明刺槐林有利于土壤通透性和持水性的改善。刺槐林土壤总孔隙度和毛管孔隙度显著大于荒地，非毛管孔隙度无明显的规律。同一类型的样地，随土壤深度增加，土壤总孔隙度和毛管孔隙度降低。刺槐林地的田间持水量显著高于荒地，林分小气候及截留作用使林内土壤水分比荒地多，相同土壤深度下，各代刺槐林地的田间持水量差异不显著，同一类型样地，随土壤深度增加，田间持水量不断降低。土壤含水量受外界环境影响比较大，各代林对土壤含水量的变化差异不显著，刺槐林地随土壤深度增加，土壤含水量增加，差异不显著，这是由于土壤层次越深，水分蒸发得越少。距树干不同距离，各代刺槐林之间土壤容重、孔隙性差异不显著。同一类型样地，在不同水平距离呈现出不同的规律性，这是由于刺槐是浅根系树种，刺槐根系呈水平方向延伸，对土壤在水平方向的影响差别不大。

②刺槐林地能有效地改良土壤的化学性质，在相同土层深度下，各代刺槐能源林土壤化学性状的结果：土壤有机质含量呈现D3>D2>D1>CK，差异显著，在氮含量与土壤有机质的变化趋势基本相同。在0~20cm处，速效氮含量D1比荒地高13.5%，D2比荒地高54.7%，D3比荒地高58.7%。在20~40cm处，D1比荒地高28.2%，D2比荒地高70.7%，D3比荒地高94.8%；在40~60cm处，D1比荒地高35.6%，D2比荒地高74.2%，D3比荒地高98.6%。刺槐根系具有固氮能力，能将空气中的氮转变为植物可直接吸收利用的化合态氮（NH_4^+和NO_3^-）增加了土壤氮素含量。另外，造林后每年进入土壤中大量凋落物、林木根系及微生物的分泌物中含有许多易分解的简单有机态氮，凋落物分解后也释放出大量的NH_4^+和NO_3^-，导致土壤中氮含量的增加。土壤磷含量变化没有明显的规律，相同土层深度下，全磷含量在0~20cm处，D1比荒地高63.3%，D2比荒地高73.2%，D3比荒地高89.6%；在20~40cm处，D1比荒地高72.5%，D2比荒地高74.5%，D3比荒地高49.0%；在40~60cm处，D1比荒地高69.7%，D2比荒地高41.9%，D3比荒地高23.2%。

主要是因为土壤磷含量变异系数较大，极易受外界环境的影响，土壤中的磷主要来自土壤母岩，而且土壤中磷矿石比较多，不同类型样地的土壤磷含量不同。钾含量刺槐林地显著高于荒地。相同土层深度下，速效钾含量在0~20cm处，D1比荒地高25.7%，D2比荒地高82.2%，D3比荒地高43.6%；在20~40cm处，D1比荒地高11.9%，D2比荒地高59.8%，D3比荒地高41.5%；在40~60cm处，D1比荒地高11.9%，D2比荒地高57.2%，D3比荒地高33.8%。距树干相同距离时，土壤有机质、全氮、速效氮、全磷、速效磷、速效钾均呈现D3>D2>D1>CK的现象，相同类型样地，距树干不同距离时，土壤有机质、全氮、速效氮、速效钾呈现0~50cm>50~100cm>100~150cm的现象，差异不显著。全磷与速效磷规律不明显。

③在土壤微生物方面，在荒地和刺槐林地中细菌PLFA含量最高，其次是放线菌、真菌，原生动物含量最少。在相同土层下，不同林地土壤微生物PLFA含量呈现出不同的规律性。大部分分子标记的PLFA含量呈现D3>D2>D1>CK，表明刺槐林地土壤微生物含量高，土壤微生物的活动能有效改善土壤肥力。相同林地不同土层土壤各单一磷脂脂肪酸含量呈现明显的垂直变化规律，随土壤深度增加，含量降低。特别是在由表层土壤（0~20cm）向中层土壤（20~40cm）含量降低趋势明显，差异显著。由中层土壤（20~40cm）向深层土壤（40~60cm）PLFA含量降低趋势变缓。土壤微生物Simpson优势度指数、Pielou均匀度指数、Shannon-Wiener多样性指数在不同土层呈现D3>D2>D1>CK，物种丰富度、均匀度更高。土壤微生物与土壤养分方面，细菌、放线菌、原生动物总PLFA含量与土壤有机质、全N、全P、速效N、速效P，速效K呈正相关。真菌总PLFA含量与土壤有机质，全N、速效N、速效K呈正相关，与全P、速效P呈负相关。

④树木对土壤养分具有“表聚效应”，即各种养分含量在不同土层深度下土壤养分含量差异显著。本试验研究结果表明土壤表层有机质、全氮、速效氮、全磷、速效磷和速效钾含量高于深层，呈现出垂直结构变化，表现出了一定的“表聚效应”，随土壤深度增加，含量不断降低。这可能是由于表层土壤蓄积的枯落物比较多，经过微生物分解后，产生了大量的有机质和营养元素，积累在土壤表层。但是速效钾20~40cm处与40~60cm处差异不显著，这可能是由于钾在土壤中容易流失，土壤的钾养分由地表枯落物分解从表层土壤转移到下层土壤中。

⑤多代刺槐能源林在连栽培育过程中，土壤理化性质与土壤微生物特性得到有效改善，缓解了地力衰退现象。一系列相关研究也表明利用刺槐林可以有效改良土壤结构，改善土壤养分含量，关于刺槐林的研究大多集中于不同林龄刺槐林土壤含水量、养分方面。本研究以多代刺槐能源林为研究对象，结果表明多代刺槐能源林能有效改善土壤肥力，为刺槐多代的连作改善地力衰退现象的研究提供了有效的技术支持和理论指导。

⑥通过采集刺槐根际土浸提液，对1年生刺槐苗进行浇灌实验，没有表现出对苗木明显的抑制作用，化感作用排除，未体现刺槐根际土壤中对本身的自毒效应及多代经营后的代际变化。

林分生长过程会出现的产量下降现象不是单一因素造成的，单作化感作用这一观点提出后也成为了研究的方向之一，人们发现林内土壤有机物质积累浓度过高会对树种本身产生毒害作用，如陈龙池等（2002）发现连栽杉木林土壤中积累的香草醛、对羟基苯甲酸等酚类物质对杉木幼苗产生化感作用，导致连栽杉木生产力降低。研究中会做植物根系分泌物对种子的萌发抑制实验来确定其毒害作用，然而，有研究认为这些自毒物质会在土壤中快速分解，由于微生物的作用，因此有大量实验证据反驳自毒作用存在（Stefano Mazzoleni et al.，2014），即对化感作用持批判态度。

7.4.2 讨论

（1）我国现有刺槐面积大约1000万hm^2，其中防护林、薪炭林、荒山绿化以及废弃地种植较多，这些林分生长环境恶劣。按照林木生长原理，在环境条件好的人工栽培状况下，与恶劣环境的自然林相比，林木生长会更快，单位面积的生物量会更大。本研究对象是洛宁浅山丘陵区的刺槐林，生长环境为干旱缺水和营养贫瘠下的林地，无施肥、无浇灌。因此，按照林木生长原理，研究所得的生长量与生物量结论可能小于集约化经营状态。瑞典柳树能源林集约经营下，轮伐期为4年，可伐6次，生物量累计达240t/hm^2（Christersson L.，1998）。刺槐无性系生物量比其他无性系都有所增加（谭晓红，2010）。对于刺槐在人工集约化经营情况下，生物量的变化还需要做进一步的研究。

（2）由于研究材料的限制，本研究只考虑了矮林型1~5年生和乔林型8~39年生刺槐能源林林木的当量热值，其结果表明，1~5年生的当量热值表现为逐年上升趋势，而8~39年生林木的当量热值为下降趋势。其中缺乏6~7年研究材料，而这两年是个关键的转折点，5~7年也可能是轮伐期限，因此，这两年的当量热值尤为重要。对此还需做进一步的研究。

（3）本研究选择的1~5年刺槐林的生物量是连年上升的，5年生达到最大值；8年生已经成为乔林型，其生物量明显下降，说明适宜的轮伐期应为大于5年而小于8年。根据栎树薪炭林的研究结论，栎树薪材工艺成熟期为5年，每年采伐一次，麻栎立木一般胸径达5~7cm，高度4~5m，平均单株重5~7kg，产炭材约75000kg/hm^2，年均10~12t/hm^2。在考虑出材率、产炭率、炭质量以及综合成本价格的情况下，提出应将现行的超短轮伐期矮林作业法改为高生理经济轮伐期作业法（丁伯让，2003），可将5年一个采伐周期延长至8年左右，以达到产品（木炭）质量的最优化和经济效益的最大化。瑞典选出的柳树生长4~5年成熟，成熟后高度可达6~7m，每年干物质生产量10t/hm^2（Christersson L.，1998），由此可以推理，洛宁浅山区刺槐林作为生物质发电的原材料时，最佳轮伐期可能是5~6年。但由于本研究材料所限，缺乏6~7年林分，所以关于此项问题，需要做进一步研究。另外，在集约经营情况下，由于营养条件优良，轮伐期也可能低于5年，年均生物质干重可能大于6.210t/hm^2。

（4）刺槐矮林的形成有两种途径，截干苗造林和成龄林以后的林分皆伐更新的伐桩萌生林。植苗造林和桩迹萌发林由于根际营养和萌蘖点的差异会极大地影响林分的生产力。本研究借用空间换取时间的资料不足局限，研究对象比较复杂。成熟林伐桩更新形成矮

林，由于成熟林树木株距较大 2~3m，萌生条以树桩为基点大量萌生，形似灌木丛生，且分布不均，明显地不同于植苗造林，植苗截干造林具有分布均匀、生长一致的特点。因此，本研究结果仅适用于桩基林。

(5) 研究反复证明，刺槐多代萌生对林地土壤不仅不会造成地力衰退，反而会有助于土壤理化性状的改善，而且不存在刺槐本身的自毒作用，因此对于刺槐燃料能源林而言，是可以作为我国固体燃料资源培育的首选树种予以考虑的。

7.4.3 建议

根据本研究的结果，对河南洛宁浅山区刺槐能源林经营技术提出如下要点。

①制定合理的抚育更新规划。

首先，调查统计刺槐林的性质、林分类型、立地条件、年龄，估算生物量；其次，调查社会对森林不同类型收获物的需求数量，包括建筑用材、小径材、生物质发电用料、传统薪材等。在此基础上，优先更新过熟林和成熟林，同时兼顾幼龄林的抚育。在保证公益林功能的前提下，逐步调整林分年龄结构和林分生产力水平。

②选择适宜的能源林造林用地，尽量以阴坡环境为主。从研究结果看，阴坡生物量和当量热值均优于阳坡。

③对于豫西浅山丘陵区土壤营养元素钾含量高、磷极度缺乏的状况，在矮林型能源林生长过程中，应增加酸性磷肥的使用，这样有利于提高林分生物量和林分热值。

④成熟林皆伐更新后的 2~3 年间，应加大水肥管理，此时林木进入旺盛生长期。

⑤皆伐更新后的第 3 年，对林分进行适度强度的弱势萌条抚育间伐，降低萌条枯死率，可有效提高单位面积生物量。

⑥每年在 10 月到翌年 3 月期间对刺槐能源林进行皆伐更新，其皆伐更新可以采取垂直坡面的条块式方法，以防早春地面蒸发失水和雨天水土流失。

⑦刺槐植株的树枝与树干具有相近的当量热值，收获时应注意树干与树枝一起收获，以便得到最大的生物量。另外，由于不同基径具有不同的灰分含量和热值，所以收获物应按基径分级处理，便于分类使用。

⑧矮林型经营轮伐期暂定为 5~6 年，连续萌蘖更新以 3~4 次为宜。

⑨连续生长 5 代以上的刺槐能源林林地，应清除根桩，重新营造实生林，或更换树种，或营造混交林。

参考文献

白卫国，张玲，翟明普. 2007. 论我国林业生物质能源林培育与发展［J］. 林业资源管理（2）：7-10.

鲍士旦. 2000. 土壤农化分析［M］. 北京：中国农业出版社.

鲍雅静，李政海，韩兴国，等. 2006. 植物热值及其生物生态学属性［J］. 生态学杂志，25（9）：1095-1103.

鲍雅静，李政海. 2003. 内蒙古羊草草原群落主要植物的热值动态［J］. 生态学报（03）：606-613.

北京林学院. 1980. 造林学［M］. 北京：中国林业出版社.

毕君，高洪真，王振亮. 1995，多用途树种——刺槐研究的进展与趋势［J］. 河北林果研究（1）：92-96.

毕玉芬，车伟光. 2002. 几种苜蓿属植物植株热值研究［J］. 草地学报，10（4）：265-269.

蔡宝军，刘军朝，沈永存，等. 2008. 北京石质山地燃料型能源树种刺槐无性系筛选［J］. 林业科技开发（01）：71-75.

曹帮华，龙庄如，梁玉堂. 1993. 石林刺槐微体快速繁殖的研究［J］. 山东农业大学学报（S1）：52-61.

曹吉鑫，田赟，王小平，等. 2009. 森林碳汇的估算方法及其发展趋势［J］. 生态环境学报，18（5）：2001-2005.

曹吉鑫. 2011. 北京北部山区不同林龄的油松和侧柏人工林碳库研究［D］. 北京：北京林业大学.

陈波，杨永川，周莹. 2006. 浙江天童常绿阔叶林内七种优势植物的热值研究［J］. 华东师范大学学报（自然科学版）（2）：105-111.

陈彩霞. 2002. 香花槐生物学特性及繁殖技术［J］. 林业实用技术（07）：27.

陈根云，俞冠路，陈悦，等. 2006. 光合作用对光和二氧化碳响应的观测方法探讨［J］. 植物生理与分子生物学学报，32（6）：691-696.

陈美玲，上官周平. 2008. 四种园林植物的热值与养分特征［J］. 应用生态学报（04）：747-751.

陈美玲，上官周平. 2009. 黄土高原子午岭林区 6 个典型群落优势种的热值和养分特征［J］. 林业科学，45（03）：140-144.

陈平雁. 2005. SPSS 13. 0 统计软件应用教程［M］. 北京：人民卫生出版社.

陈乾富. 1999. 毛竹林不同经营措施对林地土壤肥力的影响［J］. 竹子研究汇刊（03）：19-24.

陈新安，袁瑛武. 2012. "薪炭林" 林种商榷［J］. 中南林业调查规划，31（03）：45-48.

丁伯让. 2003. 栎树薪炭林的造林技术及开发利用［J］. 安徽林业科技（01）：15-17.

董平. 2011. 生物法制取纤维素乙醇技术［J］. 现代化工（S2）：40-44.

董尊，岳树民，隋志远. 2008. 四倍体刺槐根系营养袋育苗技术［J］. 河北林业科技（3）：60.

杜凌燕. 2009. 长白山区不同森林类型下土壤养分空间变异性的初步研究［D］. 长春：东北师范大学.

方升佐，洑香香. 2007. 青钱柳资源培育与开发利用的研究进展［J］. 南京林业大学学报（自然科学版）（01）：95-100.

方升佐，万劲，彭方仁. 2006. 木本生物质能源的发展现状和对策［J］. 生物质化学工程，40（B12）：95-102.

方运霆，莫江明，李德军，等. 2005. 鼎湖山马尾松群落能量分配及其生产的动态［J］. 广西植物（01）：26-32.

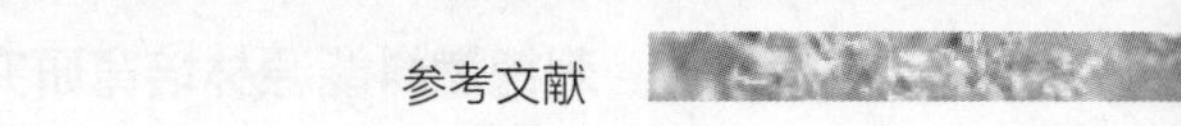

费世民. 2005. 国内外能源植物资源及其开发利用现状 [J]. 四川林业科技 (5): 22-26.

费永俊, 毛庆家, 杨敏, 等. 2008. 南方红豆杉冠层不同部位的光合生理研究 [J]. 长江大学学报 (自然科学版), 5 (4): 20-24+28.

冯宗炜. 1982. 湖南会同地区马尾松林生物量的测定 [J]. 林业科学, 18 (2): 127-134.

高岚, 李伟. 2006. 林木生物质能源的发展和我国能源林建设 [J]. 生物质化学工程, 40 (B12): 265-275.

高尚武, 马文元. 1990. 中国主要能源树种 [M]. 北京: 中国林业出版社.

高书英, 徐和平, 孙武庆, 等. 2005. 刺槐平茬效益高 [J]. 河北林业 (3): 25-26.

葛明菊, 柯世省. 2002. 珊瑚树叶片光合效率午间降低的原因初探 [J]. 浙江师范大学学报 (自然科学版), 25 (3): 294-298.

宫锐, 何勇, 孙建辉, 等. 1996. 刺槐速生丰产示范林栽培技术总结 [J]. 山东林业科技 (6): 14-15.

龚佰勋. 2002. 城市垃圾焚烧阶段分析研究 [J]. 环境卫生工程, 10 (3): 123-125.

龚运淮, 陈慧泉, 尹士恩. 1995. 生物质能源的开发前景 [J]. 云南化工 (1): 23-26.

谷战英, 谢碧霞. 2007. 林木生物质能源发展现状与前景的研究 [J]. 经济林研究, 25 (2): 88-91.

顾万春. 1990. 刺槐的种源试验与分析 [J]. 林业科研学究, 3 (1): 70-75.

官丽莉, 周小勇, 罗艳. 2005. 我国植物热值研究综述 [J]. 生态学杂志, 24 (4): 452-457.

管锦州. 2008. 刺槐萌蘖更新技术的可行性研究 [J]. 现代农业科技 (20): 20+22.

郭继勋, 王若丹. 2001. 松嫩草原碱茅 (*Puccinellia tenuiflora*) 热值和能量动态的研究 [J]. 生态学报 (06): 896-899.

郭江. 2004. 黄土高原半干旱区人工刺槐林水分密度生长效应研究 [D]. 北京: 北京林业大学.

郭军战, 舒庆艳, 王丽玲, 等. 2002. 四倍体刺槐离体培养中的外植体选择和消毒研究 [J]. 西北林学院学报, 17 (1): 15-18.

郭明辉, 张艳华. 1993. 天然三大硬阔林热值及其变化的研究 [M]. 能量生态学-理论　方法与实践. 长春: 吉林科学技术出版社., 110-115.

郭勇, 刘柏谦. 2012. 生物质燃料在燃煤锅炉上直接燃烧的试验研究 [J]. 锅炉技术, 43 (03): 44-46+69.

郭志华. 2002. 利用 TM 数据提取粤西地区的森林生物量 [J]. 生态学报, 22 (11): 1832-1839.

哈特曼 H T. 1985. 植物繁殖的原理和技术 [M] //郑邢文, 译. 北京: 中国林业出版社.

韩斐扬. 2010. 桉树人工林能量结构特征与能源林品种选择 [D]. 北京: 中国林业科学研究院.

郝朝运, 刘鹏. 2006. 浙江北山七子花群落主要植物叶热值 [J]. 生态学报, 26 (6): 1710-1717.

何宝华, 彭祚登. 2007. 生物质直接燃烧利用现状 [J]. 江西林业科技 (2): 06-30.

何宝华. 2007. 几种能源树种燃烧特性的研究 [D]. 北京: 北京林业大学.

何方, 王华, 何屏, 等. 2002. 生物质复合型煤在热分析仪中的燃烧行为研究 [J]. 煤炭转化 (04): 87-91.

何文林, 于帅昌, 肖和忠, 等. 2007. 红瑞木硬枝扦插技术的研究 [J]. 天津农学院学报. 14 (2): 23-26.

何晓, 包维楷, 辜彬, 等. 2007. 中国高等植物干质量热值特点 [J]. 生态环境, 16 (3): 973-981.

何彦峰, 彭祚登, 马履一. 2010. 黄土丘陵沟壑区刺槐截干造林试验 [J]. 林业科技开发, 24 (02): 91-93.

何彦峰, 彭祚登, 马履一. 2010. 黄土丘陵沟壑区刺槐燃料型能源树种造林试验初报 [J]. 中国林副特产

(01)：1-3.
何彦峰，彭祚登，马履一. 2011. 黄土丘陵沟壑区刺槐能源林造林试验研究［J］. 林业实用技术（02）：13-15.
何彦峰，彭祚登，马履一. 2012. 黄土丘陵沟壑区刺槐造林试验研究［J］. 林业科技，37（06）：13-18.
侯琳，雷瑞德，王得祥，等. 2009. 秦岭火地塘林区油松群落乔木层的碳密度［J］. 东北林业大学学报，37（1）：23-24.
侯志强，彭祚登，关瑞芳，等. 2009. 留茬高度对沙枣萌条生长的影响［J］. 河北林果研究，24（2）：172-175.
胡宝忠，刘娣. 1998. 白三叶（*Trifolium repens* L.）无性系植物分株间的生理整合作用［J］. 东北农业大学学报（01）：74-81.
胡建军，李洪. 2009. 美国 PARR6300 热值仪在能源植物热值测定中的应用［J］. 林业实用技术（04）：13-14.
胡建军，李洪. 2009. 能源杨柳无性系热值季节及年度变化［C］//国家林业局，广西壮族自治区人民政府，中国林学会. 第二届中国林业学术大会——S2 功能基因组时代的林木遗传与改良论文集. 北京：中国林学会：592.
胡兴宜，张新叶，杨彦伶，等. 2004. 四倍体刺槐扦插试验初报［J］. 湖北林业科技（3）：23.
胡自治，孙吉雄，张映生，等. 1990. 天祝高寒珠芽蓼草甸群落的热值和营养成分的初步研究［J］. 植物生态学与地植物学学报（02）：185-190.
黄建琴，徐奕鼎，王烨军，等. 2010. 安徽省几种能源植物的研究与利用［J］. 安徽林业科技（01）：10-12.
黄立华，朱虹. 2009. 饲料型四倍体刺槐组培扩繁技术［J］. 辽宁林业科技（2）：59-60.
黄焱，季孔庶，方彦，等. 2007. 珍珠黄杨春季扦插生根性状差异及内源激素变化［J］. 浙江林学院学报，24（3）：284-289.
黄玉国，张纤维，陈超时，等. 2007. 干旱地区截干造林试验［J］. 防护林科技（S1）：24-25.
霍常富，孙海龙，王政权，等. 2009. 光照和氮营养对水曲柳苗木生长及碳-氮代谢的影响［J］. 林业科学，45（7）：38-44.
贾黎明，刘诗琦，祝令辉，等. 2013. 我国杨树林的碳储量和碳密度［J］. 南京林业大学学报（自然科学版），37（02）：1-7.
贾治邦. 2006. 大力推进林业又快又好发展发挥林业在建设节约型社会中的作用［J］. 林业经济（11）：3-7.
江丽媛，彭祚登，何宝华，等. 2010. 6 个树龄栓皮栎热值与碳含量的分析［J］. 黑龙江农业科学（11）：85-89.
江丽媛. 2011. 刺槐和栓皮栎几种生物化学因子与热值关系的研究［D］. 北京：北京林业大学.
姜金仲，李云，贺佳玉，等. 2008. 刺槐同源四倍体种子促萌措施研究［J］. 北京林业大学学报（05）：78-82.
蒋建新，陈晓阳. 2005. 能源林与林木生物转化能源化研究进展［J］. 世界林业研究，18（6）：39-44.
及华. 1994. 刺槐玻璃苗愈伤组织化再生正常植株［J］. 河北林学院学报（02）：102-104.
金征宇，顾正彪，童群义，等. 2008. 碳水化合物——原理与应用［M］. 北京：化学工业出版社.
巨秀婷，阿啟兰，侯志强，等. 2017. 基于 ISSR 分子标记的郁金香品种遗传多样性分析［J］. 基因组学与应用生物学，36（7）：2934-2939.

康树珍. 2007. 几种能源树种燃烧利用效果的研究［D］. 北京：北京林业大学.

李春燕，王莉，刘涛，等. 2003. 高寒地区四倍体刺槐引种栽培试验［J］. 中国野生植物资源，22（3）：52-54.

李海民. 2004. 退耕还林（牧）先锋树种——四倍体刺槐［J］. 林业实用技术（1）：31.

李合生. 2002. 现代植物生理学［M］. 北京：高等教育出版社.

李洪，胡建军. 2010. 11 个能源林杨柳无性系热值季节及年度变化［J］. 林业科学研究，23（03）：425-429.

李洪. 2009. 杨柳能源林种植密度和轮伐期试验及其燃烧特性分析［D］. 北京：中国林业科学研究院.

李慧卿，马文元，李慧勇，等. 1999. 我国能源林发展与展望［J］. 世界林业研究（04）：52-54.

李慧卿，马文元，李慧勇，等. 1999. 我国能源林发展与展望［J］. 世界林业研究，12（4）：51-53.

李继华. 1987. 扦插的原理与应用［M］. 上海：上海科学技术出版社.

李建东，陈佐忠，任继周. 1992. 蒙古人民共和国草原的基本特征［J］. 国外畜牧学　草原与牧草（01）：47-49.

李晋生. 1981. 冀麦 7 号小麦千斤田的干物质生产与植株 C、N 营养［J］. 河北农学报（2）：13-17.

李靖，马永禄，罗杰，等，2013. 黄土丘陵沟壑区不同林龄刺槐林养分特征与生物量研究［J］. 西北林学院学报（3）：7-12.

李军，王学春，邵明安，等. 2010. 黄土高原半干旱和半湿润地区刺槐林地生物量与土壤干燥化效应的模拟［J］. 植物生态学报，34（3）：330-339.

李明，黄卓烈，谭绍满，等. 2000. 难易生根桉树多酚氧化酶、吲哚乙酸氧化酶活性及其同工酶的比较研究［J］. 林业科学研究，13（5）：493-500.

李少阳，苏印泉，魏丽娟，等. 2009. 不同年龄苹果修剪枝燃烧热的测定［J］. 西北林学院学报，24（04）：166-168.

李文华. 1981. 长白山主要生态系统生物量生产量的研究［J］. 森林生态系统研究（试刊）：34-50.

李意德，吴仲民，曾庆波，等. 1996. 尖峰岭热带山地雨林主要种类能量背景值测定分析［J］. 植物生态学报，20（1）：1-10.

李育材. 2006. 积极发展我国林木生物质能源［J］. 宏观经济管理（07）：4-7.

李云，姜金仲. 2006. 我国饲料型四倍体刺槐研究进展［J］. 草业科学，23（1）：41-46.

李云，田砚亭，钱永强，等. 2004. NAA 和 IBA 对四倍体刺槐试管苗生根影响及不定根发育过程解剖观察［J］. 林业科学，40（3）：75-79.

李云，王树芝，田砚亭，等. 2003. 四倍体刺槐离体培养及其不定根发育和叶片解剖观察［J］. 中国水土保持科学，1（1）：91-94.

李云，张国君，路超，等. 2006. 四倍体刺槐不同生长时期和部位的叶片的饲料营养价值分析［J］. 林业科学研究，19（5）：580-584.

李志安，邹碧，曹裕松，等. 2003. 华南两种豆科人工林体内养分转移特性［J］. 生态学报，23（7）：1395-1402.

李忠，张爱英，李丰. 2003. 毛白杨硬枝扦插育苗试验报告［J］. 宁夏农林科技（3）：12-15.

李周岐，薛智德. 1995. 刺槐优树无性系细根快速繁殖试验［J］. 陕西林业科技（01）：18-19.

梁玉堂，龙庄如. 2010. 刺槐栽培理论与技术［M］. 北京：中国林业出版社，18-19.

林承超. 1999. 福州鼓山季风常绿阔叶林及其林缘几种植物叶热值和营养成分［J］. 生态学报，19（6）：832-836.

林光辉，林鹏. 1988. 海莲、秋茄两种红树群落能量的研究［J］. 植物生态学与地植物学学报（01）：33-41.

林广亭. 1985. 刺槐根蘖更新的调查与分析［J］. 山东林业科技（03）：30-34.

林鹏，林光辉. 1991. 几种红树植物的热值和灰分含量研究［J］. 植物生态学报，15（2）：114-120.

林鹏，邵成，郑文教. 1996. 福建和溪亚热带雨林优势植物叶的热值研究［J］. 植物生态学报，20（4）：303-309.

林青山，洪伟，吴承祯，等. 2010. 永春县柑橘林生态系统的碳储量及其动态变化［J］. 生态学报，30（2）：0309-0316.

林生，庄家强，陈婷，等. 2013. 不同年限茶树根际土壤微生物群落 PLFA 生物标记多样性分析［J］. 生态学杂志，32（1）：64-71.

林益明，郭启荣，黎中宝，等. 2003. 福建省牛姆林自然保护区植物繁殖体的热值研究［J］. 中国生态农业学报，11（1）：117-119.

林益明，郭启荣，叶功富，等. 2004. 福建东山几种木麻黄的物质与能量特征［J］. 生态学报，24（10）：2217-2224.

林益明，柯莉娜，王湛昌，等. 2002. 深圳福田红树林区 7 种红树植物叶热值的季节变化［J］. 海洋学报，24（3）：112-118.

林益明，黎中宝，陈奕源，等. 2001. 福建华安竹园一些竹类植物叶的热值研究［J］. 植物学通报，18（3）：356-362.

林益明，林鹏，王通. 2000. 几种红树植物木材热值和灰分含量的研究［J］. 应用生态学报，11（2）：181-184.

林益明，王湛昌，柯莉娜，等. 2003. 四种灌木状与四种乔木状棕榈植物热值的月变化［J］. 生态学报，23（6）：1117-1124.

林益明，杨志伟，李振基. 2001. 武夷山常绿林研究［M］. 厦门：厦门大学出版社.

林忠明，严为椿. 1991. 优良薪材树种引种、选种和栽培经营技术的研究［M］//高尚武，马文元. 森林能源研究. 北京：中国科学技术出版社，176-184.

刘长宝，秦永建，曹帮华. 2008. 10 个刺槐无性系硬枝扦插技术研究［J］. 山东林业科技（5）：39-40.

刘大椿，黄逢龙，杨伟刚，等. 2013. 林业剩余物棒状燃料的成型技术研究［J］. 江西林业科技（06）：43-45.

刘关君，李绪尧，由香玲，等. 2000. 长白落叶松插穗内源激素变化与不定根产生的关系［J］. 东北林业大学学报（01）：19-20.

刘桂丰，杨传平，曲冠正，等. 2001. 落叶松杂种插穗生根过程中 4 种内源激素的动态变化［J］. 东北林业大学学报，29（6）：1-3.

刘建凯，郝明德，邹厚远. 2010. 黄土高原沟壑区人工刺槐林的建设、更新与演替［J］. 水土保持通报，30（01）：121-124.

刘娟娟，李吉跃. 2008. CO_2浓度倍增对元宝枫和刺槐光合特性的影响［J］. 南京林业大学学报（自然科学版），32（06）：143-146.

刘荣厚，武丽娟，李天舒. 2005. 生物质快速热裂解制取生物油的研究［C］//中国农业工程学会. 农业工程科技创新与建设现代农业——2005 年中国农业工程学会学术年会论文集第四分册. 北京：中国农业工程学会，274-278.

刘涛，李春燕，王莉. 2004. 西藏引种四倍体刺槐与普通刺槐营养成分对比分析［J］. 中国野生植物资

源，23（2）：46.
刘卫国. 2010. MATLAB程序设计与应用［M］. 北京：水利水电出版社.
刘艳. 2013. 低碳经济下绿色建筑与环境保护研究［J］. 资源节约与环保（12）：53+57.
刘银菊. 2008. 刺槐平茬技术［J］. 河北农业科技（20）：37.
刘勇，等. 1999. 苗木质量调控理论与技术［M］. 北京：中国林业出版社.
刘泽文. 2011. 木本植物热值与解剖结构的关系研究［D］. 济南：山东大学.
刘振西. 1994. 栎树资源及其开发利用［J］. 湖南林业科技（03）：64-66.
龙瑞军，徐长林，胡自治，等. 1993. 天祝高山草原15种饲用灌木的热值及季节动态［J］. 生态学杂志，12（5）：13-16.
龙应忠，吴际友，董方平，等. 2007. 高热值速生能源树种选育及应用研究进展［J］. 林业科技开发，21（2）：1-5.
鲁顺保，申慧，张艳杰，等. 2010. 厚壁毛竹的主要化学成分及热值研究［J］. 浙江林业科技（01）：57-60.
陆显祥. 1988. 能源林业的动向［J］. 世界林业研究，1（1）：43-48.
吕太，崔畅林，胡思科. 2003. 采用正交实验法对某型煤优化配比研究［J］. 煤炭转化，26（2）：77-80.
吕文，王春峰，王国胜，等. 2005. 中国林木生物质能源发展潜力研究［J］. 中国能源（11）：25-30.
吕志华，郭华春. 2018. RSAP、SSR和SRAP分析马铃薯遗传多样性的应用比较［J］. 基因组学与应用生物学，37（6）：2544-2550.
马文元，赵明范. 1997. 森林能源可持续发展的探讨［J］. 农村能源（04）：24-26.
马文元. 1991. 西北沙区薪材树种选种及其栽培经营技术的研究［M］//高尚武，马文元. 森林能源研究. 北京：中国科学技术出版社，87-104.
马文元. 1994. 薪炭林栽培经营技术的研究［J］. 林业科学研究（04）：386-393.
马鑫，彭祚登2014. 刺槐萌生林生物量预测模型的研究［J］. 西北林学院学报，29（4）：151-154.
孟陈，徐明策，李俊祥，等. 2007. 栲树冠层光合生理特性的空间异质性［J］. 应用生态学报，18（9）：1932-1936.
孟宪宇，张弘. 1996. 闽北杉木人工林单木模型［J］. 北京林业大学学报，18（2）：1-8.
南京农业大学. 1999. 田间试验和统计方法［M］. 北京：中国农业出版社.
聂国兴，王俊丽，肖竞. 2001. 两种粗脂肪测定方法的比较研究［J］. 河南畜牧兽医（07）：7-8.
牛晓华，吴兆迁，白帆. 2009. 能源林收获机切碎及抛送装置的设计［J］. 木材加工机械，20（04）：1-3.
潘红伟，杨敏生. 2003. 刺槐的繁殖及适应性研究进展［J］. 河北农业大学，26（5）：105-108.
潘庆民，韩兴国，白永飞，等. 2002. 植物非结构性贮藏碳水化合物的生理生态学研究进展［J］. 植物学通报，19（1）：30-38.
潘维俦. 1979. 12个不同地域类型杉木林的生物产量和营养元素分布［J］. 中南林业科技（4）：1-14.
裴保华，郑钧宝. 1984. 用NAA处理毛白杨插穗对某些生理过程和生根的影响［J］. 北京林学院学报（2）：73-77.
裴东. 2004. 核桃不定根发生调控机制与蛋白组学探讨［D］. 北京：北京林业大学.
彭祚登，何宝华. 2006. 林业生物质能开发利用途径、问题与前景分析［J］. 生物质化学工程，40（增刊）：276-281.
彭祚登，马履一，贾黎明，等. 2015. 燃烧型灌木能源林培育研究［M］. 北京：中国林业出版社.
齐长江，李靖唐，齐志明. 1992. 刺槐低改后幼林定向培育的试验初报［J］. 辽宁林业科技，（6）：34-35.

钱能志，尹国平，陈卓梅. 2007. 欧洲生物质能源开发利用现状和经验［J］. 中外能源（03）：10-14.
邱崇洋，杨炯超，郭和蓉，等. 2013. 8种狼尾草属植物的生长性状比较分析［J］. 中国农学通报，29（06）：97-101.
曲天竹，孙向阳，张颖，等. 2008. 三倍体毛白杨叶片营养年变化规律初探［J］. 浙江林学院学报（04）：538-542.
任伯文，刘玉西. 1990. 刺槐薪炭林的研究［J］. 四川林业科技（04）：51-58.
任海，彭少麟，刘鸿先，等. 1999. 鼎湖山植物群落及其主要植物的热值研究［J］. 植物生态学报，23（2）：148-154.
任建武. 2008. 四倍体刺槐试管苗玻璃化研究［J］. 安徽农业科学，36（12）：4867-4868+4950.
任俊莉，孙润仓，刘传富. 2006. 半纤维素的化学改性研究进展［J］. 现代化工（S1）：68-71.
任宪威. 1997. 树木学（北方本）［M］. 北京：中国林业出版社.
茹广欣，朱延林. 2008. 刺槐良种“豫刺槐1号”［J］. 林业科学，44（12）：168.
茹桃勤，李吉跃，张克勇，等. 2005. 国外刺槐（*Robinia pseudoacacia*）研究［J］. 西北林学院学报，20（3）：102-107.
阮志平，杨志伟，李元跃，等. 2007. 布迪椰子不同器官热值的季节变化研究［J］. 热带亚热带植物学报（05）：399-402.
撒文清，魏安智，张睿，等. 2003. 四倍体刺槐嫁接苗培育技术［J］. 陕西林业科技（01）：77-79.
森下义郎，大山浪雄. 1988. 植物扦插理论与技术［M］. 李云森，译. 北京：中国林业出版社.
尚忠海. 2008. 四倍体刺槐快速繁育技术研究［J］. 安徽农业科学，36（6）：2315-2316.
沈国舫. 2001. 森林培育学［M］. 北京：中国林业出版社.
生物质能源考察组. 2006. 德国瑞典林业生物质能源利用技术考察报告［J］. 生物质化学工程，40（B12）：I0008-I0015.
施士争，潘明建，王保松，等. 2006. 培育灌木柳生物质能源林的前景［J］. 江苏林业科技，33（3）：1-5.
石淑兰，何福望. 2003. 纸浆造纸分析与检测［M］. 北京：中国轻工业出版社.
史玉群. 2001. 全光照喷雾嫩枝扦插育苗技术［M］. 北京：中国林业出版社.
宋庆安，董方平，易霭琴，等. 2008. 刺槐光合生理生态特性日变化研究［J］. 中国农学通报，24（9）：156-160.
宋永芳. 2002. 刺槐资源的开发利用［J］. 林业科技开发，16（5）：11-13.
孙芳，杨敏生，张军，等. 2009. 刺槐不同居群遗传多样性的ISSR分析［J］. 植物遗传资源学报，10（01）：91-96.
孙启温. 1982. 刺槐根蘖更新密度试验初报［J］. 山东林业科技（04）：43-47.
孙向阳. 2005. 土壤学［M］. 北京：中国林业出版社.
孙晓敏，于强，罗毅，等. 2000. 作物冠层气象仪器研制与应用［J］. 生态农业研究，8（1）：76-79.
孙雪峰，陈灵芝，徐瑞成. 1997. 暖温带落叶阔叶林林内能量的分配组合特征［M］//陈灵芝，黄建辉. 暖温带生态系统结构与功能的研究. 北京：科学出版社，163-172.
谭晓红，刘诗琦，马履一，等. 2012. 豫西刺槐能源林的热值动态［J］. 生态学报（8）：2483-2490.
谭晓红，彭祚登，贾忠奎，等. 2010. 不同刺槐品种光合光响应曲线的温度效应研究［J］. 北京林业大学学报，32（2）：64-68.
谭晓红，王爽，马履一，等. 2010. 豫西刺槐能源林培育的光合生理生态理论基础［J］. 生态学报，30（11）：2940-2948.

谭晓红. 2010. 基于能源利用的刺槐苗期的生理生化基础研究［D］. 北京：北京林业大学.

谭忠奇，林益明，向平，等. 2003. 5 种榕属植物不同发育阶段叶片的热值与灰分含量动态［J］. 浙江林学院学报，20（3）：264-267.

唐保林，马兰萍. 2011. 刺槐的特征特性及其栽培技术［J］. 现代农业科技（22）：231-231.

唐守正，李希菲，孟昭和. 1993. 林分生长模型研究的进展［J］. 林业科学研究（06）：672-679.

万劲，方升佐. 2006. 能源林的发展概述［J］. 现代农业科技（10）：14-17.

万猛，李志刚，李富海，等. 2009. 基于遥感信息的森林生物量估算研究进展［J］. 河南林业科技，29（04）：42-45.

万泉. 2005. 能源植物的开发和利用［J］. 福建林业科技（02）：1-5.

万忠生，尹作文，曹志伟，等. 1991. 柳树薪炭林树种选择、栽培技术及其多种效益的研究［J］. 防护林科技（02）：40-45+52.

汪有科. 1989. 世界各国能源林的研究与发展综述［J］. 水土保持学报，9（5）：52-57.

王安亭，王燕军，唐秀军，等. 1999. 刺槐无性系营养钵插根育苗试验研究［J］. 河南林业科技（03）：15-16+31.

王超，毕君，宋熙龙，等. 2013. 太行山区刺槐林的生物量与碳汇量［J］. 中国农学通报，29（04）：14-18.

王冲. 2015. 以燃料乙醇为目标的刺槐和杨树无性系品质比较研究［D］. 北京：北京林业大学.

王得祥，雷瑞德，尚廉斌，等. 1999. 秦岭林区主要乔，灌木种类能量背景值测定分析［J］. 西北林学院学报，14（1）：54-58.

王华. 2013. 棉花秸秆预处理与乙醇化初步研究［D］. 杨凌：西北农林科技大学.

王华荣. 2008. 影响少球少毛悬铃木扦插繁殖因素的研究［J］. 北方园艺（1）：160-161.

王建成，胡晋，黄歆贤，等，2008. 植物核心种质构建数据和代表性评价参数的研究进展［J］. 种子，27（8）：52-55.

王建功，王如意. 1999. 刺槐平茬育苗技术［J］. 安徽林业（5）：3-5.

王金祥，潘瑞炽. 2004. 绿豆插条生根过程中内源激素含量变化［J］. 植物生理学通讯，40（6）：696-698.

王立海，孙墨珑. 2008. 东北 12 种灌木热值与碳含量分析［J］. 东北林业大学学报（05）：42+46.

王利. 2003. 麻栎主要调查因子的相关关系以及一元材积表编制的研究［D］. 泰安：山东农业大学.

王世绩. 1995. 瑞典的能源林计划——一个富国的惊人之举［J］. 世界林业研究（05）：30-35.

王树芝，田砚亭，李云. 2002. 四倍体刺槐无性系组织培养的研究［J］. 核农学报，16（1）：40-44.

王爽，彭祚登，冯莎莎. 2011. 栽植密度对沙棘幼苗生长及热值的影响［J］. 河北林果研究，26（01）：1-5.

王爽. 2011. 燃料型沙棘的燃烧特性与营养动态研究［D］. 北京：北京林业大学.

王文卿，叶庆华，王笑梅，等. 2001. 盐胁迫对木榄幼苗各器官热值、能量积累及分配的影响［J］. 应用生态学报（01）：8-12.

王侠礼，钟士传，曹帮华，等. 2003. 饲料型刺槐微体快繁技术的研究［J］. 中国农学通报，19（3）：51-53.

王贤纯，范春明，唐新科，等. 2004. 牛血清白蛋白胰蛋白酶酶解产物的色谱-质谱联用分析及其三种数据库搜寻鉴定方法的比较［J］. 中国生物化学与分子生物学报（03）：393-398.

王小强. 2009. 不同林龄巨桉人工林地土壤理化性质动态研究［D］. 雅安：四川农业大学.

王勋，朱练峰，戴廷波，等. 2008. 不同环境和基因型条件下水稻植株的糖氮比变化及其与产量形成的关系［J］. 中国稻米（6）：11-15.

韦小丽，殷建强. 2007. 窄冠速生刺槐扦插繁殖技术及苗期生长规律研究［J］. 种子，26（8）：70-72.

温佐吾，张文武. 2012. 白栎次生薪炭林的工艺成熟与适宜采伐年龄［J］. 山地农业生物学报（5）：439-442.

吴德军，王开芳，胡丁猛，等. 2008. 林木生物质能源研究进展及发展趋势［J］. 山东林业科技（1）：79-81.

吴统贵，吴明，刘丽，等. 2010. 杭州湾滨海湿地 3 种草本植物叶片 N、P 化学计量学的季节变化［J］. 植物生态学报，34（1）：23-28.

吴志丹，王义祥，翁伯琦，等. 2008. 福州地区 7 年生柑橘果园生态系统的碳氮储量［J］. 福建农林大学学报（自然科学版），37（3）：316-319.

伍海兵，李爱平，方海兰，等. 2015. 绿地土壤孔隙度检测方法及其对土壤肥力评价的重要性［J］. 浙江农林大学学报，32（1）：98-103.

武维华. 2003. 植物生理学［M］. 北京：科学出版社.

奚士光，吴味隆，蒋君衍. 2002. 锅炉及锅炉房设备（第三版）［M］. 北京：中国建筑出版社.

夏江宝，张光灿，刘京涛，等. 2008. 美国凌霄光合生理参数对水分与光照的响应［J］. 北京林业大学学报，30（5）：13-18.

咸洋，夏阳，庞彩红，等. 2009. 四倍体刺槐茎段遗传转化体系优化的研究［J］. 山东林业科技，180（1）：1-4.

萧浪涛，王三根. 2005. 植物生理学实验技术.［M］北京：中国农业出版社.

徐福余，王力华，李培芝，等. 1997. 若干北方落叶树木叶片养分的内外迁移 I. 浓度和含量的变化［J］. 应用生态学报，8（1）：1-6.

徐宏梧. 2005. 浅谈四倍体刺槐在白银市绿化造林中的推广应用前景［J］. 甘肃农业，8：15-18.

徐继忠，陈四维. 1989. 桃硬枝插条内源激素（ABA、IAA）含量变化对生根的影响［J］. 园艺学报，16（4）：275-278.

徐剑琦，张彩虹，张大红. 2006. 木质生物质能源树种生物量数量分析［J］. 北京林业大学学报（06）：98-102.

徐秀琴，杨敏生. 2006. 刺槐资源的利用现状［J］. 河北林业科技（S1）：54-57.

徐永荣，张万均，冯宗炜，等. 2003. 天津滨海盐渍土几种植物的热值和元素含量及相关性［J］. 生态学报，23（3）：450-455.

徐兆翮. 2009. 几个地区刺槐能源林栽植密度与生长时间的初步研究［D］. 北京：北京林业大学.

许大全. 1990. 光合作用"午睡"现象的生态、生理与生化［J］. 植物生理学通讯（6）：5-10.

许萍，张丕方. 1996. 关于植物细胞脱分化的研究概况［J］. 植物学通报（01）：21-25.

许小骏. 2008. 林业生物质能源发展现状及展望［J］. 山西农业科学，36（8）：88-89.

许晓岗，汤庚国，谢寅峰. 2005. 海棠果插穗的内源激素水平及其与扦插生根的关系［J］. 莱阳农学院学报，22（3）：195-199.

荀守华，乔玉玲，张江涛，等. 2009. 我国刺槐遗传育种现状及发展对策［J］. 山东林业科技，39（1）：92-96.

严永忠. 2004. 改进粗蛋白测定方法的探讨［J］. 湖南饲料（04）：30.

燕丽萍，吴德军，毛秀红，等，2019. 基于 SSR 荧光标记的白蜡核心种质构建［J］. 中南林业科技大学

学报，39（7）：1-9.
杨成源，张加研，李文政，等. 1996. 滇中高原及干热河谷新材树种热值研究［J］. 西南林学院学报，16（4）：294-302.
杨芳绒. 2013. 河南洛宁浅山区刺槐能源林生物量与热值研究［D］. 北京：北京林业大学.
杨福囤，何海菊. 1983. 高寒草甸地区常见植物热值的初步研究［J］. 植物生态学报，7（4）：280-288.
杨晖，王宇萍. 1996. 刺槐人工林皆伐利用及其萌生林培育［J］. 陕西林业科技（01）：3.
杨阔，黄建辉，董丹，等. 2010. 青藏高原草地植物群落冠层叶片氮磷化学计量学分析［J］. 植物生态学报，34（1）：17-22.
杨敏生，Hertel H，Schneck V. 2004. 欧洲中部刺槐种源群体等位酶变异研究［J］. 遗传学报，31（12）：1439-1447.
杨荣慧，王延平，段旭昌，等. 2004. 大果沙棘引种扦插育苗试验研究［J］. 西北林学院学报，19（3）：28-30.
杨荣学. 1981. 植物生理学［M］. 北京：高等教育出版社，122-137.
杨文文，张学培，王洪英. 2006. 晋西黄土区刺槐蒸腾、光合与水分利用的试验研究［J］. 水土保持研究，13（1）：72-75.
杨兴芳，曹帮华，李寿冰，等. 2007. 四倍体刺槐硬枝扦插技术研究［J］. 山东林业科技（2）：50-51.
杨曾奖，徐大平，张宁南. 2004. 整地方式对桉树生长及经济效益的影响［J］. 福建林学院学报（03）：215-218.
姚占春，朴明花，马继峰. 2007. 饲料型四倍体刺槐嫩枝扦插试验初报［J］. 吉林林业科技（6）：5-6.
叶功富，张立华，林益明，等. 2007. 滨海沙地木麻黄人工林细根养分与能量动态［J］. 生态学报，27（9）：3874-3882.
叶景丰，姜总撷. 2004. 四倍体刺槐组培瓶苗生根培养及生根苗移栽研究［J］. 辽宁林业科技（1）：15-16.
尹恩慈. 1996. 木材学［M］. 北京：中国林业出版社.
于法展，尤海梅，李保杰，等. 2007. 徐州市不同功能城区绿地土壤的理化性质分析［J］. 水土保持研究，14（3）：85-88.
于应文，胡自治，张德罡，等. 2000. 天祝金强河高寒地区金露梅的热值及其季节动态［J］. 草业科学，17（2）：1-4.
曾琦，高国伟，磷益明，等. 2008. 红树植物白骨壤叶片衰老过程的氮磷内吸收变化研究［J］. 厦门大学学报（自然科学版），47（增刊2）：181-185.
詹亚光，杨传平，金贞福，等. 2001. 白桦插穗生根的内源激素和营养物质［J］. 东北林业大学学报，29（4）：1-4.
湛含辉，黄丽霖. 2011. 纤维乙醇工艺中酸处理稻秸秆反应条件的优化［J］. 农业工程学报（02）：293-297.
张柏林. 1991a. 刺槐萌生林的初步研究［J］. 西北林学院学报（01）：16-21.
张柏林. 1991b. 刺槐人工林林地凋落物量和林下植物生物量与立地因素间相关关系的研究［J］. 生态学杂志（04）：25-27+49.
张长忠，王开运，等. 1993. 渭北黄土高原刺槐萌生林生长状况的调查研究［J］. 西北林学院学报，8（2）：36-40.
张国君，李云，何存成. 2009. 四倍体刺槐不同叶龄叶片的营养及叶形变化［J］. 林业科学，49（3）：

61-67.
张国君，李云，徐兆翮. 2007. 刺槐饲料化技术研究进展［J］. 河北林果研究（03）：252-256.
张红漫，郑荣平，陈敬文，等. 2010. NREL 法测定木质纤维素原料组分的含量［J］. 分析试验室（11）：15-18.
张洪生. 1987. 刺槐平茬高度对更新生长的影响［J］. 辽宁林业科技（4）：36-37+55.
张会，张宪强. 2008. 刺槐种群结构及生长动态研究［J］. 滨州学院学报（03）：23-26.
张建国，彭祚登. 2006. 中国薪炭林培育技术［J］. 生物质化学工程，40（B12）：56-66.
张立刚. 2005. 人工刺槐林平茬综合技术［J］. 河北林业科技（05）：54.
张立华，林益明，叶功富，等. 2008. 滨海沙地主要造林树种纯林与混交林叶片热值特征［J］. 海峡科学（10）：8-10.
张睿，张倩，赵梁军，等. 2006. 香花槐推广应用中存在的问题及解决途径［J］. 林业实用技术，9：21-22.
张旺锋，王振林，余松烈，等. 2004. 种植密度对新疆高产棉花群体光合作用、冠层结构及产量形成的影响［J］. 植物生态学报，28（2）：164-171.
张西秀. 2002. 四倍体刺槐的性状表现及繁殖技术［J］. 林业科技开发，16（6）：47.
张新凯，彭祚登. 2017. 多代刺槐能源林对土壤理化性质的影响［J］. 中南林业科技大学学报，38（4）：72-78.
张新凯. 2017. 刺槐能源林多代经营对土壤理化性质和微生物的影响［D］. 北京：北京林业大学.
张仰渠. 1988. 陕西森林［M］. 西安：陕西科学技术出版社，350-351.
张志良. 1990. 植物生理学实验指导 2 版［M］. 北京：高等教育出版社.
赵静，彭祚登，江丽媛，等. 2013. 豫刺 8 号主要木材化学成分与热值的关系［J］. 林业科学（05）：182-187.
赵静，钱桦，袁湘月，等. 2006. 林木生物质收获机械发展现状［J］. 林业机械与木工设备（05）：10-12+16.
赵静. 2013. 刺槐等树种主要化学成分与热值关系研究［D］. 北京：北京林业大学.
赵凯，许鹏举，谷广烨. 2008. 3，5-二硝基水杨酸比色法测定还原糖含量的研究［J］. 食品科学（08）：534-536.
赵兰勇，梁玉堂，王九龄. 1996. 稀土在刺槐苗木上的应用研究［J］. 山东农业大学学报，27（4）：431-439.
赵秋梅. 2009. 刺槐秋冬季荒山截干造林技术［J］. 河北林业（2）：32-34.
赵廷宁，王庆，杨维西. 2006. 植物热值研究综述［J］. 生物质化学工程（S1）：329-335.
赵廷宁，杨维西，陈涛，等. 1993. 黄土高原主要树种的两种化学成分含量及其对树木热值的影响［J］. 北京林业大学学报，15（2）：53-58.
郑均宝，梁海永，王进茂，等. 1999. 杨和苹果离体茎尖培养和愈伤组织分化与内源 IAA、ABA 的关系［J］. 植物生理学报，25（1）：80-86.
郑均宝，刘玉军，裴保华，等. 1991. 几种木本植物插穗生根与内源 IAA、ABA 的关系［J］. 植物生理学报，17（3）：313-315.
郑畹，武国华，盛家舒. 1997. 云南几种主要薪炭林树种热值测试初报［J］. 云南林业科技（03）：55-58.
郑帏婕，包维楷，辜彬，等. 2007. 陆生高等植物碳含量及其特点［J］. 生态学杂志，26（3）：307-313.

郑益兴，彭兴民，张燕平. 2008. 印楝不同种源对温度变化的光合生理生态响应［J］. 林业科学研究，21（2）：131-138.

中国林业科学研究院科技情报研究所. 1982. 森林能源（上册）［M］. 北京：中国林业科学研究院科技情报所.

中国林业科学研究院科技情报研究所. 1982. 森林能源（下册）［M］. 北京：中国林业科学研究院科技情报所.

中国森林编辑委员会. 2000. 中国森林 第三卷［M］. 北京：中国林业出版社.

中国土壤学会农业化学专业委员会. 1983. 土壤农业化学分析常规分析方法［M］. 北京：科学出版社.

中华人民共和国国家发展计划委员会基础产业发展司. 2000. 1999 中国新能源与可再生能源白皮书》

周碧彤. 1986. 嫩枝扦插繁根育苗试验总结［J］. 山东林业科技（01）：34-38.

周海燕，黄子琛. 1996. 不同时期毛乌素沙区主要植物光合作用和蒸腾作用的变化［J］. 植物生态学报，20（2）：120-131.

周全良，许明怡，李丰，等. 1996. 刺槐优良无性系硬枝扦插繁殖技术研究［J］. 宁夏农林科技（5）：14-19.

周玮. 2007. 水稻 T-DNA 插入突变体库中 Rubisco 抗氧化胁迫株系的筛选［D］. 南京：南京农业大学.

朱万泽，王金锡，薛建辉，等. 2001. 四川桤木光合生理特性研究［J］. 西北林学院学报，21（4）：196-204.

邹琦，孟庆伟. 1995. 午间强光胁迫下 SOD 对大豆叶片光合机构的保护作用［J］. 植物生理学报，21（4）：397-401.

祖元刚，张宏一. 1986. 植物热值测定中的若干技术问题［J］. 生态学杂志（04）：53-56.

Aditiya HB，Chong WT，Mahlia TMI，et al. 2016. Second generation bioethanol potential from selected Malaysia ′s biodiversity biomasses［J］. Waste Manag，47：46-61.

Aerts R，Chapin FS. 2000. The mineral nutrition of wild plants revisited：A re-evaluation of processes and patterns［J］. Advances in Ecological Research，30：1-67.

Ainalis A B，Tsiouvaras C N. 1998. Forage product ion of woodyfodder species and herbaceous vegetation in a silvopastoral system in northern Greece［J］. Agroforestry Systems，42（1）：1-11.

Arrillaga I，Tobolski J J，Merkle S A. 1994. Advances in somatic embryogenesis and plant production of black locust（*Robinia pseudoacacia* L.）［J］. Plant cell reports，13：3-4.

Balat M. 2010. Bio-oil production from pyrolysis of black locust（*Robinia pseudoacacia* L.）wood［J］. Energ Explor Exploit，28（3）：173-186.

Berthon J Y，Maldine V R. 1989. Endogenous levels of plant hormones during the course of adventitious rooting in cuttings of Sequoiadendron giganteum in vitro［J］Biochem Physiol Pfl，184：405-411.

Bindiya K，Kanwar K. 2003. Random amplified polymorphic DNA（RAPDs）markers for genetic analysis in micropropagated plants of *Robinia pseudoacacia* L.［J］. Euphytica，132（1）：41-47.

Biswas B，Scott P T，Gresshoff P M. 2011. Tree legumes as feedstock for sustainable biofuel production：Opportunities and challenges［J］. Journal of Plant Physiology，168（16）：1877-1884.

Bliss L C. 1962. Caloric value and lipid content in alpine tundra plants［J］. Ecology，43：753-757.

Bobkova KS，Tuzhilkina V V. 2001. Carbon concentrations and caloric value of organic matter in northern forest ecosystems［J］. Russ J Ecol，32（1）：63-65.

Bredenkamp BV. 1982. Rectangular espacement does not cause stem ellipticity in Eucalyptus grandis［J］. South

African Forestry Journal, 120: 7-10.

Caims MA, Brown S, Helmer E H, et al. 1997. Root biomass allocation in the world's upland forests [J]. Oecologia, 111: 1-11.

Chalupa V. 1983. Effect of benzylaminopurine and thidiazuron onin vitroshoot proliferation of *Tilia cordata* MILL., *Sorbus aucuparia* L. and *Robinia pseudoacacia* L. [J]. Biol Plant, 25: 305.

Chapin FSIII, Kerowski A. 1983. Seasonal changes in nitrogen and phosphorus fractions and autumn retranslocation in evergreen and deciduous tmga trees [J]. Ecology, 64 (2): 376-391.

Chapin FSIII. 1980. The mineral nutrition of wild plants [J]. Annual Review of Ecology, 11: 233-260.

Christersson L, Sennerby-Forsse L. 1994. The Swedish Programme for intensive short rotation forests [J]. Biomass and Bioenergy (6): 145-149.

Christian A, Erie D, Larson H. 2000. Bioenergy and land-use competition in Northeast [J] Brazil Energy for Sustainable Develo Pment, 4 (3): 64-66.

Debell D S, Clendenen G W, Harrington C A , et al. Tree growth and stand development in short-rotation Populus plantings: 7-year results for two clones at three spacings [J]. Biomass & Bioenergy, 1996, 11 (4): 253-269.

Ebermeyr E. 1876. Die gesamte Lehre der Waldstreu mit Rucksicht auf die chemische statik des Waldbaues [M]. Berlin: J Springer, 116.

Ekop A S. 2007. Determination of chemical composition of Gnetum africa-num (AFANG) seeds [J]. Pakistan journal of nutrition, 6: 40-43.

Enquist BJ, West GB, Brown J H. 2000. Quarter-power scaling in vascular plants: Functional basis and ecologiacal consequences. In: Scalling in Biology (eds. Brown J H, West G B.) [M]. Oxford: Oxford University Press.

Farquhar GD, Sharkey TD. 1982. Stomatal conductance and photosynthesis [J]. Annual Review of Plant Physiology, 33: 317-345.

Ford Y Y, Bonham E C, Cameron R W F, et al. 2002. Adventitous rooting: examining the role of auxin in an easy and difficult to root plant. [J] Plant Growth Regul, 36: 149-159.

Gírio F M, Fonseca C, Carvalheiro F, et al. 2010. Bioresource Technology Hemicelluloses for fuel ethanol [J]. Bioresour Technol, 101: 775-800.

Golley F B. 1960. Energy values of ecological materials [J]. Ecology, 42: 581-584.

Grünewald H, Böhm C, Quinkenstein A, et al. 2009. *Robinia pseudoacacia* L.: A lesser known tree species for biomass production [J]. BioEnergy Research, 2 (3): 123-133.

Gu J T, Yang M S, Wang J M, et al. 2010. Genetic diversity analysis of black locust (*Robinia pseudoacacia* L.) distributed in China based on allozyme markers approach [J]. Frontiers of Agriculture in China, 4 (3): 366-374.

Guidi W, Tozzini C, Bonari E. 2009. Estimation of chemical traits in poplar short-rotation coppice at stand level [J]. Biomass and Bioenergy, 33 (12): 1703-1709.

Guo Q, Wang JX, Su LZ, et al. 2017. Development and evaluation of a novel set of EST-SSR markers based on transcriptome sequences of black locust (*Robinia pseudoacacia* L.) [J]. Genes (Basel), 8 (7): 177.

Haghighi S, Hossein A, Tabatabaei M, et al. 2013. Lignocellulosic biomass to bioethanol, a comprehensive review with a focus on pretreatment [J]. Renew Sustain Energy, 27: 77-93.

Han W X, Fang J Y, Guo D L, et al. 2005. Leaf nitrogen and phosphorus stochionmetry across 753 terrestrial plant species in China [J]. New Phytologist, 168: 377-385.

Hayes D J M. 2013. Second-generation biofuels: why they are taking so long [J]. Wiley Interdisciplinary Reviews: Energy and Environment, 2 (3): 304-334.

Helmisaari H S. 1992. Nutrient retranslocation in three Pinus sylvestris stands [J]. Forest Ecology and Management, 51: 347-367.

Hill J F. 2013. Observations on the Ash of Plants. Chemical Research on Plant Growth [M]. New York: Springer, 103-153.

Hirose T, Werger M J A, van Rheenen J W A. 1989. Canopy development and leaf nitrogen distributions in a stand of Carex acutiformis [J]. Ecology, 70: 1610-1618.

Howard-Willianms C. 1974. Nutritional quality and caloric value of Amazonian forest litter [J]. Amazoniana, 1: 6-775.

Hu J, Zhu J, Xu H M. 2000. Methods of constructing core collections by stepwise clustering with three sampling strategies based on the genotypic values of crops [J]. Theoretical and Applied Genetics, 101 (1): 264-268.

Hu Q J, Han Y F. 1985. A study on introduction of plantlets from marure leaves of *Robinia pseudoacacia* L. [J] Hereelitaas, 7 (4): 20-21.

Hughes M K. 1971. Ground vegetation biocontent and net production in a deciduous woodland [J]. Oecologia, 7: 127.

Huo X M, Han H W, Zhang J, et al. 2009. Genetic diversity of *Robinia pseudoacacia* populations in China detected by AFLP markers [J]. Frontiers of Agriculture in China, 3 (3): 337-345.

Ivask M. 1999. Caloric value of Norway spruce organs and its seasonal dynamics [J]. Baltic Forestry, 5 (1): 44-49.

James T D W, Smith D W. 1978. Seasonal changes in the caloric values of the leaves and twigs of Papulus remuloides [J]. Canada Journal of Botany, 56: 1804-1805.

Jim H. 2002. Conversion of wood in to energy. Effect of tree age and seasonal variation on the Produetion of leaf oil from Pinus densiflora treated with Paraquat [J] Mokuzai Gakkaishi, 33 (12): 980-985.

John A. 1979. Propagation of hybrid larch by summer and winter cuttings. [J] Silveve Genetica (28): 5-6.

Lambers H, Chapin S, Pons T L. 2005. 植物生理生态学 [M]. 张国平, 周伟军, 译. 杭州: 浙江大学出版社.

Lee G, Kim D, Jung M, et al. 2016. Assessment of genetic diversity of Korean Miscanthus using morphological traits and SSR markers ScienceDirect Miscanthus using morphological traits [J]. Biomass and Bioenergy, 66: 81-92.

Liang W J, Hu H Q. 2006. Research advance of biomass and carbon storage of poplar in China [J]. Journal of Forestry Research, 17 (1): 75-79.

Limayem A, Ricke S C. 2012. Lignocellulosic biomass for bioethanol production: Current perspectives, potential issues and future prospects, Progress in Energy and Combustion [J]. Science, 38 (4): 449-467.

Limayem A, Ricke S C. 2012. Lignocellulosic biomass for bioethanol production: Current perspectives, potential issues and future prospects [J]. Prog Energy Combust Sci, 38: 49-67.

Maguran A E. 1998. Ecological Diversity and Its Measurement [M]. Princeton: New Jersey Princeton University Press.

Malvolti M E, Olimpieri I, Pollegioni P, et al. 2015. Black locust (*Robinia pseudoacacia* L.) root cuttings: diversity and identity revealed by SSR genotyping: a case study [J]. South-East European Forestry, 6 (2): 201-217.

Marc de Wit, Andre Faajj 2010. Euro Pean biomass resource potential and costs [J]. Biomass and Bioenergy, 34 (2): 188-202.

Mora F, Arriagada O, Ballesta P, et al. 2017. Genetic diversity and population structure of a drought-tolerant species of Eucalyptus, using microsatellite markers [J]. J Plant Biochem Biotechnol, 26: 274-81.

Nei M. 1972. Genetic distance between populations [J]. The American Naturalist, 106 (949): 283-292.

Nelder J A. 1962. New kinds of systematic designs for spacing experiments [J]. Biometrics, 18: 283-307.

Nielsen H P, Frandsen F J, K. Dam-Johansen, et al. 2000. The implications of chlorine-associated corrosion on the operation of biomass-fired boilers [J]. Progress in Energy and Combustion Science, 26: 283-298.

Nybom H. 2004. Comparison of different nuclear DNA markers for estimating intraspecific genetic diversity in plants [J]. Molecular Ecology, 13 (5): 1143-1155.

Pablo L. 2003. Root biomass and carbon storage of ponderosa pine in a northwest Patagonia plantation [J]. Forest Ecology and Management, 173 (1-3): 353-360.

Pecina-Quintero V, Anaya-López J L, Núñez-Colín C A, et al. 2013. Assessing the genetic diversity of castor bean from Chiapas, México using SSR and AFLP markers [J]. Industrial Crops and Products, 41: 134-143.

Pipatchartlearnwong K, Swatdipong A, Vuttipongchaikij S, et al. 2017. Genetic evidence of multiple invasions and a small number of founders of Asian Palmyra palm (Borassus flabellifer) in Thailand [J]. BMC Genet, 18: 1-8.

Randerson P F, 董宏林, Slater F M. 1999. 世界若干国家生物质能源利用及有关问题研究 [J]. 宁夏农林科技 (5): 5-8+16.

Rastogi M, Shrivastava S. 2017. Recent advances in second generation bioethanol production: An insight to pretreatment , saccharification and fermentation processes Meenal Rastogi and Smriti Shrivastava Amity Institute of Biotechnology , Amity University Uttar Pradesh , Sector 125 [J]. Renew Sustain Energy Rev, 80: 33-40.

Rédei K, Veperdi I, Tomé M, Soares P. 2010. Black locust (*Robinia pseudoacacia* L.) short-rotation energy crops in hungary: a Review [J]. Silva Lusitana, 18 (2): 217-223.

Schenk H J, Jackson R B. 2002. Rooting depths, lateral root spreads and below-ground/above-ground allometries of plants in water-limited ecosystems [J]. Journal of Ecology, 90: 484-494.

Sharkey T D. 1988. Eatimation the rate of photorespiration in leaves [J]. Physiology Plant, 73: 147-152.

Sharma H K, Sarkar M, Choudhary S B, et al. 2016. Diversity analysis based on agro-morphological traits and microsatellite based markers in global germplasm collections of roselle (*Hibiscus sabdariffa* L.) [J]. Industrial Crops and Products, 89: 303-315.

Shen Z, Zhang K, Ma L Y, et al. 2017. Analysis of the genetic relationships and diversity among 11 populations of Xanthoceras sorbifolia using phenotypic and microsatellite marker data [J]. Electron J Biotechnol, 26: 3-9.

Singh A K, Misrakn, Ambasht R S. 1980. Energy dynamics in a savanna ecosystem in India [J]. Jap J Ecol, 3: 295-305.

Small E. 1972. Photosynthetic rates in relation to nitrogen recycling as an adaptation to nutrient deficiency in peat bog plants [J]. Canadian Journal of Botany, 50: 2227-2233.

Stemer R W, Elser J J. 2002. Ecological Stoichiometry: The biology of elements from molecules to the biosphere

［M］. Princeton：Princeton Univrersity Press.

Straker K C，Quinn L D，Voigt T B，et al. 2015. Black locust as a bioenergy feedstock：a review［J］. BioEnergy Research，8（3）：1117-1135.

Swamy S L，Puri S，Kanwar K. 2002. Propagation of *Robinia pseudoacacia* L. and Grewiaoptiva Drummond from rooted stem cuttings［J］Agroforestry Systems，55：231.

Tisdale S L，Nelson W L. 1984. 土壤肥力与肥料［M］. 孙秀廷，曹志洪，译. 北京：科学出版社.

Tofanica B M. 2011. Lignin and Lignans：Advances in Chemistry［J］. Industrial Crops and Products，34（3）：1399-1400.

VAN Soest P J. 1991. Methods for Dietary Fiber，Neutral Detergent Fiber and Nonstarch Polysaccharides in Relation to Animal Nutrition［J］. Journal of Dairy Science，74：3583-3597.

Vítková M，Müllerová J，Sádlo J，Pergl J，Pyšek P. 2017. Black locust（*Robinia pseudoacacia*）beloved and despised：A story of an invasive tree in Central Europe［J］. For Ecol Manage，384：287-302.

Vitousek P M，Howarth R W. 1991. Nitrogen limitation on land and in the sea：How can it occur［J］. Biogeochemistry，13：87-115.

Vohra M，Manwar J，Manmode R，et al. 2014. Bioethanol production：Feedstock and current technologies［J］. Journal of Environmental Chemical Engineering，2（1）：573-584.

Waid J S. 1999. Does soil biodiversity depend upon metabiotic activity and influences［J］. Applied Soil Ecology，13（2）：151-158.

Wang J X，Lu C，Yuan C Q，et al. 2015. Characterization of ESTs from black locust for gene discovery and marker development［J］. Genet Mol Res，14：84-91.

Wang L，Xiao A H，Ma L Y，et al. 2017. Identification of *Magnolia wufengensis*（Magnoliaceae）cultivars using phenotypic traits，SSR and SRAP markers：insights into breeding and conservation［J］. Genetics and Molecular Research，16（1）：1-18.

Whittaker R H. 1970. Communities and Ecosystems［M］. New York：MacMillan.

Wielgolaski F E，Kjevikc S. 1975. Energycontent and use of solar radiation of Fennoscandian Tundra Plants［C］//Wielgolaski F E. Fennoscandian Tundra Ecosystems Part Ⅰ：Plant and Microorganisms. New York：Springer.

Xiao L，Xu F，Sun R. 2011. Chemical and Structural Characterization of Lignins Isolated from Caragana sinica［J］. Fibers and Polymers，12（3）：316-323.

Yang J，Dai G H，Ma L Y，et al. 2013. Forest-based bioenergy in China：status，opportunities，and challenges，Renewable and Sustainable［J］. Energy Reviews，18：478-485.

Yuan C Q，Li Y F，Sun P，et al. 2012. Assessment of genetic diversity and variation of *Robinia pseudoacacia* seeds induced by short-term spaceflight based on two molecular marker systems and morphological traits［J］. Genetics and Molecular Research，11（4）：4268-4277.

Zabed H，Sahu J N，Suely A，et al. 2017. Bioethanol production from renewable sources：Current perspectives and technological progress［J］. Renew Sustain Energy，71：475-501.

Zhao J，Li G，Yi G X，et al. 2006. Comparison between conventional indirect competitive enzyme-linked immunosorbent assay（ELISA）and simplified icELISA for small molecules.［J］Analytica Chimica Acta，571：79-85.

Zhou H S，Peret A J，Flemming J F. 2007. Dynamic mechanistic model of superheater deposit growth and shedding in a biomass fired grate boiler［J］. Fuel，86：1519-1533.

附录

刺槐能源林培育技术指南*

第一章　总　则

第一条　刺槐（*Robinia pseudoacacia* L.），别名洋槐，蝶形花科刺槐属落叶乔木。原产美国东部，20 世纪初引入中国，广泛栽种在北纬 23～46°和东经 86～124°的广大区域内，其最适生长的分布区域年降雨量在 500～900mm。刺槐因其萌芽力和萌蘖性强，较耐干旱瘠薄，是黄土高原沟坡、土石山地坡沟、河漫滩细沙地、海滨轻盐碱地（含盐量 0.3%以下）重要造林树种。

刺槐能源林系指以直接或间接提供能源利用原料为主要培育目标的刺槐人工林。包括：根据当地社会经济发展需要和林业发展规划，将现有多年培育的刺槐人工林转变利用方向，改为能源利用为主的刺槐林和以能源利用为主要目的营造的刺槐人工林。

第二条　为指导和规范刺槐能源林的资源化培育利用，促进生态建设与社会经济可持续发展，保障刺槐为原料的能源原料的可持续供应，特制定本指南。

本指南适用于培育刺槐能源林，不适用于培育一般用材林、速生用材林和水土保持林等其他用途的刺槐林。

第三条　刺槐能源林培育利用活动必须遵循《能源林可持续培育指南》确定的各项原则及要求。

第四条　任何单位（企业、林业局、林场及个体等）的刺槐能源林培育利用活动，均应根据省级能源林发展规划，制定培育利用实施方案，并按照培育利用实施方案开展年度作业设计。开展刺槐能源林培育利用活动单位（企业、林业局、林场及个体等）的实施方案，须报当地林业主管部门备案。

第二章　种苗培育

第五条　科学选择刺槐品种。基于直燃利用的能源刺槐优良品种，重点选择具有高生物量、高热值、抗旱、低耗水、萌蘖性强等特点的刺槐品种。鼓励试验性推广应用国内外研究成功的优良刺槐品种（适宜刺槐能源林培育良种参见表 1）。

第六条　刺槐能源林营建必须选用经过主管专业部门认定的良种育苗造林，良种生产应通过建立良种刺槐无性系种子园和母树林解决。为扦插、嫁接等育苗用途需选用经认定的优良品种或无性系建立采穗圃。选择的刺槐品种或无性系良种应适应造林地区的自然条件，选用引进的品种营建刺槐能源林，应按有关要求做好风险评估、试种等工作。

---

* 注：引自林造发〔2016〕72 号文件附件 1。

第七条 刺槐苗圃地宜选择交通方便、有灌溉条件、排水良好、深厚湿润肥沃的砂壤土，有盐碱地区苗圃地选用土壤含盐量在0.2%以下，地下水位大于1m。

第八条 刺槐育苗分播种育苗和营养繁殖育苗。

播种育苗的种子，应采用粒大饱满、色泽正常、无病虫感染的良种基地生产的优质种子。播种育苗以春季为主，播种前种子应经约50~60℃热水浸种一昼夜后，捞出已吸水膨胀的种子，按种沙比1∶3均匀混沙，放在背风向阳的沙坑中，上覆湿草帘保湿，约经4~5天，待20%左右种子外种皮裂开后即可播种。对未膨胀的种子，再通过增加浸泡水的温度浸种，待种子膨胀后可继续混沙催芽。播种后应及时浇水并保湿，及时间苗、定苗。育苗时间最好1年以上。

营养繁殖育苗可选用扦插、根蘖、嫁接和组培方式。扦插育苗种条可以是粗0.5~2.0cm、长15.0~20.0cm的根段，也可以是粗1.0cm以上、长25cm的枝干。秋冬季采集粗1cm以上的1年生萌条的中下部，剪成长25cm的插穗（剪口位置在芽眼附近，并要平滑），将剪好的插条用2000ppm的萘乙酸溶液浸条5~10分钟后插入沙坑中催根。在冬藏和催根过程中，有萌条出现，应及时抹去。待春季地表温度升高到10℃即可扦插。扦插后及时进行灌溉保墒，苗木成活后要进行水肥、间苗和定苗等管理工作。育苗时间一般以1年为宜。也可利用秋季起苗后留存在圃地的断根，进行根蘖育苗。对种条来源较少的优良刺槐品种，也可通过嫁接方式繁殖，一般以来源广泛的普通刺槐为砧木，砧木发芽前采用劈接、开始发芽时采用袋接法、生长期采用芽接法。对于推广价值大的种苗供应不足的优良刺槐品种还可采用组织培养方式快速扩繁。

第九条 以1年生以上壮苗出圃造林。刺槐壮苗应苗干匀称，充分木质化，无病虫害和机械损伤，根幅在20cm以上，地径不低于1.0cm，苗高1.5m以上。苗木出圃时，宜随起、随运、随栽，不能及时移栽或包装运往造林地的苗木，要临时假植。裸根苗木运输时应注意采取蘸泥浆等保护措施保持苗木根系活力。

第三章 造林地选择

第十条 刺槐能源林营造最宜选择交通方便，有利于形成规模经营、便于机械采收的区域。

在合理利用土地的前提下，应尽量选用地势较平缓、光照充足、土壤条件适宜、有利于发挥刺槐能源林生产潜力的地方。在特殊情况下，尤其在人口多耕地少的地区，要因地制宜安排造林地，尽量利用退耕地、撂荒地或零星闲散地营造刺槐能源林。

第十一条 刺槐能源林培育须选择土层厚度20cm以上的山地、平原细沙地、黄土高原梁峁坡地、沟谷坡地灰褐土，含盐量在0.2%以下、地下水位1m以上的轻盐碱地。忌选犯风地、含盐量0.3%以上的盐碱地、过于干旱的粗沙地、地下水位在0.5m以上的低洼积水地、干瘠的黏重土地营造刺槐能源林。

第四章 整 地

第十二条 刺槐能源林培育须先细致整地。整地前应清理造林地。一般采用块状或带状方式，并与整地同时进行。块状清理应以种植穴为中心清除四周的杂物和非培育目的植物，清理范围不小于 50cm×50cm；带状清理应沿造林带清除两侧各 50cm 左右的杂灌木。清理下来的杂灌木植物应堆放在栽植穴周围。

第十三条 平原可采用全面、带状、穴状等整地方法。山地应用窄幅梯田、水平阶、水平沟及鱼鳞坑等方式整地，沿水平等高线“品”字形配置。盐碱地采用修筑台田、条田和开沟筑垄法整地。

穴状整地规格：长×宽一般宜采用 40~60cm×40~60cm；鱼鳞坑整地规格：一般为长径（横向）0.8~1.5m，短径（纵向）0.6~1.0m。水平沟整地规格：一般为 1~3m×50cm（或 60cm）。

干瘠山地可在雨季前整地，沙地可随整随造。

第十四条 造林前半个月施底肥。提倡施有机肥，一般每穴施肥量不少于 2kg。鼓励实行测土施肥，也可施适量复合肥。施底肥时，底肥应与一定量的表土混合均匀，施入种植穴底部。

第十五条 为确保营建的刺槐能源林获得最佳的产量，实现原料可持续供应，以及有利于采收、运输、机械化作业等，应配套加强造林地的作业道、灌溉设施等基础设施建设。

第五章 造 林

第十六条 刺槐能源林营造宜采用植苗造林。造林用苗木应符合刺槐能源林培育用壮苗标准的要求。也可截干造林，截干高度以不超过 3cm 为宜。

第十七条 造林密度应根据选用品种特性、造林地立地条件、轮伐周期等因素确定。刺槐能源林造林的初植密度为 333~667 株/亩。在水、热、土壤条件较好的地区，初植密度越小。不同的密度范围有相应的收获周期，并随着收获周期的增加而逐渐降低，即随着目标培育年龄的增加，密度应逐渐降低。除此之外，株行距或带距的确定还应考虑便于机械化作业。

第十八条 可根据各地的具体情况选择造林季节。一般采取春季造林。容器苗可采取雨季造林；带干栽植，以“惊蛰”到“清明”之间，芽苞刚开放时造林为宜；截干造林，以秋冬季造林的效果最好。

第十九条 每穴可植苗 1 株。带干造林，苗木栽植应做到栽正、栽紧、不吊空、不窝根，将苗木周围的土由边缘向中心踩实。截干造林栽植不宜过深，一般比苗木根茎高出 3~5cm，干旱沙地可高出 10~15cm 左右。栽植后应将造林穴周围枯枝落叶或割除的杂草覆盖于栽植坑面。

第二十条 造林后要根据《造林技术规程》（GB/T 15776）有关技术要求，适时开展造林成活率检查。没有达到合格标准的造林地应补植。补植前应认真分析苗木死亡原因，找出改善措施后再进行补植。

第六章 经营管理

第二十一条 刺槐能源林营造完成后，应对造林地实施封禁保护措施，并进行常年管护，防止栽植苗木受到人畜破坏。

第二十二条 刺槐能源林在造林后至首次平茬利用之前，需连续3年进行抚育管理。抚育作业一般包括松土除草、扩穴培土、施肥灌溉、扶苗清淤等内容。抚育方式可以选择穴抚和带抚。穴抚主要以穴为中心，去除周围1m以内的杂草，同时对种植穴进行松土、培土；带抚主要为去除带内的杂草，同时对种植穴进行松土、培土。

第二十三条 造林后第1年需抚育3次。第1次在早春土壤化冻时进行，通过在幼树基部周围半径0.5m圆范围内踩压踏穴，预防冻拔。缺乏水源或没有灌水条件的地方，可采取覆草或覆盖地膜的办法进行保墒。第2次在5月中旬开展松土除草和施肥，松土深度10cm左右，松土除草时不要损伤苗木根系，并将割下的草覆盖在栽植坑的表面。松土除草后立即施肥，施肥以氮肥、磷肥或专用肥为主，应根据土壤肥力状况及植株生长需求等因素确定施肥量。干旱季节，有条件地区应对刺槐能源林造林地进行节水灌溉，提倡利用雨洪进行灌溉。第3次在8月中下旬，在种植穴周围除草、并扩穴培土。如林地遇有大到暴雨天气，要注意排除田间积水，及时采取扶苗清淤等措施并整理穴埝。

第二十四条 造林第2年需抚育2次。第1次在5月下旬，以带抚为主中耕除草，中耕深度15~20cm，耕后立即施肥，以专用肥为主，并根据土壤肥力状况及植株生长需求等因素确定施肥量。第2次在8月下旬，开展中耕除草并培土。

第二十五条 造林后第3年抚育1次，在6月中旬，以带抚为主中耕除草，中耕深度20cm，清除种植穴周边影响幼树生长的杂草灌木。

第二十六条 为提高单位面积刺槐能源林生物产量，造林2年后，可对刺槐单株采取“打头控侧法”进行矮化培育。具体方法：冬季时节，选择生长旺盛、直立、部位较高的1年生枝条，剪去原枝长的1/3~1/2（注意剪口下选留健壮侧芽）。其中对于竞争枝、徒长枝和下垂枝应注意压强留弱，去直留平。树冠上部枝条可重剪，下部轻剪。修枝强度树高3m以下的，修枝1/3；树高3~6m的，修枝2/3；6m以上的，修枝1/2或2/3。翌年生长季应适时抹掉修剪枝条主干顶端发出的萌条，以保护新生侧枝。

第二十七条 应加强新造刺槐能源林有害生物防治和森林防火工作。有害生物防治应以预防为主，通过建立健全监测预报体系，特别是通过加强对易感部位的监测，实现早发现，早防治。刺槐能源林常见病虫害防治措施见附表2。

应严格刺槐能源林护林防火管理，树立护林防火标牌，建立健全各项防火制度，强化防火意识。根据地形、地貌及林地面积，规范建设防火带等防火设施。防火带应设置在与林地接壤人员往来较多的路边、田边。每年10月下旬应去除防火带内的杂草，消除火灾隐患。

第七章 收获与更新

第二十八条 刺槐能源林一般种植3~6年后可进行首次平茬收获，但刺槐能源林适宜的首伐期取决于刺槐品种的生长特性、造林密度和数量成熟期以及各地造林地的立地条件。如在河北香河，种植密度0.6m×0.8m的四倍体刺槐在种植3年时首次平茬时，平均株高2.3m，平均基径1.9cm，平均单株鲜重为1.138kg，每公顷产量可达33580kg，其中枝干重13664kg。

刺槐能源林的平茬间隔期以2~3年为佳，具体与地区及造林地条件有关。

第二十九条 平茬收获时间应选择在休眠期进行（北方以早春化冻前平茬最好）。平茬作业应保持茬口平滑，为不损伤茬口影响萌蘖更新及有利于复壮更新，应采取机械作业，留茬5~15cm。平茬后，一般任留桩萌条丛生。

第三十条 刺槐能源林平茬后第2年春季土壤解冻时，应进行松土促进萌蘖更新。松土深度不超过5cm，松土范围可从伐桩基部到距1m左右（可同时进行施肥）。萌蘖密度达不到造林密度标准时，应在第二年进行补植。

第三十一条 当刺槐能源林已进行多次平茬利用，出现萌条数量少而纤细时，或老桩根部已开始腐朽，或发生不可抗拒的病虫、火灾等灾害，致使林分出现高度衰退时，应将老桩刨出，重新进行全面更新整地造林。为保持土壤肥力，维持地力，更新造林应更换树种或品种。

表1　刺槐能源林培育推荐良种名录

中文名称	拉丁名	良种编号	适宜立地
豫刺槐1号	*Robinia pseudoacacia* ‘Yucihuai1’	豫S-SC-RP-008-2000	河南省沙区、丘陵
豫刺槐2号	*Robinia pseudoacacia* ‘Yucihuai2’	豫S-SC-RP-009-2000	河南省沙区、丘陵
豫引1号刺槐	*Robinia pseudoacacia* ‘Yuyin No. 1’	豫S-ETS-RP-028-2013	河南省刺槐适生区栽培
豫引2号刺槐	*Robinia pseudoacacia* ‘Yuyin No. 2’	豫S-ETS-RP-029-2013	河南省刺槐适生区栽培
豫刺9号刺槐	*Robinia pseudoacacia* ‘Yuci No. 9’	豫S-SV-RP-030-2013	河南省刺槐适生区栽培
四倍体刺槐	*Robinia pseudoacacia* ‘K4’	国S-ETS-RP-003-2003	适宜最低年均温5℃、降水量200mm以上地区
菏刺2号	*Robinia pseudoacacia* cv.	鲁S-SV-RP-009-002	鲁西及中南部的平原区域

表2　刺槐能源林常见病虫害防治措施

病虫害名称	危害症状	防治措施
紫纹羽病	病原菌通过土壤浸染刺槐根部，受害重的叶形变小黄部，发芽迟弱，最后由于根部腐发芽迟弱，最后由于根部腐烂，树冠枯死或风倒	在7月底至8月中旬将发病植株表土挖出，以露树根为度撒入石灰粉、草木灰或灌入石乳，每株用0.3~0.5kg，然后覆土
小皱椿	以成虫及若虫群集1~3年生枝条和幼树基部的幼嫩部位吸食汁液。致使树叶变黄早落，枝条枯死，甚至整株死亡	可通过捕杀越冬成虫；在树干基部和林内越冬场所喷撒50%硫磷乳剂1000倍液药杀成虫，或在产卵盛期剪枝烧毁防治

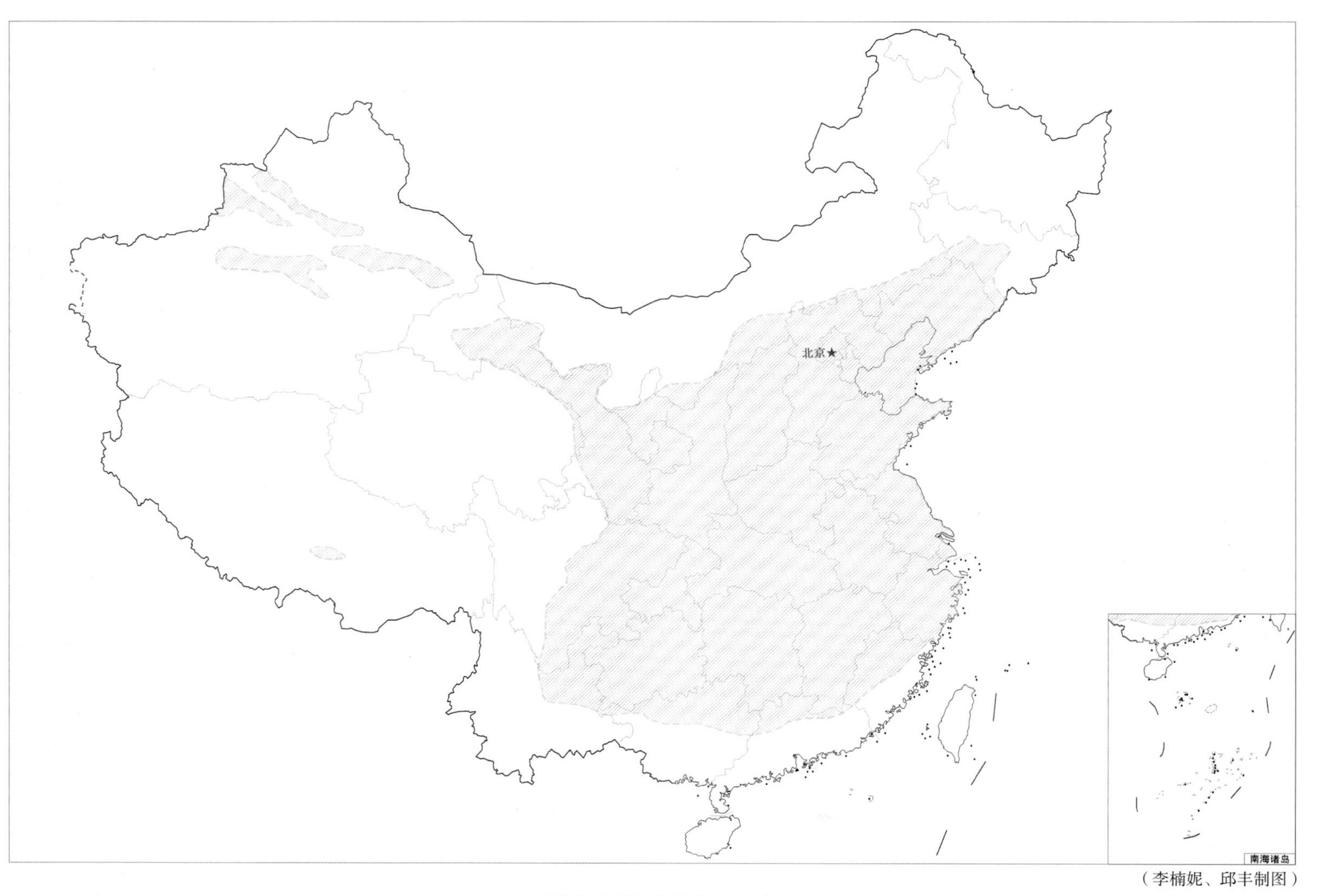

（李楠妮、邱丰制图）

刺槐在中国的栽培分布区域

普通刺槐优树（洛宁）

刺槐花

采种林及矮化经营

刺槐果实

刺槐的开花结实与采种林经营

河北平泉新建国家刺槐良种基地

河南洛宁

北京林业大学北方科研试验基地

刺槐优良种质资源收集

硬枝扦插

嫩枝扦插（孟丙南摄）

嫁接育苗

刺槐良种无性系营养繁殖育苗

研究人员野外探讨刺槐能源林经营试验方案

匈牙利刺槐能源林培育结构模式

（采用窄带宽距式，种植带一般 2 行，株行距 0.5m × 0.5m，带间距 3.5m）

国内刺槐能源林培育基本结构模式

（株行距 0.5m × 1.0m）

刺槐能源试验林营造与生长调查

（甘肃天水，2年生生物量调查）

第一代实生刺槐能源林试验林林相
（洛宁，4 年生，0.5m × 0.5m）

刺槐伐桩第一代萌生能源林林相
（河南洛宁，萌条 3 年生）

刺槐留根萌生能源林林相
（甘肃天水，萌条 4 年生）

刺槐萌生林林外景观
（河南洛宁罗岭乡，林龄 10 年）

刺槐能源林研究工作

专家现场验收刺槐能源林培育研究课题